国家科学技术学术著作出版基金资助出版

山地灾害

Mountain Hazards

崔 鹏　邓宏艳　王成华　等 编著

高等教育出版社·北京

内容简介

山地灾害指发生在山地表层，对人类社会、生态环境和自然资源等构成威胁和破坏的灾害。灾害类型包括斜坡变形灾害（滑坡、崩塌及落石等）、泥石流、山洪、堰塞湖以及溃决洪水、冰崩雪崩、冻土灾害等。本书共5篇24章，各篇既自成体系，又相互关联。重点论述了斜坡变形灾害（滑坡、崩塌等）、泥石流、山洪和堰塞湖等灾害的基本性质、形成条件、分布规律、发生机理、运动规律、监测预报、风险评估和防治技术等内容。本书以成熟的理论与技术为主，适当加入学科新进展与新技术，是一本帮助读者系统掌握山地灾害基本知识、了解灾害风险防控方法与技术、提高减灾实战操作能力的最新实用参考书。可作为防灾减灾及相关专业研究生和高年级本科生的专业课程参考书，也可供相关专业的科研和工程技术人员参考。

图书在版编目（CIP）数据

山地灾害/崔鹏等编著. --北京：高等教育出版社，2018.11

ISBN 978-7-04-049812-7

Ⅰ.①山… Ⅱ.①崔… Ⅲ.①山地灾害-灾害防治 Ⅳ.①P694

中国版本图书馆CIP数据核字（2018）第106336号

策划编辑 关 焱 陈正雄　责任编辑 关 焱 殷 鸽　封面设计 王凌波　版式设计 于 婕
插图绘制 黄云燕　责任校对 殷 然　责任印制 赵义民

出版发行 高等教育出版社　咨询电话 400-810-0598
社　　址 北京市西城区德外大街4号　网　　址 http://www.hep.edu.cn
邮政编码 100120　http://www.hep.com.cn
印　　刷 北京中科印刷有限公司　网上订购 http://www.hepmall.com.cn
开　　本 787 mm×1092 mm 1/16　http://www.hepmall.com
印　　张 33.5　http://www.hepmall.cn
字　　数 780千字　版　　次 2018年11月第1版
插　　页 1　印　　次 2018年11月第1次印刷
购书热线 010-58581118　定　　价 129.00元

本书如有缺页、倒页、脱页等质量问题，请到所购图书销售部门联系调换

物 料 号 49812-00
审 图 号：GS（2017）3686号
SHANDI ZAIHAI

前　言

随着气候和环境的剧烈变化，21世纪以来，全球范围内自然灾害的频率和强度越来越高，不断造成严重损失，近10年造成70多万人丧生、140多万人受伤、约1.44亿人灾后流离失所、超过15亿人受到灾害的影响，经济损失总额超过1.3万亿美元，使个人乃至国家的安全和福祉都受到影响，严重阻碍了实现可持续发展的进程。2015年3月14日至18日在日本宫城县仙台市举行的第三届世界减灾大会通过的《2015—2030年仙台减轻灾害风险框架》，力求在未来15年内大幅减少在生命、经济、社会、文化和环境资产等方面的灾害风险和损失。这是继《2005—2015年兵库行动框架：提高国家和社区的抗灾能力》后的又一个国际减灾领域纲领性文件，将指导全球的减灾工作。

我国是山地大国，约有山地（包括高原和丘陵）面积666万km^2，约占陆地国土总面积的69.4%，山区人口占全国总人口的1/3以上。在青藏高原隆升和季风气候的背景下，我国地质构造复杂，地形起伏大，降水集中，山地特有的能量梯度使之成为泥石流、斜坡变形灾害（滑坡、崩塌等）、山洪和堰塞湖等自然灾害的发育区，分布广泛，危害严重。据国土资源部门统计，每年发生滑坡、泥石流灾害数千至上万起，7400万人不同程度地受到危害和威胁；2001—2010年，全国滑坡和泥石流等突发性灾害共造成9941人死亡或失踪（不含汶川地震期间因滑坡、崩塌和泥石流遇难的约25 000人），平均每年约1000人。其中仅2010年8月8日甘肃省舟曲山洪泥石流就造成1765人死亡或失踪，毁坏房屋4321间，22 667人无家可归。据民政部统计，2012年，我国发生山洪灾害169起，受灾6686.15万人，死亡或失踪446人，直接经济损失685.086亿元。这些灾害通过冲击、冲刷和淤积过程，摧毁城镇和乡村居民点，破坏道路、桥梁和工程设施，淤塞河道和水库，掩埋农田和森林，造成巨大的人员伤亡、财产损失和生态破坏，严重威胁山区人民生命财产与工程建设安全，制约山区资源开发与经济发展。灾害影响使得资源富集的山区成为中国地形上的隆起区和经济上的低谷区。

无论是国际减灾发展趋势还是我国山区减灾的实际需求，培养一定数量基础扎实、知识结构合理的高层次自然灾害科学研究、减灾工程和风险管理专业人才都势在必行。而目前我国还没有从整个山地区域角度出发来系统分析和研究各种山地灾害的专著，以此为契机，中国科学院研究生院（现中国科学院大学）于2010年立项，编制《山地灾害》一书，供相关专业高年级本科生、研究生和工程技术人员等选用，以满足培养减灾人才的需求。

《山地灾害》以成熟的理论与技术为主，总体上希望概念清楚，难度适中，涵盖山地减灾的主要理论与方法，适当考虑学科发展，加入学科新进展与新技术，理论上也要有一定的深度。本书可以作为大专院校防灾减灾专业以及相关专业（如自然地理、工程地质、岩土工程、水利工程等）硕士研究生的必修课或选修课用书，也可满足其他不同层次读者学习防灾减灾知识的需要。考虑到本书定位和篇幅等原因，对于山地灾害各个灾种所涉及的本科阶段先修课程的相关内容在本书中不再赘述。不同学科背景的读者在使用本书过程中请根据自身知识结构特点自行补充先修课程的相关内容。本书涉及的主要本科阶段先修课程包括工程地质、土力学、地貌学、水力学、自然地理学、水土保持原理、水文学、岩石力学和岩土工程设计原理等。

全书由5篇共24章构成。在对山地灾害系统概述的基础上，分灾种重点论述了斜坡变形灾害（滑坡、崩塌等）、泥石流、山洪和堰塞湖灾害的基本性质、形成条件、分布规律、发生机理、运动规律、监测预报和防治技术等内容。每篇开端设有篇首语，简要介绍本篇内容；篇末列出主要参考文献，以便读者阅读和拓展知识；在每章开头列出本章重点，供读者了解该章内容，理清概念，深化对知识的理解。国内已经有相当数量的各灾种的专题研究著作和针对各种灾害培训的教材及科普丛书，但还没有一本涉及山区综合减灾的系统著作。本书汇集了山区普遍发育、成灾频繁的各种灾害相关基本知识和基本理论，吸纳了近20年来新的研究成果，针对防灾减灾领域的高层次专业人才培养编写，希望读者既能系统地掌握山地灾害的基本知识，又能了解灾害风险防控的方法技术，具备一定的减灾实践操作能力。

由于山地灾害学研究对象的物质组成和动力过程极为复杂，学科涉及面非常广，该学科目前还很不成熟，要编写一部反映山地灾害学系统知识的专业书籍是非常困难的。我们在2010年接到《山地灾害学》的编写任务后，自感力不从心，但考虑到国家防灾减灾的社会责任和学科进步的需要，只能尽力而为，经多次讨论，反复调整提纲，不断修改书稿，2014年、2015年和2016年连续三次全面审视书稿，自认为还不能达到山地灾害学的高度，因此决定将书名改为《山地灾害》，以对滑坡、崩塌、泥石流、山洪和堰塞湖主要灾种的现有认识为基础，系统论述山地灾害的基础理论和应用技术，希望能让读者得到基本认识和减灾技能的训练，为国家培养山地减灾人才提供专用书籍。在本书使用过程中，我们将广泛征询各方面意见。在原有基础上，丰富各种灾害的相关内容，吸纳学科新进展，构建山地灾害学科体系。如果有机会再版，届时再以《山地灾害学》的形式面世。

本书概述由崔鹏和钟敦伦执笔；斜坡变形灾害篇由王成华、邓宏艳统稿，其中王成华、邓宏艳、何思明、孔纪名等编写第5~9章；泥石流篇由崔鹏和胡凯衡统稿，其中崔鹏编写第10章，胡凯衡编写第11章，胡凯衡、邹强、向灵芝和曾超编写第12章，谢洪、张金山、游勇编写第13章，陈晓清编写第14章；山洪灾害篇由郭晓军、李军和曹叔尤编写；堰塞湖篇由崔鹏、蒋先刚、李军和陈华勇编写。全书由崔鹏、王成华、邓宏艳统稿。西南交通大学周德培教授审阅了斜坡变形灾害篇的内容，并提出了修改意见。崔鹏、王成华、曹叔尤、艾南山、邓宏艳和秦保芳阅读全稿并进行修改，参加全书修改工作的还有蒋先刚、雷雨、李军、刘传正、邱海军、王姣和刘定竺。

在本书即将出版之际，谨向所有作者、审稿专家、协助编写的研究生，特别是鼓励和支持我们编写本书的中国科学院大学和中国科学院水利部成都山地灾害与环境研究所，以及鼎力支持的高等教育出版社致以衷心的谢忱！同时对在使用本书过程中提出宝贵意见和建议的读者表示感谢！

中国科学院院士

崔鹏

2017年03月15日

目　　录

第一篇　山地灾害概述

第二篇 斜坡变形灾害

第三篇 泥 石 流

第四篇 山洪灾害

第五篇 堰 塞 湖

第一篇　山地灾害概述

山地灾害包括滑坡、崩塌、落石、冰崩雪崩等以重力作用为主的灾害，泥石流、山洪、溃决洪水等以水力作用为主的灾害，冻胀、融沉、涎流冰等以高寒冻融作用为主的灾害，以及堰塞湖、斜坡冻融破坏等以复合作用为主的灾害。其中斜坡变形灾害（滑坡、崩塌等）、泥石流、山洪和堰塞湖这四种是较为常见且危害严重的灾种。虽然这四种灾害具有各自的形成、运动、成灾特征，一般由不同的群体和部门从事研究与灾害防治工作。但是，从区域角度看，这些灾害都发生在山区，具有区域的共生性；从形成发展过程看，这些灾害往往具有成因关系，表现出链生性和复合性。因此，既需要对这些灾害进行分门别类的系统认识，也需要综合了解它们的共性特征与不同灾种之间的相互关系。本篇从山地灾害的学科角度，系统地对山地灾害的基本概念、形成条件、区域规律、相互关系、研究内容与方法、前沿学科问题等进行了综合性论述，希望从整体上提供对山地灾害的综合认知。

第1章

山地灾害基本概念

在全球范围内,山地灾害广泛分布,造成的危害也多种多样。世界各国都高度重视山地灾害的防灾减灾。本章讨论了山地灾害的定义,分析了山地灾害各个灾种的主要特征,阐述了山地灾害与其他相关学科的关系。

本章重点内容:

- 山地灾害的定义及其科学内涵
- 山地灾害的类型及其特征
- 山地灾害研究与相关学科之间的关系

1.1 山地灾害与山地灾害学的定义

由于活跃的地质构造形成的地表隆升、岩石破碎、斜坡软弱结构面、较大的地形高差和复杂的地貌形态,以及由地形差异导致的较大降水[①]梯度和气温梯度等因素,全球大部分山地具备了发育斜坡变形灾害(滑坡、崩塌等)、泥石流、山洪、堰塞湖以及高山区雪崩冰崩等自然灾害的基本条件。这些灾害在其形成和运动过程中,对人类生命、财产、生存环境、生产条件和社会基础设施等造成危害。由于这些灾害主要发生在山地区域,20世纪80年代唐邦兴等(1984)提出了“山地灾害”这一专业词语。对于山地灾害和山地灾害学的概念,目前仍然处在讨论和完善过程中。

一般而言,山地灾害主要是指发生在山地表层,对人类社会、生态环境和自然资源等构成威胁和破坏的灾害。山地灾害包括的灾害类型主要有:山洪、泥石流、斜坡变形灾害(滑坡、崩塌及落石等)、堰塞湖以及溃决洪水、冰崩雪崩、冻土灾害等。基于对山地灾害的认识,从学科角度出发,本书提出了山地灾害学。我们认为,山地灾害学是研究具有明显重力梯度山地环境中各种可能成灾的物质运动现象的形成、分布、运动以及成灾规律,各种现象

---

① 包括雨、雪等大气降水,本书中以降雨为主。

之间的内在联系、相互作用、相互转化、链生过程及其灾害效应,以及为了减灾所采用的获取动态信息、调控物质运动与能量转化技术方法的科学。尽管山地灾害的形成因素除了重力梯度以外,还有温度梯度、降水梯度、植被梯度等多种影响因子,但是山地灾害的物理本质是水土物质在斜坡(坡面或者沟床)上的运动,这种运动无论是以水力作用为主还是以岩土动力作用为主,其核心是由重力平行于运动斜面的分力所驱动。因此,山地灾害可以理解为水土物质在重力驱动下沿斜坡运动并具有一定破坏能力的现象;作为一种灾害性后果,山地灾害又可以理解为水土物质在重力驱动下沿斜坡运动对人类社会及其生存环境所造成的灾(危)害。本书着重阐述的山地灾害(除高寒冰雪灾害以外)就是斜坡上水土混合体在重力作用下的运动,山地灾害学就是研究这种运动的发生、发展、成灾、调控的理论与技术的学科。

1.2 山地灾害的危害

近10年,全球自然灾害造成70多万人丧生、140多万人受伤、约1.44亿人灾后流离失所、超过15亿人受到灾害的影响,经济损失总额超过1.3万亿美元(The United Nation Office for Disaster Risk Reduction,2015)。其中,广泛分布、暴发频繁的山地灾害在全球范围造成了严重的人员伤亡和经济损失。

从世界范围来看,较为活跃的山地灾害主要沿阿尔卑斯—喜马拉雅山系、环太平洋山系、欧亚大陆内部的一些褶皱山脉以及斯堪的纳维亚山脉分布。受到山地灾害不同程度威胁和危害的国家达70多个,主要有:俄罗斯及其周边国家、日本、中国、美国、奥地利、瑞士、意大利、法国、新西兰、印度尼西亚、秘鲁和委内瑞拉等。山地灾害除造成巨大财产和经济损失以外,导致的人员伤亡尤为突出,重大灾害事件不胜枚举。例如,1921年,哈萨克斯坦的阿拉木图泥石流造成500多人丧生,2004年3月14日,阿拉木图再次发生泥石流,造成近30人死亡;1985年11月13日,哥伦比亚内瓦多·德·鲁伊斯火山发生火山泥石流,造成2.5万人死亡;1967—1980年,日本有1700多人死于泥石流灾害;1998年5月,意大利南部那不勒斯等地泥石流造成100多人死亡,2000多人无家可归;1999年12月中旬,委内瑞拉巴尔加斯州数十条沟谷暴发泥石流,造成3万余人死亡,33.7万人受灾(韦方强等,2000);2005年10月,危地马拉泥石流掩埋1400多人;2004年11月,菲律宾奎松省的洪涝和泥石流造成450多人死亡和失踪;2006年2月17日,菲律宾东部莱特岛南部山区发生的大规模滑坡-泥石流灾害导致2000余人遇难;2014年5月2日,阿富汗东北部巴达赫尚省(Badakshan)阿布巴里克村发生大规模山体滑坡,导致200余人遇难。

中国是山地大国,山地面积(包括高原和丘陵)666万km^2,约占陆地国土总面积的69.4%,山区人口占全国总人口的1/3以上。在青藏高原隆升和季风气候的背景下,我国地质构造复杂,地形起伏大,降水集中,山地特有的能量梯度和丰富的降水使得泥石流、滑坡、崩塌、雪崩和山洪等山地灾害非常发育,山洪、泥石流和滑坡(含崩塌)等突发性山地灾害分布广泛,暴发频繁。据国土资源部门统计,每年发生山地灾害数千至上万起,7400万人不同程度地受到山地灾害的危害和威胁;2001—2010年,全国滑坡和泥石流等突发性灾害共造成 9941 人死亡或失踪(不含汶川地震期间因滑坡、崩塌和泥石流遇难的约 25 000 人),平均每年约 1000 人(图 1-1),年平均直接经济损失达数十亿元。其中仅 2010 年 8 月 8 日甘肃省舟曲山洪泥石流就造成 1765 人死亡或失踪,毁坏房屋 4321 间, 22 667 人无家可归。据民政部统计,2012 年我国发生山洪灾害 169 起,受灾 6686.15 万人,死亡或失踪 446 人,直接经济损失 685.086 亿元。据《全国地质灾害通报》, 2013 年 1 月 11 日,云南省镇雄县果珠乡赵家沟村发生滑坡,造成了 46 人遇难。2013 年 8 月 16 日,辽宁抚顺发生特大洪灾,造成 76 人死亡,88 人失踪,受灾人口 43.6 万人,直接经济损失 76.34 亿元。2014 年 7 月,川西出现大范围强降雨天气,在 10 个县市引发群发性滑坡、泥石流和山洪,269 个乡镇、118 万人受灾,直接经济损失 114 多亿元,其中都江堰五里坡滑坡造成死亡和失踪 166 人。

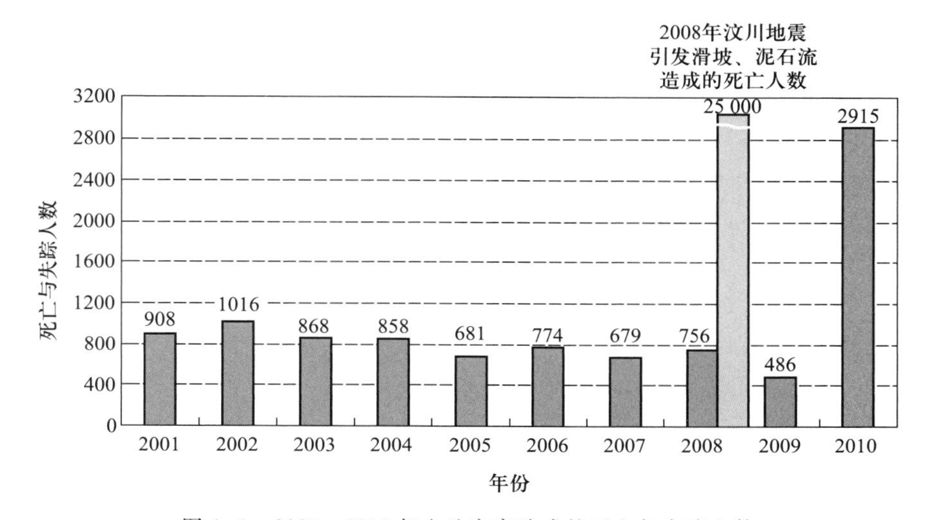

图 1-1 2001—2010 年山地灾害造成的死亡与失踪人数

这些山地灾害,通过冲毁、冲刷和淤积过程,摧毁城镇和乡村居民点,破坏道路桥梁和水电工程,淤积河道和水库,阻断交通和河道,破坏农田和森林,造成巨大的人员伤亡、财产损失和生态破坏,严重影响到山区居民生命财产与工程建设安全,制约着山区资源开发与可持续发展,灾害影响使得许多资源富集的山区成为“地形上的隆起区和经济上的低谷区”(陈国阶,2004)。

1.3 山地灾害减灾概况

20 世纪 80 年代末起,随着联合国“国际减轻自然灾害十年”(INDR;以下简称“国际减灾十年”)计划的启动,包括山地灾害在内的自然灾害引起了国际社会的空前重视,许多国际和区域性自然灾害合作研究计划相继实施,极大地推动了全球范围内自然灾害研究。1995 年,国际减灾十年秘书处成立了包括地质灾害在内的 6 个专家工作小组,旨在加强灾害早期预警能力建设;1997 年,专家工作组提交了“国家及局部地区灾害早期预警能力评述报告”,提出了建立国家和局部地区不同层次上有效的早期预警系统的指导原则。1998年,在德国波茨坦专门召开以“减轻自然灾害的早期预警系统”为主题的会员国大会,并在《波茨坦宣言》中强调,早期预警应该是各国和全球21世纪减灾战略中的关键措施之一。1999年,联合国会员大会决定在“国际减灾十年”计划结束后,继续实施国际减灾战略(International Strategy for Disaster Reduction, ISDR),成立国际减灾战略办公室(United Nations Office for Disaster Risk Reduction,UNISDR),继续推动全球的减灾工作。根据联合国大会决议,于2005年1月18—22日在日本兵库县神户市召开了第一届世界减灾大会,会议通过的《2005—2015年兵库行动框架:提高国家和社区的抗灾能力》被联合国成员国批准,作为系统性和战略性蓝图,指导由于自然致灾因子与人为活动导致的脆弱性和风险。2015年3月14—18日在日本宫城县仙台市举行的第三届世界减灾大会上,对《兵库行动框架》执行情况进行评估和审查,在肯定过去10年减灾成效的同时,通过了《2015—2030年仙台减轻灾害风险框架》,作为最新的国际减灾领域纲领性文件,要求在未来15年内大幅减少在生命、生计和卫生方面以及在人员、企业、社区和国家的经济、实物、社会、文化和环境资产方面的灾害风险和损失。

随着全球气候和环境的剧烈变化,21世纪以来全球范围内的自然灾害日益频繁,其频率和强度越来越高,各国民众和资产受灾风险的增长速率高于脆弱性的减少速率,灾害不断造成严重损失,使个人、社区和整个国家的安全与福祉都受到影响,严重阻碍了实现可持续发展的进程,自然灾害风险引起国际社会的广泛关注。2008年10月,在国际科学理事会(International Council for Science, ICSU)第29届全体大会上,国际科学理事会宣布与国际社会科学理事会(International Social Science Council, ISSC)共同发起一项为期10年的科学计划——“灾害风险综合研究计划”(Integrated Research on Disaster Risk,IRDR),联合各国自然科学、社会经济、卫生和工程技术专家,凝聚他们的经验和智慧,共同应对自然和人类引发的环境灾害的挑战,提高各国应对灾害的能力,减轻灾害的影响,改进决策机制。由国际科学理事会和国际社会科学理事会发起、联合国教科文组织(UNESCO)、联合国环境规划署(UNEP)、联合国大学(UNU)、贝尔蒙特论坛(Belmont Forum)和国际全球变化研究资助机构(IGFA)等组织共同牵头组建的为期10年的大型科学计划“未来地球计划”(Future Earth 2014—2023),是全球环境变化和可持续发展研究的国际合作平台,其宗旨是为全世界应对全球环境变化引起的灾害风险提供所需的知识,抓住机遇,向全球可持续性发展转变。第五次国际政府间气候评估报告也对气候变化的灾害效应及其适应给予高度重视(IPCC,2013)。由多个国家基金委组成的贝尔蒙特论坛指出,山地是全球变化的敏感区,2014年提出“山地——全球变化的前哨”(Mountains as Sentinels of Change)国际合作研究计划,把山地气候变化的灾害效应与山区抗风险能力建设作为主要研究内容。

减轻山地灾害是构建山区人与自然和谐发展的社会格局、实现可持续发展的基本保障。20世纪80年代,我国实施了大量斜坡变形灾害(滑坡、崩塌等)、泥石流和山洪的防治工作,在长江上游建立了较为完善的滑坡、泥石流监测预警体系。20世纪90年代,国家设立地质灾害防治专项,治理了一批危害严重的滑坡和泥石流灾害点;1999年以来,以县(市)为单元的地质灾害调查,查明并记录编目地质灾害隐患点超过24万处,直接威胁人口达1359万人，其中，四川、重庆、云南、贵州、福建、江西、广西、广东、陕西、湖南、山西、湖北、甘肃等省(区、市)最为严重，灾害隐患点累计超过全国总数的70%；2006年以来，全国共成功避让地质灾害3600多起，避免人员伤亡20多万人，防灾减灾效果明显。2010年，启动了全国山洪灾害防治项目，包括山洪灾害调查评价、已建非工程措施补充完善、重点地区洪水风险图编制和重点山洪沟防洪治理四个方面的内容，其中前三项属于非工程措施项目，第四项属于工程措施项目，以确保全面高效地发挥山洪灾害防治各项措施及洪水风险图的综合作用。2012年，我国颁布了《国务院关于加强地质灾害防治工作的决定》；接着，《全国山洪防治规划》和《全国地质灾害防治“十二五”规划》先后得到国务院批准实施，从而极大地促进了山地灾害防治工作的实施，也向山地灾害研究提出了新的要求。

同时，我国非常重视山地减灾科学研究，建立了较为丰富的灾害数据库，出版了一系列不同比例尺的灾害图，对山地灾害区域规律、形成机理、活动特征、运动规律、成灾机制、监测预报(含群测群防)、灾情评估、风险分析和减灾工程的理论基础和技术方法有了较为系统的认识，对国家减灾起到了积极作用。广大山地减灾科技工作者大量的减灾实践、丰富的研究积累和系统的科学认识，构成了本书的科学基础。

1.4 山地灾害种类

山地灾害主要有斜坡变形灾害(滑坡、崩塌、落石等)、泥石流、山洪、堰塞湖以及高山区雪崩冰崩等种类，本书主要介绍前四种，都是斜坡水土混合体在重力作用下的运动形式，目前的名称是根据表观形态特征确定的，大部分也是学术界约定俗成的。物质组成反映灾害的基本物理性质，坡度代表其运动的能量条件，水土的相对含量和运动床面坡度不同的灾种，具有不同的形成条件和运动性质，表现出不同的力学性质与破坏特点。因此，可以根据其物质组成和运动床面的坡度，对山地灾害按物理性质进行分类。如图1-2所示，落石和崩塌几乎全部为岩土体，容易导致崩塌和落石发生的坡度大致在45°以上；滑坡以岩土物质为主，含有少量的水，最适宜发生的坡度为20°~35°；泥石流是水土充分混合的复合体，含水量一般为20%~80%，多发生于坡度14°~30°，比滑坡略小；山洪中以水的成分为主，沙和土相对泥石流较少，形成山洪运动床面的坡度比泥石流略小，为5°~25°；堰塞湖为多成因的复合过程，其物质和运动床面与形成堰塞坝的灾种一致。

不同种类山地灾害具有不同的物质组成和初始形成的能量条件，反映在物质的运动上则表现出运动状态、运动速度、运动距离等特征具有很大的不同。表1-1列出了几种常见山地灾害的运动特征：山洪和泥石流为流体运动型山地灾害，具有破坏力大、灾害范围广的特点，其运动速度通常是每秒几米到每秒十几米，并夹杂大量固体物质，冲击力巨大，致灾范围较其他山地灾害要大，能够造成大量的人员伤亡和财产损失；斜坡变形灾害(滑坡、崩塌和落石等)为块体运动型山地灾害，主要表现为固体物质运动，其发生机理和类型相对较多，危害范围较山洪和泥石流小得多，但是运动速度在一定条件下可以较高。

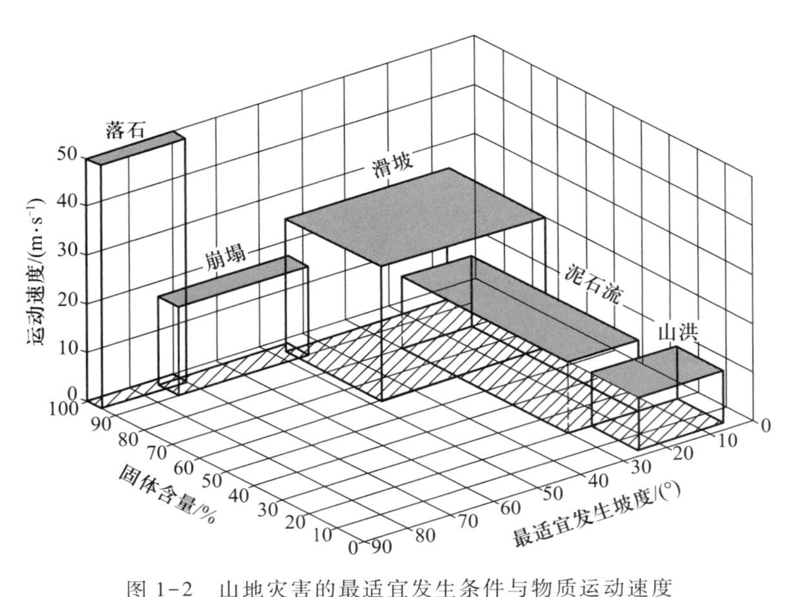

图 1-2 山地灾害的最适宜发生条件与物质运动速度

表 1-1 主要山地灾害种类的运动特征

山地灾害种类	运动特征		
	运动速度	运动阻力	运动距离
山洪	与坡降、水源条件和沟道条件等相关，常见的山洪运动速度为 5.0~15.0 $m \cdot s^{-1}$	来源主要为床面阻力和形状阻力	主要与地形地貌和山洪的规模有关，一般为十几千米至几十千米
泥石流	与沟道坡降、床面条件、水源条件和泥石流的物质组成有关，一般为 1.0~10.0 $m \cdot s^{-1}$	来源主要为床面摩阻力、泥石流体运动黏滞力和路径障碍等	与地形地貌、规模大小和物质组成等相关，一般为几百米至十几千米
滑坡	与滑坡类型、地形条件、滑坡几何参数和规模、岩体力学参数及地应力条件等多方面有关。一般来说，蠕变阶段的滑坡其运动速度可低至 1.0×10^{-10} $m \cdot s^{-1}$，而有些高速滑坡可能会达到 30 $m \cdot s^{-1}$	影响因素有岩土体类型与性质、滑坡几何性状、微地貌、水环境和运动障碍等	与临空面条件、滑坡速度和规模等相关，有些滑坡体仅仅堆积在坡角，有些高速远程滑坡的滑体运动距离可达几千米

续表

山地灾害种类	运动特征		
	运动速度	运动阻力	运动距离
崩塌	与崩塌体的能量、岩土体的力学性质和临空面条件等相关,一般为1.0~20.0 $m \cdot s^{-1}$	与坡面的形状、摩擦力和崩塌块体之间的相互作用有关	多与地形和临空面条件相关,有些崩塌物直接堆积在坡角,而有些则会沿坡面运动较远距离,一般运动距离为十几米至数百米
落石	与势位、运动轨迹和运动能耗有关,一般为1.0~50.0 $m \cdot s^{-1}$	落石在空气中运动的阻力一般可以忽略不计,有些在坡面运动的落石,其运动阻力与坡度、滚动摩擦力和障碍阻挡等有关	更多取决于可运动空间的大小,与落石的能量和运动阻力等有关,一般从几米到几百米

1.5 山地灾害与相关学科的关系

山地灾害的研究以地学为基础,同时又与数学、物理学、力学、工程学和新兴学科与技术相互交叉、相互渗透、相互融合。

1.5.1 山地灾害与地学的关系

山地灾害的研究体系起源于地学,尤其是与地学中的自然地理学、地质学和气象学等有着紧密的联系。

山地灾害发育的环境为山地环境,山地环境的自然属性取决于自然地理环境和地质环境。自然地理环境是自然地理学的研究对象,因此以山地灾害为研究对象的山地灾害学与自然地理学有着千丝万缕的联系。山地灾害学与自然地理学的联系,是通过自然地理环境为山地灾害的形成和运动提供能量和物质条件来实现的。这主要表现在山地灾害的发育与分布受气候、水文、地貌、植物、动物和土壤等自然地理环境因素的控制。山地灾害对自然地理环境因素的影响也会做出积极的响应,主要表现为根据自然地理环境的影响程度,或加速自身的发生发展,或保持稳定,或延缓、减弱自身的发生发展,其响应的结果,反过来又会促进自然地理环境的演化。

山地灾害与地质学的联系,是通过地质环境为山地灾害的形成提供物质条件,为山地灾害的勘察提供技术,以及为山地灾害的防治工程提供设计参数来实现的。

气象学中的每一场降水，尤其是大雨及其以上的降水都与山地灾害的形成、转化以及预报与警报有着直接的不可分割的联系，因此气象学也成为山地灾害研究的基础学科之一。

1.5.2 山地灾害与物理学和数学的关系

山地灾害的研究需要多学科的交叉理论，因此对它的基础理论、应用基础理论和应用技术等，仅用传统地学的方法做定性的文字描述是远远不够的，还必须引入数学和物理学的表达方式，即用数学、物理模型来定量地表达山地灾害学的定理和各种规律的物理意义，这样有关山地灾害的防治技术才能更定量化和实用化。数学和物理学无疑都应当成为支撑山地灾害学的重要基础学科之一。

1.5.3 山地灾害与力学和工程学的关系

山地灾害种类繁多，总体可分为两大类：块体运动型山地灾害和流体运动型山地灾害。块体运动型山地灾害有岩土体的滑坡、崩塌、冰崩和雪崩等；流体运动型山地灾害有泥石流和山洪等。从山地灾害的类型和物质成分的构成可以清楚地看出：一是山地灾害与岩土体密切相关；二是山地灾害与水的两态（液态和固态）密切相关；三是山地灾害与岩土体和水、气的混成体（两相或多相流体）密切相关。因此，山地灾害的许多力学问题必须借助于岩石力学、土力学、流体力学等力学理论来加以解释，力学理论是山地灾害学的理论和技术的支撑学科之一。

工程学中的水利工程学和土木工程学等则能够很好地指导研究山地灾害的防治技术与方法。

1.5.4 山地灾害与新兴科学和技术的关系

随着科学技术的迅猛发展，系统论、信息论、控制论、协同论、耗散结构和突变论等新兴科学理论和方法，遥感、遥测技术，物质、能量、信息的测试和分析技术，模拟（含物理模拟和数学模拟）与实验技术等新兴技术不断涌现。山地灾害研究在继承地学优良传统理论和方法的同时，在发展和完善中逐渐引进和融合新兴理论与技术，不仅提高了山地灾害研究的效率和质量，而且能够提高山地灾害防治工作的精准度、可靠性和综合效益。

第2章

山地灾害的基本特征

山地灾害的基本特征是认识灾害现象和进行灾害防治的基础。本章论述了山地灾害的形成条件、区域分布规律和不同灾害种类之间的相互关系。

本章重点内容：

- 山地灾害形成的基本条件与激发条件
- 我国地貌格局对山地灾害发育的影响
- 不同山地灾害种类之间的关联特征

2.1 山地灾害形成条件

山地灾害的形成是物质(含固相物质和液相物质)条件和能量(含固相物质的能量和液相物质的能量)条件以一定形式组合的结果。对山地灾害形成条件的认识,可以从各因素对物质产生和能量转化贡献的角度出发,按照山地灾害形成的环境条件、基本条件和激发条件进行分析。

2.1.1 环境条件

山地灾害形成的环境条件主要包括地球的内营力作用和外营力作用两大类。

2.1.1.1 地球的内营力作用

(1) *构造运动*

地壳在强大的地应力作用下,发生强烈的垂直运动和水平运动,致使地壳被分割为若干大小不同的板块。在板块边缘以及板块之间的接触地带产生张性、压张性、剪张性等深大断裂和一般断裂;在水平运动过程中,板块间发生挤压,致使碰撞板块内部的软弱岩石分布区生成褶曲;垂直运动导致地壳隆升,使地表绝对高度增大。断裂带内和褶曲轴部及其边缘地带的岩体遭到强烈破坏,易于风化形成松散固相物质;地面绝对高度增大,致使地表的松散固相物质和液相物质具有较大的位能。可见,构造运动在山地灾害的形成过程中,无论在能量方面还是在物质方面都起着极其重要的作用。

(2) 地震作用

地震能在瞬间造成地表的强烈破坏。地震的强地面运动具有高程和凸出地形的放大效应,高强度的震动能在陡坡上诱发崩塌和滑坡,形成大量松散固相物质;在残坡积物较薄的缓坡上造成残坡积物与基岩间的松弛,在残坡积物深厚的缓坡上造成其内部形成破裂面,在较陡边坡上造成大量的裂缝等,形成数量巨大而潜在的松散固相物质。地震期间形成大量的松散固相物质和潜在松散固相物质,为震后崩塌、滑坡、泥石流、山洪的形成和发展创造了极其有利的条件。强地震区内若存在冰川及永久性积雪的高山和极高山,还会触发冰崩和雪崩,可能导致冰湖溃决洪水。例如,2008 年 5 月 12 日汶川 M_S 8.0 级特大地震触发的崩塌和滑坡约 3.5 万处(其中安县大光包山滑坡体积达 7.5 亿 m^3,形成 690 m 高的堰塞体),产生了约 30 亿 m^3的松散土石体,震后多年来泥石流极为活跃。

(3) 火山活动

火山对山地灾害形成的影响表现在两个方面:一是火山除喷发(溢)熔岩流外,还喷发出大量的蒸汽和固相物质,这些固相物质主要为火山灰和火山碎屑,当其降落在地表后,形成大量松散固相物质;二是位于冰川和永久性积雪覆盖区的火山喷发时,释放出的大量热量导致冰川和积雪融化,为山地灾害提供水分,有的直接形成山洪和泥石流(又称火山泥流)。

2.1.1.2 地球的外营力作用

地球表层与山地灾害形成关系密切的外营力有风化作用和地表流水的地质作用。

(1) 风化作用

风化作用指岩体在外营力作用下遭受破坏的一系列过程,也是残、坡积物(松散堆积物)的形成过程。风化作用有物理(机械)风化、化学风化和生物风化三类(杨达源,2006)。

物理风化指岩体在外力作用下破裂成岩块,岩块碎裂成块石和碎石,块石和碎石崩解为砾石、砂粒、粉粒等一系列破坏过程。物理风化作用使陆地表层遭到强烈破坏,形成松散破碎的风化壳。风化壳的存在为山地灾害的形成和发展储备了丰富的松散固相物质。影响物理风化作用的自然因素主要为地质因素(包括地层、岩性、构造和地震)和气候因素(包括气温和降水）。

化学风化是岩体的一些化学成分与水、空气和生物中的某些化学成分发生化学作用，使岩体的结构和成分发生变化的过程。化学风化作用包括溶解作用、水化作用、水解作用、酸化作用和氧化作用等。一般来说，岩石中含有 $CaCO_3$、$CaSO_4$、K^+、Al^{3+}、Fe^{2+}、Fe^{3+}，水和空气中含有 H^+、OH^-、O_2、CO_2、HCO_3^-、SO_4^{2-}时，溶解或游离于水和空气中的这些物质将与上述岩体中所含的那些成分起化学作用，其中溶解于水的便被水带走，不溶于水的便形成松散堆积物，为山地灾害的形成提供松散固相物质。

生物风化是生物生长和分解的产物对岩体及矿物所造成的物理风化和化学风化的总称。生物的物理风化较为单一，如植物根系生长把裂隙岩的裂缝撑裂，动物的挖掘和穿凿使岩层破碎等。生物的化学风化则主要是生物的新陈代谢分泌出多种具有化学腐蚀能力的物质使岩石的矿物成分遭受腐蚀，或成为溶剂而溶解某些矿物并对该岩层产生破坏作用；微生物呼吸作用制造的有机酸和无机酸共同形成复合酸，这些复合酸对岩体的矿物成分有很强的破坏作用。由于植物与微生物的化学风化和动物的挖掘、穿凿作用，使森林内风化层厚度远大于裸地，颗粒远细于裸地。因此，植被覆盖较好地区能为山地灾害形成提供更多的富含细粒颗粒的松散固相物质。同时，植物根系扎入岩体的深度越大，根系越发达，固土作用也越强，林地土壤结构良好，调节降水和地表径流功能好，不利于土体破坏，这就是森林地区的山地灾害远不如疏林地、幼林地、草地和裸地发育的原因所在。

（2）地表流水的地质作用

地表流水的地质作用具有雕刻和塑造地表地貌形态的巨大功能，通常包括侵蚀、搬运和沉积作用三大方面。

侵蚀作用是指地表流水由高处向低处流动的过程中，通过流水的化学动力和机械动力使原有的地面物质和地表形态不断遭受破坏的作用。在山地的形成过程中，随着地势的不断隆升，流水侵蚀作用不断加强，沟谷加深，沟岸和山坡变陡，水土流失加剧，重力侵蚀发展，崩塌（含碎屑流和落石）、滑坡和坡面泥石流随之发生，并与流水的下切侵蚀、侧向侵蚀和溯源侵蚀相结合，形成水力-重力复合侵蚀，把大量松散固相物质以沟谷泥石流形式输入低凹处或溪谷与河流中，为山地灾害的进一步发展奠定基础。

搬运作用指地表流水将地面的破碎物质带走的作用。地表流水不仅具有将各类侵蚀形成的松散固相物质输移至低凹处、溪谷和河流的功能，而且还具有依据能量条件对搬运物质进行分选的功能。在较大底床坡度上地表流水的搬运作用，尤其是在松散固相物质的重力和流水的动力共同作用下的搬运作用，搬运物质数量多、大小混杂，搬运距离短，对山地灾害形成有极大作用。

沉积作用指当地表流水流速降低时，部分物质不能继续被搬运而沉积下来的作用。地表流水每发生一次沉积，都将导致流水的规模、含沙量、重度等的变化，从而在一定程度上改变地表流水的流体性质，这也为山地灾害的性质转换或链生作用奠定了基础。所以，地表流水的沉积作用在山地灾害的形成中也起着不可缺少的作用。

2.1.2 基本条件

2.1.2.1 能量条件

能量是驱动山地灾害致灾体起动和运动的动力。形成山地灾害的能量主要来自松散固相物质的重力、流水(含坡面、沟谷和河道径流)的水动力、地下渗流的静水和动水压力等。常用莫尔-库仑准则(即驱动力大于起始静切力)描述固相物质起动的基本条件。自然界中岩体的差异风化作用、裂隙水和地下径流的润滑作用、水体的重量等都能导致松散固相物质自重的增加,或水体充满松散固相物质孔隙致使其内摩擦角(φ)和黏聚力(C)降低等,都能满足松散固相物质所需的外力大于自身起始静切力的条件而被起动。水是牛顿体,能自动将自身的位能转化为动能而流动,具有侵蚀、搬运的能力。因此,无论松散固相物质的重力,还是地表径流的水动力与地下渗流的渗透力、静水压力,都是地球重力场不同类型力的表现形式,地貌条件可以反映其值的大小。一个流域或区域,其绝对高度越大,松散固相物质的位(势)能、地表水和地下水的动能越大;单位面积的相对高度(实际上也反映了山坡或沟床的坡度)越大,松散固相物质的位(势)能转化为动能的条件越好,转化的速率越快,地表水和地下水的动能越大。通常,极高山—高山区能为山洪、泥石流形成提供巨大的能量条件,高山—中山区、中山—低山区、低山—丘陵区提供的能量条件逐级减少;高陡斜坡提供给滑坡、崩塌和落石的能量较缓坡更大。一般而言,起动时拥有较大能量的致灾体,也具有较大的破坏能力。

2.1.2.2 物质条件

山地灾害形成的物质组成包括三大类别:固相物质(松散碎屑物质)、液相物质(水)和气相物质(空气)。各种类型灾害体的空气含量都很少,对其性质影响不大,可忽略不计。

(1) 固相物质

固相物质(岩土体和固态水)是构成山地灾害的主要成分。形成山地灾害的岩土体的成分十分复杂,有风化碎屑、经过成土过程作用的地带性土壤、动植物的残骸等,大到半风化岩体和巨大块石(漂砾)、细到黏粒(含胶粒)。其中,土壤中的细粒物质(黏粒和胶粒)对山地灾害的性质有较大影响。形成山地灾害的固态水主要为冰川和永久性积雪,均分布在雪线附近,仅为冰崩和雪崩形成的母体。因此,在分析山地灾害形成的固相物质时,主要考虑由岩体风化产物形成的松散固相物质、岩体和土壤等。松散固相物质的粒度组成决定着灾害体的性质,并对形成的能量条件具有不同的需求。

一个区域或一个流域,可供灾害形成的固相物质的量的多寡,首先受地质条件控制。一般而言,地层或地质旋回期越古老、岩性越软弱的地区,松散固相物质越丰富;构造的复合部位、断裂带和褶曲轴部等部位,固相物质也很丰富。其次,受气(地)温的制约,通常气温年较差、日较差、极端较差越大,围绕0℃震荡的时间越长,越有利于岩体及其风化产物物理(机械)风化作用的发生,松散固体物质也越丰富。再次,受人类活动的影响,人类不合理的经济活动强烈破坏地表,产生大量的松散碎屑物质,导致斜坡失稳和变形,为山地灾害的形成创造有利的固相物质条件。通过对物质条件的研究,结合气温条件和人类经济活动条件的分析,可对山地灾害形成的固相物质条件获得明确的答案。

(2) 液相物质

液相物质也是形成山地灾害的主要成分。形成山地灾害的液相物质主要是液态水,其来源有4类:大气降水;冰雪融水;水库、渠道与湖泊坝堤溃决形成的溃决水;地下水。在高山和极高山地区主要为冰雪融水,其他地区以大气降水为主,在水库和渠道分布密集的地区与天然湖泊(含冰湖和天然堰塞湖)发育的地区溃决水很重要,地下水在滑坡形成中也起到重要作用。

液相物质在不同类型山地灾害的形成中扮演不同的角色。对流体运动型山地灾害(如山洪、泥石流)的形成而言,液态水既是它们的组成成分,又是它们的驱动力,起着决定性的作用。对块体运动型山地灾害(如滑坡、崩塌等)的形成而言,液态水主要是通过降低岩土物质的内摩擦角和黏聚力,增大自重,改变受力条件,导致崩塌、滑坡的形成。对固态水的冰崩和雪崩的形成,液态水的作用,一是通过渗入冰雪体的重力裂缝,造成裂缝两侧固态水融化使裂缝贯通,引发冰崩和雪崩;二是通过掏刷冰雪体的坡脚,增大临空面,改变冰雪体的受力条件,导致冰崩和雪崩的形成。

2.1.3 激发条件

山地灾害的激发条件,是指一个或一组环境因子的作用直接导致地面上处于临界状态(对于固相物质而言则为极限平衡状态)的水土物质起动形成山地灾害的因子及其量值。山地灾害的形成是处于极限平衡的致灾体与激发条件耦合的结果。能为山地灾害形成提供激发条件的自然因素包括水、坝堤溃决和地震,同时,还有人为因素。

2.1.3.1 水的激发作用

能为山地灾害的形成提供激发条件的水包括大气降水、冰雪融水、冰雪融水-大气降水和地下水等。

(1) 大气降水的激发条件

大气降水能为流体运动型山地灾害各灾种致灾体的形成提供激发条件。强降水直接产生地表径流,并迅速汇集于沟谷中形成山洪。降水形成的沟道洪水在强度达到一定的临界值时,流体的动力就会大于固体颗粒的阻力,沟床堆积物便会被携带进入流体,当流体中固体颗粒达到一定浓度时,便演化为泥石流。大气降水渗入坡体后,增加自重,减小内摩擦角和黏聚力,当下滑力大于抗滑力时,便形成崩塌或滑坡。

(2) 冰雪融水的激发条件

冰川与永久积雪区在高温期间,冰川、积雪和冻土加速融化,在冰雪体内部和表面形成径流,若冰雪融水能持续大规模补给沟谷水流,水流规模增大,形成山洪;如果山洪强烈冲刷沟底和掏蚀两岸,把大量松散固相物质带入流体,当流体内固相物质达到一定浓度时,便转化为泥石流。因而,冰雪融水形成的持续而强大的山洪是冰雪融水型泥石流形成的激发条件。

悬冰川、冰斗冰川和粒雪盆或山坡积雪在高温作用下消融而形成的融水,进入下方的坡体,坡体的极限平衡状态被打破而发生崩塌和滑坡。足够量的冰雪融水是冰雪体下方坡体形成崩塌和滑坡的激发条件。

冰川和永久积雪遭遇高温时形成的消融水与降水结合后,能形成比单一的冰雪融水规模更大的冰雪体表面水流和冰雪体内部水流,成为山地灾害形成更鲜明的激发条件。

(3) 地下水的激发条件

在一般条件下,无论潜水还是承压水,都难以激发流体运动型山地灾害的发生,但地下水的活动却会为崩塌和滑坡的形成提供激发条件。

2.1.3.2 坝体溃决的激发作用

不论是天然坝(天然湖泊、天然堰塞湖和冰湖等的堤坝)还是人工坝堤(水库坝堤、引水渠堤和尾矿库坝堤等),当坝内水体产生的静压力、扬压力和波浪冲击力之和大于坝堤的承载力时,或者在溢流水流的冲刷下,坝堤可能不同程度地溃决。坝堤一旦溃决,巨量的水体将成为山地灾害形成的液相物质,大量的坝堤物质将成为山地灾害形成的固相物质。两者耦合后,若流体重度小于 10.8 $kN \cdot m^{-3}$,则形成挟沙山洪;若流体重度在 10.8~13.7 $kN \cdot m^{-3}$,则形成高含沙山洪;若流体重度大于 13.7 $kN \cdot m^{-3}$,则形成泥石流。山洪和泥石流在沟谷的流动过程中,还将强烈冲刷沟底和掏蚀两岸坡脚,形成强烈的水土流失,并诱发岸坡滑坡和崩塌。

2.1.3.3 地震的激发作用

地震,尤其是强烈地震,能释放出巨大的动能,这些动(热)能与适宜的环境条件相结合,就能为山地灾害的形成提供激发条件。当地震波作用于岩土体时,可出现两种情况:一是将导致地震崩塌和滑坡的发生,尤其在地震动荷载远大于岩土体结构强度时;二是虽然在地震冲击力的作用下没有形成崩塌和滑坡,但会导致坡体破裂受损形成潜在灾害。在高山区,地震还能激发雪崩和冰崩,因此,地震为崩塌、滑坡、冰崩和雪崩提供激发条件。另外,饱水的松散固相物质在地震剧烈振动作用下，结构性被破坏而液化，液化后的流体沿沟谷向下流动，可形成一定规模的泥石流。

2.1.3.4 人为因素的激发作用

随着社会、经济和科学技术的发展，人类活动与自然界的关系变得越来越密切，一部分人类活动不符合自然规律，例如，过度开发利用自然资源，工程建设中没有处理好与环境的关系，这些人类活动对自然环境的改变将导致有利于山地灾害形成条件的产生，促使山地灾害发生。激发山地灾害的人为因素包括切坡、加载与减载、灌溉与生活用水、人为掘通地下(承压)水等。

(1) 切坡

人类在山区修筑铁路、公路、管道、矿山、工厂、水电水利工程以及进行城镇、村庄建设时，由于空间条件所限必须开挖山坡，增大开挖部位上方山坡的有效临空面或形成新的有效临空面。因坡体下部被挖去而失去支撑，成为危险边坡，经过一定时间的孕育而演化为崩塌或滑坡。因此，边坡开挖为崩塌和滑坡提供了激发条件。另外，切坡形成的裸露岩土坡面和开挖的堆填土坡，为泥石流提供松散固相物质，但不提供激发条件。

(2) 加载与减载

加载是指在崩塌或滑坡体中、上部增加荷载，如堆积岩土体、货物，修建房屋和其他生产、生活设施等，将导致崩塌和滑坡体的下滑力增大，引发崩塌和滑坡；减载是指在崩塌或滑坡体中、下部减小荷载，如开挖、取走货物、拆除房屋和其他生活设施等，将导致崩塌、滑坡体的抗滑力减小，也会触发崩塌和滑坡。

(3) 灌溉与生活用水

灌溉与生活用水激发崩塌和滑坡的事件屡见不鲜。趋于稳定的大型崩塌和滑坡体往往比较平缓、土层较厚、灌溉条件好、具有多级平台，是山区开发农业的良好场所，通常开垦为梯地或梯田。灌溉用水渗入崩塌和滑坡体后，增大坡体自重，降低坡体的内摩擦角和黏聚力，引起崩塌和滑坡的发生。有些村镇和工矿建在基本稳定的大型崩塌和滑坡台地上，其生活用水(含工业用水)处置不当，也能成为崩塌和滑坡发生的激(触)发条件。

(4) 人为掘通地下(承压)水

人类工程活动，尤其是人类的采矿、筑路等工程活动，往往需要开凿大量的平硐、竖井和隧洞，在开凿的过程中，若掘通地下(承压)水主要通道，地下水将沿掘通的平硐、竖井或隧道喷涌而出。这类地下水具有巨大的能量,一旦涌出,能强烈冲刷山坡或沟床堆积物,形成坡面泥石流或沟谷泥石流。

综上所述,山地灾害的形成条件可分为三大类:环境条件、直接条件和激发条件。三个条件同等重要,缺少任意一个都不能形成山地灾害。一个流域或区域如果不具备形成山地灾害的环境条件,通常也就不具备山地灾害形成的直接条件和激发条件,即山地灾害不可能发生,这一流域或区域可确定为非山地灾害活动区。如果具备了形成的环境条件,但不具备直接条件,通常山地灾害也不可能发生,可确定为非山地灾害活动区。如果具备了环境条件和直接条件,是否为山地灾害活动区,就要由是否具有激发条件来决定。由于山地灾害的激发条件复杂多样,只要具有一种山地灾害激发的条件,就应确定为山地灾害活动区;如果各种山地灾害都不具备激发条件,则应确定为非山地灾害活动区。

2.2 山地灾害区域分布规律

山地灾害的分布受到多种因素的控制,如地质、地貌、水文、气候、植被以及人类活动影响等。据研究,山地灾害中的主要灾种如山洪、滑坡崩塌、泥石流和堰塞湖等的形成与分布的控制因素既有共同点又有区别,它们的分布既有共性,又有各自的特征。一般而言,山地灾害在断裂发育、地震活跃、新构造运动强烈、地壳抬升快、地势高差大、降水丰沛且多暴雨的地区较为发育,气候变化导致的极端天气气候事件出现频率的增加和高寒区温度的升高,也会加剧山地灾害的活动。Herath 和 Wang(2009)将世界各地滑坡分布的地理位置与世界断裂分布图、世界地貌图、世界 24 小时最大降雨强度分布比较后,得出滑坡主要集中在断裂带附近以及高强度的降雨区和地形陡峭区,并认为断裂和地形是滑坡的主要驱动力,降雨则属于激发因素。我国山地灾害分布格局明显地受到地貌格局和气候特征的控制。

2.2.1 地貌格局主导山地灾害的发育

首先,山地灾害分布受控于我国大的地貌格局,在我国三大地貌阶梯的过渡带上分布最为密集。以大兴安岭—太行山—巫山—雪峰山一线为界,此线以东为我国地势的低阶梯,以平原、丘陵为主,滑坡、崩塌和泥石流发育较弱,分布稀少。此线以西为我国地势的高、中阶梯,包括广阔的高原、深切割的极高山、高山和中山区,是山地灾害最发育最集中的地区,滑坡、泥石流和山洪常呈带状或片状分布,集中在青藏高原东南缘山地、四川盆地周边以及陇东—陕南、晋西、冀北等地和黄土高原东缘为主的地区。其中高—中和中—低阶梯的过渡地带山高、坡陡、谷深,滑坡、崩塌和泥石流分布极为密集。高—中阶梯的过渡带包括青藏高原东北部与黄土高原结合的部位,东部与云贵高原结合的部位(横断山区),北侧属黄河上游,南侧属金沙江、澜沧江和怒江流域。这一带山势陡峻,河谷深切,一般海拔为 3000~5000 m,相对高差大于 1000 m,多级夷平面及河流高阶地十分发育,为大型特大型滑坡、泥石流和堰塞湖的形成奠定了丰富的物质基础和地貌条件(图 2-1)。据调查统计,青海省龙羊峡水电站近坝库岸(右岸)长 14 km,有特大型滑坡 10 个,滑体总量达 8.5 亿 m^3,滑坡盘踞库岸长 13 km,约占这段库长的93%。白龙江(嘉陵江支流)流域、岷江上游、大渡河流域、安宁河(雅砻江支流)流域和金沙江下游等均是泥石流和滑坡的密集分布区(表2-1)。中—低阶梯的过渡带包括:秦岭以南的大巴山、巫山、雪峰山、武陵山等。这一段海拔1000~2000 m,相对高差500~1000 m,多级宽缓外凸的河流堆积阶地和多级夷平面比较发育,具有大型特大型滑坡发育的地貌条件。这一地区降雨较为丰沛,山洪亦较为发育。三峡库区位于该区,滑坡和崩塌非常发育,约有5000余处,1982年鸡扒子和1985年新滩滑坡的滑体均在2000万~3000万 m^3,链子崖崩塌危岩、黄蜡石滑坡等是具较大潜在威胁的灾点。据湖北省地矿局水文队资料介绍,鄂西山区4万余平方千米的范围内,近几年平均每年新增加崩塌滑坡3000余处,仅1983年新增加崩塌滑坡多达6000处。

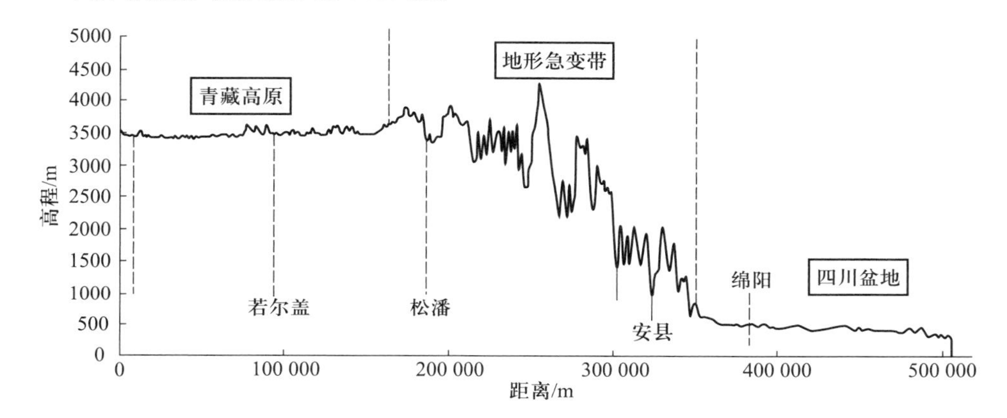

图2-1 青藏高原东缘地形急变带灾害发育区

表2-1 中国地势高—中阶梯过渡带主要流域的滑坡和泥石流分布

水系名称	滑坡/处	泥石流/条	水系名称	滑坡/处	泥石流/条
嘉陵江	181	291	金沙江	640	553
岷江	215	1157	怒江	68	668
大渡河	123	747	澜沧江	129	836
雅砻江	189	750			

2.2.2 气候特征影响山地灾害的形成与分布

以大兴安岭—张家口—榆林—兰州—昌都—林芝一线为界,此线西北多为干旱、半干旱气候区,降雨少,年降雨大多在500 mm以下,滑坡、崩塌和泥石流分布也较少;此线东南为湿润、半湿润气候区,年降雨大多在1000 mm以上,滑坡、崩塌、泥石流和山洪较为发育,而且分布密集。

在青藏高原高寒区,冰雪消融和季节性冻融是滑坡、泥石流和冰湖溃决洪水形成的重要因素,该区发育着与气温变化相关的冰川泥石流、冰湖溃决洪水和冰湖溃决泥石流、冻融型滑坡。这类山地灾害多发生于春季和夏季。例如,2000年4月10日发生于易贡藏布支沟扎木弄巴的巨型滑坡,约3亿 m^3 堆积物堵断易贡藏布,60天以后溃决形成特大溃决洪水(水位约50 m,峰值流量达120 000 $m^3 \cdot s^{-1}$),造成巨大的灾害。

我国是世界上著名的独特季风气候区,降水丰富而分布不均,变率很大,为山地灾害活动提供了有利条件。季风气候影响和控制了我国滑坡、泥石流和山洪的分布格局。我国东部和东南部受太平洋季风影响,西南部受印度洋西南季风影响,降水丰沛,季节分布不均,夏秋季往往集中全年降水的3/4以上。由于受地形因素影响,局地性暴雨特征明显。这些气候特点使得山地灾害活动集中出现在暴雨、长历时降雨和高强度降雨的区域。台湾和东南沿海受台风暴雨激发,山地灾害常常在大范围成群暴发。

我国西北和北部地区,因深处内陆,夏季风无力深入,长期受冷温带大陆气团控制,干旱少雨,但山地在一定坡向和高度上形成最大降水带,降水量较大,也有利于滑坡、泥石流和水土流失的发育。夏季的暴雨是这一地区多数滑坡、泥石流和山洪的激发因素。

2.2.3 我国山地灾害的分布规律

山地灾害的形成和分布受控于地形地貌、地层岩性和地质构造等内部条件,同时受降雨等外部条件的影响。其中地形地貌是首要的控制性因素,气候(降雨条件)是重要的外部条件,这两种因素叠加的区域是滑坡、崩塌、泥石流和山洪等分布最密集的区域。调查资料表明,我国山地灾害的分布具有以下规律。

2.2.3.1 沿断裂构造带密集分布

在断裂带及其附近,应力集中,岩体强烈挤压而被破坏,岩层破碎,河流强烈下切,引发规模不等的崩塌和滑坡,为泥石流活动提供了丰富的松散固体物质来源,为堰塞湖形成提供了较好的地形条件。因此,山地灾害分布与构造活动有密切关系,沿着断裂构造带密集分布。例如,北东向的龙门山断裂带、北北西向的玉树—甘孜—炉霍断裂带、近南北向的安宁河—小江断裂带,陇南、秦—巴山区是青藏高原“歹”字形构造的头部,是北东、北北西、近南北、东西向断裂带的交汇部位。以上断裂带通过的山区滑坡、崩塌、泥石流和山洪分布很密集,呈条带状分布,成为我国山地灾害最为发育的地区,其灾害点数量之多、活动之强、灾害之重,为我国之冠(表2-1)。位于波密—易贡断裂带的帕隆藏布流域公路两侧分布有灾害性泥石流104处,大型滑坡、崩塌76处,其中规模特大的就是米堆沟冰湖溃决泥石流、古乡沟冰川泥石流、加马其美沟暴雨泥石流、102滑坡和拉月大塌方等。

2.2.3.2 沿深切的高山峡谷区呈带状分布

高山峡谷区由于山高坡陡,在地质构造、寒冻风化、地震和侵蚀等的作用下,山体破碎,为滑坡和泥石流的活动及其堵塞河道形成堰塞湖提供了良好条件。沿沟河两岸山坡中、下部坡度大多介于21°~35°,是滑坡形成和发生的最佳坡度;相当一部分峡谷深切段坡度大于

60°,易于形成崩塌。长江、黄河和珠江等大江大河的中上游支流、支沟是滑坡和崩塌多发区。高山峡谷区由于下垫面作用,常常是局地性暴雨最为活跃的地方。山体破碎、降雨丰富、强烈侵蚀及人类活动等综合作用,使得山洪和泥石流在峡谷区成群分布。川藏公路横穿著名的横断山高山峡谷区,沿线山地灾害非常频繁,成为影响交通的主要因素。

2.2.3.3 与暴雨和长历时高强度降水分布区域一致

山地灾害的分布与强降雨区的分布密切相关。据调查统计,自然界中80%以上的滑坡和崩塌发生在雨季;在降雨泥石流区内,降水是激发泥石流的主要因素;降雨及其径流是水土流失、山洪和堰塞湖的主体物质和激发因素。与降雨及其径流与山地灾害分布关系密切的降水量,包括年平均降水量、6—9月降水量、过程降水量、最大24小时降水量和最大1小时降水量等。据资料分析,泥石流分布密度随分布区年平均降水量、6—9月降水量、最大24小时降水量和最大1小时降水量的增大而增大;泥石流分布的密度随分布区降水量大于10 mm、大于50 mm、大于100 mm、大于150 mm和大于200 mm的日数增多则增大。泥石流分布密度随降水年内变差系数和年际变差系数(降水变差系数是指年降水量的距平值与多年平均降水量之比的百分数,用以表征某一地区降水的年际变化程度,一个地区降水量丰富、变率小,说明水资源利用价值高)增大而增大。一般而言,山地灾害分布与暴雨和长历时高强度降水的分布区域基本一致。1981年7月,四川西北部、陕南、甘南等地发生百年不遇的特大暴雨,引发了大量的滑坡、崩塌和泥石流。据四川防洪部门统计,有6万多处滑坡和1000余处泥石流。西藏自治区的雅鲁藏布江大拐弯地区山高坡陡,降水量多,年降水大多在1400 mm以上,2005年7月一次强降雨过程引发了数千处中、小型滑坡及大量泥石流和山洪。

2.2.3.4 在软岩和软硬相间岩石区集中分布

软弱的岩层或软硬相间的岩层比岩性均一的坚硬岩层易遭破坏,有利于滑坡和泥石流形成。我国容易形成泥石流和滑坡的岩层主要有:① 新生界地层中固结较差的黏土、软岩和各种成因的松散堆积物,力学强度低,容易破坏和侵蚀,极易产生滑坡和泥石流,如攀西地区的昔格达地层、西北地区的黄土等。② 中生界陆相地层胶结程度差,抗剪强度低,容易软化,在干湿度变化下胀缩作用明显,岩石表层崩解迅速,常形成较厚的碎屑层;含膏盐地层在水的作用下,固结力降低,当倾向与坡向一致时,坡体容易失稳,产生滑坡,并为泥石流提供物质条件。③ 煤系地层强度低,遇水易软化失稳而发生泥石流和滑坡灾害,如贵州六盘水煤矿区属灾害易发区。④ 凝灰岩或凝灰碎屑岩,力学强度低,对岩体稳定性影响大,当倾向与坡向一致时,边坡易失稳产生滑坡,导致泥石流,如云南禄劝大型滑坡就发育在该岩层中。⑤ 变质岩层时代古老,节理、裂隙发育,常有较厚的风化带,特别是在水的作用下,其中的绢云母和绿泥石易风化成黏土物质而发生泥化,极易产生滑坡,如云南东川蒋家沟和甘肃武都火烧沟等著名的泥石流沟均发育于变质岩出露区。⑥ 在炎热多雨气候条件下的花岗岩,易形成深厚的风化壳,厚度可达50~100 m,呈砂土状,强度低,有利于泥石流、滑坡和崩塌发育。岩性不仅影响山地灾害的分布,而且还决定了灾害的类型和性质,例如,在黄土地区发育典型的土质滑坡和泥流,在强变质岩区发生黏性泥石流。

2.2.3.5 山地灾害随海拔发育不同的类型

我国地势西高东低,海拔跨度非常大,随着海拔变化,高山高原堵断了暖湿气流的运移,相应降雨量呈现东南多、西北少的格局。同时,地势起伏、气候水文、土壤植被等山地灾害形成的自然因素都发生了地带性变化。按照海拔的高低,泥石流活动呈现不同的类型。低海拔(2100 m 以下)为暴雨型泥石流,海拔升高(2100~3500 m)发展为冰雪融水-暴雨型泥石流,海拔再升高(3500~4000 m)多发生冰川泥石流,海拔再升高(大于 4000 m)则会暴发冰湖溃决型泥石流。在 4000 m 以上的高寒地区,滑坡的发生和季节性冻融与冰雪融水关系密切,冰湖密布,冰湖溃决洪水频繁发生。

2.2.3.6 在工程建设区分布

在山区公路、铁路、水电、矿山和城镇建设中,大量的边坡开挖、弃渣、堆填等工程活动往往引起边坡失稳,水文条件改变,导致滑坡和泥石流发生。工程建设区滑坡泥石流的报道很多,例如,1972 年 5 月 14 日,成昆铁路汉罗沟暴发泥石流即是由于修筑公路,开挖边坡,将约 8 万 m^3的土石弃入沟道,在暴雨的冲刷下形成泥石流,淤埋了新铁村车站全部股道,中断行车 91.13 h。由于边坡开挖造成的滑坡和崩塌更为普遍,几乎每条公路和铁路在修建过程中,都会遇到这类问题。云南大(理)-保(山)高速公路全长 166 km,有滑坡 107 处,平均每千米 0.64 处,其中绝大多数由人工切坡引起(刘红卫等,2005)。

2.3 不同山地灾害种类之间的相互关系

斜坡变形灾害(滑坡、崩塌、落石等)、泥石流、山洪和堰塞湖各具特色,有显著的区别,但其形成和发展过程又有一定的联系。

本书所论述的四类山地灾害,均是山地环境演化的自然产物,同为山地小流域内地貌演化过程中比较快速的物质迁移与能量转换过程,它们处在具有物理关联的同一空间,尽管具有明显差别的特征,但从物源供给、运动过程和能量传递等方面,仍然存在密切的联系。其联系主要体现在以下几个方面。

(1) 发生上的共生性

在山区小流域,由于地质、地貌、水文、气象等条件相近,在共同的激发因素作用下,往往多种灾害同时发生,或者同种灾害在相近的空间位置上成群出现。就灾害发生角度而言,可以把这种现象称为共生灾害或复合灾害。例如,2013 年 7 月 9—11 日,四川西部都江堰、汶川、绵竹、安县、北川等10余个县市遭受超强暴雨袭击，相当大的区域在3天的降雨过程中雨量达1000 mm左右，激发了大范围群发性山洪、泥石流和滑坡，造成巨大损失。

(2) 物质上的关联性

降水最先在坡面上产流汇流，进而在支沟及干流中迅速汇聚形成山洪。同时，雨水在坡面上产流汇流的过程破坏了坡面植被、土壤结构及坡体形态，为降水入渗创造良好的条件，使得更多的降水渗入崩塌滑坡体，增加崩、滑体的重量，甚至导致软弱结构面或潜在滑动面饱水，降低抗剪强度，导致崩塌滑坡的发生。流域坡面上的崩塌、滑坡、落石和溜砂坡等重力驱动类灾害，可为泥石流的形成提供松散固体物质，也为堰塞湖的发展提供固体物质。大规模崩塌、滑坡和泥石流构成堰塞湖的坝体物质，而堰塞湖溃决直接为山洪和泥石流提供水体和固体物质。综上所述，4种山地灾害的发生，可以为其他灾种的形成提供物质条件，它们互为因果，具有成因上的关联性。

(3) 形成过程中的互馈性

崩塌、滑坡为泥石流提供固体物质，而泥石流在运动过程中淘蚀坡脚又导致沟岸和沟坡破坏形成崩塌和滑坡。崩塌、滑坡和泥石流造成堰塞坝，山洪被拦蓄造成堰塞湖；而堰塞湖溃决直接产生山洪，固体物质丰富时形成泥石流，溃决山洪或泥石流冲蚀坡脚与河岸，又导致崩塌和滑坡。随着山洪中挟带的泥沙的增加，其性质也将产生变化，可以演化成泥石流；泥石流流动到坡度比较平缓的沟床时，大颗粒落淤，密度减小，当其密度小于1300 $kg \cdot m^{-3}$时，就演化成山洪。因此，山洪和泥石流在其运动过程中可相互转化。上述分析说明，动力过程相关联的不同种类山地灾害，可以构成形成过程中的互馈关系。

(4) 过程中的链生性

滑坡发生时如果伴随着强降水或者与大量水流耦合，就会由固体转化为液体，由块体运动转化为流体运动而形成泥石流。山洪冲蚀沟床和沟坡坡脚，产生滑坡或崩塌，崩滑物质加入洪水，增加流体的固体含量，可以演化成泥石流。大规模崩塌、滑坡或泥石流堵河造成堰塞湖，堰塞湖溃决形成溃决洪水或溃决泥石流。这样，前一个灾害的后果成为下一个灾害的起因，不同种类灾害像多米诺骨牌一样接连发生，从而形成不同灾种之间的连续，形成灾害链，这就是不同灾种在动力过程中的链生效应。山地灾害较为常见的灾害链有：滑坡-泥石流；泥石流-滑坡；洪水-泥石流；洪水-泥石流-滑坡；泥石流-堰塞湖-溃决洪水；滑坡-堰塞湖-溃决洪水；滑坡-泥石流-堰塞湖-溃决洪水等。

(5) 灾害上的叠加性与延拓性

由于不同灾种之间的关联性、互馈性、链生性和灾害的共生性，山地灾害实际发生的情况较为复杂，特别是在高强度的激发因素作用下，往往出现复合灾害和灾害链。无论是复合灾害还是灾害链，都会使得灾害规模增大，破坏能力增强，危害范围增加，灾害作用时间延长，使得灾害在空间上扩展、时间上延滞以及不同灾害叠加，从而加大了灾害的危害性和灾害损失，往往形成巨灾。因此，灾害链和复合灾害会产生多方面的灾害，如在堰塞坝形成期间，会堵塞河道，淤埋道路、农田、村庄等；在成湖蓄水期间，会淹没上游的村镇、道路和沿江工程设施；在溃决期间，会对下游相当长的河段造成洪水灾害。西藏易贡滑坡灾害链就是一个典型实例。2000年4月9日，该处发生巨型古滑坡，滑坡块体在运动中碰撞破碎，形成碎屑流进入河道，堵塞易贡藏布形成堰塞湖，湖水淹没易贡茶场，60天后溢流，形成高达12万 $m^3 \cdot s^{-1}$的洪水，冲毁了下游100多千米沿江的公路、桥梁、其他工程设施和岸坡植被，还迅速淤积河道并诱发了约100处岸坡崩塌和滑坡。

第3章

山地灾害研究内容与方法

山地灾害的研究内容包括形成、分布规律、运动力学、风险评估和防治研究五个方面。本章比较系统地阐述了这五个方面的研究内容，介绍了灾害考察、勘察、观测、实验的内容和方法，并简要分析了理论研究与减灾实践的关系。

本章重点内容：

- 山地灾害研究的主要内容
- 山地灾害野外考察的内容与步骤

3.1 山地灾害研究内容

山地灾害的物质组成、力学性质、运动过程非常复杂，其研究内容十分广泛，主要包括下面几个方面。

3.1.1 形成研究

山地灾害形成研究包括形成条件、形成机理和形成过程三个方面。

3.1.1.1 形成条件研究

各类山地灾害形成条件的特性研究将在本书的相关章节进行详述，本节就环境条件、基本条件和激发条件三部分论述其共性的研究内容。

（1）环境条件研究内容

认识了山地灾害发育环境的现状、演化动力和演化趋势，就可以描述山地灾害发育的环境条件。

山地灾害发育环境现状：应包括地质环境、自然地理环境和社会经济环境现状等方面。地质环境主要为山地灾害的形成提供松散固相物质，研究主要分析为山地灾害发育提供松散固相物质的难易和数量，也需要考虑地下水（含潜水和承压水）的补给情况。地质环境主要包括地层岩性、地质构造、水文地质工程地质和不良自然地质现象等环境要素现状的研究。自然地理环境在山地灾害形成中的作用是：为山地灾害形成提供动力条件、液相物质和激发条件，也通过加速岩体风化作用促进固相物质的形成。研究内容包括地貌、气候、水文、植物、动物和土壤等环境要素。一个区域社会经济发展水平，反映了该区域减灾防灾能力的强弱，甚至与人类活动的强度和合理程度有关，对山地灾害的发育有一定影响。社会经济条件包括人口与密度结构、自然资源、经济发展水平与产业结构、人类经济活动的合理程度等要素。

山地灾害发育环境的演化动力：主要有地球内能产生的内营力和太阳能与地球表面形态与物质相结合形成的外营力。地球的内营力能使地壳遭受强烈的破坏，生成破裂的岩土体和松散固相物质，从而控制着山地灾害的发展和演化。地球内营力作用的研究内容包括地壳的构造运动（含地壳的垂直运动、水平运动）、断裂活动、地震活动、火山活动和褶皱活动等方面。地球外营力作用造成地表层的强烈破坏，使岩土体进一步破碎并对内营力作用形成的松散固相物质做进一步的改造。外营力还具有把松散碎屑由高处搬运至低处的作用，这个过程有时比较剧烈，并以山地灾害的形式实现。因此，地球的外营力既是山地灾害发育环境的动力，也是山地灾害形成的动力。研究内容主要包括风化作用（物理风化、化学风化和生物风化）、流水作用（流水的侵蚀、搬运与堆积）和人为作用等。

山地灾害发育环境的演化趋势：取决于山地灾害发育环境演化动力的强度、发展方向、发育阶段和组合形式。地球内营力是山地灾害发育环境演化的主动营力；地球的外营力随内营力的产生而相继形成，随内营力的消亡而逐步结束，是被动营力。地球的内、外营力虽有主动营力和被动营力之分，但却没有主、次之分，两者对山地灾害发育环境演化的制约，具有同等重要的作用。山地灾害发育环境演化趋势的研究内容包括地球内、外营力对地壳的作用强度与发展阶段以及两者共同作用的组合形式等。

（2）基本条件研究内容

能量条件：能量是驱使山地灾害致灾体起动和运动的动力，是山地灾害形成的控制性条件之一。其研究内容包括固相物质的位能及其转化条件、液相物质的动能以及固、液相物质结合后形成的致灾体的能量条件等。

物质条件：物质条件也是山地灾害形成的控制性条件之一。山地灾害的物质组成，包括固相物质、液相物质和气相物质。固相物质和液相物质是构成山地灾害的主要成分（通常气相物质忽略不计）。固相物质主要有破裂的岩土体与松散固相物质和固态水，其成分、级配组成和物理力学性质十分复杂，对山地灾害的属性、起动和运动规律有强烈影响，是山地灾害形成条件的重点研究内容之一。液相物质主要是液态水，即大气降水、冰雪融水、溃决水和地下水等，液相能渗入岩土体和松散固相物质，导致其物理力学性能的降低，有利于固相物质的起动。液相物质的类型、数量、供给速度和方式的不同,所形成山地灾害的类型、性质、规模和危害也不相同,因而成为重要的研究内容。

(3) 激发条件研究内容

山地灾害的激发条件可分为水源激发类、河流冲刷掏蚀激发类、地震与火山活动激发类、地球自转的科氏力激发类和人为作用激发类等。激发条件不仅涉及形成机理,而且是预警的关键要素,主要研究不同类种山地灾害激发条件及其阈值。

3.1.1.2 形成机理研究

山地灾害形成机理研究是探索形成因素相互作用导致山地灾害发生的基本原理,是山地灾害研究的核心问题之一。地学传统研究思路从孕灾环境出发,依据整体性和综合性理念,提出了山地灾害的形成机理(图 3-1),这有利于对山地灾害的形成建立系统完整的概念,但力学过程的分析不透彻。随着地学与相邻学科特别是力学的相互交叉、渗透和融合,在地学传统研究思路的基础上,试图从力学角度探索山地灾害的形成机理,探讨岩土体、松散固相物质和固态水在与水(液态)耦合的过程中物理力学性质的变化规律,并结合能量条件和力学分析,探讨破裂岩土体和松散固相物质的极限平衡状态或者物质起动的临界条件,再结合激发条件,探讨各种处于极限平衡状态的破裂岩土体和松散固相物质,转化为山地灾害的激发条件和动力过程。

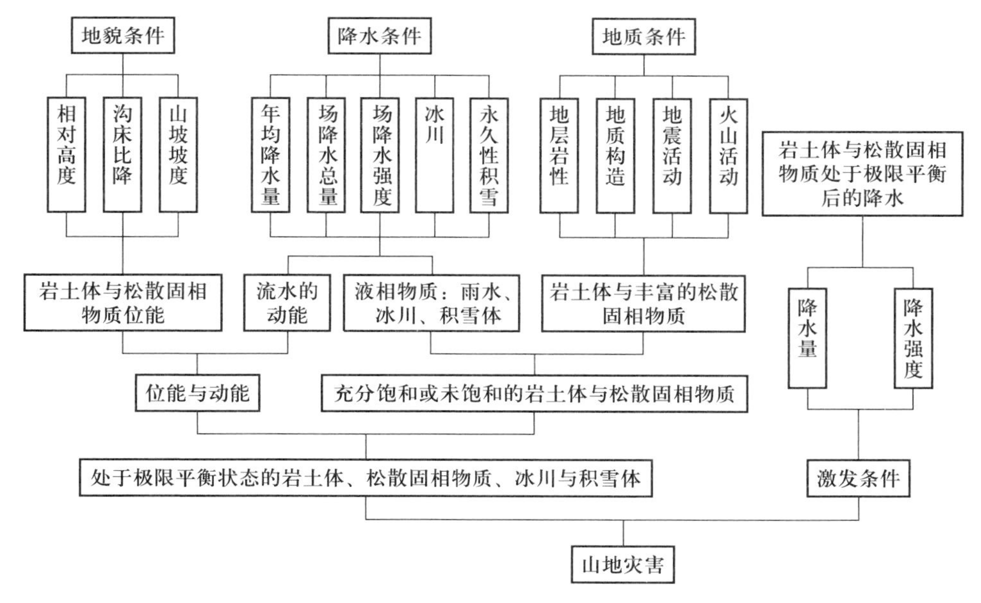

图 3-1 传统地学山地灾害形成机理

3.1.1.3 形成过程研究

山地灾害的形成过程是在复杂环境条件和动力作用下物质状态改变的过程，也就是由静到动、由固体到流体或不同类型流体之间的转换过程。因此，山地灾害形成是复杂环境、多相介质、多场耦合的动力过程。由于各种灾害形成过程的差异性远远大于共性，具体灾种的形成过程将在本书的相关章节中分别予以探讨。

目前，山地灾害形成机理的研究仍处在起步阶段，许多力学过程尚不清楚，今后应进一步加强力学机理的研究。

3.1.2 分布规律研究

山地灾害的分布是自然地理环境和地质环境各要素综合作用的结果，不同环境条件下形成山地灾害的类型、规模、物质组成和分布各不相同，危害性也不相同。研究山地灾害分布，要考虑其在各级行政区、各级水系、线性工程（如铁路、公路、输油和输气管道）沿线、矿区、水电工程区等的分布（钟敦伦等，2010）。通过长期的积累，山地灾害分布规律的研究在宏观和定性方面取得了重大进展。

对于山地灾害空间分布规律的研究，包括山地灾害与自然地理环境、地质环境和社会经济环境中人类经济活动等相互关系的研究，涉及山地灾害分布与地貌（含区域地貌和流域地貌）环境、地质（含地层岩性、地质构造、地震和火山活动）环境、气候（含气温、地温和降水等）环境、水文（含主河洪水和山区小流域暴雨洪水等）环境、植被（含植被类型、林型、树/草种、覆盖度、郁闭度和覆盖层次等）环境、动物（含森林动物和洞穴动物等）环境、土壤（含土壤类型、颗粒组成等）环境和自然地理地带性与非地带性等相互关系的研究以及与人口、资源、经济发展水平和潜在的经济发展能力、人类不合理和合理经济活动等的相互关系研究。

山地灾害时间分布规律包括山地灾害的年内分布规律和年际分布规律。开展山地灾害的时间分布规律研究，对山地灾害的预测、预报和预警具有重要意义。

3.1.3 运动力学研究

山地灾害运动是指山地灾害起动后，以一定的速度沿坡面或沟谷向下滑动、流动或跃起的活动。研究山地灾害运动规律，认识山地灾害物理本质，又服务于灾害防治，是山地灾害研究的核心问题之一。流体运动型和块体运动型山地灾害有着不同的运动特征。

3.1.3.1 流体运动型山地灾害运动规律研究

流体运动型山地灾害主要包括泥石流和山洪（含高含沙山洪与挟沙山洪）。泥石流的运动受相互依存静力特征与动力特征的共同控制，泥石流运动规律包含两个方面的研究内容：一是对泥石流静力特征的研究，包括泥石流的固相物质组成、重度、流变特性、结构力和结构参数的研究；二是对泥石流动力特征的研究，包括泥石流的流速、运动阻力、流量、流态、冲击力、地声、侵蚀与输移能力和冲淤变化规律以及环境条件对泥石流运动的影响与响应等内容。对山洪运动规律的研究主要包括对山洪的运动过程、流速、运动阻力、流量、侵蚀与输移能力、冲淤变化规律以及环境条件对山洪运动的影响与响应等的研究。

3.1.3.2 块体运动型山地灾害运动规律研究

块体运动型山地灾害主要有崩塌、滑坡和落石等。研究内容包括运动机理、运动方式、运动路径、运动阶段、运动和动力模型、运动速度、堆积规律和堆积范围以及环境条件对运动特征的影响与响应等。

3.1.4 风险评估研究

山地灾害风险评估是20世纪末期兴起的，评估结果对国民经济建设宏观布局、居民点布局和减灾防灾具有重要意义。联合国在20世纪90年代初提出了自然灾害风险的表达式（刘希林和莫多闻，2003）：

$$风险度(risk)=危险度(hazard)\times易损度(vulnerabiliby) \tag{3-1}$$

而后又进一步发展为

$$风险度(risk)=危险度(hazard)\times易损度(vulnerabiliby)\times暴露度(exposure) \tag{3-2}$$

这一表达式从宏观上规范了自然灾害风险评估的要素和结构，构建了自然灾害风险评估的框架，对开展自然灾害风险评价具有重要的指导意义。

要对一个流域或区域的山地灾害（自然灾害的一种）进行风险评估，尚需在灾害风险表达式的基础上，结合山地灾害的属性和特征，对危险度和易损度的概念（含义）、构成要素和结构关系进行深入的研究，才能获得适合山地灾害风险评估的正确表达式。风险评估分为区域评估和单个灾点评估。危险度、易损度和暴露度的表达式（方法）是风险评价的核心，对于区域评估，主要采用统计的方法；对于单个灾点的评估，危险度的计算方法需要基于动力过程分析，考虑了承灾体对灾害的动力响应后，可以把暴露度融合到易损度中。

3.1.5 灾害防治研究

山地灾害防治的研究内容包括防治原则、防治标准、防治规划和防治工程设计等。

3.1.5.1 防治原则

山地灾害防治的原则是防治山地灾害的准则和指导思想，决定着防治标准、防治规划方案和防治工程设计基本取向（周必凡等，1991）。需要分析防治区域地质环境和自然地理环境以及山地灾害活动历史与现状、形成条件、属性、规模、危害和发展趋势等，结合社会经济条件，提出一个区域或者一个灾害点山地灾害防治应遵循的准则。

3.1.5.2 防治标准

山地灾害防治工程与其他建设工程一样，不同防治标准的工程投资有较大的区别。一个国家或地区的灾害防治往往有一个统一的标准，对特殊灾害事件，也可以根据具体保护对象的防灾需求确定。制定科学合理的灾害防治标准，需要对受保护对象的重要性、灾害的危害性、经济发展程度、承灾体可接受风险水平、投入与产出等内容进行综合分析。

3.1.5.3 防治规划

在山地灾害防治原则的指导下，根据山地灾害的防治标准，开展山地灾害防治规划方案的制定工作，制定出规划方案（可行性研究）为防治工程的初步设计。根据工程的属性和作用，可分为预防工程方案和治理工程方案，前者为由山地环境保护工程和山地灾害预警（含预报和警报）工程组成的预防灾害的方案，后者为主要由水利工程和岩土工程结构体组成的用于调控灾害形成与运动过程以及保护成灾体的方案。根据治理对象的重要程度，防治方案可按不同设计标准（不同频率或安全系数）编制。根据灾种性质、保护对象的重要性和具体工程要求，可以编制单灾种防治方案和多灾种防治方案，采用单项措施、多项措施和综合措施防治方案等，方案中布设非工程措施（无结构体工程）、工程措施（水利工程、岩土工程和生物工程）、非工程措施与工程措施综合布设。

对于山地灾害防治规划的研究，就是要根据治理流域或区域的环境特征和山地灾害属性，研究预防措施和治理措施、生物措施和工程措施、非工程措施和工程措施、单个措施与多项措施之间的相互协同、有机联合与优化配置，形成最佳治理效果的方案的原理与方法。

3.1.5.4 防治工程设计

在山地灾害防治规划方案的指导下，开展防治工程的具体设计。山地灾害防治工程设计包括灾害监测预警和防治工程两部分，分为技术设计和施工图设计两个阶段。在技术设计阶段，根据勘察结果，对规划方案局部不合理的部分做出修改，形成设计方案；在施工图设计阶段，把设计方案细化到施工图纸，形成可施工的技术文件。

监测预警方面的研究内容包括监测项目与监测方法、监测仪器原理与精度、预警模型、预警参数与阈值、数据传输与分析、监测系统和预警系统设计与优化等。防治工程设计的研究内容包括个体工程对灾害的调控功能、工程体的结构及其优化、工程结构的稳定性、新技术和新材料的应用以及工程措施之间减灾功能的关联、不同工程结构体的配置及其功效、与工程搭配、灾害防治体系及其工程布局优化、治理工程的安全可靠性、植被减灾功能、植被工程设计及其与岩土工程的配套、防治工程施工管理、防治工程效益（减灾效益、社会效益、生态效益和经济效益）分析。

3.2 山地灾害研究方法

3.2.1 野外考察

3.2.1.1 灾害点(流域)考察

灾害点(流域)考察是认知山地灾害最基础、最重要的工作。考察前,应做好准备工作,收集灾害点(流域)的下列资料:一是图件,含地形图(1:1万~1:5万)、地质图(1:5万~1:20万)、航空和卫星影像、灾害点(流域)所在地区的行政区划图和其他相关图件;二是数据资料,主要有气象、水文、土壤、植被资料和社会经济发展现状与发展规划资料等;三是文献资料,主要为前人在该灾害点(流域)或该灾害点(流域)所在区域内进行考察、观测和实验所获得的各种资料,以及通过分析、研究这些资料所获得的研究成果,包括考察报告、观测实验报告和发表的论文、出版的论文集与专著等。到考察现场后,按以下步骤开展工作:

第一步,利用山地灾害识别知识,识别该点(流域)是否存在山地灾害,若通过一种识别方法,初步判定该点(流域)不存在山地灾害,这时就要再采用至少两种方法进行判别;通过多种方法判别,仍判定该点(流域)不存在山地灾害时,还应从理论上进行正向和反向论证;通过论证仍判定该点(流域)不存在山地灾害时,就可把该点(流域)确定为非山地灾害点(流域)。

第二步,若通过一种识别技术就确定该点(流域)为山地灾害点(流域)时,就应确定该点(流域)为山地灾害点(流域)。这时就要对该点(流域)进行仔细考察,查明该点的地质环境、自然地理环境与社会经济现状和山地灾害的类型、属性与特征,并分灾种对山地灾害进行编目。在考察的同时进行编目,这样可以保障在考察中不漏项,也可保障编目内容的真实性和质量。

第三步,在考察中,对凡能反映山地灾害发育的环境特征和能反映山地灾害特征的各种现象进行翔实记录、摄影和录像,为后期的总结工作提供资料。

第四步,在考察中,要分类对山地灾害体及其孕育环境的重要部位进行采样,样品质量应满足各灾种实验阶段使用的需求。

在上述工作完成后,要仔细检查资料收集是否完整。若资料还有缺失,应立即补齐,方可结束该点(流域)的调查工作。

3.2.1.2 区域考察

山地灾害区域考察主要是为国民经济建设宏观布局和大型工程建设,如铁路、干线公路、水库和大型矿山建设等服务。区域考察应注意以下几个方面。

（1）准备工作

区域考察的准备工作与流域考察的准备工作基本相似，但内容更为丰富，要收集的资料包括整个考察区及其周边地区的各种图件、数据资料、文献资料（含前人的研究成果），同时要准备好交通工具和生活用品，包括露营的各种设备。

（2）线路考察

分析所收集的资料，了解待考察区的基本状况，制定考察路线。考察路线有两种布局方法：一种是网格状布局，另一种是沿水系（树枝）状布局，通常采用水系状布局。在考察中对每个观察点（包括地貌、地质、气候、水文、植被、土壤、崩塌、滑坡、泥石流、山洪和堰塞湖等）进行细致的观察，各灾种的相关专业人员根据自己的专业和线路考察要求，翔实调查和记录，应对至少20%的山地灾害点进行采样，以备后续的实验分析使用。通过线路考察，充分了解考察区山地灾害活动的总体状况，并根据考察目的确定考察的重点区域和重点灾害点（流域），分别对其进行详细考察。

（3）重点区域考察

重点区域考察要重视以下几点：一是查明重点区内山地灾害的总量；二是查明山地灾害的形成条件和形成机制；三是查明山地灾害的性质；四是查明山地灾害的分布及其规律；五是查明山地灾害的发展趋势；六是查明山地灾害预警和防治的难易程度；七是查明山地灾害的防治现状；八是查明山地灾害与人类社会经济活动的关系；九是对50%以上的山地灾害点（流域）进行采样（其中10%取大样）带回，以备分析。

（4）重点灾害点（流域）考察

重点灾害点（流域）考察与独立的灾害点（流域）考察基本一致。

3.2.2 观测

对山地灾害和孕育山地灾害发生、发展的环境及各要素进行观测，获取第一手原形数据，以满足学科发展和灾害防治的重要需求，是山地灾害由经验性学科向实验性学科发展的重要一步，同时也是山地灾害学的思维方式由“地学的以观察材料和事实为基础去认识和阐述规律、概括理论的经验归纳型向从理论假设出发进行演绎，使分析与综合、归纳与演绎相互补充，辩证统一的理论模式转变的重要一步”（黄秉维等，2004）。野外观测站的目的：一是探索流域或区域的地质环境和自然地理环境与山地灾害形成、属性和特征的关系；二是探索山地灾害起动的力学机理；三是探索山地灾害的运动力学特性；四是探索流体运动型山地灾害的汇流理论；五是探索山地灾害的预警和治理的原理与技术。山地灾害观测可分为半定位观测和定位观测。半定位观测站是根据研究项目需要建立的对项目所需资料进行观测的站、点，一般只维持数年，往往是项目进入总结阶段，站、点便被撤销。定位观测站是根据科学问题和学科发展方向，选择典型灾害点设立的永久性观测站，维持时间较长，可达数十年至上百年。中国科学院东川泥石流观测研究站既是我国最先进的泥石流观测研究站，也是国际同行认同度较高的泥石流综合观测研究站，已有50多年的历史。

3.2.3 实验

实验是认识山地灾害物理本质和力学过程的重要手段。山地灾害实验主要有理化实验、力学实验、模拟和模型实验。理化实验主要是通过物理和化学实验认识山地灾害体及其组成成分的物理、化学性质。力学实验含静力学实验和动力学实验：通过静力学实验获得山地灾害各类灾害体的静力学参数，从本质上认识山地灾害的静力学属性；通过动力学实验，获得山地灾害各类灾害体的动力学参数，从本质上认识山地灾害的动力学属性和运动规律。通过力学实验还能进一步探索山地灾害的静力学属性与动力学属性间的关系；模型实验是按照相似理论以一定比例尺设计的实验，这种实验按相似理论制作模型，选择材料，可以为理论研究和工程设计提供可靠的实验数据。往往大型山地灾害防治工程设计方案和工程结构、尺寸的确定需要开展模型实验，如中国科学院成都山地灾害与环境研究所曾为保障成昆铁路安全，开展过四川西昌黑沙河泥石流防治工程的模型实验。

3.2.4 勘察

对灾害点（流域）进行详细的勘察，现场获取山地灾害的形成条件、物质组成、运动规律、演化趋势、危害方式与危害程度等数据，为治理工程提供可靠的设计参数和依据。勘察时应根据各灾种的具体情况，遵照各灾种的勘探规范（规程、导则）实施勘察工作，以保障所提供参数的科学性和可靠性。

勘察可通过物探、钻探、槽探和坑探等手段，获取灾害体和孕灾体内部一定深度的资料，勘察资料与考察、观测和实验资料具有互补性，能使研究人员全面、综合和立体地认识山地灾害体和孕育山地灾害发生发展的山地环境，这对于客观、准确地评价和防治山地灾害有重要意义。

3.2.5 理论研究与防治实践的互馈

山地灾害研究是一门应用性极强的学科，其应用基础理论研究的结果是否符合山地灾害客观存在的规律，应当采用实践来检验。检验山地灾害应用基础理论研究结果的正确方法就是用这些理论来指导山地灾害的防治实践。通过反复实践证明是正确的，应充分肯定；

证明是部分正确的，应通过进一步研究加以修正，使之完善；证明是不正确的，应坚决加以摒弃。同时，在将山地灾害的应用基础理论应用于山地灾害防治实践的过程中，还应高度重视山地灾害新的研究领域和新的需要研究的问题，并创造条件对这些新领域和新问题开展研究工作，以便在新的领域和新的问题上取得新的突破，获得更多新的成果，从而更好地为山地灾害理论研究和防治实践服务。

第4章

山地灾害前沿科学问题

多年的山地灾害理论研究和减灾实践，使得人们对灾害的区域规律和活动特征有了比较充分的认识，在灾害形成的机理和运动规律方面开展了相当深入的研究并建立了相应的模型，在理论进展的基础上研发了一系列预报预警和灾害治理技术，取得了良好的减灾成效。面向未来的学科发展和国家减灾需求，还需要深化灾害成因的动力学过程研究，进一步分析水-土在细观层次的耦合机理，发展基于形成机理的预测预报模型，系统认识并定量描述灾害特有的复杂介质物质运移规律与动力学特征，建立基于动力过程的灾害风险分析方法，探索灾害与生态的互馈机制和生态工程-岩土工程相结合的减灾原理，认识气候变化对灾害的影响，提出预防巨灾的对策。

本章重点内容：

- 水土耦合作用对山地灾害形成的意义
- 山地灾害的规模放大效应与链生机制
- 气候变化对山地灾害的影响
- 山地灾害前沿科学问题

4.1　水土耦合动力过程与灾害形成机理

斜坡变形灾害（滑坡、崩塌等）、泥石流、山洪和堰塞湖的形成是流域内水土物质在不同空间尺度上的耦合作用结果，并表现为流域地貌快速演化的产物。降水入渗到岩土体中，会通过改变岩土体的结构和组成而降低其强度，导致岩土体破坏；降水在坡面形成地表径流，会侵蚀和携带松散固体物质形成山洪或泥石流。流域内这种水土耦合过程可以分为细观尺度、坡面（体）尺度和流域尺度，这三个尺度上的耦合作用决定着斜坡变形灾害、山洪和泥石流的形成过程。

4.1.1　细观尺度耦合作用

细观尺度的水土耦合作用决定着滑坡的形成过程，主要研究固体介质和流体之间的力学耦合基本规律，在力学领域，渗流场与应力场的耦合作用又称为流固耦合作用，这些耦合过程对滑坡稳定性具有决定性影响，是滑坡工程评价和治理的关键，对泥石流和山洪松散物源的产生和空间分布以及堰塞坝破坏溃决也非常重要。对于岩石的流固耦合已有大量专门的研究，今后研究的重点应是弱固结宽级配土的流固耦合，即水土耦合。在进行一般的流固耦合中渗流场与应力场分析时，首先必须确定主动变化者和被动接受者，摸清是渗流场影响应力场还是应力场影响渗流场的问题。宽级配土体内由于粗孔隙的优先流具有侵蚀和搬运能力，应力边界明显变化，渗流场的补给和排泄等条件也在变化，使得水土（流固）耦合变得更为复杂。因此，对于宽级配土细观尺度的水土耦合必须考虑两个问题：一是固液两相运动的相互耦合作用；二是固体颗粒的非均匀性，特别是大粗颗粒与细颗粒不同的运动和结构特性及其对固液两相分界的影响。宽级配土中水土耦合作用关键是土的细观结构力学。

4.1.2 细观结构土力学

土力学的纵深发展关键在于结构性问题的解决。宽级配土的结构具有明显的非连续性和不确定性，很难用传统的基于线性分析的技术方法加以表达。但是，土的宏观工程性状（尤其是非饱和土强度）却在很大程度上受到微观和细观结构的系统状态或整体行为的控制，任何一种基于适度均匀化处理的连续介质模式都难以准确地表述其结构的复杂性。因此，土的结构性本构模型建立将成为21世纪土力学的核心问题。这一问题的突破将意味着人们在深化土体力学的本质认识方面完成了第二次飞跃，同时对于坡体的破坏、水土耦合过程中土体变形破坏特性将有新的认识。土的结构性本构模型建立的重要意义：在理论上，可以有效地摆脱连续介质力学的长期束缚，引起某些传统观点的改变，如土的应力历史和应力路线将被赋予结构性含义；在实践方面，结构性本构模型的建立和应用，将提高各种土力学问题的计算精度，可以用于准确分析滑坡等斜坡变形灾害的稳定性，防止或减少各类因认识不清和计算不准造成的工程事故。

细观结构土力学的主要研究问题包括土体结构要素量化体系的完善与结构状态描述综合参量的确定，在三轴剪切条件下的强度特征、结构变化和破坏标志，土体微结构特征及其力学效应，结构状态参数与其对应的宏观力学参量之间的联系，量化结构模式与土体结构损伤张量表示方法，土体结构损伤过程模拟与本构模型，土体结构强度理论与方法及其在灾害预测中的应用等。

4.1.3 坡面（体）尺度耦合作用

细观尺度水土耦合作用达到土体破坏的条件后，对于一个坡面（体）而言，只是满足了它破坏的必要条件，能否真正破坏、什么时间破坏、什么地点破坏、发生多大规模的破坏，还要依赖水土耦合过程的发展（激发因素如降水的进一步增强）。由于土体物质组成级配较宽，结构具有非连续性，降水的入渗水分在土体内的活动（即细观水土耦合过程）具有非均匀性，土体强度降低程度和过程在坡面上是非均匀、非连续的。也就是说，坡面土体在降水作用下的破坏在时间上和规模上是随机的。汶川地震区松散坡体上的人工降雨实验证实了坡体坍塌破坏具有时间和规模上的随机性，土体坍塌时间间歇呈现泊松（Poisson）过程特征，坍塌规模满足帕累托（Pareto）分布。

对于物质组成和结构复杂的宽级配松散土，在研究坡面土体宏观破坏时，应该考虑土体细观结构的非均匀性带来的坡面尺度水土耦合过程的随机性，使得应力集中的区域随机出现，导致破坏的随机性。如何把握这种随机性，利用随机理论研究坡面尺度的水土耦合作用，建立坡体破坏时间与规模的随机模型，是未来研究的重要课题，也是提高滑坡灾害和泥石流固体物源供给预报精度的重要途径。

4.1.4 流域尺度的耦合作用

在降雨条件下，不仅一个坡面上土体的破坏时间、位置和规模具有随机性，而且流域中不同坡面、主沟和支沟、上游和下游的土体破坏在时间、空间与规模上都具有随机性，而流域范围内的降雨则在时间和空间上属于连续过程。由于下垫面的复杂性和空间差异性，降雨产流过程在流域内具有时间和空间的差异。只有当松散固体物质和水分（入渗土体的水和地表径流）在时间上和空间上达到合适的耦合条件时，泥石流和山洪才会形成。这种坡面与沟道、主沟与支沟的水土交汇就是流域尺度的水土耦合。利用随机理论和分布式水文模型来研究流域尺度的水土耦合过程与机理，是研究未来泥石流和山洪形成机理与汇流过程的重要课题。

4.2 运动过程中的规模放大效应与灾害链生机制

山洪、泥石流和斜坡变形灾害（滑坡等）往往在开始形成时规模不大，破坏力不强，但是在发展运动中不断增大其规模而产生巨大的破坏能力，形成毁灭性灾害。大规模灾害在演化中会发生性质的改变，或者激发新的灾害，使得灾害在时间和空间上延拓而形成巨灾。灾害的规模放大效应和链生机制是本学科又一个前沿科学问题（图 4-1）。

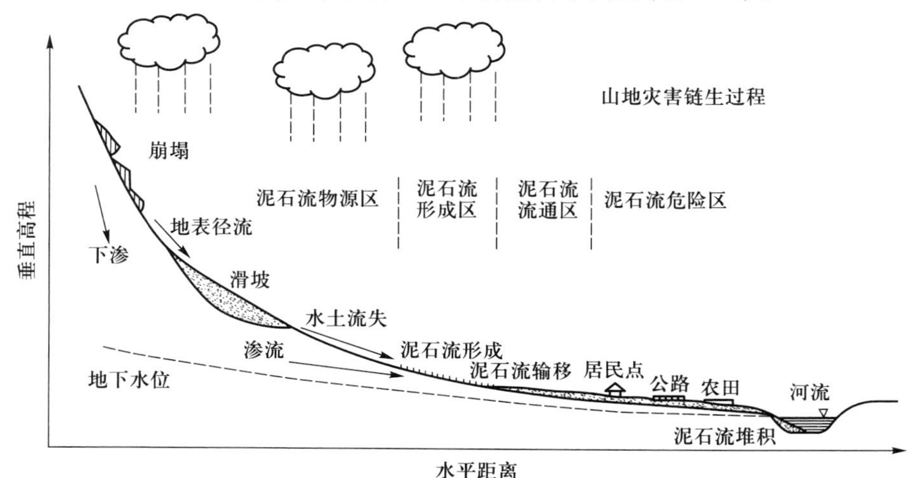

图 4-1 环境山地灾害链生机制与灾害链演化

4.2.1 规模放大效应

山洪或者泥石流在沟道的运动过程中，将源源不断地受到沿程物源补给。物源补给主要包括以下三方面：沟床堆积物在挟沙水流或泥石流的冲刷作用下被侵蚀挟带并向下游输移，即沟床物质被冲刷补充从而成为泥石流物源；沟道侧岸被侵蚀失稳和沿程坡面水土流失入汇，提供物源；沟道两侧的滑坡体、崩塌体或支沟的泥石流堵塞泥石流沟道形成天然堵塞坝，这些堵塞坝在上游来流的冲刷作用下溃决，坝体物质随之被冲刷输移成为物源。

三种沿程侵蚀及物源补给方式并不是孤立存在的：在挟沙水流或泥石流的冲刷作用下，沟床堆积物质被向下游冲刷输移，从而沟床被刷深；伴随着沟床下切侵蚀，沟岸的岸脚被掏刷使得岸坡变陡，伴随着岸坡临空面的形成和逐步增大，导致沟岸的失稳坍塌；沟岸坍塌土堆积于沟道并解体成为沟道堆积物，补充泥石流的物源。由此可见，在运动过程中，挟沙水流或泥石流的上述三种沿程侵蚀方式相互影响，协同作用，形成一个复杂的沿程侵蚀产沙输沙系统。另外，在挟沙水流或泥石流沿程演进过程中，由于堵塞体的堵塞使坝体上游蓄积产生壅水；在坝体溃决时，蓄积的库容迅速释放，使泥石流规模和能量突然增大，会造成巨大的灾害。滑坡特别是远程滑坡也具有在运动过程中侵蚀（铲刮）、携带沿程沟道和坡面物质而增大规模的特性。因此，对沿程侵蚀特征及规模放大效应的研究，是一个复杂的前沿科学问题。

4.2.2 灾害链生机制

山区流域内的滑坡、崩塌、泥石流、山洪在其形成和运动的过程中，相互关联、相互转换、相互激发，形成灾害链。一个灾害如何引发另一个灾害、在什么条件下可以引发（地形、规模、能量、作用方式、时间等）、被引发次级灾害的性质（类型、规模、运动状态、危害特征等）、两种灾害之间的能量传递和转换的动力过程等，都是目前尚未深入研究的科学问题。对于巨灾防治而言，灾害链的演化过程、链生条件与动力过程等灾害链生机制的研究，是新的科学问题。

4.3 基于形成机理的灾害预测预报模型

目前，能在实际中应用的预测预报方法，多数是经验公式或基于降雨和灾害事件统计关系建立的模型，但由于灾害体物质特性和发育条件等的差异性，使得这些基于统计和经验模型的应用及精度均受到一定限制。而建立在灾害形成机理和形成条件基础上的预测预报模型与方法，是对灾害做出科学和相对准确预测预报的核心，是提高灾害预测预报水平的根本出路，也是学科的前沿科学问题。

试图建立一个统一的基于形成机理的预报模型来解决灾害预报问题，在目前的认识水平上仍是一种理想状态。可行的探索途径是依据灾害预报的时间、空间（地点和范围）、性质(类型、规模和破坏力)等要素,分阶段、分层次建立基于形成和运动机理的预测预报模型,实现灾害的机理预报。因此,基于灾害形成机理的预测预报科学问题的解决,可以分解为以下几点:

(1) 预测预判模型

深入分析灾害成因和动力过程,基于对灾害形成动力过程的控制条件的认识,遴选灾害形成的基本因素,进而确定灾害形成的必要条件,依据必要条件,建立潜在灾害判识指标和模型。

(2) 预报模型

分析坡体或流域的水土耦合过程,探讨和定量描述降雨等激发因素在灾害发生过程中的功能,结合土体强度变化和破坏过程,确定灾害形成的控制因素和激发因素,揭示控制因素和激发因素与灾害形成动力过程之间的定量关系,建立基于本构关系的以控制因素和激发因素为变量的灾害预报模型。

(3) 破坏力预报模型和方法

目前的预测预报模型和方法,主要是对事件的预测,还难以实现对灾害过程的预测,能够预测灾害的发生时间和地点,但很难预测灾害的性质、规模和破坏能力。尽管已经发展了多种运动模拟方法并用于灾害分析和研究中,这些模拟方法可以较好地重现已经发生的事件,但难以实现对未知事件的性质、规模和危害范围的预测。发展具有预测功能的灾害运动模拟方法,是科学预测灾害的第三个科学问题。

以上三种模型和方法的建立,可以对未知潜在灾害做出预判,解决隐患排查不准的问题;较准确地预测灾害发生的时间和地点,便于及时起动临灾预案;较准确地判断危害范围、危害特征和危害能力,支撑疏散撤离和采取预防措施的决策及组织实施。

4.4 气候变化对灾害的影响与巨灾预测

气候变化导致的气候系统紊乱和极端天气常态化趋势,增大了山地灾害发生的频度,特别是大规模灾害和群发性灾害暴发概率增高。2010 年,全国多个省份出现局地性历史记录最大降雨,造成福建、甘肃、四川、云南等地特大山洪、泥石流和滑坡灾害,发灾数量为正常年份的近 10 倍,仅泥石流和滑坡就造成 2915 人死亡和失踪,为近 10 年平均数(约 600 人)的 5 倍。研究气候变化引发的极端天气(如高强度降雨、极端干旱和高寒山地的高温)出现特征,分析极端天气对不同地区、不同类型环境山地灾害造成的影响,建立定量关系,预测未来巨灾,减免气候变化导致的巨灾,是今后环境山地灾害研究的前沿科学问题。

4.4.1 气候变化对区域极端天气的影响

气候变暖具有区域差异性,特别是由气候变化引发的极端降雨在不同地区有不同的表现。据初步分析,东南沿海极端降雨(最大1日降雨量和最大5日降雨量)随气温升高有明显的增加趋势,横断山区则变化不明显,但是甘肃省舟曲2000 m以上山区却在2010年8月7—8日发生历史记录的最大暴雨97.3 mm,激发了三眼峪和罗家峪的特大山洪泥石流,造成1765人死亡或失踪的巨灾。进一步研究气候变化对极端天气(降雨和干旱事件)的影响,确定两者之间的关系,建立极端天气的预测模型,将有助于地面环境山地灾害的预测和预防,这为气象预报研究提出了新的课题,如对极端降雨的准确预报目前仍然是暴雨预报研究的难点。

4.4.2 极端天气对特大灾害形成的影响

极端天气往往容易造成特大灾害。在极端天气条件下,山地灾害的形成特征与正常气候条件有所区别,灾害的形成与规模已超出常规的认识与判断。根据初步研究的认识,在高强度极端降雨条件下,滑坡等斜坡变形灾害、泥石流和山洪的暴发往往具有群发性和类型的多样性;泥石流和山洪的形成过程随降雨强度增加有一个规模放大的临界值,大于该临界值的降雨会使得泥石流和山洪在形成与演进过程中出现规模放大现象,基于现有降雨频率-灾害规模认识的计算公式不再适用;长期干旱会导致土体内部孔隙结构和水稳性的变化,极端干旱后土体强度的水敏性增加,干旱与极端降雨的交替出现更容易激发灾害,特别是大规模灾害。研究特大暴雨或极端干旱与极端降雨交替出现条件下滑坡、泥石流和山洪的形成机理与活动特征,建立极端天气因素与灾害形成、灾害规模等参数之间的定量关系,是特大灾害的预测和防治的关键科学问题。

4.4.3 高寒区冰雪消融对山地灾害的影响

青藏高原气温升高导致的冰雪消融存在区域差异,在藏东南海洋性冰川区升温幅度最大,冰雪消融最强烈,使得发生冰湖溃决洪水、冰湖溃决泥石流、冰川泥石流和冻融滑坡的风险增大。目前,关于冰雪消融对冰湖溃决、冰川泥石流和冻融滑坡影响的研究还处于初期阶段,加之受观测手段的限制,缺乏定量分析和有效的观测数据,限制了对气候变化导致的这些灾害形成临界条件、演化过程、灾害风险定量认识的深度,这将是难度较大的研究课题。

4.5 基于动力过程的灾害风险分析

发展基于动力学过程的灾害风险分析方法,已成为满足日益精细化的防灾减灾需求的必然选择。由于灾害运动和致灾机理的复杂性以及承灾体组成结构和抵抗能力的差异性,目前风险分析结果仍不足以达到灾害风险的准确预测，需要从灾害危险和易损性两方面进一步深化。

4.5.1 基于运动过程模拟的灾害危险性分析

进一步深化运动过程模拟的灾害危险性分析，需要解决如下科学问题。

(1) 确定各类灾害频率与规模的定量关系

灾害发生频率和规模是表达危险性的主要参量。目前的灾害监测时间尺度(数据)尚不足以通过统计手段建立灾害频率与规模关系，需要选取替代方法延长灾害序列，如地层学方法、树木年轮反演和地衣测年等。

(2) 灾害运动方程改进与参数确定

由于灾害动力学机理认识的局限，目前的运动方程多为经过简化假设得到的，尽管可以通过调整参数取得满意的反演和模拟效果，但难以实现预测功能。还需要不断深化对灾害运动机理的认识，针对不同类型、不同性质灾害确定适当的参数，不断完善模型，增强其危险性预测的能力。

(3) 基于动力作用的灾害危险性定量分区

以往的灾害分区多以定性的方式描述(如高、中和低危险等)，这种划分方式会对灾害威胁区的科学规划带来不确定性，不能体现具体的危险度。以数值模拟获取的动力学参数为依据划分灾害危险区，将是今后的方向。例如，山洪、泥石流可采用流深、流速、动量和冲击力等；滑坡则可采用厚度、动量和距离等。

4.5.2 基于灾害体-承灾体相互作用机制的承灾体易损性分析

目前的承灾体易损度经验曲线多依据典型灾害事件确定，具有一定的局限性，需要建立基于动力学方法的承灾体破坏模拟，提高计算精度和普适性，进而把灾害动力学性质和承灾体强度特征结合起来，并考虑灾害体-承灾体相互作用动力机制的承灾体易损性分析方法和评价模型。这需要通过实际灾害案例调查、物理实验和数值模拟等手段，研究灾害体在演进中性质的变化及其导致的破坏特性变异、不同类型和性质灾害破坏力的定量确定、灾害体-承灾体相互作用的动力学机制、不同类型承灾体对灾害冲击的动力学响应特征、承灾体损毁在时空上的概率特征，建立基于灾害体-承灾体相互作用机制的承灾体易损性分析方法和评估模型。

4.5.3 多灾种风险的综合评价

灾害的发生往往具有链生和共生的特点,多灾种风险分析可有效地增强人类对大灾甚至巨灾的防范能力。美国国家应急管理中心(FEMA)和建筑科学研究所(NIBS)开发了针对地震、洪水及飓风等灾害的风险评估软件,形成了多种自然灾害的风险评估系统(HAZUS,2003)。经历"5·12"汶川地震以后,我国在山地灾害风险研究方面已取得丰硕的成果,以这些研究成果为基础形成我国自然灾害综合风险评价体系是近期的任务。

4.6 灾害与生态的互馈机制及植物措施-岩土工程措施综合减灾原理

环境山地灾害不仅会直接毁灭局地植被,而且会破坏生态环境,影响局地生态安全。良好的生态可以调节孕灾环境因子,起到抑制灾害形成的作用,但植被的防护功能发挥缓慢且有限度。岩土工程措施发挥作用快速,也有防治标准和适用寿命的限制。研究灾害与生态的互馈机制和植被的减灾原理,定量评价植被的防灾功能,科学配置植物措施和岩土工程措施达到最优治理的目标,是迄今尚未引起重视的科学问题。

4.6.1 灾害与生态的互馈机制和植物措施的灾害防治机理

滑坡、泥石流和山洪等环境山地灾害对生态的直接破坏作用是比较简单的动力学问题,但灾害破坏植物生存环境如掩埋、水淹、土壤剥离和水文条件改变等,会对植物生长、群落演替和生态健康带来较长时期的影响,在灾害毁灭植被以后的迹地上,植被恢复与群落演替、生态系统恢复与重建等过程,是比较复杂且迄今尚未深入研究的科学问题。

植物通过改良坡面松散堆积体的土体结构特征、调节坡面水分、拦截泥沙、网络固结松散土体等作用,达到抑制灾害形成的作用。目前,对植物地上部分的减水减沙机理和效益研究较多,对植物地下部分特别是根系的减灾机理研究较少,对不同类型植被、不同发育阶段、不同群落结构以及不同物种配置的植物措施与岩土工程措施组合效益的研究不够深入,特别是对"植物-土体-工程-水分"系统的结构组合及其对孕灾环境调控的力学机理研究更为鲜见。今后应注重开展植物措施灾害防治机理的研究,为灾害治理的植物措施规划、设计、物种选择、措施设计及其与岩土工程措施有机配置等提供理论依据。

4.6.2 定量评估植物措施的灾害防治功能

目前,对植物措施的减灾功能评价主要侧重于蓄水减沙、稳坡固土的作用。现有评价不仅大多限于观测数据的统计分析,缺少调控过程和机理的定量研究,而且对地下部分的功能评价较少,对不同植物措施固结松散堆积体能力的评价更加少见。植物措施的定量评估应从植物个体到群体的保水固土作用出发，定量确定植物根系对土体的固结能力与根系作用的临界深度，基于机理分析量化地上部分的减灾效益，并结合植物措施的社会效益与经济效益，建立植物措施的减灾效益综合评价指标体系。

4.6.3 植物措施与岩土工程措施结合的灾害综合治理原理

植物措施与岩土工程措施结合治理灾害，已成为国内外的共识而得到广泛运用，但在滑坡治理中，主要强调植物措施的绿化和景观效果，对其减灾功能虽有认同但尚未量化；在山洪灾害防治中，对植物措施调节产沙汇流条件和限制侵蚀产沙的机理认识比较清楚，但定量评价缺乏依据；在泥石流治理过程中，岩土工程措施以稳坡固沟、拦排泥沙为主，未考虑植物措施与岩土工程措施的空间配置。由于尚未实现植物措施灾害防治功能的定量评价，难以对植物措施与岩土工程措施的综合减灾效益特别是两者互补性做出客观定量的认识。今后的任务是，在实现基于机理的植物措施灾害防治功能定量评价基础上，研究植物措施与岩土工程措施的协调互补机理和优化配置原理，为建立沟道-坡面-小流域的灾害综合治理体系提供科学依据。

4.7 未来发展方向

随着社会经济的发展，对防灾减灾提出了更高要求。《中华人民共和国国民经济和社会发展第十二个五年规划纲要》(2011)中明确提出“加快建立地质灾害易发区调查评价体系、监测预警体系、防治体系、应急体系”，初步建立与全面建设小康社会相适应的地质灾害防治体系，基本解决防灾减灾体系薄弱环节的突出问题，显著增强防御地质灾害的能力。为了实现国家减灾的上述战略目标，需要系统深入地认识灾害的成因和机理，发展基于机理和过程的减灾技术，构建适用于不同区域和灾种的风险管理模式，形成较为系统的山地灾害理论与减灾技术体系，应特别关注以下三个方面的发展。

4.7.1 灾害机理预报理论与新技术的协同发展

遥感、合成孔径雷达(SAR)、3D扫描以及近景摄影测量技术的发展和引入，极大地提高了灾害预测预报数据采集、传输和分析能力，促进了预测预报的发展，在减灾中发挥了巨大作用。但基于形成机理和过程的山地灾害预测预报理论相对薄弱，成为限制泥石流预测预报发展的瓶颈。这主要表现在以下三个方面：

① 潜在灾害判识研究才刚刚开始，判识方法基本上利用数理统计工具对灾害形成因素进行权重及其组合的分析，还没有把形成因素及其变化与灾害形成的动力过程相结合，建立具有物理机制的潜在灾害判识模型和方法。

② 尽管数据获取的技术手段有了明显改进，但缺乏科学合理的灾害发生阈值和临界状态的确定方法，符合实际可以用于减灾业务的临界条件确定问题没有得到有效解决，仍然是制约预测预报的短板。这使得类型繁多的各种灾害预测系统与仪器设备的预测效果不理

想,难以满足我国大力推广预测预报并提高预测精度的需求。

③ 现有的大部分预测模型和运动模拟工具(包括流行的商业软件),可以用于已发事件的重现或“反演”,有些也可以用于防治工程的优化设计,但是由于对具体灾害的形成机理和动力学过程认识有限,基本不能用于对未知事件的预测,难以满足对预测灾害属性(灾害性质、规模和破坏力)的需求。

综上所述,今后灾害预测预报面临的主要任务就是:进一步深化灾害形成机理研究,认识斜坡变形灾害(滑坡等)、泥石流和山洪的形成过程、机理和控制条件,定量描述其运动和演进规律,确定不同类型灾害形成的临界条件,建立基于形成机理和运动规律的预测预报模型,突破限制预测预报的瓶颈。同时,还要有针对性地开发和引进新的监测技术,以实现基于形成机理和运动规律的预测模型参数的实时动态精确监测,满足模型运算的需求,达到理论与技术协调发展、提高预测预报水平的目标。

4.7.2 复杂介质物质运移规律与数值模拟

综合国内外研究现状和发展动态,山地灾害(斜坡变形灾害、泥石流和山洪)都是由大量跨尺度的颗粒材料和孔隙间流体(空气或水)所组成的多相介质。需要解决复杂介质运动和多过程耦合的问题,定量描述山地灾害水土耦合的动力过程,即研究高速远程的山地灾害(斜坡变形灾害、泥石流和山洪)促发-演进-致灾的全过程规律并开发高效的数值模拟,必须首先清楚地理解大量松散颗粒物质流动过程中所表现出的流变特性,尤其是颗粒流内部剪切速率对地表滑动面上的物质和能量交换的影响,以及相应的地表侵蚀对颗粒物质流动性的影响,合理考虑固-液相间作用力(如孔隙水压力和流体黏性拖曳力等),构建山地灾害新的数值计算模型。这样,模型中的各个参数都应是可以通过相应的实验,针对不同的颗粒材料和流体标定得到的。它们应该是可以直接用于数值计算,而不是只能通过传统反分析的方法确定。因此,今后应该关注以下三方面的研究。

(1) 颗粒物质运移规律和动力学特征

现阶段的前沿科学问题主要包括如下几点:山地灾害多相流中颗粒物质流动的流变性质与运动规律,尤其是运动阻力的计算方法;山地灾害多相流中固相和液相的相互作用及相关参数的获取(包括分界粒径的确定);山地灾害多相流体对地表的侵蚀作用及机理(包括侵蚀率计算方法);基于固液两相流的山地灾害运动物理方程和高效数值计算方法。目前的数值模拟能够计算多个大颗粒对流动的干扰,但泥石流体中粗颗粒数量众多,现有模型不能精确模拟泥石流这样一种复杂系统的内部运动过程。此外,研究泥石流对建筑物和工程结构体等的破坏作用还需要发展新的流-固耦合算法。

(2) 三维灾害运动模型

采用基于固液两相流的物理模型,并结合理论分析和大量的物理模型实验所建立的三维山地灾害(斜坡变形灾害、泥石流和山洪等)运动模型,将可以模拟再现大型环境山地灾害多相介质动力学过程,构建预测山地灾害促发-演进-致灾-危害范围的计算方法,为规避山地灾害运动路径上的直接冲击、降低灾害的危害提供科学依据和技术支撑。进一步的探究可以揭示山地灾害多相介质运动特征与沟床地貌演变之间的相互关系,促进地貌学、水力学、河流动力学、灾害学、计算力学的发展。

(3) 具有预测功能的全过程模拟

建立包括泥石流起动、汇流、运动和堆积全过程的动力学模型和数值模拟。其中主要有降雨的下渗、坡面产流产沙、上游支沟的汇流、主沟道的运动、堆积扇的泛滥堆积和主河的入汇。将这些动力学机理、物理变量、时间空间尺度等差异非常大的过程耦合在一起进行数值求解,并在动力学模型和数值计算中考虑可变参数,构建模拟系统,则可以解决灾害数值模拟不能对未知事件预测的问题。

4.7.3 潜在风险判识与风险管理

减灾不仅涉及科学与技术问题,同时也涉及社会、经济、管理和人文等方面,是一项高度综合的学科(工作),没有其他方面相应措施的协调配合,仅依靠提高科学认识和发展技术,很难达到理想的减灾效果。认识灾害现象与过程是减灾的根本,工程措施是减灾的重要手段,管理措施是发挥减灾成效的重要保障。由于山地灾害的隐蔽性、复杂性、突发性、破坏性及防治工程设计自身存在一定经验性与工程标准的限制,当灾害规模超过灾害防治工程保护功能的上限时,承灾体可能面临较大的风险。近年来,国内外更加强调灾害风险管理,强调对潜在风险的判识和对潜在灾害产生原因的认识,通过工程措施与管理措施相结合的综合风险管理降低灾害风险,提高整体防灾能力(图 4-2)。

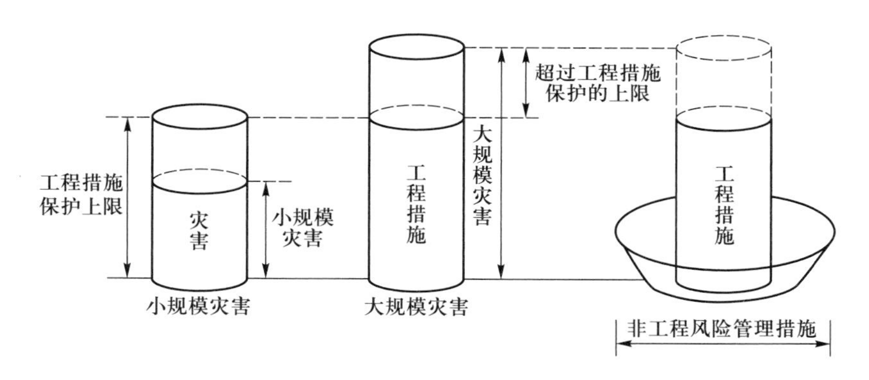

图 4-2 利用非工程风险管理措施减轻特大灾害风险示意图(崔鹏,2014)

(1) 潜在风险判识和预测

如果事前就能够得到灾害发生的时间、地点、性质、规模、可能危及的范围和破坏程度等信息，则可以提前采取应对措施，最大限度地减少和避免灾害损失，这是减灾的理想状态，实现的关键环节就是对潜在风险源的判识和潜在风险预测。如果获得风险源的信息，则利用已有的风险分析知识(危险性分析、易损性分析、风险分析)可以较好地预测未来风险。因此，对潜在风险源的判识是核心问题。对于绝大多数包括山地灾害在内的自然灾害而言，这是短期内难以解决的前沿科学问题。这个问题的解决依赖于对灾害成因和机理的深入研究，需要认识并定量描述灾害形成因素(孕灾环境)的功能和贡献，确定灾害形成动力学过程及其关键环节与孕灾环境变化之间的关系，通过孕灾环境(形成因素及其组合状态)的变化判定灾害发生的时间、地点、性质和规模，为风险预测提供必要的信息，这将是未来灾害风险研究的核心科学问题。

(2) 风险管理

灾害风险管理是在对风险判识、分析和评估的基础上，采取行政、经济、法律、技术、教育等手段，有效地控制和处置风险，促进各利益体的协作，以较低的成本实现最大的安全保障，降低灾害风险，提升防灾减灾能力，促进可持续发展。灾害风险管理主要涉及防灾减灾、备灾、应急响应和恢复重建四个阶段。主要内容有减灾与防治规划、监测与预警、临灾预案、政策激励、科技支撑、财政支持、社区组织、宣传教育、风险转移(灾害保险)等(图4-3)。

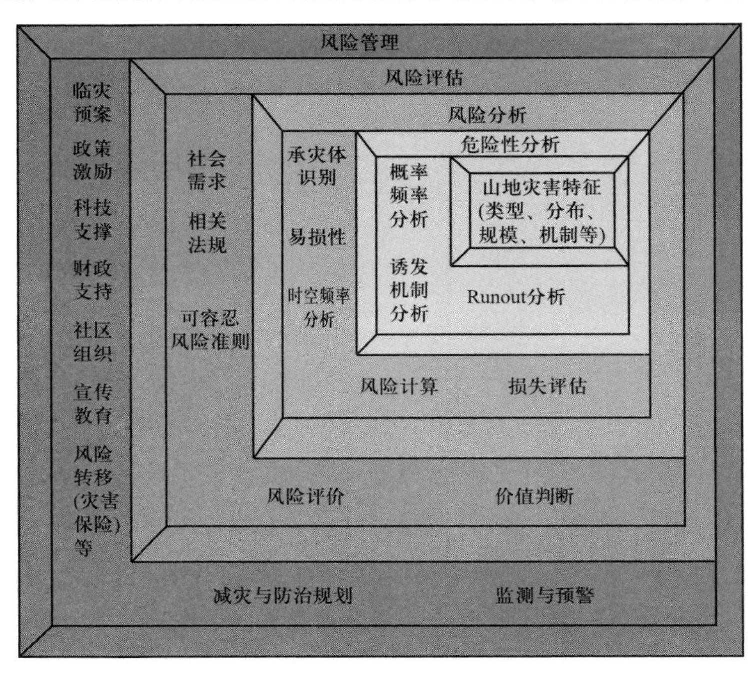

图4-3 山地灾害风险分析与风险管理的层次与内容(吴树仁等,2012)

我国的风险管理以政府主导为主,尚未充分发挥社会、受灾对象和相关企业的积极能动作用,灾害风险管理还处于初级阶段。今后,需要深化灾害风险管理理论研究,逐步建立和完善风险管理机制、体制和相关法规,完善国家自然灾害风险管理体系;根据不同经济社会发展状况确定不同区域的可接受风险水平,发展灾害保险事业,建立风险的分担和转移机制;采取有效的激励、教育和组织措施,调动受灾对象参与灾害风险管理的自主性。

(3) 基于社区的参与式灾害风险管理模式

以社区为单元的灾害风险管理是一种有效的灾害管理模式,这种"自下而上"的灾害管理体制重视社区防灾减灾能力建设。《2005—2015 年兵库行动框架:提高国家和社区的抗灾能力》指出了社区减灾的重要作用,强调要利用知识、创新和教育建立一个安全的在各个层面对灾害具有适应力的文化(UNISDR,2005)。社区灾害风险管理的挑战之一是保持社区层面防灾减灾的持久化(Mano,2011)。因此,如何建立长效的社会参与激励机制,营造全民自觉参与灾害风险管理全过程的文化氛围,探索政府主导的"自上而下"型和发挥承灾社区自觉性的"自下而上"型相结合的基于社区参与式灾害风险管理模式,是值得进一步探索的重要课题。

参考文献

陈国阶.2004.中国山区发展报告[M].北京:商务印书馆.

黄秉维,郑度,赵雀茶,等.2004.现代自然地理[M].北京:科学出版社,13-28.

刘红卫,苏生瑞,姜海波,等.2005.云南山区公路滑坡治理及统计分析[A].见:交通部科技教育司,交通部公路司.公路边坡及其环境工程技术交流会论文集[C].北京:人民交通出版社.

刘希林,莫多闻.2003.泥石流风险评价[M].成都:四川科学技术出版社;乌鲁木齐:新疆科技卫生出版社.

刘新民,李娜.1991.中国滑坡灾害分布图[M].成都:成都地图出版社.

李泳,苏鹏程,苏凤环.2011.从空间 Poisson 过程看蒋家沟泥石流[J].山地学报,29(5):586-590.

唐邦兴,柳素清,刘世建.1984.我国山地灾害的研究[J].山地研究,2(1):1-7.

唐邦兴,柳素清,刘世建.1991.中国泥石流分布及其灾害危险区划图[M].成都:成都地图出版社.

韦方强,谢洪,Lopez J L,等.2000.委内瑞拉 1999 年特大泥石流灾害[J].山地学报,18(6):580-582.

吴树仁,石菊松,王涛,等.2012.滑坡风险评估理论与技术[M].北京:科学出版社.

谢洪,钟敦伦.1990.四川境内成昆铁路泥石流致灾原因[J].山地研究,8(2):101-106.

杨达源.2006.自然地理学[M].北京:科学出版社,185-195.

钟敦伦,谢洪,韦方强.2010.长江上游泥石流综合危险度区划[M].上海:上海科学技术出版社,1-10,40-44.

钟敦伦,杨庆溪,杨仁文.1994.东北地区的泥石流[J].山地研究,2(1):36-42.

周必凡,李德基,罗德富.1991.泥石流防治指南[M].北京:科学出版社,1-2.

中国科学院成都山地灾害与环境研究所.1989.泥石流研究与防治[M].成都:四川科学技术出版社,51-57,108-120,207-313.

HAZUS.2003.Multi-hazard loss estimation methodology, earthquake model, HAZUS MH-MR4, technical manual [Z].FEMA and NIBS, Washington DC.

Herath S, Wang Y.2009.Case studies and national experiences[A].In: Sassa K, Canuti P.*Landslides—Disaster Risk Reduction*[C].Berlin: Springer, 475-497.

IPCC.2013.*Climate Change* 2013: *The Physical Science Basis*[M].Cambridge: Cambridge University Press, 1-261.

Mano T.2011.*Community-based Disaster Management and Public Awareness*[R].Disaster Risk Vulnerability Conference.

The United Nation Office for Disaster Risk Reduction (UNISDR).2015.*Post*-2015 *Framework for Disaster Risk Reduction*[R].The Third UN World Conference on Disaster Risk Reduction.Japan.

UNISDR.2005.*Hyogo Framework for Action* 2005-2015: *Building the Resilience of Nations and Communities to Disasters*[R].World Conference on Disaster Reduction.Japan.

USGS.2004.Landslide Types and Processes.Fact Sheet 2004-3072.

第二篇　斜坡变形灾害

滑坡、崩塌和落石等灾害广泛分布于山区，危害严重，造成的损失巨大。目前，已经开展了大量研究工作，形成了比较完善的知识体系。考虑到这几种灾害均为斜坡变形破坏现象，从斜坡变形特征角度具有一定程度的共性，本书首次将其作为斜坡变形灾害进行综合论述。本篇从斜坡变形灾害的分类入手，以滑坡为主，其他灾害为辅，系统论述了滑坡、崩塌和落石等灾害类型的特征、危害、形成条件和区域规律，分析了斜坡变形灾害的发生机理和动力学过程，阐述了危险斜坡判别及滑坡、崩塌灾害的监测、预测预报，并介绍了滑坡、崩塌和落石等灾害的勘察与防治技术措施。

第5章

斜坡变形灾害概念与基本性质

地表形态是内动力地质作用(构造运动)和外动力地质作用共同形成的。构造运动使地壳隆升或下降;外动力地质作用(地表流水的切割、侵蚀、搬运、堆积及风化作用)使地壳表部形成平原、台地、丘陵、山地和高原等地貌形态。据《中国1∶10万地貌图制图规范》(中国科学院地理研究所,1987),地面坡度大于10°的地形为斜坡。在地壳的内、外动力地质作用下,斜坡具有变形、发展和破坏的演化历程。本章以斜坡为研究对象,阐述发生在斜坡上的岩土体变形、破坏、成灾过程及其减灾技术。

国外对斜坡变形灾害的研究已有100多年的历史,我国也有近70年的研究历史。K.Terzaghi于1950年首先提出把斜坡表部部分岩土体顺坡向下的运动现象,统称为滑坡,这一概念在欧美国家广泛应用。1958年,美国公路研究部在《滑坡与工程实践》一书中将滑坡定义为:"形成斜坡的物质——天然的岩石、土,人工填土和这些物质的综合体向下、向外的移动",包括了滑坡、崩塌、落石、泥石流等,这将斜坡变形灾害统一定义为一种广义的滑坡概念。另外,有部分学者提出了狭义滑坡的概念,1969年,捷克斯洛伐克学者Q.Zaruba等在《滑坡及其防治》一书中把滑坡定义为:"由一个明确的分界面与斜坡下伏的固定部分分隔开的滑动岩体迅速移动,在较严密的定义上称为滑坡"。我国最早开展滑坡灾害研究的是铁道部科学研究院西北研究所,1977年在《滑坡防治》一书中,将滑坡定义为:"滑坡是一定自然条件下的斜坡,由于河流冲刷、人工切坡、地下水活动或地震等因素的影响,使部分土体或岩体在重力作用下,沿着一定的软弱面或带,整体、缓慢、间歇性、以水平位移为主的变形现象"。2004年,王恭先等在《滑坡学与滑坡防治技术》一书中,将滑坡定义简述为:"斜坡上的部分土体或岩体沿着一定的软弱面或带向下整体滑移的现象"。本章主要阐述斜坡变形灾害中狭义的滑坡灾害,并简要介绍崩塌、落石等灾害类型。

本章重点内容:

- 斜坡变形灾害的主要类型
- 滑坡灾害形成的基本条件和主要诱发因素
- 滑坡灾害的地貌特征
- 斜坡变形灾害的运动特征
- 斜坡变形灾害的区域规律与活动特征

5.1 斜坡变形灾害类型

5.1.1 滑坡

在本书中,滑坡的定义采用狭义滑坡概念,将滑坡定义为:滑坡系指构成斜坡的部分岩土体在重力作用下失稳,并沿着坡体内部的一个(或几个)软弱面(带)发生剪切破坏而产生整体性下滑的现象。

自然界中的滑坡多种多样,但一个典型的滑坡应具备如下基本要素(图5-1)。

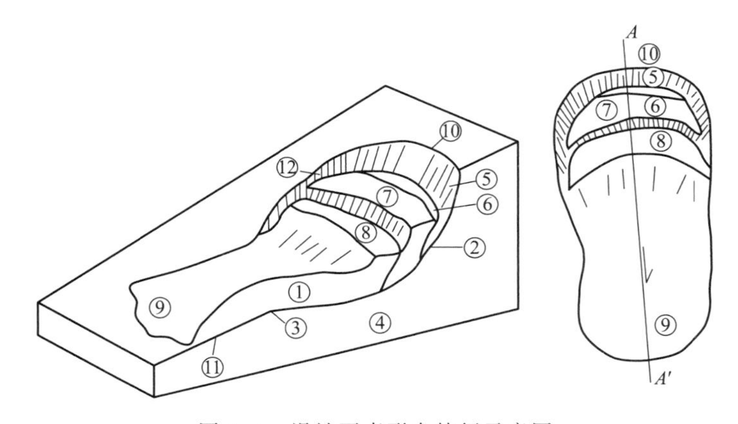

图5-1 滑坡要素形态特征示意图

① 滑坡体;② 滑动面;③ 剪出口;④ 滑坡床;⑤ 滑坡后壁;⑥ 滑坡洼地(滑坡湖);⑦ 滑坡台地;⑧ 滑坡台坎;⑨ 滑坡前部(滑坡舌、滑坡鼓丘);⑩ 滑坡后缘;⑪ 滑垫面;⑫ 滑坡周界和滑坡侧壁

① 滑坡体(滑体):指脱离母体,产生移动的那部分岩土体。

② 滑动面(滑面):滑体沿其滑动的面。其中平整、光滑的滑面,称为滑动镜面。有时滑面上留下擦痕或擦沟。按照擦痕或擦沟的方向可以判断滑体的滑动方向。有的滑坡无明显的滑面而呈现滑动带的特征,后者即滑体下部与滑床之间,因剪切作用而发生变形破坏的部分,其厚度为数厘米到数十厘米不等,少数滑坡的滑动带厚度可达1 m以上。

③ 剪出口:滑动面前端与斜坡面的交线位置。

④ 滑坡床(滑床):指滑动面以下的稳定岩土体。

⑤ 滑坡后壁:滑体下滑后,其后缘一带露出外围的不动的岩土体,呈壁状,坡度多在60°~80°。

⑥ 滑坡洼地:在滑坡后部,由于滑体的高程下降和水平位移,在滑体与滑坡后壁之间被拉开或有次一级的块体沉陷而成为封闭洼地。在滑坡洼地,积水成湖,称为滑坡湖。

⑦ 滑坡台地:滑体滑动后,滑体表面坡度变缓并呈阶状的台地。

⑧ 滑坡台坎:由于滑动速度的差异,滑体在滑动方向上常解体为几段,每段滑坡块体的前缘所形成的陡坎为滑坡台坎。

⑨ 滑坡前部:凸出位置可见以下两种微地貌形态:滑坡舌是当滑坡剪出口高于坡脚时,

在滑体前端出现的舌状形态;滑坡鼓丘是位于滑体前段由滑体推挤作用而形成的丘状地形。

⑩ 滑坡后缘:主滑壁与山坡原地面的交线称为滑坡后缘。

⑪ 滑垫面:指滑体滑过剪出口后继续滑动和停积的原始地面。

⑫ 滑坡周界和滑坡侧壁:滑床与地面的交界线为滑坡周界;位于滑体两侧的滑床呈壁状,称为滑坡侧壁。

5.1.2 崩塌

崩塌是指陡峻的斜坡上部分岩土体在长期的重力作用下,向临空面方向弯曲、倾倒,最终发生断裂、碎裂,并向坡下快速运动的现象。

据调查,一个典型的崩塌必须具备母岩、破裂壁、锥形堆积体等基本要素,否则不能称为崩塌(图 5-2)。

① 母岩:崩塌发生之前的原始斜坡体称为母岩。在崩塌发生之前(崩塌形成过程中),在母岩靠近临空侧的陡坡上发生剧烈拉张变形,形成多条平行临空面的拉张裂缝。

② 破裂壁:指崩塌发生后在母岩临空侧留下的破裂面。破裂面的形态大多呈锯齿状,除非破裂面为岩层的层面时,破裂面才较光滑,但无滑移摩擦痕迹。

③ 锥形堆积体:崩塌发生后大量岩块、碎石、土在坡脚堆积的形态,多呈锥形,所以称为锥形堆积体。

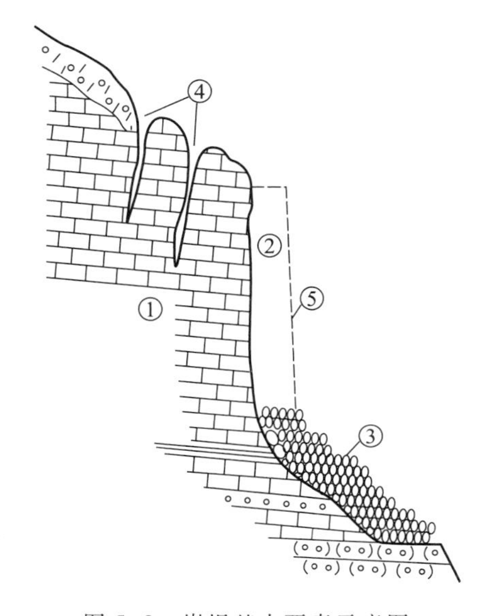

图 5-2 崩塌基本要素示意图

① 母岩;② 破裂壁;③ 锥形堆积体;④ 拉张裂缝;⑤ 原地形

5.1.3 落石

20 世纪 80 年代以前,落石归属到崩塌中一起研究,未有落石的定义。胡厚田(1989)在《崩塌与落石》一书中首次提出落石的概念:“陡峻斜坡上的个别岩石块体在重力和其他外力的作用下,突然向下滚落的现象”。本书在此基础上,依据野外调查做了微小修改,将其定义为:“陡峻斜坡上的岩块和强风化陡崖上的松动岩块,在自身重力或突发外力的作用下向坡下的快速坠落现象”。与滑坡、崩塌相比,落石的运动更快,以滚动或弹跳为主。

5.1.4 滑坡与崩塌的区别

从滑坡与崩塌的概念比较,滑坡与崩塌在形成、运动、堆积、内部结构和表部特征上有明显差别,本书总结出 8 个方面以便读者在野外调查时应用(表 5-1)。掌握了滑坡与崩塌的这些区别,就不会将崩塌误判为滑坡。

表 5-1 滑坡和崩塌的主要区别

主要区别方面	滑坡	崩塌
形成发生的斜坡坡度	<45°	>45°
破裂面特征	底面和两侧面连成统一的界面(称为滑动面),此面光滑、平整,大多有指向滑动方向的擦痕	底面和侧面各自独立,不能构成统一的界面,此面上高低不平,呈锯齿状,摩阻大,无擦痕
运动特征	岩、土块体大多平行滑动	岩土块体崩落、滚动、跳跃、碰撞
运动速度	有慢、有快或极快	极快
运动过程	一次性或间歇性多次滑动	一次性滑动,在坡脚堆积,垂直位移大于水平位移
堆积体地表特征	有滑坡平台、洼地,后缘为圈椅状滑壁,有弧形裂缝,前缘有鼓胀裂缝	大、小岩土混杂堆积的倒石堆,呈锥状地形,坡度大多在 30°~40°
堆积体内部结构	有分级、分块、分层滑移现象,滑体内有错断、架空、揉皱现象	碎裂、大小混杂,叠瓦状结构,先崩塌堆在下面、前面;后崩塌堆在上面、后面,大块的堆在锥缘,小块的堆在锥顶
堆积体与母岩关系	岩土虽碎裂,但保留原岩、土顺序	完全碎裂、杂乱无章堆积

5.2 斜坡变形灾害的分类

总结国内外在滑坡分类上的研究成果,常用的滑坡分类指标和分类方法如下。

(1) 按滑坡体的组成物质类型分类

可分为土质滑坡、半岩质滑坡和岩质滑坡三大类,还可再根据土和岩体的具体类型进行细分(表 5-2)。

(2) 按滑坡体的体积分类

滑坡体积是表述滑坡规模的指标,是最基础的滑坡分类方法之一。按滑坡体积可分为微型滑坡(<1 万 m^3);小型滑坡(1 万~10 万 m^3);中型滑坡(10 万~100 万 m^3);大型滑坡(100 万~1000 万 m^3);特大型滑坡(1000 万~10 000 万 m^3);巨型滑坡(>10 000 万 m^3)。

表 5-2 滑坡按物质组成分类

一级分类	二级分类
土质滑坡	成都黏土滑坡 黄土滑坡 红色黏土滑坡 下蜀土滑坡 黑色黏土滑坡 碎石土滑坡
半岩质滑坡	昔格达地层滑坡 共和组湖相地层滑坡 杂色黏土岩滑坡
岩质滑坡	软岩类滑坡 半坚硬岩类滑坡 坚硬岩类滑坡

(3) 按滑动面埋藏深度(滑体厚度)分类

滑动面埋藏深度是滑坡的重要特征之一,在一定程度上反映了滑坡防治的难易程度,滑动面埋藏浅易治理,滑动面埋藏深不易治理。按滑动面的埋藏深度,可将滑坡分为 5 类。

① 表层滑坡:滑面埋藏深度小于 3 m,易治理;

② 浅层滑坡:滑面埋藏深度为 3~10 m,较易治理;

③ 中层滑坡:滑面埋藏深度为 10~30 m,治理上有一定难度;

④ 深层滑坡:滑面埋藏深度为 30~50 m,较难治理;

⑤ 超深层滑坡:滑面埋藏深度大于 50 m,难治理。

(4) 按滑坡形成的主要外动力因素分类

可分为暴雨滑坡、地震滑坡、侵蚀滑坡和冻融滑坡 4 类。其中,地震滑坡是近几年的研究热点。对地震瞬间斜坡表部岩体在强大地震力作用下发生的变形破坏机理研究后,将地震滑坡分为如下 5 类。

① 地震助滑推动式滑坡:在老滑坡的主滑方向与水平地震力的方向一致的条件下发生的整体复活滑坡,或在斜坡的倾向与水平地震力的方向一致的条件下所产生的新滑坡属于此类。

② 震动碎裂推动式滑坡:45°以上的高陡斜坡,上部岩体在震动中碎裂,推动下部岩土体产生滑动。

③ 震动崩塌加载推动式滑坡:高陡斜坡上部在强地震作用下发生崩塌加载于下部松散土层上,并推动其产生滑坡。

④ 震动错落溃屈牵引式滑坡:此类滑坡发生在高陡岩质顺层斜坡上,在强地震时上部

岩层发生顺层滑移错落变形,并在自重和垂直振动压力作用下斜坡中部发生溃屈破坏,牵引上部岩层滑动。

⑤ 震动错落转移式滑坡:在陡倾结构面与缓倾结构面组合的高陡斜坡上,由于强地震作用,上部岩体首先沿陡倾结构面错落,推动下部岩体沿缓倾结构面转动滑移。

上述5类地震滑坡,在2008年5月12日汶川地震中均有分布。

(5) 按滑坡起动滑移时的力学特征分类

可分为推动式滑坡(即滑体后部推动前部滑移的滑坡)和牵引式滑坡(即滑体前部滑动,逐级牵引后部块体滑动)两大类。

(6) 按滑坡起动滑移的平均速度分类

① 蠕动型滑坡:滑速很小,滑滑停停。

② 慢速滑坡:滑动速度为0.1~1.0 m·s^{-1},相当于成人的步行速度。

③ 中速滑坡:滑动速度为1.0~5.0 m·s^{-1},相当于成人慢跑速度。

④ 高速滑坡:滑动速度为5.0~20.0 m·s^{-1},相当于高速公路上大巴、货车的速度。

⑤ 剧冲型滑坡:滑动速度大于20.0 m·s^{-1},相当于高速公路上小车的速度。

(7) 按滑坡发生的时间分类

按滑坡发生时间的分类较模糊,许多学者和专家按滑坡发生的时间简单地分为新滑坡、老滑坡和古滑坡三大类。这种分法过于模糊,无法判断,应用性极差。本文采用陈富斌和赵永涛(1988)提出的第四纪地层与地质历史对应的滑坡发生时间分类法,即按滑坡发生的时间分为4类。

① 新滑坡:近百年以内发生的滑坡,大多有文字记载,滑体后壁、周界和表部特征保留较完整。

② 现代滑坡:河漫滩到Ⅰ级阶地形成期发生的滑坡(滑坡发生时间距今100~1000年)。滑坡发生后经过数百年的侵蚀、风化作用后,除滑坡后壁和周界还清晰可见外,滑体表部特征已开始模糊。

③ 全新世滑坡:滑坡发生的时间距今1000~10 000年,可通过滑动面的孢粉和C^{14}年代试验测得。滑坡周界和表部特征不清楚,需经过详细调查后才能确认。此类滑坡的滑动面(带)大多已固结,处于稳定状态。

④ 更新世滑坡:此类滑坡大多发生在晚更新世以前的时期,距今10 000年以上,可采用滑带土C^{14}测年和孢粉试验分析确定。例如,四川省会东县可河乡大村滑坡,经调查此滑坡体积巨大,约15亿m^3,前部堵断鲹鱼河,形成内陆湖盆,沉积了晚更新世以前的昔格达组地层。现在滑体整体基本稳定,仅冲沟切割,前缘河流冲刷地段有零星坍、滑,这是迄今为止调查到的最古老的滑坡之一。

(8) 崩塌分类

崩塌分类比滑坡分类简单,常见的崩塌分类见表 5-3。

表 5-3 常见崩塌分类简表

分类依据	基本类型	分类指标和特征描述
按物质组成	岩质崩塌	崩塌块体的主体为岩体,可依据岩层类型进行细分命名
	半岩质崩塌	崩塌块体的主体为半成岩,可按半成岩类型细分
	土质崩塌	崩塌块体主要为土体,可依据土体类型细分,如黄土崩塌
按崩塌体积(单位为万 m^3)	落石	体积<0.1
	小型崩塌	体积 0.1~1.0
	中型崩塌	体积 1.0~10.0
	大型崩塌	体积 10.0~100.0
	特大型崩塌	体积 100.0~1000.0
	山崩	体积>1000.0
按崩塌形成的主要外动力因素	暴雨崩塌	因大量雨水渗入拉张裂缝,在水的作用下发生
	地震崩塌	在强大地震力作用下发生
	侵蚀崩塌	流水冲刷作用和地下水侵蚀作用下形成
	冻融崩塌	高寒山区岩体冬天发生冻胀破坏,夏天发生冻融崩塌
按崩塌发生机理	拉裂-倾倒折断式崩塌	高陡岩体边坡沿陡倾结构面拉裂,向临空方向倾倒,突然折断崩塌
	滑移-拉裂-坠落式崩塌	近水平岩层或具有缓倾结构面岩体陡坡,先向临空方向滑移拉裂,突出临空发生断裂坠落
	滑移-鼓胀-溃屈式崩塌	顺层陡倾(60°以上)岩质边坡,在重力作用下下滑,使下部岩层发生向临空方向鼓胀-溃屈破坏
	座落-转动-碎裂式崩塌	高陡岩质斜坡存在陡缓组合结构面,先沿陡倾结构面座落,同时沿缓倾结构面转动碎裂
按崩塌发生的时间	新崩塌	近百年左右发生,至今还未稳定
	现代崩塌	河漫滩到Ⅰ级阶地形成期发生(距今 100~1000 年),崩塌后壁趋向稳定,堆积体长灌丛和草
	全新世崩塌	全新世发生(距今 1000~10 000 年),后壁稳定,堆积体长满大树
	更新世崩塌	更新世发生(距今 10 000 年以上),后壁风化、侵蚀严重

5.3 斜坡变形灾害的形成条件

滑坡、崩塌、落石等斜坡变形灾害有其特定的形成和发生过程,这一过程又是在一定的自然环境中完成的。因此,从形成的过程上看,斜坡变形灾害的发生必须具备两类条件:一是由斜坡地貌特点、地层岩性、地质构造及水文地质条件等基本要素构成的基本条件,即发生的必要条件,它控制了斜坡变形灾害的形成;二是由降水、河岸淘蚀、水库水位升降、地震和开挖坡脚、坡体上部加载、生产生活用水的入渗、植被破坏及工程爆破等人类活动要素构成的诱发条件,即发生的充分条件,它加速了斜坡变形灾害的形成和发生。

5.3.1 基本条件

5.3.1.1 地形条件

地壳的外表形态多种多样,地貌学家将其归纳为平原、台地、丘陵和山地四大类型(表5-4)。还可按其成因和相对高度进行细分,如平原可按成因细分为河流冲洪积平原、山间断陷盆地;丘陵按其相对高度细分为低丘和高丘;山地按其海拔可细分为低山、中山、高山、极高山四类;高原是指其海拔远高于大江大河的冲洪积平原,如青藏高原、黄土高原、云贵高原等。

表5-4 中国陆地基本形态类型分类*

名称	起伏度/m	海拔/m			
		<1000	1000~3500	3500~5000	>5000
山地	>2500(极大起伏)	—	—	极大起伏高山	极大起伏极高山
	1000~2500(大起伏)	—	大起伏中山	大起伏高山	大起伏极高山
	500~1000(中起伏)	中起伏低山	中起伏中山	中起伏高山	中起伏极高山
	200~500(小起伏)	小起伏低山	小起伏中山	小起伏高山	小起伏极高山
丘陵	<200	低海拔丘陵	中海拔丘陵	高海拔丘陵	极高海拔丘陵
台地	一般>30	低海拔台地	中海拔台地	高海拔台地	极高海拔台地
平原	一般<30	低海拔平原	中海拔平原	高海拔平原	极高海拔平原

* 据《中国1:1 000 000地貌图制图规范》和周成虎等(2009)。

在上述地貌形态中,利于斜坡变形灾害形成的是平原(含高原)周边的高丘,山地中的陡峻斜坡、陡崖地形。

(1) 斜坡坡度

斜坡变形灾害的形成受斜坡坡度影响,据野外调查统计和室内模型试验,按斜坡变形灾害所处斜坡坡度特征,可将自然界的斜坡分为7类。

① 斜坡坡度≤10°:斜坡变形灾害少发地形。

② 10°<斜坡坡度≤25°:滑坡多发地形。

③ 25°<斜坡坡度≤45°:滑坡极易发地形。

④ 45°<斜坡坡度≤55°:崩塌多发地形。

⑤ 55°<斜坡坡度≤70°:崩塌极易发地形;落石多发地形。

⑥ 斜坡坡度>70°:落石极易发地形。

据调查,自然界斜坡的平均坡度大多在45°以下。例如,在四川攀西地区滑坡调查中发现,21°~35°的斜坡为滑坡分布的极密集区;35°以上的斜坡,滑坡分布逐渐减少;45°以上的急陡坡,陡崖崩塌和落石分布逐渐增多。

(2) 斜坡形态

斜坡形态对斜坡变形灾害的形成也有一定影响。自然界中的斜坡形态虽然很复杂,但可从横向和纵向来分析斜坡形态对斜坡变形灾害形成的影响。

① **斜坡横向形态**:斜坡横向上(顺沟河延伸方向)有"凸"型坡、"凹"型坡和顺直坡之分。其中"凸"型坡较陡峭,利于中、大型滑坡的发育。陡坡上突出的陡崖和山脊上"凸"出的山嘴(又称探头崖)是崩塌和落石发生的最佳微地貌形态,不利于大型滑坡的发育;"凹"型坡大多是古崩塌体的残留后壁或老滑坡体后壁,利于地表水、地下水汇集,易诱发碎石土滑坡或老滑坡复活;顺直坡一般较稳定。

② **斜坡纵向形态**:斜坡纵向上(垂直于沟河延伸方向)可分为直线状陡坡形、阶梯状陡坡形、缓坡-陡坡形和陡坡-缓坡形四种形态。其中,阶梯状陡坡形和缓坡-陡坡形两种斜坡利于中、大型滑坡的发育,缓坡-陡坡形还利于崩塌的发生。许多冲沟源头沟掌地形也属缓坡-陡坡形。由于强烈的沟头溯源侵蚀作用,使沟掌地形极容易产生滑坡,如四川会理县沙坝沟沟头的滑坡(图5-3)。

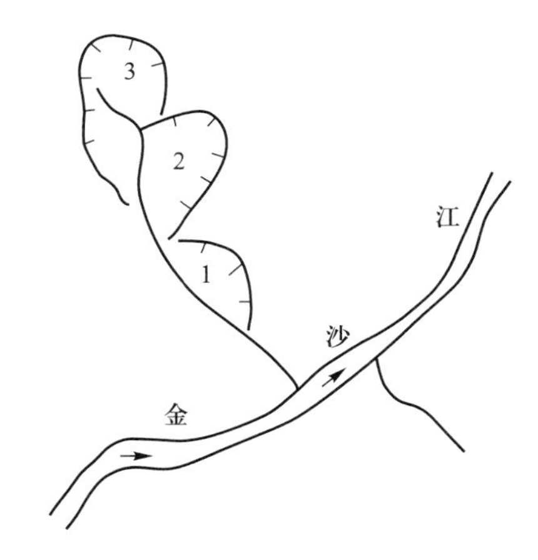

图5-3 沙坝沟沟头滑坡平面示意图

1号滑坡发生于1934年,体积9000×10^4 m^3,死亡286人;2号滑坡近几年一直在滑动,沙坝村17户村民受灾搬迁;3号滑坡发生在沟头,体积7000×10^4 m^3,仍在继续滑动

陡坡-缓坡形是河流宽谷段典型的斜坡形态,一般不会有大量的滑坡发生。直线状陡坡形斜坡多在冲沟中游和上游,一般不会发生大型滑坡,但小型残积、坡崩积碎石土滑坡则到处可见(俗称山剥皮)。直线状急陡坡和陡崖利于崩塌、落石的发生。

若横向的"凸"形坡与纵向的缓坡-陡坡形相组合,则是大型滑坡发生的最佳坡形,我国许多大型滑坡发生前的坡形均属于此类。

5.3.1.2 地层岩性条件

斜坡的组成物质有岩层、土层和半岩层(又称半成岩)。由岩层组成的斜坡为岩质斜坡;由土层组成的斜坡为土质斜坡;由半岩层组成的斜坡为半成岩斜坡;还有上部由土层、下部由岩层组成的斜坡称为土岩质斜坡。地层岩性对斜坡变形灾害的形成有重要作用。地层岩性是指构成斜坡地层的岩、土体的工程物理力学性能。自然界中的地层种类繁多,岩性也很复杂。滑坡、崩塌、落石等斜坡变形灾害形成所需的地层岩性条件略有差别。

(1) 利于滑坡形成的地层岩性

据野外调查和室内岩土体物理力学性质试验,岩性较软弱的地层更有利于滑坡的形成,称为易滑岩土。易滑岩土中的易滑岩层,不仅是岩层本身易滑,而且还包括它们的强风化破碎产物所形成的残积层以及覆盖其上的外来堆积物,也容易产生滑坡。我国主要易滑岩土有成岩地层、半成岩地层和黏性土三大类(表5-5)。

表5-5 我国主要易滑岩土地层及其与滑坡分布的关系

类型	易滑地层名称	主要分布地区	滑坡分布状况
黏性土	成都黏土	成都平原	密集
	下蜀黏土	长江中、下游	有一定数量
	红色黏土	中南、闽、浙、晋南、陕北、河南	较密集
	黑色黏土	东北地区	有一定数量
	新、老黄土	黄河中游、北方诸省	密集
	碎石土	西部山区沟河两岸斜坡上	密集
半成岩地层	共和组	青海中西部	极密集
	昔格达组	川西、滇北	极密集
	杂色黏土岩	山西	极密集
成岩地层	泥岩、泥质砂岩、页岩	西南地区、甘南地区、山西	密集
	煤系地层	西南地区等地	极密集
	板岩、片岩	湖南、湖北、西藏、云南、四川等地	密集
	千枚岩	川西北、甘南等地	密集~极密集
	构造裂隙岩	沿断裂带分布	较密集
	富含泥质(或风化后富含泥质)的岩浆岩	福建等地	较密集
	其他富含泥质地层(如白云岩、白云质灰岩)	零星分布	较密集

① **成岩地层岩性特征**:按其岩性可分为坚硬岩、半坚硬岩和软岩三大类。除非斜坡岩体内有倾向坡外的泥化夹层和软弱结构面,坚硬岩、半坚硬岩一般强度较高,不会产生滑坡。因为软岩的抗剪、抗压强度参数较低,且在水的作用下易软化,大多数软岩利于滑坡形成(表5-6)。

从表5-6可以看出,三大岩类的岩性有明显差异,其强度为坚硬岩>半坚硬岩>软岩。砂岩与泥、页岩互层的斜坡体,其岩体结构强度取决于层间结构面强度。砂岩与砂岩之间、泥岩与泥岩之间层面上的 C 值小于岩块 C 值的1/10,φ 值低10%~20%;而砂岩与泥岩、页岩之间层面上的 C 值仍小于1/10,而 φ 值却低达40%~50%,与黏性土的 C、φ 值接近。

坚硬岩石之间的页岩和泥化夹层强度最低,利于地下水的富集作用,C、φ 值比黏性土的还要低。

② **半成岩地层岩性特征**:自然界中有一类地层,外表像岩石,但胶结程度差且不完全,在水的浸泡作用下易崩解成泥土,此类岩层称为半成岩,具有似岩非岩、似土非土的特征,工程物理力学性能比软岩还低(表5-7)。在水的浸泡和溶滤作用下抗剪强度指标 C、φ 值将分别下降了86%和33%(表5-8)。

③ **黏性土地层岩性特征**:自然界中的土按成因可分为坡崩积碎石土,冲洪积砾石土,冰积块碎石土,河口、海、湖积软土,风化残积土和风成土等。按组成物粒度成分可分为块石、块碎石、碎石土、砂土、粉土、黏土,其中粉土和黏土统称为黏性土。粉土和黏土含量超过60%的碎石土也归类于黏性土。由于黏性土的粉、黏粒含量高、颗粒细、亲水性强的黏土矿物含量高,致使工程物理力学性能差,尤其在水的浸润软化作用下力学性能更差,利于滑坡的形成。常见的黏性土地层岩性特征见表5-9。

(2)利于崩塌、落石形成的地层岩性

软岩类岩、土(黏性土)是滑坡形成的主要物质,而较坚硬的脆性岩、土则是崩塌、落石形成的主要物质。例如,砂岩、石灰岩、花岗岩、玄武岩、白云岩、白云质灰岩、板岩等,这些岩体岩性较坚硬,抗风化能力较强,易形成陡崖、山嘴,但性脆。在重力和振动作用下,陡崖边、山嘴上易发生沿节理裂隙的张裂和岩体卸荷碎裂,这为崩塌、落石的发生提供了条件。

5.3.1.3 地质构造与斜坡结构

作为斜坡变形灾害发育背景条件的地质构造与其形成发生的关系主要表现在以下三方面。

(1)大地构造单元与区域性断裂的控制作用

我国第一级南北向构造带控制的横断山区内的滑坡特别集中。这里的新构造活动活跃,地震活动强烈,坡体完整性差,河网密,切割深,成为滑坡崩塌极为发育的地带。据统计(钟立勋和文宝萍,1991),我国铁路沿线滑坡总数的1/4都集中发育在这一南北向构造带

表 5-6 成岩地层岩性特征

类型		岩性特征简述	抗压强度/kPa		软化系数 Kr	黏聚力 C/kPa		内摩擦角 φ/(°)	
			干	湿		干	湿	干	湿
软岩	碳质页岩	片状，钙质、泥质胶结、亲水性强，易风化				300~600	200~500	15~20	10~20
软岩	千枚岩	片状，表部有滑腻感	8000~40 000	5000~20 000					
软岩	页岩夹层	夹于砂岩、灰岩之间，在上覆岩层作用下易变形，地下水富集	50 000~60 000	13 000~40 000	0.2~0.6	80~100	60~80	18~21	18~20
软岩	泥化夹层	泥、页岩、泥灰岩层面，在地下水作用下形成的土层，强度似土				20~50	20~30	10~20	16~18
半坚硬岩	薄-中厚层长石石英砂岩	层状，钙质、铁质、泥质胶结，致密、半坚硬、亲水性较弱	30 000~80 000	5000~45 000	0.2~0.7	4000~6400	3000~5000	45~56	40~50
半坚硬岩	泥质粉砂岩	层状，泥质胶结为主，亲水性强，易风化	34 000~94 000	57 000~87 000	0.81~0.93	6390~10 900		30~50	
半坚硬岩	泥岩	块状，钙质、泥质胶结，较致密，亲水性强，易风化	20 000~45 000	10 000~30 000	0.4~0.6	1000~1500		20~40	
坚硬岩	普通花岗岩	块状，致密坚硬，强度高，不与水发生作用	100 000~280 000	80 000~250 000	0.7~1.0				
坚硬岩	厚-巨厚层砂岩	块状，多为矽质、钙质胶结，致密坚硬，亲水性弱	41 000~150 000	7000~120 000	0.7~1.0	4000~6400		45~65	
坚硬岩	厚-巨厚层灰岩	块状，致密坚硬，在地下水的长期作用下产生溶蚀	74 000~160 000	60 000~120 000	0.7~0.9	5000~19 000		45~55	
层间结构面	砂岩/砂岩	层面干燥，含少量泥				10~50		30~40	
层间结构面	砂岩/页岩	层面易压碎变形，易于地下水富集，泥质				10~20		20~30	
层间结构面	砂岩/泥岩	层面易压碎变形，易于地下水富集，泥质				20~100		20~25	
层间结构面	泥岩/泥岩	层间干燥，水不易渗入，一旦层面裂缝形成，在水作用下层面易泥化				30~50		30~50	

表 5-7 半成岩代表性地层岩性特征

类型	结构特征	矿物组成	水理性质	力学特征			
				峰值		残余值	
				C/kPa	φ/(°)	C_r/kPa	φ_r/(°)
昔格达地层	薄-中厚层状，泥质、钙质半胶结	黑云母、石英、方解石，黏土矿物以伊利石为主	亲水性强，易崩解	10~45	6~15		
湖相地层	同上	以水云母为主、次为绿泥石，黏土矿物以伊利石为主	亲水性强，易崩解		30~40	5~20	15~30
层间泥化层	粉土状，厚1~5 mm		极易与水作用，呈泥浆膜		2~8		

表 5-8 半成岩湖相地层抗剪性能变化表

地层岩性	天然状态		原状饱和状态		饱和溶滤状态		溶滤比天然降低	
	C/kPa	φ/(°)	C/kPa	φ/(°)	C/kPa	φ/(°)	C/kPa	φ/(°)
Ⅳ层下部灰黄色砂质泥岩	650	38	110	32	60	26	90	32
Ⅳ层下部红色泥岩	470	36	220	33	100	27	79	25
Ⅲ层上部灰黄色砂质泥岩	570	41	120	31	50	23	91	44
Ⅲ层下部黄色泥岩	850	37	140	28	120	25	87	32

表 5-9 常见黏性土地层岩性特征

类型	结构特征	矿物组成	水理性质	力学特征			
				峰值		残余值	
				C/kPa	φ/(°)	C_r/kPa	φ_r/(°)
黄土	表层松散、下部呈压密状、柱状节理发育	石英、长石、黏土矿物以伊利石为主	大孔隙、易崩解，湿陷性很强	20~100	20~30	10~20	8~10
成都黏土	松散、网纹状裂隙	黏土矿物以伊利石和高岭石为主	亲水性强，易崩解	40~100	8~20	8~15	5~13
碎石土	土、石混杂，盖于岩层风化面上	黏土矿物以水云母为主	亲水性强	20~80	18~35	15~20	10~15

内，平均密度高达每100千米12处，仅成昆铁路沿线的滑坡就几乎占到全国铁路沿线滑坡总数的1/5。多条断层交汇的地区，地层岩性更加破碎，影响的范围更大，只要斜坡形态、坡度和沟床纵比降较大，就更有利于滑坡的发育。我国西部的甘南、陕南、川北、藏东等数十万平方千米范围内，处于南北向的横断山构造带、东西向的昆仑山-秦岭构造带、北东向龙门山断裂带和北西向玉树断裂带的交汇复活作用区内，发育了数以万计的滑坡。例如，白龙江两岸百万立方米以上的大型特大型滑坡就有近100处，中、小型滑坡则更多。又如，四川西昌市后山为安宁河断裂带和小江-则木河断裂带的交汇处，发育在此处河流两岸的斜坡坡度多为20°~30°，历史上曾发生过多次大、中型滑坡和崩塌，也易转化为泥石流，给西昌市造成过多次大的危害。

(2) 软弱结构面的控制作用

斜坡上的岩土体要发生变形破坏，必须具备一些软弱界面与其周围的岩土体分离，如滑坡形成过程中底部的控制面（发展到后来成为滑坡的滑动面）和周围的切割面（发展到后来成为滑坡的后壁和侧壁）；崩塌、落石的形成必须有相应的切割面，使其能够与母岩脱离。这些坡体分离面多是沿着岩土体中的软弱结构面（带）发展而来的。

在多年工程地质力学实践的基础上，对结构面发育程度和规模进行了大量的研究，提出了结构面分级的概念（孙玉科等，1988）。

Ⅰ级结构面：泛指对区域构造起控制作用的断裂带。

Ⅱ级结构面：指延展性强而宽度有限的地质界面，如不整合面、假整合面、层面、原生软弱夹层以及延展数百米至数千米的断层、层间错动带、接触破碎带、风化夹层等。

Ⅲ级结构面：指局部性的小断层，延展十米或数十米，宽度半米左右。除此之外，还包括宽度为数厘米的原生软弱夹层和层间错动等。

Ⅳ级结构面：延展性较差，主要指节理、裂隙面、层理、片理和其他微小结构面。

① **控制滑坡形成的结构面**：可以发展成为滑动面的主要软弱结构面有不同岩性的堆积层界面；覆盖层与岩层的界面；缓倾的岩层层理面；软弱夹层面；被泥质、黏土充填的层理面、裂隙面；缓倾的大型节理面；某些断层面、断层泥形成的界面潜在的软弱面，如均质黏土中的弧形破裂面等。

可以发展成滑坡后壁、侧壁的主要软弱结构面有各种陡倾节理面、陡倾的层面、陡倾的断层面和沉积边界面。

对于一个具体斜坡，上述结构面并非都要具备，但只要有2组或2组以上的结构面，能为滑坡边界形成所利用，就可以说此斜坡具备了滑坡形成的结构面条件。这种能被滑坡边界形成所利用的结构面称为优势结构面。斜坡是否具有滑坡形成的优势结构面，是判别此斜坡是否会变形并演化成滑坡的不可缺少的重要条件。在野外调查中，可从斜坡的坡向、坡角、岩层产状、节理裂隙的倾向倾角量测统计入手，分析滑坡形成可能利用的结构面。图5-4显示一陡-缓倾岩质高陡边坡，平均坡度41°，上部陡坡55°，河边陡崖60°，中间缓坡32°，坡向270°。岩性为侏罗系砂岩与泥岩页岩互层，坡体上部岩体平行坡面有2组节理：① 15°∠80°；② 275°∠40°；③ 另有垂直坡面的陡倾节理180°∠85°；岩层缓倾坡外，产状为275°

∠15°。从上节构造面分析，第①组和第③组节理为“X”形节理，控制滑坡的后缘和两侧边界，第②组节理和岩层层面控制滑动面的位置，所以本斜坡的 3 组节理和岩层层面都是优势结构面。

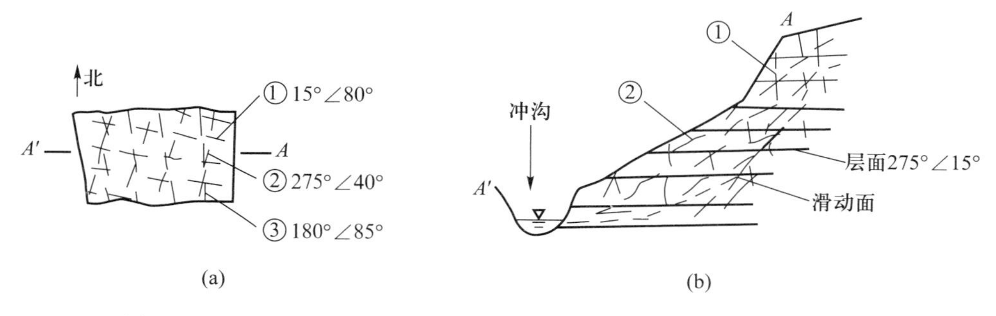

图 5-4 岩质高陡边坡优势结构面分析图：(a) 平面图；(b) A′-A 剖面图

② **控制崩塌、落石形成的结构面：**崩塌、落石的形成只需两组陡倾节理，构成“X”形，再加上一组近水平的缓倾节理，即可使崩落岩体与母岩脱离。崩塌体或落石边界结构面上没有滑移摩擦，所以没有留下滑移擦痕，结构面上呈凸、凹不平锯齿状。

(3) 有效临空面的控制作用

所有斜坡都有临空面，对于斜坡变形灾害的形成发生来说，并非所有的临空面都是有效临空面，只有那些利于暴露（切割）斜坡变形灾害形成过程中利用的控制性结构面或滑动面的优势结构面的斜坡面，才能称为有效临空面。除此之外，其他斜坡面只能称为一般临空面。有效临空面是斜坡变形灾害形成发生的必备环境条件。尽管形成斜坡变形灾害的其他条件已完全具备，但缺少形成的有效临空面条件，斜坡变形灾害也不会发生。

在可能发生变形灾害的危险斜坡上进行详细调查和简易勘测，有效临空面是可以确认的。以下几种情况可判定为滑坡、崩塌、落石等形成的有效临空面。

① 顺坡倾向的软岩质斜坡，在坡脚部位因沟河水冲刷、切割或人为建筑开挖，使岩层层面切穿暴露，于顺层滑坡的形成有利，此斜坡可视为滑坡形成的有效临空面。

② 岩层倾向与斜坡倾向相反的逆向岩质边坡，若有两组与坡向相同或一致的陡、缓倾向裂隙面，可被滑坡滑动面形成利用，此时也可认为已具备滑坡形成的有效临空面。

③ 强风化碎裂岩-土边坡，因沟河水冲刷或人工开挖，使下部岩层顶面暴露，此斜坡可视为滑坡形成的有效临空面，容易发生上部残坡积碎石土沿下伏基岩强风化面滑动。

④ 缓倾坚硬岩质夹软岩边坡因沟河水冲刷或人工开挖使软岩暴露。显然此斜坡具备了滑坡形成的有效临空面，但不会很快发生滑坡，因为后缘岩体的陡倾裂隙与软岩构成的滑动面形成时间较长。

⑤ 坡脚地下水呈水平带状溢出的岩土边坡，由于地下水对坡脚岩层的长期浸泡软化，形成滑动面发生滑坡，所以此类边坡也应确定为已具备滑坡发生的有效临空面。

⑥ 高陡岩质斜坡或陡崖，若有两组或两组以上节理、裂隙面能够将大块岩体或岩块切

割,该斜坡可视为已具备崩塌、落石发生的有效临空面。

⑦ 强风化碎裂岩质陡峻斜坡,因沟河水冲刷或人工开挖,使下部岩层顶面暴露,此斜坡可视为已具备崩塌、落石形成的有效临空面。

5.3.1.4 水文地质条件

斜坡变形灾害的形成与地下水的作用密切相关。赋存于岩土体孔隙和裂隙中的地下水是缓慢流动的,称为地下水的渗流。地下水在渗流的过程中对孔隙或裂隙周围的岩土体产生软化(物理作用)、溶蚀(化学作用)、潜蚀(机械作用),这些作用在潜水位附近尤其明显。以下水文地质条件通常有利于斜坡变形灾害的形成。

① 坡体中存在相对不透水的隔水层,其上覆岩土体具有较好的渗透性,下渗的地下水会在隔水底板上富集,降低该部位岩土体的抗剪强度,导致上覆岩土体滑动,形成滑坡。

② 潜水位比较稳定的地区(如北方),地下水的溶蚀和潜蚀等作用在斜坡体内会形成软弱结构面(带),这个面继续演变下去就会发育成滑坡的滑移面。图5-5为黄河上游龙羊峡滑坡发育时,地下水与滑移面的关系。此滑坡发生在1000多年前,施工部门沿滑坡主轴方向,顺滑移面打平硐,发现在滑移面上有干涸水迹,在滑体与滑床结合的扰动带内有向上的脉冲水沙脉。这些现象表明,龙羊峡滑坡发育的时候,滑移面位置就是当时潜水位位置,在滑坡剧滑瞬间,由于滑动面上的岩土体破裂、阻塞潜水的正常通道而产生短时的超静水压,使滑面上的水、沙、泥浆沿裂隙向上脉冲。

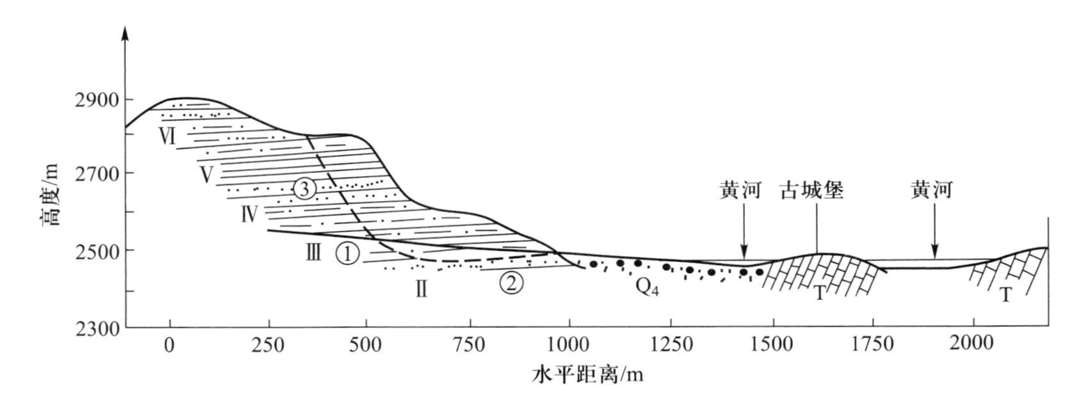

图5-5 龙羊峡滑坡滑移面形成与地下水关系示意图

① 地下水位;② 滑坡滑移面位置;③ Ⅰ、Ⅱ……半成岩湖相地层及分层编号

在野外进行滑坡调查时,常在斜坡体下部发现地下水呈水平条带溢出,这表示可能是老滑坡滑移面剪出口位置,如果不是老滑坡,就要警惕这一带发生新滑坡的可能。

③ 对于节理裂隙比较发育的高陡岩体,水体渗入可能崩塌体的裂缝中,会产生较大的水劈和冰劈作用,降低裂隙面的强度,加速崩落岩体脱离母岩,促进崩塌、落石的形成。

在自然环境下,斜坡变形灾害形成的四个基本条件不是孤立存在的,通常相互关联、相互影响甚至相辅相成。因此,在分析斜坡变形灾害的形成条件时必须进行综合思考。

5.3.2 诱发条件

斜坡在具备了斜坡变形灾害形成的基本条件后，就具有了形成的可能，但斜坡变形灾害是否能够发生，还需要一些因素对坡体施加影响，这些因素又称为诱发条件。

5.3.2.1 降水

降水降到斜坡地表并渗入地下后，对斜坡变形灾害的形成会产生三个作用。

(1) 降水对软弱结构面形成的侵蚀、软化作用

降水(含雪)一旦降到斜坡表面，水便沿岩土体中的孔隙和裂隙下渗，一部分储藏在孔隙、裂隙中，另一部分继续下渗到软弱结构面上富集起来，并对这个面上的岩、土进行浸润、软化，使其强度逐渐降低。降水渗入的过程中还会对斜坡岩土体产生淋滤作用，破坏岩土体的原有结构和物质组成。据黄河上游半成岩湖相地层试验，半成岩天然状态时的抗剪强度 C 值为 480~850 kPa，φ 值为 36°~41°；饱和时 C 值为 110~220 kPa，φ 值为 28°~33°；饱和溶滤 15 天后抗剪强度 C 值为 50~120 kPa，φ 值为 25°~27°，与饱和时的 C、φ 值相比分别降低到 45%~55%和 89%~82%。

(2) 降水对斜坡的增重作用

当处于极限平衡状态的斜坡再一次接受降水时，将使斜坡体产生两个效应：一是部分降水渗到可能的软弱结构面上继续对其软化，使其强度进一步降低；二是大部分降水停留在岩土体的孔隙和裂隙中，增加岩土体的重力(静水压力)和渗透压力。当岩土体的重力引起的下滑力增加到大于下伏软弱结构面的抗剪能力时，便产生滑坡。

(3) 降水引起的水劈作用

斜坡变形灾害形成过程中，斜坡地表大多有明显的拉张裂缝，随着斜坡变形的发展，裂缝的宽度和深度不断增加。在灾害起动前，裂缝宽大多在 50~100 cm，少数可达 150 cm 以上，深不见底(可能深至滑动面后缘)。当遇大雨、大暴雨时，雨水、地表径流会迅速进入裂缝，使裂缝很快充满水而产生较大的侧向压力作用于滑坡体或崩落体上，使处于临界平衡的坡体立即起动滑移或崩落，这种现象称为滑坡斜坡变形灾害形成中的水劈作用。

1981 年 7 月，四川中、北部地区发生百年一遇特大暴雨，引发大小滑坡 6 万余处，其中苍溪县某村庄后山滑坡就是水劈作用引发的典型实例(图 5-6)。此滑坡发生前两个月，山坡中部就有一条宽 20 多厘米的弧形裂缝。滑坡发生前 5 天连降中到小雨，此裂缝增宽到 1 m 以上，深不见底。到滑坡发生的当天上午 8 时突降大暴雨，大量雨水从山坡上部径流下来进入

裂缝，使此滑坡迅速起动向前滑移了约 20 m。最后因水劈作用力消散，滑动面过缓（4°～5°）而停止了滑动。

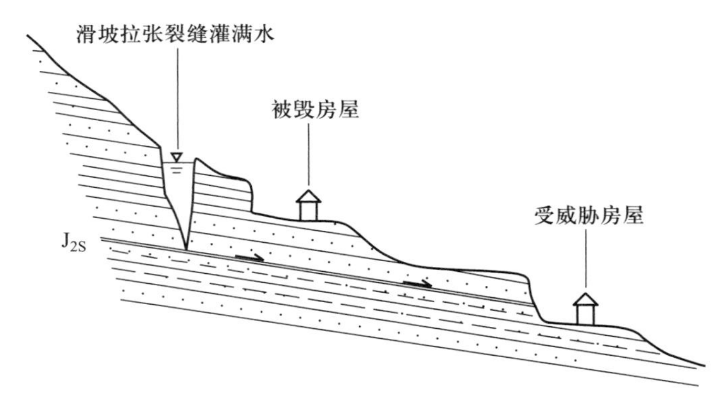

图 5-6 1981 年四川苍溪县某暴雨滑坡水劈作用形成示意图

5.3.2.2 流水冲刷

各种流动的地表水对斜坡的冲刷、掏蚀和浪击在斜坡变形灾害的发育和形成上起着重要作用，使斜坡体下部岩土体被搬走而失去支撑，从而加快灾害的发生。

河流的“凸”岸是堆积岸，但当洪水上涨越过堆积滩时它又是冲刷岸，此时易引发滑坡。山区陡峻的冲沟，常堆积有厚度不等的松散块碎石土支撑上部斜坡，一旦遇到暴雨，这些松散物质就会被冲刷搬走，斜坡也会因此而产生滑坡。水库和天然湖泊由风而引起的巨大波浪撞击岸坡，使岸坡水位附近的岩土体被浪击打碎搬走，由此也会引起上部岩土体失去支撑而产生滑坡、崩塌。

5.3.2.3 地震

(1) 地震活动对滑坡发育的加速作用

地震发生的瞬间，坡体要受到地震波产生的地震力作用（图 5-7）。作用的方式是上、下震动和左右摇摆。瞬间的剧烈震动能使坡体内不连续结构面上的强度急剧降低，致使抗滑力减小，直到滑坡发生。

地震时所引起的震动对地表宏观破坏的程度称为地震烈度，分为 12 度，用 Ⅰ，Ⅱ，Ⅲ，……，Ⅻ表示。地震触发崩塌、滑坡的烈度下限为Ⅵ度，Ⅸ度以上地震区有较多的崩塌、滑坡分布。2008 年 5 月 12 日，四川西部龙门山区发生 8 级强烈地震，震中烈度Ⅺ度，沟河两岸陡坡发生了大量崩塌、滑坡。

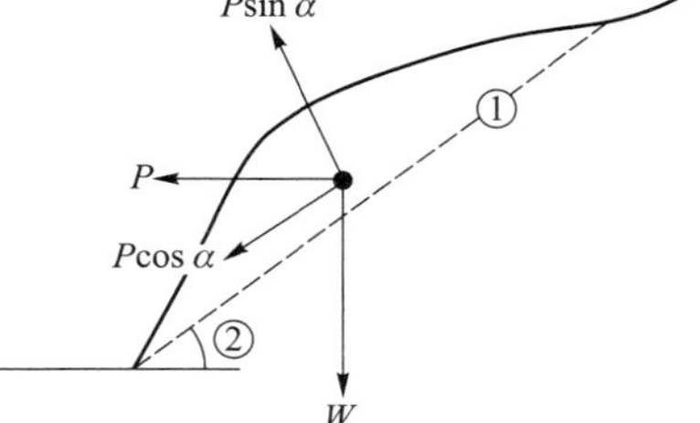

图 5-7 地震时坡体受力图

W 为滑体重量；P 为地震综合力；① 滑动面；② 滑动面倾角 θ

(2) 地震对崩塌、落石形成的作用

地震对崩塌、落石的形成作用与对滑坡的形成作用有所不同。地震对滑坡的形成作用体现在增大滑坡的下滑力和减小滑坡的抗滑力;而地震对崩塌、落石的形成作用表现在地震上、下震动时,将可能发生崩落的岩体(岩块)震松;左右剧烈晃动时,将可能崩落的岩体(岩块)折断,并向临空方向推举和抛出。

5.3.2.4 人类活动的影响

人类活动是多方面的,对斜坡变形灾害形成和发生的影响主要体现在以下方面:

(1) 边坡开挖

山区房屋建筑施工,开挖平整场地时,必须对建筑环境的稳定性做详细调查和评估,如果开挖边坡破坏了原有斜坡的稳定性,就会产生滑坡、崩塌等灾害。同样,山区公路和铁路建设中,开挖坡脚也是极普遍的工程行为,引发了大量滑坡。如果在修建道路的同时,对有可能发生灾害的路段在道路的内外两侧修建支挡结构,斜坡变形灾害就会大大减少。例如,南昆线长约 1 km 的罗善村深路堑,斜坡区域有断层分布,岩性为寒武系下统页岩风化层,在路堑开挖过程中,就相继发生 6 处滑坡,只得先整治,后开挖。

(2) 城镇排水设施建设

城镇排水系统的建设是城镇建设的重要组成部分,对位于斜坡上的城镇,骨干排水工程的建设应先于城镇房屋和其他设施的建设,这有利于坡体稳定。否则,在城镇建起来以后还未进行排水系统的建设,使大量地表水和生活用水渗入地下,必将对城区所处斜坡的稳定性产生严重的影响。四川木里县城老滑坡的复活就是典型的例证。

(3) 工矿建设中的弃土弃碴

随着山区的开发,工矿建设不断加快,弃土弃碴的堆放问题日益突出。由于弃土弃碴堆积不当,造成斜坡上部加载从而诱发滑坡的情况,在矿区和山区道路及其他工程活动中时有发生。1977 年,河南观音堂煤矿工业广场发生滑坡,其成因是在斜坡上部堆弃矸石及生产用水随意流淌,主井绞车房及一些附属建筑严重开裂,给生产造成很大威胁。南昆铁路侯子著隧道建设中,弃碴场位于高 40 余米的黄泥河岸坡上,形成上厚下薄的弃碴堆积体,受坡体上部加载影响,形成小型滑坡,并牵引后缘铁路路基变形,不得不采用在路肩下设置抗滑桩和在坡脚修建挡碴墙等措施加以治理。

(4) 农业灌溉

人们在农业生产过程中,向田、土浇灌水,这对斜坡的稳定性有重要影响。如果水量不大,大部分水停留在土壤上层,形成上层滞水,仅有小部分下渗,对坡体的稳定性不会产生明显的破坏作用;若浇灌的水量特别大,漫流、满灌,大量的水沿孔隙持续下渗,当渗透到软弱结构面(带)时,易在此富集,并软化结构面上的岩土体。灌溉的长期作用,会使坡体失稳产生滑坡、崩塌等灾害。例如,四川省汉源县东沟滑坡就是由于农业灌溉形成的(图5-8)。

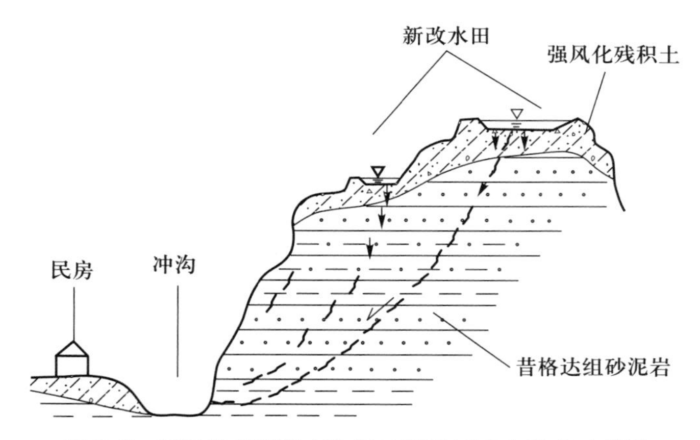

图5-8 四川省汉源县东沟滑坡因稻田灌水形成示意图

(5) 塘、库等蓄水工程的渗漏

若池、塘、库和灌溉渠道盛水部分没有严密的防渗措施,在运行过程中就会大量渗水、漏水,破坏其所在坡体的稳定性,由此诱发的滑坡不胜枚举。四川省宜宾市翠屏山公园属大型老滑坡,滑坡中、上部有上、下两个水池。由于下部水池底未进行严密的防渗处理,呈现散漏的现象,使已经稳定的老滑坡体前部从20世纪70年代初期起产生缓慢滑移,严重影响此滑坡前缘的内宜铁路运行(图5-9)。

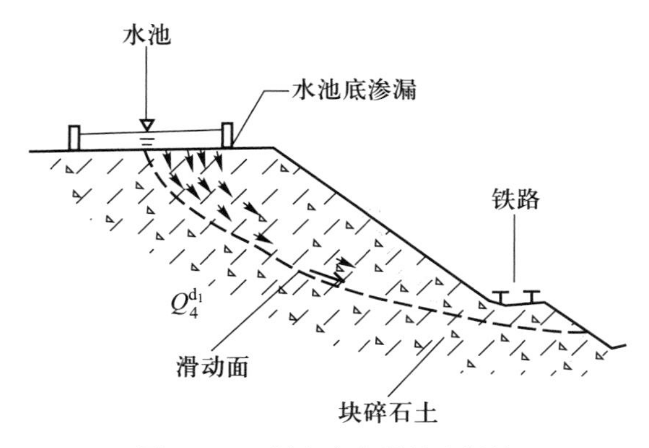

图5-9 四川宜宾市翠屏山滑坡

5.4 斜坡变形灾害的地貌及运动特征

5.4.1 滑坡平面特征

滑坡平面特征，包括滑坡体平面形态、后壁特征和滑坡表部微地貌特征。

(1) 滑坡体平面形态

依据滑坡体主滑方向长与垂直主滑方向宽之比可分为纵长形(长>宽)、横展形(长<宽)和等长形(长与宽接近)。若与某一物的外表形态相近，可用某一物形态称呼，如马蹄形、心形、叶形等。对于岩质顺层滑坡，若受岩体节理裂隙控制，则呈四边形或棱形等。

(2) 滑坡后壁特征

土质滑坡多呈圈椅状弧形后壁；半成岩和岩质类滑坡后壁多受岩层节理裂隙的控制，形态比较复杂，有呈"一"字和"八"字形的。

(3) 滑体表部微地貌特征

一个典型的新滑坡其表部有以下三个微地貌特征。

① 多种多样的裂缝，按裂缝展布方向、位置、性质，可划分为4组(图5-10)。

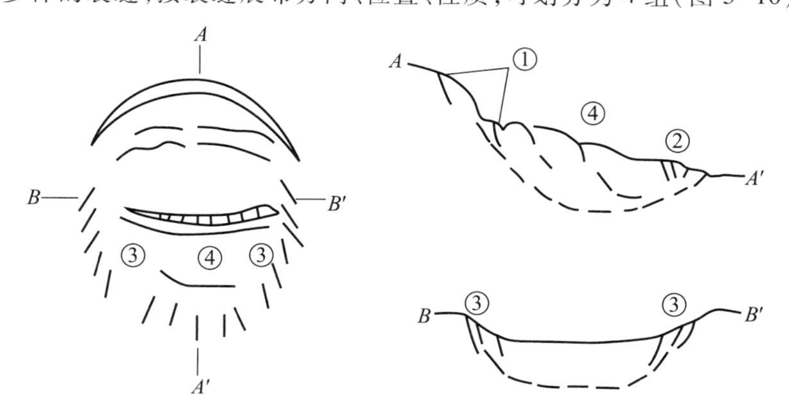

图5-10 滑坡体裂缝展布示意图

① 后缘拉张裂缝；② 前缘(部)鼓胀裂缝；③ 两侧羽状剪裂缝；④ 中部横向"凸"型裂缝

② “凸”、“凹”不平的阶状地形。牵引式滑坡，滑坡体上至少有两个滑坡平台；推动式滑坡，滑坡体上只有一个滑坡平台，还有几个鼓丘。滑坡平台多呈反倾现象，并可能与后壁一起构成积水洼地，即滑坡湖。牵引式滑坡可能有多个滑坡湖，而推动式滑坡则只有一个滑坡湖。

③ 滑体横向上分块、纵向上分级滑动特征。一个典型的大型或特大型滑坡，由于滑动体各部起动的时间和滑床上抗滑摩阻力的差异，致使滑体横向上呈现分块、纵向上呈现分级运动的现象（图5-11）。

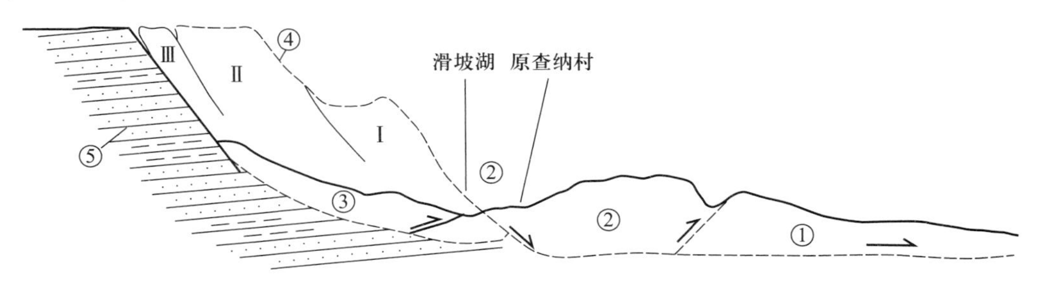

图5-11 查纳滑坡纵向上分级滑动示意图

Ⅰ、Ⅱ、Ⅲ为滑坡分级；①、②、③ 分别为对应滑坡分级的滑坡堆积；④ 滑坡前地面线；⑤ 半成岩砂、泥岩地层

5.4.2 滑坡体结构及剖面特征

5.4.2.1 滑坡体内部结构

滑坡体起动后，由于滑动体内各块体运动的差异性，造成块体之间的碰撞和挤压，致使滑体内部结构与原生结构有较大差异，即滑坡体破碎、节理裂隙增大增多；滑体内的岩层层序与原始斜坡相比基本一致，但倾角有较大变化，呈现变缓、变陡甚至倒转的现象；还具类似地质构造的滑坡构造现象，如滑坡褶曲、架空、重力断层、逆冲断层和地堑等。

5.4.2.2 滑坡纵断面及滑移面特征

滑坡纵断面能表征滑体组成、结构、岩层倾向及倾角、滑坡运动特征和形成机理。若滑体纵断面上呈多块，表明此滑坡是多级牵引式滑坡；若滑坡纵断面上未见此现象则是推动式滑坡。滑坡纵断面还能表示滑移面形态、特征和埋藏深度。按滑移面的几何形态可分为直线形、折线形和曲线形（圆弧形），有极少数滑坡的滑移面呈阶状。不同类型的滑坡，滑移面形态也有所不同。

① 土质滑坡：滑移面在同类土中，多呈曲线形（图5-12①）；若滑移面在土与下伏岩层的接触面上（层面或风化面），则多呈直线形或折线形（图5-12②）；若牵引式滑坡沿下伏基岩风化面滑动，下伏基岩风化面又是阶梯状，则此滑移面也可能是阶梯状（图5-12③）。

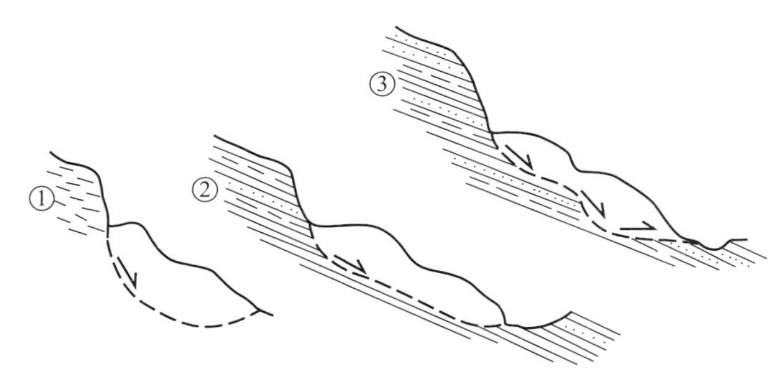

图 5-12 土质滑坡滑移面形态示意图

① 均质土中弧形滑移面;② 直线形滑移面;③ 阶状滑移面

② 半岩质滑坡:滑移面多呈折线形,后壁滑移面陡倾段受岩层陡倾裂隙控制,滑移面前段受层面控制,中间转折部位受此岩层最大剪应力面控制。最典型的例子是龙羊峡查纳滑坡(图 5-13)。

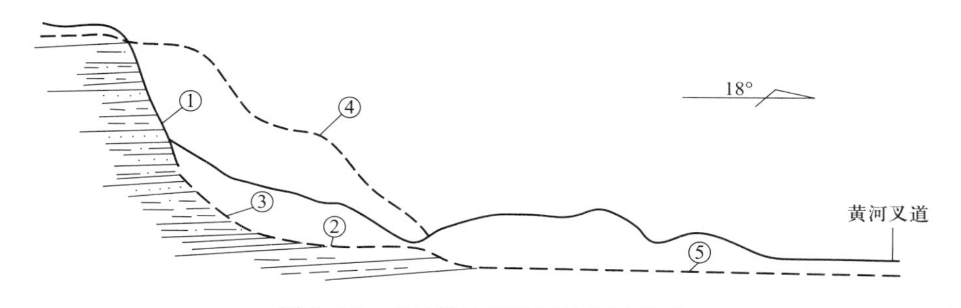

图 5-13 查纳滑坡滑移面结构示意图

① 上段(后壁);② 前段;③ 中段(中间);④ 原地形线;⑤ 滑垫面(外延滑面)

③ 岩质滑坡:层状顺向坡(岩层倾向与坡向一致),滑移面多受层面和层间不连续结构面控制,呈直线形(图 5-14a);而层状逆向坡(岩层倾向与坡向相反)和块状岩体构成的斜坡,滑移面多受几组节理和裂隙面组合控制,呈折线形,或近似圆弧形(图 5-14b)。

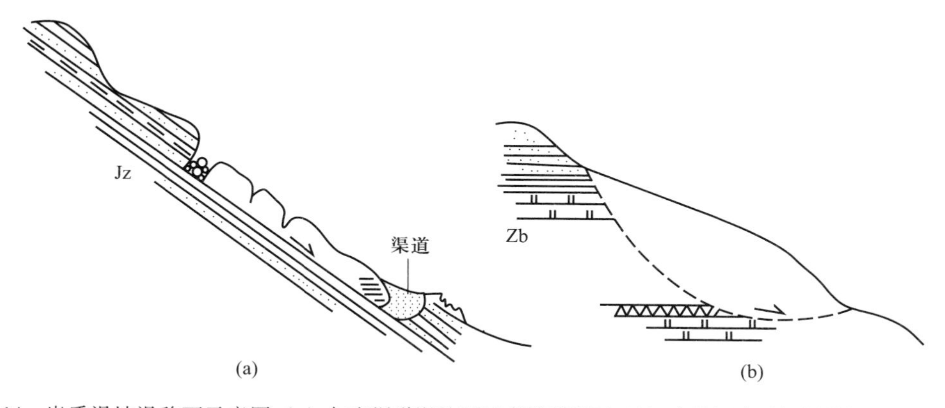

图 5-14 岩质滑坡滑移面示意图:(a) 仁寿渠道滑坡顺层直线形滑面;(b) 大渡河李子坪滑坡切层圆弧形滑面

5.4.3 滑体的运动学特征

滑坡的运动学特征十分复杂，通常可以从滑坡运动的几何（空间）特征、方向和轨迹、速度特征三个方面进行描述（王恭先等，2004）。

5.4.3.1 滑坡运动的几何（空间）特征

滑坡后缘的拉张裂缝、两侧的剪切裂缝及前缘剪出口裂缝贯通时才开始进入整体运动状态。由于滑体的物质组成和滑带的空间形态对滑坡的控制作用，滑坡的运动也具有简单和复杂两种形态。

（1）*整体滑动*

只有一块滑坡体在周界裂缝贯通后开始整体滑动，随着滑动距离的增加，滑带土抗剪强度逐渐降低，抗滑力减小，由匀速滑动而变为加速滑动。由于在滑动过程中滑体重心降低，并排出部分滑带水，或滑体前方受阻，或覆盖于较平坦的地面山抗滑力增大而停止滑动。这是最简单的一种滑坡形态，滑动面只有一层。

（2）*分条、分级、分层滑动*

在较为复杂的滑坡区，常常不止一个块体在滑动，在平面上出现多条、多级滑动，在立面上有多层滑动，各个条、块、层的滑动先后次序、滑动速度和滑动的距离都可能不同，因此可形成较复杂的外貌形态特征。如图 5-15 所示，其中图（a）为两条并行的滑坡，若是新生滑坡，在两滑坡交界处常有众多裂缝交叉，岩土破碎，滑动之后因该处岩土破碎易形成自然冲沟；图（b）为斜坡下部的两个小滑坡先发生滑动，使整个坡体支撑力削弱，从而引起了上部坡体更大范围的滑动，具有先后滑动的不同；图（c）为中间一块滑体先滑，或滑动距离较大，两侧滑坡滑动较晚，或滑动距离较小，但它们的滑动都可牵引上部坡体滑动；图（d）为多级牵引式滑坡的断面图，由于坡脚的坍塌或小滑坡削弱了滑坡“1”的支撑力引起“1”先滑动，“1”的滑坡又牵引了“2”和“3”级的滑动。在具有浅、中、深滑面的情况下，可以出现多层滑动，一般是浅层先滑，深层后滑，前者的滑动常削弱深层滑坡的支撑力并使深层滑带地下水增加进而发生滑动。

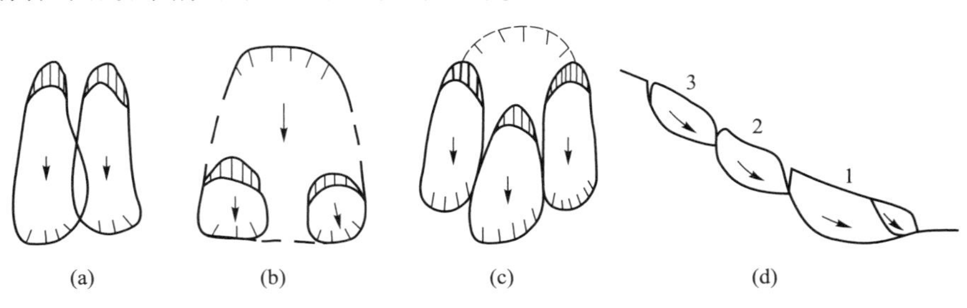

图 5-15 分条、分级、分层滑动示意图

5.4.3.2 滑坡运动的方向和轨迹

滑坡的运动方向和轨迹一般是指滑体重心的移动方向和轨迹,但对于多个滑动条、块构成的滑坡区,各条、块的运动方向不一定相同,应分别研究和确定各自的方向和轨迹,这对防治工程的布设非常重要。

滑坡的运动轨迹实际上就是滑坡在运动方向上经过的路线。滑坡的运动方向受滑动面和临空面所控制,滑动方向常以滑坡的主轴断面方向为代表。

滑坡的运动轨迹依滑动面形态可分为以下几种。① 直线形:沿单一平直面滑动的滑坡,其轨迹为平行该平面的一条直线;② 圆弧形:沿圆弧滑面滑动的滑坡,其轨迹为绕旋转中心的一条圆弧线;③ 曲线形:沿连续曲线或折线滑面滑动的滑坡,其轨迹为一条复杂的曲线;④ 抛物线形:剪出口位置较高的高速滑坡在滑出剪出口后,由于能量大、速度高,滑体沿抛物线运动滑出很远的距离,有时在坡脚没有形成沟槽或形成带有少量堆积物的沟槽。

滑坡的运动轨迹在平面上也有呈曲线状的:一种是堆积土滑坡受沟槽平面弯曲形状控制呈曲线运动,另一种是岩石滑坡受层面或构造面及临空面的限制,在平面上呈旋转运动。

5.4.3.3 滑坡的运动速度

(1) 滑坡的速度特征

根据运动速度将滑坡分为以下四种(图 5-16)。

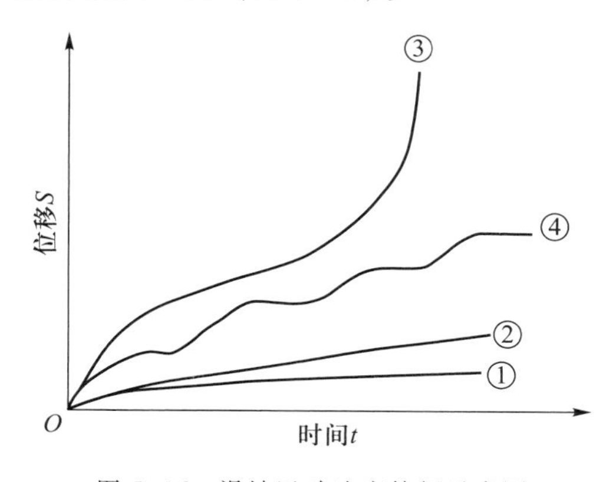

图 5-16 滑坡运动速度特征示意图

① 缓慢蠕动型;② 匀速滑动型;③ 加速滑动型;④ 间歇滑动型

缓慢蠕动型:这类滑坡或因抗滑段滑动面尚未完全贯通,或因抗滑阻力较大,一般是主滑段滑床坡度较平缓者(常小于 10°),滑动速度缓慢,每年的位移量仅 15~20 mm,只有用精密仪器观测才能发现,在宏观上只能见到一些刚性建筑物诸如挡土墙、侧沟、隧道边墙等的裂缝及其发展变化,以及路基的下降或抬升,但地面裂缝不明显。这类滑坡虽不会造成急剧的灾害,但危害是长期的。

匀速滑动型:这类滑坡多数滑床也较平缓,整体滑动开始后呈匀速滑动,每年可位移数十厘米至 1 m 以上,用肉眼可容易观察到其变形痕迹,用简易观测即可测出其位移值。有的滑坡匀速滑动只是一个短暂的阶段,随滑动距离增大、滑带土强度降低或地表水灌入而转为加速滑动。

加速滑动型:这类滑坡多是滑床较陡者(多大于 20°),一旦滑坡克服抗滑力开始整体滑动,经过很短的匀速滑动即转入加速滑动直至破坏,常冲出滑床相当大的距离而堆积于沟谷或平坦地面上,重心降低、抗滑力增大而停止滑动,通常前部先停止滑动,中后部逐渐压密而停止运动,完成一个完整的滑动过程。加速滑动除滑床坡度较陡外,还取决于滑带土峰值强度与残余强度之比(峰残比)的大小及强度降低的快慢,峰残比较大且强度降低较快者常可形成高速滑坡而滑出数百米,破坏性和危害范围较大。

间歇滑动型:这类滑坡滑床坡度一般为 10°~20°,对降水十分敏感,常常是雨季降水渗入坡体,地下水位升高,滑带土孔隙水压力增大,抗滑力减小而加速滑动,雨季过后,滑速逐渐减小甚至停止滑动。第二年雨季时又重复一次较大的位移。这是周期性的重复"匀速-加速-减速-停止"的滑动过程,但位移总量在逐年增大。

(2) 滑坡的速度场

滑坡的速度场指滑坡体在运动过程中速度在平面和断面上的分布状况。

滑坡的平面速度场:一个典型滑坡在蠕滑挤压阶段,抗滑段滑面尚未完全贯通,其位移表现为上部下沉和外移,中部平移,下部抗滑段的抬升和外移,其速度为上、中部大而下部小。在平面上由于受两侧不动体的摩阻力作用,两侧位移量和速度小,而中部主滑断面附近滑动速度最大。滑坡整体滑动后,其上、中、下部的滑动速度基本一致,否则会在滑坡体上形成拉张裂缝或局部受挤压而隆起。在滑坡即将停止滑动时,前部受阻先减速,而后中后部相继减速和停止运动。在平面上仍表现为两侧速度小而主轴附近速度较大,如图 5-17a 所示。平面旋转滑动的滑坡,其平面速度场为远离旋转中心一侧大而靠近旋转中心一侧小,如图 5-17b 所示。

滑坡纵断面上的速度场:滑坡在断面上的速度分布主要取决于滑动面的形态特征。若滑动面为简单的平直面,其运动轨迹为平行于该平面的一条直线,其速度分布为平行于该直线的矩形,或地面速度稍大于滑面附近的速度,如图 5-18a 所示。若为圆弧形滑面,整个滑体沿旋转中心转动,因而滑动面处的位移速度大于地面速度,如图 5-18b 所示。若沿连续曲面或折线形滑面滑动,具有平移和旋转两种滑动性质,其速度分布也更为复杂,但总体上以平移为主,主滑段地面速度大于滑面处速度,抗滑段地面速度稍小于滑面处速度,仍近似于矩形分布,如图 5-18c 所示。错落型(挤出型)滑坡是一种特殊类型的滑坡,其速度场表现为下部向外移动,而上部以下沉为主,并有一定的旋转。

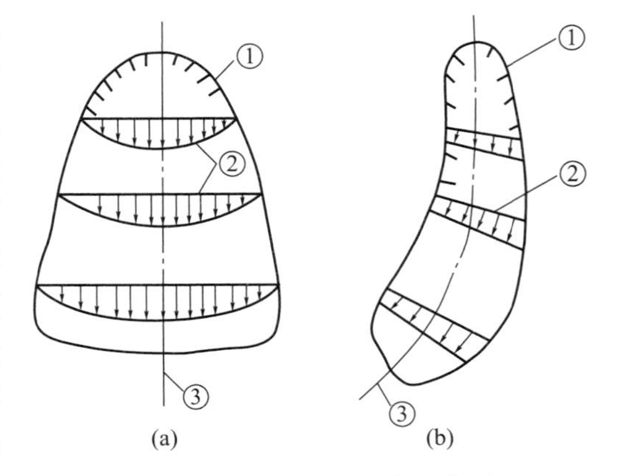

图 5-17 滑坡平面速度示意图

① 滑坡周界;② 滑坡速度;③ 主滑线

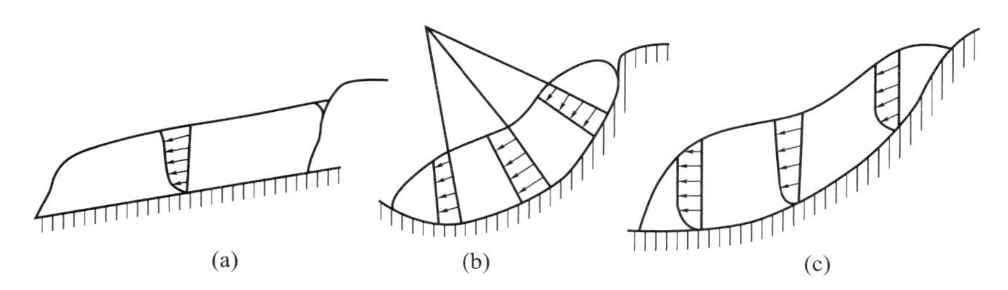

图 5-18 滑坡纵断面上的速度场示意图:(a) 平直滑面;(b) 圆弧形滑面;(c) 连续曲面或折线形滑面

5.4.4 崩塌的运动特征

崩塌块体的运动与滑坡有很大的差别,几乎不存在明显的滑移现象。崩塌体从地面开裂,向临空面倾倒,到瞬间撕裂脱离母体高速运动,整个运动过程表现出自由落体、滚动、跳跃、碰撞和推动等多种方式并存的复合过程。运动中由于跳跃、碰撞使大的岩土块碎裂,解体成小块。

由于崩塌块体运动过程十分复杂,块体间的相互作用和能量传递至今无法测定,速度和坡面阻力系数也无法准确给出,所以很难建立公式进行计算。在实际工作中,根据大量调查、统计资料和经验,可做如下定性分析:① 崩塌块体落地以后的坡面坡度在 30°以下,坡面上为草皮、灌木丛和“凸”“凹”不平的地形,崩塌块体在此种斜坡上做减速运动;② 崩塌块体落地以后的地面坡度在 30°~45°,坡面覆盖物、形态和特征与上述基本相同,崩塌块体在此斜坡上接近匀速运动;③ 崩塌块体落地以后的地面坡度在 45°以上,坡面覆盖物、形态和特征与上述基本相同,崩塌块体在此斜坡上做加速运动。

应用上述基础知识,可对高陡危险斜坡崩塌发生区以下坡体的块体运动特征和危险区范围做出初步分析判断。

5.4.5 落石运动特征

落到斜坡面上的岩块大多要发生滚动,这部分岩块称为落石。落石在坡面上的运动十分复杂,与斜坡的坡度和高度、粗糙度、下垫面的工程特征和落石本身的重力及形态有关,本节做了较大简化,仅按落石起动的方式分成坠落冲击起动式和滑移起动式来讨论。

5.4.5.1 坠落冲击起动式

(1) 初次冲击地面

崩塌中的单块岩石(含落石),从坡高 h 处的陡崖脱离母岩,以自由落体方式冲击斜坡面(图 5-19),依据动势能转换原理可算出冲击斜坡面的初始撞击速度为

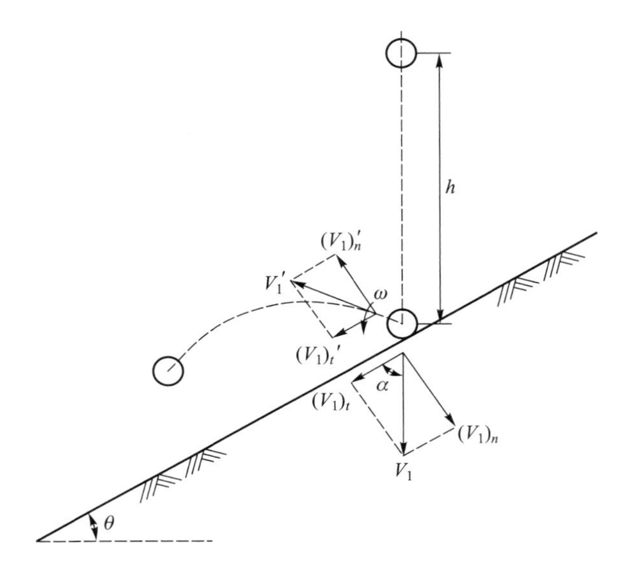

图 5-19 落石体冲击斜坡面示意图

$$V_1=\sqrt{2gh} \tag{5-1}$$

式中，V_1——落石初始撞击速度（$m\cdot s^{-1}$）；h——落石岩块中心脱离母岩处到地面的垂直高度（m）；g——重力加速度（可取 $9.8\ m\cdot s^{-2}$）。

从图 5-19 中得出，落石初始冲击斜坡面的速度可分解为垂直斜坡坡面的法向速度 $(V_1)_n$ 和平行斜坡面的切向速度 $(V_1)_t$：

$$(V_1)_n=\sqrt{2gh}\cos\theta \tag{5-2}$$

$$(V_1)_t=\sqrt{2gh}\sin\theta \tag{5-3}$$

式中，θ——冲击斜坡面的坡度角。

据碰撞恢复系数的定义，落石初始冲击斜坡面的回弹速度（V_1'）与初始入射速度（V_1）之比为落石碰撞恢复系数：

$$e_1=\frac{V_1'}{V_1} \tag{5-4}$$

同样，可分解为法向碰撞恢复系数和切向碰撞恢复系数：

$$(e_1)_n=\frac{(V_1)_n'}{(V_1)_n} \tag{5-5}$$

$$(e_1)_t=\frac{(V_1)_t'}{(V_1)_t} \tag{5-6}$$

由上述式(5-2)~式(5-5)可导出落石初始冲击地面时的法向初始回弹速度$(V_1)'_n$和切向初始回弹速度$(V_1)'_t$，即

$$(V_1)'_n=(e_1)_n\cos\theta\sqrt{2gh} \tag{5-7}$$

$$(V_1)'_t=(e_1)_t\sin\theta\sqrt{2gh} \tag{5-8}$$

落石初始冲击地面后便发生向临空方向的回弹转动，转动的角速度为

$$\omega_1=\frac{5\sin\theta\sqrt{2gh}}{2R}[1-(e_1)_t] \tag{5-9}$$

式中，ω_1——落石初始回弹角速度；R——落石半径(m)。

落石回弹后做抛物运动，用下式可计算落石在空中的飞行时间：

$$t_1=\frac{2(e_1)_n\cos\theta\sqrt{2gh}}{g\cos\theta} \tag{5-10}$$

落石沿斜坡飞行的距离可用下式进行计算：

$$l_1=4h\sin\theta(e_1)_n[(e_1)_n+(e_1)_t] \tag{5-11}$$

式中，l_1——落石初始回弹沿坡面飞行的长度(m)。

(2) 第二次冲击地面

利用上述关系式可导出落石首次冲击地面回弹后落石点的速度，即第二次冲击速度：

$$(V_2)_n=(e_1)_n\cos\theta\sqrt{2gh} \tag{5-12}$$

$$(V_2)_t=[(e_1)_t+2(e_1)_n]\sin\theta\sqrt{2gh} \tag{5-13}$$

式中，$(V_2)_n$——落石第二次冲击入射法向速度，与第一次冲击回弹法向速度相同；$(V_2)_t$——落石第二次冲击入射切向速度。

(3) 落石多次(i次)冲击回弹分析

如图5-20所示，落石第i次冲击斜坡面，入射速度为V_i，与冲击斜坡面夹角为α_i，地面坡度角为θ_i，落石的角速度为ω_{i-1}，则冲击入射的法向速度$(V_i)_n$和切向速度$(V_i)_t$分别为

$$(V_i)_n=V_i\sin\theta_i \tag{5-14}$$

$$(V_i)_t=V_i\cos\theta_i \tag{5-15}$$

若第i次冲击的法向碰撞恢复系数和切向碰撞恢复系数分别为$(e_i)_n$和$(e_i)_t$，则第i次落石冲击斜坡法向回弹速度$(V_i)'_n$和切向回弹速度$(V_i)'_t$为

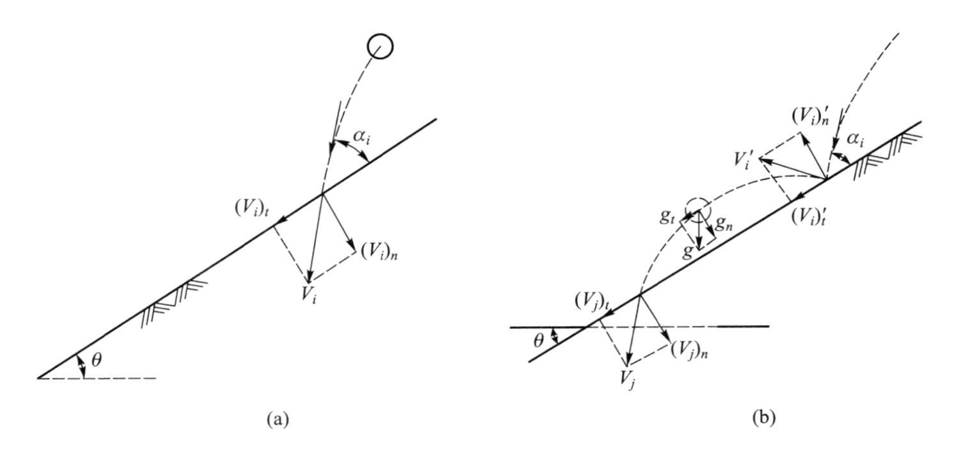

图 5-20 落石多次（i 次）冲击斜坡面示意图

$$(V_i)'_n=(V_i)_n(e_i)_n \tag{5-16}$$

$$(V_i)'_t=(V_i)_t(e_i)_t \tag{5-17}$$

据牛顿第二定律，不难算出落石冲击过程中沿斜坡面的冲击力为

$$(F_i)_t=m[(V_i)_t-(V_i)'_t] \tag{5-18}$$

式中，m——落石的质量（kg）。

落石沿斜坡的冲击力作用将导致落石自转速度增加，其值可按式（5-19）计算：

$$\Delta\omega_i=\frac{5(V_i)_t}{2R}[1-(e_i)_t] \tag{5-19}$$

则落石第 i 次冲击后的回弹角速度为

$$\omega_i=\omega_{i-1}+\frac{5(V_i)_t}{2R}[1-(e_i)_t] \tag{5-20}$$

式中，R——落石的半径（m）。

落石第 i 次冲击空中飞行时间为

$$t_i=\frac{(V_i)'_n}{g_n}=\frac{2(V_i)_n(e_i)_n}{g\cos\theta} \tag{5-21}$$

落石第 i 次冲击沿坡面运动的距离为

$$L_i=(V_i)_t t_i+\frac{1}{2}g_t t_i^2=\frac{2(V_i)_n(e_i)_n[(V_i)_t(e_i)_t\cos\theta+(V_i)_n(e_i)_n\sin\theta]}{g\cos^2\theta} \tag{5-22}$$

根据落石冲击回弹的抛物运动方程，可求出落石落点 J 的速度，即第 i+1 次冲击法向速度 $(V_j)_n$ 和切向速度 $(V_j)_t$：

$$(V_j)_n=(V_i)'_n=(V_i)_n(e_i)_n \tag{5-23}$$

$$(V_j)_t=(V_i)'_t+g_t t_i=\frac{(V_i)_t(e_i)_t\cos\theta+2(V_i)_n(e_i)_n\sin\theta}{\cos\theta} \tag{5-24}$$

应用上述落石冲击一次、二次，直到 i 次计算方程，就可了解落石脱离母岩后的运动全过程。

5.4.5.2 落石原地滑移起动

高陡斜坡上的落石（含块石），在强降雨或长期降雨条件下，由于表土层抗剪强度急速降低，致使落石滑移起动（图 5-21），当落石由 A 滑移到 B，滑移距离为 l_0时，可按式（5-25）计算滑移速度：

$$V_0=\sqrt{2gl_0(\sin\theta-\cos\theta\tan\phi)} \tag{5-25}$$

式中，ϕ——坡面摩擦角。

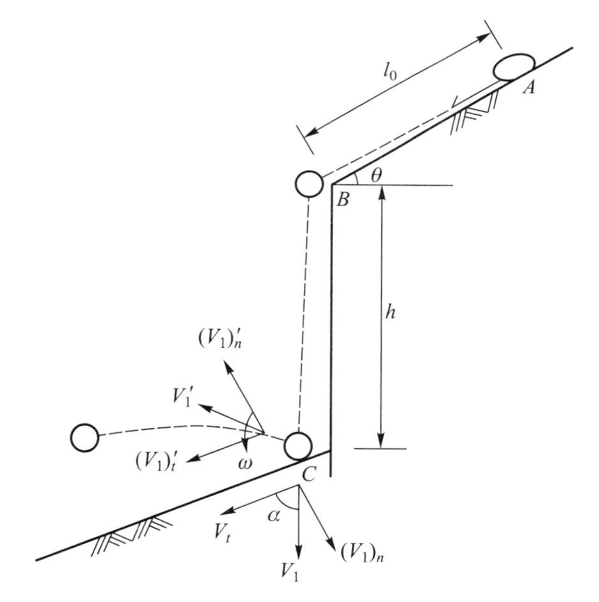

图 5-21 斜坡落石滑移起动示意图

落石从 A 点运动到 B 点碰上陡崖，便转化为落石运动到 C，以后的运动特征参数计算，可参照前述方法，所不同的是，落石首次冲击地面时的速度应增加滑移阶段的速度（初速度），即

$$V_1=V_0\sin\theta+\sqrt{2gh} \tag{5-26}$$

若落石运动到 B 点后，坡形无明显变化，落石可继续向坡下滑移滚动，直到停止，此时运动的最大距离为

$$L=l_0+\frac{V_0^2}{2g(\sin\theta-\cos\theta\tan\phi)} \tag{5-27}$$

若斜坡按坡面特征分成 i 段，则第 i 段的滚动滑移速度可按式(5-28)计算：

$$V_i=V_{i-1}+\sqrt{2gl_i(\sin\theta_i-\cos\theta_i\tan\phi_i)} \tag{5-28}$$

式中，V_{i-1}——上一段落石运动速度（$m\cdot s^{-1}$）；l_i——第 i 段距离（m）；θ_i——第 i 段斜坡坡度；ϕ_i——第 i 段坡面摩擦角。

5.5 斜坡变形灾害的区域规律与活动特征

5.5.1 受地质地貌、气候格局等控制的宏观分布规律

斜坡变形灾害的形成与分布受地形地貌、地质构造和气候格局等条件控制，其中前两者为主导，气候特征为诱发因素。我国斜坡变形灾害的分布符合本书第2.2节中所阐述的山地灾害区域分布规律，此外还有如下具体特征。

我国是一个多山的国家，从台湾岛至青藏高原、从长白山到海南岛都发生过不同程度的滑坡和崩塌灾害。相比之下，在南北方向上，以秦岭-淮河一线为界，大致上与年降水量800 mm等值线相吻合，北部地区（除黄土高原山区外）的滑坡、崩塌分布较稀，南部较密集；在东西方向上，以大兴安岭-太行山-鄂西山地-云贵高原东缘为界，东部地区的滑坡、崩塌分布较稀，西部较密集，特别是在青藏高原东缘的横断山区尤为密集（图5-22）。

从全国角度看，滑坡、崩塌灾害在三大地貌阶梯的过渡带最为发育。在第一阶梯与第二阶梯之间的过渡带上，如云、贵、川三省，西藏东部，甘肃南部和黄土高原沟壑区，地形陡峻，大多数的斜坡坡度在30°以上，相对坡高1000~2000 m；地层中极易滑岩组较多，破碎呈强风化状，并为新构造运动强活动带；降水量也较丰富，年降水量大多在1000 mm以上。这一区域的地质地貌、气候特征等非常有利于滑坡、崩塌等斜坡变形灾害发育，灾害分布密集，活动频繁，特别是大规模灾害出现频度较高，往往形成巨灾。在第二阶梯与第三阶梯的过渡带上也密集分布，据中国地质调查局统计，仅三峡库区现有滑坡及隐患点就有近4000处。在我国东部，特别是东南沿海的低山丘陵区，相对高差小，斜坡变形灾害形成动力条件不足，滑坡、崩塌分布稀疏，大规模灾害相对较少，但是在台风、强暴雨的激发下也可能形成群发性灾害或个别大规模滑坡、崩塌。在黄土高原，由于黄土的直立性、水敏性和湿陷性，在半湿润-半干旱气候区特有的强降水作用下，发育了典型的黄土滑坡。台湾省在中央山脉强烈隆升和台风暴雨的共同作用下，成为滑坡、崩塌的发育区。而东北、华北、西北的平原和盆地等区域由于相对高差和坡度都较小，斜坡变形破坏缺乏动力条件，滑坡、崩塌较少，主要集中在盆周山地。其他地区的滑坡、崩塌灾害主要发生在河、湖、库岸边、堤坝、道路边坡等与人类工程活动密切相关的区域。

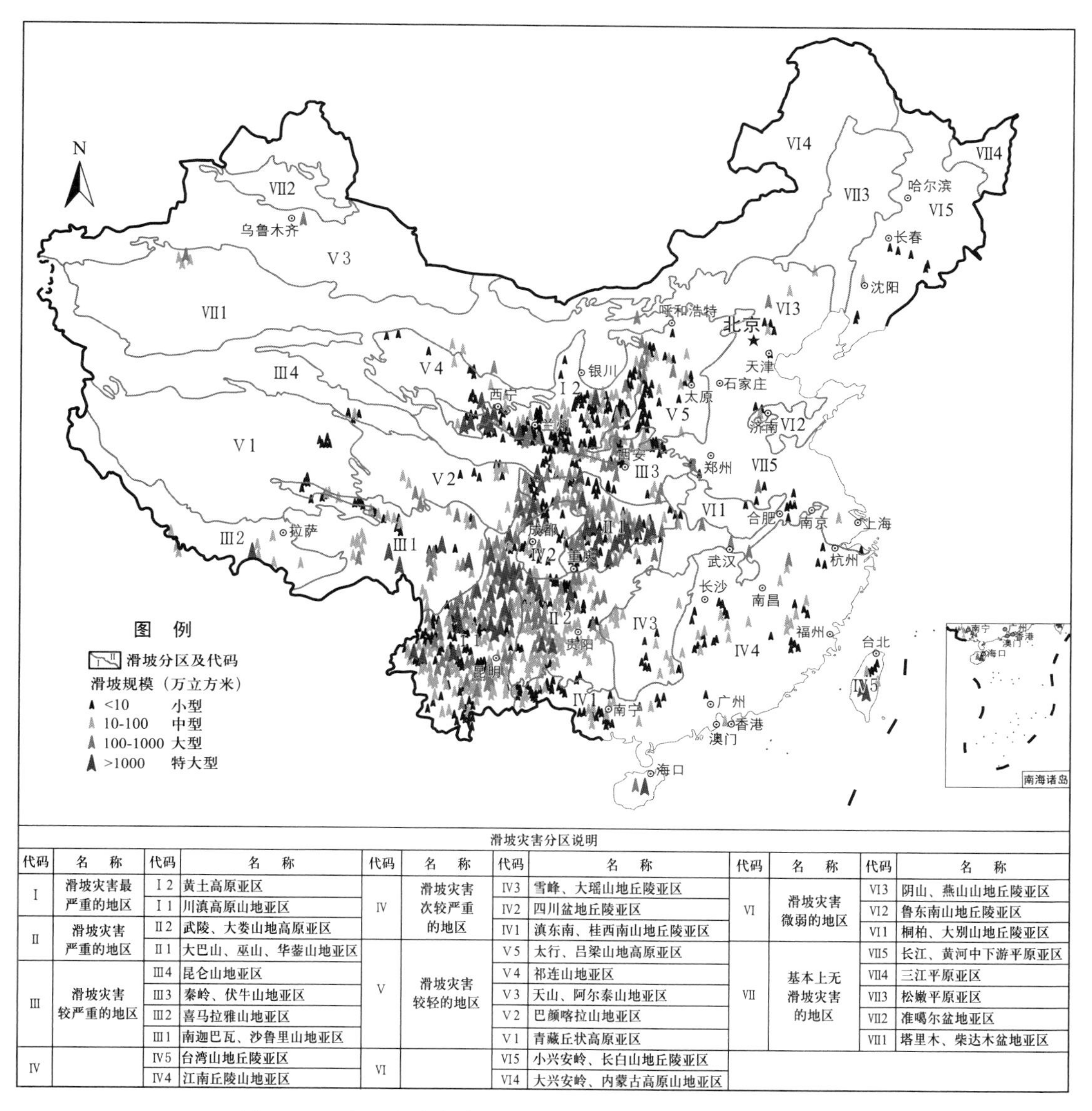

滑坡灾害分区说明

代码	名 称	代码	名 称	代码	名 称	代码	名 称	代码	名 称	代码	名 称
I	滑坡灾害最严重的地区	I2	黄土高原亚区	IV	滑坡灾害次较严重的地区	IV3	雪峰、大瑶山地丘陵亚区	VI	滑坡灾害微弱的地区	VI3	阴山、燕山山地丘陵亚区
		I1	川滇高原山地亚区			IV2	四川盆地丘陵亚区			VI2	鲁东南山地丘陵亚区
II	滑坡灾害严重的地区	II2	武陵、大娄山地高原亚区			IV1	滇东南、桂西南山地丘陵亚区			VI1	桐柏、大别山地丘陵亚区
		II1	大巴山、巫山、华蓥山地亚区	V	滑坡灾害较轻的地区	V5	太行、吕梁山地高原亚区	VII	基本上无滑坡灾害的地区	VII5	长江、黄河中下游平原亚区
III	滑坡灾害较严重的地区	III4	昆仑山地亚区			V4	祁连山地亚区			VII4	三江平原亚区
		III3	秦岭、伏牛山地亚区			V3	天山、阿尔泰山地亚区			VII3	松嫩平原亚区
		III2	喜马拉雅山地亚区			V2	巴颜喀拉山地亚区			VII2	准噶尔盆地亚区
		III1	南迦巴瓦、沙鲁里山地亚区			V1	青藏丘状高原亚区			VII1	塔里木、柴达木盆地亚区
IV		IV5	台湾山地丘陵亚区	VI		VI5	小兴安岭、长白山地丘陵亚区				
		IV4	江南丘陵山地亚区			VI4	大兴安岭、内蒙古高原山地亚区				

图 5-22 我国滑坡灾害分布与分区图(刘新民和李娜,1991)

5.5.2 沿河谷的分布规律

斜坡变形灾害的分布不仅受地质地貌、气候格局等宏观因素影响,在河谷地区还表现出顺河流方向的带状分布和垂直河流方向的差异分布特征。

5.5.2.1 顺河流方向的带状分布特征

长江、黄河、雅砻江等大型河流的中上游河谷,滑坡、崩塌等斜坡变形灾害分布密集,顺河流方向具有明显的带状分布特征。如本书第2.2节中所阐述,这些区域河流切割作用强烈、坡体陡峻、地质构造复杂、两岸岩土体破碎、降水量丰富,汇集了斜坡变形灾害形成的诸多有利条件。

如图5-23所示,滑坡、崩塌等斜坡变形灾害沿金沙江下游及其支流呈带状分布。河流下切、临空面发育、坡体应力释放与河流淘蚀等因素,有利于斜坡变形灾害形成。宽谷段岩性较软,坡度较小,一般为20°~35°,且斜坡前缘大多有由河水冲刷而形成的高50~100 m的陡坎,是滑坡形成的最佳地形,因此滑坡多分布在宽谷段。峡谷段岸坡地层岩性坚硬、节理裂隙发育,两岸坡度大多在50°以上,有的深切割峡谷岸坡坡度达70°~80°,为崩塌的形成提供了很好的地形条件,崩塌多分布在峡谷段。

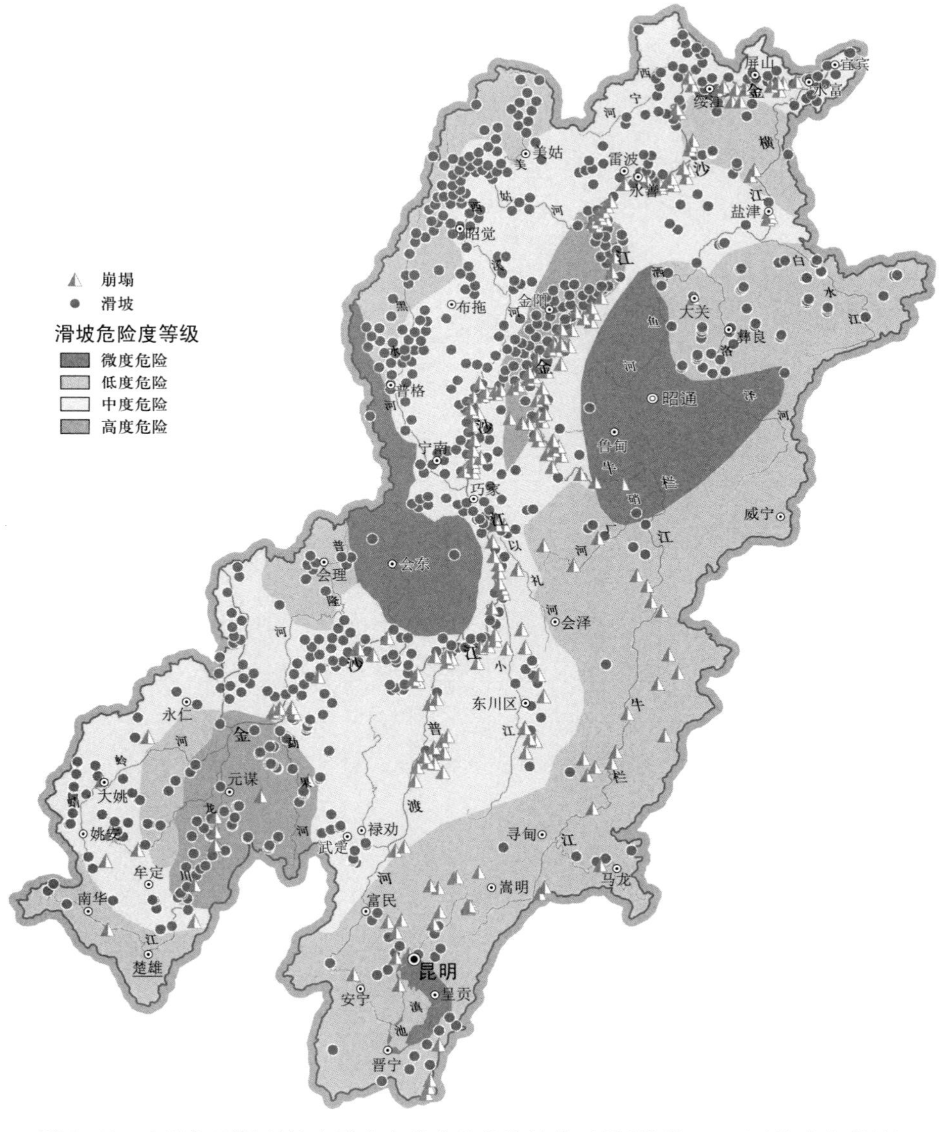

图5-23 金沙江下游斜坡变形灾害分布及危险性分区图(崔鹏,2014)(见书末彩插)

5.5.2.2 垂直河流方向的差异分布特征

据调查研究，西部山区不仅气候有明显的垂直地带性，河流作用也有明显的垂直地带性。据各大江大河中上游调查表明，在垂直河流方向上，按河流的作用程度可分为强作用带、中强作用带和弱作用带。在这三个作用带上，斜坡变形灾害的分布具有明显的差异性。

(1) 河流强作用带

从河床至其上 200 m 高度内的区域为河流强作用带。河流两岸陡峻，地形坡度多在40°以上，岩体强风化、松散，在大雨、暴雨的作用下极易产生滑坡、崩塌、泥石流和严重的水土流失。

如图 5-24 所示，在金沙江下游雷波（左岸）-永善（右岸）段的河流强作用带，斜坡变形分布密集。河床宽 80~100 m，两岸山高谷深，地层岩性为二叠系玄武岩（$P_{2\beta}$），陡崖上卸荷裂隙发育，历史上曾发生过多次崩塌，堆积于河床边；左岸为二叠系上统乐平组（P_{2c}）页岩、黏土岩地层，倾向金沙江河谷，为顺向坡，发育有数个小型滑坡；右岸为三叠系下统飞仙关组（T_{1f+t}）砂岩、泥岩、泥灰岩，为逆向坡，分布有青杠坪、四方碑及干海子等多个老滑坡。

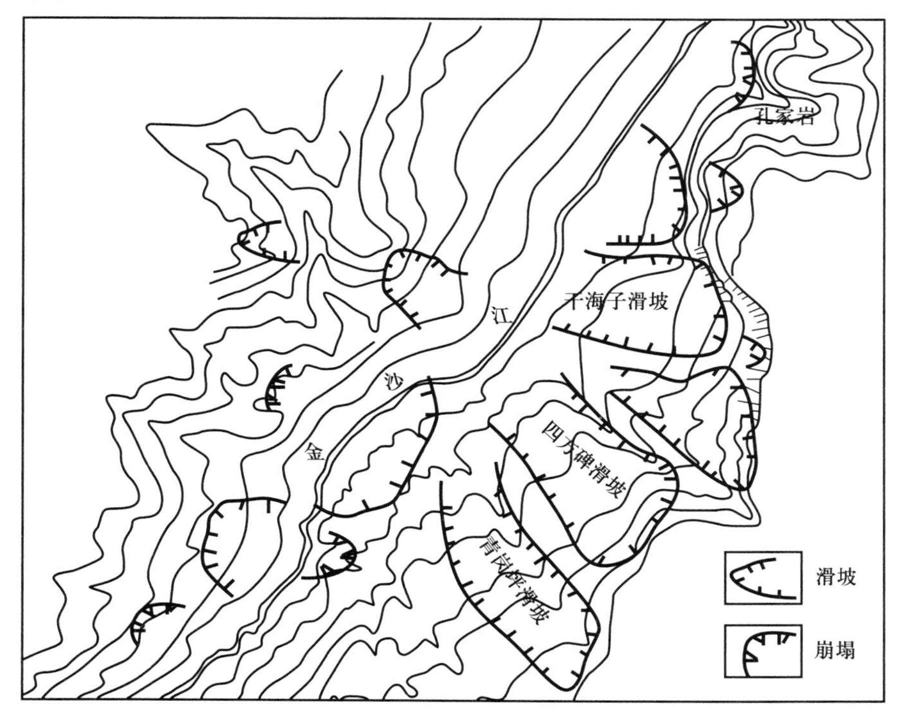

图 5-24 金沙江干海子段两岸地形及滑坡灾害特征示意图

(2) 河流中强作用带

河床以上200~500 m高度的区域为河流中强作用带。地形上大多为缓倾侵蚀台地,地形坡度为15°~25°,为农耕区域,河流作用明显减弱,仅在台地前缘和两侧冲沟边有小型滑坡、崩塌和泥石流,大多数台地为原始基岩台地,较稳定。仅少数缓倾台地为大型古老滑坡的中后部,前缘直抵河边。有河流冲刷时,此类台地稳定性差,前部有滑动现象;无河流冲刷时,此类台地较稳定。

(3) 河流弱作用带

河床以上高度大于500 m的区域为河流弱作用带。地形坡度大多为25°~45°,此区域森林植被较好,农耕地也很少,河流作用极弱,滑坡等灾害现象也很少,水土流失较弱。

虽然滑坡等山地灾害主要分布在河流强作用带内,但大多大型和特大型滑坡后缘已高出河床450~500 m。例如,金沙江下游雷波-卡哈洛段,特大型滑坡分布的上限(高于河床)在500 m以上。这些大型和特大型滑坡中、上部地形平缓,稳定性较好,已开发为现代农耕区,仅前缘200 m以下为河流强作用带,稳定性差,有许多小型滑坡崩塌现象(图5-25)。

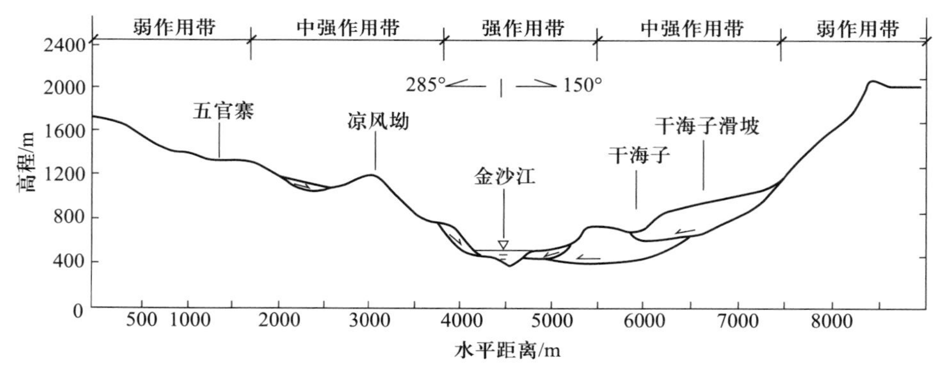

图5-25 金沙江下游雷波-卡哈洛段河流作用特征

5.5.3 斜坡变形灾害的活动特征

受地质地貌、工程活动、地震和降水等因素的影响,斜坡变形灾害具有以下活动特征。

5.5.3.1 地质地貌的控制性

地质地貌既决定着变形斜坡的灾害发育类型,也控制着灾害的活动特征。第5.3节已经对滑坡、崩塌及落石的形成条件进行了详细论述。在地形、地层岩性、地质构造、坡体结构和水文条件等因素的共同作用下，斜坡体内能够形成完整的滑动面就会发育成滑坡；不能够形成完整的破裂面而将坡体切割成可崩落的独立块体则通常发育成崩塌或落石。坡体内滑动面或破裂面的发育情况决定了斜坡变形灾害的发育规模和发生时间，而滑动面或破裂面的形状、变形斜坡周边的地形地貌又影响着灾害的运动速度、运动距离、堆积体的形态和内部结构等。以滑坡为例，一般滑坡的堆积体基本能够保持原有斜坡的坡体结构，但如果发生滑坡的坡体位置高，具有较大的势能，沿陡峻地形向下运动的过程中，原有坡体结构就会因为碰撞和长距离的高速运动等原因而破碎，形成碎屑流型滑坡。

5.5.3.2 工程活动与地震的诱发性

随着人口的增长和城市的扩张，人类工程活动对斜坡变形灾害的诱发作用日益增强，尤其是在矿山开采、线性工程（公路、铁路、油气管线等）、水利水电工程和城市建设等工程中（王涛等，2013）。矿山开采涉及露天开采切坡、地下采空、尾矿弃渣弃土等工程活动。露天开采破坏了原有斜坡的应力状态，而爆破、降水等往往导致坡体变形加剧，形成的灾害以滑坡为主；地下采空区的存在使上部山体中的节理、裂隙扩展，软弱结构面变形加剧，诱发的斜坡变形灾害主要以滑坡、崩塌为主，如 2009 年 6 月 5 日发生在重庆武隆的鸡尾山滑坡，就是由于地下采空导致上部斜坡变形破坏造成的，滑坡规模达 700 万 m^3，导致矿井入口掩埋，74 人死亡（殷跃平，2010）。线性工程（公路、铁路、油气管线等）建设中，切削坡体、堆载、填筑等工程活动使斜坡变形灾害通常沿线呈带状集中分布。如青藏公路和铁路线路总长 1268 km，沿横向 50 km 宽条带内，面积大于 10 000 m^2的滑坡多达 552 处（王治华，2003）。水利水电工程建设中，由水库蓄水诱发的库岸斜坡变形破坏最为突出。库水位的变动改变了斜坡的水文地质条件和岩土体的物理力学性质，导致松散堆积斜坡发生滑坡、古老滑坡复活或高陡岩质斜坡发生崩塌。库区斜坡变形灾害的发生具有明显的时序分布特征，约 50%发生在首次蓄水期间，其余主要在大坝建成的 3~5 年（Cojean and Cai, 2011）。

地震多发的山地区域往往地质构造复杂、岩土体破碎，是斜坡变形灾害的密集分布区域。通常，地震震级（M_L）大于 4.0 时便可诱发斜坡变形灾害（Keefer, 1984）。地震诱发斜坡变形灾害的类型、规模等活动特征受地震参数（震级、烈度、震源深度、震中距等）和斜坡地质环境参数（坡度、坡向、岩土体类型等）控制。烈度是地震后地表破坏程度的直接反映，经研究发现（孙崇绍和蔡红卫，1997），地震诱发的滑坡、崩塌等多在Ⅵ度及以上烈度区，Ⅶ度及以上烈度区内滑坡、崩塌的数量显著增大，Ⅷ度以上烈度区发生的可能性急剧增大，而其中规模特大、破坏特重的斜坡变形灾害都发生在Ⅸ度及Ⅸ度以上地区。同时，地震诱发的斜坡变形灾害在活动特征上还具有三个显著效应（许强和李为乐，2010）：① 距离效应：在汶川地震后，80%以上的大型滑坡集中在距发震断裂地表破裂带两侧 5 km 的范围内，距离越远，斜坡变形灾害越少；② 上下盘效应：汶川地震诱发的大型斜坡变形灾害绝大多数都位于断裂的上盘，上下盘效应明显；③ 方向效应：在与发震断裂带近于垂直的沟谷斜坡中，在地震波传播的背坡面一侧的斜坡变形灾害发育密度明显大于迎坡面一侧,存在“背坡面效应”。

5.5.3.3 继发性与群发性

斜坡变形灾害的活动性特征通常还表现出继发性和群发性。继发性是指斜坡变形灾害的发生具有典型的继承性重复活动特征,且这种继承性重复活动往往不具有周期性。在触发因素作用下,土质滑坡或崩塌斜坡变形破坏后会达到一个暂时稳定状态,当触发因素发生变化时就又形成新的变形破坏,达到另一个暂时稳定状态,这样的重复性活动特征就称为继发性。例如,广东大埔县赤羌坪滑坡(易顺民,2007),滑坡体积约 108 万 m^3,滑坡体平均厚度为 18 m 左右,从 2000 年至 2006 年发生多次变形破坏,滑坡活动的继发性特征明显。

群发性是指斜坡变形灾害在某一区域成群出现,通常这样的区域具备了适宜斜坡变形灾害发育的多种因素。滑坡群较易出现在土质斜坡区域,而崩塌群大多发育在碎裂岩质斜坡区域。特别是在黄土高原区,滑坡的群发性更为显著。例如,甘肃永靖黑方台黄土滑坡群(Xu et al.,2011),该区域地处黄河与湟水河交汇处的黄河左岸,长约 10.7 km,宽约 13 km,台塬面积约 13.7 km^2,在塬边地带共发育 35 处滑坡,总体积达 4600 万 m^3。

5.5.3.4 周期性

(1) 暴雨周期性

据调查统计,自然界中 90% 以上的滑坡发生在雨季(每年 6—9 月),发生的时间大多在一次降雨过程末期,或滞后降雨 1~2 天发生。由于暴雨具有周期性,而一次区域性的大暴雨可引起大范围的群发性滑坡。因此,从区域角度讲,斜坡变形灾害的发生具有与暴雨相近的周期性。例如,1981 年,川北、陕南、甘南发生大范围的特大暴雨(三天降雨量 250~300 mm,少数地方达 400 mm 以上),引发 6 万多处滑坡,有的河沟两岸小型滑坡崩塌成群发生。据水文气象资料,这种特大暴雨的周期约为 50~100 年一次,滑坡区域的周期性也与此相关。降水是动态因子,在滑坡区域预测和预报上有重要的意义。据多年的调查和研究,年降水量 500 mm 以上区域就有滑坡分布,年降水量在 1000 mm 以上区域就有较多的滑坡分布。

据分析,集中型降雨,即暴雨、大暴雨为主与大雨相组合,1~3 天为一个降雨过程,一般不会超过 5 天,能诱发大量的滑坡。1982 年 7 月,四川省万县地区暴雨滑坡崩塌调查资料显示,前期降雨量(1~3 天内)在 50 mm 以上,当日降雨量在 50 mm 以上,即累积降雨量在 100 mm 以上就开始诱发滑坡;当前期降雨量增加到 100~150 mm,当天降雨量在 150 mm 以上(累积降雨在 250 mm 以上)时,便有大量崩塌、滑坡发生(图 5-26)。分散型降雨指以大雨和中雨为主与小雨配合,雨期 6~10 天,雨停时间间隔不超过一日,对斜坡的作用主要是加快滑动面的形成,诱发作用次之。

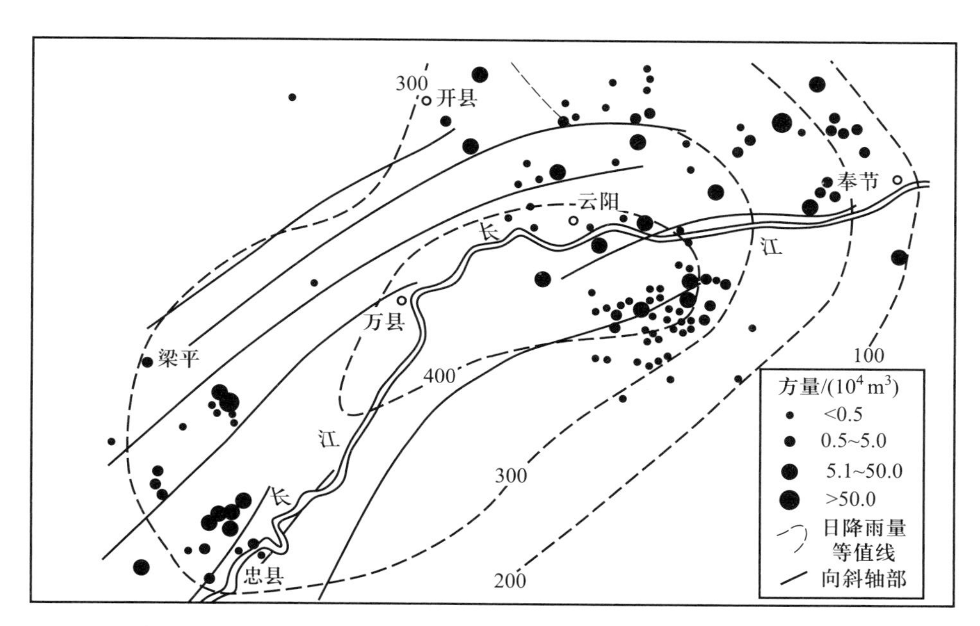

图 5-26　1982 年 7 月四川省万县地区暴雨滑坡发生与日降雨量关系图

(2) 自然加载周期性

某些大型老滑坡的活动与自然加载的周期性有明显关系。例如,长江三峡新滩滑坡的活动周期是 30~50 年剧烈滑动一次。起控制性的因素是后缓高陡的广家崖,强风化崩塌经常发生,加载于老滑坡体后部,经过 30~50 年的加载作用,当滑体的下滑力大于滑动面上的抗滑力时,便推动其老滑体滑动(图 5-27)。又如,西藏易贡湖扎木弄巴巨型滑坡碎屑流,1902 年发生过一次,体积近 3 亿 m^3,堵断易贡藏布江,形成高近 100 m、宽 800 多米的巨型拦河大坝,易贡湖因此而形成。事隔 98 年后的 2000 年 4 月 9 日,再次发生特大规模滑坡泥石流,体积近 2 亿 m^3,再次堵断易贡藏布江。滑体前部越过易贡藏布江爬上对岸堆在上一次滑坡堆积体上,形成高 100 余米的拦河大坝。60 天后于 6 月 10 日,大坝溃决,形成巨大洪水灾害,易贡湖也因此一泄见底。造成如此巨大的滑坡碎屑流灾害,除陡峻的沟掌地形因素外,控制性外因就是在山高 5000 多米处的冰崩、雪崩带动的岩崩每年都在进行,崩下来的大量物质堆填加载在沟掌地形上,经过近百年左右,堆填物所产生的下滑力超过下覆岩层风化面的抗剪强度时,便快速起动滑移,周期大约为 100 年。

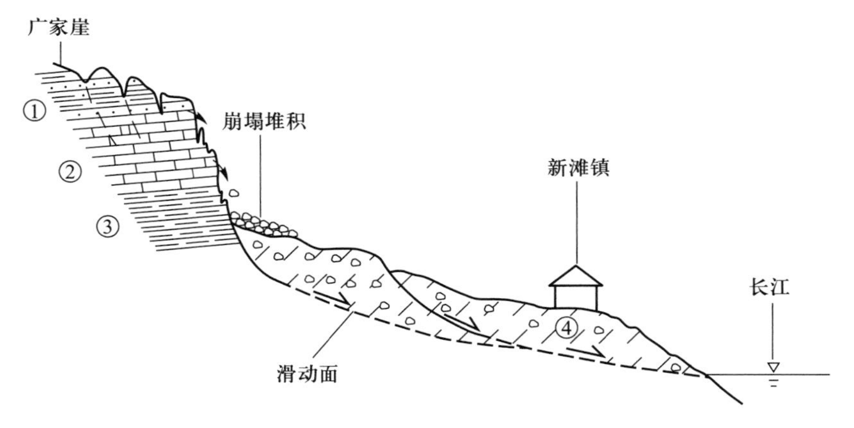

图 5-27 新滩滑坡发生前崩塌堆积加载示意图

① 砂泥岩;② 石灰岩;③ 泥岩;④ 老滑坡堆积块碎石

第 6 章

危险斜坡判别与稳定性分析

危险斜坡判别是指对可能发生破坏的危险斜坡提前做出识别或预测。判别的理论基础是斜坡灾害形成的基本条件和主要诱发因素分析。判别的方法可归纳为两大类:工程地质条件综合分析法(专家系统法)和形成因子数理统计分析法(综合指标法)。

本章重点内容:

- 危险斜坡判别指标体系及其指标选择的依据
- 折线形滑坡剖面图第 i 块的受力图
- 滑坡稳定性计算中抗剪强度 C、φ 值的确定方法
- 不同失稳模式的崩塌稳定性分析方法的异同

6.1 斜坡变形灾害的区域预测

按斜坡变形灾害发生的难易程度和多少,可将斜坡变形灾害区域预测划分为易发区、中等易发区、少发区和稳定区四级。区域预测的内容是通过调查分析,确定这个区域斜坡变形灾害发生难易程度的四级划分并落实到地形图上,为区域经济建设和减灾防灾规划的制定提供基础性技术资料和服务。

斜坡变形灾害区域预测的方法较多,目前应用较多的是因子图层叠加法和因子作用综合指标法两类。

6.1.1 因子图层叠加法

此方法是斜坡变形灾害工程地质条件综合分析法的一种,是区域预测中应用得最早的一种方法。该方法是把斜坡变形灾害形成的条件作为一种因子,又将每一个因子按其在斜坡变形灾害发生、发展过程中的作用细分为若干等级,然后把这些因子的等级都以不同颜色、线条、符号等表示在同一张图上,凡因子重叠得最多的地段(色深、线密、符号多的地段),即是斜坡变形灾害的易发地段,将这种重叠结果与已经进行详细调查研究的斜坡变形

灾害区域类比,即可做出斜坡变形灾害预测分区。

因子图层叠加法是一种定性预测,它能充分利用已有的卫星影像、航空像片和地形图等各种资料,方法简单易行,因此它适用于各种环境条件下的区域斜坡变形灾害预测。

6.1.2 因子作用综合指标法

因子作用综合指标法也称因子作用权值叠加法。基本原理是把所有因子在斜坡变形灾害形成中所起的作用以权值(作用指数)来表示,然后把这些作用权值按一定的数学方法(数理统计、模糊评判等)进行分析、计算和统计,所得的综合指标与区域斜坡变形灾害发生现状进行类比分析,确定斜坡变形灾害发生可能性的区域特征值,以此进行区域易发性分区。其方法步骤如下:

(1) 区划因子选定

不管是区域易发性分区还是单个灾害发生前的危险斜坡判别,都与斜坡变形灾害的形成环境和形成条件分析有关,其评价因子的筛选几乎都源于形成条件。

① **地形因素**:在区域斜坡变形灾害易发性评价中,可选择地形坡度、相对高差和沟谷切割密度三个因子。这三个因子代表了该地形的区域特征,且三者均可从大比例尺地形图上获得。

② **地质因素**:由地层岩性、地质构造(主要是断裂作用)和地震作用等组成,均是区域斜坡变形灾害易发性评价的重要因子,可从1:20万区域地质图和地震烈度区划图上获得。

③ **气象水文因素**:降水和河水冲刷无疑是斜坡变形灾害形成的主要外因(外部条件)。在区域易发性评价中,只用到年降水量数据,可从降水等值线图或地方气象台站获得。河水冲刷数据,可从地形图上获得。

④ **人为因素**:人类不合理的工程活动和经济活动,都是加快斜坡变形灾害形成的外部条件。在区域易发性评价中,人类活动的程度很难具体确定,只能根据居民点分布、城镇工矿人口、铁路公路、水电、矿业开发等确定,带有一定程度的任意性。

综上分析筛选,在地形和地质因素内部条件中选择出6个因子,在气象水文和人为因素外部条件中选择4个因子,共10个因子参与易发性区划。

(2) 区划因子作用权值的确定

斜坡变形灾害形成条件中的诸因素,在灾害发育过程中的作用并非等同。因此,不能采用简单的平均分配方法,必须根据各因子在斜坡变形灾害形成中的作用大小,赋以相当的权重值。其确定的方法包括:

① **任意分割法**:由于因子作用权值的大小是因子间作用程度相互比较的一个相对数,并非反映因子在斜坡变形灾害形成中所起作用大小的实际值,所以可以采用任意分割法来确定。即先选一个因素赋予一个权值,而后与其他因素比较分割确定。例如,内部条件取权值10,则外部条件可取6、7、8,总之应比内部条件小,因为内部条件是斜坡变形灾害形成的基本和必要条件。

② **专家系统法**:利用专家多年的工作经验,对参与易发性区划的因子在滑坡、崩塌形成

中的作用进行打分。具体方法是向全国有关专家发放斜坡变形灾害易发性区划因子调查表,请专家填表打分,收回后进行整理分类,然后确定参与易发性区划的因子及作用权值。

③ **黄金分割法**:在自然界中,许多长方形物体,长宽之比接近 1∶0.618 为协调,符合黄金分割的原理。不少专家认为,黄金分割的原理,还存在于人们的分析认识论中。例如,在分析某事件的成因时,有主要、次要原因,作用大、作用小之分,也遵循黄金分割原理。为此,在区域易发性区划时,确定因子间作用大小比例关系,分配因子作用权值也可采用黄金分割原理。此法基本避免了任意性,易操作,易于推广应用,更具科学性。

(3) 综合指标的确定

将需要进行斜坡变形灾害易发性区划的地区分成若干个网格单元,每个单元有 u 个区划因子参与作用,其中某一因子的作用指标记为 u_{ij},i 表示某一因子,j 表示某因子的某级作用指标。这一个网格单元有 u 个因子作用指标之和记为

$$D=\sum u_{ij}(i=1,2,\cdots,n;\ j=1,2,\cdots,m) \tag{6-1}$$

式中,D——某网格单元各因子作用指标和;n——参加区划的因子数。

为使此法算出的作用指标之和与其他方法得出的斜坡变形灾害易发性相比较,还需对 D 进行归一化处理,即除以参与评价因子作用指标的总和 N(N 可取 16.18),转化成区域易发性综合指标 DS:

$$DS=\frac{1}{N}\sum u_{ij}(i=1,2,\cdots,n;\ j=1,2,\cdots,m) \tag{6-2}$$

(4) 建立区域斜坡变形灾害危险性区划的指标体系

按上述原则和方法选出了参与区划的地形、地质、气象水文、人为作用四个因素,细分为 10 个因子,按其作用特征分为内部条件、外部条件两大类。依据其在斜坡变形灾害形成过程中的作用程度进行分级排序,再按"黄金分割"原理确定每个因子每个级别的作用指标。具体方法是:首先赋予内部条件一个权值(指标),本书取 10。按黄金分割原理,外部条件就应该是 6.18。在内部条件中,再按黄金分割原理将作用权值 10 分配到地形因素和地质因素上,分别为 6.18 和 3.82。类似地,将外部条件的 4 个因子的作用权值分割出来。10 个因子获得作用权值以后,还要按自身的不同状态进行作用程度分级,分割结果列入表 6-1 中。

表 6-1 斜坡灾害危险性分区因子作用指标体系表

参与分区的因素		因子	因子分级	作用权值
因素分类	名称			
内部条件(10.00)	A 地形因素(6.18)	A_1 地形坡度(3.09)	1. 极陡坡>35°	3.09
			2. 陡坡>20°且≤35°	1.91
			3. 缓坡>10°且≤20°	1.18
			4. 缓倾平地≤10°	0~0.73

续表

参与分区的因素		因子	因子分级	作用权值
因素分类	名称			
内部条件(10.00)	A 地形因素(6.18)	A_2 相对高差(1.91)	1. 极高坡>500 m	1.91
			2. 高坡>100 m且≤500 m	1.18
			3. 中坡>10 m且≤100 m	0.73
			4. 低坡≤10 m	0~0.45
		A_3 沟谷密度(1.18)	1. 强切割>1000 m·km^{-2}	1.18
			2. 中强切割>500 m·km^{-2}且≤1000 m·km^{-2}	0.73
			3. 弱切割>100 m·km^{-2}且≤500 m·km^{-2}	0.45
			4. 无切割≤100 m·km^{-2}	0~0.29
	B 地质因素(3.82)	B_1 地层岩性(1.91)	1. 极易滑地层	1.91
			2. 易滑地层	1.18
			3. 偶滑地层	0.73
			4. 稳定地层	0~0.45
		B_2 地质构造作用(1.18)	1. 破碎带内	1.18
			2. 强影响带	0.73
			3. 弱影响带	0.45
			4. 无影响带	0~0.29
		B_3 地震作用(0.73)	1. >Ⅸ度区	0.73
			2. Ⅶ~Ⅸ度区	0.45
			3. Ⅴ~Ⅵ度区	0.29
			4. <Ⅴ度区	0
外部条件(6.18)	C 气象水文因素(3.82)	C_1 年降雨作用(2.36)	1. 丰雨区>1000 mm	2.36
			2. 多雨区>600 mm且≤1000 mm	1.46
			3. 少雨区>400 mm且≤600 mm	0.90
			4. 干旱区≤400 mm	0~0.56
		C_2 流水冲蚀作用(1.46)	1. 强冲蚀	1.46
			2. 中强冲蚀	0.90
			3. 弱冲蚀	0.56
			4. 无冲蚀	0~0.34
	D 人为因素(2.36)	D_1 工程活动(1.46)	1. 强活动	1.46
			2. 中强活动	0.90
			3. 弱活动	0.56
			4. 无活动	0
		D_2 非工程活动(0.90)	1. 强活动	0.90
			2. 中强活动	0.56
			3. 弱活动	0.34

6.2 危险斜坡判别

斜坡发生滑坡、崩塌之前都有一个变形过程,处于这个过程中的斜坡就是将要发生变形灾害的危险斜坡,准确地分析判别斜坡的危险程度,是预测预报潜在斜坡变形灾害发生地点、时间的基础。

危险斜坡判别仍以斜坡变形灾害形成的条件分析为基础。其判别方法仍可分为工程地质条件分析法和综合指标数值分析法两种。

6.2.1 工程地质条件分析法

此方法是工程地质人员对需要判别的斜坡进行详细的工程地质调查,分析其发生斜坡变形灾害可能性的大小。可能性很大的判定为极危险斜坡;可能性大的定为危险斜坡;可能性不大的定为轻度危险斜坡;不会发生变形灾害的定为稳定斜坡。此法简单易行,但经验性较强,不同的工程地质人员从事斜坡变形灾害研究的经历不同,积累的经验和认识也不完全一样,所以判别的结果可能有较大差异。为克服上述不足,可大量收集工程地质专家判别斜坡危险性的经验(资料)并进行整理归类,编制成危险斜坡判别简表(表6-2),使用者可将此表带到野外进行实际对照判别。

需要说明的是,上述简表是建立在对判别区工程地质条件分析的基础上的,是定性的分析判别,依赖判别专家的经验,因此有一定的任意性,不同专家的判别结果可能不完全一样。若将本法与下面的综合指标数值分析法结合应用,取长补短,会使判别的结果更加符合实际。

6.2.2 综合指标数值分析法

该法是在斜坡工程地质条件调查分析的基础上,从斜坡变形灾害形成的基础条件和主要诱发因素中筛选确定参与斜坡发生灾害危险性的判别因子。按各因子在斜坡变形灾害发育过程中作用的大小进行量化,建立危险斜坡判别指标体系,以此对照需要判别的斜坡进行调查,确定计算此斜坡判别因子作用的综合指标。按综合作用指标的大小,确定斜坡的危险性等级。具体方法是:

(1) 判别因子选择与作用程度分级

在斜坡变形灾害形成的基础条件和主要诱发因素中选择以下8个因子参与危险斜坡判别。

① **地形因子**:斜坡变形灾害形成最敏感的地形因子指标是斜坡坡度和相对高差,其值越大,斜坡越危险。

斜坡坡度:由小到大可分为缓倾平地(平均坡度≤10°)、缓坡(平均坡度>10°且≤20°)、陡坡(平均坡度>20°且≤35°)和极陡坡(平均坡度>35°)。

表6-2 危险斜坡判别简表

判别因子	极危险斜坡	危险斜坡	轻度危险斜坡	稳定斜坡
地形	相对坡高大于200 m，平均坡度30°以上，斜坡纵向呈上缓下陡的“凸”形坡，横向上呈“凸”形岸	相对坡高100~200 m，平均坡度20°~30°，斜坡纵向为直线形或阶状，横向上呈平直或“凹”形	相对坡高50~100 m，平均坡度10°~20°	相对坡高小于50 m，平均坡度15°以下
地层岩性	斜坡由厚层黏性土或极易滑、易滑岩组组成，岩体表部为强风化状，缓倾顺向坡最危险	中、厚层黏性土或易滑岩组组成，岩层为中等风化，岩层与坡向斜交或反倾	由偶滑岩组组成，岩层为弱风化	完整岩层或沙砾石层
斜坡结构构造	岩层节理、裂隙十分发育，在断层强影响范围内，完全具备滑坡发育的优势面	岩层节理、裂隙较发育，无明显断层作用，滑坡发生的优势面不完全具备	岩层结构完整，节理不发育，无断层影响	远离断层，无优势结构面
地表（下）水作用	坡脚有带状地下水出露，或有沟河水冲刷，坡上有积水洼地，水池、塘、渠渗漏	坡脚有地下水出露，坡上有积水池、塘、渠，但无明显渗漏	基本无地下水作用，地表水作用也较弱	无地下水作用，无河水冲刷
人为工程活动	坡脚有人工开挖，开挖高度10 m以上，坡上有较多房屋和居民或坡后部有明显自然加载作用	坡脚开挖高度10 m以下，坡上有少量房屋，无其他加载作用	无明显人为工程活动	无人为工程活动
斜坡变形现状	后缘弧形裂缝基本形成，并有加宽、加深变形迹象，斜坡上的建筑也有少量变形	后缘有断续裂缝，近期无明显变形	斜坡几乎无明显变形现象	斜坡无变形现象

斜坡相对高差：由小到大可分为低坡（高差≤10 m）、中坡（高差>10 m 且≤100 m）、高坡（高差>1000 m 且≤500 m）和极高坡（高差>500 m）。

② **地层岩性**：与斜坡变形灾害形成直接有关的是岩性和岩体风化程度。

岩性分类：按地层的易滑性分为极易滑岩组、易滑岩组和偶滑岩组三类。

岩体风化程度分类：由强到弱可分强风化斜坡（岩体强风化层厚度≥50 m）、中强风化斜坡（岩体强风化层厚度≥10 m 且<50 m）、中弱风化斜坡（强风化层厚度≥5 m 且<10 m）和弱风化斜坡（岩体强风化层厚度<5 m）。

③ **斜坡结构因子**：按斜坡是否具备滑坡形成所需的优势面分为有完整的优势面、较完整优势面和缺少优势面三级。

④ **斜坡形态因子**：横向形态（平行沟谷延伸方向）：可分为“凸”形河岸、平直形河岸和“凹”形河岸三种形态，以“凸”形河岸最危险。纵向形态（垂直沟谷延伸方向）：也可分为“凸”形坡、直线形坡和“凹”形坡三种，以“凸”形坡最危险。

⑤ **河流冲刷坡脚**：是斜坡变形灾害形成的重要外因，按冲刷的方式和程度，可分为强冲蚀河岸、中强冲蚀河岸、弱冲蚀河岸和无（流水）冲蚀河岸四级。

⑥ **人为工程作用**：体现在开挖坡脚，在斜坡上建筑加载，按其作用程度分为强开挖加载作用、中强开挖加载作用和弱开挖加载作用。

⑦ **斜坡水作用**：主要指斜坡面上的蓄水、输水工程（水田、水池、渠道等）的渗水，加剧斜坡变形灾害的形成，按其作用强弱分为强渗水作用、弱渗水作用和无渗水作用三级。

⑧ **斜坡变形现状**：这是潜在斜坡变形灾害判别的重要现象因子，缺之则不能判定为潜在灾害。按其变形的程度分为强变形、中强变形和弱变形三级。其中，强变形表明距斜坡发生灾害的时间不会太久。

按斜坡变形灾害形成因素的特征和属性，可将上述危险斜坡的判别因子归并为内部条件、外部条件和斜坡变形现状三大类和 11 个判别因子（图 6-1）。

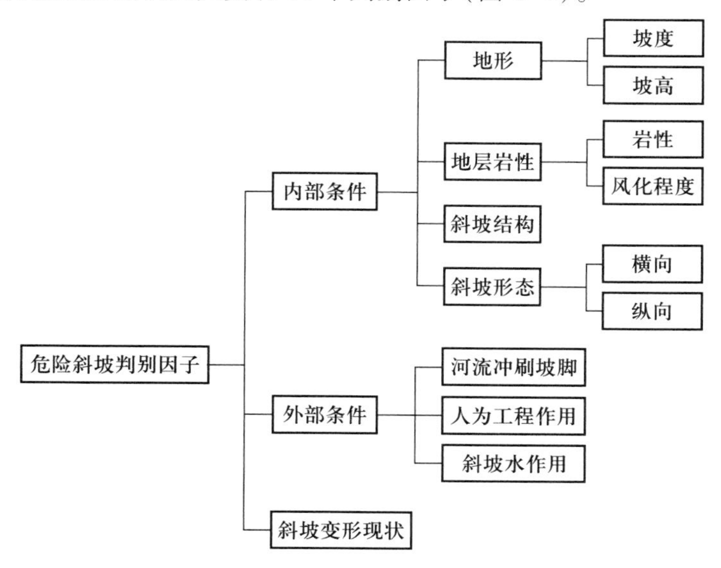

图 6-1 危险斜坡判别因子分类

(2) 危险斜坡判别指标体系建立

① **判别因子作用指标确定**。判别因子作用指标是分析各因子在危险斜坡判别中的作用程度的基础,按照一定的分割原则给定一个权重系数。采用以下两种方法将作用指标逐级分割到判别因子上。

黄金分割法:前已述及,对能确定作用大小的一级因子采用此法进行分割较好。一级因子在危险斜坡判别中的作用:内部条件>外部条件>斜坡变形现状。若内部条件作用指标为10,则外部条件就为6.18,斜坡变形现状为3.82。在二级因子作用程度分级上也可如此进行分割。

平均分配法:在无法判别因子作用大小的情况下采用平均分配法,如内部条件二级因子中坡度与坡高、横向与纵向,外部条件中的3个二级因子的作用都无法区分大小,只能用平均分配法进行分割。

② **危险斜坡判别指标体系的建立**。将前述的因子进行三级分类整理。首先对一级因子的作用指标进行分割,先给定内部条件的作用指标为10,按黄金分割原理,外部条件和斜坡变形现状的作用指标分别为6.18和3.82,再按上述分割方法进行二、三级因子指标的分割,最后的分割结果列入表6-3。

(3) 危险斜坡判别的数学模型

用 A_i^j 表示某一判别因子的某一级作用指标,其中 i 为因子编号,为11个因子之一;j 为因子作用程度分级之一,如坡度因子分4级,类型分3级,对任何一个斜坡都可用表6-3所列的判别指标体系确定此斜坡危险性判别因子的作用指标集 $\{A_i^j\}$。一个斜坡发生滑坡的危险性大小,一定是这个危险斜坡判别因子作用指标之和——综合作用指标,用 D 表示:

$$D = \sum_{i \cdot j} A_j^i \tag{6-3}$$

为使本法得出的判别因子作用指标与由其他判别方法得出的斜坡危险度进行比较,对 D 进行归一化处理,即除以判别因子作用指标总和20①,转变成斜坡危险度 DS:

$$DS = D/20 \tag{6-4}$$

结合野外调查和专家经验,得到如下斜坡危险度分级判别指标:

Ⅰ级极危险斜坡,$DS \geqslant 0.65$;

Ⅱ级危险斜坡,DS 为0.41~0.65;

Ⅲ级轻度危险斜坡,DS 为0.25~0.40;

Ⅳ级稳定斜坡,$DS<0.25$。

运用上述指标体系和数学模型,可对一个具体斜坡危险性进行判别。

---

① 一级因子中,若内部条件作用指标为10,根据黄金分割原理,则外部条件为6.18,斜坡变形现状为3.82,三个因子的总和为20。

表 6-3 危险斜坡判别的指标体系

一级因子	二级因子		三级因子	作用指标
内部条件(10)	地形(4.47)	坡度(2.235)	极陡坡	2.235
			陡坡	1.38
			缓坡	0.85
			缓倾平地	0~0.53
		坡高(2.235)	极高坡	2.235
			高坡	1.38
			中坡	0.85
			低坡	0~0.53
	地层岩性(2.76)	类型(1.71)	极易滑地层	1.71
			易滑地层	1.06
			偶滑地层	0.65
		风化程度(1.05)	强风化	1.05
			中强风化	0.65
			中弱风化	0.40
			弱风化	0.24
	坡体结构(1.71)		完善优势面	1.71
			较完善优势面	1.06
			缺少优势面	0~0.65
	坡形(1.06)	横向(0.53)	“凸”形岸	0.53
			平直形岸	0.33
			“凹”形岸	0.20
		纵向(0.53)	“凸”形坡	0.53
			直线形坡	0.33
			“凹”形坡	0.20
外部条件(6.18)	河流冲刷坡脚(2.06)		强冲蚀岸	2.06
			中强冲蚀岸	1.27
			弱冲蚀岸	0.78
	人为工程作用(2.06)		强开挖作用	2.06
			中强开挖作用	1.27
			弱开挖作用	0.78
	斜坡水作用(2.06)		强渗水作用	2.06
			弱渗水作用	1.27
斜坡变形现状(3.82)			强变形	3.82
			中强变形	2.36
			弱变形	1.45

注:表内括号中数字为一、二级因子作用指标。

(4) 判别实例

① **实例基本情况**:大渡河中上游四川省康定县境内的落鹰岩段地形高陡,相对高差2500~3000 m,平均坡度40°~45°,危岩处于"凸"向河流的山嘴(图6-2),山嘴顶至河面高差近400 m,平均坡度60°,河水直冲山嘴上游侧。斜坡体基岩裸露,由元古代闪长岩、花岗闪长岩组成,裂隙十分发育,强风化裂隙深约80 m。危岩体前缘是瓦(斯沟)-丹(巴)公路,修路时切坡高5 m,成80°内倾极陡负坡,危岩体高出河床100 m和180 m处有内外两组平行河流方向且连通性较好的弧形张性裂缝,上宽15~100 cm,裂缝中充填黏土和杂物,近期有明显张裂变形。

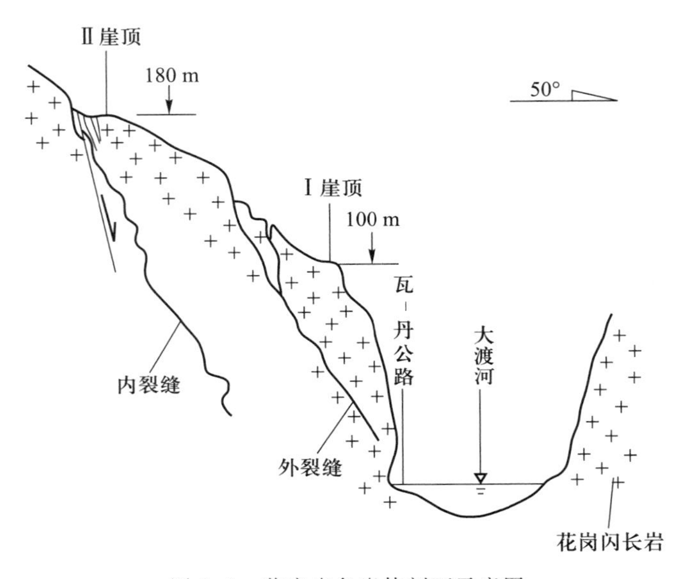

图6-2 落鹰岩危岩体剖面示意图

② **判别因子与作用指数**:仍选用前述的11个危险斜坡判别因子,应用表6-3所列指标体系与上述危崖体特征对应,即得出落鹰岩斜坡危险性判别因子作用指数(表6-4),此处岩体地下水不发育,故不计斜坡水作用因子。

③ **数理分析与结论**:应用式(6-3)和式(6-4)即可算出落鹰岩段斜坡的危险度:

$$DS = \frac{1}{20}\sum_{i=1}^{11} A_i^j = \frac{2.24 + 1.38 + 0.65 + 1.05 + 1.06 + 0.53 + 0.53 + 1.27 + 1.27 + 3.82}{20}$$

$$= \frac{1}{20} \times 13.8 = 0.69$$

为此,落鹰岩段斜坡应属极危险斜坡,与实地考察、分析判定的结论完全一致。

表 6-4 落鹰岩段斜坡判别因子作用指数

一级因子	三级因子中所属级别	作用指数	一级因子	三级因子中所属级别	作用指数
内部条件	坡度(60°):属急陡坡	2.24	外部条件	河流冲蚀:属中强冲蚀	1.27
	坡高(400 m):属高坡	1.38		人为开挖:属中强开挖	1.27
	地层岩性:偶滑地层	0.65	斜坡变形现状	内外两条正在变形的裂缝:属强变形	3.82
	风化程度:属强风化	1.05			
	坡体结构:较完善优势面	1.06			
	斜坡横向:“凸”形	0.53			
	斜坡纵向:“凸”形	0.53			

6.3 滑坡崩塌的稳定性分析

6.3.1 滑坡稳定性的定性分析方法

滑坡稳定性是滑坡危险性判别中的一项重要内容。滑坡稳定性判别的定性分析方法,是通过对滑坡发育程度和形成条件的综合分析来进行的。

6.3.1.1 滑坡稳定性分析的基础

滑坡形成的基本条件由地层岩性、软弱结构面和有效临空面组成,这些条件决定了滑坡发生的必然性,是滑坡稳定性定性分析的基础。诱发条件在滑坡发生过程中主要起着增加下滑力或减小抗滑力的作用,也是滑坡稳定性定性分析的基础。

诱发作用对坡体的影响是一种综合效应。例如,坡脚处的下切或开挖不仅削弱了坡体的抗滑段,而且增大了地下水的水力坡度,加大了渗透力。同时,地下水作用还加快了坡体的物理、化学风化,促进了坡体的变形和滑坡发生。

6.3.1.2 滑坡稳定性判别的基本思路与原则

(1) 滑坡发生前后形成条件对比

判别滑坡是否稳定的一个重要原则,是对滑坡发生前后的形成和诱发条件进行对比。

滑坡发生前后的条件各不相同,体现了坡体下滑和抗滑这对矛盾的转化,所以在对滑坡进行宏观稳定性判别时,必须分析滑坡发生前后形成条件和诱发条件的变化。对处于变形过程中的滑坡,应注意分析不同发育阶段形成条件的变化;对已发生的滑坡,应注意发生前后形成条件的变化。当滑坡形成的某一种条件不存在,而重新形成这种条件的可能性不大或需要经历漫长的时间时,即可准确地判别此滑坡处于稳定状态。

(2) 形成条件分析与实例分析相结合

形成条件分析是判别滑坡稳定性的基本方法,它能确定斜坡发生滑坡的可能性和滑坡的稳定状态。大量滑坡调查表明,当斜坡具备滑坡形成条件时,并未立即发生滑坡,坡体仍处于相对稳定状态,滑坡发生受到某种特定条件的控制。因此,在确定滑坡稳定性状态时,应把条件分析和已发生的滑坡实例进行对比分析。

(3) 综合分析与主控因素分析相结合

综合分析是指形成条件分析和变形迹象分析之间的有机结合。在强调综合分析的同时,对导致滑坡发生的主控因素应特别重视,找出这一主控因素与其他因素的关系,找出主控因素什么时间出现时才能导致滑坡的发生。对一些在滑坡发生过程中的特殊现象需仔细分析,以增加综合分析的准确性。

6.3.1.3 滑坡稳定性分析方法

(1) 地貌条件分析

滑坡发生后,一个最显著的变化是地貌形态的改变。表现在斜坡坡度降低,滑坡四周坡面裂缝增加,滑坡体上形成较多的台坎,滑坡前缘临空面坡度发生变化等。这些地貌形态的变化所反映的滑坡稳定状态各不相同(表 6-5)。

(2) 动力作用分析

常用于分析滑坡稳定性的动力作用方式有:滑体势能的变化;滑体应力状态的变化;滑面物理力学性质的变化所引起阻力做功的变化;坡体应力卸荷引起岩体碎裂成块(碎)石;能量快速释放(表 6-6)。这些变化对滑坡体的稳定性会产生显著的影响。

表 6-5 滑坡发生后地貌形态变化对滑坡稳定性的影响

地貌类型	地貌现象	利于滑坡稳定的地貌现象	不利于滑坡稳定的地貌现象
坡度变化	滑坡发生使斜坡坡度发生变化	坡度变缓	坡度变陡,特别是斜坡下部或滑体前缘变陡
有效临空面变化	滑坡下滑后,由于地形条件的变化,可能使斜坡的有效临空条件发生变化(主要指斜坡下部或滑坡前缘)	滑坡体前缘滑入沟底,滑坡继续滑动的空间变小; 滑动受岩体的阻挡,坡体已不具备克服阻力向前滑动的能量	已发生滑动的坡体仅为滑坡的一部分,前缘滑动后,临空面变陡,临空面更加开阔
	斜坡下部有突出的基岩出露,滑坡在滑动一定距离后有效临空面变窄,形成束口	滑坡下滑后两侧突出岩体阻挡坡体下滑,使滑动空间变小	临空面变陡,临空面更加开阔
滑坡后缘裂缝	滑坡发生后在后缘和两侧会形成裂缝,不同的裂缝对地表水排导作用不同	滑坡后缘及两侧的裂缝发育成冲沟,斜坡上部的地表水被排出滑坡体	滑坡后缘主裂缝未与两侧的裂缝相通,大量地表水渗入坡体、停留,对滑动面进一步软化,使滑坡失稳

表 6-6 滑坡发生后动力特征与滑坡稳定性

动力类型	动力作用特征	利于滑坡稳定的动力现象	不利于滑坡稳定的动力现象
势能变化	滑坡体高度降低后,其势能降低,一般说来滑坡稳定性有所增加	滑坡体已基本滑入沟底,或坡体的相对高差已降低,动能已大部分释放	滑动后坡体仍保持相对较大的高差,其势能基本未释放
滑坡应力状态变化	由复合型滑面控制的滑坡,当两侧岩体滑动方向指向轴线或背离轴线时,应力分布将发生变化	坡体滑动后呈放射状滑动,应力得以充分释放	滑坡两侧的坡体在滑动过程中向轴线方向挤压时,滑坡前部岩体被挤压加密、加厚,形成短暂应力支撑
滑面力学性质变化	坡体滑动后,原滑面的物理力学性质发生变化,直接影响滑面摩擦力的大小	滑坡体覆盖在由碎石块石构成的坡面上,或覆盖在松散坡积层构成的坡面上	滑坡体覆盖在顺坡向岩层或顺坡向结构面的坡面上,使滑坡体很容易沿这些结构面发生滑动
卸荷释能	滑坡体在滑动过程中解体,应变能释放	滑坡体在滑动过程中解体成碎块,松散地堆积在斜坡上,坡体中聚集的应变能已释放	滑动后相对完整,应变能未被释放,前缘可能形成再次滑坡

(3) 堆积物特征分析

滑坡发生后形成的堆积物在结构上将发生较大的变化，主要表现在滑坡体的碎(块)石在运动过程中出现一定程度的分选、原滑面的性质发生变化和坡体的孔隙率变化，结构的明显改变必然对坡体的稳定性产生较大的影响(表6-7)。

(4) 诱发因素分析

诱发滑坡发生的因素有水体作用、地震诱发作用和人类工程活动等，它们对滑坡的诱发作用各不相同(表6-8)。

表6-7 滑坡堆积物结构变化与滑坡稳定性

结构类型	滑坡体或坡积物结构	利于滑坡稳定的堆积物特征	不利于滑坡稳定的堆积物特征
坡体结构变化	坡体在滑动过程中解体，形成碎(块)石，并在运动过程中发生分选，形成不同的结构	在堆积剖面上，上部颗粒细，下部粗，不利于新的滑面形成，形成较稳定的坡体结构	在堆积剖面上，上部颗粒粗，下部细，易于形成新的滑面，形成不稳定的坡体结构
		在坡面上，斜坡下部颗粒粗，上部细，不利于新滑面形成	斜坡下部颗粒细，上部粗，易于形成新的滑面
滑面变化	坡体滑动后，滑坡体堆积在坡面或岩层面上，原滑面的性质发生变化，重新滑动必须克服更大的阻力或形成新的滑面	当滑坡体堆积在松散的含碎石坡面或堆积在反坡向岩层构成的坡面上时，原滑面的阻力增大或不易形成新的滑面，有利于坡体的稳定	当滑坡体堆积在顺坡向岩层构成的坡面或细颗粒物质覆盖的坡面时，原滑面的摩擦力减小或有利于形成新的滑面，坡体的稳定性降低
坡体孔隙变化	坡体滑动后原坡体或堆积物结构发生变化，引起坡体地下水渗流状态变化	滑动后坡体或堆积物形成上部细下部粗的结构，有利于坡体排水，含水率减少，稳定性增加	滑动后坡体或堆积物形成上部粗下部细的结构，不利于坡体排水，含水率增加，稳定性降低

表6-8 不同诱发因素对滑坡稳定性的影响

类型	诱发因素作用方式与特征	对坡体稳定性的影响
水体作用	地表水渗入坡体的条件	当地表条件有利于地表水渗入坡体(如滑坡后缘裂缝、冲沟)，滑坡的稳定性降低
	水流对坡脚的淘蚀	水流淘蚀坡脚后，抗滑段被削弱，降低了滑坡的稳定性

续表

类型	诱发因素作用方式与特征	对坡体稳定性的影响
水体作用	地下水渗透应力包括静水压力和渗透力,当坡体中地下水位升高时,渗透力增加	地下水水位越高,作用于滑面(空隙)的静水压力越大
		滑面处地下水头差越大,所承受的渗透力越大
		滑坡前部变陡,地下水水力梯度增大,渗透力增加
地震诱发作用	地震波引起坡体质点加速震动而产生的作用力对坡体的破坏起着促进作用	对处于临界平衡状态的滑坡体,在地震的作用下可能发生突然失稳
人类工程活动	改变了滑坡体状态和受力条件	在滑坡前缘开挖、后部加载以及改变坡面的径流状态,都可能导致滑坡失稳

6.3.2 滑坡稳定性的定量计算方法

滑坡稳定性计算通常用稳定系数 K 来表示,K 值是滑坡抗滑力与下滑力的比值。K 值计算模型的确定包含以下几个方面:① 计算模型以滑坡轴向剖面为基础,以此确定滑体的形态、厚度、长度、滑动面埋深与倾角;② 确定计算剖面上不同岩层的分布,特别注意可能产生滑动的岩面位置与分布;③ 物理参数:坡体重度、滑面强度参数(C、φ);④ 滑体计算单元划分,依据滑面的产状变化,将滑坡划分成几个计算条块。在滑坡稳定性计算模型确定后,即可进行滑坡稳定性计算。

6.3.2.1 滑坡稳定性常用计算方法

滑坡岩性不同,其滑面有很大的不同。类均质岩土的滑坡,滑面多为圆弧形滑面。例如,黏土层中的滑坡、均匀碎石土中的滑坡,大都为圆弧形滑面。非均质岩土、基岩与堆积层混合构成坡体,滑面多为折线。滑面形态不同,通常采用不同的滑坡稳定性计算方法。

(1) 圆弧形滑面滑坡稳定性计算公式(图 6-3)

$$K=\frac{W_2d_2+CLR}{W_1d_1} \tag{6-5}$$

式中,W_1、W_2——下滑及抗滑块体的重力(kN);d_1、d_2——下滑及抗滑块体的重心至通过圆心垂线的距离(m);C——滑面上的黏聚力(kPa);L——滑面弧长(m);R——圆弧半径(m)。

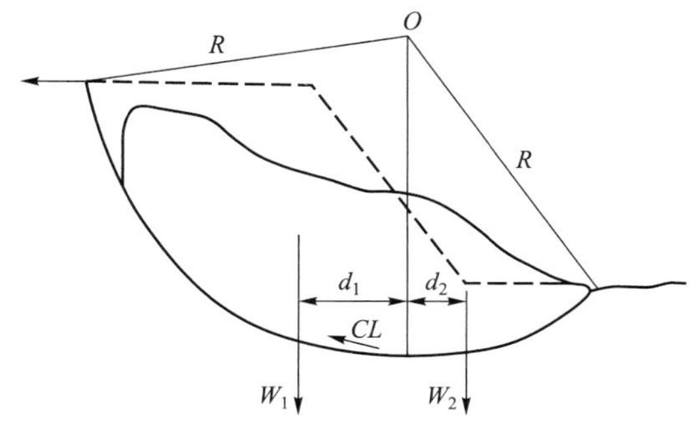

图 6-3 圆弧形滑面滑坡稳定性计算模型

(2) 滑面为折线形时的滑坡稳定性计算公式

如图 6-4 所示,据静力学理论,仅考虑滑体自重应力作用。第 i 滑块的抗滑力 T_i和下滑力 E_i分别为

$$T_i = W_i \tan\ \varphi \cos\ \theta_i + C_i l_i \tag{6-6}$$

$$E_i = W_i \sin\ \theta_i \tag{6-7}$$

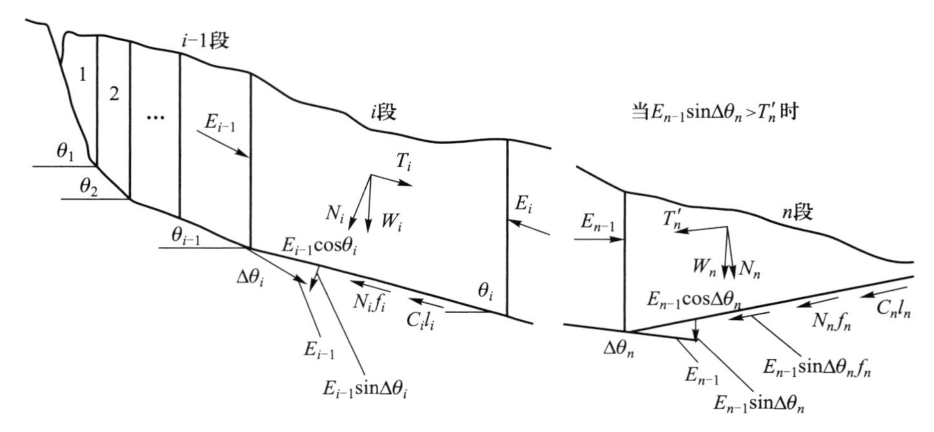

图 6-4 滑面为折线时第 i 滑块受力图

此滑坡的抗滑力 T_i平行于滑动面,指向滑动的反方向;下滑力也平行于滑动面,指向滑动方向。由此可得出滑坡稳定性系数 K 的基本计算公式:

$$K = \frac{T_i}{E_i} = \frac{\sum_{i=1}^{n} (W_i \cos\ \theta_i \tan\ \varphi + C_i l_i)}{\sum_{i=1}^{n} W_i \sin\ \theta_i} \tag{6-8}$$

式中,W_i——滑坡第 i 滑块的重力(kN);φ_i——第 i 滑块滑面岩土内摩擦角(°);C_i——第 i 滑块黏聚力(kPa);θ_i和 l_i——第 i 滑块滑面倾角(°)和滑面长度(m);n——条分块数。

式(6-5)和式(6-8)为静力学条件下,滑坡稳定性计算最常用的两个基本公式。依据这两个基本公式,可导出其他滑动面特征以及其他因素作用下的滑坡稳定性计算公式(王恭先等,2004)。

① 考虑滑坡剩余下滑力的传递,滑体最前段(n 段)的稳定系数 K_n为

$$K_n = \frac{W_i \tan\ \varphi_i \cos\ \theta_i + \mathrm{C}_i l_i + E_{i-1} \sin\ \Delta\theta_i f_i}{W_i \sin\ \theta_i + E_{i-1} \cos\ \Delta\theta_i} \tag{6-9}$$

② 不考虑力的传递,按力的水平投影计算稳定系数 K 为

$$K=\frac{\sum_{i=1}^{n}(W_i\cos\theta_i\tan\varphi+C_il_i)\cos\theta_i}{\sum_{i=1}^{n}W_i\sin\theta_i\cos\theta_i} \tag{6-10}$$

③ 考虑水的作用,滑坡发生前,后缘裂缝有暴雨作用冲水时的稳定系数 K 为

$$K=\frac{W\tan\varphi\cos\theta+Cl}{W\sin\theta+\frac{1}{2}\gamma_w h^2} \tag{6-11}$$

④ 考虑水的作用,滑坡前部侵入水下时,有阻碍滑坡下滑作用的稳定系数 K 为

$$K=\frac{W\tan\varphi\cos\alpha+Cl+\frac{1}{2}\gamma_w H^2}{W\sin\alpha} \tag{6-12}$$

⑤ 有强地震作用时(图 6-5),地震烈度Ⅵ度以上的稳定系数 K 为:

$$K=\frac{(W\cos\theta-P\sin\theta)\tan\varphi+Cl}{W\sin\theta+P\cos\theta} \tag{6-13}$$

式中,E_{i-1}——计算前一块的剩余下滑力(kN);$\Delta\theta_i$——计算前一块滑面倾角与计算块滑面倾角之差(°),即 $\Delta\theta_i=\theta_{i-1}-\theta_i$;$f_i$——计算滑块滑带土的摩擦系数,其值为 $\tan\varphi_i$;W、φ、C——分别为计算滑块的重力(kN)、滑面岩土内摩擦角(°)、黏聚力(kPa);l——计算滑块滑面长度(m);γ_w——水的重度($\mathrm{kN\cdot m^{-3}}$);h、H——分别为滑坡后缘裂缝水头高度(m)、滑坡前部滑动面以上浸水厚度(m);θ_i——滑面倾角(°);P——水平地震力,$P=Wa/g$,a/g 为地震系数,a 为地震加速度($\mathrm{m\cdot s^{-2}}$),g 为重力加速度($\mathrm{m\cdot s^{-2}}$)。

若滑坡前端为反坡段条块 n 时,则 n 块的剩余下滑力 E'_n 起抗滑作用,加在计算公式的分子上。

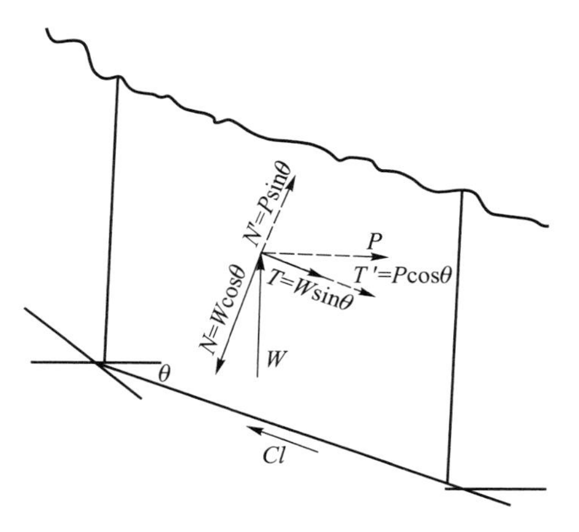

图 6-5 地震作用下滑块受力图

6.3.2.2 滑坡稳定性计算中滑面强度参数(C、φ)的确定

滑面强度参数 C、φ 值的确定对滑坡稳定性计算影响极大。由于受勘察取样条件的限制,获得的 C、φ 值其实不能完全反映滑面的强度,仅是滑面上某一位置岩土体的强度参数。在滑坡稳定性计算中,滑面强度参数的确定通常是在测试参数的基础上根据整个滑面岩性变化进行修正,得到一个修正的强度参数。为了避免人为因素对滑坡滑面强度参数确定的影响,多年来国内外采用反算法确定滑面岩土的强度参数。

滑面强度参数获取的反算方法以滑动破坏瞬间状态为准,设稳定系数 K 为 1(即沿滑带的下滑力与抗滑力相等),反算出全滑面平均的强度参数。计算时,可根据滑面岩土的特性,设岩土强度参数 C、φ 值中某一参数为常数,反算另一参数;也可在同一滑坡上确定两个计算剖面,建立两个稳定性方程,综合反算 C、φ 值。

① 设定某一特定极限平衡状态时,通常按最不利条件下对 K 值进行设定。由于计算的时间与滑坡发生的时间有一定差距,条件也发生改变,反算的 C、φ 值准确性不高,因此可采用安全系数 $K=1.25\sim1.35$ 代替。

② 若原滑坡的滑动是在雨季前,则雨季后期受滑带水的作用大,故选用的比反求的 C、φ 值要减小较多。若滑动是在雨季中、后期,比反求的 C、φ 值减小较少,则要考虑当年雨量与使用年限内最大雨量间的差别。

③ 若滑坡是因地震诱发产生滑动,随后反算所得的 C、φ 值可因地震作用而变大,计算时应进行调整。地震烈度大小的确定应与滑坡的破坏方式相一致。

④ 以滑坡当前状态来确定原滑坡起动时的极限平衡状态时,应根据滑面状态的改变进行调整,主要考虑的内容有:滑带岩土含水程度的变化和地貌形态的变化等对滑面岩土 C、φ 值的影响;老滑坡经多次复活后,其滑带在多次剪切作用下,滑面岩土颗粒变小对 C、φ 值的影响;滑坡在离开老滑床后,滑面的改变引起 C、φ 值变化。计算时,应根据滑坡滑动条件的变化对土 C、φ 值进行调整。

6.3.3 崩塌体稳定性分析

(1) 基本假设

① 在崩塌发展中,特别是在突然崩塌运动以前,把崩塌体视为整体。
② 把崩塌体的复杂的空间运动问题,简化成平面问题,即取单位宽度的崩塌体进行检算。
③ 崩塌体两侧和稳定岩体之间以及各部分崩塌体之间均无摩擦作用。

(2) 倾倒式崩塌的稳定性分析

倾倒式崩塌的基本图式如图 6-6 所示。从图中可以看出,不稳定岩体的上下各部分和稳定岩体之间均有裂隙分开。一旦发生倾倒,将以 A 点为转点发生转动。在稳定性检算时,应考虑各种可能的附加力的最不利组合。在雨季,张开裂缝可能为暴雨充满,应考虑静水压力;Ⅷ度以上地震区,地震力的概率问题也可考虑,受力图式如图 6-6b 所示。如果不考虑其他力,则崩塌体的抗倾覆稳定性系数 K 可按式(6-14)计算:

$$K=\frac{W\alpha}{f\cdot\dfrac{h}{3}+P\cdot\dfrac{h}{2}} \tag{6-14}$$

式中,f——静水压力,$f=(\gamma_w h^2)/2$,h——崩塌体高,γ_w——水的容重;W——崩塌体重量;P——地震力,$P=Wn$,n 为地震系数;α——转点 A 至重力延长线的垂直距离,这里为崩塌体宽的一半。

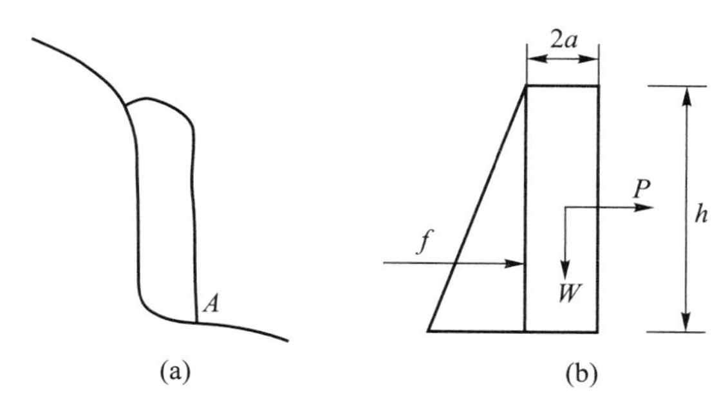

图 6-6 倾倒式崩塌的稳定性分析简图

(3) 鼓胀式崩塌的稳定性分析

这类崩塌体下部较厚的软弱岩层常为断层破碎带、风化破碎岩体及黄土等。在水的作用下,这些软弱岩层先行软化,在上部岩体压力作用下,如果压应力大于软弱岩层的无侧限抗压强度,则软弱岩层将被挤出,即发生鼓胀。上部岩体可能产生下沉、滑移或倾倒,直至发生突然崩塌,如图 6-7 所示。因此,鼓胀是这类崩塌的关键。所以,稳定系数可以用下部软弱岩层的无侧抗压强度与上部岩体在软岩顶面产生的压应力的比值来计算:

$$K=\frac{AR_{无}}{W} \tag{6-15}$$

式中,W——上部岩体重量;A——上部岩体的底面积;$R_{无}$——下部软岩在天然状态下的无侧限抗压强度。

(4) 拉裂式崩塌的稳定性分析

拉裂式崩塌的典型情况如图 6-8 所示。以悬臂梁形式突出的岩体,在 AC 面上呈现最大的弯矩和剪力,岩层顶部受拉,底部受压。A 点附近的拉应力最大。在长期重力作用与长期的风化作用下,A 点附近的裂隙逐渐扩大,并向深处发展。拉力将越来越集中在尚未裂开的部位,一旦拉应力超过岩石的抗拉强度时,上部岩体就发生崩塌。因此,这类崩塌的关键是最大弯矩截面 AC 上的拉应力能否超过岩石的抗拉强度,故可以用拉应力与岩石允许抗拉强度的比值进行稳定性检算。

假设突出的岩体长度为 l,岩体等厚且厚度为 h,宽度为 1 m,岩体容重为 γ。当 AC 断面上尚未出现裂缝,则 A 点上的拉应力为

$$\sigma_{A拉}=\frac{M\cdot y}{I}=\frac{3l^2\gamma}{h} \tag{6-16}$$

式中,M——AC 面上的弯矩,$M=(l^2/2)\gamma h$;y——$h/2$;I——AC 截面的惯性矩,$I=h^3/12$;γ——岩石的容重。

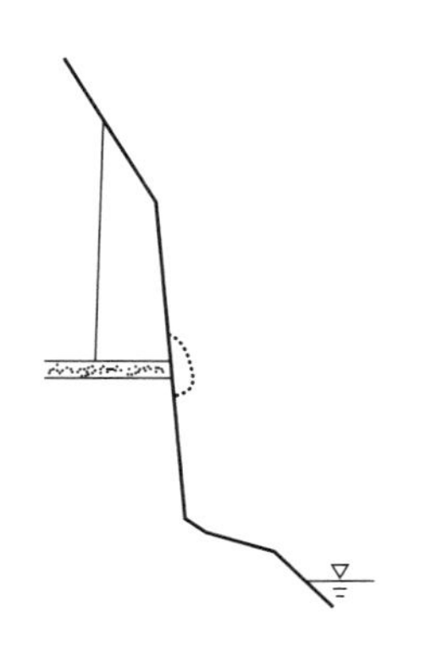

图6-7 鼓胀式崩塌的稳定性分析简图

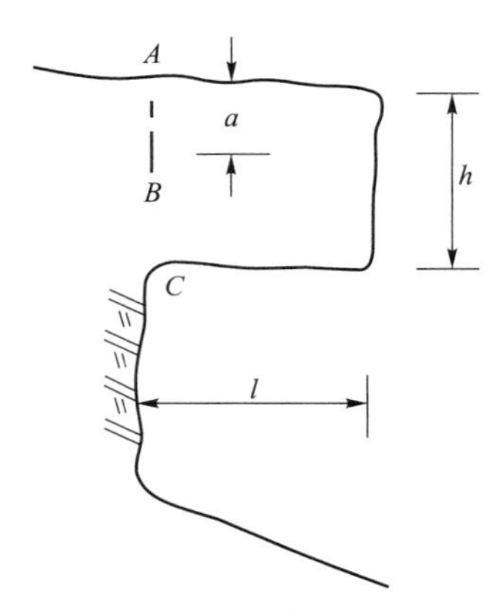

图6-8 拉裂式崩塌的稳定性分析简图

稳定性系数 K 值可用岩石的允许抗拉强度$[\sigma_{拉}]$与 A 点所受的拉应力比值求得:

$$K=\frac{[\sigma_{拉}]}{\sigma_{A拉}} \tag{6-17}$$

如果 A 点已有裂缝,裂缝深度为 a,裂缝最低点为 B,则 BC 截面上的惯性矩 $I=(h-a)^3/12$,$y=(h-a)/2$,弯矩 $M=(l^2\gamma h)/2$,则 B 点所受的拉应力为

$$\sigma_{B拉}=\frac{3l^2\gamma h}{(h-a)^2} \tag{6-18}$$

稳定系数为

$$K=\frac{[\sigma_{拉}]}{\sigma_{B拉}} \tag{6-19}$$

(5)错断式崩塌的稳定性分析

图6-9所示为错断式崩塌的一种情况,取图中可能崩塌的岩体 $ABCD$ 来分析,潜在崩塌体和稳定岩体直接相连。如果不考虑水的压力、地震力等附加力,在岩体自重 W 的作用下,与垂直方向成45°的EC方向上将产生最大剪应力。如果CD高为 h,AD宽为 a,岩体容重为 γ,则岩体AECD重量 $W=a(h-a/2)\gamma$,在岩体横截面FOG上的法向应力为$(h-a/2)\gamma$,所以,在EC面上的最大剪应力 $\tau_{max}=\frac{\gamma}{2}\left(h-\frac{a}{2}\right)$。故岩体稳定性系数 K 值可用岩石的允许抗剪强度$[\tau]$与 τ_{max}的比值来计算:

$$K=\frac{[\tau]}{\tau_{max}}=\frac{4[\tau]}{\gamma(2h-a)} \tag{6-20}$$

图6-9 错断式崩塌的稳定性分析简图

上述各类崩塌体的稳定性分析公式的建立,为崩塌体稳定性的评价提供了一个有效的途径。

第7章

斜坡变形灾害勘察与试验

斜坡变形灾害的调查、勘测和试验是斜坡变形灾害综合防治的基础工作，只有完成了这项工作，才能进入稳定性分析和防治设计。

本章重点内容：

- 滑坡野外调查的内容与方法
- 滑坡深部勘探的内容与布设方法
- 滑坡勘察与崩塌勘察的主要区别

7.1 滑坡调查

7.1.1 调查的主要内容

滑坡调查是通过野外实地调查与简易勘测来完成的，以滑坡发育的自然环境、平面空间状态、形成条件、基本特征和成灾方式等为基本调查内容（表7-1），以为滑坡防治提供相关资料为目的。

表7-1 滑坡野外调查内容及方法

项目	野外调查内容	调查方法
自然环境	行政及地理位置、地貌类型、地形坡度、地层岩性、地质构造、地震和水文气象、植被、社会经济状况等	收集资料、野外调查
形成条件	有效临空面、岩性组合、坡体结构	野外调查
诱发因素	地震及地震烈度、暴雨、工程活动	收集资料、野外调查
滑坡特征	滑坡发生时间、滑坡规模、滑坡形态、表部特征、滑动面	野外调查、访问
灾害调查	滑坡造成的人员伤亡、直接经济损失、间接损失和社会影响	野外调查、访问
防治	已采取的工程措施和工程效果	野外调查

7.1.2 调查方法

(1) 准备工作

在正式开展野外调查工作之前,必须明确调查的目的、任务和要求,确定工作的范围,制定野外调查实施计划。野外调查的准备工作应包括以下内容:

① 资料收集:准备野外调查用的地形图,对区域滑坡调查可选用1∶5万或1∶10万的地形图作为工作底图。典型滑坡区(段)可选用1∶1万或1∶5000的地形图作为工作底图。在有条件的地区可收集遥感资料,并在航空像片和卫星影像上判读滑坡,确定滑坡的具体位置和规模。

收集滑坡发生地区的地质、区域构造和自然环境资料。对滑坡发生起诱发作用的降水、地震、水文和人为活动等资料,也应尽量收集。

对已勘测过的滑坡,应尽可能地收集勘测和试验资料。

② 资料整理和初步分析:在野外工作开始之前,应对收集的资料进行初步整理分析,对调查区内的自然环境状况有一个初步了解。

③ 野外调查用的器材准备:如罗盘、地质锤、照相机、图夹、笔记本和铅笔等。简易测量用的GPS定位仪、皮尺、激光测距仪和花杆等也应同时准备。

(2) 野外调查

① 群众访谈调查:访谈前应明确调查的内容,拟好调查大纲。访谈的对象主要为滑坡发生时的目击者。访谈中应详细调查滑坡发生的位置(同时标注在图上)、时间、滑体规模、变形的特征,滑坡发生前或发生时是否下雨及降雨量,是否有地震发生及震级,地下水是否突变,家畜、家禽和其他动物是否有反常现象;滑坡发生时瞬间动态特征,如声响、强光、烟雾等;滑坡发生后造成的危害。

② 滑坡野外现场调查:现场调查应尽量将滑坡体的形态特征标注在地形图上,并记录所在省(区)、县、乡、村及滑坡位置,在地形图上反查经纬度和x、y坐标。在调查方法上应从宏观到微观步步深入。对整体形态的观察,可在远处或借助航空像片和卫星影像观察,然后登上滑坡堆积体上对其特征进行详细调查。调查内容可填在表上(表7-2)。

在调查中要特别注意判识可能复活的古滑坡和老滑坡,对古滑坡和老滑坡判识上的失误往往会造成治理工程的失败。

对大型滑坡的调查,最好借助航空像片和卫星影像判译其整体形态,克服地表调查的局限性。

表 7-2 滑坡（含崩塌）调查登记表

<table>
<tr><td>编号</td><td></td><td>统一编号</td><td></td><td>滑坡名称</td><td colspan="2"></td></tr>
<tr><td rowspan="3">位置</td><td>行政区划</td><td colspan="5">省（市） 县 乡（镇） 村</td></tr>
<tr><td>1：____万图名</td><td></td><td>图幅坐标</td><td colspan="3">x： y：</td></tr>
<tr><td>分幅编号</td><td></td><td>经纬度</td><td colspan="3">东经： 北纬：</td></tr>
<tr><td>大流域</td><td></td><td>小流域（一、二级支流）</td><td></td><td>滑坡所在沟名</td><td colspan="2"></td></tr>
<tr><td colspan="2">滑壁最高点高程</td><td>m</td><td>滑体前端高程</td><td>m</td><td>主滑方向</td><td></td></tr>
<tr><td colspan="2">新滑坡发生时间</td><td></td><td colspan="2">老滑坡推测发生时间</td><td colspan="2"></td></tr>
<tr><td rowspan="2">滑体数据</td><td>长 L_d</td><td>m</td><td>厚 D_d</td><td>m</td><td>平均坡度</td><td></td></tr>
<tr><td>宽 W_d</td><td>m</td><td>体积</td><td>万 m^3</td><td>后壁高差</td><td>m</td></tr>
<tr><td rowspan="4">滑坡形成的基本条件</td><td>地形地貌</td><td colspan="5"></td></tr>
<tr><td>地层岩性</td><td colspan="5"></td></tr>
<tr><td>地质构造</td><td colspan="5"></td></tr>
<tr><td>水文地质</td><td colspan="5"></td></tr>
<tr><td rowspan="3">触发因素</td><td colspan="3">滑坡发生时、发生前、后降雨特征及降雨量</td><td colspan="3"></td></tr>
<tr><td colspan="3">滑坡前缘流水冲刷特征</td><td colspan="3"></td></tr>
<tr><td colspan="3">滑坡发生（前）地震作用及震级烈度</td><td colspan="3"></td></tr>
<tr><td>诱发因素</td><td colspan="2">不合理的人为活动</td><td colspan="4"></td></tr>
<tr><td colspan="3">滑坡危害及经济损失</td><td colspan="4"></td></tr>
<tr><td colspan="3">以往整治措施及整治效果</td><td colspan="4"></td></tr>
<tr><td colspan="4">滑坡平面图</td><td colspan="3">滑坡剖面图</td></tr>
<tr><td colspan="4"></td><td colspan="3"></td></tr>
<tr><td colspan="2">资料来源</td><td colspan="5"></td></tr>
</table>

登记者： 登记日期： 审核者：

7.2 滑坡勘测

7.2.1 地表勘测

滑坡地表勘测是滑坡野外调查的延续和深入。其主要任务是详细查明滑坡的基本特征、类型和形成的原因,判断滑带土的工程地质特性。同时,地表勘测可以指导滑坡勘探工作的设计和勘探网的布置,减少盲目勘探造成的浪费。

地表勘测的范围一般包括滑坡体本身;滑坡后壁以上一定距离的稳定斜坡;滑坡堆积体前缘以下的稳定地段或到河谷水边;滑坡堆积体两侧边缘稳定斜坡或到邻近的自然沟谷(图7-1)。

(1) 滑坡区地表勘测的主要内容

① 形态特征勘测:查清滑坡周界的位置和形状,后壁地层岩性、产状、高度、坡度及其上的擦痕方向;滑动面前缘出露位置、剪出口特征;滑体表面的地貌形态、台坎数目及高差;各种裂缝的分布、性质、形状、长短、宽窄、深度(可见)、产状和有无充填物及其成因。

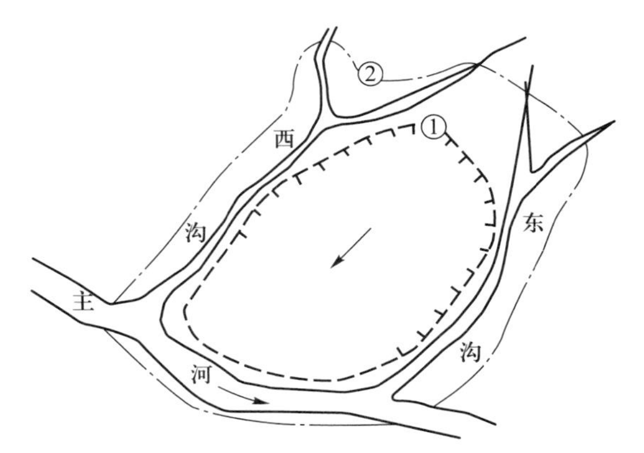

图7-1 滑坡地表勘测范围
① 滑坡体堆积范围;② 滑坡勘测范围

滑体表面裂缝勘测对准确判断滑体范围及滑坡性质十分重要。为便于区分滑坡裂缝与斜坡上分布的其他裂缝,现将各种裂缝的基本特征列于表7-3。

② 滑动面特征勘测:通过对地表形态、滑坡形成条件、滑体内部特征的勘测和分析,能对滑动面的位置做出初步判断。一般来说,滑动面的位置多是两个不同时代岩土的接触面、一些顺坡向发育的节理裂缝、同一岩层的风化差异面和泥化夹层等。在勘测中,只要找准剪出口和滑动后壁的位置,了解这些软弱面的埋藏情况,就能大致确定滑动面所在位置。例如,沿基岩面滑动的碎石土滑坡,碎石土与基岩的交界面即可视作滑坡的滑动面(图7-2)。

对于切层滑坡,常常沿2~3组节理裂隙发育成的滑动面产生滑动(图7-3)。其滑动面一般为折线形。所以通过对节理裂隙的产状及基岩产状的详细勘测,可以推断滑动面的形状和位置。

在均质土、类均质土中发育的堆积层滑坡,滑动面一般为圆弧形(图7-4):首先在滑坡主轴断面上确定滑坡后壁顶点 A 和前缘剪出口位置 C,并通过探槽在滑动面的前缘或后缘找到 B,据三点确定一圆弧的原理绘出通过 A、B、C 三点的圆弧形滑动面,此圆弧的圆心为 $\overline{AC}$、$\overline{BC}$ 中垂线的交点 O,以 OA 或 OC 为半径即可画出通过 A、B、C 三点的滑动面(图7-5)。

表 7-3 地表裂缝的类型及基本特征

特征	地表不均匀沉陷裂缝	冰冻裂缝	构造地裂缝	滑坡裂缝
分布	位于地基承载力不一致的部位、分布十分有限	与负温和水分有关,所以与人类居住地、土壤水分、日照、地面荷载有关	沿活动的地质构造线展布,可穿过山脊河流	分布于斜坡上,裂缝可连接成圈椅状
变形特征	下错位移明显,水平方向上的变形不甚明显	膨胀型,解冻后出现水型坍陷或翻浆	总体特征只与地质构造的活动有关,但受地形的影响,在个别地段有小的变化(如张开等)	上部为剪张型,两侧为剪型,下部为鼓胀型(张性),成组出现
连续性	沿下沉部位的边缘处,尚可见连续或断续分布	散乱、稀疏	可在几公里、数十公里范围内连续呈线状分布	可连成半封闭状
发生时间	新建工程完成不久,或遭水浸泡之后	严冬季节	与地质构造的新构造活动有关	滑坡体形成、发生过程中
发展趋势	会有较长时间发展	伴随季节变化	视地质构造重新活动的发展趋势而定	滑坡停止滑动后,即逐步被填平、消失。也可扩展成洼地或冲沟

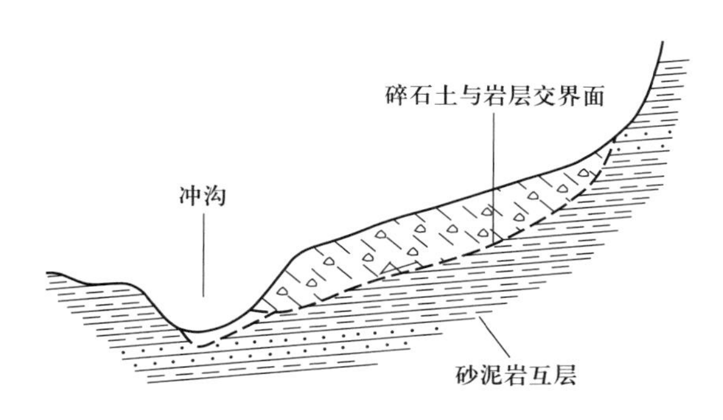

图 7-2 碎石土滑坡滑动面判定示意图

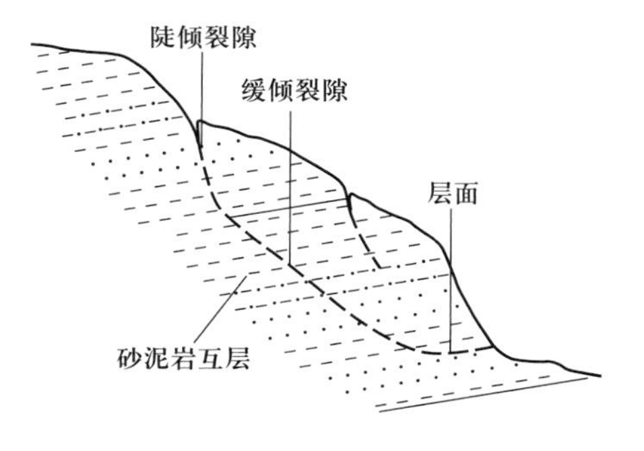

图 7-3 切层滑坡滑动面发育示意图

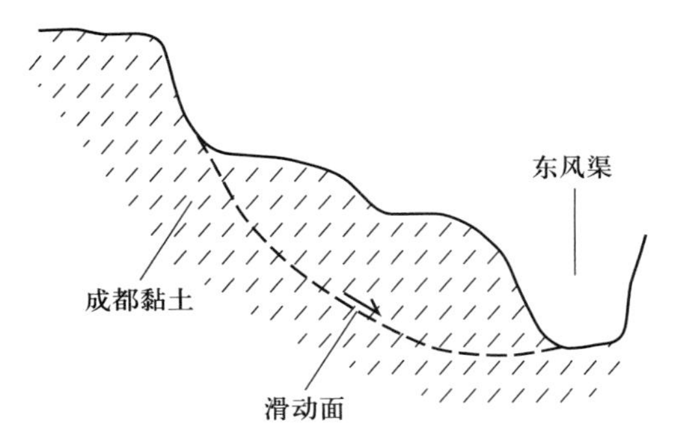

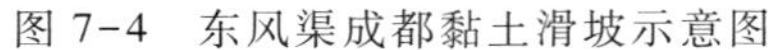
图 7-4 东风渠成都黏土滑坡示意图

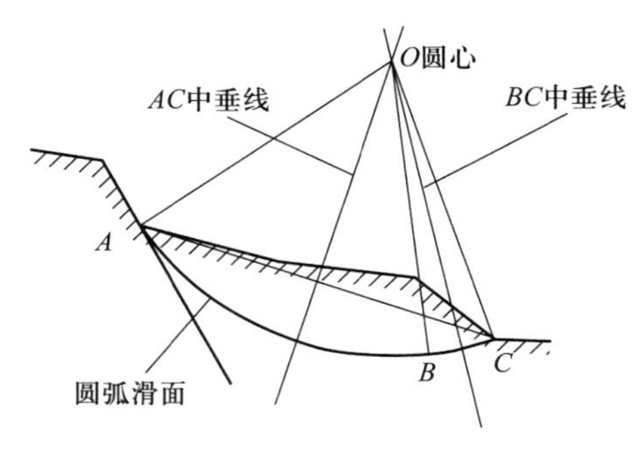

图 7-5 均质土圆弧形滑动面确定示意图

(2) 滑坡区地表勘测的方法

① 滑坡区地表调查:与前面野外调查基本相同,可参照进行。

② 滑坡区地表测量:用皮尺、罗盘、花杆和激光测距仪等工具对滑坡区进行地形图、滑坡纵横断面草测,对典型滑坡灾害,用经纬仪和水准仪(有条件的可用全占仪)进行大比例尺地形图、滑坡纵横断面图测量。测地形图的比例尺按滑坡体积大小选择。滑坡纵横断面图的测图比例尺应与地形图的比例尺一致。

③ 滑坡浅部勘探:常用挖探坑(井)、探槽的方法获取滑坡后缘、两侧和前缘滑动面剪出口的资料。

滑坡后缘选用探槽为宜,探槽长轴线方向与滑坡后壁近于垂直,以探测滑坡后缘滑动面位置、倾角、特征和表部岩土物质组成、结构特征为目的(图 7-6)。

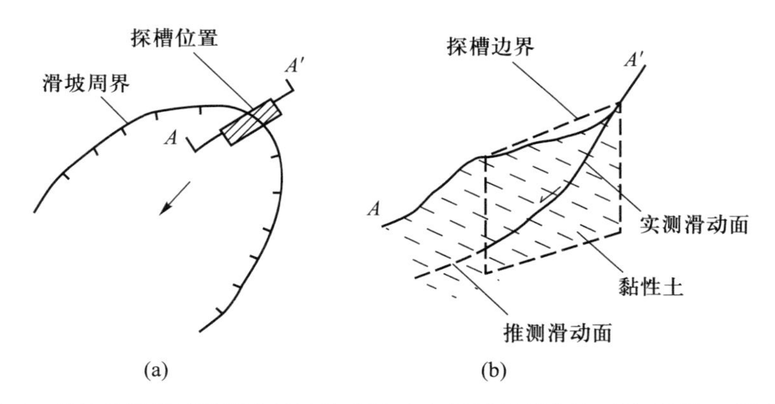

图 7-6 滑坡后缘探槽量测滑动面示意图:(a) 探槽平面位置;(b) 探槽一侧剖面图

滑坡前缘选择探坑为宜,布置在滑动面剪出口附近。轴线与滑坡主滑方向一致(平行)。当挖到滑动面剪出口时,应仔细观察、记录滑动面剪出口处的特征,量测滑动面倾向和倾角(图 7-7)。

滑坡两侧缘选择探坑为宜,可布设在滑体两侧缘内侧。

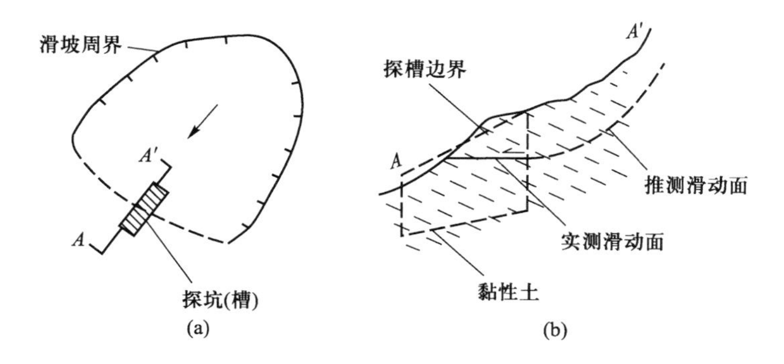

图 7-7 滑坡前缘探坑(槽)实测滑动面剪出口示意图:(a) 探坑(槽)平面位置;(b) 探槽一侧剖面

7.2.2 滑坡深部勘探

(1) 勘探目的

查明滑坡体的厚度、物质组成结构、地层岩性和滑动面(带)的个数、形状、特征及各滑动带的物质组成;查明滑坡体内地下水含水层的层数、分布、补给源、动态及各含水层间的水力联系等。

(2) 勘探方法

根据需要查明问题的性质和要求,可参照表 7-4 选择适当的勘探方法。

表 7-4 滑坡勘探方法及适用条件

勘探方法	适用条件及部位
深井(竖井)	用于观测滑坡体滑动带的特征及获取原状土样等。深井常布置在滑坡体中前部主轴附近。采用深井时,应结合滑坡的整治措施综合考虑
平硐	用于了解关键性的地质资料(滑坡的内部特征),当滑坡体厚度大、地质条件复杂时采用。硐口常选在滑坡两侧沟壁或滑坡前缘,平硐常为排泄地下水整治工程措施的一部分,并兼作观测硐
电探	用于了解滑坡区含水层、富水带的分布和埋藏深度,了解下伏基岩起伏和岩性变化及与滑坡有关的断裂破碎带范围等
地震勘探	用于探测滑坡区基岩的埋深和滑动面位置、形状等
钻探	用于了解滑坡内部的构造,确定滑动面的范围、深度和数量,观测滑坡深部的滑动特征

① **深井勘探:**实际上也是坑探,探测深度以不超过 10 m 为宜,因 10 m 以下施工难度增大且安全难以保障,所以深井勘探只适宜浅层或表层滑坡的勘探。

② **平硐勘探**:因其施工技术较复杂,要求高,投资大,所以一般滑坡勘察很少选用。

③ **钻探**:钻探是滑坡勘探最常用的方法。当通过坑、槽探和深井勘探达不到探明滑坡体内部组成特征、滑动面埋藏深度、组成、个数和特征时,可选用钻探方法。钻探通过采取岩芯,可观察滑体组成、结构、岩性特征,滑动面位置、数量,以及滑带土组成、结构、岩性等特征,所以是滑坡勘探中相对较好的方法。

④ **物探**:物探是利用地下不同地层组成、结构和岩性的物理特性,探测地下组成物特性、结构、地下水和滑动面位置。该方法虽然简便、快捷,但精度较差,可靠性不如钻探。若将两者结合使用,不仅能大量减少钻探工程量,而且精度和可靠度都会大大提高。

(3) 勘探网的布设

对于中、小型滑坡,沿滑坡主轴及两侧布设纵向勘探线 1~3 条,每条线钻孔 3~5 个;垂直主滑方向布设横向勘探线 2~4 条(图 7-8)。如滑坡很小,横向勘探线可不布置。对于大型滑坡,纵向上可布设 3~5 条勘探线,横向上可布置 4~6 条勘探线,每条线钻孔可增至 6~8 个。若有物探配合,钻孔可减少 1/3~1/2,钻探工程量也相应减少。

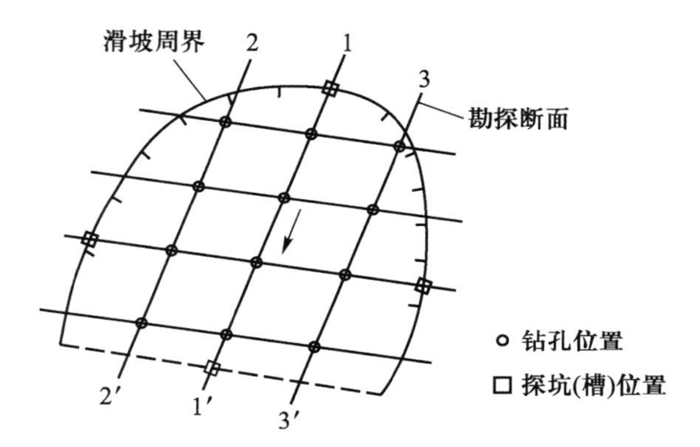

图 7-8 滑坡勘探网平面布置示意图

7.3 滑坡岩土试验

在典型滑坡勘测中,为了获得滑坡稳定性分析和计算的参数,必须采集有代表性的岩土样品做物理力学性质试验。

7.3.1 滑体上土的物理试验

(1) 采样

首先将滑体按地层岩性分层,然后沿主滑方向的勘探断面,利用钻孔或坑、槽探采样,每个钻孔(坑、槽)每种地层岩性采3~4个试验样品为一组,小型滑坡采3~4组,大型滑坡应采10组以上。钻孔取样直径大于100 mm,坑、槽探取原状土样时,每组样为200 mm×200 mm×200 mm的立方体。最好采原状土样,若无法取原状土样,可取10~12 kg的扰动土样。原状土样取出后,立即用塑料纸或棉纸包裹蜡封,防止水分散失,并尽快送实验室试验。

(2) 试验项目

土样:主要测试含水量、重度、液限、塑限和颗粒级配组成等试验项目。必要时可加做渗透和黏土矿物组成试验。

岩样:主要测试岩样的含水量和重度。必要时可加做弹模和抗剪强度试验。

7.3.2 滑带土力学性质试验

(1) 采样

从钻孔中采集滑带土的原状土样十分困难,大多为扰动土样。从滑坡后部(缘)和前缘滑动面剪出口,利用探坑(槽、井)取滑动面的原状土样是可能的。但它远离滑动带中部,所以不能代替滑动带中的土性。因此滑动带中部、中后部、中前部的土样仍应该取,即便是扰动土样也应该采集。若滑带土的样品无法判别,可用探坑(槽、井)取靠近滑带的土样代替。土样取出后应立即封闭,防止水分散失。

(2) 试验项目

无论岩质滑坡,还是土质滑坡,滑动带都是土。试验的项目都一样,主要做试样的峰值抗剪强度试验,测黏聚力 C、内摩擦角 φ 值;残余值抗剪强度试验,测 C_r、φ_r 值。注意,天然状态和饱和状态应分别做。最好用原状土样做试验,无原状样时,也可用扰动土样做。为使滑带土的特征能与滑体土比较,也应做相关的物理性质试验。物理性质试验项目与滑体土试样相同。必要时可加做矿物成分、化学成分和滑动面微结构试验。

7.4 崩塌的勘察

崩塌地区工程地质勘测的目的是查清崩塌的范围、规模、形成条件、影响因素及发生发展过程等,并制定正确的防治措施。

7.4.1 崩塌地区工程地质测绘

为了掌握崩塌的形成原因和发展规律,就要对崩塌工点进行工程地质勘测。其勘测方

法与勘测其他不良物理地质现象一样,以工程地质测绘为主。测绘的内容如下:

① 调查测绘的范围:包括崩塌工点和可能崩落的陡坡区及其相邻地段,以便准确圈定崩塌范围,查明其规模。

② 调查崩塌区的地形地貌和微地貌特征、植被情况以及崩塌体的滚落方向和影响范围等。对微地貌进行定量测量,如裂缝宽度、深度、长度产状,均应量测准确;对边坡坡度、高度以及陡坎、台阶的高度和宽度等也应量测清楚。

③ 查明地层、岩性、软质岩、硬质岩的分布范围、风化程度和风化速度。对软、硬岩层相间的高陡边坡,因风化速度的差异,均应查清是否有风化凹槽和突出的悬岩。

④ 查明地质构造,岩体结构面的产状和裂隙性质、特征(裂隙宽度、间距、延伸长度、深度和充填物的情况等),必要时对岩体结构面进行统计,做结构面统计图。还应查清结构面的组合情况及可能崩落岩体的形状和大小。

⑤ 查明地表水和地下水对崩塌的影响。对地下水应查清水量、出露位置、补给来源,特别是应注意查清在陡坡上出露的地下水情况。对地表水应查清渗入崩塌体的部位、在崩塌体内流动的途径以及对潜在崩塌体稳定性的影响。

⑥ 调查访问崩塌发生发展的历史,分析崩塌产生的原因、发展阶段及发展趋势,预测因工程活动或其他不利因素能否导致崩塌以及可能崩塌的范围、数量、岩块大小、滚落方向和影响范围等。对于巨大规模崩塌体,还应预测在崩塌过程中是否会产生破坏性的冲击气浪。

⑦ 搜集本地区的气象、地震、水文(与河流冲刷旁蚀有关的)资料及防治崩塌的经验。

⑧ 在崩塌地区进行野外测绘时,应完成工程地质平面图和工程地质断面图。在测绘过程中应将观察到的现象一一填入图中,如山坡岩体错综复杂的变形、崩塌范围、斜坡陡坎、岩体裂缝的形状和分布状况等现象一个也不要漏掉。对典型有代表性的现象,要做素描图或进行拍照。

7.4.2 崩塌地区勘探和试验

崩塌地区通常是高山峡谷区,岩石坚硬,一般基岩裸露,地质断面清楚,勘探量不大。为了查明被覆盖和充填的裂缝特征及充填物的性质,有条件时可布置挖探和少量钻探。

对崩塌或危石岩体滚落的途径、方向、跳跃高度、影响范围等难以判明者,有条件时,宜在现场做简易的岩块滚落试验。

崩塌运动的过程和特点,单凭野外的调查研究和理论计算是得不到良好效果的。在陡坡上运动的大块石,在理论上可以推测它是沿着类似抛物线形状的轨迹,连续跳跃向下坠落。但是山坡的坡度、高度、形状、山坡表面的粗糙程度等条件的不同,都直接影响着崩塌运动的状态和速度。块石运动有时滚动,有时跳跃。总之,情况是非常复杂的。但是,崩塌落石有规律可循。要解决上述问题,就需要在测绘时,进行一些人工落石试验,目的是据多次试验,求得在各种情况下,崩塌在某点运动的初速度及投射角以及常用的其他计算数据。

此外,为了对潜在崩塌体进行稳定性计算,有时需要取岩样和土样(如裂缝或夹层的充填物)进行室内物理力学性质试验,以便求得有关计算参数。

第 8 章

斜坡变形灾害监测与预报

监测与预报是斜坡变形灾害研究的重要内容之一,本章主要从滑坡的角度来进行阐述。滑坡综合预报是一种概括滑坡发生多种信息分析而建立的方法,是基于滑坡形成分析、动态变化分析、滑坡位移历时数据分析,确定滑坡的发育程度和稳定性状态,宏观判断滑坡发生破坏的趋势,完成对滑坡发生时间的预报。滑坡综合预报包括两方面的内容:一是滑坡发生条件类比,二是滑坡变形过程位移历时分析。这两方面内容的综合构成滑坡综合预报方法。滑坡发生条件类比和滑坡变形过程位移历时分析综合了对滑坡形成与变形过程分析的内容,比较全面地分析滑坡的形成条件和变形状态,避免了因某种单一因素的变化而造成对滑坡预报的误判。同时,滑坡综合预报避免了以往对滑坡变形观测资料过分依赖的状况,从滑坡发育的整体上判断滑坡的变形状态,也便于对没有观测资料的滑坡进行危险程度的判别与预报。

本章重点内容:

- 滑坡发育阶段的判别
- 利用监测数据区分滑坡的发育阶段
- 滑坡的监测技术与方法
- 利用滑坡的变形过程建立临滑预报模型

8.1 滑坡发生宏观判识方法

8.1.1 滑坡发生前后的特征变化与滑坡稳定性预报

滑坡发生后地形特征和坡度都有显著变化,滑坡发生前的高势能明显降低,滑坡堆积体结构和滑动面特征有明显变化,正在发育滑坡的危险斜坡也出现明显裂变,降水、地下水、地震和不合理的人类活动也严重影响滑坡、危险边坡的稳定。

8.1.2 滑坡发育阶段的判别分析

(1) 蠕变阶段变形现象

滑坡蠕变阶段的变形几乎都集中在剪切带上,宏观现象不明显。

① 坡面裂缝:通常在坡体的后部出现横向拉张裂缝,并成不连续分布,缝宽通常较小。部分巨型滑坡后界裂缝因滑坡体的巨大,滑坡变形产生的累积位移可达数米。

② 滑动带(面)变形:在坡体内形成剪切变形带(面),应力在锁固段逐渐集中。剪切带内的抗剪强度由峰值强度逐渐降低。

③ 坡体变形:在滑体的后部和滑带(面)上可见不明显的局部位移。

(2) 蠕滑阶段变形现象

在滑坡蠕滑阶段,随着剪应力在滑动带(面)上集中,应力将逐个剪断滑动带(面)中的各锁固段(点),坡体的变形越来越大,滑坡的变形现象将越来越明显。

① 坡面裂缝:滑坡后缘周界裂缝逐渐产生并连通,在滑坡轴线处可见明显的后缘拉张裂缝。部分滑坡可见前缘鼓胀裂缝。

② 宏观地貌形态:显露出滑坡总体轮廓,在纵向上可见解体现象。

③ 滑动面变形:滑坡的滑动面已逐渐形成,变形滑动现象擦痕、镜面十分清楚。抗剪强度逐渐降低至残余强度。

④ 滑坡体的运动状态:滑坡位移速率缓慢增大,并呈稳步发展的趋势。

⑤ 触发因素作用特征:触发因素对处于蠕滑阶段的滑坡发生起加速主导作用。

⑥ 发育历时特征:这一阶段发育的时间可能较长。

(3) 剧滑阶段变形现象

滑坡剧滑阶段滑面已完全贯通。滑动面上的残余强度接近坡体的下滑力,坡体处于快速破坏状态,应力-应变曲线迅速向上扬起,最终导致滑坡发生。滑坡的变形现象剧烈快速。

① 坡面变形:滑坡体上各种类型的裂缝都可能出现,但变化很快,时而发生时而消失,变化莫测。后缘和侧缘裂缝出现垂直落差。中段拉张裂缝很多。前段出现扇形裂缝。在滑坡的后壁和前缘常有小型崩塌发生。

② 滑动面变形:已完全贯通,抗剪强度降至最低,滑面上可见明显的擦痕。

③ 滑坡的运动状态:在重力作用下,滑动运动符合运动学的一般规律,慢速滑坡一次或断断续续地多次完成,高速滑坡多一次完成运动过程。

④ 触发因素的作用特征:触发因素已不是滑坡发生的主要因素,但部分因素继续起作用,特别是对断断续续加速变形的滑坡,触发因素仍将起着较大的作用。

⑤ 伴生现象:滑坡在剧滑阶段将出现地下水异常、动物异常、声发射、地物和地貌的快速改变,在滑坡后壁或前缘频繁出现小崩塌。

⑥ 发育历时特征:较短或很短。

8.1.3 滑坡发生前宏观临滑现象及判别

① 地表裂缝:滑坡体上各种类型的裂缝都可能出现,但变化很快。后缘和侧缘裂缝两边出现滑坎,后壁上常有小崩塌发生。中段拉张裂缝很多。前段出现鼓胀扇形裂缝。

② 滑动面:滑动面已完全贯通,形成完整的滑面。

③ 触发因素的作用:触发因素继续起作用,特别是断断续续发生滑动的滑坡,其触发因素的作用十分明显。

④ 小崩塌明显增多:在滑坡临滑前,滑坡前缘或后壁可能出现频繁的小型崩塌,而且发生崩塌间隔时间越来越短。

⑤ 伴生现象:地下水异常、动物异常和声发射等现象继续出现。

8.1.4 基于宏观判识的滑坡发生定性预测

采用滑坡发生条件类比分析方法,可将滑坡发生危险程度预测分为极危险、危险、较危险、较稳定、基本稳定和稳定 6 个等级进行预测,各级预测标准与内容如表 8-1 所示。

表 8-1 滑坡发生条件类比分析方法的宏观预测等级

预测等级	各等级宏观定性预测内容
极危险	各形成条件和诱发条件都不利于滑坡的稳定,坡体变形处于加速变形状态
危险	滑坡形成的主要条件不利于滑坡的稳定,坡体变形处于加速变形状态,在其诱发条件作用下,滑坡将失稳
较危险	滑坡形成的部分条件不利于滑坡的稳定,滑坡后缘裂缝开始出现,坡体变形有加快的趋势。当有诱发条件作用时,滑坡可能发生加速变形,最终导致坡体失稳
较稳定	滑坡形成的部分条件已具备,坡体处于时断时续的缓慢变形状态。当有诱发条件作用时,滑坡有发生加速变形可能
基本稳定	滑坡形成的主要条件不具备,坡体无变形。当有诱发条件作用时,坡体的主要形成条件将发生变化,其坡体稳定性有降低趋势,导致坡体发生极缓慢变形
稳定	滑坡形成的条件不具备,坡体无变形。当有诱发条件作用时,坡体仍处于稳定状态

8.2 滑坡监测技术方法与手段

8.2.1 常规方法与手段

滑坡监测技术在国土资源、铁路、水利水电等部门都有较深入的应用，根据监测内容的不同，监测方式、方法和手段也有所不同。常见的监测方法如表8-2所示。

表8-2 滑坡监测常规方法

地表位移监测	地下变形监测	影响因素监测	宏观地质现象监测
大地测量法 全球定位系统(GPS)监测法 遥感法 测缝法(包括各种位移计、伸缩计等) 光纤传感监测法 排桩法	钻孔倾斜法 竖井法	地下水动态监测 气象监测 地声监测 地温监测 地震监测 人类相关活动监测	地质巡视调查

8.2.2 地表位移监测

(1) 大地测量法

大地测量法的优点是技术成熟、精度高、资料可靠、信息量大；缺点是受地形视通条件和气候影响均较大。大地测量法使用的仪器有：

① 经纬仪、水准仪、测距仪：其特点是投入快、精度高、监测面广、直观、安全、便于确定滑坡位移方向及变形速率，适用于不同变形阶段的水平位移和垂直位移监测，但受地形限制和气候的条件影响，不能连续观测。

② 全站仪：其特点是精度高、速度快、自动化程度高、易操作、省人力、可跟踪自动连续观测。监测信息量大，适用于加速变形至剧变破坏阶段的水平位移和垂直位移监测。该方法在长江三峡库区十多个监测体上得到普遍应用，监测结果直接用于指导防治工程设计和施工。

(2) 全球定位系统监测法

全球定位系统(GPS)监测法精度高、投入快、易操作、可全天候观测，同时测出三维位移量 X、Y、Z，对运动中的点能精确测出其速率，且不受条件限制，能连续监测。缺点是成本较高。适用于不同变形阶段的水平位移和垂直位移监测。我国已经在京津唐地壳活动区、长江三峡工程坝区建立了GPS监测网，并将GPS技术应用在三峡库区滑坡、链子崖危岩体变形监测以及铜川市川口滑坡治理效果监测。

(3) 遥感法

遥感(remote sensing,RS)法适用于大范围、区域性崩滑体监测。根据遥感影像进行滑坡、崩塌判别,根据不同时期图像变化了解滑坡崩塌的变化情况;利用高分辨率遥感影像对地质灾害动态监测:随着遥感传感器技术的不断发展,遥感影像的空间分辨率越来越高。例如,美国 Landsat 卫星的 TM 遥感影像空间分辨率为 29 m,法国 SPOT 卫星全波段影像空间分辨率达 10 m,而美国 IKONOS 卫星影像空间分辨率高达 1 m。利用卫星遥感影像可反映丰富的地面信息,并能周期性获取同一地点影像的特点,可以对同一地质灾害点不同时期的遥感影像进行对比,进而达到对地质灾害动态监测的目的。

(4) 测缝法

滑坡测缝监测仪器很多,结构类型有机械、电子式或机械电子式等,主要用于对滑坡地表裂缝、建筑物裂缝变形位移的观测,可以直接得到连续变化位移-时间曲线,能满足野外条件下工作的长期性、稳定性、可靠性、坚固性要求。适用于野外长期工作,记录到的数据曲线直观、干扰少、可信度高,因此应用非常广泛。由于滑坡裂缝较多,在滑坡体上分布广,因此所需仪器数量较多,布置分散,每一台观测仪器只反映了一条观测裂缝的位移变形,这给观测信息的集成传输造成了一定的困难,一般都需要人直接操作仪器。在滑动出现险情时,存在人员不宜接近的缺点。

(5) 光纤传感监测法

近几年,随着光纤传感技术的发展,在岩土变形监测上也出现了光纤传感器,并在滑坡监测上作了一些应用试验。光纤传感技术是通过对光纤内传输光某些物理量(相位、强度、频率、偏振态等)变化的测量,实现对环境参数的测量。光纤传感监测法具有抗电磁干扰、精度高、响应快、耐腐蚀、测点多、监测距离长、重量轻和体积小等优点(李焕强等,2008)。在滑坡监测上是很有前景的一种监测手段。

(6) 排桩法

排桩法是一种简易监测方法。该方法是从滑坡后缘的稳定岩体开始,沿滑坡轴向等距离设一系列排桩(图 8-1)。排桩布设一般都埋设在滑坡变形最明显的轴线上。如果滑坡的宽度大,可并列地布设多排观测桩。排桩的起始点(N_0桩)埋设在滑坡后缘以外的稳定岩体上,将它作为测量的起始点,然后依次沿轴向埋设 N_1 号桩、N_2 号桩,各桩的间距 10 m 左右。桩的多少视滑坡后缘拉裂缝分布的宽度而定。

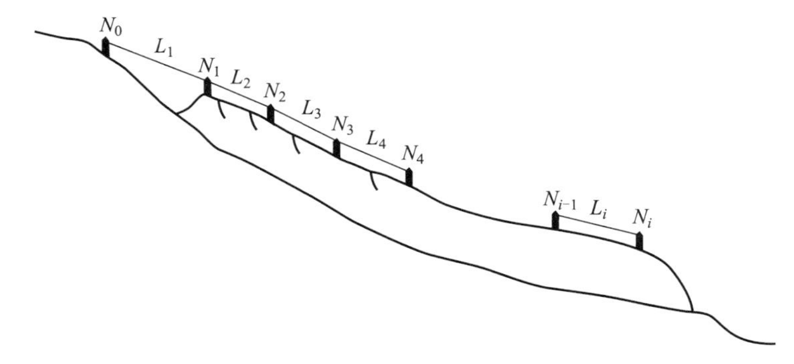

图 8-1 滑坡地表排桩观测布置示意图

测量时，分别测量 $N_0 \to N_1, N_1 \to N_2, \cdots, N_{i-1} \to N_i$ 的长度 $L_1, L_2, \cdots, L_i$ 和相应的桩之间的地面倾角 θ_i，各桩之间长度的变化即反映两桩之间控制裂缝的变化。

8.2.3 地下变形监测

(1) 钻孔倾斜法

利用钻孔倾斜仪和多点倒垂仪进行监测，主要适用于滑体变形初期的监测，即在钻孔、竖井内测定滑体内不同深度的变形特征及滑带位置。钻孔倾斜法是监测深部位移最好的方法之一，精度高、效果好、易保护，受外界因素干扰少，资料可靠，但其测程有限，相对成本较高。钻孔倾斜仪按探头的安装和使用方法可分为移动式和固定式两类，在滑坡监测中广泛使用。

(2) 竖井法

利用多点位移计、井壁位移计、位错计、收敛计、光纤传感器、TDR(time domain reflectometry)等进行监测。监测方式一般通过钻孔、平硐、竖井进行，观测滑坡深部裂缝、滑带或软弱带的相对位移情况。其特点是精度较高、量程小、易保护，但投入较大、成本高，仪器、传感器易受地下水和气候等环境的影响。目前，受仪器性能和量程所限，主要适用于测量小变形、低速率的滑坡初期变形阶段。

8.2.4 影响因素监测

(1) 地下水动态监测

地下水动态监测包括地下水位和孔隙水压监测。利用自动水位记录仪测量水位，这种方法对进行远距离遥测、多点测量及小口径钻孔(仅 30 mm)很有效。我国正在普遍使用自动水位记录仪。孔隙水压力计：国外应用孔隙水压力计进行滑坡监测已较普遍，但国内尚未普及使用。技术关键是如何实测滑动带中的真实孔隙水压力值,为此牵连到很多安装埋设的工艺技术问题。几十年来各国先后研制了各种形式的孔隙水压力测量仪器,如开口立管式、卡隆格兰德型、气动型、液动型和电动型的探头等。

(2) 气象监测

气象监测技术方法是通过雨量计和蒸发仪等对气象因素进行观测,分析降水与滑坡滑动的关系。我国大部分地区的滑坡都与降水有关,所以研究降水的临界值与滑坡的关系对滑坡有非常重要的意义。

(3) 地温监测

地温监测是利用温度计测量地温,分析温度变化与岩石变形的关系,间接了解危岩体的变形特征。

(4) 地声监测

地声监测技术是利用测定滑坡岩体受力破坏过程中所释放的应力波的强度和信号特征,来判别岩体的稳定性,最早应用于矿山应力测量,近十几年来逐渐被应用到滑坡的监测中。利用仪器采集岩体变形破裂或破坏时释放出的应力波强度和频度等信号资料,分析判断崩滑体变形的情况。仪器包括地声发射仪和地音探测仪。仪器应设置在崩滑体应力集中部位,灵敏度较高,可连续监测。方法仅适用于加速变形阶段崩滑体或斜坡的变形监测,在崩滑体匀速变形阶段不适宜。测量时将探头放在钻孔或裂缝的不同深度来监测岩体(特别是滑动面)的破坏情况。声发射技术可作为滑坡挤压阶段、地面裂缝不明显、地面位移难以测出的早期监测预报手段,对崩塌性滑坡具有较高的应用前景,但对其他类型滑坡应用的可能性尚待深入研究。

(5) 地震监测

由于地震力是作用于崩滑体的特殊荷载之一,对崩滑体的稳定性起着重要作用,应采用地震仪等监测区内及外围发生的地震的强度、发震时间、震中位置、震源深度,分析区内的地震烈度,评价地震作用对崩滑体稳定性的影响。

(6) 人类相关活动监测

由于人类活动如洞掘、削坡、爆破、加载及水利设施的运营等,往往造成人工型地质灾害或诱发产生地质灾害,在出现上述情况时,应予以监测并停止某项活动。对人类活动监测,应监测对崩滑体有影响的项目,监测其范围、强度和速度等。

8.2.5 宏观地质现象监测

采用常规地质巡视调查法,定期对崩滑体出现的宏观变形形迹(如裂缝发生及发展、地沉降、下陷、坍塌、膨胀、隆起、建筑物变形等)和与变形有关的异常现象(如地声、地下水异常、动物异常等)进行调查记录。

综上所述,目前国内外滑坡监测技术方法已发展到较高水平。主要表现在:由过去的人工用皮尺地表量测等简易监测,发展到可以运用各种仪器对滑坡进行多角度、多时段的监测,现正逐步实现自动化、高精度的遥测系统;监测技术方法的发展,拓宽了监测内容,由地表监测拓宽到地下监测、水下监测等,由位移监测拓宽到应变监测、相关动力因素和环境因素监测;监测技术方法的发展,很大程度上取决于监测仪器的发展。随着电子摄像激光技术、GPS技术、遥感遥测技术、自动化技术和计算机技术的发展,监测仪器正在向精度高、性能佳、适应范围广和自动化程度高的方向发展。

8.3 滑坡发生时间预报方法

滑坡变形过程位移历时分析,是根据滑坡在加速变形阶段位移与历时特征的分析,建立滑坡在加速变形阶段的非线性灰色预报模型,确定滑坡变形的位移突变点,进行滑坡发生时间预报。

8.3.1 滑坡变形过程位移历时分析

(1)滑坡位移历时分析的阶段性

滑坡的形成要经历蠕变、蠕滑和剧滑三个发育阶段,滑坡发育的阶段性反映了构成滑坡岩(土)体在重力作用下发生变形的过程,因此滑坡的发育阶段完全受岩土力学性质的控制,其变形过程具有明显的阶段性特征。

根据岩土蠕变的特点,其变形过程可分为三个阶段(图8-2)。这三个阶段在岩土滑坡形成、监测和预报上具有不同的意义。

① 第一蠕变阶段:对应的是滑坡形成的蠕变变形阶段,由于变形时间可能很长,岩土变形较弱,地表无裂缝,仅大型滑坡后缘有很小的断续弧形裂缝,因此在滑坡监测预报上无实际意义。

② 第二蠕变阶段:对应的是岩土滑坡形成的蠕滑挤压阶段,滑坡地表变形从明显到很明显,后缘裂缝和周界日渐清楚,滑动面从逐渐形成到完全贯通。此阶段有长有短,少则2~3年,多则十多年,是滑坡监测预报的极好时机。滑坡形成的位移历时分析应抓住这一阶段。

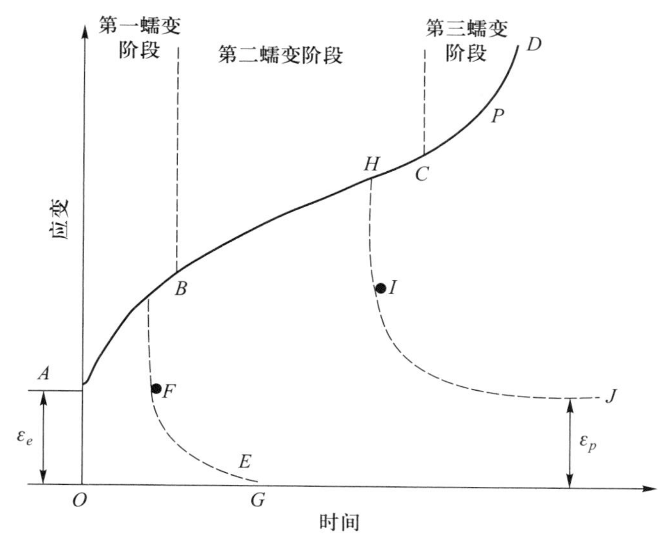

图 8-2 岩土蠕变曲线

③ 第三蠕变阶段:对应的是滑坡形成的加速变形(即剧滑)阶段。此阶段滑坡地表变形剧烈,少则 2~3 天,多则十多天。对滑坡的临发预报和剧滑时间的预警非常重要,监测预警人员可抓住这个时机,对各方面的监测资料和宏观现象进行综合分析,对滑坡发生的时间做出相对准确的预报,滑坡位移历时分析就是其中的重要方法之一。

(2) 滑坡位移历时分析应注意的问题

① 滑坡观测通常是由各个分散观测点组成的,各点的位移历时曲线间有相似性和差异,位移历时分析应区分其变形的共性和各部分差异性。

② 滑坡变形位移历时过程是一条波动性的曲线,总趋势是由平缓到变陡。在位移的过程中,由于发生条件和诱发因素导致滑坡变形的波动性变化,因此应注意区分坡体变形过程中,哪些是不可逆的条件,哪些是可逆的条件,变形可能因条件变化而变缓。

③ 要注意区分坡体是整体出现失稳,发生不可逆的破坏,还是因某种因素诱发坡体变形加快,发生局部失稳的可能。位移历时分析法适用条件:滑坡处于从蠕滑变形后期到加速变形发展阶段,并具有一定的滑坡连续观测数据。

8.3.2 滑坡预报模型

滑坡发生的数值预报基于对滑坡连续观测数据,特别是需要有滑坡加速变形阶段的位移数据。位移数据通常采用统计分析、模糊数学和灰色理论等数学方法,分析不同数据与滑坡变形的相关关系,找出最能反映滑坡变形的数据,根据其数据的趋势预报滑坡发生的时间。

根据对滑坡位移观测数据的各种数学处理方法进行研究,结合以往的工作成果,孔纪名等(2009)优选出非线性灰色预报模型和灰色预报模型作为位移历时数据处理方法,解决滑坡在加速变形阶段位移与历时的变化规律,建立滑坡预报模式,以此预报滑坡发生。

在滑坡预报中,由于滑坡的形成条件和诱发因素是变化的,滑坡的发育过程存在随机性,反映滑坡变形的位移观测值是一个确定性的随机量。因此,采用非线性灰色预报模型来研究滑坡是实现滑坡临滑预报的一种新途径。在非线性微分动态模型中,Verhulst 模型最具代表性,其微分方程为

$$\frac{\mathrm{d}X^{(1)}}{\mathrm{d}t}=aX^{(1)}-b\left[X^{(1)}\right]^2 \tag{8-1}$$

式中,$X^{(1)}$——一次累加处理后的滑坡观测数据;a,b——两个待定参数。

从非线性灰色建模的角度考虑,由于经一次累加处理后,观测数据常较 a,b 值为大,故采用最小二乘法原理求解 a,b。

记参数向量为 $\bar{\boldsymbol{a}}$,$\bar{\boldsymbol{a}}=\begin{bmatrix}a\\b\end{bmatrix}$,则

$$\bar{\boldsymbol{a}}=\begin{bmatrix}a\\b\end{bmatrix}=\left[B^{\mathrm{T}}B\right]^{-1}B^{\mathrm{T}}Y \tag{8-2}$$

式中,$Y=\left[X_1^{(0)}(2),X_1^{(0)}(3),\cdots,X^{(0)}(N-1)\right]^{\mathrm{T}}$

$$\boldsymbol{B}=\begin{bmatrix}\frac{1}{2}(X^1(1)+X^1(2))-\left[\frac{1}{2}(X^1(1)+X^1(1))\right]^2\\ \frac{1}{2}(X^1(2)+X^1(3))-\left[\frac{1}{2}(X^1(2)+X^1(3))\right]^2\\ \vdots\\ \frac{1}{2}(X^1(N-1)+\mathrm{X}^1(n))-\left[\frac{1}{2}(\mathrm{X}^1(N-1)+\mathrm{X}^1(n))\right]^2\end{bmatrix} \tag{8-3}$$

对式(8-2)求解,求出 a,b 参数后,再解得微分方程的解为

$$X^{(1)}(t)=\frac{\frac{a}{b}}{1+\left[\frac{a}{b}\frac{1}{X^{(1)}(0)}-1\right]\mathrm{e}^{-at}} \tag{8-4}$$

该式为微分方程的时间响应函数。

其离散响应解为

$$X^{(1)}(t)=\frac{\frac{a}{b}}{1+\left[\frac{a}{b}\frac{1}{X^{(0)}(1)}-1\right]\mathrm{e}^{-a(k-1)}} \tag{8-5}$$

对 $\overline{X}(k+1)$ 作累减得最后的拟合值：

$$X^{(0)}(k+1)=X^{(1)}(k+1)-X^{(1)}(k) \tag{8-6}$$

拟合的程度越高，预报的准确性就越高。

灰色模型建立后，其预测效果和精度能否满足要求，须进行检验。在灰色系统理论中，一般有残差大小检验、关联度检验和后验差检验三种检验方式，其中后验差检验在实际应用中较多，对其简述如下：

对于残差列 $\varepsilon^{(0)}(k)=\chi^{(0)}(k)-\bar{\chi}^{(0)}(k)$，其方差为

$$S_1^2=\frac{1}{n-1}\sum_{i=1}^{n}\left[\varepsilon^{(0)}(i)-\bar{\varepsilon}\right]^2 \tag{8-7}$$

式中，$\bar{\varepsilon}=\frac{1}{n}\sum_{i=1}^{n}\varepsilon^{(0)}(i)$。原始数据 $\chi^{(0)}(i)$ 的方差为

$$S_1^2=\frac{1}{n-1}\sum_{i=1}^{n}\left[\chi^{(0)}(i)-\bar{\chi}\right]^2 \tag{8-8}$$

式中，均值 $\bar{\chi}=\frac{1}{n}\sum_{i=1}^{n}\chi^{(0)}(i)$。

于是后验差检验指标为

后验差比值：

$$C=\frac{s_1}{s_2}$$

小误差概率：

$$p=p\{\ |\ \varepsilon^{(0)}(i)-\bar{\varepsilon}\ |\ <s_1\}$$

8.4 滑坡综合预报实例——重庆市开县盛山滑坡

(1) 盛山滑坡特点与观测

盛山位于重庆市开县城区北西侧，山顶最高点海拔 627 m，与城区相对高差 457 m。该山体滑坡的变形主要集中在刘伯承纪念馆下部坡体和盛山公园八仙台一带。

刘伯承纪念馆东侧一带变形坡体位于纪念馆下部和北侧，长 200 m，宽 260 m。坡体变形裂缝主要分布在纪念馆前北侧公路两侧和上山小道上，变形体岩性为坡积层。

盛山公园八仙台滑坡变形体位于盛山上部，其变形体后缘位于八仙台平台内侧陡坎处，长 100 m，宽 250 m。其中部和南侧发育有两条冲沟，使岩性为坡积层的变形体破碎成三块。八仙台坡体在 1989 年 7 月大暴雨时曾发生过滑动，并使得冲沟进一步加大，未形成统一的

滑动面，变形体出现部位坡体厚度不等。

由于盛山滑坡变形体处于极缓慢的蠕变阶段，变形特征主要表现在变形体的局部位置出现裂缝。因此，滑坡观测采取地表裂缝观测、GPS观测、精密大地测量观测等技术手段。

(2) 盛山滑坡地质类比分析判断与预报

运用工程地质类比法对盛山滑坡进行分析预报，具体分析预报见表8-3。

表8-3 盛山滑坡工程地质类比法预报

类比条件	滑坡所处状态	滑坡的危险程度等级					
		极危险	危险	较危险	临界平衡	基本稳定	稳定
地貌条件	坡度较陡，有多条冲沟，临空面好，地表水易于渗入坡体			√			
岩性条件	碎石土为主，结构松散，强度低			√			
坡体结构	没有顺坡向结构面，未形成统一滑动面						√
诱发因素	在大暴雨中可能诱发表层滑动，坡积层空隙率高使渗透应力增加			√			
其他环境条件	自然环境较好，植被覆盖率约为65%，滑坡上已做部分排水工程					√	
综合判断预报结果		基本稳定状态					

根据表8-3，运用工程地质类比法对盛山滑坡的预报结果是滑坡目前处于基本稳定状态。

(3) 盛山滑坡位移历时分析预报

根据盛山滑坡2001—2002年的变形监测资料，选取滑坡体上变形量最大的一组裂缝的位移值进行数值预报分析。建立盛山滑坡的非线性灰色预报模型，并对非线性微分方程求解，即得

$$X_{(k+1)} = 0.184\exp(0.034k) \tag{8-9}$$

运用该模型对盛山滑坡进行预测预报，计算结果如图8-3和表8-4所示。

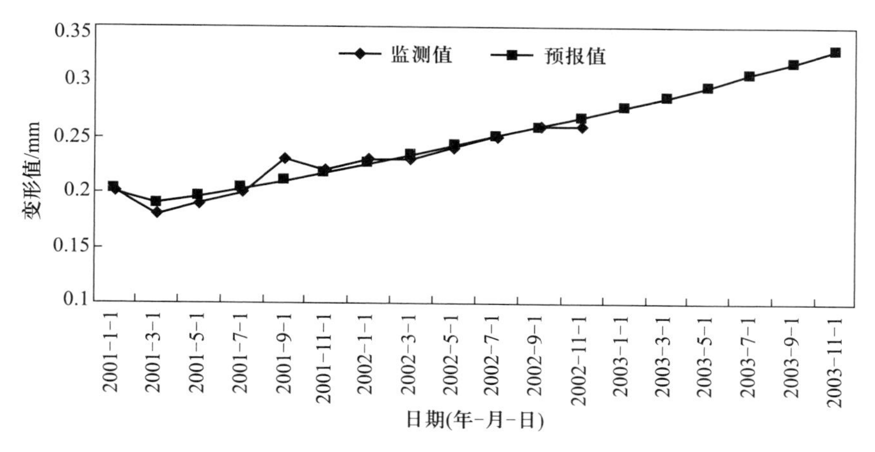

图 8-3 盛山滑坡变形监测值及非线性灰色预报模型预报值随时间的变化曲线

表 8-4 盛山滑坡监测值及非线性灰色模型预报值

日期(年.月.日)	监测值/mm	预报值/mm	日期(年.月.日)	监测值/mm	预报值/mm
2001.1.1	0.20	0.200	2002.7.1	0.25	0.249
2001.3.1	0.18	0.190	2002.9.1	0.26	0.258
2001.5.1	0.19	0.196	2002.11.1	0.26	0.267
2001.7.1	0.20	0.203	2003.1.1		0.276
2001.9.1	0.23	0.210	2003.3.1		0.286
2001.11.1	0.22	0.218	2003.5.1		0.296
2002.1.1	0.23	0.225	2003.7.1		0.306
2002.3.1	0.23	0.233	2003.9.1		0.316
2002.5.1	0.24	0.241	2003.11.1		0.327

由图 8-3 和表 8-4 可知,非线性灰色预报模型的预报值与盛山滑坡的实际变形值非常吻合,反映滑坡呈缓慢的蠕变变形状态。

为了预报盛山滑坡的发展变形趋势,利用灰色预报模型对 2002 年以后的变形进行了预报分析。随着时间的推移,盛山滑坡变形缓慢增加,变形值随时间基本呈线性变化,滑坡位移增量相对较小。至 2003 年 12 月,平均月位移量约为 0.04 mm。这表明盛山滑坡在未来的一年时间里,仍处于缓慢蠕变状态,整体保持稳定。

综合上述工程地质类比法分析和数值分析结果,判定盛山滑坡在未来的几年时间里,主要处于缓慢的蠕变变形状态,整体基本保持稳定。经过近几年的观测,盛山滑坡目前仍然稳定,证明分析预报结果是正确的。

第9章

斜坡变形灾害防治技术

斜坡变形灾害的防治要确定防治原则,制定防治规划,因地制宜地采取防治措施。

本章重点内容:

- 斜坡变形灾害的防治原则与规划
- 滑坡推力计算的基本原理
- 滑坡防治的主要工程措施
- 崩塌的主要防治措施
- 落石冲击力的计算
- 落石的防治方法

9.1 斜坡变形灾害防治原则与规划

9.1.1 防治原则

(1) 正确认识,预防为主

对斜坡变形灾害的性质、类型、范围、规模、机理、动态、稳定性的正确认识是防治的基础。如果对斜坡变形的分析判断不准确,可能造成工程浪费,或因工程措施不足而形成灾害。斜坡变形灾害治理成本高、潜在危害重,因此在铁路、公路选线及厂矿、城镇及房屋建筑选址时,应尽量避开大型、复杂的滑坡崩塌区域及开挖后可能发生斜坡变形灾害的地段。20世纪50—60年代,由于对滑坡认识不足,山区铁路的许多车站设在古滑坡区,施工开挖后形成了众多滑坡,既增加了投资,又延误了工期,还给运营安全留下了隐患。

(2) 尽早治理,力求根治

斜坡变形灾害的发生与发展是一个由小到大逐渐变化的过程,最好是将灾害消灭在初始阶段和萌芽阶段,尽早治理,以免延误治理时机,加大工程投资。对工程设施和人身安全危害较大的斜坡变形灾害,原则上都要力求根治,不留后患。防治措施不能只顾施工期和运营初期的安全,而不顾长期安全,要保证治理后的斜坡在多种不利因素的组合下也能长期保持稳定。

(3) 全面规划,综合治理

对于规模巨大、性质复杂且变形缓慢的斜坡灾害,如果短期内难以查明其性质,但不会造成大的灾害的,应做出规划,分期治理。斜坡变形灾害的防治是一项复杂的系统工程,从勘察、设计、施工到运营环环相扣,是一个有机联系的整体,应分阶段做出规划,提出要求,保证质量,分步实施。例如,一般应先做地表排水、充填地表裂缝、加强监测等应急工程,防止斜坡变形恶化;再做支挡结构等永久工程。防治工程除常用的土木工程措施外,还要结合生物工程措施、预警预报、合理农耕和行政管理等其他方法来进行综合治理。

(4) 技术可行,经济合理

斜坡变形灾害防治工程要求技术可行、经济合理。即防治措施应是技术先进、耐久可靠、施工方便、就地取材且经济而有效的。例如,一般中小型滑坡可用抗滑挡土墙或结合支撑盲沟,较为经济有效;对中大型滑坡则可采用抗滑桩或预应力锚索抗滑桩,当预应力锚索的锚固条件较好时,后者比前者可节约近30%的投资。

(5) 动态设计,科学施工

由于各种条件和因素的限制,仅通过勘察很难摸清和掌握变形斜坡各部分的真实情况,因此可利用施工开挖进一步查清变形斜坡的地质情况特征,从而据实调整设计方案,实现动态设计,这样更符合斜坡变形灾害治理的真实情况。同时,施工过程中还要根据斜坡变形的动态情况和监测数据合理调整施工顺序和方法,使设计、施工真正实现信息化和科学化。

9.1.2 防治规划

斜坡变形灾害防治规划是在一定区域内,为预防、减轻、消除滑坡、崩塌及落石等带来的威胁与危害,制定的总体方案和具体措施。防治规划的制定首先要收集并分析斜坡变形灾害的野外调查和勘探资料;然后对灾害的特征、形成条件、发展及稳定性等进行分析和计算;再确定防治工程的保护对象和范围、工程等级、投资规模等;最后拟定防治措施制定综合防治方案。针对不同的自然环境、斜坡变形灾害类型、保护对象的重要性及可提供的投资等,通常有以下五种防治规划方案供选用。

(1) 以预防为主的规划方案

将已处在斜坡变形灾害危险区内的建筑物和其他重要设施迁出危险区,实在不能迁出的重要设施,做好必要的保护工作。新建铁路、公路、工矿、城镇和其他主要设施,在选线选址时就避开斜坡变形灾害危险区,不能完全避开时,应预先对可能发生灾害的斜坡进行治理。

(2) 以控制斜坡变形灾害发生为主的规划方案

将有可能发生斜坡变形灾害的岩土体固定在斜坡上,不让其起动。采用的措施是排除斜坡地表水和地下水;封填地表裂缝;滑坡可在坡体后部减载,前缘反压;在滑坡中前部设置抗滑桩或在前缘修建抗滑挡墙,阻止滑坡滑动;在可能发生崩塌的斜坡中上部设预应力锚杆(锚索),加固稳定岩土体,在崩塌体脚部设置支撑墩,顶住岩体;在受河水冲刷处建防冲护坡挡墙。

(3) 以保护被危害对象为主的规划方案

该方案主要针对崩塌、落石等斜坡变形灾害,对于斜坡上的少量崩塌和落石,可在斜坡中部修建挡石墙或防护网;对于公路、铁路和灌溉渠道可建明洞或棚洞加以保护。

(4) 以预报、警报系统为主的规划方案

当斜坡变形灾害的性质无法确定,且近期内大规模活动的迹象不明显或短期内无大量防治经费投入的,可采用本方案。在已变形的斜坡上设置观测点,安装变形监测设备,测量裂缝变化及斜坡变形数据;同时,定期到变形体及其四周进行巡视,掌握斜坡变形动态。具备条件的,可在变形区建立完善的观测网,测定斜坡的总体变形规律。若出现变形加剧,并确认近期内可能有突发的可能,应立即报告主管部门,做出应急避险措施,达到减灾的目的。

(5) 以保护自然地质环境为主的规划方案

针对斜坡变形灾害的现状和环境特征,制定出保护环境减少灾害发生的有关条例和法令,加强管理,并采取一定的预防措施。对于处在斜坡变形灾害危险区内的房屋和其他设施按计划迁往安全的地方;在工程建设中,严禁乱挖滥建,不得任意开挖高陡边坡坡脚,若要开挖,必须做相应的支护工程;搞好山区工矿、城镇的排水系统,做好山区塘、堰和渠道防渗工程;禁止在不稳定斜坡和古滑坡体上种水田;保护森林植被,防止因森林破坏而产生新的斜坡变形破坏。

在实际工作中,以上五种方案,可因地制宜综合运用,进而制定出符合斜坡变形灾害发展规律的防治规划方案。

9.2 滑坡防治技术

国外利用工程措施治理滑坡的历史已有一百多年了,但大量的工程防治和技术是在第二次世界大战后随着各国的社会经济的发展而发展起来的。我国大量采用工程措施治理滑坡是新中国成立后才开始的。经过60多年的滑坡防治实践,在遵循防治原则和规划的基础上,形成了一套整治方法,分为绕避、排水、力学平衡和滑带土改良四类(表9-1)。

表9-1 滑坡防治主要工程措施分类

绕避	排水	力学平衡	滑带土改良
1. 优化路线、避让滑坡区 2. 用隧道避开滑坡 3. 用桥跨越滑坡 4. 清除滑体	1. 地表排水系统 ① 滑体外截水沟 ② 滑体内排水沟 ③ 自然沟防渗 2. 地下排水工程 ① 截水盲沟 ② 盲(隧)洞 ③ 仰斜钻孔群排水 ④ 垂直孔群排水 ⑤ 井群抽水 ⑥ 虹吸排水 ⑦ 支撑盲沟 ⑧ 边坡渗沟 ⑨ 洞孔联合排水	1. 减重工程 2. 反压工程 3. 支挡工程 ① 抗滑挡土墙 ② 挖孔抗滑桩 ③ 钻孔抗滑桩 ④ 锚索抗滑桩 ⑤ 锚索 ⑥ 支撑盲沟 ⑦ 抗滑键 ⑧ 排架桩 ⑨ 刚架桩 ⑩ 刚架锚索桩 ⑪ 微型桩群	1. 滑带注浆 2. 滑带爆破 3. 旋喷桩 4. 石灰桩 5. 石灰砂桩 6. 滑带土焙烧

9.2.1 滑坡体推力计算

滑坡体推力计算是危险边坡防护加固设计及滑坡治理抗滑工程设计中的核心问题。定义滑坡体推力为“滑动体向下滑动的力与阻碍滑动体向下滑动的抗滑力之差”。根据滑坡支挡工程结构与被加固滑坡体的力学关系,滑坡体推力计算有各种不同方法。下面介绍一种较为简化的分析算法。

该法基本假定为:滑动体做整体滑动或每一段做整体滑动;滑动体推力作用方向与该段滑动面平行,来自上一段滑动体的推力作用于两段分界点的中点;整个滑动面为折线形。其计算简图如图9-1所示。

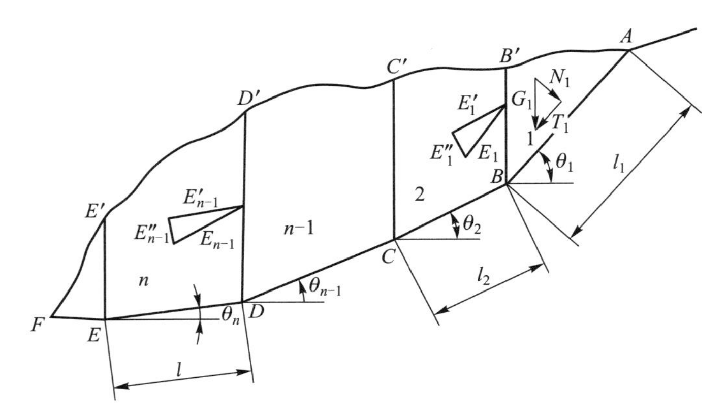

图 9-1 滑坡体推力计算简图

9.2.1.1 第一段推力的计算

ABB′为滑坡体的第一段,滑动面的长度为 l_1倾角为 θ_1,滑动体内岩土内摩擦角为 φ_1,黏聚力为 C_1,重力为 G_1。

将 G_1分解为 N_1和 T_1,则

$$\left.\begin{aligned} N_1 &= G_1\cos\ \theta_1 \\ T_1 &= G_1\sin\ \theta_1 \end{aligned}\right\} \tag{9-1}$$

式中,T_1——促使第一段滑动体向下滑动的力。设阻止第一段滑动体向下滑动的力为 M_1,其值为摩擦力 F_1与该段滑动内岩土黏结力 C_1和 l_1之和,即

$$M_1 = F_1 + C_1 l_1 = \tan\ \varphi_1 \cdot G_1\cos\ \theta_1 + C_1 l_1 \tag{9-2}$$

由于推力为滑动力与抗滑力之差,故第一段作用于第二段的推力为

$$E_1 = T_1 - M_1 = G_1\sin\ \theta_1 - \tan\ \varphi_1 \cdot G_1\cos\ \theta_1 - C_1 l_1 \tag{9-3}$$

9.2.1.2 第二段推力的计算

B′BCC′为滑动体的第二段,滑动面的长度为 l_2,倾角为 θ_2,滑动体内岩土内摩擦角为 φ_2,黏聚力为 C_2,重力为 G_2。

第二段推力的计算分两个方面:第一个方面是不考虑第一段推力的影响,第二段算法与第一段相同,即

$$T_2 - M_2 = G_2\sin\ \theta_2 - \tan\ \varphi_2 \cdot G_2\cos\ \theta_2 - C_2 l_2 \tag{9-4}$$

第二个方面是考虑 E_1的影响,此时将 E_1分解为垂直和平行滑动面 BC 的两个分力 E_1'和 E_1'',即

$$\begin{cases} E_1' = E_1\cos(\theta_1-\theta_2) \\ E_1'' = E_1\sin(\theta_1-\theta_2) \end{cases} \tag{9-5}$$

式中，E_1'——推动第二段滑动的力，E_1''——阻止第二段滑动的力，因而 E_1 传递给第二段的推力实际上为

$$E_1'-fE_1''=E_1[\cos(\theta_1-\theta_2)-\tan\varphi_2\sin(\theta_1-\theta_2)] \tag{9-6}$$

式中，f——滑动体内岩土间的摩擦系数，$f=\tan\varphi$；φ——滑动体内岩土内摩擦角(°)。

这样，第二段对第三段的推力为

$$\begin{aligned} E_2 &= (T_2-M_2)+(E'_1-fE_1'') \\ &= G_2\sin\theta_2-\tan\varphi_2\cdot G_2\cos\theta_2-C_2l_2+E_1[\cos(\theta_1-\theta_2)-\tan\varphi_2\sin(\theta_1-\theta_2)] \end{aligned} \tag{9-7}$$

9.2.1.3 第 n 段推力的计算

设第 n 段滑动面长度为 l_n，倾角为 θ_n，滑动体内岩土内摩擦角 φ_n，黏结力为 C_n，重力为 G_n，同理得到第 n 段作用于第 $n+1$ 段滑动体的推力为

$$E_n=G_n\sin\theta_n-\tan\varphi_n\cdot G_n\cos\theta_n-C_nl_n+E_{n-1}[\cos(\theta_{n-1}-\theta_n)-\tan\varphi_n\sin(\theta_{n-1}-\theta_n)] \tag{9-8}$$

应用公式应注意以下几个方面：

① 公式的应用前提条件是滑坡体滑动面位置，形状已经准确确定。

② 在工程实际中，一些滑坡形成的因素非常复杂，在短期内也难以搞清楚，因而在进行推力计算时，需要引入一个大于 1(一般为 1.10~1.25)的安全系数 K。

③ 当滑坡体浸入水中，或者裂隙被水充满时，还需要考虑水的浮力和孔隙水压力。

④ 当 $E_n\leqslant 0$ 时，滑坡体是稳定的；当 $E_n>0$ 时，滑坡体正处于活动期。

9.2.2 主要工程措施

9.2.2.1 绕避措施

在公路、铁路、矿山、水利和城镇建设中，若存在滑坡灾害和潜在滑坡灾害问题，在选线和选址时应首先考虑绕避滑坡危险区，若不能绕避，才考虑用工程措施进行治理。

9.2.2.2 排水工程

水是滑坡形成发生的重要影响因素，对任何一个滑坡的防治，排水措施都是不可缺少的。排水工程包括地表排水和地下排水两部分。

(1) 地表排水

地表排水的目的是把滑坡区以上山坡来水截排,不使其流入滑坡区,把滑坡区内的降水及地下水露头(泉水、湿地及其他水体)通过人工沟道尽快排出滑坡区,减少其对滑坡稳定性的影响。

山坡截水沟应布设在滑坡可能发展扩大的范围以外3~5 m处,以免滑坡扩大破坏水沟使沟中水集中灌入滑坡后缘裂缝,加速滑坡的发展。其断面尺寸取决于汇水面积、地面土质和坡度、植被情况和当地的年降水量和集中暴雨量。排水沟纵坡一般不小于2%,陡坡地段设置跌水或急流槽。滑体内的树枝状排水沟,主沟方向应尽量与滑坡的主滑方向一致。充分利用滑体内外的自然沟排水,支沟一般每30~50 m设置一条,其方向应与主滑方向呈30°~45°夹角,以免滑坡滑动时被拉裂或错断,水流灌入滑体促使其发展。跨越滑坡裂缝的排水沟在滑坡稳定之前应做成活动的搭接式活动接头或沟底铺设柔性隔水土工布,待滑坡稳定后再做成永久性的。泉水和湿地水的引排,多采用明沟与盲沟相结合的方式引入就近的排水沟。

(2) 地下排水工程

地下排水工程是治理滑坡的主体工程之一,特别是地下水发育的大型滑坡地下排水更重要。与支挡工程相比,具有投资少、发挥作用巨大的特点,其功能是截断补给滑带的水源,降低地下水位,减少滑带土的空隙水压力,提高其抗剪强度,从而增加滑坡稳定性。

依据不同的滑坡地下水分布和补给情况选用地下排水工程,常用的措施有截水盲沟、截水盲(隧)洞、斜仰(水平)钻孔群排水、垂直孔群排水、井群抽水、虹吸排水和支撑盲沟等。

截水盲沟和截水盲(隧)洞:当补给滑坡的地下水主要来自滑坡区以上的山坡地下时,可在滑坡区以上山坡垂直地下水流向布设截水盲沟(或盲洞)截断地下水。盲沟的沟底应放在滑动面以下的隔水地层中,并应浆砌不使其漏水,沟壁靠滑体一侧为浆砌片石截水墙,迎水方向设反滤层和土工布进水,沟中填砂卵石或块石,沟底设带进水孔的排水管。所截的地下水从一端或两端排入滑体以外的自然沟中。

盲(隧)洞的作用与盲沟类似,常布置在滑体以外或滑坡区的中上部,其轴线方向与地下水流向近于垂直以发挥最好的截水效果。盲洞洞顶应位于滑动带以下2~3 m的稳定地层中。截水则采用两种方式:一是从洞内向上和向两侧打长为10~20 m的仰斜钻孔,穿过滑动带将地下水引入洞中排出,孔的直径和密度根据水文地质计算确定,一般采用孔径80~100 mm,孔间距5~10 m;二是在滑体厚度不大时,从地面沿洞轴线打垂直钻孔群形成截水帷幕,将多层地下水均引入洞中排出。垂直孔中充填渗水材料成为渗管,其孔径、间距等也应根据降水和地层的渗透系数等通过水文地质计算确定,一般采用间距5~10 m。

仰斜(水平)钻孔群和井-孔联合排水:所谓水平钻孔是相对于垂直钻孔而言的,作为排水,应向上仰斜 5°~15°的钻孔。仰斜钻孔群排水是在地下水比较发育的滑坡的上部或前缘打若干个钻孔将水排出,以降低滑坡的地下水位,减少滑带土的孔隙水压力,提高其强度,增加滑坡稳定性。当滑坡移动速度较快有可能剧滑造成灾害时,作为应急工程用仰斜钻孔群排出部分地下水,常可减缓滑动速度,为勘察、设计和施工争取有利时间。

仰斜孔的布设方向应与滑坡的主方向相平行(图 9-2a),以免滑坡滑动时被错断,一般采用钻孔直径 100~150 mm,内放直径 50~90 mm 的带渗水孔的聚氯乙烯管或尼龙软管排水。孔长以 30~40 m 为宜,钻孔的间距应通过水文地质计算确定,一般采用 5~10 m 效果较好。

仰斜孔的主要问题是排水孔被淤塞,使用寿命短。根据国外经验,在一般地层其有效期为 8~10 年,黏性土地层为 5~6 年。要保持其排水效果,几年后应进行清孔,或重新打孔。

当地下水埋深较大或有多层地下水需排除时,使用仰斜孔群有困难。日本曾采用集水井和仰斜孔相结合的方法,即在滑体上打若干个直径 3.5 m 的竖井,在井中打放射状集水孔,各井用钻孔串连起来,把水排出滑体以外(图 9-2b)。井深一般 20 m 左右,井底应放在滑动面以下的稳定地层中。当滑坡移动速度较快时,为防止井被错断,井底先放在滑面以上,待滑坡稳定后再加深放入稳定地层中。

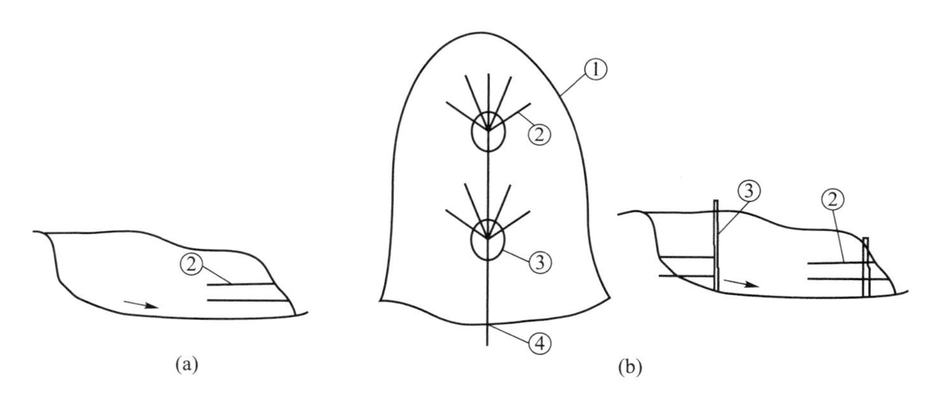

图 9-2 仰斜钻孔群排水和井-孔联合排水示意图:(a) 仰斜钻孔群排水;(b) 井-孔联合排水
① 滑坡周界;② 仰斜排水孔;③ 集水井;④ 排水管

井群抽水和垂直孔群排水:井群抽水是在滑坡的中上部地下水比较集中的地区布设若干个抽水井,井底伸入到滑面以下的稳定地层,由井群集水抽水降低地下水位,当滑体下伏有渗水地层时,利用垂直钻孔群将滑体内作用于滑带的水渗漏到下伏透水层中自流排出,不需人工抽水,不失为利用自然条件排水的可取方法。

虹吸排水:是利用虹吸管的真空原理及进水口与出水口的大气压差将浅层地下水自流排出地表的一种方法。虹吸排水是在滑坡区地下水分布较集中的部位打若干个垂直钻孔(或井),将水汇集于孔(或井)中,在孔(或井)中放入虹吸管将水排出孔外,以达到降低地下水位、提高滑带土强度、稳定滑坡的目的。

9.2.2.3 力学平衡措施

抗滑支挡工程是最为常用的力学平衡措施,包括抗滑挡土墙、抗滑桩、预应力锚索抗滑桩、预应力锚索框架或地梁等,由于它们能迅速恢复和增加滑坡的抗滑力达到新的力学平衡,使滑坡得到稳定而被广泛使用。

(1) 抗滑挡土墙

抗滑挡土墙一般为重力式挡土墙,以其重量与地基的摩擦阻力抵抗滑坡推力。其材料可以是浆砌片石圬工,也可以用混凝土或片石混凝土。也有墙上增设竖向和横向锚杆锚入滑面以下稳定地层中以增加墙的抗滑能力。

抗滑挡土墙的布设位置一般是放在滑坡前缘出口处,充分利用滑坡抗滑段的抗滑力以减少挡墙的截面尺寸。

(2) 抗滑桩

抗滑桩是将桩插入滑动面(带)以下的稳定地层中,利用稳定地层岩石的锚固作用以平衡滑坡推力、稳定滑坡的一种结构物。其受力如图 9-3 所示。

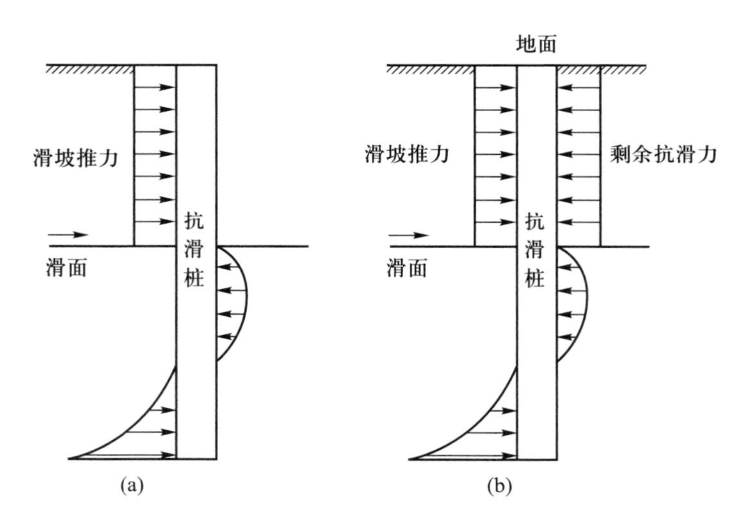

图 9-3 抗滑桩受力简图:(a) 悬臂桩;(b) 全埋式桩

抗滑桩一般应设在滑坡前缘抗滑段滑体较薄处,以便充分利用抗滑段的抗滑力,减小作用在桩上的滑坡推力,减小桩的截面和埋深,降低工程造价,并应垂直滑坡的主滑方向成排布设。对大型滑坡,当一排桩的抗滑力不足以平衡滑坡推力时,可布设两排或三排。只在少数情况下因治理滑坡的特殊需要,才把桩布置在主滑段或牵引段。

抗滑桩受力计算可采用地基系数法。地基系数法是将地基岩土看作弹性介质,依文克尔弹性地基假设为计算的理论基础。对抗滑桩来说,由于桩的受力变位,对地基土某点产生作用力,引起该点的压缩变形,力的大小与该点土的压缩量呈正比,即

$$P_y = KX_y \tag{9-9}$$

式中,P_y——桩对地基 y 点的作用力;X_y——y 点地基的压缩变形量;K——地基系数或称地基抗力系数,指弹性变形范围内使单位面积地基土产生单位压缩变形所需施加的力,即

$$K = \frac{P_y}{X_y} \tag{9-10}$$

桩对地基施加作用力,地基给桩以大小相等、方向相反的反作用力,因此在 y 点处地基对桩的反作用力也与该点土的压缩变形呈正比。

(3) 锚索抗滑桩

在治理大型和特大型滑坡时,由于滑体厚度和滑坡推力大,使用普通抗滑桩会使桩身截面很大,埋深很长,造价高,施工困难,这时锚索抗滑桩的优点就突出来了。常见的锚索抗滑桩是在桩头加预应力锚索形成预应力锚索抗滑桩,能大大改善桩的受力条件,桩身弯矩和剪力大大减小,因此桩的截面和埋置深度也大为减少。除了在桩上加预应力锚索外,也可在桩上加锚杆或锚杆束增加拉力改善桩的受力状态和控制桩顶位移。一般对全埋式桩,在其桩头部位设 2~4 束锚索是常用的,其间距 0.5~1.0 m。对于悬臂较高的桩,也可在桩身的不同高度上设置多排锚索,以改善锚索锚固段的受力条件。对滑坡而言,锚索的锚固段必须置于滑动面(带)以下的稳定地层中以发挥抗滑作用。

预应力锚索抗滑桩的设计可参照有关手册。

(4) 钢筋混凝土抗滑键和埋入式抗滑桩

所谓钢筋混凝土抗滑键是一种钢筋混凝土短柱,长 4~6 m,主要用于浅层较完整的岩层顺层滑坡,也可用于厚层完整的砂岩或石灰岩,沿其中泥化夹层或结构面滑动,在滑动面上、下插入短桩(一排或多排)形成键销作用稳定滑坡。一般在滑体上打若干排钻孔,深入滑床不小于 2 m,孔中放入钢轨、型钢或钢筋束,然后灌入混凝土或水泥砂浆形成短柱,柱间距 2~3 m。

当滑体较厚(如 30~40 m)且只有一层滑面时,桩身做到滑体表面桩身长,弯矩大,不经济。只要滑坡不从桩顶以上剪出,桩可以不做到地面,以节省材料和投资。这种埋入地面一定深度的桩叫埋入式抗滑桩。滑(边)坡的地形、桩的位置及滑体强度与滑面强度的比值,与埋入式抗滑桩的选用都有密切的关系,尤其是后者,比值越大,采用埋入式抗滑桩的好处也越多。

9.2.2.4 滑带土改良

软滑带土或潜在滑带土弱、含水量大、强度低是滑坡发生的关键因素。因此,采用各种

方法来改变滑带土的性质，提高其抗剪强度，增加滑坡自身的抗滑动力，是十分有效的。

(1) 滑带爆破

滑带爆破是在滑体上成面状或条带状打若干个钻孔或洞室穿过滑动带，在滑带上下放入一定量的炸药进行爆破，破坏软弱的滑带，把滑体和滑床结合部位岩土爆破成碎石桩样，增加滑坡的抗滑阻力。

(2) 滑带土焙烧

对于粉质黏土或黄土滑带，打入若干个洞室或钻孔，用煤或通入天然气进行焙烧和脱水，提高其抗剪强度，增加抗滑阻力。

(3) 滑带注浆

灌浆以改良土体性质提高其强度在工程上被广泛使用，因而人们也想用到灌注水泥浆或水泥砂浆于滑带，以提高其强度，稳定滑坡。但是由于滑带土多是含水量较高，成软塑状的黏性土，水泥砂浆的可灌性很差，常常是空隙大的滑体中进了浆，而大量小空隙进不了浆，造成整个滑带进浆很少，效果不佳。

(4) 石灰砂桩

我国在一些膨胀土滑坡治理中，曾采用在滑体上打若干个钻孔(直径 300 mm)深入滑床一定深度，在钻孔中填入生石灰和砂的混合物，利用生石灰吸水熟化疏干滑体中水分，提高滑带土的强度。同时，众多的石灰砂桩既改变了滑带土的强度，也起到机械支挡作用。

(5) 旋喷桩

旋喷桩是把地基加固的方法引入滑坡的治理，在一些小型浅层滑坡上，成条带打若干排旋喷桩深入滑面以下一定深度，实际是形成了一段改良后的挡土墙，只改良了局部滑带土的性质。这种方法有其特定的使用条件，其造价不一定比其他支挡措施低。

由于目前滑带土改良方法的效果检验、施工以及造价等原因，还处在试验阶段，未能广泛应用，但是值得进一步研究。

9.2.3 滑坡防治实例——二郎山滑坡综合防治

二郎山滑坡位于川藏公路(318 国道)四川省天全县两路乡境内二郎山隧道入口，龙胆溪右岸。二郎山 1#滑坡为老滑坡，于 1997 年 7 月 3 日强降雨后全面复活，截断川藏公路

260 m,使进藏大动脉受到严重威胁,引起交通部高度重视,于同年底批准立项。经长达四年的治理后,滑坡稳定,交通畅通,是滑坡综合治理的成功范例。

9.2.3.1 滑坡区自然地质简述

该滑坡区属龙门山中、高山南段,前缘(龙胆溪河边)海拔高 1840 m,后缘海拔 2135 m,滑坡地面平均坡度 43°。滑坡下部滑床岩性为志留系罗惹坪组下段灰黑色中厚层钙质泥页岩(S_{21}),滑坡下部为破碎基岩,中上部为坡崩积物(Q^{al+dl})和冲洪积物(Q^{ai+pl})。岩性为块碎石土。龙门山断裂带向南西延伸到二郎山,从该滑坡后侧山脊通过,受其影响该区岩层破碎,节理裂隙发育,表部块碎石层较厚。该区新构造运动以强烈上升为主,地震活动频繁,地震烈度为 8 度。该区属湿润气候区,年均降水 1731 mm,最大年降水量达 2341.8 mm,7—9 月为雨季,多大雨暴雨。龙胆溪从该滑坡前缘通过,对滑坡的形成发生起了主要作用,枯水季节流量为 0.1 $m^3 \cdot s^{-1}$,雨季洪水可达 5~60.1 $m^3 \cdot s^{-1}$。滑坡区地下水丰富,以基岩裂隙水、空隙水为主;表部块碎石为上层滞水,雨季地面很湿,多有地下水溢出。滑坡区植被茂密,以灌木丛为主,有高大乔木,残留少量古树木。

以上自然地质特征为滑坡的形成和发生提供了有利条件。

9.2.3.2 滑坡特征

二郎山 1#滑坡前缘宽 700 m,平均宽近 600 m,长 350 m,滑体厚 20~40 m,体积约 6000 万 m^3。该滑坡分为东西两条,西条体积远大于东条,是滑坡的主体,属多层多级滑动的破碎岩石的牵引式滑坡。该滑坡前缘直抵龙胆溪河边,高于现代河床 10~12 m,常年流水冲刷不到滑坡前缘,雨季洪水对滑坡前缘严重冲刷,与发生滑移有直接的关系。公路以下长 150 m 为滑坡主滑体,近 200 m 为滑坡牵引滑移体,直接危害公路长 260 m。

9.2.3.3 滑坡防治措施与效果

(1) 方案设想与比选

依据滑坡形成原因和变形发生机理,决定对该滑坡实行综合治理。经原线整治和绕避两种方案比选优化后,决定采用原线整治方案。

(2) 主要工程措施

① 公路以下主滑体防治:主轴断面以东采用 15 根普通抗滑桩,截面尺寸为 1.8 m×2.4 m,长 26 m,并在公路外侧坡体上修建框架预应力锚索;主轴断面以西采用 43 根预应力锚索抗滑桩工程进行治理,截面尺寸为 2 m×3 m、长度为 41.5 m 的 20 根,长度为 45.5 m 的 11 根,长度为 49.5 m 的 12 根。

② 公路内侧以上牵引滑体防治：采用框架预应力锚索加固护坡。

③ 河边防冲护坡抗滑挡墙：长 544 m，高 4.5~8.5 m，墙顶宽 1.4 m，用 C15 浆砌片石（图 9-4）。

④ 滑坡排水工程：滑体中部纵向排水沟槽长约 300 m，滑坡后缘和东西侧排水沟长 1000 m，将地表水排入龙胆溪。在西条滑体，公路外侧 34 m 抗滑桩纵向设计了 11 个仰斜排水孔，孔深 67 m，排除滑体深部地下水。

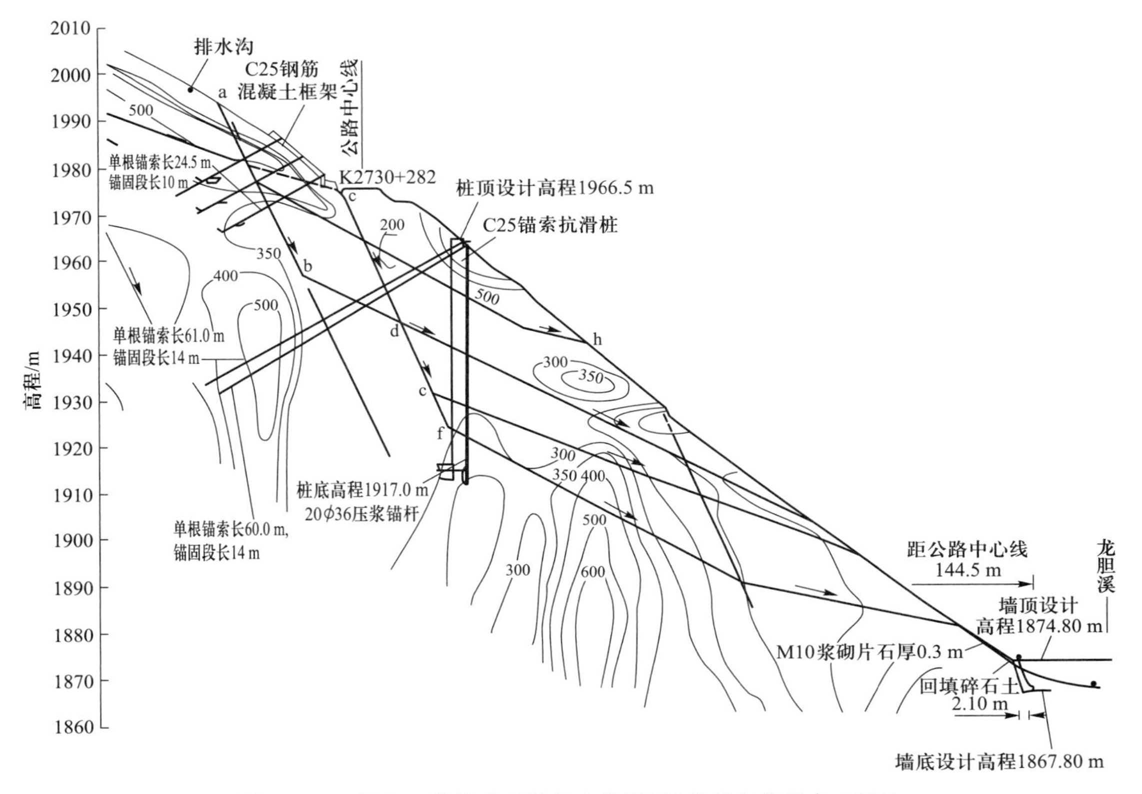

图 9-4 二郎山 1#滑坡支护结构布置图（冯升学和牟联合，2012）

（3）防治效果

① 二郎山 1#滑坡综合治理工程于 2000 年 7 月全部完成。在 ZK9-2 孔，孔深 27 m 和 41 m 两处的监测结果表明，施工前的 2 年（1998—1999 年）滑坡位移较大，从 2000 年初施工开始至 2002 年施工结束，滑坡位移速率显著减慢，防治效果十分显著。

② 滑坡深部仰斜排水孔排水效果也很好，设计了 11 个仰斜排水孔，孔深 67 m，有 2 个孔排水效果很好，每分钟排水 150~180 kg。

③ 从滑坡近几年的巡视调查，滑坡整体是稳定的。

9.3 崩塌防治技术

为了防治崩塌灾害,通过长期的工程实践建立了以看(预警报装置,设点看守)、清(清除危石)、支(支挡加固,护坡护墙)、接(墙接同拦)、固(锚固,喷锚封闭)为主的主动防护措施以及遮拦(明洞、棚洞)、防护(SNS 软网防护)、绕避(改线绕行)为主的被动工程防治措施。崩塌灾害防治方法可分为主动防护和被动防护(图 9-5),下面将对其具体防治方法进行论述。

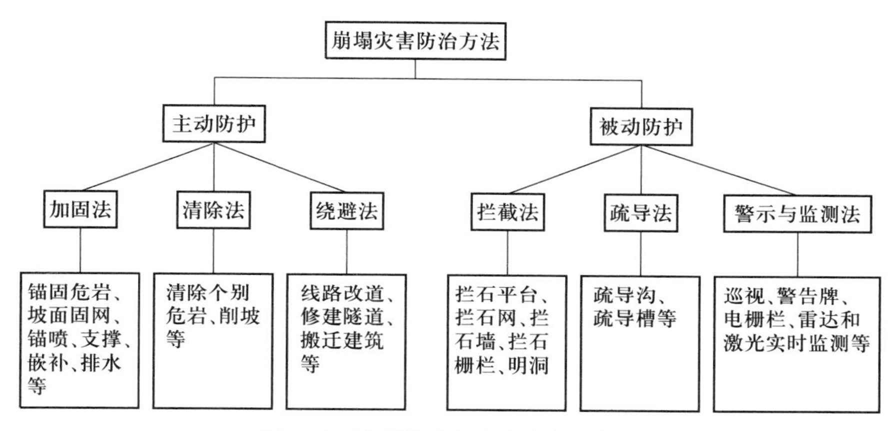

图 9-5 崩塌滚石灾害防治方法分类

9.3.1 崩塌防治的工程措施

9.3.1.1 加固法

加固法的具体措施主要包括危岩锚固、坡面网固、锚喷、嵌补、危岩拴系等。同时,排水可以增加坡体的稳定性,减少裂隙的生成,从而减缓崩塌的孕育。

(1) *危岩锚固*

在高陡斜坡上,容易产生拉裂、松动变形并随时可能发生破坏,有向坡下崩塌运动的岩体,称为危岩(图 9-6)。危岩一般可以采用一定方法防治,其中最为常见的就是危岩锚固。可用锚杆把危岩和完整岩体串联起来以加固危岩,防治崩塌的发生。锚杆的长度、根数、间距以及截面尺寸等应根据危岩的大小及下滑力计算确定。在一般情况下,可考虑锚杆承受危岩所给予的剪力。当高陡的岩质边坡上有巨大的危岩和裂缝时,为了防止产生崩塌,也可采用锚索进行加固。

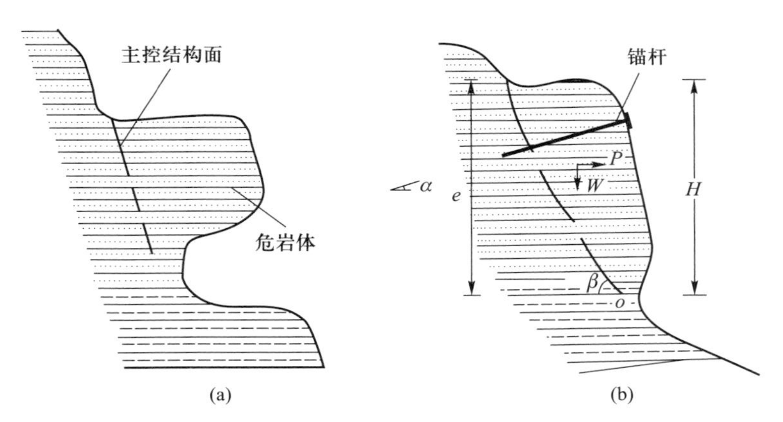

图 9-6 典型公路边坡危岩体(a)和锚杆加固(b)示意图

(2) 坡面固网

坡面固网就是将护网铺设在需要防护的坡面上,并通过锚杆和固定护网加固。它利用坡面与护网之间的摩擦力以及锚杆提供的锚固力对坡面上潜在落石进行加固,从而达到防护崩塌的目的(图 9-7)。该方法是以钢丝绳网为主的柔性网覆盖在所需防护斜坡或岩石上,限制坡面岩石土体的风化剥落或松动崩塌。坡面固网防护系统具有开放性的特点,地下水可以自由排泄,避免了由于地下水压力的升高而引起的崩塌现象,还能抑制边坡遭受进一步的风化剥蚀,不破坏和改变坡面原有地貌形态和植被生长条件。植物根系的固土作用与坡面防护系统结为一体,从而抑制坡面破坏和水土流失。

(3) 锚喷

当坡体为多组结构面切割下形成块体时,有崩塌的可能性,块体也许会因降水、风化、震动等触发因素的作用而失稳。此时,对具有潜在崩塌灾害的边坡可以采用锚喷方法进行加固。所谓锚喷,是指钢筋网覆盖于危险边坡上,用锚杆或锚索加固,并喷射一定厚度的混凝土,与岩土体共同作用形成的主动支护体系,可以最大限度地利用边坡岩土体的自支能力,如图 9-8 所示。锚喷方法不仅技术上成熟、效果好,而且还具有适应性强、施工速度快等优点。

图 9-7 崩塌灾害坡面固网防护结构

图 9-8 崩塌灾害锚喷防护结构

(4) 支撑或嵌补

岩性不同的岩体抗风化能力和抗侵蚀能力不同,致使软硬岩层相间的岩石边坡往往形成深浅不同的凹进。在一定条件下,凹进上方悬出的较硬岩体可能会因抗拉强度、抗剪强度的不足而失稳。如果危岩的悬空面积较大,可以在危岩下面设置支撑柱或支撑墙,必要时用锚杆或锚索将支撑物与稳定岩体连接起来。若凹进程度或危岩的悬空面积较小,则可以采用浆砌片石或用混凝土对凹进的空间进行嵌补(图 9-9)。

图 9-9 公路边坡危岩支撑与嵌补防护

(5) 排水

大量的调查和研究都已表明,崩塌事件多发生在 5 月至 9 月的雨季。对于崩塌的孕育和发生来说,水是重要的影响因素。因此,为抑制崩塌的发生,设置有效的排水系统(包括修筑排水沟、设置排水孔等)是必要的。

9.3.1.2 明洞(棚洞)

小型崩塌(落石)经常出现的地段,有效的遮挡防护建筑物之一就是明洞。按照结构形式的不同,明洞可分为拱形明洞、板式棚洞和悬壁式棚洞三种常见形式,三种形式的明洞都利用了坡体或山体作为靠山墙。拱形明洞的两边墙共同承受分别由拱顶和坡体方向传来的垂直压力和水平推力,而板式棚洞主要由内边墙承受上述荷载。悬壁式棚洞由于场地的限制只有内侧边墙。当无法借助于坡体作为承重墙时,可以构筑独立于坡体的棚洞。明洞主要是通过结构顶部的沙砾石垫层来消耗冲击能量。在我国,明洞是一种应用比较早的崩塌防治方法(图 9-10)。

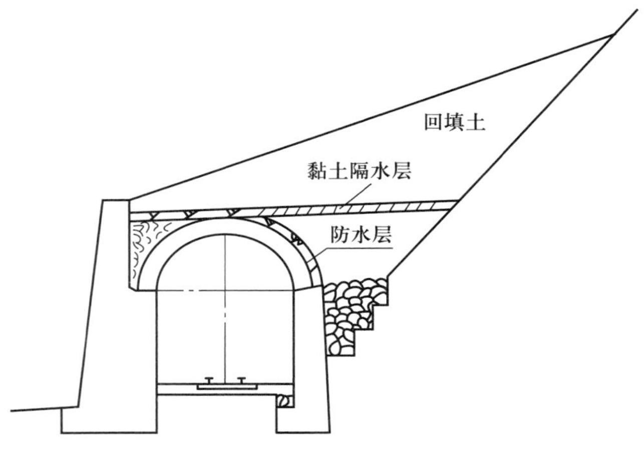

图 9-10 崩塌灾害明洞渡槽防护结构

9.3.1.3 清除法

清除法是指通过清除危岩源以避免崩塌发生的方法,其具体措施主要包括清除个别危石和削坡。采用钻孔、剥离和小型爆破等方法清除可能产生崩塌的危岩体。当岩石风化严重时,可以在清除危岩后喷射混凝土保护切面。

若危岩前方有房屋和其他地面易损建筑,可采用膨胀碎裂清除。清除作业风险程度高,除了必须确保作业人员的人身安全外,还必须保证坡脚建筑物避免遭受破坏。

9.3.1.4 绕避法

对于崩塌发生频繁的恶劣地段,采取绕避的方式是必要的。在非常危险的情况下,也可以隧道的形式将工程移进山里。对于线路工程而言,绕避即指改线。对于其他工程而言,绕避则指搬迁建筑物。在工程选址或选线时,一定要有长远眼光进行系统分析。绕避有两种情况:绕到对岸,远离崩塌灾害区;将线路向山侧移,移至稳定的山体内以隧道通过。在采用隧道方案绕避时,要注意使隧道进出口有足够的长度,使隧道进出口避免受崩塌危害。

9.3.1.5 警示与监测法

对于边坡岩体比较破碎、地形地貌条件复杂以及气候条件比较恶劣的线路工程来说,必要时可以利用警示与监测法防治崩塌灾害。崩塌防护的警示与监测法主要包括巡视和设置警告牌警示、电栅栏、落石运动监测计、TV 监视、雷达和激光监测系统等。对于体积较大且难以清除或加固的危岩体,还可以使用一些经济简便的仪器进行位移或应力进行量测。利用各个阶段的监测结果对危岩体失稳或破坏的可能性进行判断,并给管理部门足够的时间采取措施。

9.3.2 崩塌防治实例——老虎嘴崩塌治理工程

老虎嘴崩塌是2008年“5·12”汶川地震引发的,危害较为严重的斜坡变形灾害之一。该崩塌位于都汶(都江堰至汶川)公路里程K28~K29处,距映秀镇约2.8 km。崩塌发生在岷江左岸,方量巨大,仅堆积在河谷内的崩塌物质就接近$2.0\times10^6\ m^3$,曾堵塞岷江,形成壅塞体。崩塌堆积物松散易动,治理难度大(王全才等,2010)。

9.3.2.1 崩塌区自然地质概况

老虎嘴崩塌体位于青藏高原向四川盆地过渡的边缘地带,属剥蚀—侵蚀中高山深切河谷地貌,两侧山势陡立,高差达400 m。地处龙门山断裂带的中央断裂(北川—映秀断裂)区域内,地质构造复杂,地震活动频繁,褶皱发育,构造裂隙分布密集,岩体破碎。据调查,老虎嘴高陡岩质坡体上主要发育3组优势结构面,其产状为:286°∠52°,17°∠31°,106°∠19°(图9-11和图9-12)。

图9-11 老虎嘴崩塌体外貌

图9-12 老虎嘴崩塌体上部松散堆积体

崩塌体岩性主要为细粒黑云二长花岗闪长岩,山顶第四纪残坡积物厚度为1~2 m,山坡上植被稀疏,基岩裸露。该区域属于川西北高原气候,冬季寒冷干燥,夏季温暖湿润,昼夜温差大,有利于岩体风化。降水主要集中在5—6月和9—10月两个雨季,年平均水量约800 mm。据映秀水文站观测资料,岷江多年平均流量为343 $m^3\cdot s^{-1}$,最大流量可达2700 $m^3\cdot s^{-1}$,江水冲刷挟带能力很强。

9.3.2.2 崩塌体特征及发展趋势分析

崩塌体呈典型的半锥形体特征,其中侧面略陡,正面坡度较缓。崩塌体主要由大小不一的块石组成,同时含有碎石和砾石。颗粒粒径差异大,浅表层物质粒径大多在20~200 cm,其中偶尔可见近百吨的巨石。由于崩塌体在很短时间内形成,所以堆积物的解体性强、分选性差。因余震、降水等因素触发,崩塌体又经历了多次堆积叠加过程,逐渐显现出深层块石粒径更大,中表层小粒径颗粒相对略多的特点。

汶川地震后,老虎嘴崩塌体处于整体基本稳定状态,但堆积体已经严重侵占岷江河道,在强大的冲刷力作用下,整个崩塌体可能会向欠稳定或不稳定方向发展。同时,坡体上部还存在着大量被震松的碎裂块石和受节理裂隙控制的危岩,这部分岩土体处于不稳定状态。随着时间的推移,在降雨、地震等因素作用下,会形成一些小规模崩塌和落石(图9-13和图9-14)。

图9-13 被震松的危险碎裂块石

图9-14 受节理裂隙控制的危岩

9.3.2.3 崩塌防治措施

老虎嘴崩塌体松散易动,坡体上部岩土体又不稳定,因而治理难度较大。为了保证都汶公路的安全运营,并充分利用崩塌体自身有利属性和随河势而演变的趋势,针对崩塌体和松散危岩采用了一系列综合防治措施,以达到简单、协调、科学治理的目的。

(1) 危岩体防治措施

对坡体上部的松散岩土体和危岩首先要进行清除,防止其在降水或地震的作用下发生崩塌或落石。在坡体上部设置挡石墙,它是在崩塌体发生时的一道重要防线,对于一些小崩塌很有效,拦石墙采用C15片石混凝土墙体材料。为了防止落石危害,在公路内侧坡面一定距离设置了被动防护网,被动网采用6 m高GF-H高抗弯钢柱式被动网,共计300 m长。公路内侧设置小型挡墙,墙高5 m。挡墙体内侧开挖安全平台,平台宽6 m。并在公路上设置警示标志,提醒过往行人与车辆。

(2) 崩塌体防治措施

崩塌体的治理主要是考虑防止岷江的水流冲刷造成整体失稳,并保证公路边坡的稳定。为了达到这一目标,在老虎嘴崩塌体的治理中采用了防冲桩基固坡技术,采用多桩并用、外侧临水坡面抛填四面体护坡以及桩顶平台回填大块石反压公路边坡的综合防治措施。固坡桩由专门机械冲击成孔。固坡桩桩径1.8 m,为C25混凝土桩,桩长17.5~22.5 m,平均桩距5 m。四面体为C20钢筋混凝土结构,四面体底边长2 m,体积0.94 m^3。为增加固坡桩的整体抗弯刚度,设计中力求发挥桩土、桩桩、桩排等复合桩基及群桩的作用,外侧桩设计成折线型,效果等同两排桩。桩顶以圈梁连接,而且特在桩顶设置一根拉杆,大大改善了桩体的受力状态,拉杆长 5~7 m,杆厚 0.2 m,鱼尾高 0.5 m。桩顶平台可用公路内侧就地取材的大石块回填,粒径要求大于 0.4 m,以增加对公路外侧边坡的反压作用,平台外侧浸水边坡坡脚抛填四面体。拉杆之上堆石体外边坡坡比 1∶0.8,内边坡 1∶0.7(图 9-15)。

老虎嘴崩塌堆积体的防治是一个综合性工程,首先要认清灾害的发生机理,正确判断灾害的发展趋势,然后才考虑选取的工程措施。上部清除危岩,靠下设加强型被动防护网,开挖安全平台,公路内侧修筑挡墙,公路右侧加设公路警示系统,公路外侧设置防冲桩基固坡组合工程,最下部水下边坡抛置四面体,上述综合设施在空间上就构成了立体防护体系(图 9-16)。

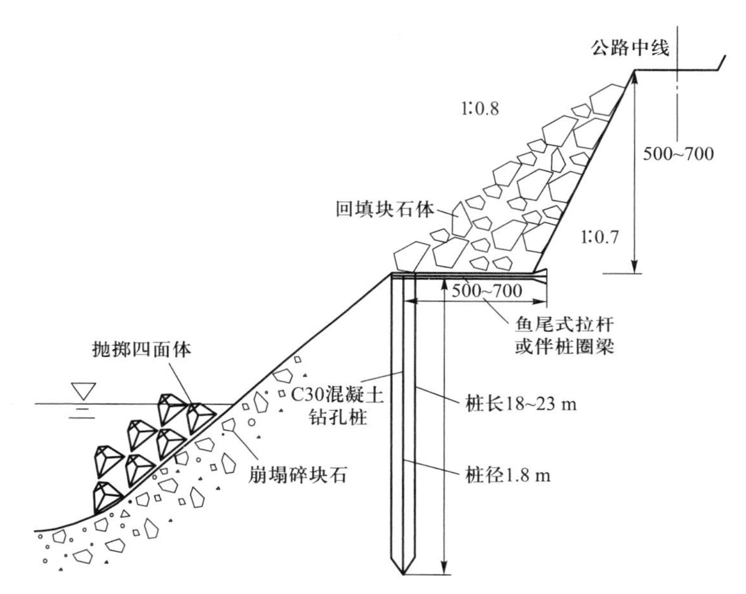

图 9-15 老虎嘴堰塞体桩基块石防护

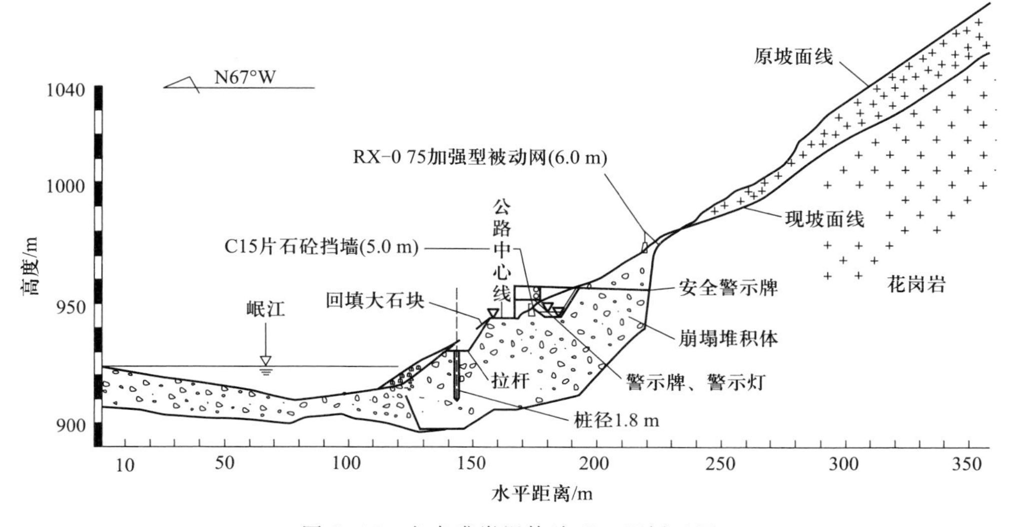

图 9-16 老虎嘴崩塌体治理工程剖面图

9.4 落石防治技术

9.4.1 落石对防护结构(地面)的冲击压力计算

落石灾害是西部山区常见的一种地质灾害。而落石冲击力是落石防护结构设计的关键荷载,目前国内外尚无合理的计算公式,严重地影响了落石防护结构的应用。本节以典型落石防护结构为原型,根据球形压模压入半空间基本理论,在假设垫层材料为理想弹塑材料的基础上,研究垫层材料的冲击特性,推导落石冲击压力计算公式,为落石防护结构设计提供合理的冲击力计算公式。

9.4.1.1 问题的提出

典型落石防护结构,一般由两部分组成:其一是钢筋混凝土框架;其二是覆盖在框架顶部一定厚度的缓冲垫层材料,垫层材料一般为砂砾石或黏土材料。在落石冲击作用下,通过垫层材料的缓冲作用将部分冲击压力传递到防护结构上,成为落石防护结构设计需要考虑的主要荷载。

施加在落石防护结构上的冲击荷载与落石的质量、形状、冲击速度、冲击角度、垫层材料的厚度和物理力学性质等因素密切相关。为研究方便,将落石简化为弹塑性球体,而防护结构简化为平面结构,如图9-17所示的落石冲击计算模型。则冲击速度可按下式计算:

$$v=\sqrt{2gH} \tag{9-11}$$

式中,v——落石对构筑物的冲击速度;H——落石自由落体高度;g——重力加速度。

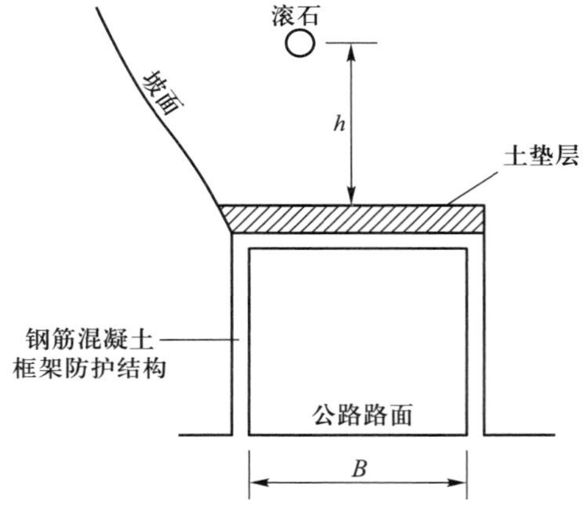

图9-17 落石冲击计算模型

9.4.1.2 落石法向冲击接触理论

进行落石对防护结构冲击力计算之前,先作如下假设:

① 落石简化为球形,质量均匀分布;

② 垫层土体为理想弹塑性体;

③ 落石的刚度比垫层土体刚度大得多,可以近似假设落石为刚体;

④ 垫层土体满足莫尔-库仑破坏准则;

⑤ 球形压模为压入半空间问题。

假设球体半径为 R,与半空间上一个半径为 a 的圆形相接触(图 9-18)。根据弹性力学理论,可以给出本问题弹性接触的完备解。

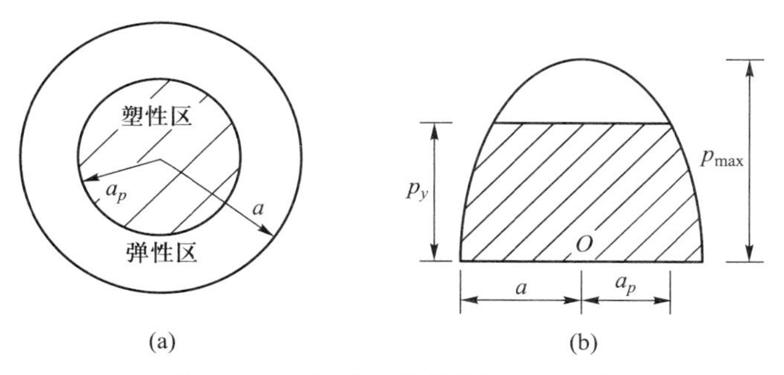

图 9-18 理想弹塑性体接触压力分布

接触压力分布为

$$p(r)=\frac{3P}{2\pi a^2}\left[1-\left(\frac{r}{a}\right)^2\right]^{\frac{1}{2}} \quad (r\leqslant a) \tag{9-12}$$

式中,$p(r)$——接触压应力;P——法向压力;a——接触半径。

最大接触压应力位于 $r=0$ 处:

$$p_{\max}=\frac{3P}{2\pi a^2} \tag{9-13}$$

若在给出完全弹性条件下,刚性落石法向压力 P_e 与压入量 δ 的关系为

$$P_e=2.05E\sqrt{R}\delta^{\frac{3}{2}} \tag{9-14}$$

式中,E——垫层弹性模量。

采用 Thornton 假设,假设垫层材料为理想弹塑性材料,屈服后,塑性区内的接触压应力始终保持为 p_y(图 9-18)。

假设在某荷载作用下,半径为 a_p 范围内的接触面产生屈服,而超过这一范围内的接触面仍然满足的应力分布:

$$p_y=\frac{3P}{2\pi a^2}\left[1-\left(\frac{a_p}{a}\right)^2\right]^{\frac{1}{2}} \tag{9-15}$$

根据力的平衡关系有:

$$P=P_e-2\pi\int_0^{a_p}\left[p(r)-p_y\right]r\mathrm{d}r \tag{9-16}$$

整理式(9-16),建立弹塑性压入条件下法向压力与接触圆半径的关系:

$$P=P_y+\pi p_y(R^2-a_y^2) \tag{9-17}$$

式中，P_y——初始压力；p_y——接触屈服压应力；a——初始屈服接触半径。

9.4.1.3 落石荷载下垫层材料的冲击特性研究

(1) 完全弹性条件下的冲击特性

假设质量为 m 的落石在速度 v 冲击速度下，垫层材料处于完全弹性状态，根据能量守恒，则可导出落石冲击压力：

$$P_e = 1.52\sqrt[5]{E^2 R\,(mv^2)^3} \tag{9-18}$$

而冲击过程中的最大法向压应力为

$$p_{max} = 0.443\left[\frac{E^4}{R^3}mv^2\right]^{\frac{1}{5}} \tag{9-19}$$

当最大冲击法向压应力超过垫层材料的屈服强度时，就会在垫层材料中产生初始屈服，于是可以根据下式计算产生塑性变形的最小冲击速度 v_y。

$$v_y = 7.62\frac{p_y^{\frac{5}{2}}R^{\frac{3}{2}}}{E^2 m^{\frac{1}{2}}} \tag{9-20}$$

式中，符号意义同前。

(2) 弹塑性条件下的冲击特性

当 $v>v_y$，落石冲击力会导致垫层材料产生塑性变形，落石的实际冲击压力应考虑塑性区的影响。在弹塑性冲击荷载下，落石冲击能量主要用于垫层材料塑性变形，同样根据能量守恒定律导出：

$$mgh = \int_0^{\delta_y} P_e(\delta)\,\mathrm{d}\delta + P_y(\delta_{max}-\delta_y) + \pi R p_y\,(\delta_{max}-\delta_y)^2 \tag{9-21}$$

式中，δ_y——垫层初始屈服对应的压缩量，δ_{max}——最大冲击压缩量。只有 δ_{max} 是未知数，才可以求解。

获得了 δ_{max} 后，就可以计算垫层材料的最大接触半径 a_{max} 及其对应的冲击压力 P_{max}。

① 当 $\delta<R$ 时，落石最大接触半径、冲击压力分别为

$$a_{max}^2 = 2R\delta_{max} - \delta_{max}^2 \tag{9-22}$$

$$P_{max} = P_y + \pi p_y(a_{max}^2 - a_y^2) \tag{9-23}$$

② 当 $\delta \geqslant R$ 时，且 $a_{max}=R$，可以计算出落石的极限冲击压力：

$$P_{lim} = P_y + \pi p_y(R^2 - a_y^2) \tag{9-24}$$

9.4.1.4 落石作用下防护结构上的冲击压力

确定了落石作用在垫层材料上的最大冲击压力、垫层材料最大压缩量、最大接触圆半径以及接触面上应力分布之后,就可以采用应力扩散的方法计算作用在防护结构上的压力分布特性。

如图 9-19 所示的典型落石防护结构,假设在防护结构上堆积的垫层材料厚度 h,垫层材料的应力扩散角为 θ,而作用在垫层材料上的冲击压力分布与落石高度关系如图 9-20 所示,于是作用在防护结构上的冲击压力也具有相同形式。

冲击压力扩散到防护结构后也呈圆形分布,对应圆的半径为

$$a' = a_{max} + h\tan\theta \tag{9-25}$$

式中,a'——施加在防护结构上的冲击压力分布圆的半径,其他符号意义同前。

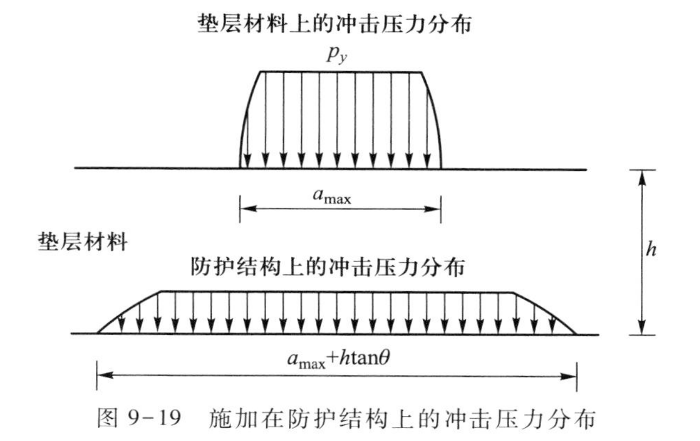

图 9-19 施加在防护结构上的冲击压力分布

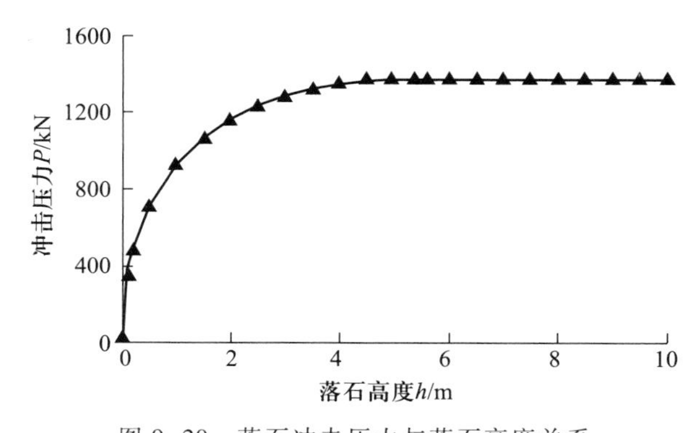

图 9-20 落石冲击压力与落石高度关系

9.4.2 落石灾害的防治措施

落石灾害的防治可以分为主动防护和被动防护两大类。主动防护措施基本与崩塌的防治措施一致。区别于崩塌灾害,由于落石灾害发生的随机性比较强,因而在实际工程中被动

防护措施更为常见，尤其是拦截法应用最多。

9.4.2.1 拦截

如果落石的物源区范围较大，潜在落石数量较多或者斜坡条件复杂甚至无法接近时，在中途对落石进行拦截也许是一种有效的防护措施。前提是要对落石的运动路径、弹跳高度、运移距离、速度和散落范围等运动特征有足够的认识，因为这些参数及数据是落石防护设施选址和结构设计的依据。落石的拦截措施主要包括落石槽、拦石网、拦石墙、拦石栅栏、明洞或防落石棚等。具体采用何种被动防护结构，可参照落石冲击能量按图9-21选取。

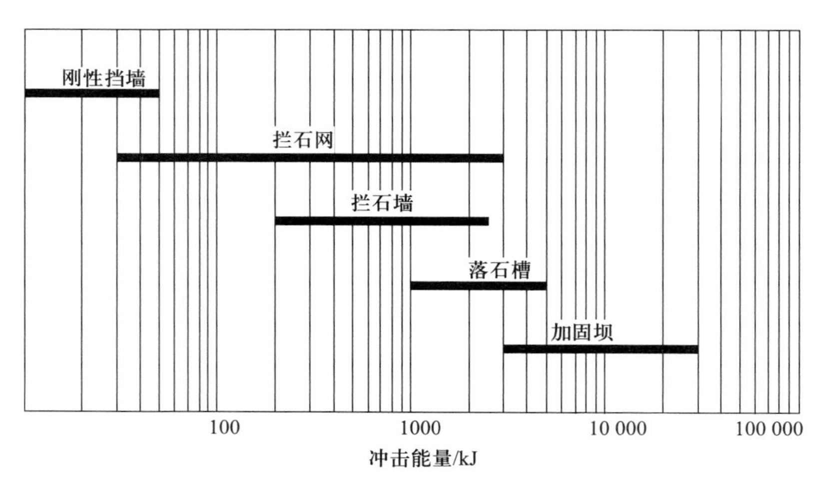

图9-21 依据落石冲击能量选取防护结构

(1) 落石平台

落石平台是最简单经济的拦截建筑物之一(图9-22a)。落石平台宜于设在不太高的山坡或路堑边坡的坡脚。当坡脚有足够的宽度，或者对于运营可以将线路向外移动一定距离时，在不影响路堑边坡稳定和不增加大量土石方的条件下，也可以扩大开挖半路堑以修筑落石平台。当落石平台标高与路基标高大致相同或略高时，宜于在路基侧沟外修拦石墙和落石平台联合起拦截落石的作用。

(2) 落石槽

当落石与防护区域之间的坡面上有平台或缓坡时，可以在平台或缓坡的合适位置开挖落石槽(图9-22b)来拦截落石。坡面或坡脚处沿边坡走向方向的自然沟稍加修改也可用于崩塌落石的拦截。为防止高速运动的落石从落石槽内弹跳至防护区域而造成落石灾害，可在落石槽内设置一些缓冲材料，如碎石、碎屑和土等。另外，还可以在落石槽的外侧增设

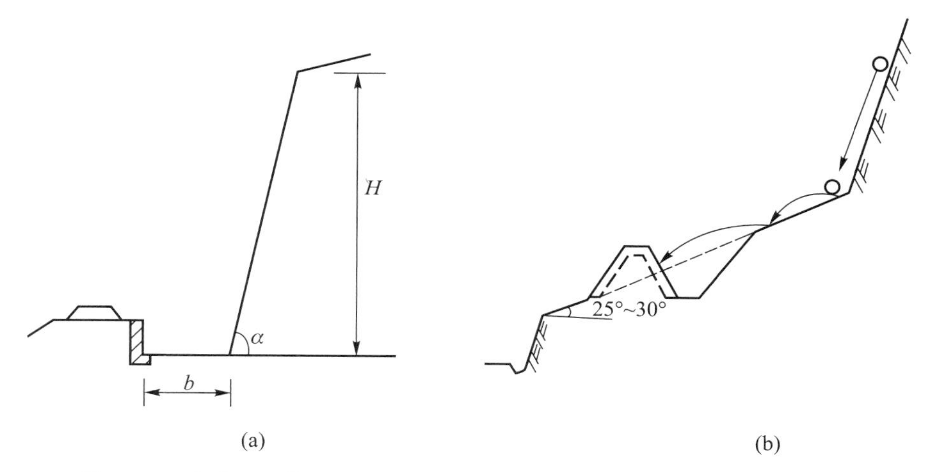

(a) (b)

图 9-22 公路边坡落石灾害落石平台(a)防护结构和落石槽(b)防护结构

挡石墙、拦网和栅栏等,以增加其拦截能力。当路堤距离落石山坡坡脚有一定距离,且路堤标高高出坡脚地面标高较多(大于 2.5 m)时,宜于在坡脚修筑落石槽。

(3) 拦石网

拦石网能够通过自身的位移、变形和振动等方式有效地消散落石冲击该系统时所携带的能量。目前,应用较为广泛的拦石网主要由金属网片、支撑网片用的钢绳和钢柱、将钢柱和坡体连接在一起的铰支、连接钢柱上端和上方坡体的拉锚绳以及必要时在拉锚绳上设置的缓冲器件等组成。根据支撑方式的不同,可将拦石网分为立柱式拦网和支杆式拦网(图 9-23)。对于坡角不大的边坡,可以将拦石网设置为立柱式。当陡坡近乎直立且防护区域较狭窄时(如呈线状延伸的道路),可以支杆式方式在陡崖上设置拦石网。

(a) (b)

图 9-23 公路落石灾害拦石网防护结构:(a) 立柱式拦网;(b) 支杆式拦网

(4) 挡石墙(堤)

挡石墙(堤)具有拦截落石和堆存落石的作用。挡石墙(堤)可以截获直径1.5~2 m以滑动或滚动方式运动的崩塌落石。挡石墙(堤)一般修建于坡脚靠近防护区域处。可用于拦截落石的挡石墙有多种,如钢筋混凝土挡墙、石笼挡墙和浆砌石挡墙等。

当陡峻山坡下部有小于30°的缓坡地带,并且有较厚的松散堆积层,落石高程不超过60~70 m时,在高出路基不超过20~30 m处修筑带有落石槽的拦石堤是适宜的。拦石堤通常使用当地土筑成,一般采用梯形断面,其顶宽2~3 m,其外侧可根据土的性质,可以采用不加固的较缓的稳定边坡,也可以采用加固较陡的边坡。其内侧迎石坡可用1∶0.75的坡度,并进行加固。若山坡坡度大于30°,落石高度超过60~70 m时,则以修筑带有落石槽的拦石墙为适宜。拦石墙墙身材料通常为浆砌片石、钢筋混凝土或石笼,墙的截面尺寸及其背面缓冲填土层的厚度,应根据其强度和稳定性计算来决定。在坡度较缓的路堑边坡地段如有落石现象,在条件允许时,可以在坡脚修建挡石墙,也会取得良好效果。

(5) 拦石栅栏

拦石栅栏因具有设计简单和施工方便等优点而成为落石防护的主要手段之一。拦石栅栏一般由浆砌片石或混凝土作基础,用木材或钢材作立柱和横杆(图9-24)。按其材料不同,拦石栅栏可分为金属栅栏(如钢轨栅栏)和木栅栏。钢轨栅栏克服了挡石墙圬工量大、工程费用高的缺点,但由于钢轨栅栏是一种刚性结构,冲击能量较大的落石有时能将栅栏击穿。由于取材方便等原因,木栅栏在山区应用较多,然而原木栅栏的强度较低且容易腐烂,致使其很难达到长期有效的防护要求。

(a)

(b)

图9-24 典型边坡落石灾害拦石栅栏防护结构

9.4.2.2 警示与监测法

警示法是指当落石到达线路附近时利用警示标志或声音信号的方式警告车辆和有关人

员,以避免落石灾害的发生。落石防护的监测方法与崩塌灾害是完全一致的,具体防治措施可参见崩塌部分。

9.4.2.3 新型耗能减震落石棚洞

普通棚洞、明洞也是比较常用的落石灾害防治方法。其具体方法可参见崩塌灾害防治中的相应部分。但普通棚洞存在垫层过厚(图 9-25a)、建设成本过高的缺陷。鉴于此,何思明和吴永(2010)提出了一种基于耗能减震技术的新型落石棚洞结构,如图 9-25b,通过在棚洞支座处增设耗能减震器(SDR)替代砂石垫层吸收落石的冲击能量,改变棚洞结构体系的刚度,以便最大限度地达到耗能减震和降低结构自重的目的;同时,构建非线性质量弹簧体系模型来模拟落石冲击荷载下棚洞结构动力响应,利用能量法分析了新型耗能减震棚洞的防落石抗冲击机理,为新型耗能减震落石棚洞结构设计提供理论基础。

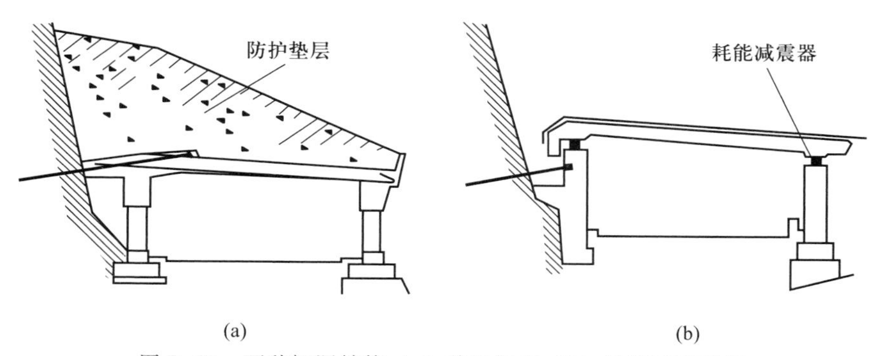

图 9-25 两种棚洞结构:(a) 普通棚洞;(b) 耗能减震棚洞

落石对防护结构的冲击是直接作用在棚洞顶部框架梁上的,梁与落石的冲击接触变形和梁自身弯曲变形都决定了传递到耗能减震器上冲击能量的大小,并最终影响系统的防护效果。

(1) 基本假设

如图 9-26 所示,进行落石对防护结构冲击力的计算之前,先做如下假设:落石简化为球形,质量均匀分布;混凝土棚洞板和落石均视为刚度大、模量高的弹性刚体。

(2) 落石对棚洞板的弹性冲击

若将棚洞视为半径无限大的刚性球体,则落石对棚洞的冲击问题可转化为两弹性球体的接触问题,如图 9-27 所示,根据 Hertz 理论,法向接触变形 δ_e 与接触压力 P_e 的关系为

$$P_e = \frac{4}{3} E R^{\frac{1}{2}} \delta_e^{\frac{3}{2}} \tag{9-26}$$

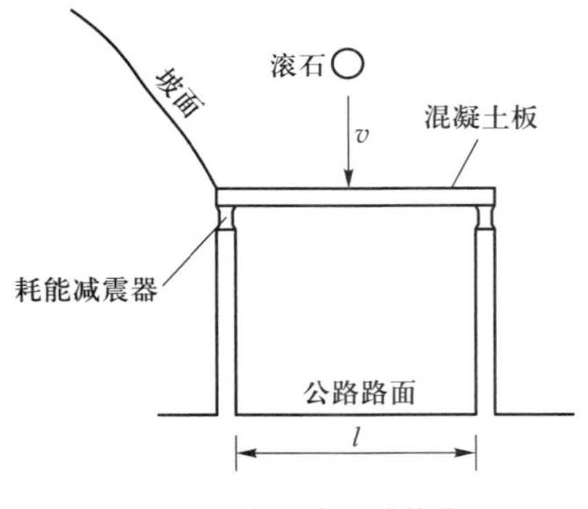

图 9-26 落石冲击计算模型

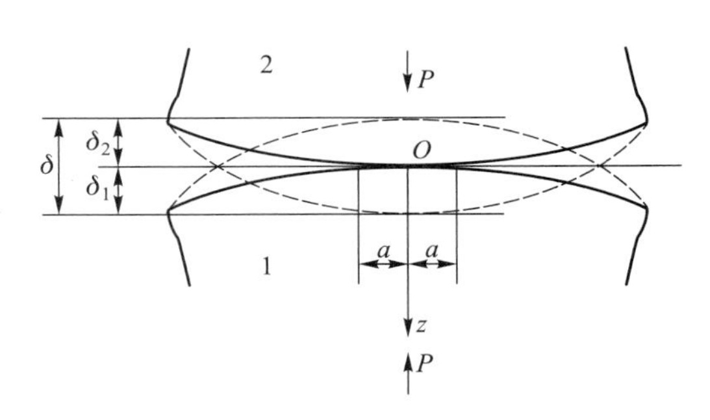

图 9-27 Hertz 接触问题

式中,E——等效弹性模量,其他变量意义同前。

在冲击过程中,落石与棚洞板接触面产生的弹性变形而吸收的能量表达为

$$W_e = \int_0^{\delta_e} P_e \mathrm{d}\delta_e = \frac{8}{15} E R^{\frac{1}{2}} \delta_e^{\frac{5}{2}} \tag{9-27}$$

式中,W_e——落石与棚洞板弹性接触变形能。

(3) 棚洞板弯曲弹性变形

将棚洞板简化成简支梁,假设落石冲击点位于棚洞板的跨中,则在给定冲击荷载 P_f 作用下,棚洞板将发生弯曲变形,对应的挠度为

$$\delta_f = \frac{P_f l^3}{48EI} \tag{9-28}$$

式中,δ_f——棚洞板跨中挠度;l——棚洞板跨度;EI——棚洞板抗弯刚度;P_f——作用在棚洞板跨中的集中荷载。

棚洞板弯曲变形对应的弹性应变能可表达为

$$W_f = \frac{P_f^2 \, l^3}{96EI} \tag{9-29}$$

式中,W_f——棚洞板对应的弯曲变形能。

9.4.3 落石防治实例——彻底关大桥桥墩防滚石冲击工程

彻底关大桥位于国道 213 线都汶公路(都江堰至汶川)里程 K44+235 处,桥体与岷江斜交成 45°夹角。上部为装配式组合工字梁+预应力空心板结构,下部结构为双柱式桥墩,钻孔灌注桩基础。在 2008 年“5 · 12”汶川地震中,第 1~3 孔梁体受左岸山体崩落巨石撞击而

倒塌;右岸接彻底关隧道的第 13 孔被山体崩塌掩埋,重建后的新桥于 2009 年 5 月通车。2009 年 7 月 25 日凌晨,由于连续降雨导致岷江右岸山体崩塌,崩落的巨石将桥墩砸断。事故造成 100 m 的桥面坍塌,7 辆汽车受损,12 人不同程度受伤,3 人死亡,都汶公路通行中断(图 9-28)。

为了防治落石对该桥桥墩的冲击,提出了缓冲减震的防治措施。图 9-29 为工程结构设计简图,该结构内外两层为钢板,中间设置钢筋骨架,并充填硬质聚氨酯泡沫材料。硬质聚氨酯泡沫材料(RPUF)是一种密度小、成型容易的多孔介质,它具有良好的吸收动能的特性,能够缓和冲击,减弱振荡,减低应力幅值,通过自身的变形极大地降低落石对桥墩的冲击力。

图 9-28 彻底关大桥被巨石砸断

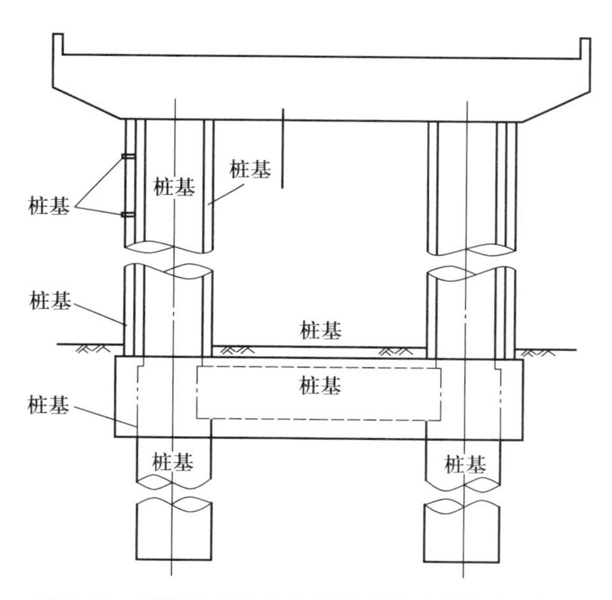

图 9-29 彻底关大桥 1-2#桥墩的抗冲击设计示意图

本实例研究了国内相关工程的成功经验后,决定选取格栅/泡沫填充双层薄壁钢管对桥墩进行安全防护。图 9-30 为格栅-泡沫填充桥墩防护装置构造图,由内外层薄壁钢套筒、水平和垂直钢筋格栅及硬质聚氨酯泡沫组成。水平和垂直钢筋格栅采用单面焊接于外层钢套筒,这种结构形式方便于施工,可在工厂加工预制并在现场组装拼接。水平和垂直钢筋格栅对硬质聚氨酯泡沫起到结构支撑作用。施工过程中先安装内层钢套筒,在桥墩与内层钢套筒之间可填充小石子砼起到缓冲保护作用,然后在外部安装格栅/泡沫填充外层钢套筒预制件(图 9-31)。

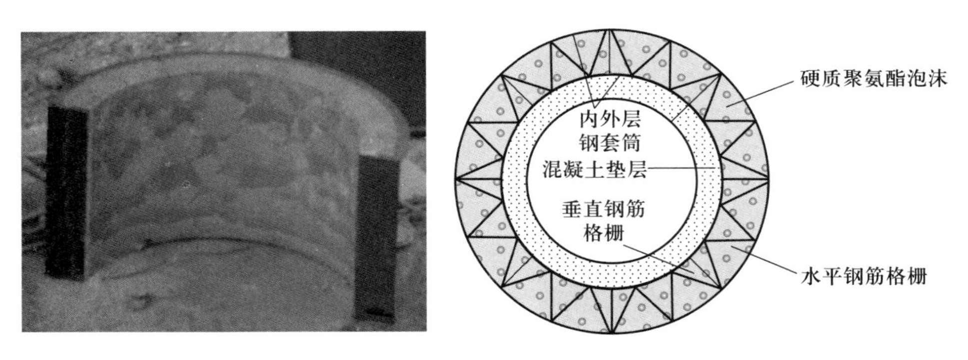

图 9-30 格栅/泡沫填充防护装置构造图

图 9-31 彻底关大桥 1-2#桥墩抗冲击结构施工图

为了明确桥墩抗冲击结构的防护效果,对落石冲击下的桥墩进行了有限元计算分析。图 9-32a 给出了未安装防护装置的桥墩底部的破坏模式,图 9-32b 给出了安装防护装置桥墩底部的变形模式。通过对比可以看出,桥墩底部混凝土由于落石撞击发生破坏,混凝土破裂带与地面大致呈 45°角;在同等碰撞条件下,采用格栅/泡沫填充防护装置的桥墩由于防护装置的能量吸收缓冲作用而没有发生破坏。

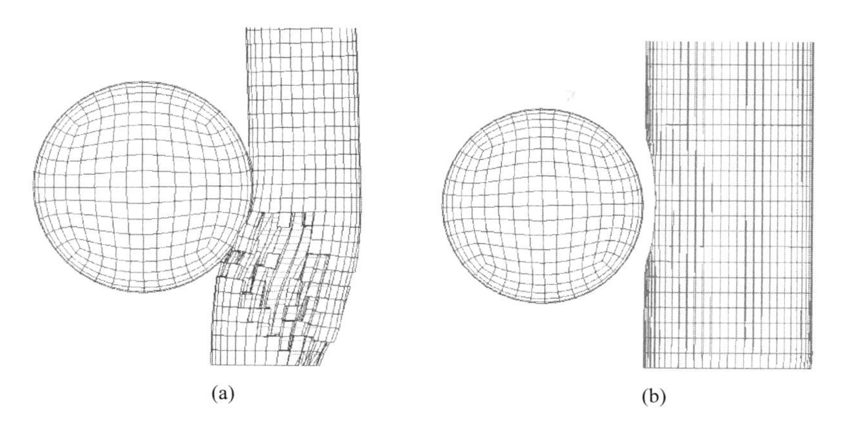

图 9-32 落石碰撞下桥墩及防护装置保护下桥墩变形图

参考文献

保华富,罗玉再.2004.垫层材料与混凝土面板接触面工程特性试验研究[J].云南水力发电,20(5):98-102.

陈赤坤.2003.地震区遮拦危岩落石的框架棚洞设计[J].科学技术通讯,(120):13-15.

陈富斌,赵永涛.1988.攀西地区新构造[M].成都:四川科学技术出版社.

陈惠发.1995.极限分析与土体塑性[M].北京:人民交通出版社.

陈忠达.2000.公路挡土墙设计[M].北京:人民交通出版社.

陈自生,孔纪名.1991.1991 年 9 月 23 日云南昭通市头寨沟特大滑坡[J].山地研究,9(4):265-268.

陈自生,王成华,孔纪名.1992.中国滑坡灾害及宏观防御战略[C].武汉:湖北科学技术出版社.

程良奎.2003.岩土锚固[M].北京:中国建筑工业出版社.

崔鹏.2014a.长江上游山地灾害与水土流失地图集[M].北京:科学出版社.

崔鹏.2014b.中国山地灾害研究进展与未来应关注的科学问题[J].地理科学进展,33(2):145-152.

戴林岐.1992.影响岩体预应力锚固效果的主要因素[A].见:中国岩土锚固工程协会.岩土工程中的锚固技术[C].北京:地震出版社.

董建华,朱彦鹏.2008.框架锚杆支护边坡地震响应分析[J].兰州理工大学学报,34(2):118-122.

董璞.2002.地震动特性及引起的结构破坏机理浅析[J].惠州学院学报(自然科学版),22(3):94-96.

冯升学,牟联合.2012.二郎山 1 号滑坡整治工程设计与动态施工[J].人民长江,43(19):26-29.

何思明.2006.高切坡超前支护桩与坡体共同作用分析[J].山地学报,24(5):574-579.

何思明.2008.滚石冲击荷载作用下土体初始屈服特性研究[J].岩石力学与工程学报,27(A01):2973-2977.

何思明,李新坡.2008a.高切坡半隧道超前支护结构研究[J].岩石力学与工程学报,27(A02):3827-3832.

何思明,李新坡.2008b.高切坡超前支护桩作用机制研究[J].四川大学学报(工程科学版),40(3):43-46.

何思明,李新坡,王成华.2007.高切坡超前支护锚杆作用机制研究[J].岩土力学,28(5):1050-1054.

何思明,李新坡,吴永.2008.滚石冲击荷载作用下土体屈服特性研究[J].岩石力学与工程学报,27(Supp. 1):2973-2977.

何思明,王东坡,吴永,等.2015.崩塌滚石灾害形成演化机理与减灾关键技术[M].北京:科学出版社.

何思明,王全才.2005.人工高切坡的长期强度指标研究[J].四川大学学报(工程科学版),37(6):26-37.

何思明,吴永.2010.新型耗能减震滚石棚洞作用机理研究[J].岩石力学与工程学报,29(5):926-932.

何思明,吴永,李新坡.2009.滚石冲击碰撞恢复系数研究[J].岩土力学,30(3):623-627.

何思明,吴永,杨雪莲.2008.滚石坡面冲击回弹规律研究[J].岩石力学与工程学报,27(A01):2793-2798.

胡广韬.1988.滑坡动力学[M].西安:陕西科学技术出版社.

胡厚田.1989.崩塌与落石[M].北京:中国铁道出版社.

胡新丽,唐辉明,朱丽霞.2011.汶川地震中岩浆岩高边坡破坏模式与崩塌机理[J].地球科学——中国地质大学学报,36(6):1149-1154.

黄润秋.2008.汶川地震触发地质灾害发育分布规律及形成机理研究[C].中日地震防灾减灾学术研讨会,57-71.

黄润秋,许强.2008.中国典型灾难性滑坡[M].北京:科学出版社.

阚云,王成华,张小刚.2003.川藏公路典型溜砂坡形成机理及整治[J].山地学报,21(5):595-598.

孔纪名,李秀珍,刘正梁,等.2009.滑坡综合预报方法研究[J].山地学报,27(4):471-477.

李焕强,孙红月,刘永莉,等.2008.光纤传感技术在边坡模型试验中的应用[J].岩石力学与工程学报,27(8):1703-1708.

李杰,李国强.1992.地震工程学导论[M].北京:建筑工业出版社.

梁光模,张小刚,吴国雄,等.2007.西藏干线公路滑坡研究与防治[M].成都:四川科学技术出版社.

梁庆国,韩文峰,马润勇,等.2005.强地震动作用下层状岩体破坏的物理模拟研究[J].岩土力学,26(8):1307-1311.

刘新民,李娜.1991.中国滑坡灾害分布图[M].成都:成都地图出版社.

罗德富,毛济周,朱平一,等.1993.川藏公路南线(西藏境内)山地灾害及防治对策[M].北京:科学出版社.

乔建平.1997.滑坡减灾理论与实践[M].北京:科学出版社.

冉利刚,陈赤坤.2008.高速铁路棚洞设计[J].铁道工程学报,6:61-66.

尚岳全,王清,蒋军,等.2006.地质工程学[M].北京:清华大学出版社.

舒斯特,克利泽克.1987.滑坡的分析与防治[M].北京:中国铁道出版社.

孙崇绍,蔡红卫.1997.我国历史地震时滑坡崩塌的发育及分布特征[J].自然灾害学报,6(1):25-30.

孙玉科,牟会宠,姚宝魁.1988.边坡岩体稳定性分析[M].北京:科学出版社.

谭万沛,王成华,姚会侃,等.1994.暴雨泥石流滑坡的区域预测与预报——以攀西地区为例[M].成都:四川科学技术出版社.

铁道部科学研究院西北研究所.1977.滑坡防治[M].北京:人民铁道出版社.

王成华.1989.龙羊峡水电工程近坝库岸大型滑坡预测[A].见:滑坡论文选集[C].成都:四川科学技术出版社.

王成华,程尊兰,张小刚.1996.大渡河上游小落鹰岩危崖体险情参考与分析[A].见:滑坡研究与防治[C].成都:四川科学技术出版社.

王成华,孔纪名.2008.滑坡灾害及减灾技术[M].成都:四川科学技术出版社.

王恭先,徐峻龄,刘光代,等.2004.滑坡学与滑坡防治技术[M].北京:中国铁道出版社.

王建,姚令侃,蒋良潍.2010.地震作用下土体变形模式与机理[J].西南交通大学学报,45(2):196-202.

王金玉.2000.箱型墙悬臂棚洞在路基崩塌落石综合防治工程中的应用[J].路基工程,(5):41-46.

王全才.2001.都汶公路重大崩滑流地质灾害防治新型技术研究[D].成都:成都理工大学.

王全才,王兰生,李宗有,等.2010."5·12"汶川地震区都汶路老虎嘴崩塌体治理[J].山地学报,28(6):741-746.

王思敬,王效宁.1989.大型高速滑坡的能量分析及其灾害预测[A].见:滑坡论文选集[C].成都:四川科学技术出版社.

王涛,吴树仁,石菊松,等.2013.国内外典型工程滑坡灾害比较[J].地质通报,32(12):1881-1899.

王治华.2003.青藏公路和铁路沿线的滑坡研究[J].现代地质,17(4):355-362.

魏琏,王广军.1981.地震作用[M].北京:地震出版社.

熊斌.1996.黏性泥石流运动机理[D].北京:清华大学.

徐光兴,姚令侃,高召宁,等.2008.边坡动力特性与动力响应的大型振动台模型试验研究[J].岩石力学与工程学报,28(3):624-632.

徐光兴,姚令侃,李朝红,等.2008.边坡地震动力响应规律及地震动参数影响研究[J].岩土工程学报,30(6):918-923.

许强,李为乐.2010.汶川地震诱发大型滑坡分布规律研究[J].工程地质学报,18(6):818-826.

许强,裴向军,黄润秋.2009.汶川地震大型滑坡研究[M].北京:科学出版社.

薛亚东,张世平,康天合.2003.回采巷道锚杆动载响应的数值分析[J].岩石力学与工程学报,22(11):1903-1906.

杨景春.1993.中国地貌特征与演化[M].北京:海洋出版社.

易顺民.2007.广东省滑坡活动的时间分布规律研究[J].热带地理,27(6):499-504.

殷跃平.2010.斜倾厚层山体滑坡视向滑动机制研究——以重庆武隆鸡尾山滑坡为例[J].岩石力学与工程学报,29(2):217-226.

尤联元,杨景春.2013.中国地貌[M].北京:科学出版社.

于玉贞,邓丽军.2007.抗滑桩加固边坡地震响应离心模型试验[J].岩土工程学报,29(9):1320-1323.

张玉芳,杨延,房锐.2010.轻型支挡技术及应用[M].北京:科学出版社.

张倬元,王士天,王兰生,等.1994.工程地质分析原理[M].北京:地质出版社.

赵树良.2008.傍山公路隧道棚洞的数值模拟研究[J].四川建筑,28(1):123-125.

郑颖人,叶海林,黄润秋.2009.地震边坡破坏机制及其破裂面的分析探讨[J].岩石力学与工程学报,28(8):1714-1723.

中国科学院地理研究所.1987.中国 1∶10 万地貌图制图规范[M].北京:科学出版社.

中国科学院水利部成都山地灾害与环境研究所.1994.山洪泥石流滑坡灾害及防治[M].北京:科学出版社.

中国科学院水利部成都山地灾害与环境研究所.1997.中国山地灾害防治工程[M].成都:四川科学技术出版社.

中国科学院水利部成都山地灾害与环境研究所.2008.都江堰拉法基水泥有限公司矿山上山公路地震损毁边坡及路基修复整治工程工程地质勘查报告[A].

钟立勋,文宝萍.1991.中国的崩塌、滑坡、泥石流灾害[J].现代化,6:38-39.

周成虎,程维明,钱金凯,等.2009.中国陆地 1∶100 万数字地貌分类体系研究[J].地球信息科学学报,11(6):707-724.

周云,徐彤.1999.抗震与减震结构的能量分析方法研究与应用[J].地震工程与工程振动,19(4):133-139.

Abdoun T,Dobry R,O'rourke T D,et al.2003.Pile response to lateral spreads:Centrifuge modeling[J].*Journal of Geotechnical and Geoenvironmental Engineering*,129(10):869-878.

Ausilio E,Conte E,Dente G.2001.Seismic stability analysis of reinforced slopes[J].*Soil Dynamics and Earthquake Engineering*,19(3):159-172.

Alexander F,Jeffrey H S.2007.Hamiltonian structure for dispersive and dissipative dynamical systems[J].*Journal of Statistical Physics*,128(4):969-1052.

Andrews E W,Giannakopoulos A E,Plisson E,et al.2002.Analysis of the impact of a sharp indenter[J].*International Journal of Solids and Structures*,39(2):281-295.

Baker R,Shukha R,Operstein V,et al.2006.Stability charts for pseudo-static slope stability analysis[J].*Soil Dynamics and Earthquake Engineering*,26 (9):813-823.

Bakhtin B M.2002.Determination of seismic earth pressure on a retaining wall[J].*Power Technology and Engineering*,36(3):187-189.

Boulanger R W,Curras C J,Kutfer B L,et al.1999.Seismic soil-pile-structure interaction experiments and analyses [J].*Journal of Geotechnical and Geoenvironmental Engineering*,125(9):750-759.

Brandenberg S J,Boulanger R W,Kutter B L,et al.2005.Behavior of pile foundations in laterally spreading ground during centrifuge tests[J].*Journal of Geotechnical and Geoenvironmental Engineering*,131(11):1378-1391.

Brizmer V,Kligerman Y,Etsion I.2006.The effect of contact conditions and material properties on the elasticity terminus of a spherical contact[J].*International Journal of Solids and Structures*,43:5736-5749.

Chang C J,Chen W F,Yao J T P.1984.Seismic displacements in slopes by limit analysis[J].*Journal of Geotechnical Engineering*,110(7):860-874.

Chen W F.1975.*Limit Analysis and Soil Plasticity*[M].Amsterdam:Elsevier.

Chen W F, Giger M W, Fang H Y. 1969. On the limit analysis of stability of slopes[J]. *Soil and Found*, 9(4): 23-32.

Chen T C, Lin M L, Hung J J. 2004. Pseudostatic analysis of Tsao-Ling rockslide caused by Chi-Chi earthquake[J]. *Engineering Geology*, 71(1): 31-47.

Crespellani T, Madiai C, Vannuchi G. 1998. Earthquake destructiveness potential factor and slope stability[J]. *Geotechnique*, 48(3): 411-419.

Cojean R, Cai Y J. 2011. Analysis and modeling of slope stability in the Three-Gorges Dam reservoir(China)—The case of Huangtupo landslide[J]. *Journal of Mountain Science*, 8(2): 166-175.

Delhomme F, Mommessin M, Mougin J P, Perrotin P. 2005. Behavior of a structurally dissipating rock-shed: Experimental analysis and study of punching effects[J]. *International Journal of Solids and Structures*, 42: 4204-4211.

Havenith H B, Vanini M, Jongmans D. 2003. Initiation of earthquake-induced slope failure: Influence of topographical and other site specific amplification effects[J]. *Journal of Seismology*, 7(3): 397-412.

Hazizan M A, Cantwell W J. 2002. The low velocity impact response of foam-based sandwich structures[J]. *Composites*(Part B), 33(3): 193-204.

Kawahara S, Muro T. 2005. Effects of dry density and thickness of sandy soil on impact response due to rockfall[J]. *Journal of Terramechanics*, 43(3): 329-340.

Kishi N, Konno H, Ikeda K, et al. 2002. Prototype impact tests on ultimate impact resistance of PC rock-sheds[J]. *International Journal of Impact Engineering*, 27: 96-98.

Keefer D K. 1984. Landslides caused by earthquake[J]. *Bulletin of Geological Society of America*, 95(4): 406-421.

Kokusho T, Ishizawa T. 2006. Energy approach for earthquake induces slope failure evaluation[J]. *Soil Dynamics and Earthquake Engineering*, 26: 221-230.

Ling H I, Leshchinsky D, Perry E B. 1997. Seismic design and performance of geo-synthetic reinforced soil structures [J]. *Geotechnique*, 47(5): 933-952.

Mougin J P, Perrotin P, Mommessin M, et al. 2005. Rock fall impact on reinforced concrete slab: An experimental approach[J]. *International Journal of Impact Engineering*, 31(2): 169-183.

Newmark N M. 1965. Effects of earthquakes on dams and embankments[J]. *Geotechnique*, 15(2): 139-159.

Nimbalkar S, Choudhury D. 2007. Sliding stability and seismic design of retaining wall by pseudo-dynamic method for passive case[J]. *Soil Dynamics and Earthquake Engineering*, 27(6): 497-505.

Olsson R. 2001. Analytical prediction of large mass impact damage composite laminates[J]. *Composites* (Part A), 32(9): 1207-1215.

Pichler B, Hellmich C, Mang H A. 2005. Impact of rocks onto gravel design and evaluation of experiments[J]. *International Journal of Impact Engineering*, 31: 559-578.

Thornton C. 1997. Coefficient of restitution for collinear collisions of elastic perfectly plastic spheres[J]. *Journal of Applied Mechanic*, 64(2): 383-386.

The United Nation Office for Disaster Risk Reduction(UNISDR). *Post-2015 Framework for Disaster Risk Reduction* [R]. The Third UN World Conference on Disaster Risk Reduction, 14-18 March 2015, Sendi, Japan.

UNISDR. 2005. Hyogo Framework for Action 2005 ~ 2015: Building the Resilience of Nations and Communities to Disasters[R]. World Conference on Disaster Reduction. Japan.

Vu-Quoc L, Lesburg L, Zhang X. 2004. An accurate tangential force-displacement model for granular-flow simulations: Contacting spheres with plastic deformation, force-driven formulation [J]. *Journal of Computational Physics*, 196: 298-326.

Wang J, Yao L K, Arshad H. 2010. Analysis of earthquake-triggered failure mechanisms of slopes and sliding surfaces[J].*Journal of Mountain Science*,7(3):282-290.

Wright S G,Rathje E M.2004.Triggering mechanisms of slope instability and their relationship to earthquakes and tsunamis[J].*Pure and Applied Geophysics*,160(11):1865-1877.

Xu L,Dai F C,Gong Q M,et al.2011.Irrigation-induced loess flow failure in Heifangtai Platform,North-West China [J].*Environment Earth Sciences*,66(6):1707-1713.

Yang X L,Li L,Yin J H.2004.Seismic and static stability analysis of rock slopes by a kinematical approach[J]. *Geotechnique*,54:543-549.

第三篇　泥　石　流

本篇系统阐述了泥石流的基本特征、力学机理、灾害防治措施和勘察实验方法等内容。首先，分析了泥石流形成的因素、区域规律和活动特征，并介绍了泥石流的基本物理特征与流变特性，提出泥石流的分类体系。以水力学、土力学、非饱和土力学、流体力学与沉积学等理论为基础，介绍了泥石流起动、运动、沿程侵蚀规模增大、堆积成灾过程中涉及的力学机理和模型。然后，通过风险分析量化灾害对人类社会造成的损失，预测未来潜在风险，采用风险管理的手段减轻灾害损失。同时，结合以监测预警为主的软性措施与岩土和生态工程的硬性措施，达到防灾减灾的目的。最后，详细介绍了野外泥石流调查、勘察与观测的要素、方法和仪器设备，论述了泥石流研究中开展实验的原理与方法，以指导具体的研究和勘察工作，并列举了九寨沟泥石流防治工程的实例。泥石流学科的研究目前相对完整，但形成机理和动力学模型等方面仍需要深入研究。

第10章

泥石流的基本特征

泥石流是山区常见的一种形成过程复杂，含大到巨石小到黏粒的固体物质、水体及少量空气，具有多种流态和运动形式的多相流，是一种具有较强破坏力的山地灾害。暴发时，混浊的泥石流沿着陡峻的山沟，前拥后推，奔腾咆哮而下，地面为之震动，声音在山谷中犹如雷鸣；冲出山口之后，在宽阔的堆积区横冲直撞，漫流遍地。泥石流暴发突然，运动一般很快，能量巨大，来势凶猛，破坏性非常强，常给山区城镇、交通干线、人民生命财产和工农业生产等造成极大危害。

20世纪以来，世界范围内发生了数起特大泥石流灾害。例如，1985年哥伦比亚鲁伊斯火山泥石流，造成约2.2万人死亡，5000栋民房、340多栋商业建筑、50余栋学校和医院被冲毁或淤埋，经济损失高达50亿美元(Schuster and Highland,2007)。1999年，委内瑞拉泥石流灾害造成1.5万人死亡或失踪，约2.3万栋房屋被毁，6.5万栋房屋受损严重，经济损失高达20亿美元(López et al.,2003)。2010年8月7日，我国甘肃省舟曲县发生特大泥石流灾害，共造成1700多人死亡或失踪，5000多户房屋被冲毁或淤埋，22 667人无家可归。泥石流不仅危害城镇及基础设施，还对公路、铁路等线性工程造成危害，如中尼公路、川藏公路、成昆铁路等都受到泥石流的严重危害。1981年，四川大渡河南岸利子依达沟泥石流冲毁了成昆铁路大桥，一列旅客列车被颠覆，导致近370人死亡，146人受伤，直接经济损失2000余万元，是世界铁路史上迄今为止由泥石流导致的最严重的列车事故。

据统计，1960—2001年，我国境内发生大型、特大型泥石流共200余起，总计造成6167人死亡，近百人失踪，直接经济损失近650亿元，约5万公顷农田被毁(杜榕桓等，1995；康志成等，2004)。因此，进行泥石流相关理论研究，发展泥石流防灾减灾技术具有重要意义。

本章重点内容：

- 泥石流形成的基本因素
- 受地貌格局控制的泥石流区域分布规律
- 泥石流的活动特征
- 泥石流的固液比例
- 泥石流的分类

10.1 泥石流的形成因素

泥石流形成的基本条件包括固体物源、水源和地形条件。其中固体物源条件和地形条件属于环境条件，即一条沟谷所具备的自然环境；而决定泥石流形成的水源条件，也是判别一条沟谷在区域性气候控制下是否可能暴发泥石流的外部条件。随着人类开发建设向山区的大规模推进，人类活动也成为影响泥石流形成的重要因素。

10.1.1 泥石流形成的基本因素

泥石流形成的基本因素包括地貌、地质、气候水文、植被等自然因素，这些因素通过影响松散碎屑物质的总量和类型，进而影响泥石流的形成条件。

10.1.1.1 地貌

地貌主要是为泥石流活动提供能量和能量转化条件，也影响泥石流固体物源的储备过程。一般说来，相对高度越大，山坡和沟床越陡，越有利于泥石流的形成和发展。但地貌自身的发展和演化十分缓慢，对泥石流形成的影响是长期和相对稳定的，在较短的时期内不会有大的变化。

地貌因素对泥石流形成的影响主要体现在区域尺度和流域尺度两个方面。区域尺度的影响主要体现在海拔高程、地势起伏和河流切割程度等方面。地势起伏程度越大，山体越高大，河流切割越强烈，则地形越陡峻，松散碎屑物质（固体物源）越丰富，具有强大的势能转化为动能的有利条件，越有利于泥石流形成。流域尺度的影响主要体现在沟床比降、主沟长度、相对高度和流域面积等方面。平均沟床比降是沟床陡缓的量值，一般说来，沟床的陡缓也反映了山坡的陡缓。较大的沟床比降导致流域内重力侵蚀强烈，而且提供了位能迅速转化为动能的良好条件。一般说来，相对高度越大，能为泥石流形成提供的能量也越大。在流域面积相等的情况下，主沟越长，流域越窄，洪水汇流时间越长，峰值流量越小，则越对泥石流形成有削弱作用。泥石流的分布数量有随流域面积增大而单调减少的规律，主要分布在100 km^2以下的流域内。

一个（条）典型的泥石流流域（沟谷），根据地貌特征通常可分为三个区，即物源区（也可以细分为清水汇集区和泥石流形成区）、流通区和堆积区（图10-1）（唐邦兴等，1994）。

（1）物源区

位于流域中上部，为泥石流形成提供土体和水体。较大的流域还可以细分出清水汇集区和泥石流形成区。清水汇集区：位于流域上游。一般植被较好，人类活动轻微，在暴雨作用下通常仅形成清水汇流，为泥石流形成提供水动力条件。泥石流形成区：一般位于流域上

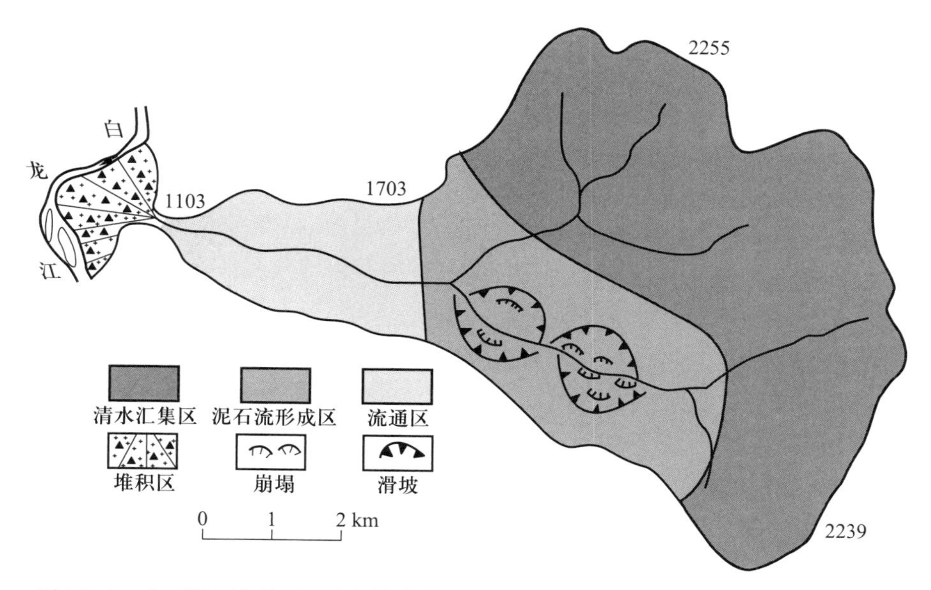

图 10-1 典型泥石流流域(武都甘家沟)分区示意图。数字代表该位置的大概高程

游下段和中游,沟道和山坡均较为陡峻,崩塌、滑坡和坡面泥石流发育,土壤侵蚀强烈,松散固体物质十分丰富。这些物质一旦与清水汇集区和泥石流形成区共同形成的沟谷洪流相遭遇,就可能起动形成泥石流。

(2) 流通区

位于流域的下游或中游下段沟谷,地形狭窄,固体物质供给相对较少,泥石流以通过为主。较大规模的泥石流也会冲刷沟岸形成坍塌和滑坡,为泥石流汇集新的物质,加大其规模;较小规模的泥石流往往由于动力不足,会停积于这一区段,成为随后泥石流沿程发展的物质基础。

(3) 堆积区

位于流域下游,多数位于山口以外,由于地势开阔平缓,泥石流运动的阻力增大而逐渐淤积,最后停止运动。由于泥石流堆积区地形较为平缓,交通便利,往往是山区开发利用的主要区域。因此,堆积区也是泥石流的主要危害区。

10.1.1.2 地质

地质因素集中反映在泥石流形成的松散碎屑物质方面。这些因素主要有岩性、构造、新构造运动、地震及火山活动、风化作用、各种重力地质作用和流水侵蚀、搬运、堆积等。地质因素对松散碎屑物形成的具体影响可参见本书第 5.3 节相关内容。

构造与地震活动对松散物质的形成影响比较大。例如，四川西部和西南部、云南北部和中部的高原山地就有多条规模大的深大断裂，这些深大断裂往往由许多次级断层组成，破碎带宽度大，影响范围广，岩石遭受强烈破坏，滑坡、崩塌遍布，形成分布密集的泥石流沟群。例如，沿云南省小江断裂带，从龙头山至小江口 90 km 的江段上，两岸泥石流沟多达 107 条，分布密度达 1.2 条 · km^{-1}。发生于 2008 年 5 月 12 日的汶川地震，造成龙门山山区大量的崩塌滑坡和不稳定斜坡活动，使坡面和沟道内松散物质剧增，新增的松散物质量超过 50 万公顷(Cui et al.,2013)，导致震后近 10 年内泥石流活动极为频繁，个别地区泥石流沟分布密度达到 1.45 条 · km^{-1}(Guo et al.,2016)。

10.1.1.3 气候水文

气候水文因素主要是通过风化作用加速岩体的风化和崩解，使完整的岩体破碎，增加松散碎屑物质；同时，风力和降水形成的动力(主要是流水动力)又能把风化产物由高处搬运到低处，使之由分散状态变为集中状态，还能起到削平高地(山峰)和填平低地(凹地和谷地)的作用。气候水文条件既影响形成泥石流的固相物质的生成，又影响形成泥石流的液相物质的生成，而且还是泥石流暴发的激发因素；既有长期稳定作用的一面，又有短期急剧作用的一面。

制约泥石流形成的水文条件，主要指由下垫面和降水决定的径流深度、汇流速度、洪水涨落程度和洪水与枯水的变化状态(洪枯比)等。随着径流深度由小至大，汇流速度由慢至快，暴雨洪水暴涨暴落状态由弱至强，洪枯比由小至大，泥石流形成的可能性就逐渐增大。

为泥石流活动提供水源条件的气候水文因素主要是大气降水、冰雪融水、溃决水和地下水。除青藏高原等我国西部高原、高山区有较发育的冰雪融水外，其余广大地区的泥石流主要由降水引发。如陡峻斜坡上的饱和土体遭遇强烈地震被液化而激发的泥石流；冰崩、雪崩或冰雪融水导致冰湖溃决而激发的泥石流；湖、库、渠堤溃决而激发的泥石流；地下水形成大规模泉涌而激发的泥石流；降雨导致坡面被强烈冲刷或引起崩塌、滑坡等，汇集于沟谷而导致泥石流的暴发，或地表径流汇集于沟谷形成洪流，起动沟床物质而激发泥石流等。就多数泥石流形成的激发因素来看，以大气降水形成的地表径流为主体。在大气降水中，又以暴雨形成的地表径流居首位。

不同的降雨场次具有不同的降雨过程，即便总量相同的降雨，由于其强度和历时不同，形成泥石流的概率和规模也可能不同。从对泥石流形成的作用上，可以将一次降雨过程划分为激发雨量、前期降雨和后期降雨(Cui et al.,2007)。激发雨量是指激发泥石流起动的 1 小时雨量。前期降雨量是指泥石流发生前的累积降雨量，这部分降雨量通过入渗影响土体的稳定性，进而降低激发泥石流需要的降雨强度。泥石流发生后的降雨被称为后期降雨，这部分降雨可以增大泥石流的规模，延长泥石流的历时。受气候条件的约束，在不同地区，雨型对泥石流的形成影响不同，如在汶川地震灾区，高强度、短历时暴雨是形成泥石流的主要雨型，而在云南省小江流域，长历时的前期降雨对泥石流的形成具有重要影响(Cui et al., 2007; Guo et al.,2013)。

10.1.1.4 植被

植被具有拦截雨水、减小地表径流、延长汇流时间和固结土壤等多重功效，对于减少形成泥石流的松散碎屑物质数量和削弱水动力条件有重要作用。但是，植被对泥石流活动的抑制作用是有限的，容易受各种自然因素和人类经济活动因素的影响和干扰；在长历时降雨过程中，植被调节降雨产流和固土的作用会明显降低，甚至会促使泥石流形成，这种泥石流较地质地貌和气象水文条件相近但植被较差地区的泥石流规模更大、危害作用更强，必须给予高度重视（崔鹏，1990）。

10.2 泥石流区域规律与活动特征

10.2.1 泥石流区域规律

泥石流分布明显受到地貌格局、气候特征和地质构造的控制。我国泥石流分布符合本书第 2.2 节中所阐述的区域分布规律，具体表现在以下方面。

我国东部、东南部受太平洋季风影响；西南部受印度洋西南季风影响，降雨丰沛且集中在雨季；高山区受地形因素影响，局地性暴雨特征明显；台湾和东南沿海常受台风暴雨袭击。这些气候特点使得泥石流活动集中成群地出现在暴雨、长历时降雨和高强度降雨的区域。从泥石流成因类型看，冰川泥石流主要分布于我国西部山地，而且大部分集中于西藏东南部地区；暴雨泥石流主要分布于西南地区，其次西北、华北和华东地区也有呈带状或零星分布。从泥石流物质组成看，泥石质泥石流分布遍及西南、西北和东北的基岩山区；沙（水）石质泥石流（简称“水石流”）分布于华北地区，而泥质泥石流（简称“泥流”）分布于松散易蚀的黄土分布区（图 10-2）。

除气候特征以外，泥石流还受活动断裂和地震的强烈影响，而沿断裂带密集分布；工程活动如边坡开挖也会导致崩塌、滑坡，最终形成泥石流，例如，沿交通干线呈线状密集分布的泥石流。多年的成因分析和区域规律研究已经较为明晰地认识了滑坡、泥石流和山洪发育和分布控制因素。但由于泥石流形成的复杂性，目前还不足以用这些控制因素来判识灾害发生的准确时间和位置。

10.2.2 泥石流的活动特征

受地质、地貌、气候条件和人类活动的影响，泥石流活动具有下列特征。

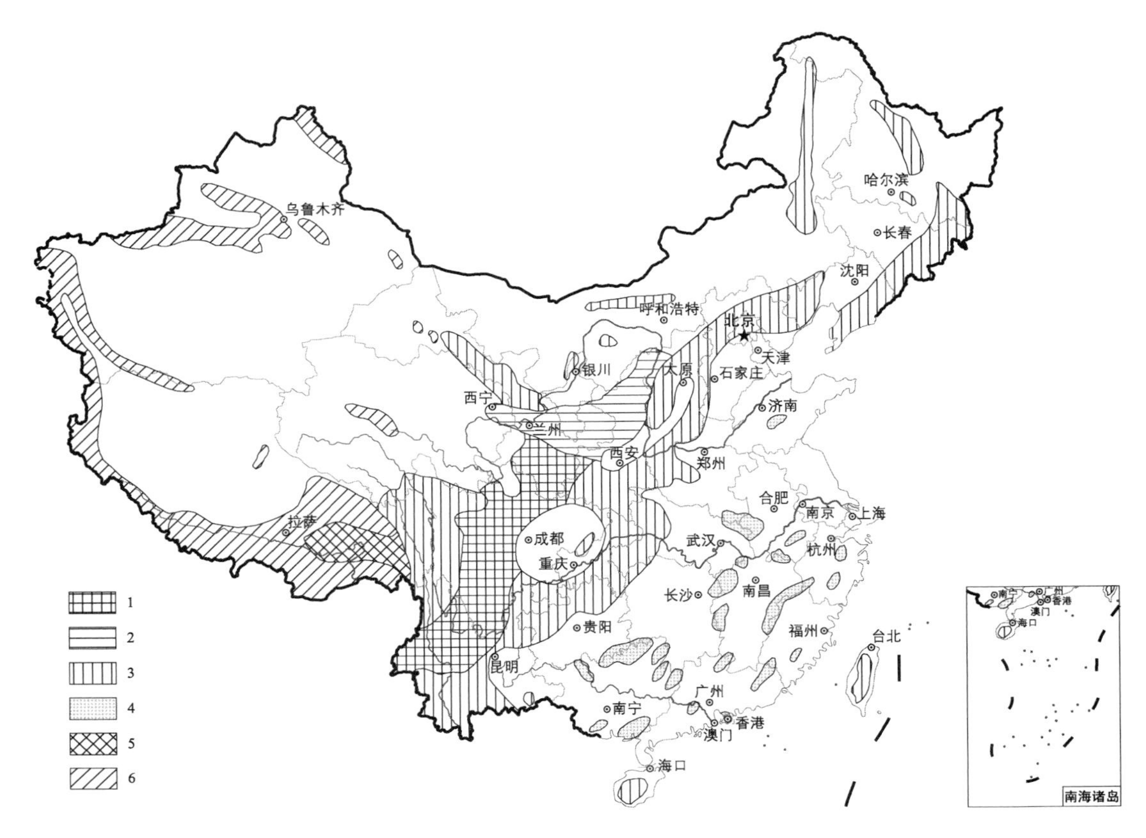

图 10-2 我国泥石流分布(钟敦伦和谢洪,2014)

暴雨泥石流分布范围:1—以黏性为主,兼具过渡性和稀性的泥石质泥石流活动区;2—以黏性为主,兼具过渡性和稀性的泥流活动区;3—以过渡性为主,兼具黏性和稀性的泥石质泥石流活动区;4—以稀性为主,兼具过渡性的水石流活动区。冰川泥石流分布范围:5—以黏性为主,兼具过渡性和稀性的泥石质泥石流活动区;6—以过渡性为主,兼具黏性和稀性的泥石质泥石流活动区

10.2.2.1 突发性

一般的泥石流活动暴发突然,历时短暂,一场泥石流过程从发生到结束仅几分钟到几十分钟,在流通区的流速可高达 20 $m \cdot s^{-1}$。泥石流的突发性使得难以准确预报,撤离可用时间短。因而泥石流常给山区造成突变性灾害,以其强烈的侵蚀、搬运和冲击能力冲毁房屋、道路、桥梁,堵塞河湖,淤埋农田,破坏森林,过后一片狼藉,酿成灾难。

10.2.2.2 准周期性

泥石流活动具有波动性和(准)周期性。泥石流活动的波动性主要受固体物质补给和降雨的影响。但是,泥石流暴发与强降雨周期不完全一致。把泥石流活动这种具有一定的周期性特点称为准周期性则更符合实际。例如，青藏高原泥石流活动有大周期与小周期，1902年，扎木弄巴发生特大规模滑坡泥石流，堵断易贡藏布江形成易贡湖；2000年4月，扎木弄巴再次发生特大规模滑坡泥石流，堵断易贡藏布江，这代表了泥石流活动大周期的特征。根据调查和文献资料统计，1953年，古乡沟暴发了特大型泥石流，中间经过了3个相对活跃期和3个相对平静期（吕儒仁等，2001）。

10.2.2.3 群发性

由于在同一区域内泥石流形成的环境背景条件差别不大，地质构造作用、水文气象因子、地震活动作用等对泥石流的影响具有面状特征，使得满足泥石流形成的条件常常呈现面状，导致泥石流的群发性特征。泥石流多沿断裂带和地震带发育，在断裂和地震活跃的地区，泥石流活动特别集中和强烈，在长历时降雨或强降雨天气过程影响下，会成群出现。例如，1979年，云南怒江傈僳族自治州的六库、泸水、福贡、贡山和碧江5个县40余条沟暴发了泥石流；1981年，长江上游长历时高强度降雨导致四川省有1000多条沟发生泥石流；1986年，云南省祥云县鹿鸣山的“九十九条破箐”几乎同时暴发了泥石流，酿成了巨大灾害。

10.2.2.4 季节性和夜发性

泥石流活动具有季节性，由于受降雨过程的影响，泥石流发生时间主要在雨季6—9月，集中在7、8月，其他季节暴发较少，而且规模也较小；在高山地区，4—6月常常暴发冰川泥石流。泥石流暴发还主要集中在傍晚和夜间，具有明显的夜发性，增大了其危害性。从50多年来中国科学院东川泥石流观测研究站对蒋家沟泥石流活动的观测来看，在夜间暴发的泥石流占泥石流发生总次数的70%以上。正由于泥石流暴发的时间多在夜间，加大了警报、灾后转移人员和财产的难度。

10.3 泥石流的物理特征

泥石流中虽然也混有少量气体，但一般情况下将其视为固液两相混合体。它具有一定的屈服强度，能静止在相对平缓的坡度上。泥石流物理特征主要指泥石流的固液组成、颗粒级配、内部结构、静力学等。其主要特征是：充分饱和、密度大、静切力大、黏度高、固体颗粒组成不均匀等。

10.3.1 泥石流的物质组成

泥石流的最主要特征在于它是一种多相物质体，主要由水、土（石）体和少量气体组成。与土体和水相比，气体含量极少。泥石流在形成和运动过程中往往会混入部分树木等杂质，而且在某些情况下，比如山火之后发生的泥石流，主要由木头和石块等组成。在一般的研究中，将泥石流的物质组成简化为水、土和砂石三种成分。

10.3.1.1 泥石流的固体物质组成

固体物质在泥石流中的运动方式与粒径密切相关。固体物质的粒度分布特点可通过粒径分组表征，在泥石流研究中，采用《河流泥沙颗粒分析规程》中的河流泥沙分类标准。最为常用的粒度分布表述方式是粒度组成直方图，它直观显示每一粒径区间的颗粒含量。此外，还有几个常用指标：

d_{50}：中值粒径（mm），表征颗粒的平均粒度状况。

S_0：分选系数，表征颗粒的分选性强弱，特拉斯克提出的定义式为

$$S_0=\sqrt{\frac{d_{25}}{d_{75}}} \tag{10-1}$$

式中，d_{25}和d_{75}——分别为颗粒累积频率曲线上25%和75%对应的粒径（mm）。有时会去掉根号，直接表示为

$$S_0=\frac{d_{25}}{d_{75}} \tag{10-2}$$

由于d_{25}和d_{75}只照顾了曲线的中部，没有照顾曲线的两端，而实际上分选性的变化大多数体现在两端，使得上述两个公式定义的分选系数不够灵敏（成都地质学院陕北队，1976）。我国泥石流领域的研究者多采用d_{16}和d_{84}来计算分选系数。

吴积善等（1993）根据泥石流中土体含量的变化，将其分为稀性、过渡性（亚黏性）、黏性和塑性（高黏性）四类。根据云南东川蒋家沟泥石流的观测结果，不同性质的泥石流显示出不同的物质组成特征，如图10-3所示。后三类泥石流的粒度分布呈明显的双峰型。稀性泥石流中粉粒和黏粒所占固体物质的比例最高，而过渡性、黏性和塑性泥石流的粉粒和黏粒比例依次减少。稀性泥石流水石明显分离，分选性好；过渡性泥石流有一定分选性；黏性和塑性泥石流分选性差。

这四类泥石流的基本性质和主要特征值见表10-1。

需要指出的是，泥石流中的水和固体物质并没有截然分明的物相界限。事实上，泥石流中的流体介质是水和黏土或粉土等细颗粒充分混合而成的泥浆体。其余的粗颗粒以悬浮或者推移的方式与浆体一起运动。从功能的角度，泥石流的物质体系通常分为三部分。一是由固相中的细颗粒和液相中的水组成的泥浆体，一般认为细颗粒的上限粒径为2 mm。细颗粒的级配比例影响浆体性质。二是粒径大于2 mm而又小于泥石流运动特征尺度的粗颗粒充填在泥浆液中，对泥石流体的性质有显著影响。三是泥石流中的漂砾，粒径大于泥石流运动特征尺度，是泥石流的搬运物，虽然泥石流的运动受其影响，但泥石流体的性质不受其影响。现有的一些泥石流多相运动模型往往将水作为液相介质来建立液相的运动方程，从泥石流的物理描述上看是错误的，这一点需要特别注意。

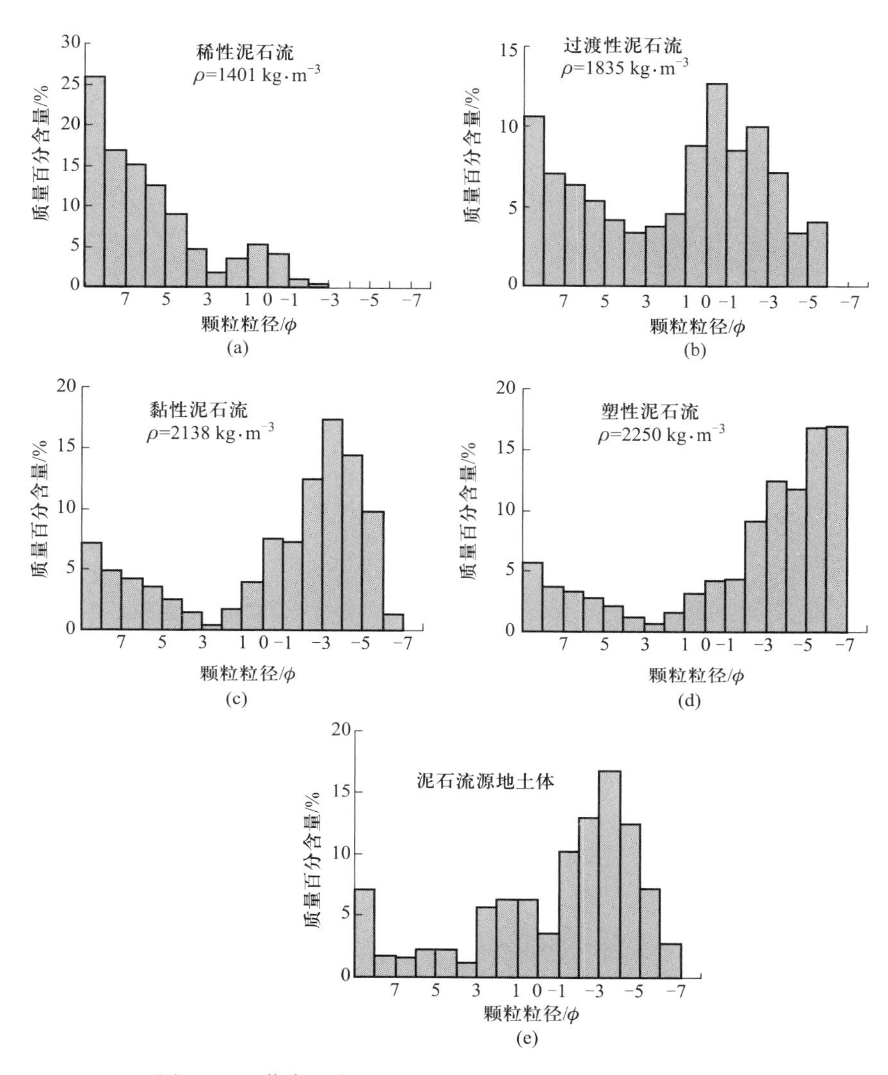

图 10-3 蒋家沟各类泥石流的固体物质粒度组成直方图

图中:0 代表 1 mm,1 代表 0.5 mm,3 代表 0.125 mm,5 代表 0.032 mm,7 代表 0.008 mm,-1 代表 2 mm,-3 代表 8 mm,-5 代表 32 mm,-7 代表 128 mm

表 10-1 泥石流基本性质分类表(吴积善等,1993)

项目			各类泥石流基本性质和主要特征值			
			稀性	过渡性	黏性	塑性
土、水体组成特征值	容重/(t·m^{-3})	浆体	1.10~1.60	1.50~1.65	1.60~1.78	>1.75
		流体	1.15~1.80	1.70~2.00	1.90~2.30	>2.25
	土体体积比含量(小数)	浆体	0.05~0.35	0.30~0.40	0.35~0.47	>0.45
		流体	0.10~0.50	0.40~0.60	0.55~0.78	>0.75
	含沙量/(kg·m^{-3})	浆体	130~900	800~1000	900~1250	>1200
		流体	260~1300	1000~1600	1500~2050	>2000

10.3.1.2 泥石流中水的赋存状态

水是泥石流的另一重要组分,它因与固体颗粒结合方式的不同而呈现不同的赋存状态,从而对泥石流运动具有不同的作用。王裕宜等(2001a)将泥石流中水的赋存状态概括为如下三类。

(1) 结合水

这种水通过化学键与颗粒结合,是黏土矿物结晶构造的一部分,对泥石流运动不起作用。

(2) 吸附水

吸附水是指吸附在黏土颗粒表面的水分,分为紧束缚水和松束缚水两类。紧束缚水指在交换性阳离子存在的情况下,由于电荷对水的偶极分子发生了直接作用而被结合在颗粒表面的水,其含量随外部溶液浓度而变化,不能传递静水压力。松束缚水可以看作是与离子交换有关的扩散层周围的水,即双电子层外层的水。它的存在使土体具有塑性变形的能力,其含量与固体颗粒大小、外部溶液浓度等相关。

(3) 自由水

自由水指能在泥石流体内部自由移动的水,包括重力自由水、禁闭自由水和絮网自由水。这三类与田连权等(1993)划分的重力自由水、半封闭性重力自由水和封闭性重力自由水大致相当。重力自由水能在重力作用下自由移动,可以传递静水压力。禁闭自由水指由于泥石流体中细小孔隙间弯曲液面的附加压力而被吸附的水,孔隙越细,保持得越牢固。絮网自由水指被黏土颗粒形成的絮网结构包住的自由水,和絮网结构一起流动。

不同赋存状态的水在不同类型的泥石流体中的比例差异较大。稀性泥石流整体结构性差,孔隙连通性好,以重力自由水为主。黏性泥石流整体结构性好,存在絮凝等束缚性结构,孔隙连通性差,以结合水和吸附水为主。

10.3.1.3 泥石流的内部结构

泥石流的物质组成、性质和特点,除了与源区岩土体的物理化学性质相关以外,还与其搬运方式有关。由于物质组成和矿物成分不同,在不同的岩土体与水的结合方式和物质的搬运方式的影响下,泥石流体内黏粒、粉粒、砂粒和石块等土体颗粒与含电解质水之间产生各种连接和排列形式,可以形成三种密切相关的结构:网格结构、网粒结构、格架结构

(图 10-4 和图 10-5)(吴积善等,1993)。泥石流的物理力学特性不仅依赖于泥石流的物质组成,而且受泥石流的结构,即不同物质在泥石流体中的空间排列和组合的强烈影响。各类泥石流体均有不同程度的结构性。稀性泥石流的结构性体现在细粒浆体上,即由黏粒和物理性黏粒(粉粒)与含有电解质的水构成细粒浆体的网格结构;泥流的结构性体现在粗粒浆体上,即砂粒与具有网格结构的细粒浆体结合构成粗粒浆体的网粒结构;而泥石流体的结构性则体现在石块与具有网粒结构的粗粒浆体结合构成格架结构。

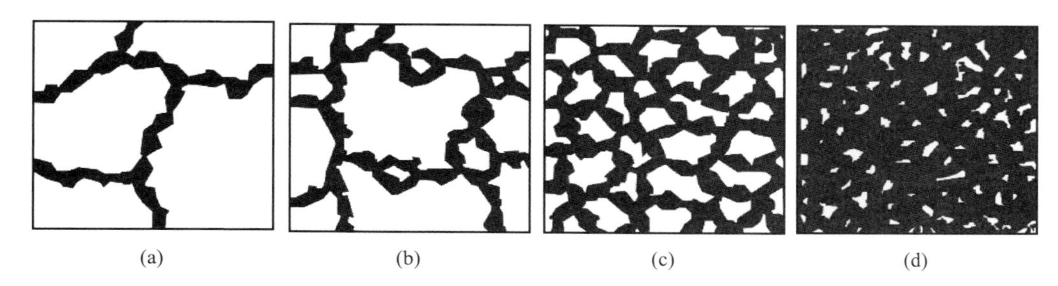

图 10-4 泥石流细粒浆体网格结构类型示意图:(a) 链状结构;(b) 絮状结构;(c) 蜂窝状结构;(d) 聚合状结构

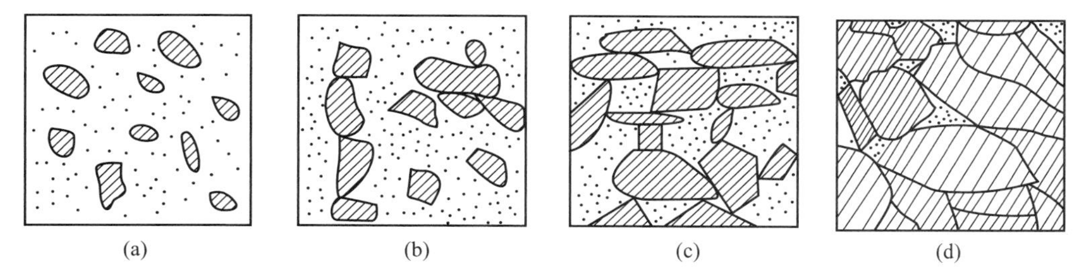

图 10-5 泥石流 4 种格架结构示意图:(a) 星悬型格架结构;(b) 支承型格架结构;(c) 叠置型格架结构;(d) 镶嵌型格架结构

10.3.2 泥石流的固液比例

泥石流是由一定比例的水和土体组成的。泥石流的浓度定义为水或土体占总泥石流体的质量或体积比。浓度不同的泥石流体具有不同的性质,它是泥石流形成和运动的基础。

10.3.2.1 天然浓度

对于沟道中天然输送的泥石流体,其浓度可通过两个物理量表征:泥石流体密度和固体物质体积浓度。泥石流体密度通常用 ρ_c 表示,其定义如下(单位为 $t \cdot m^{-3}$ 或 $kg \cdot m^{-3}$):

$$\rho_c = \frac{泥石流体的总质量}{泥石流体的总体积}$$

在泥石流动力学研究中,也经常使用固体物质体积浓度的概念,记为 C_v,其含义如下:

$$C_v=\frac{\text{泥石流体中固体物质的总体积}}{\text{泥石流体的总体积}}$$

两者之间的换算关系如下:

$$C_v=\frac{\rho_c-\rho_w}{\rho_s-\rho_w} \tag{10-3}$$

$$\rho_c=\rho_w+(\rho_s-\rho_w)C_v \tag{10-4}$$

式中,ρ_w——清水的密度;ρ_s——固体颗粒的密度,一般取 2650~2700 kg·m^{-3}。

泥石流体的天然密度一般为 1.3~2.2 t·m^{-3},有时甚至能达到 2.3 t·m^{-3}。

10.3.2.2 饱和体积浓度和极限体积浓度

相同体积浓度的泥石流体,如果粒度组成和排列方式不同,可能具有不同的性质。因此在泥石流研究中引入了饱和体积浓度和极限体积浓度的概念。饱和体积浓度又称沉积稳定浓度,指泥石流体中固体颗粒稳定接触排列下的体积浓度,用 C_{vs} 表示。极限体积浓度指泥石流体中固体颗粒最密实镶嵌排列下的体积浓度,用 C_{vm} 表示。

对于均匀球体,Bagnold(1966)给出的数值是 $C_{vs}=0.625$, $C_{vm}=0.74$。泥石流中颗粒直径不均匀,且形状不规则,其 C_{vs} 和 C_{vm} 随固体物质组成而变化。杜榕桓等(1987)对小江流域 27 个样品进行了试验分析,泥石流密度越大,大于 2 mm 的角砾含量越高,泥石流中的细颗粒可以镶嵌在粗颗粒之间,因此 C_{vs} 和 C_{vm} 也会随之增加。他们根据大于 2 mm 的角砾百分含量将测量结果划分为四个区间:

- Ⅰ区:<0 角砾含量 $\leqslant 20\%$, $C_{vs}=0.36\sim0.56$, $C_{vm}=0.48\sim0.60$;
- Ⅱ区:$<20\%$ 角砾含量 $\leqslant 47\%$, $C_{vs}=0.45\sim0.60$, $C_{vm}=0.55\sim0.67$;
- Ⅲ区:$<47\%$ 角砾含量 $\leqslant 70\%$, $C_{vs}=C_{vm}=0.58\sim0.725$;
- Ⅳ区:角砾含量 $>70\%$, $C_{vs}=C_{vm}>0.70$。

10.3.2.3 泥石流的结构系数

在云南大盈江浑水沟的泥石流研究中,张信宝和刘江(1989)引入自由孔隙比 e_c 来进行泥石流分类:

$$e_c=\frac{N_c}{N_1} \tag{10-5}$$

$$N_c=N_1-(1-N_1)\frac{N_s}{1-N_s} \tag{10-6}$$

式中,N_c——泥石流体的自由孔隙度;N_1——泥石流体的天然孔隙度,$N_1=1-C_v$;N_s——松散孔隙度,泥石流样品风干后轻轻注满量筒,刮平、称重、计算而得。

e_c反映颗粒的自由程度。$e_c \leqslant 0$ 时,$N_1 < N_s$,颗粒相互支撑,持续接触,泥石流起动和运动时均需克服颗粒之间的摩擦力。水闭塞于粒间孔隙中,水和颗粒形成一相体结构。当 e_c略大于 0 时,颗粒不能持续接触,但是在运动中碰撞概率很大,从而使大石块得到支撑,加之流体黏度高,呈现为类一相体。随着 e_c的增大,颗粒的自由度增大,泥石流呈现为固、液两相体结构,运动中颗粒碰撞概率大大降低,流体黏性降低,颗粒主要靠流体的紊动提供支撑。

杜榕桓等(1987)提出一个比较简便的参数对泥石流进行分类,即泥石流体的结构系数 K:

$$K = \frac{C_v}{C_{vs}} \tag{10-7}$$

当 $K>1$ 时,颗粒之间持续接触,泥石流呈结构蠕动流。这种现象通常发生在固体物质丰富、水源条件不足、流动有利的沟槽内,如蒋家沟支沟查箐沟。当 $K<1$ 时,颗粒之间不能保持持续接触。当 K 较大时,粗颗粒之间空隙小,颗粒碰撞主要发生在层间,不存在垂向的紊动交换,泥石流运动为层流;当 K 较小时,粗颗粒之间的空隙增大,紊动作用增强,流体逐渐过渡为紊流。因此,可以根据 K 值大小对泥石流性质进行分类,如表 10-2 所示。

表 10-2 根据 K 值划分的泥石流流态和类型

结构系数 K	流体性质	流体结构	流态	密度/($kg \cdot m^{-3}$)
>0.97~1.0	塑性	一相体	结构体	2250~2300
0.81~0.97	黏性	泥浆两相体	层流	1900~2250
0.63~0.81	过渡性	泥浆两相体	过渡流	1500~1900
0.46~0.63	稀性	水沙两相体	紊流	1300~1500

10.4 泥石流分类

不同条件下发生的泥石流,其流体结构、力学性质、活动特征都存在一定的差异性。只有充分了解泥石流这些属性的差异和相似,选取适当的指标,对泥石流现象进行归纳和分类,才能深刻认识泥石流的发生、发展、运动和成灾规律,对不同类型的泥石流分别制定切实可行的减灾方案。泥石流分类是对泥石流内在规律和外部特征的概括,国内外泥石流科技工作者纷纷提出各具特色的泥石流分类方案,并取得了不少成果。

10.4.1 泥石流分类的依据、指标

分类依据是分类原则的具体体现。泥石流分类必须在分类原则的指导下，找准分类依据，并根据分类依据制定分类指标，根据分类指标，将一系列既具共性又具特性的泥石流划分为若干类型。

10.4.1.1 分类依据

泥石流分类的依据，实际上就是造成泥石流具有相同或不同特性的原因。尽管其原因有很多，经过分析认为主要有表10-3所列的9个方面，这9个方面基本上概括了造成泥石流具有相同或不同特性的主要原因，因而将其确定为泥石流分类的主要依据。

表10-3 泥石流分类依据、指标与类型

分类依据	主要分类指标	泥石流类型
泥石流的规模	• 百年一遇泥石流可能冲出的固体物质总量≥50万立方米 • 百年一遇泥石流可能冲出的固体物质总量为10万~50万立方米 • 百年一遇泥石流可能冲出的固体物质总量为1万~10万立方米 • 百年一遇泥石流可能冲出的固体物质总量<1万立方米	• 特大规模 • 大规模 • 中等规模 • 小规模
形成和激发泥石流的水源	• 以大气降水（暴雨、大雨、绵雨）为主的水源 • 以冰雪融水为主的水源 • 以溃决水为主的水源 • 以地下水为主的水源	• 雨水类 • 冰雪融水类 • 溃决水类 • 地下水类
泥石流发育部位的地貌形态	• 流域面积较大（一般≥10 km^2），主沟泥石流一般由支沟泥石流引起，泥石流沟谷底较宽，沟床纵坡较缓 • 流域面积较小（0.3~10 km^2），固体物质主要来自沟床和坡面，谷底较窄，沟床纵坡较陡 • 流域面积小（<0.3 km^2），沟床陡急，谷底狭窄，有的为流域界线不明显的山坡	• 河谷型 • 沟谷型 • 山坡型
泥石流的活动频率	• 每2年发生泥石流一次或以上 • 3~30年发生一次泥石流 • 30年以上发生一次泥石流	• 高频率 • 中频率 • 低频率
泥石流的发育阶段	• 泥石流活动流域的面积多<1 km^2，流域相对切割程度*≥150‰ • 泥石流活动流域的面积多在1~10 km^2，流域相对切割程度150‰~60‰ • 泥石流活动流域的面积多≥10 km^2，流域相对切割程度<60‰	• 发展期 • 旺盛期 • 衰退期

续表

分类依据	主要分类指标	泥石流类型
泥石流危害程度	• 对城镇或村庄、矿山、旅游设施、主干公路、水电工程等有严重的直接危害或威胁 • 对乡镇或村庄、矿山、旅游设施、主干公路、水电工程等有较严重的直接危害或威胁 • 对部分房屋或乡村公路、旅游设施、农田、水利设施有较大危害或威胁 • 对农田、果园、林地、旅游设施、水利设施等有一定危害或威胁	• 严重 • 较严重 • 中等 • 轻微
泥石流的固相物质组成（陈泮勤，1996）	• 固相物质组成以黏粒和粉粒为主（含量≥75%） • 固相物质组成以粉粒和砂粒为主（含量达 70%~95%，砂粒含量≥45%），加上黏粒（含量<3%）和石块 • 固相物质组成以各类土体较均匀分布 • 固相物质组成以砂粒和石块为主，黏粒<1%，粉粒<5%	• 泥质 • 泥砂质 • 泥石质 • 砂石质
泥石流的流体性质	• 密度≥2.0 $g \cdot cm^{-3}$ • 密度 1.6~2.0 $g \cdot cm^{-3}$ • 密度<1.6 $g \cdot cm^{-3}$	• 黏性 • 过渡性 • 稀性
泥石流形成与人类经济活动的关系	• 泥石流形成与发展主要受自然条件控制，与人类活动关系不密切 • 泥石流形成和发展与人类经济活动关系密切，如采矿、采石弃渣等大量增加了形成泥石流的松散固体物质等	• 自然泥石流 • 人为泥石流

* 相对切割程度为流域最大高差/流域周界长度，以‰表示。

10.4.1.2 分类指标

根据泥石流分类依据，结合泥石流研究中所确定的特性相同或不同的界线，确定出泥石流分类的具体指标（或标准），详见表 10-3。

10.4.1.3 泥石流类型

根据确定的分类指标，将泥石流划分 30 型（表 10-3）。

10.4.1.4 泥石流的综合分类与命名

根据泥石流的分类依据和指标,从9个方面对泥石流进行了分类。每一种分类反映了泥石流的一个侧面,将其综合起来,便能较完整地概括泥石流的基本特征,反映泥石流的基本类型。综合的结果便构成泥石流的综合分类与命名。如北京山区番字牌西沟,根据上述分类体系的综合命名应为:大规模-雨水类-河谷型-低频率-衰退期-中等危害-泥石质-黏性(高密度、低黏度)-自然泥石流。

第 11 章

泥石流的力学机理

典型的泥石流过程包含形成、运动、沿程侵蚀和堆积成灾 4 个主要环节(参见图 4-1)。在坡度陡峭的泥石流形成区,松散固体物质受水流的冲刷或渗流作用,土体剪应力大于抗剪强度,失稳形成泥石流;此后,泥石流受重力作用沿流通区向下游运动,沿程通过对岸坡和沟床底部的侵蚀作用,增大泥石流规模;经过一段距离的输移,泥石流冲出沟口,堆积在较为平坦的开阔地,形成近似扇形的堆积体。由于冲出沟口的泥石流拥有巨大能量,携带有巨石和漂木等固体物质,常冲毁堆积区居民点、道路和农田等,故其堆积区也通常为泥石流危险区。深入认识泥石流的力学机理是有针对性地开展防灾减灾的基础。

本章重点内容:

- 泥石流起动的突变机理
- 土力类和水力类泥石流的动力学过程和机理
- 泥石流动力学参数计算
- 泥石流动力学模型
- 泥石流侵蚀和堆积的发生条件
- 泥石流堆积物的典型结构与构造

11.1 泥石流的形成机理

泥石流的形成机理既是泥石流研究的核心问题,也是泥石流灾害防治的理论基础。科学合理的防治方案和减灾技术是建立在正确理解泥石流形成机理基础之上的。泥石流形成机理主要涉及三方面的问题:一是成因;二是起动机理与起动条件;三是汇流机理。其中成因已在本书第 10 章中予以论述,此处仅介绍起动和汇流。

11.1.1 泥石流起动与汇流

起动和汇流过程是崩塌滑坡体或沟床物质汇聚、形成特大规模泥石流的关键,两者是有机而连续的过程。对于泥石流起动，按照其形成的动力作用可分为土力类和水力类。土力类泥石流的形成过程是指泥石流土体在降雨或径流（地表和地下径流）等水源的作用下，土体饱和、固结强度降低、结构破坏、土体液化，此时在重力作用下起动转化为泥石流的过程，偏黏性。水力类泥石流的形成过程是指泥石流土体在一定流速的径流冲刷作用下起动并转化为泥石流的过程，偏稀性。

汇流（confluence）一词来源于水文学，其意指产流后径流沿坡面及河网流向出口的过程。汇流流量与时间的关系是研究的重点，其中洪峰的流量计算、洪峰的沿程演化是汇流研究的主要内容之一。关于泥石流的汇流，它与水文学中的汇流不完全相同。泥石流汇流指起动（产流）后的泥石流体，在一定的沟床比降（大于泥石流运动坡度）条件下，沿一定的坡面及沟道产生由小到大的流量汇集过程，它包括坡面的汇流和沟道汇流（吴积善和田连权，1996；陈宁生和张飞，2006）。汇流过程包括径流的时间和空间变化。泥石流的汇流与洪水的汇流不同，与泥石流流量相关的汇流过程的参数包括流速和密度（密度的量纲与单位一致，为 $g \cdot cm^{-3}$ 或 $kg \cdot m^{-3}$；工程上常用单位质量的力即重度来表示，重度的量纲与单位一致，为 $N \cdot cm^{-3}$ 或 $kN \cdot m^{-3}$）。密度和流速的沿程变化使得泥石流的流量会发生较大的变化，它们的过程包括空间的演化和时间的演化。其参数的计算是泥石流汇流过程研究的重要内容。针对泥石流汇流特征和规律开展的研究，学者从观测资料出发，总结了阵性流和连续流的汇流过程，通过特殊地段的支沟和主河的汇流观测资料总结出基本规律（崔鹏等，2003；陈晓清等，2004）。然而，由于时间序列上观测泥石流的数据有限（除蒋家沟等少数流域外）且野外双断面和多断面观测汇流过程较为困难，目前较难准确计算汇流时间和总量的变化过程，这也是泥石流形成研究中尚待突破的方向。本章重在介绍相对成熟的知识内容，因此，就泥石流起动机理和模型做出详细论述。

11.1.2 泥石流起动的突变机理

对于上述两种泥石流起动类型，虽然其动力作用有一定差异，但两者从静止状态到流动状态的过程，即从准泥石流体起动转换为泥石流的过程应遵循相同的机理。崔鹏（1990）研究泥石流形成和起动的过程，提出了泥石流形成的突变模式理论。他将位于沟道中段和上段、经过初次搬运、具有类似于泥石流体组成和结构特征的松散堆积物称为准泥石流体，包括重力侵蚀、坡面侵蚀以及早期泥石流的搬运堆积物。准泥石流体在水分或其他外力作用下，结构改变、强度降低、失稳下移的过程称为泥石流起动。继续发展就形成泥石流。崔鹏等（2005）通过实验获得了大量数据，并根据这些数据分析了泥石流起动与底床坡度（θ）、颗粒级配（C）和水分饱和度（Sr）等的关系，明确了泥石流起动应该满足的临界条件（图 11-1）。任何一个准泥石流体，就是 θ-Sr-C 空间中的一个点 $P(\theta, Sr, C)$。当点 P 位于曲面 Sc 上时，准泥石流体处于临界起动状态；当点 P 位于曲面 Sc 以下时，准泥石流处于稳定状态；当点 P 位于曲面 Sc 以上时，已经产生起动，事实上作为准泥石流体的物体已不存在。

进一步分析泥石流起动条件，建立了泥石流起动突变模型（图 11-2）和泥石流突变模式的势函数[式（11-1）]（崔鹏等，2005），即

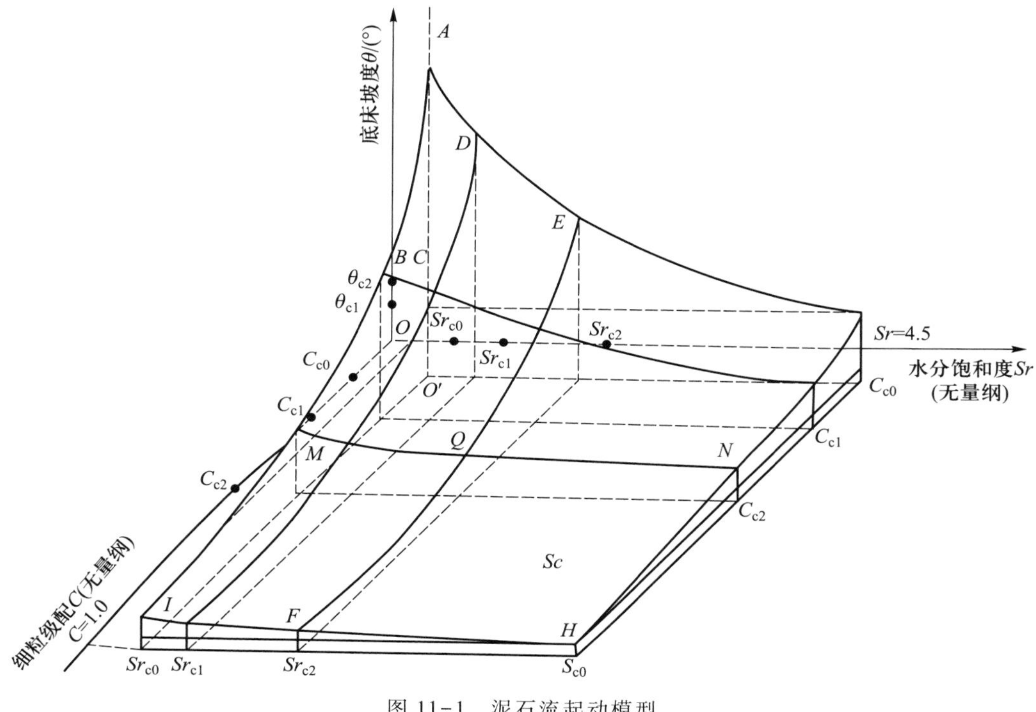

图 11-1 泥石流起动模型

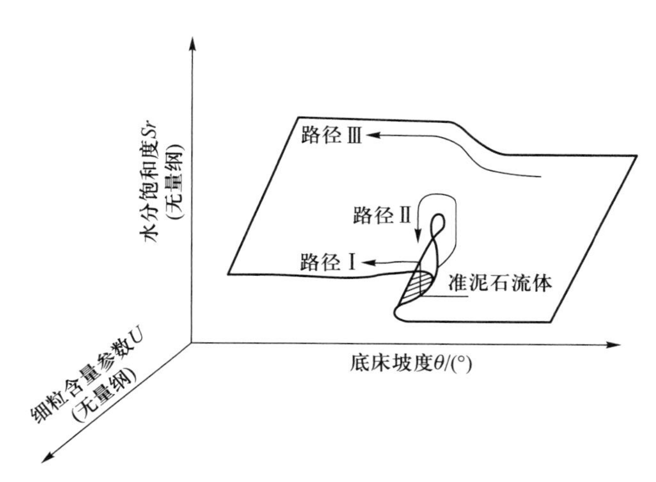

图 11-2 泥石流起动突变模型

$$V(Sr)=\left(\frac{A}{4}\right)Sr^4+\left(\frac{B}{2}\right)USr^2+Q\theta Sr \tag{11-1}$$

式中，A、B、Q——方程系数。

该模型揭示了泥石流起动的物理机制，表明泥石流起动具有突变、渐变和中间状态三条途径，分别相应地形成加速起动、常速起动和缓慢起动。在泥石流起动突变模型和突变模型势函数的基础上,提出了全新的泥石流预测法和减灾新技术。

需要指出的是,泥石流的形成机理虽然可用上述模式加以解释,但泥石流的形成过程是复杂的。在一个流域里,由于地貌条件、地质条件和水文气象条件的差异,在一次泥石流形成过程中,往往存在多种模式的复合。而泥石流形成后,则具有自身独特的侵蚀输移能力,这种能力又在运动过程中不断发展、演化,加上支沟洪水或泥石流的加入,会改变泥石流的性质。因此,在泥石流形成源地所见的是局部的泥石流形成模式,不一定反映全流域的泥石流形成模式。在分析一个流域的泥石流形成机理时,应有全局观念才能对泥石流的形成过程有深刻的理解。

上述研究最早提出了泥石流起动的突变模式和机理,此后泥石流起动的研究逐渐走向水土耦合的渗流场与应力场的分析,并形成诸多以水力学、土力学和非饱和土力学为基础的力学模型。目前,较为成熟的研究成果主要有以美国 Iverson 为代表的土力类泥石流起动模型(Iverson,1997);以日本学者 Takahashi 为代表的水石流起动模型,即水力类泥石流起动模型(Takahashi et al.,1987)。

11.1.3 水力类泥石流起动机理

水力类泥石流起动是由于坡面、沟道中的松散碎屑物质受坡面、沟道水流的冲刷和各种侵蚀作用,不断地进入流体;随着侵蚀的加剧,流体内的泥沙、石块不断增加,并且在运动中不断搅拌,当固相物质含量达到某一极限值时,流体性质发生变化,成为区别于一般水流力学性质和流态的流体。上述过程实际上是一种水动力过程,泥石流的形成是水力侵蚀的结果,径流量和坡度的大小决定径流的动力,从而决定能起动的固体物质的多少。所以,以水力为主要动力形成的泥石流多为固相物质含量相对较少的稀性泥石流或水石流(田连权等,1987)。

许多学者对水力类泥石流起动进行了研究,并且提出了相关的破坏模型和预测公式。例如,Takahashi 早在 1978 年就认为,泥石流的形成是松散土体在剪切应力大于抗剪强度的作用下形成的,并提出了在有表面流和无表面流下分别判断坡体破坏深度的公式[式(11-2)和式(11-3)]。王兆印等(1990)通过现场观测和室内实验得到,强烈的冲刷也是导致泥石流产生的原因之一,根据流体力学理论,可以得到描述堆积体表面水流运动的方程,从而可以计算出冲刷的剪应力,可以看作 Takahashi 模型的深化。然而作者并没有考虑孔隙水压力对抗剪强度的影响,以及随时间变化这些参数的动态变化对坡体稳定性的影响。

Takahashi 提出的泥石流起动模型属于库仑破坏模型,饱和沟床的破坏有 6 种类型,其形成泥石流的过程参见图 4-1。考虑浅层坡体破坏土体的剪应力和抗剪强度:

$$\tau = g\sin\theta[C_*(\sigma-\rho)+(h_0+a)\rho] \tag{11-2}$$

$$\tau_r = g\cos\theta[C_*(\sigma-\rho)a]\tan\phi+c \tag{11-3}$$

式中,g——重力加速度;σ——土体密度;ρ——水流密度;c——土体黏聚力;ϕ——土体内摩擦角;θ——土体坡度;h_0——坡面水流的深度;a——土体表面到土体内部的深度;

C_*——固体颗粒饱和时的浓度。

当 $d\tau/da \geq d\tau_r/da$ 时，边坡是稳定的（图 11-3a）；当 $d\tau/da < d\tau_r/da$ 时，边坡将会发生破坏（图 11-3b）；当在坡体表面（$a=0$）的剪应力 $\tau=\rho g h_0 \sin\theta$ 大于黏聚力 c 时，坡面也会发生剪切破坏。

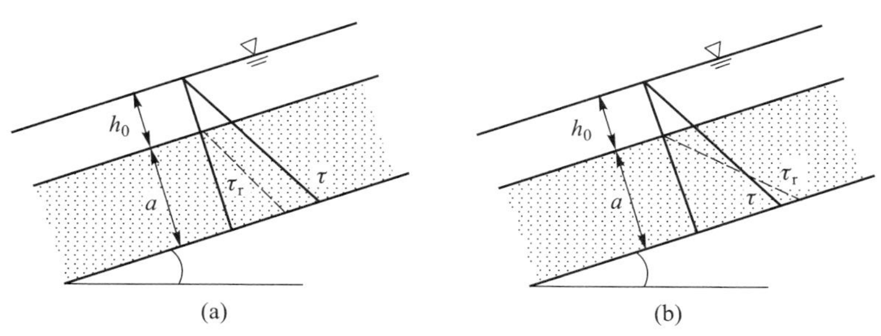

图 11-3 Takahashi 水力类泥石流起动模型

11.1.4 土力类泥石流起动机理

土力类泥石流是坡面上和沟道中的松散碎屑物质在重力作用下形成的。这些松散碎屑物质受降水和径流的浸润、渗透及浸泡，含水量逐渐增加，导致内摩擦角和黏聚力不断减小，并出现渗透水流和渗透力从而土体被液化，使稳定性遭破坏而沿坡面滑动或流动。经过一段时间和一段距离的混合搅拌，水和固体物质在本身重力作用下充分掺混形成具有特定结构的泥石流。泥石流的形成必须满足固体碎屑的剪应力 τ 大于固体碎屑极限（或临界）剪应力 τ_0。这种主要因土体充水使其平衡条件遭到破坏而引起的运动，会形成固相物质含量相对较多的黏性泥石流，其中最为典型的是滑坡转换成泥石流的过程。

Iverson（1997）指出，滑坡形成泥石流需要三个过程：大范围局部破坏、土体内部过高的孔隙水压力导致土体液化和滑坡势能转化为土体内部的震动能（如提高颗粒的温度等）。在该类模型中，学者们均认为土体破坏的原因是土体内部孔隙水压力上升，而使孔隙水压力上升的原因是地下水流及颗粒液化导致土体局部的库仑被破坏，从而导致黏聚力下降。Iverson 提出的坡体安全系数由三项组成：$F_s=T_f+T_w+T_c$。式中，T_f 为土体内摩擦角与坡体倾角的正弦值之比，描述抗剪强度和重力的关系；T_w 为考虑地下水的强度修正值与重力的比值，表述强度的变化；T_c 为黏聚力与抗剪强度的比值，描述地下水位影响下土体安全系数的变化。当 F_s 大于 1 时，滑坡起动转换成泥石流，反之则稳定。

$$T_f=\frac{\tan\phi}{\tan\theta},\quad T_w=\frac{\left[\frac{d}{Y}-1\right]\frac{\partial p}{\partial y}\tan\phi}{\gamma_t \sin\theta},\quad T_c=\frac{c}{\gamma_t Y \sin\theta} \tag{11-4}$$

式中，d 为地下水位（图 11-4），即水压力 $p=0$ 的地方，水位平行于坡面，面上水压力 p 相同；T_w 和 T_c 中 γ_t 分别代表平均单位深度的饱和与非饱和土体（地下水位线之下和之上）的总重度。

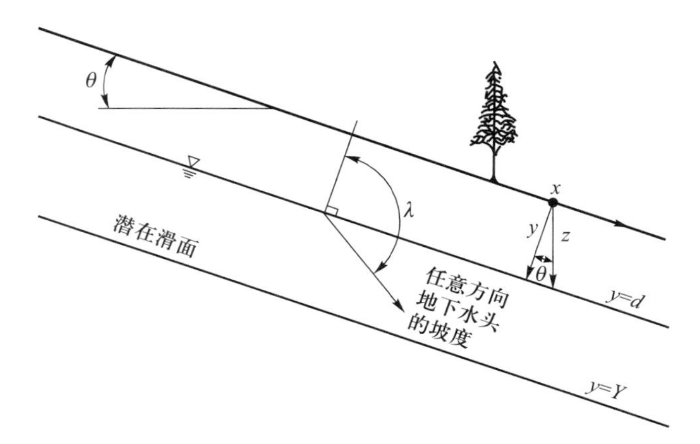

图 11-4 考虑任意地下水水头方向的无限边坡剖面图与几何参数

11.2 泥石流运动

11.2.1 泥石流运动特征

11.2.1.1 阵性流和连续流

多阵次的间歇性来流是泥石流在山区沟道运动时的一种常见现象，也是泥石流与洪水、含沙水流的一个非常明显的区别。根据流量过程线的间断性，自然界中的泥石流可分为阵性流和连续流两种运动流型。也有学者（张军，1991）将其直观分成阵流型、连续流型和复合流型三种运动流型。

阵性流是指流动过程中间出现断流的泥石流。阵性流在时间上最主要的特征就是间断性。阵与阵之间具有明显的间隔时间，由几十秒到 10～20 min（图 11-5）。云南昆明东川区蒋家沟经常发生阵性流。例如，1991 年蒋家沟有记录的 22 场泥石流都是以阵性流为主；8 月 14 日 9:30 暴发的一场泥石流共有 224 阵，总历时 10 h。其中阵性流总历时为 5.5 h，流动的总时长为 2.12 h，间歇期达到 3.38 h，最大流量为 634.4 $m^3 \cdot s^{-1}$，输沙总量为 513 297 m^3。

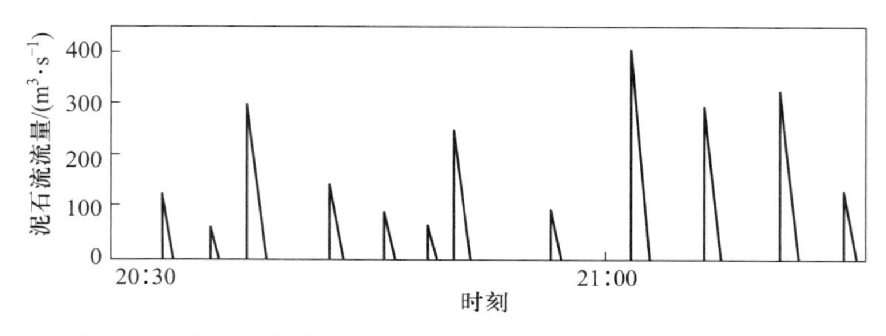

图 11-5 蒋家沟的阵性流（1987 年 6 月 27 日）（康志成等，2004）

造成阵性流这种比较独特的现象一般归结为几个原因:泥石流物源区物质补给的不连续;泥石流起动过程中由于降雨时空不均匀导致的间歇性;沟槽底面地形的复杂性;弯道的堵塞效应;沟床的展宽和流体沿程的黏附作用;泥石流运动过程中的流动不稳定性。泥石流的这种阵性运动使得其携带的物质在短时间内经过过流断面,大涨大落。因此,阵性泥石流的峰值流量是正常清水流量的几倍甚至几十倍。在计算泥石流的设计峰值流量时,常常以堵塞系数来反映阵性流这种短时间积聚过流的效应。

连续流是指流量过程线连续、中间没有发生断流的流动。阵性流和连续流可能会出现在同一个泥石流事件。例如,1991 年 8 月 14 日蒋家沟发生的泥石流中,连续流的总历时达到 4.5 h,但其最大流量仅为 37.9 $m^3 \cdot s^{-1}$,输沙总量为 28 718 m^3。

11.2.1.2 泥石流的流态

泥石流的流态多样,主要受固体体积浓度的影响。稀性泥石流接近含沙水流,容易出现紊流流态。随着颗粒浓度的增加,密度增大,内部的结构性和整体性增强,泥石流的流态趋于塑性流动状态。而在紊流和塑性流之间,存在多种过渡形式的流态。由于泥石流本身性质和运动条件的复杂性,其流态无法用某些物理力学指标(如体积浓度、黏性系数)来明确划分。而流体力学中划分流态的常用无量纲参数,如管道水流中的 Reynold 数、明渠水流中的 Froude 数,也无法套用到泥石流中。吴积善等(1993)根据四川凉山黑沙河泥石流长期观察资料,将泥石流的流态定性分为紊动流、扰动流、层动流、蠕动流和滑动流五种。

紊动流:稀性泥石流与部分亚黏性泥石流容易出现紊动流态。这类泥石流的黏度(刚度系数)小于 0.04 Pa · s(尤其是小于 0.01 Pa · s),屈服应力又不足 5 Pa,固体颗粒与水之间的结构性差。紊动流的内部与通常的湍流类似,存在脉动、涡动和环流,有时发育还比较完善。但是,具有紊动流态的泥石流与清水湍流相比,前者的刚性系数要大 2~40 倍,仍然存在显著的屈服应力。因此,紊动流内的脉动和涡动强度弱于清水湍流。在紊动流中,泥石流中的石块运动多呈滚动、跃移或平移,流速较大时,可发生猛烈的撞击。在垂线上,颗粒粒径由下向上变小,堆积的床沙有明显的分选性。

扰动流:扰动流是处于典型的紊动流和层动流之间的过渡性流态。处于扰动流的泥石流,多数是黏性泥石流,部分是接近黏性的过渡性泥石流。当泥石流密度大于 1.5~2.0 $t \cdot m^{-3}$ 时,浆体的屈服应力和黏度分别超过 1.0 Pa 和 0.01 Pa · s,粒径小于 2 mm 的颗粒物质和水结合在一起,形成强度较大的充填式或过渡式网粒结构。此时,浆体部分的脉动速度非常小,涡动和环流也不能自由发展,紊流运动被强烈抑制。同时,整体的结构仍然不能抵抗较大的剪切作用,石块在流速梯度场中的旋转、滚动扰动流线,致使典型的层流状态消失;尤其当流速加大时,处于不同状态和不同速度的石块彼此发生猛烈撞击,引起泥浆飞溅,扰动强烈,有时也可产生大规模的涡动和纵向环流。因此,把这种既无自由脉动又无典型层流,而是由于石块间猛烈撞击、流体与床底强烈作用引起剧烈扰动而产生的过渡性流态称为扰动流。

层动流:层动流是指流线光滑、大致平行、互不干扰的流动。含有较少石块的亚黏性或黏性泥石流在平顺、糙率较低的沟道中运动时,可以出现层动流形态。呈层流运动时,石块和周围浆体的流速一致,同时前进不发生分离。但在流速梯度较大的边壁附近,由于石块两侧或上下受流速差的影响,石块发生转动,石块间发生摩擦,使流线受到干扰,出现小幅度的摆动或转动。但由于流体的黏度(刚度系数)和屈服应力较大,脉动受到抑制,也不致发生大幅度的涡动和明显的扰动,流线大致平行,流面光滑,从整体的流场来看,仍具有层动流的某些特征。层动流的平均流速变化范围很大。四川凉山黑沙河的泥石流层动流流速一般为 $0.5\sim5\ \mathrm{m\cdot s^{-1}}$,但云南东川蒋家沟泥石流的层动流流速可高达 $15\ \mathrm{m\cdot s^{-1}}$。

蠕动流:塑性或黏性泥石流体多表现为蠕动流。蠕动流是指内部结构性很强,但是在较大流速梯度情况下仍然出现剪切变形的流动。由于塑性泥石流浆体的网格结构紧密,黏度和屈服应力很大。当流体运动时,只在边壁附近厚度很小的一层流体才发生剪切流动。而在这剪切层之外的流体呈柱塞状,基本上没有相对运动或流速梯度很小。黏性泥石流体只有在坡度很缓、流体运动很慢时才出现蠕动流。泥石流蠕动时,石块与浆体不分离,基本上等速前进,其中呈成层流动的底部和接近岸壁部分与层动流相似。蠕动流的流速一般小于 $1.0\ \mathrm{m\cdot s^{-1}}$,大部分为 $0.02\sim0.2\ \mathrm{m\cdot s^{-1}}$。尽管蠕动流的上部为整体性运动,不发生相对变形,但当下部剪切流动层遇到较大的石块或沟床地形发生变化时,上层流体也像塑胶体一样,可随之发生一定程度的变形。

滑动流:在某些特殊条件下,如沟床坡度较大、床面比较光滑,塑性或黏性泥石流可出现一种滑动流的形态。其主要特点是流体运动时,底面出现一个很薄的滑动层。其余绝大部分的流体呈现为一个内部无相对位移、结构基本不变的滑动体核。滑动流类似于一种履带式的运动。滑动核与底床之间滑动层内往往呈扰动流,有时也呈蠕动流。但这种滑动与土体块体滑动不同,它的滑面实际上仍为很薄的流动层,多少具有流速梯度,并且整个流体曾经受过一定扰动,一般不具备原始土体的结构。滑动流受底床糙率的影响较大,如果天然沟道凹凸不平,宽窄不一,床面阻力很大,那么内部结构容易被破坏,难以形成滑动流。

11.2.2 泥石流动力学参数计算

11.2.2.1 流速计算

运动速度分布是泥石流运动力学研究的核心问题。如何准确地计算泥石流流速也是泥石流防治工程设计中最关键的问题之一。但是,泥石流流速受物质组成、地形、降水等诸多复杂因素的影响。目前还没有一个适用于不同区域、不同泥石流类型的通用流速计算公式。

现有泥石流流速的计算方法大致可以分为基于泥石流本构的理论公式、基于水力学的经验公式、基于能量损耗的计算公式和基于超高和爬高的计算公式四类。

(1) 基于泥石流本构的理论公式

泥石流流速的理论公式是指根据泥石流的本构关系,从理论上推导的流速关系。常见的流速理论公式采用牛顿体和 Bagnold 的膨胀体黏塑性体等得到不同的泥石流流速关系。

① 膨胀体模型,其流速估算公式为

$$V_c = \frac{2}{3}\xi H^{1.5} J \tag{11-5}$$

式中,ξ——颗粒大小和浓度的集中系数。该公式反映了颗粒流在惯性区的膨胀剪切关系,这也正是高桥堡泥石流模型的基础。

② 牛顿体紊流的 Manning-Strickelr 公式(即曼宁公式):

$$V_c = \frac{1}{n} H^{2/3} J^{1/2} \tag{11-6}$$

式中,n——曼宁系数。这个计算公式已经被推荐进入日本的泥石流防治技术标准中。

③ 明渠流的谢才公式:

$$V_c = C H^{1/2} J^{1/2} \tag{11-7}$$

式中,C——谢才系数。谢才公式是从一维明渠流的运动方程中推导出来的,后来推广到泥石流流速估算中。

(2) 基于水力学的经验公式

泥石流流速经验公式一般从均匀恒定的明渠流阻力公式出发,根据地区性的实际资料做出修正,建立泥石流断面平均流速、坡度、水力半径和反映沟床粗糙条件的阻力系数四个变量之间的一种经验统计关系,能在一定程度上解决当时当地的工程实践问题。国内外很多学者根据地区性的观测资料提出了不同的研究区相应的流速和阻力计算经验公式。从理论公式(11-6)与公式(11-7)可以看出,泥石流流速公式的基本形式为

$$V = C_m H^a J^b \tag{11-8}$$

式中,指数 a、b 以及经验系数 C_m 均为待定参数,需要根据不同地区、不同类型泥石流流速观测资料进行率定。我国基于实际观测资料的经验公式较多,例如,云南东川蒋家沟黏性泥石流估算公式,云南东川大白泥沟黏性泥石流经验公式,甘肃武都火烧沟、柳弯沟和泥弯沟黏性泥石流估算公式,西藏波密古乡沟黏性泥石流估算公式,云南大盈江浑水沟黏性泥石流估算公式,青海扎麻隆峡稀性泥石流估算公式,北京地区稀性泥石流估算公式等。这些公式适合于我国不同地区、不同类型和性质泥石流流速与阻力的计算。这里仅列举四种相对有影响的经验公式。

① 陈光曦和王继康根据云南东川蒋家沟、大白泥沟等 153 阵泥石流的观测数据,采用曼宁-谢才公式建立黏性泥石流流速公式(陈光曦等,1983):

$$V = K H^{2/3} J^{1/2} \tag{11-9}$$

式中,V——泥石流流速;K——黏性泥石流流速系数;H——泥深;J——沟床比降。

② 康志成等(2004)借用曼宁公式,根据蒋家沟 1965—1967 年和 1973—1975 年的泥石流观测数据提出的黏性泥石流流速计算公式,并发现曼宁系数与泥深存在良好的统计相关

关系[式(11-10)、式(11-11)],还根据西藏、云南东川和甘肃武都等地区黏性泥石流的观测资料编制了经验性的曼宁系数表,曼宁系数取值在0.05~0.445。

$$V=\frac{1}{n}H^{2/3}J^{1/2} \tag{11-10}$$

$$\frac{1}{n}=28.5H^{-0.34} \tag{11-11}$$

式中,n——曼宁系数。

③ 王文濬等(1985)根据西藏波密古乡沟1964年的85次和1965年的10次泥石流观测资料,提出了适用于稀性泥石流和黏性泥石流的流速经验公式:

$$V=\frac{1}{n}H^{3/4}I^{1/2} \tag{11-12}$$

④ 费祥俊等通过对泥石流运动阻力分析,根据西南地区各黏性泥石流沟的实测统计资料,提出了涉及参数较为全面、有一定普遍意义的黏性泥石流流速计算公式,建立了曼宁系数与泥石流固体浓度、颗粒组成以及泥深、坡降的关系[式(11-13)、式(11-14)]。该方法考虑了黏性泥石流浓度、坡降以及颗粒组成等对泥石流阻力的影响,包括的因素较为全面(费祥俊,2003)。

$$V=\frac{1}{n}H^{2/3}J^{1/2} \tag{11-13}$$

$$\frac{1}{n}=1.62\left[\frac{C_v(1-C_v)}{\sqrt{HJ}\,d_{10}}\right]^{2/3} \tag{11-14}$$

式中,C_v——泥石流固体体积浓度;J——沟床坡降;d_{10}——泥石流中固体物质含量为10%的颗粒粒径,作为反映细颗粒泥沙含量的一个指标。

(3) 基于能量损耗的计算公式

王兆印(2001)在室内开展了水流冲刷沟床沉积物发展形成两相泥石流的试验。研究发现,坡降和液相流速小时发生推移质运动,坡降和液相流速大时水流激发颗粒运动聚集在前部,大量卵石开始运动形成泥石流;形成泥石流的临界坡降与沟床卵石粒径的2/3次方呈正比;泥石流头部隆起高度与头部卵石粒径呈正比;泥石流中小卵石的瞬时速度高而大卵石的平均速度高,小颗粒总是碰撞前面的大颗粒而降低速度或停止,因此对颗粒运动的能量进行分析,建立了龙头运动的能量理论和泥石流龙头运动速度计算公式:

$$V_c=2.96\frac{\rho_s-\rho_f}{\rho_s}\frac{q}{C_{vd}h_d\left(1-20J+12.6\dfrac{\rho_s-\rho_f}{\rho_s}\right)} \tag{11-15}$$

式中,ρ_s——固体颗粒密度;ρ_f——液相密度;q——清水单宽流量;C_{vd}——龙头内卵石的体积比浓度(只包含推移质);h_d——龙头高度;J——沟床坡降。

(4) 基于超高和爬高的计算公式

泥石流过弯道时在离心运动的作用下,会产生凸岸泥面降低、凹岸泥面升高的超高现象。泥石流弯道的超高值与泥石流的流速、弯道曲率半径、弯道宽度有关。因此,根据离心运动的原理,利用现场调查得到的弯道沟壁处的泥痕高差值可以推算出泥石流暴发时的流速。国内外常见的泥石流弯道超高公式见表 11-1。

表 11-1 国内外常见的泥石流弯道超高公式

超高公式	流速公式	适用条件	参考文献
$\Delta h=kBv^2/(Rg)$	$v=\sqrt{\Delta hRg/2aB}$	稀性泥石流	水山高久和上原信司(1985)
$\Delta h=B\left(\dfrac{v^2}{gR\cos\theta}+\tan\varphi\right)$	$v=\sqrt{\left(\dfrac{\Delta h}{B}-\tan\varphi\right)gR\cos\theta}$	黏性泥石流	周必凡等(1991)
$\Delta h=B\left[\dfrac{v^2}{Rg}+\tan\varphi+\dfrac{c}{H\gamma\cos^2\theta}\right]$	$v=\sqrt{\left(\dfrac{\Delta h}{B}-\tan\varphi-\dfrac{c}{H\gamma\cos^2\theta}\right)Rg}$	黏性泥石流	蒋忠信(2007)
$\Delta h=B\left(\dfrac{v^2}{Rg}+\tan\varphi\right)$	$v=\sqrt{\left(\dfrac{\Delta h}{B}-\tan\varphi\right)Rg}$	稀性泥石流	
$\Delta h=\dfrac{V_2^2-V_1^2}{2g}$	$v=\sqrt{\dfrac{1}{2}\Delta hg\left(\dfrac{R_2+R_1}{R_2-R_1}\right)}$	稀、黏性泥石流	陈宁生等(2009)

注:Δh——弯道超高值(m);k——弯道超高系数,常取 2.0;R——弯道半径(m);B——沟道宽度(m);v——泥石流平均流速($\mathrm{m\cdot s^{-1}}$);V_2、V_1——分别为泥石流凹岸和凸岸流速($\mathrm{m\cdot s^{-1}}$);g——重力加速度($\mathrm{m\cdot s^{-2}}$);H——泥石流平均泥深(m);γ——泥石流重度($\mathrm{N\cdot m^{-3}}$);c——泥石流黏聚力($\mathrm{KN\cdot m^{-2}}$);β——泥面斜度(°);θ 和 φ——分别为来流角和内摩擦角(°)。

泥石流运动速度快、惯性大,易于保持直线运动。当它遇到突起的障碍物时,容易出现爬高的现象。爬高的高度是由泥石流的动能决定的。因而可以从泥石流的爬高推算泥石流的运动速度。康志成等(2004)根据动能转化为势能的原理,推导了泥石流的爬高公式:

$$\Delta H_c=1.6\frac{V_c^2}{2g} \tag{11-16}$$

11.2.2.2 泥石流流量的计算

泥石流流量随时间变化的曲线称为泥石流流量过程线,曲线的峰值称为泥石流的峰值流量。工程实践中所关心的是泥石流的峰值流量,而泥石流总量的计算则需要知道泥石流的整个流量过程线。如前所述,泥石流的流量过程线分阵性和连续两种。蒋家沟现场观察的结果显示为黏性泥石流阵流，在通过观测断面时，其整体为一楔形体，形状基本保持不变。因此，康志成等（2006）在计算蒋家沟泥石流的一阵径流总量时把阵性流的流量过程线概化成三角形，认为泥石流泥位随时间是一种线性的变化，因而等于流量与历时乘积的一半。而周必凡等（1991）在计算断面的一次泥石流总量时，根据泥石流历时和最大流量，按泥石流暴涨暴落的特点，将其过程线概化为五边形，将总历时平均分为三段，每段按三角形来计算。

目前，国内外提出的泥石流峰值流量计算方法主要有形态调查法、配方法、综合成因法、数理统计法和地学分析法。

形态调查法，又称泥痕调查法，是通过野外调查已经发生过泥石流的流域，根据现场的泥痕等确定泥石流经过流通区段时的最高泥位、过流断面面积和流速，由此计算泥石流的峰值流量。计算表达式为

$$Q_c = A_c V_c \tag{11-17}$$

式中，A_c——泥石流过流断面面积；V_c——泥石流断面平均流速。

配方法是根据泥石流体中固体物质和水的体积比，用某一保证率下可能出现的清水峰值流量乘以相应的比率而得到泥石流峰值流量。配方法分为考虑补给沙石体含水量和考虑堵塞条件两种计算方法：

$$Q_c = (1+\phi) Q_B \tag{11-18}$$

$$Q_c = q(1+\phi) Q_B \tag{11-19}$$

式中，Q_B——清水设计流量；ϕ——泥石流流量修正系数，等于$\dfrac{\gamma_d-\gamma_w}{\gamma_s-\gamma_d}$（$\gamma_d$、$\gamma_w$ 和 γ_s 分别为泥石流、清水和固体颗粒的重度）；q——泥石流堵塞系数（在泥石流沟道微弱堵塞时取值1.0~1.4，一般堵塞时取值 1.5~1.9，较严重堵塞时取值 2.0~2.5，严重堵塞时取值2.6~3.0）。

综合成因法则是综合考虑了影响泥石流流量的众多因素，比如沟道阻塞、前期含水量、间歇性、阵流叠加和沟谷侵蚀等，统一采用一个综合成因系数或流量累积系数来计算泥石流的峰值流量：

$$Q_c = \phi_c(1+\phi) Q_B \tag{11-20}$$

式中，ϕ_c——泥石流流量累积系数，可以通过经验关系 $\phi_c = 11.71Q_B^{-0.21}$ 来估算（吴积善等，1993）。

配方法和综合成因法虽然原理和系数的取定有所不同，但本质上都是通过修正一定设计频率下的洪水流量来得到相应频率下的泥石流流量。所以，可以统称为雨洪修正法。

数理统计法特别针对有长期观测资料的泥石流沟，使用统计学的方法估计某一发生频率下泥石流的流量。

地学分析法则是根据流域的一些地学因子（如流域面积、主沟长度、松散物质储量等）估算冲出泥石流的总方量，进而估计泥石流的峰值流量。

目前比较普遍使用的是考虑堵塞条件的配方法。因为泥石流流量受多种因素影响，单

从一种方法计算得到的结果可能存在较大误差。所以，在多种方法均有可能的情况下，一般对不同方法计算结果进行比较分析，选择相对合理的流量计算结果。

11.2.2.3 泥石流冲击力的计算

高速运动的泥石流挟带大量的石块，甚至有粒径超过 10 m 的巨石，对障碍物产生巨大的冲击力。冲击作用是泥石流成灾的三种方式之一，也是破坏力最为巨大的一种，往往给其冲击范围内的房屋、桥梁等造成毁灭性的破坏。因泥石流冲击力研究在泥石流防治工程中的重要性，国内外科学家在野外对泥石流冲击力开展了许多观测研究。章书成和袁建模(1985)1973—1975 年在蒋家沟采用电感式冲击力仪实测了泥石流的冲击力，1975 年共测 69 次，其中龙头正面冲击的有 35 次，量级均在 195 kPa 以上，这中间又有 11 次量级在 920 kPa 以上，其余 34 次的量级均在 195 kPa 以下。1982—1985 年，章书成、陈精日和叶明富改进了测量仪器，又测得了 59 个泥石流冲击力过程线(吴积善等，1990)，测量值多在 1000 kPa 左右，其中最大值超过 5000 kPa(仪器的满度量程为 5000 kPa)。2004 年，胡凯衡等(2006)利用在云南蒋家沟建立的泥石流冲击力野外测试装置和新研制的力传感器以及数据采集系统，首次测得了不同流深位置、长历时、波形完整的泥石流冲击力数据，测得最大冲击力为 3110 kPa。

泥石流冲击力的计算方法可以分为水力学方法和固体力学方法。

水力学方法根据流体动压力的计算原理，对一般流体动压力计算公式修改得到(吴积善等，1993)：

$$P=K\rho_c V_c^2 \tag{11-21}$$

式中，P——单位面积上的流体压力；ρ_c——泥石流密度；V_c——泥石流平均流速；K——泥石流不均匀系数，$K=2.5\sim4.0$。

计算泥石流中大石块的冲击力则要采用固体力学的方法。例如，采用弹性力学的石块冲击力计算公式：

$$P_d=\rho_s A V_c C \tag{11-22}$$

$$或\ P_d=\frac{QV_d}{T} \tag{11-23}$$

式中，ρ_s——石块比重；A——石块与被撞击物的接触面积；C——撞击物的弹性波传递速度(石块一般可取 $C=4000\ \mathrm{m\cdot s^{-1}}$)；$V_d$——石块运动速度；$T$——大石块和坝体的撞击历时，按 1 s 计算；$Q$——石块重量。

陈光曦等(1983)借鉴船筏与桥墩台撞击力公式来计算泥石流冲击力：

$$P_d=\gamma V_c \sin a\sqrt{\frac{Q}{C_1+C_2}} \tag{11-24}$$

式中，a——被撞击物的长轴与泥石流冲击力方向所形成夹角的大小；C_1、C_2——分别为巨石及桥墩圬工的弹性变形系数,采用船筏与桥墩台撞击的数值有 $C_1+C_2=0.005$;γ——动能折减系数,对于圆端属正面撞击,采用 $\gamma=0.3$。

何思明等(2007)考虑泥石流碰撞时的弹塑性变形,提出了泥石流石块冲击力计算的弹塑性公式。但是,该公式比较复杂,需要的参数比较多。

11.2.3 泥石流动力学模型

泥石流动力学模型是指描述泥石流流动的物理力学方程。从描述组成物质和运动的观点来看,泥石流动力学模型可划分为连续介质、离散介质和混合介质模型。连续介质模型假设泥石流体在空间连续而无空隙地分布,其宏观物理量如速度、密度等都是空间和时间的连续函数,满足质量守恒、动量和能量守恒定律。连续介质模型一般是从明渠流和颗粒流的运动模型中发展而来的,主要可分为单流体模型和多流体模型。单流体模型和多流体模型都属于流体动力学模型,前者是指将泥石流视为伪一相流体所建立的一组单组分的流体动力学控制方程,如常见的二维 Saint-Venant 方程:

$$\begin{aligned}&\frac{\partial h}{\partial t}+\frac{\partial uh}{\partial x}+\frac{\partial \nu h}{\partial y}=0\\&\frac{\partial u}{\partial t}+\left(u\frac{\partial u}{\partial x}+\nu\frac{\partial u}{\partial y}\right)=gS_{sx}-gS_{fx}\\&\frac{\partial u}{\partial t}+\left(u\frac{\partial \nu}{\partial x}+\nu\frac{\partial \nu}{\partial y}\right)=gS_{sy}-gS_{fy}\end{aligned} \tag{11-25}$$

式中,h——泥石流流深;u、ν——分别为泥石流沿流向(x)和纵向(y)方向的速度分量;g——重力加速度;S_{sx}、S_{sy}——分别为地形沿 x 和 y 方向的坡降;S_{fx}、S_{fy}——分别为 x 和 y 方向的摩阻坡降。

目前,比较成熟和应用最多的就是这类模型。单流体模型一般适用于泥流或者两相速度差很小的泥石流,而且也能解释泥石流运动中的一些简单现象。但是,当泥石流两相速度差很显著,存在较强的相间相互作用时,单流体模型与实验和观测结果偏差很大。

泥石流的多流体模型主要是指考虑了固液两相动量交换而建立的两组分的流体动力学方程组。每一组分都有各自的质量、动量和能量守恒方程。多流体模型目前也比较多,例如王光谦和倪晋仁(1994)建立的泥石流两流体模型,液相采用宾汉体模型,固相采用膨胀体模型。两流体模型的基本方程包括各相的质量守恒方程、动量守恒方程和能量守恒方程。其基本形式为

$$\frac{\partial \rho_k}{\partial t}+\nabla\cdot\rho_k\boldsymbol{u}_k=0 \tag{11-26}$$

$$\frac{\partial \rho_k\boldsymbol{u}_k}{\partial t}+\nabla\cdot\rho_k\boldsymbol{u}_k\boldsymbol{u}_k=\nabla\cdot\boldsymbol{T}_k+\rho_k g+M_k \tag{11-27}$$

$$\frac{\partial}{\partial t}\left[\rho_k\left(S_k+\frac{\boldsymbol{u}_k^2}{2}\right)\right]+\nabla\cdot\left[\rho_k\left(S_k+\frac{\boldsymbol{u}_k^2}{2}\right)\boldsymbol{u}_k\right]=-\nabla\cdot q_k+\nabla\cdot(\boldsymbol{T}_k\cdot\boldsymbol{u}_k)+\rho_k\boldsymbol{u}_k\cdot g+Q_k+E_k \tag{11-28}$$

式中，下标 $k=1,2$ 分别对应液相和固相；ρ_k——分密度；$\boldsymbol{u}_k$——速度矢量；$\boldsymbol{T}_k$——应力张量；g——单位质量的外力；M_k——相间的动量交换项；S_k——表观内能；q_k——能量通量；Q_k——能量源项；E_k——相间能量传递项。S_k 包括内能和脉动动能两部分，即

$$S_k=E_k+\frac{1}{2}u'^2 \tag{11-29}$$

现有的泥石流动力学模型涉及的主要是泥石流形成后在沟道和堆积扇运动的过程。浅水波、颗粒流、多相流的动力学模型和计算方法针对这一过程相对成熟，已经发展到可以实际应用的程度。在泥石流运动过程方面需要更深入的研究工作是考虑泥石流的非均质性以及动床的快速侵蚀作用。目前，相对来说还处于空白的是泥石流形成的动力学模型。暴雨型泥石流的形成过程，首先是在降雨的作用下坡面土体失稳起动，坡面和细沟产流，然后通过上游的支沟汇流，最终形成一定规模的泥石流。这一过程涉及水文学、土力学和流体力学等学科，是一个非常复杂的物理过程。建立一个能描述泥石流起动、产流和汇流过程的动力学模型是未来泥石流学科的重要研究主题（胡凯衡等，2014）。

11.2.4 泥石流应力本构关系

泥石流的应力本构关系是指泥石流的剪应力与应变、应变率或法应力之间的函数关系。在泥石流的动力学模型中，因为变量的数量大于控制方程的数量，所以需要增加泥石流的应力本构关系进行封闭求解。泥石流是多相介质，内部存在各种力的作用，如颗粒摩擦力、碰撞力、浆体黏聚力、紊动应力、黏滞力等。不同研究者往往侧重考虑不同类型的作用力，进而提出了各种描述泥石流体应力本构关系的模型。费祥俊和舒安平（2004）将常用的泥石流应力本构模型归纳为以下六种。

（1）摩擦模型

这种模型认为，泥石流体的主要运动阻力来自颗粒的接触摩擦，因此借助土力学中的 Mohr-Coulomb 理论计算剪应力 τ：

$$\tau=\tau_c+\sigma'\tan\varphi \tag{11-30}$$

式中，τ_c——黏聚力；σ'——有效正应力；φ——颗粒物质的内摩擦角。

（2）碰撞模型

该模型认为，固体颗粒之间的碰撞力起主导作用，碰撞产生的剪应力与剪切速率 $\dot{\gamma}$ 的平方呈正比：

$$\tau=\chi\dot{\gamma}^2 \tag{11-31}$$

式中，χ 与固体颗粒密度、粒径、粒径分布、浓度有关。

(3) 摩擦-碰撞混合模型

该模型认为,泥石流运动中同时存在颗粒之间的摩擦力和碰撞力:

$$\tau=\tau_c\cos\varphi+\eta_1(C_v^2-C_{v0}^2)\sin\varphi+\eta_2(C_{vm}^2-C_v^2)\dot{\gamma}^2 \tag{11-32}$$

式中,η_1、η_2——待定系数;C_{v0}、C_{vm}——分别为固体体积比浓度的最小值和最大值。

(4) 宏观黏性模型

该模型认为,固体颗粒的存在使得泥石流体的黏性增加,但仍保持为牛顿体:

$$\tau=\mu\dot{\gamma} \tag{11-33}$$

式中,μ——泥石流体的黏滞系数。

(5) 宾汉模型(黏塑性模型)

该模型考虑了泥石流体随浓度增加而黏性增大,同时考虑细颗粒浆体形成絮凝结构以及粗颗粒摩擦产生的屈服应力:

$$\tau=\tau_y+\eta\dot{\gamma} \tag{11-34}$$

式中,τ_y——屈服应力;η——刚度系数。

(6) 黏塑性-碰撞混合模型

与其他模型相比,该模型考虑泥石流运动中的各种作用力,因此应力表达式较为复杂:

$$\tau=\tau_y+\mu\dot{\gamma}+(\mu_c+\mu_t)\dot{\gamma}^2 \tag{11-35}$$

式中,μ_c——离散参数;μ_t——紊动参数。

由于常用流变仪只能测量 2 mm 以下的颗粒构成的悬浮液的流变性质,上述模型中的参数多根据小型流变试验建立的经验公式计算得到。

11.3 泥石流侵蚀

11.3.1 侵蚀特征

泥石流侵蚀是指岩土体在泥石流的动力作用下发生一定位移的过程。泥石流的侵蚀从沟道横断面上看,可以分为下蚀和侧蚀;从纵剖面上看,可分为溯源侵蚀和顺流侵蚀。溯源侵蚀是指从沟道某一断面或沟口处遭受刷深,沟床由此向上游逐步后退的过程。顺流侵蚀是沿泥石流流向,从沟道某处逐渐朝下游侵蚀刷深的过程。泥石流的侵蚀作用包括其形成过程中的坡面侵蚀和运动过程中对沟床和沟岸的冲刷、掀揭等作用。按照水系的级别,沟道泥石流的侵蚀模式可分为切沟、冲沟和溪沟等不同级别。切沟泥石流侵蚀以下蚀作用为主,并出现于季节性沟槽径流的峰值阶段,侵蚀方式有铲蚀、冲蚀、磨蚀等。冲沟泥石流侵蚀,在下游往往由下蚀和侧蚀组成;在时间上,有时两者交替出现,有时被支沟汇入泥石流的堆积作用中断。溪沟泥石流侵蚀与冲沟泥石流侵蚀相似之处在于,两者均与堆积作用在时间上相间出现,在空间上同时出现下蚀和侧蚀两类作用;不同之处在于,溪沟泥石流侵蚀深度较深,可达10余米,侧蚀拓宽沟道的宽度可达数百米,较冲沟宽阔。

泥石流的侵蚀特征既与流体的类型有关,还与坡面和沟道的边界条件有关。泥石流的侵蚀特征具有双重性,既有某些重力侵蚀的特征,又有一些水流侵蚀特征。根据不同的流体条件和侵蚀方式,田连权等(1993)将泥石流的侵蚀归纳为三种显著的双重特征:局部性与整体性、急剧性与间歇性、独发性与伴生性。

泥石流侵蚀的整体性类似于坡地上崩塌、滑坡等重力侵蚀作用,局部性类似于流水的侵蚀作用,具有时间和空间上的分散性。泥石流是一种介于水流和滑坡之间的多相介质运动,所以泥石流侵蚀既有整体性,又有局部性,这两类特征分别以稀性和黏性泥石流侵蚀为代表。稀性泥石流侵蚀首先冲起较细小土粒,增加流体密度,同时沟床留下较粗土粒,形成护床(粗化)沙砾层;随着流体密度、流速、流量等值增加,较粗土粒进入流体,流体含沙量进一步增加,护床沙砾层土粒粒径增大;最后,流体掀揭最大土粒后,护床沙砾层消失,层下较细土粒将呈群体起动,泥石流侵蚀的局部性转向整体性。泥石流整体性侵蚀,也可称为层状侵蚀,以黏性泥石流最为典型。黏性泥石流密度一般超过2.0 $t \cdot m^{-3}$,可视为流动的饱和土体,流体内部颗粒排列紧密,具有结构性;粒面附有泥膜,粒间充填着较小颗粒。流动呈现整体性,有流核,没有悬着质、悬移质和推移质区别,只有粒径大于泥深的颗粒在滚动着前进。

泥石流的过程时间较短,一般在十几分钟到几个小时之间。而泥石流的侵蚀作用只发生于暴发期的一小部分时间段。非侵蚀作用或挟沙水流侵蚀作用的时间较长。所以,泥石流的侵蚀具有急剧性。另一方面,与水流侵蚀相比,泥石流在侵蚀深度上变化急剧。泥石流侵蚀(冲刷)沟床深度值的变幅很大。例如,1954—1963年,西藏波密古乡沟上游主沟被泥石流刷深140~180 m,年平均刷深16 m。1964—1977年,西藏波密加马其美沟公路桥位置处的沟床遭泥石流刷深12 m,且向右移13.4 m,平均每年刷深0.92 m。1984年,云南东川蒋家沟一次黏性泥石流在支沟门前沟沟口处刷深16 m。由此向下游刷深深度逐渐减小,到下游排导沟内刷深仅2 m(田连权等,1993)。由“5·12”汶川地震诱发的大型泥石流侵蚀变化幅度更大。例如,2010年8月13日,四川绵竹清平文家沟特大泥石流中,泥石流对沟道的侵蚀最大深度超过了50 m,沟道平均侵蚀深度近20 m。泥石流侵蚀的急剧性与泥石流性质、规模和运动状态等有关。在泥石流由稀性转变为黏性的时段和沟段,侵蚀的深度和长度急剧增强;反之,剧降或变化平缓。

泥石流侵蚀的第三个特征是所谓的独发性和伴生性。对于某一流域或源地来说,泥石流侵蚀既可能单独出现,又可与重力侵蚀、流水侵蚀等一起发生。坡面泥石流侵蚀通常与流水侵蚀相伴生,在崩塌滑坡发育区域还与重力侵蚀相伴随。伴随沟道(包括切沟、冲沟、溪沟等)泥石流侵蚀的物质迁移,除了支沟汇入泥石流的堆积、两岸崩滑入沟堵塞等作用外,还可与流水侵蚀、堆积作用相伴生。

11.3.2 侵蚀的力学机理

泥石流侵蚀发生的基本力学机理在于泥石流的边界剪切力大于边界处岩土体的抗剪强度。边界剪切力受泥石流流速梯度、粒径、密度和黏性系数等影响,而岩土体的抗剪强度可以用黏聚力和内摩擦角来表示。当边界剪切力大于抗剪强度时,沟床被侵蚀。当边界剪切力小于或等于抗剪强度时,除了部分被推移的颗粒之外,泥石流与沟床的界面稳定,不发生侵蚀。

河床受水流的侵蚀机理可以用粗化层理论来描述。当上游来沙量小于水流挟沙能力,并且水流强度不能起动所有粒径的床沙时,床面泥沙将发生选择性侵蚀。较细的颗粒首先被冲刷搬运,而粗颗粒基本不动。床面在慢慢下切的同时,物质组成不断变粗,最终形成以粗颗粒为主体的稳定粗化结构,即所谓的粗化层。粗化层形成后将保护下层床沙不被冲刷输移,降低泥石流的输沙率。若水流强度增大,则可动沙粒径范围扩大,粗化层中又有部分较细颗粒被冲刷下移,并形成新的级配更粗的粗化层,直至出现极限或临界粗化层。此后,如果流量再加大,粗化层被完全破坏,床面再度被刷深(孙志林和孙志锋,2000)。粗化层的形成和破坏对应着两个重要的临界水动力条件。国内外研究者(Shen and Lu,1983;Sutherland,1987;孙志林和孙志锋,2000)通过分析大量的水槽实验及野外观测资料发现,粗化层形成的临界水力条件大致相当于 D_{35} 的起动条件,即当床面泥沙大约有65%的颗粒不动时,粗化层便基本形成。此时的水动力条件记为 U_{d35}。粗化层完全被破坏则是在粗化层级配条件下,水动力条件恰好能使床沙全动输移。因此,粗化层被破坏的临界水力条件应相当于粗化层级配条件下最大颗粒的起动条件,此时的水动力条件记为 U_{dmax}。孙志林和孙志锋(2000)通过整理水槽实验资料,提出了粗化层形成及被破坏的临界摩阻流速,如公式(11-36)和公式(11-37)所示:

$$U_{d35}^{*}=\sqrt{0.032\left(\frac{\gamma_{s}-\gamma}{\gamma}\right)gD_{35}\left(\frac{D_{m}}{D_{35}}\right)^{0.25}\sigma^{-0.125}} \tag{11-36}$$

$$U_{dmax}^{*}=\sqrt{0.032\left(\frac{\gamma_{s}-\gamma}{\gamma}\right)gD_{max}\left(\frac{D_{m}}{D_{max}}\right)^{0.25}\sigma^{-0.125}} \tag{11-37}$$

式中,D_m——平均粒径(m);σ——泥沙级配的标准差;U_{d35}^{*}——D_{35} 的起动摩阻流速($m\cdot s^{-1}$);γ_s——泥沙重度($N\cdot m^{-3}$);γ——水流重度;D_{max}——最大粒径(m);g——重力加速度;U_{dmax}^{*}——最大粒径起动时的摩阻流速($m\cdot s^{-1}$),摩阻流速与泥石流流速可以进行相互转换。

泥石流的侵蚀远比河流侵蚀复杂。但是,稀性泥石流对沟道的初次冲刷在某些方面类似于河流侵蚀。所以,可以借鉴粗化层理论对稀性泥石流的侵蚀进行机理分析。朱兴华等(2013)认为,稀性泥石流的初次冲刷过程中,能否形成稳定的粗化层对稀性泥石流输沙率起关键性影响，据此根据上述两个临界水动力条件[式(11-36)和式(11-37)]，将泥石流对沟床物质的冲刷输移划分成三种模式：当 $U^* > U^*_{\mathrm{dmax}}$ 时，沟床物质全动输移；当 $U^*_{\mathrm{d35}} < U^* < U^*_{\mathrm{dmax}}$，将形成稳固的粗化层，床面活动层内 D_{35} 以下的颗粒被输移；当 $U^* < U^*_{\mathrm{d35}}$，非均匀床沙被分选输移。

当然，粗化层理论是一种渐变式和散粒式的侵蚀理论，并不能描述黏性泥石流的整体性侵蚀或成层侵蚀机理。

11.3.3 动床侵蚀条件下泥石流流量变化

在对沟床物质的沿程侵蚀过程中，泥石流自身的固体物质浓度、流量、流速等动力学特性也发生了显著的变化。最重要的一点是，随着沟床侵蚀以及侧岸崩滑物的加入，泥石流规模会迅速增长。现场调查已经证实，由于沿程侵蚀作用，冲出沟道的泥石流流量可以达到其初始物源体积的几倍甚至几十倍。例如，1997 年发生在加拿大英属哥伦比亚州的泥石流初始物源仅有 25 000 $\mathrm{m^3}$，而沿程侵蚀物的加入使得最终泥石流堆积物的体积达到 92 000 $\mathrm{m^3}$(Jakob et al.,2000)。2010 年发生的舟曲特大泥石流中，罗家峪上游一支沟交汇口的峰值流量约为 400 $\mathrm{m^3 \cdot s^{-1}}$，而距此大约 2.2 km 的下游一断面处峰值流量达到 1800 $\mathrm{m^3 \cdot s^{-1}}$左右。

为了定量的计算和评估泥石流侵蚀量，学者提出了一系列泥石流沟床侵蚀经验或者物理模型。Takahashi 等 (1987) 和 Egashira 等 (2001) 假设沟床沉积物总是自动调整到平衡斜坡角并建立泥石流侵蚀模型，通过试验拟合出平衡斜坡角与泥石流浓度、平均粒径等参数之间的定量关系。McDougall 和 Hungr (2005) 提出一个简便可行的泥石流侵蚀率经验计算公式，即通过现场调查获得泥石流初始物源和最终堆积体积数据，然后假设沟床沿程均匀分布来建立沟床侵蚀率公式。然而，此方法严重依赖现场实测数据，更多应用于后验分析。Medina (2008) 通过沟床物质静力平衡法和动量守恒法两种方法，构建满足一定物理准则的侵蚀模型，并与二维浅水流方程耦合，开展相关考虑了侵蚀效应的泥石流灾害动力过程模拟。Iverson 等(2011)通过水槽试验证实沟床孔隙水压力对泥石流侵蚀具有重要影响，提出采用耦合孔隙水压力的有效应力来构建侵蚀模型，并与试验结果进行了对比。Le 和 Pitman (2009)假设在侵蚀层和泥石流层之间存在一个具有一定速度的混合层，通过基底、混合层、流体三层模型来构建侵蚀模型。由于河流动力学已发展近百年，许多基于河流泥沙动力学河床侵蚀的经验模型也被借鉴和改进，用来模拟泥石流侵蚀动力过程。

朱兴华(2013)将泥石流的侵蚀总量分为沟床物质侵蚀量、沟岸侧蚀量和堵塞体物质的侵蚀量三个部分，从而将泥石流的综合侵蚀速率表示为三者侵蚀速率之和：

$$Q_{\mathrm{s}} = Q_{\mathrm{sa}} + Q_{\mathrm{sb}} + Q_{\mathrm{sc}} \tag{11-38}$$

式中，Q_{s}——泥石流的综合侵蚀速率($\mathrm{m^3 \cdot s^{-1}}$)；$Q_{\mathrm{sa}}$——泥石流沟床物质侵蚀输移速率($\mathrm{m^3 \cdot s^{-1}}$)；$Q_{\mathrm{sb}}$——沟岸侧蚀输移速率($\mathrm{m^3 \cdot s^{-1}}$)；$Q_{\mathrm{sc}}$——堵塞体物质侵蚀输移速率($\mathrm{m^3 \cdot s^{-1}}$)。

泥石流沟床物质侵蚀输移速率 Q_{sa} 可用如下公式计算：

$$Q_{sa}=k\rho_f U\cdot l\cdot\frac{dQ}{dt} \tag{11-39}$$

沟岸侧蚀全阶段的输移速率为

$$Q_{sb}=\begin{cases}\dfrac{c}{\gamma}(\tau_0-\tau_c)e^{k\tau_c}\times h\times L_e & T\leqslant T_1\\ \dfrac{1}{6}\pi\left[3D_0^2\left(\dfrac{\Delta L}{\Delta t}\right)-3D_0\left(\dfrac{\Delta L}{\Delta t}\right)^2+\left(\dfrac{\Delta L}{\Delta t}\right)^3\right]+Q_{sb1} & T_1<T_1+T_2\\ \dfrac{1}{6}\pi D^3+Q_{sb1} & T=T_1+T_2\end{cases} \tag{11-40}$$

而堵塞体物质侵蚀输移速率为

$$Q_{sc}=\begin{cases}\dfrac{1}{2}\cdot\dfrac{c}{\gamma_s}(\tau_0-\tau_c)e^{k\tau_c}\cdot HL & \text{第 2 阶段}\\ \dfrac{1}{2}\cdot\left[\left(\dfrac{c}{\gamma_s}\right)^2(\tau_0-\tau_c)^2e^{k\tau_c}+2\dfrac{c}{\gamma_s}(\tau_0-\tau_c)e^{k\tau_c}(B-B_L)\right]L\cdot\tan\alpha_c & \text{第 3 阶段}\end{cases} \tag{11-41}$$

尽管各种泥石流侵蚀模型相继被提出并获得了长足发展,然而泥石流沟床侵蚀动力过程极其复杂,更为准确的泥石流侵蚀量计算方法仍然有待进一步深入研究。

11.4 泥石流堆积

11.4.1 堆积过程

泥石流的主要特征包括充分饱和、密度大、静切力大、黏度高、固体颗粒组成不均匀等。这些特征使得泥石流存在较大的屈服强度,可以抵抗一定的剪切力。泥石流自流域源区起动,流经沟谷的过程中,沿程沟谷坡积物在高速运动的泥石流冲击作用下进一步被侵蚀,大量沟谷坡积物加入泥石流中一起向下游搬运。此时,泥石流的驱动力远大于泥石流所受的外部阻力和内部屈服力,泥石流主要以侵蚀作用为主。在泥石流高速运动过程中,流域沟床形态不规则和流体中粗大固体颗粒的相互摩擦与碰撞给流体带来强烈的扰动,形成紊流,泥石流体中的粗颗粒在碰撞应力和静浮托力的共同作用下漂浮在流体表面,或裹挟于泥石流体内部。随着中下游沟道变缓,泥石流速度逐渐降低,运动的泥石流已经无法同时搬运全部的石块和泥沙,部分的粗颗粒开始停留在沟谷。当泥石流进入下游宽阔沟谷的堆积沟段或者在流域沟口,沟床坡度的变化使得泥石流体的驱动力急剧减小,加之沟谷变宽,泥石流的深度降低,阻力增大。此时,泥石流的驱动力小于其所受的外部阻力和内部屈服力,速度减小,泥石流体逐渐堆积在下游沟道或扇面。

黏性泥石流和稀性泥石流的堆积过程有显著差异。据田连权等(1993)的研究表明,黏性泥石流在堆积过程中,粗大颗粒受到的浮托力减小,漂浮在泥石流表面或者悬浮于泥石流体中的粗颗粒开始逐渐下沉，或者转变为沟床推移质。粗颗粒在下沉作用下逐渐集中，颗粒之间的碰撞、接触频率增加，泥石流体中的结构力（咬合力）变大，当泥石流的运动速度减小到无法使整体向下游运动时，阵性泥石流从边缘的部分堆积逐渐过渡到整体堆积，流体中的物质缺乏分选性。稀性泥石流进入堆积沟段或者流域沟口，由于水和悬移质所形成浆体的切应力远小于黏性泥石流，缺乏黏性泥石流的结构特征，运动速度减小时，泥石流中的粗大颗粒首先转变为沟床的推移质向下游搬运，粗大的推移质之间的碰撞、接触频率增加；当运动速度进一步减小时，浆体中的推移质向下游运动的力逐渐减小，沟床的推移质开始部分叠置堆积，而浆体和较细颗粒则继续向下游运动，泥石流的泥深逐渐减小，直到泥深为零时完成泥石流堆积。在稀性泥石流的堆积过程中流体的物质发生了明显的分选性。

11.4.2 堆积物结构和特征

泥石流堆积物是泥石流活动的产物，客观地记录了泥石流的性质、规模、强度和频率，是揭示泥石流活动历史，鉴定泥石流的各种特性，还原泥石流成灾环境，预测泥石流发展趋势的重要科学证据。以形成的时间尺度来划分，泥石流堆积物可以分为古泥石流堆积物、老泥石流堆积物和新泥石流堆积物三类。一般来说，有人类文字记录以前的泥石流堆积物可归为古泥石流堆积物，时间尺度大约为几十万年到几千年之前。老泥石流堆积物一般为上千年和上百年之间泥石流活动的产物。新泥石流堆积物为近期发生的泥石流事件产生的，时间在几十年之间。古泥石流堆积物和老泥石流堆积物的结构和特征不仅受泥石流本身性质和结构的影响，而且后期环境气候的变化和山洪滑坡等其他地貌过程的干扰都会对原始的泥石流堆积物产生显著影响。下面所讲的泥石流堆积物粒度分布和结构特征主要针对新泥石流堆积物，没有受外界太多的干扰。

11.4.2.1 堆积物的粒度分布

泥石流堆积物的粒度分布和粒序反映了泥石流中固体物质的运移方式。泥石流堆积物是运动泥石流体在停积过程中逐渐失水而成。塑性和黏性泥石流堆积物基本上是运动的泥石流整体停积或成层堆积而成。因此，堆积体的组成与相应流体的组成大体一致，与源地土体的组成也相差不大。田连权等（1993）对比分析了云南蒋家沟、盈江浑水沟和四川黑沙河的黏性泥石流堆积物与相应泥石流体和源地土体的粒度分布，发现三者之间基本一致。蒋家沟泥石流堆积物、泥石流体和源地土体粒度分布均为双峰型，第一峰值在$-4\sim-3\Phi$，第二峰值在$8\sim10\Phi$；浑水沟泥石流堆积物、泥石流体和源地土体粒度分布均为单峰型，前者峰值在$-4\sim-3\Phi$，后两者的峰值在$-3\sim-2\Phi$，即堆积物的粒度比泥石流体和源地土体粗一些。稀性泥石流在停积失水形成堆积物的过程中，不同粒径的固体颗粒会发生分选性沉降。悬移质部分呈整体压缩沉降堆积，粒径较大的推移质呈分选性沉积。因此，稀性泥石流堆积物的机械组成同时受流体的组成和输移能力的影响，具有一定的分选性。堆积物的组成主要取决于泥石流的输沙能力和沉积环境，与源地的关系远不及黏性泥石流堆积物密切。随着堆积区比降的增大，堆积物的粒度与流体中土体的粒度之间的差异增大，随着比降的减小，两者之间的差异逐渐减小。例如,四川黑沙河麻肚沟堆积扇上稀性泥石流堆积物粒度由扇顶向扇缘显著减小,细颗粒含量不断增加。

为了区分泥石流堆积物与冰碛物和河湖沉积物的粒度特征,王裕宜等(2001b)采用以下四个粒度指标分析了84个泥石流堆积物样品资料(云南东川蒋家沟泥石流58个、甘肃武都泥石流11个、美国圣海伦火山泥石流15个)、66个冰碛物样品资料和46个河湖沉积物样品资料(洱海21个、滇池25个):

$$M_z=\frac{d_{16}+d_{50}+d_{84}}{3} \tag{11-42}$$

式中,M_z——样本的平均粒径,反映样品颗粒的粗细程度。图11-6是三种沉积物的平均粒径分布图。从中可以看出,就平均粒径而言,泥石流堆积物主要集中在$-4\sim2\Phi$,为砾石和沙砾,约占82%;冰碛物则集中在$3\sim6\Phi$,为粉砂、黏粒,约占65%;河湖沉积物集中在$6\sim10\Phi$,占60%以上。从总体上看,M_z(泥石流堆积物)> M_z(冰碛物)>M_z(河湖沉积物)。平均粒径分布的差异性反映了三者形成的能量环境的不同。事实上,泥石流沉积发生于山高坡陡、地表物质松散、降水集中的高能环境中,并且是整体短距离高速搬运。冰碛物的沉积环境也是高能的,但因搬运距离比泥石流远得多,动辄几百千米,且冰蚀作用极强,搬运时间极长,所以相对于泥石流而言,为一种低能环境。而河湖沉积物搬运距离远,时间长,侵蚀作用强,环境能量最低。

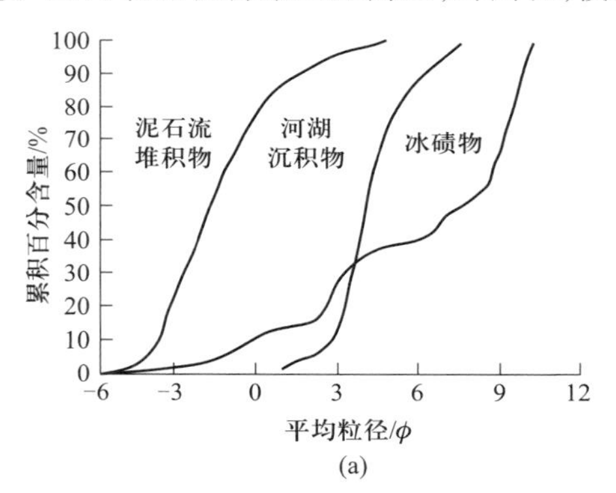

(a)

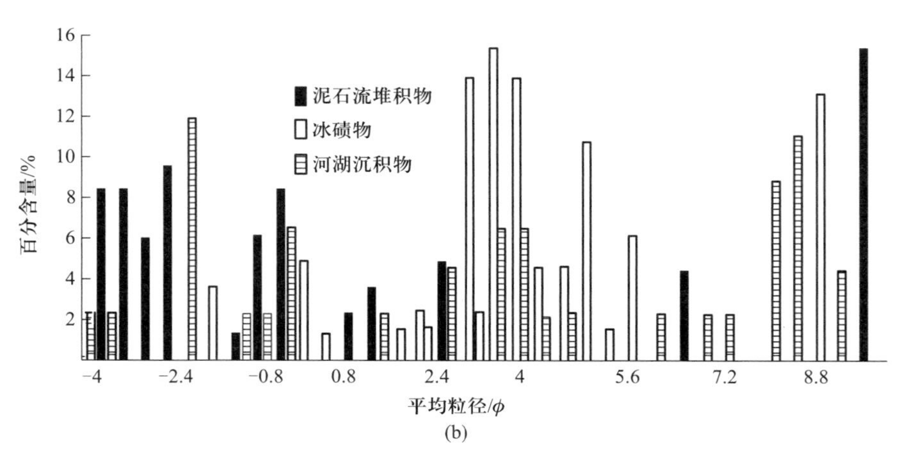

(b)

图11-6 泥石流堆积物、冰碛物和河湖沉积物平均粒径的分布图(王裕宜等,2001b)

11.4.2.2 堆积物的层理结构和构造

泥石流体在形成堆积物的过程中,不同粒径的颗粒在重力和颗粒间力的作用下,在垂向上可能发生分选作用,导致空间排列发生改变,形成一定的层理结构。大多数泥石流研究者对泥石流暴发后野外堆积物剖面的层理结构描述,基本上可分为5类(图11-7):① 递变层(正粒序):由于泥石流沉积时重力分选作用,粗大砾石缓慢下沉而形成正粒序,多半为稀性泥石流堆积的层理结构;② 混杂层(混杂粒序):由于高黏性介质内部阻力的作用,颗粒呈杂乱无章堆积的混杂粒序,多半为黏性泥石流体堆积的层理结构;③ 倒粒序:由于颗粒在低黏性介质中的离散力大于黏性阻力,颗粒呈倒粒序结构,多半为过渡性泥石流堆积的层理结构;④ 粗化层:泥石流堆积后期被水冲刷,堆积层表面的细颗粒大部分被流水带走,使表层粗化,留下的粗颗粒(砾石)呈无序堆积的层理结构;⑤ 底泥层:在泥石流堆积物底部具有较薄的富含粉砂和黏粒堆积的层理结构。此外,一些塑性泥石流堆积物还存在一种所谓的筛积层理结构(well sorted gravel accumulated at the surface)。筛积层理结构的特点是在筛积层表面往往有8 mm砾石累积的现象,而下层砾石则一般很少分选,它的平均粒径显著小于表面,在该层中颗粒无明显的垂直变化。

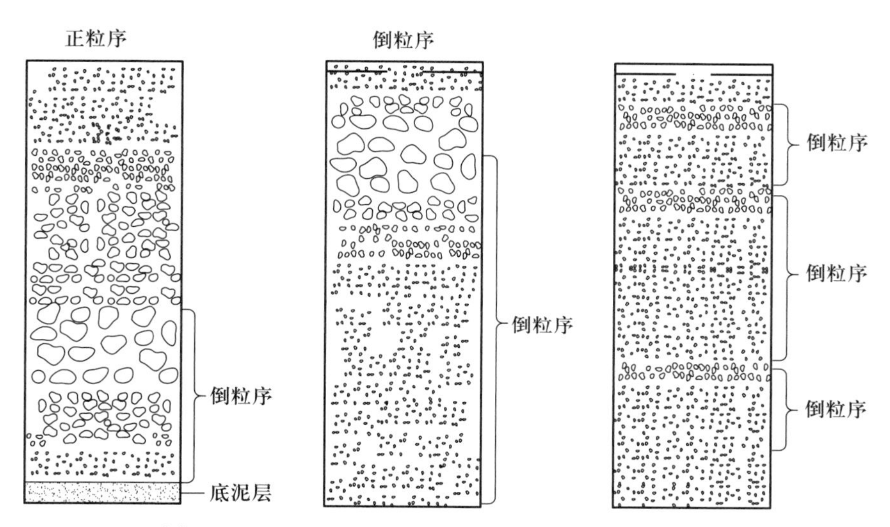

图11-7 泥石流的层理结构示意图(王裕宜等,2001b)

王裕宜等(2001b)采用流核比,即泥石流的平均流深(H)和平均流核厚度(H_0)之比来分析泥石流堆积物的层理结构:

$$R_H = \frac{H}{H_0}, \quad H_0 = \frac{\tau_{Bt}}{\gamma_c jg} \tag{11-43}$$

塑性泥石流由于泥浆介质具有高黏性和高屈服应力,内部阻力大,结构充填度高达0.97,所以它的平均流核厚度为12.04 cm,平均流核比为12。此类泥石流堆积后,颗粒保留在流核中不呈原始杂乱无章的状态而呈现出混杂层理结构。黏性泥石流的平均流核厚度在

3~10 cm,屈服应力大,流核比一般为 21.9,堆积的层理结构常出现混杂粒序和筛积粒序。过渡性泥石流的结构充填度为 0.85,颗粒之间存在一定的自由孔隙,而且浆体介质的屈服应力也较低,流体中的流核很小,平均流核厚度只有 1.75 cm,流核比高达 100 以上。所以,过渡性泥石流一般呈现倒粒序层理结构。

泥石流堆积物的构造是指泥石流堆积体中各种土体颗粒组合排列的形式。它是泥石流堆积过程中的产物,既记录了堆积过程的环境,也残留着运动的某些特征,主要取决于泥石流的性质、组成、运动特性和沉积(堆积)环境。泥石流的堆积构造分为原生构造和后生构造。原生构造能生动地反映沉积物搬运、堆积时的流态和沉积机制,后生构造与沉积介质活动无直接关系。由于泥石流是一种黏滞性很大的流体,其暴发和沉积有突然性,颗粒大小悬殊,堆积时下垫面又十分粗糙,因此,一些同生层面构造不是很平整的,经常表现为弯曲度很大的袋状或假整合接触。每次泥石流堆积物质来源、动力条件和浆体流态的变化,以及沉积后的间歇、冲刷、风化等,都会在两次泥石流堆积体之间造成不同清晰度的界面。

崔之久等(1996)分别从微观和宏观上系统阐述了泥石流堆积物的构造类型和特征。泥石流沉积的微构造是指光学和电子显微镜下(10 倍到 1000 倍)所揭示的泥石流各组成物质(包括卷入的外来物体)在空间上的排列、分布和填充方式。黏性泥石流的常见微构造有以下几种:

水平流动构造:粗颗粒沿水平方向定向很好,流纹为水平连续型,其中气孔也多被拉长或呈定向排列。

波状流动构造:粗颗粒呈连续的波动状排列,颗粒定向较好,在玫瑰图上为锐角双瓣型,流纹多为规则波状,也有不规则波状者。

不规则波状流动构造:粗颗粒呈断续的不规则波动状排列,颗粒定向较差,在玫瑰图上为相对集中的多瓣型,细颗粒纹层不明显,为不规则波状流纹。

交织构造:粗颗粒沿流向作相互穿插、交织状排列,流纹为发育不明显的不规则波状或散碎状。颗粒定向差,在玫瑰图上为发散的多瓣型或钝角双瓣型。

块状构造:粗颗粒杂乱分布,颗粒定向很差或无定向,细颗粒无流纹发育或呈散碎流纹,其中气孔也多为杂乱分布的不规则巨孔。

绕流构造:指流纹在粗颗粒的一侧作挠曲状、帚状、S 形或反 S 形分布。流纹的这种弯曲可发生在粗颗粒上侧或下侧和几个排列较紧密的粗颗粒之间。流纹一般为连续型,有时为连续规则波状。

分流构造:流纹在粗颗粒的两侧同时作挠曲分布,粗颗粒在迎流面好似将流纹分开。在背流面,流纹于粗颗粒之后又会合,会合点与粗颗粒往往还有一段距离,此空间中为无流纹特征的杂基充填,称为粗颗粒的背流区。

泥球构造:为粒径 0.5~5 mm 的浑圆的黏土球,内部结构随原始黏土结构变化。它是宏观上的泥球构造在微观上的表现。很可能是气泡被充填的结果。

捕虏体构造:细小的树叶、枝或草根等外来物在泥石流中的排列,常与其他粗颗粒一道作定向分布。

贴边构造:粗颗粒微微下陷,使其下部浆体轻微变形,黏土等片状细颗粒平行于粗颗粒下缘排列成薄层,好似给粗颗粒贴了一个黏土边。

半环状构造：粗颗粒下陷比较大时，其下浆体变形范围扩大，常迫使其中较小的颗粒面围绕粗颗粒下方作半环状排列。

黏性泥石流沉积的微构造与泥石流动力体系密切相关。黏性泥石流运动中颗粒主要受到摩擦力、碰撞应力、紊动力、重力、浮力和黏滞力等作用。层流运动中，剪切作用（摩擦力和黏滞力）是最基本的动力作用，它的效果就是使颗粒沿剪切方向产生定向排列。紊流运动中，紊动力和粒间碰撞力是最基本的动力作用。它的效果就是扰动、破坏颗粒的定向，使浆体结构构造趋于随机。因此，形成微构造的主要作用就是剪切作用和紊动作用。两者的相对强度和绝对强度以及分布状况将左右微构造的形成、特征和分布。

与黏性泥石流相比，稀性泥石流微构造相对简单，最主要的特征是大量发育粗糙层理构造。它往往也是宏观上的粗层理构造的一部分，其特点是颗粒产生一定程度的分选，形成粗糙的层理构造。其次是沉积定向构造，其特点是缺少细颗粒，粗颗粒有较好的定向性。

泥石流沉积的宏观构造是指其组成物在空间上的排列组合方式所显示出的构成特征。根据崔之久等（1996）的研究，下面按泥石流的类型来介绍常见的宏观沉积构造。

（1）稀性泥石流

石线构造：石线构造是稀性泥石流的典型宏观构造，平面上呈垄岗状沿流向延伸，可有多道，延伸距离数十米至数百米。沿纵剖面，由上游到下游砾石略有减小，扁平砾石呈叠瓦状低角度向上游倾斜。底面为一冲刷面，横剖面呈透镜状，顶面和底面均起伏不平（图 11-8）。

叠瓦构造：以扁平砾石为主的稀性泥石流，其堆积砾石呈叠瓦状，扁平面倾向上游（图 11-9）。它与河流相砾石的不同在于稀性泥石流堆积砾石分选差，磨圆差，内部可有大量棱角

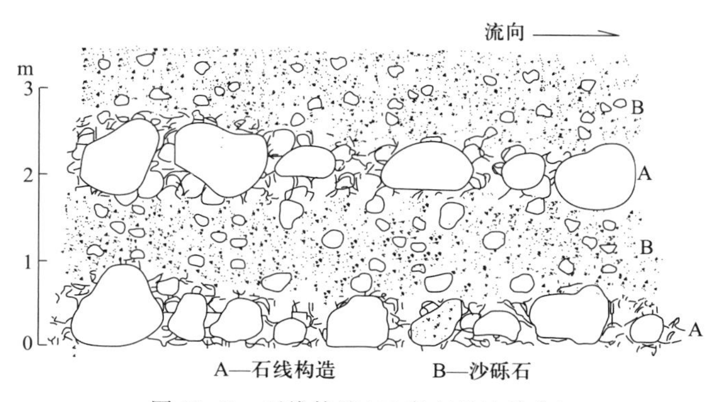

图 11-8 石线构造（云南东川达朵台）

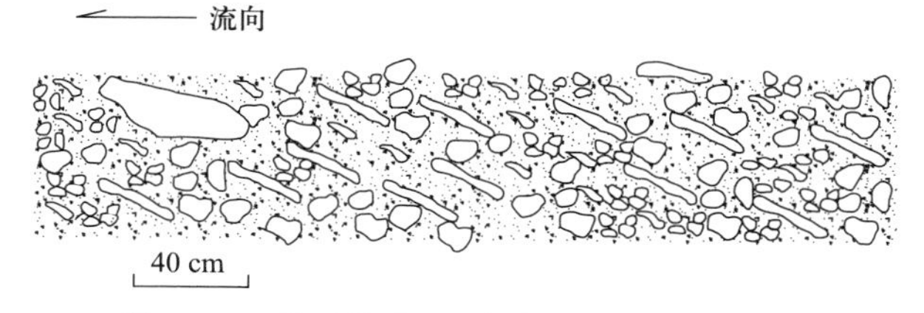

图 11-9 叠瓦构造（云南东川蒋家沟大凹子）

状至次棱角状的特别粗大砾石，砾石 ab 面倾向上游的角度较大（大于 20°）。此外，顶面起伏不平，有大砾石突出，底面亦起伏不平。

砾石支撑构造：稀性泥石流在扇形地上搬运力减小而卸荷，使大量粗碎屑迅速堆积，细粒部分继续流动离开粗粒沉积（图 11-10）。首先快速堆积的粗碎屑形成砾石支撑-叠置构造。粗碎屑堆积体一般在扇形地交会点以上附近，往往构成扇形地沉积的筛积物，内部孔隙发达，允许水和细粒物质通过，阻挡后来的粗碎屑。

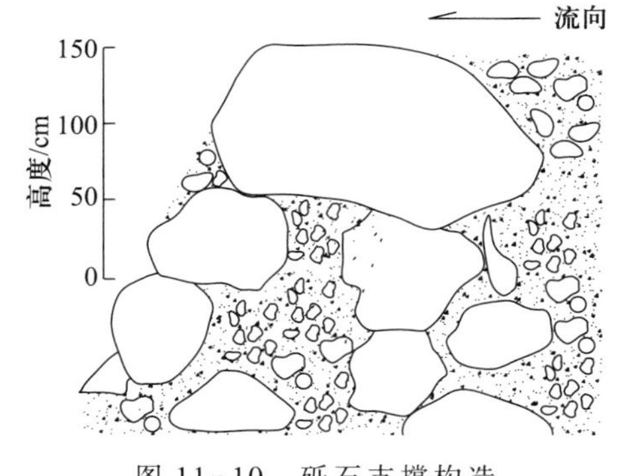

图 11-10 砾石支撑构造
（云南东川蒋家沟大凹子）

块状表泥层：系分异的细粒浆体沉积，平面上呈片状沉积在扇形地交汇点以下。由于碎屑含量较高，沉积迅速，一般呈块状构造。有时显示正粒级构造。

（2）过渡性泥石流

弧形构造：泥石流边缘砾石在停积时受挤压剪切而成的定向构造，最大扁平面环绕主流线倾斜（图 11-11）。另外，剖面中尚有一种巨砾周围的层流绕流形成的流线构造（图 11-12），或称绕流构造。

反-正粒级层理：过渡性泥石流剖面特征，上部的正粒级是重力分异的结果，下部的反向粒级是层流剪切的结果（图 11-13）。

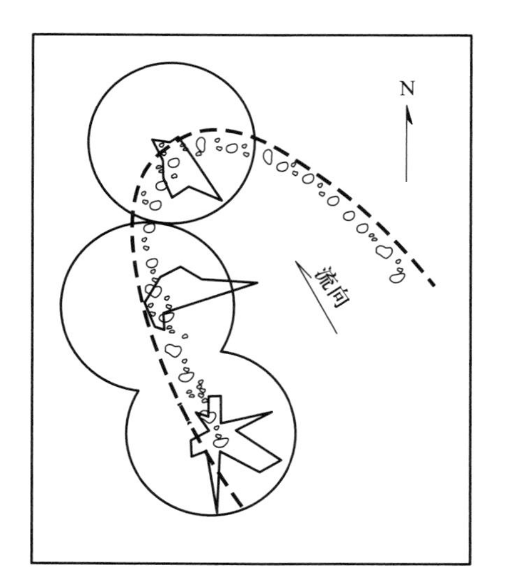

图 11-11 舌状泥石流扁平砾石倾斜

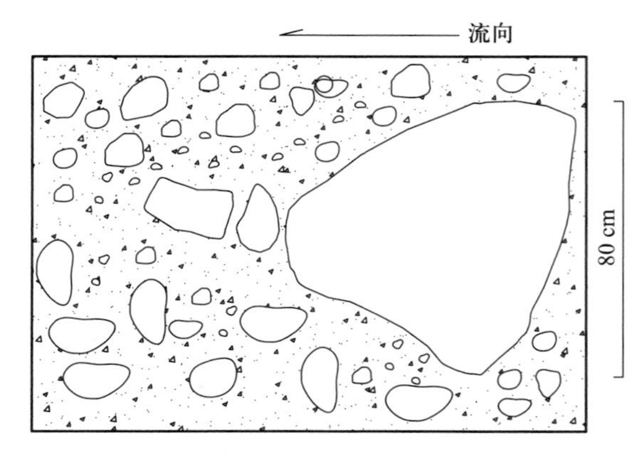

图 11-12 绕流形成的流线构造

叠瓦-直立构造：含有大量扁平砾石、密度较高的亚黏性泥石流中砾石扁平面的倾角由底向顶变大，在层的上部甚至直立。这是底部层流剪切到顶部星悬格架结构的沉积结果（图 11-14）。

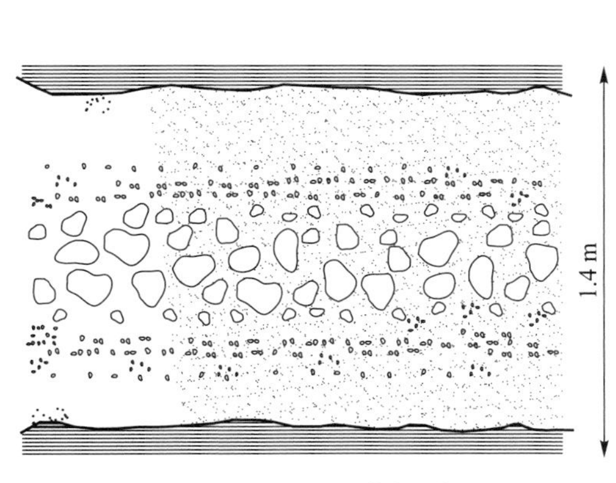

图 11-13　反-正粒级层理

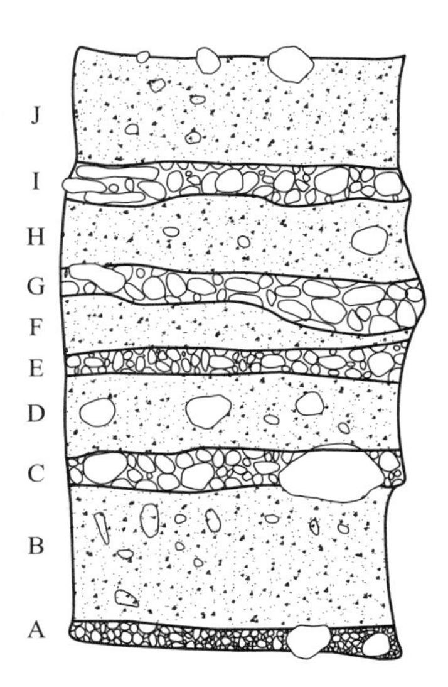

图 11-14　叠瓦-直立构造

（3）黏性泥石流

环状流线构造：指平面特征，系阵性泥石流推挤剪切的结构（图 11-12）。

反向粒级层理：剖面特征，为层流剪切的结果。扁平砾石倾角由底向顶变大，泥质基底支撑，反映剪切差由下向上减小（图 11-15）。黏性泥石流中仅靠浆体的结构力支持的砾石一般呈直立状态。因此，黏性泥石流层上部的砾石多直立。

反粒级-混杂构造：塞流态黏性泥石流沉积的典型剖面特征（图 11-16）。泥质基底支撑。底部的反粒级层可见平缓波状层理，系层流剪切的结果。

成泥-混杂构造：塑性滑动流态泥石流的沉积构造（图 11-17）。底泥层有时显示流纹层理沿非侵蚀性底面平缓地延伸。混杂层内物质无分异，呈泥包砾结构。

楔状尖灭体构造：剖面中无侧向变化形式，无论垂直还是平行流体切剖面，泥石流层以突然楔形尖灭的方式变化。它是结构性泥石流可以保持陡峭边缘的体现（李思田，1988）。

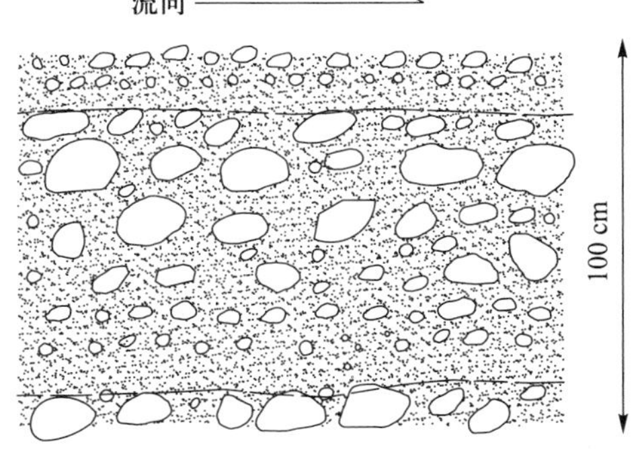

图 11-15　反向粒级层理

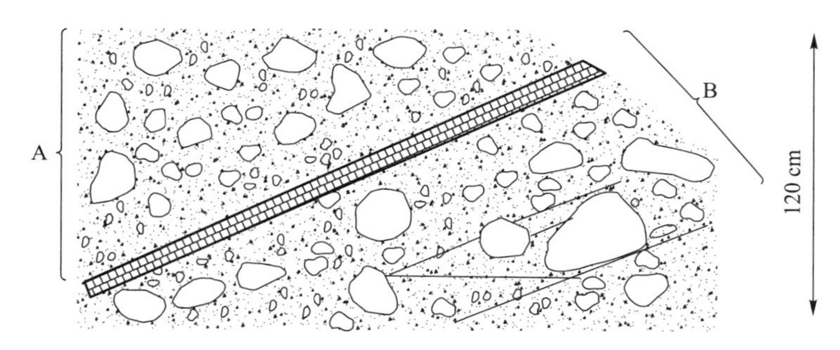

图 11-16 反粒级-混杂构造

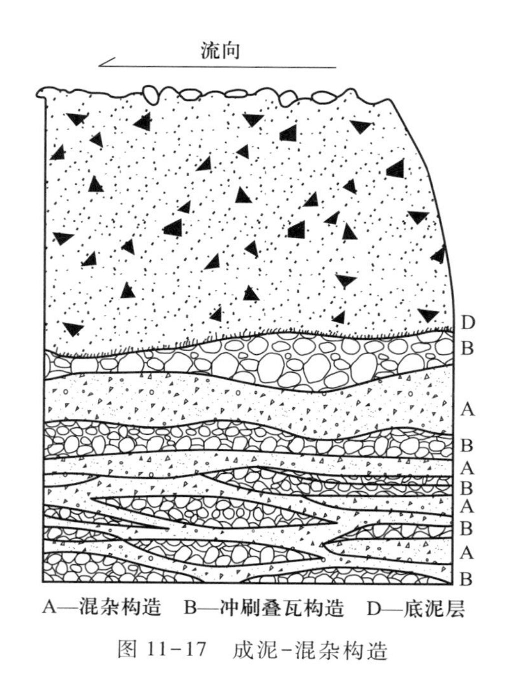

图 11-17 成泥-混杂构造

11.4.3 堆积体形态和堆积扇特征

11.4.3.1 堆积体形态

在野外考察中可以发现,泥石流堆积体具有自身特定的堆积形态,沉积物确有大小混杂、泥砾、漂砾、擦痕、磨光面、磨圆度差等现象,这些情况与一些学者在文献中谈到的山区冰碛物有某些相似之处。然而,在泥石流堆积地貌的研究中,泥石流具有确定的地貌形态,其主要类型有 4 种,即沟谷堆积地貌、舌状堆积地貌、锥形堆积地貌和扇形堆积地貌。

(1) 沟谷堆积地貌

主要指泥石流沟道内所堆积的粒径大于 1 m 的砾石凌乱分布形成的泥石流地貌,主要有巨大砾石组成的心滩，有的长数十米，宽十余米，高不足十米。滩体上游部分巨砾的长轴与扁平面倾向基本一致，倾向心滩两侧的沟道上游，下游部分巨砾则主要倾向下游；沟床内泥石流体呈长条分布，多发育在沟侧，长度大的可达百米，为泥石流侧积堤堆积。这是由于高速流动的泥石流沿沟床停积，砾石长轴与扁平面较一致并倾向上游，长轴以小于45°的角度与主流线相交，呈线条形排列；砾石呈叠瓦状排列。当巨大砾石阻塞了狭窄的沟道，原主沟道分流或改道，则沿巨砾下游的新沟道一侧堆积，易形成次一级粒径的砾石叠瓦组构，扁平面倾向下游。

(2) 舌状堆积地貌

在黏性泥石流分布区，暴雨后往往见到从山谷支沟里一股股泥石流舌状体堆在沟口，有的直接停积于山麓沟口，或叠置于大扇形体的上方。舌状体规模大小不一，面积数十平方米至数百平方米。但舌状体边界十分明显，与下伏地面交角多大于40°。舌状体周围往往有边界不定的滩地分布，主要是暴雨泥石流薄泥层堆积。舌状体上有围绕主流方向、向下游突出的多级弧形阶梯及陡坎。陡坎两侧向上游收敛，阶梯相对高度与阶梯面中部的宽度向下游逐渐增大。舌状体上粗大砾石多集中分布于每个弧形阶梯的边缘，各阶梯的中后缘颗粒变小，以弧形舌前端的粒径最大；分布于舌状体两侧的粗大颗粒长轴方向多近于平行流向，并倾向上游，但倾角较小；分布于中部的粗大颗粒长轴方向与流向的交角逐渐增大，至中部以与流向垂直者为多，但亦有部分颗粒长轴与扁平面倾向上游、倾角近于90°。这与舌状体前部泥石流流速快、砾石受到挤压作用有关，致使呈高角度翘起。

(3) 锥形堆积地貌

在山区陡坡段的坡面上方，由于有大量松散物质存在，当暴雨来临时将沿坡面沟道冲刷至坡麓，形成泥石流锥体。锥体面积一般不超过数十平方米，锥面纵坡度大于20°，其上弧形阶梯不十分明显，锥体与下伏面交角小，锥体两侧没有边界条件的限制，砾石也没有一定的排列特点，锥边呈扇形，砾石堆积于锥形两侧分别沿坡倾向下游。

(4) 扇形堆积地貌

较大规模的泥石流暴发时，大量碎屑物质沿较长的河谷到达沟口以后，由于坡面开阔、平缓，往往形成扇形堆积体。扇形堆积体纵剖面均为凸形，中上部坡面较陡，边缘十分平缓，一般只有几度；扇面轴部常发育有主沟道，且由于泥石流暴发凶猛，流体溢出沟道流向低平处。这样长期加积，加上沟道迁移，逐渐形成山前的泥石流扇形堆积体；当泥石流溢出沟道两侧时，形成沟道两岸的泥石流侧积堤，侧堤溃决，堤外堆积成泥石流决口扇。扇形堆积体中部及沿沟道的扇形堆积体上，砾石产状与主沟道内的砾石产状相似，扇形堆积体边缘的砾石一般多倾向下游，粒径也逐渐变小，沉积物层理逐渐明显。

11.4.3.2 堆积扇特征

泥石流堆积扇的形成是很复杂的,它是流体性质、地形变化(基准面)、流态等要素综合作用的结果。一种情况是,泥石流出山口的高程组成了上游山区山洪的局部侵蚀基准面,随着冲积扇的加积扩大,扇尖河床高程不断上升,引起上游河床的淤积,使来沙量减少。当来沙量减少到一定量时,流体转而下切,使堆积扇形成一个深槽,把泥沙推向下游。深槽下切到一定程度后,事物的发展又转向反面——上游来沙量随着侵蚀基准的下降而不断增加,转而引起沟槽的回淤和老扇的进一步淤高。这两种交替周期变化必然反映在泥石流的堆积形态上。另一种情况是水流的变化。在堆积扇上的流体不是成片漫流,便是分散成股下泄,一处淤高之后,又向低处转移或冲出另一处新槽。泥石流这种长期摆动的结果,使得冲积扇高高低低,极不平整,出现许多微地貌类型。

稀性泥石流在堆积扇上向下运动时,随着坡高逐渐降低,流速减小,首先落淤的是它携带的漂砾,然后是中、粗砾石;稀性泥石流停积后,从粗砾石中挤出的泥浆向下漫流,成为泥流;泥流停积后又从泥沙中吸出水分,汇集成细流汇入主河,如图 11-18 所示。

泥石流堆积扇的特征可以用堆积长度 L、堆积宽度 B、堆积厚度 W 和堆积面积 S 等指标进行定量描述。

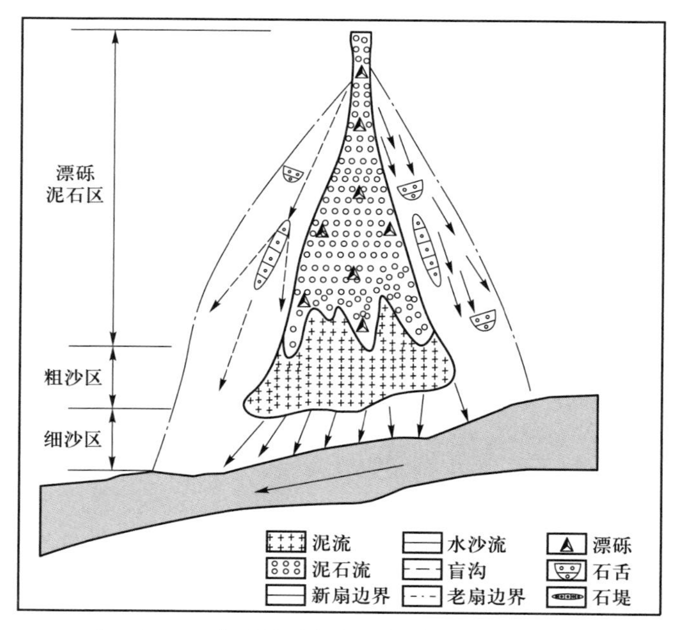

图 11-18 典型泥石流堆积扇(康志成等,2004)

(1) 堆积扇的面积

在干旱地区的间歇性河流径流量较小,所携带的固体物质不是很多,出山口后形成的冲积扇一般不会很大,据美国 Anstery 统计的近 2000 个冲积扇的结果,大部分近代冲积扇的半径变化在 1.6~1.8 km,相当于面积在 8~200 km^2(钱宁,1989)。干旱地区的泥石流堆积扇比起半干旱地区的间歇性河流的冲积扇显得更小,例如,根据甘肃天水地区 5 条沟和云南东川小江流域 55 条沟的泥石流堆积扇面积的资料,泥石流堆积扇面积在 0.01~2.88 km^2,只有间歇性河流冲积扇的 1/50~1/100。

(2) 堆积扇的纵横向特征

泥石流堆积扇纵向特征主要表现在它的纵向坡度(简称"纵坡")变化。一般来说,泥石流堆积扇纵坡普遍的规律是:泥石流堆积扇>洪积扇>冲积扇。野外大量统计资料表明,泥石流堆积扇肩纵坡从肩尖到肩缘有 2~3 个纵坡段。野外 61 条沟的资料统计表明,泥石流堆积扇的纵坡在上部为 8%~10%,中部为 5%~6%,在下部为 3%以下(Kang,1997)。又据唐川的统计,泥石流堆积纵坡 1°~9°,其中 2°~7°为主,占统计总数的 92%,特别集中在 4°~5°(唐川等,1993)。

一般来说,流量越大的河流,其河床的坡降越小。冲积扇的坡度似乎也遵循同样的规律。当径流量是因流域面积的扩大而增大时,冲积扇的纵剖面则越趋于平缓,使冲积扇的纵坡与流域面积间表现为反比关系。根据 55 条泥石流沟的资料(图 11-19),泥石流的堆积扇也存在类似的规律。

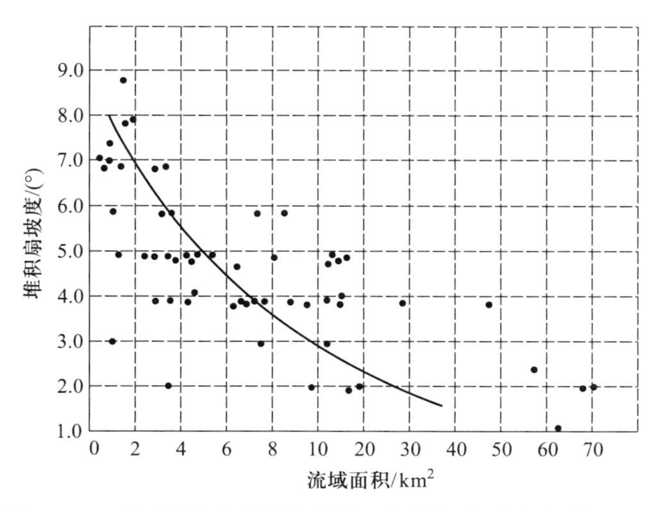

图 11-19 泥石流堆积纵坡与流域面积的关系(康志成等,2004)

大量野外考察资料表明,泥石流堆积扇和半干旱山区间歇性河流的冲积扇有类似之处,即横剖面为凸形,纵剖面为上凸形居多。堆积扇的宽度和长度同样受流域面积控制,而流域面积又是产流重要因素,所以流域面积越大,堆积扇的长度和宽度也越大;反之亦然。

第 12 章

泥石流风险分析与风险管理

泥石流风险是泥石流灾害危险性、危害性和不确定性的综合体现。泥石流风险分析与风险管理旨在预测灾害期望损失值,评估灾害损失程度,并采取搬迁避让、监测预警、社会管理、经济法律等手段有效地控制和处置风险。风险分析和风险管理是泥石流减灾的重要手段,是减轻灾害损失的重要途径。

泥石流风险研究经历了基本术语与框架的规范、危险性评估定量化、承灾体易损性评估逐步发展、风险管理日益完善等多个阶段。21 世纪以来,随着对灾害机理和动力过程认识的逐渐深入,泥石流灾害的危险性分析逐渐从专家评判的定性描述向经验统计的定量化评估转变,初步形成了一套泥石流风险定量分析的理论和方法。本章将分别介绍泥石流风险的概念与体系,重点对泥石流危险性与承灾体易损性评估方法做详细论述,然后计算泥石流定量风险,并进行风险分级与风险制图介绍,提出减轻灾害的风险管理措施。

本章重点内容:

- 泥石流易发性、危险性、易损性的含义
- 泥石流风险评估尺度的确定和评估方法的选取
- 采用层次分析法对泥石流易发性进行分析
- 单沟泥石流易损性评估
- 泥石流风险制图

12.1 泥石流风险分析内容和流程

12.1.1 风险分析内容

1979 年,联合国救灾组织(UNDRO)和联合国教育、科学及文化组织(UNESCO)给出了自然灾害风险、危险性和承灾体易损性的定义,并将风险表达为后两者的乘积。其定义被广泛应用于滑坡与泥石流等灾害领域,并为广大学者和相关组织机构所认同(Varnes and

IAEG,1984)。随着风险研究的深入,国际地质科学联合会(IUGS)(1997)及澳大利亚地质力学学会(AGS)(2000)对风险评估和管理研究中涉及的术语进行了补充和完善。本书以联合国定义为基础,参照 IUGS 与 AGS 公布的结果,列出相关术语的定义。

① **易发性**(susceptibility):某区域发生泥石流的倾向性(可能性)大小,其目的是对区域内已知或潜在泥石流类型、范围及空间分布进行定性或定量评估,即弄清哪些地方会发生泥石流、发生的可能性大小。

② **危险性**(hazard):某时间段内特定规模或强度泥石流发生的可能性大小。相对于易发性,危险性评估还应获取泥石流规模和强度(流速、流深等)、发生时间和频率,可表达为规模或强度与频率的乘积。

③ **频率**(frequency):一定时期内泥石流发生的次数。具体分析中通常以次/年为单位。

④ **易损性**(vulnerability):特定规模或强度泥石流作用下承灾体的损失程度,取值为0~1。其大小取决于承灾体对泥石流作用的敏感程度。

⑤ **承灾体**(elements at risk):特定区域受泥石流威胁的各类对象,包括居民点、道路、土地、生命线工程、人口等。

⑥ **特定承灾体风险**(specific risk):某个/类承灾体遭受泥石流作用而造成损失的程度。

⑦ **风险**(risk):在一定范围(单沟或区域)和给定时段内,由泥石流造成的人们生命财产和经济活动的期望损失值。其大小为危险性、易损性和承灾体暴露价值的乘积。

⑧ **可接受风险水平**(acceptable risk):一个社会或一个社区在现有社会经济政治和环境条件下认为可以接受的潜在损失。

⑨ **风险评估**(risk evaluation):参照一定的社会和物质背景,对风险分析结果重要性和意义进行评估和确定的过程,这一过程将决定泥石流灾害风险能否被容忍或被接受。评估过程可能涉及风险感知、风险转移与比较等内容,以对灾害风险做出适当的反应。

⑩ **风险管理**(risk management):在风险评估结果基础上,采取行政、经济、法律、技术、教育等手段,有效地控制和处置风险,促进各利益体的协作,以较低的成本实现最大的安全保障,降低灾害风险,提升防灾减灾能力。

泥石流风险分析是一个针对泥石流发生的危险性及其可能产生的危害影响的综合分析过程。风险度是泥石流风险的定量表达。目前,国际上对自然灾害风险的定量表达也有不同的方式,但积函数得到学者的广泛认同(IUGS,1997;UNDHA,1991,1992)。

泥石流具有特殊性,灾害发生时承灾体是否暴露于泥石流致灾范围具有不确定性。很多学者都忽视了承灾体暴露性对泥石流风险的影响,这样获得的分析结果往往过低估算了泥石流危害的风险。因此,有些学者在联合国定义的基础上,考虑承灾体暴露性这一因素,将其应用到泥石流风险分析研究中,并提出了泥石流风险分析的概念模型(图12-1)。

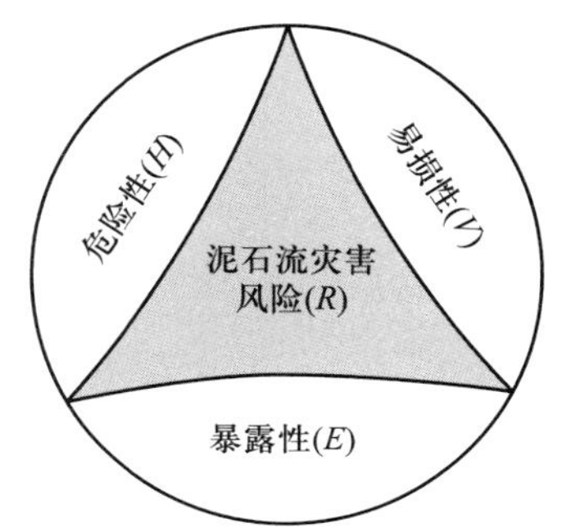

图 12-1 泥石流风险分析的概念模型

从图 12-1 中可以看出,泥石流风险是泥石流危险性、承灾体易损性及其暴露性的综合函数。依据联合国对泥石流风险的统一定义（UDNHA，1991，1992）及其概念模型，泥石流风险度是泥石流危险性、承灾体易损性和暴露度的乘积，其计算公式为

$$R=f(H,V,E)=H\times V\times E \tag{12-1}$$

式中，R——泥石流的风险度，用0（无风险）~1（高风险）的某数值表示；H——泥石流的危险性，用0（无危险）~1（高危险）的某数值表示；V——承灾体遭受泥石流危害后的易损程度，用0（无损失）~1（完全损失）的某数值表示；E——承灾体暴露度，用0（无暴露）~1（完全暴露）的数值表示，取决于是否暴露于泥石流致灾范围以及承灾体遭受破坏的损失大小。

12.1.2 风险分析流程

泥石流风险分析主要包括四个关键环节：首先，分析泥石流的孕灾环境、发育特点、分布规律及活动特征，研究泥石流易发性；其次，确定风险分析尺度，针对不同研究尺度风险分析的要求，建立泥石流危险性与承灾体易损性分析指标体系及分析方法；再次，结合泥石流相关数据，利用空间分析和建模功能，获得泥石流危险性、承灾体易损性和风险分析计算值；最后，依据风险度的空间分布划分风险等级，制作泥石流风险分区图，获取泥石流风险分析结果。具体分析流程见图12-2。

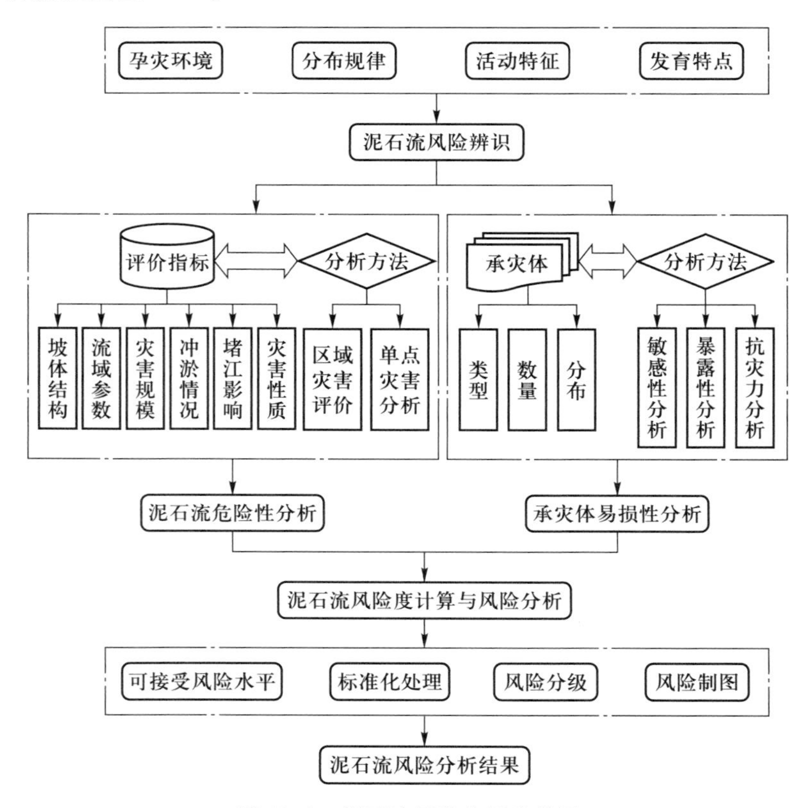

图12-2 泥石流风险分析流程图

泥石流风险分析可分为区域和单沟两个尺度。区域泥石流风险分析主要目的为查明区域范围内泥石流风险等级,针对高或较高风险的地区提出区域防治建议,筛选重点研究的泥石流沟谷,为单沟泥石流风险分析提供参考。该尺度分析主要采用多因子综合统计分析方法,其中危险性主要采用可间接反映泥石流规模和频率的地貌、地质、气候、水文等指标,易损性主要选取反映区域财产和人口的间接指标。单沟泥石流风险分析旨在划分泥石流泛滥区风险等级,计算灾害风险损失值,为危险区土地规划和居民点布局提供支持。

目前,泥石流风险分析的研究可参考《泥石流风险评价》一书(刘希林和莫多闻,2003)。该书重点介绍了近年来通过引入数值模拟技术发展的单沟泥石流风险分析方法,并结合单沟和单个/类承灾体易损性分析方法,实现了基于动力过程的风险分析。

12.2 泥石流易发性分析

泥石流的易发性分析是分析区域内泥石流致灾因子的变化,估算泥石流发生的可能性,在此基础上完成易发性分析,可为泥石流的预测与风险分析提供基础信息。泥石流易发性分析的关键环节包括:① 依据泥石流的发育现状和成灾特征,选取关键影响因子;② 依据评估尺度,划分评估单元,计算各评估因子的易发性指标值;③ 建立评估模型,计算综合易发性指数;④ 结合泥石流易发性评估结果,判识泥石流类型、范围及空间分布。

12.2.1 易发性评估因子

泥石流的形成往往是各种孕灾因素综合作用的结果,可从泥石流形成与发育的物质条件、能量条件和地形条件三个方面出发,选取泥石流风险评估因子。

(1) 坡度

坡度是斜坡稳定性的控制因素之一,山坡的陡缓直接影响松散碎屑物质的分布和聚集,从区域尺度分析,泥石流通常发生在坡度较大、物源丰富、地形切割密度大的区域。研究表明,泥石流多集中在15°~40°坡度范围内,尤其在20°~35°范围内泥石流分布更为密集。

(2) 相对高度

相对高度决定势能的大小,相对高度越高,势能越大,产生泥石流的动力条件越充足。山高岭峻、谷深坡陡、沟壑纵横的地形为泥石流发生提供了足够的由势能向动能转化的条件,相对高度越高,泥石流分布越密集。

(3) 岩性

岩土体是斜坡组成的物质基础,斜坡岩土体岩性及结构特征决定斜坡岩土体强度、应力分布、变形破坏特征。岩石的类型、软硬程度以及层间结构决定岩土体的力学强度和抗风化能力,进而影响到坡体的稳定性和地表侵蚀的难易程度,是泥石流形成的重要影响因素。在不同岩性区域,泥石流的易发程度亦不同。

(4) 距断裂距离

活动断裂带附近构造变形剧烈,岩体易遭到破坏,形成破裂岩和变质的角砾岩等,加速岩体的风化剥蚀程度,形成条带状深厚风化壳,断裂构造的破碎带可宽达几千米至数十千米。沿断裂带两侧区域的破碎岩土体提供了丰富的泥石流物源。因此,距活动断裂的距离是灾害发生的控制因素之一(崔鹏和林勇明,2007)。

(5) 地震烈度

地震烈度是泥石流发生的重要孕灾因子。强烈地震破坏岩体的完整性,降低岩石的强度,破坏山坡的稳定性,进而形成不稳定斜坡或直接诱发滑坡,提供了泥石流发育所需的丰富的松散碎屑物质。一般认为地震烈度在Ⅶ度以上的地区,泥石流分布与地震密切相关,地震活动地带通常也是泥石流活动带(钟敦伦,1981;李树德等,2001; 崔鹏和林勇明,2007)。

(6) 土地利用类型

山区泥石流的频繁活动除了与其环境背景密切相关外,近代人类活动的干扰也是加剧其活动的重要因素(张信宝和文安邦,2002)。土地利用情况反映人、地和环境之间的发展关系及人类活动和社会因素对自然生态环境的影响。土地利用类型和方式是人类活动和自然条件相互作用的综合体现,一定程度上决定着地表物质的迁移与能量的转换,影响着泥石流的形成与分布。

12.2.2 易发性评估方法

泥石流易发性评估方法主要包括定性与定量两类。定性方法是借助泥石流的理论知识和经验认识对泥石流发展变化规律进行科学分析与判断,一般用于区域性的泥石流研究,如专家知识法(朱阿兴等,2006)、多因子层次分析法(AHP)(Barredo et al.,2000; Esmali and Amirian,2009)和线性组合法(Ayalew et al.,2004)。定量方法是根据数据资料,应用科学的方法建立反映泥石流灾害与其控制因素之间关系的数学模型,进而实现定量化评估的一类方法,如确定性系数分析方法(兰恒星等,2002)、人工智能法(Lee et al.,2003)和多元统计法(Gorsevski et al.,2000)。

12.2.2.1 多因子层次分析法

运用 AHP 决策分析法确定整个体系各项指标的权重(葛全胜等,2008;徐建华,2002)。以专家意见和分析者的客观分析作为判断标度,将每个层次元素之间的重要性以数值形式表示出来,构成判断矩阵,利用数学方法计算反映每一层次元素的相对重要性次序的权值。然后,依据各个因子标准化值及其相应的权重,计算研究单元的易发性指数:

$$P(x)=\sum_{i=1}^{n}W_iX_i \tag{12-2}$$

式中,$P(x)$——泥石流易发性指数;X_i——各评估指标的归一化值;W_i——各评估指标的权重系数。

12.2.2.2 SOM 神经网络模型

自组织特征映射(self-organizing feature mapping,SOM)神经网络具有自我监督学习的能力,是一种自组织和自学习的网络,可以实现实时学习;网络具有自稳定性,无须外界给出评估函数,能够识别向量空间中最有意义的特征等(韩力群,2002)。

SOM 神经网络由单层神经元网络组成,其拓扑结构由输入层、隐含层和输出层组成,输入节点与输出节点之间为双向权连接(图 12-3)。因为网络在学习中的竞争特性表现在输出层上,所以输出层又可称为竞争层,而与输入节点相连的权值及其输入合称为输入层。竞争层可以由一维或二维网络矩阵组成,选择二维网络的结构,输入节点位于下方,网络上层是输出节点,按二维形式排成一个节点矩阵;所有输入节点到所有输出节点之间都有权值连接,而且在二维平面上的输出节点相互间也可能是局部连接的。SOM 神经网络模型的主要研究步骤:① 样本参数标准化;② 连接权值初始化;③ 输入训练样本;④ 计算输入节点与全部输出节点所连的权向量的欧氏距离,具有最小欧氏距离的输出节点获胜;⑤ 循环计算,调整步数,得出满意的 SOM 分类方案;⑥ 输入预测样本,进行预测。

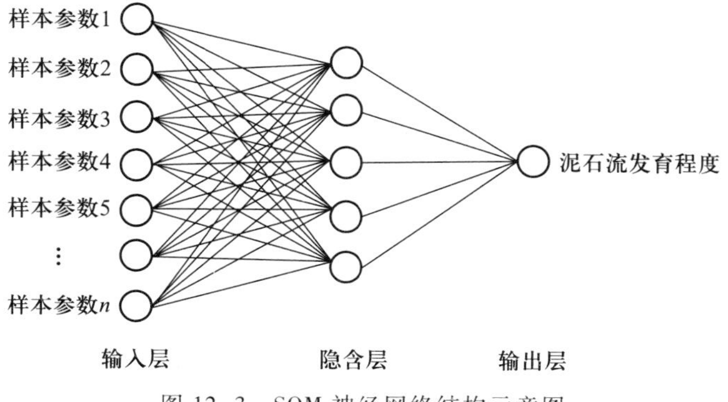

图 12-3 SOM 神经网络结构示意图

12.2.2.3 Logistic 回归分析法

Logistic 回归模型是二值响应变量(又称因变量)对回归变量(又称自变量或协变量)的分析,其结果是预测某种事件的发生概率(王济川和郭志刚,2001)。该模型对回归变量的假定条件简单,可以是连续变量,也可以是分类变量。在泥石流风险判识过程中,各因子数据可以作为回归变量,灾害发生与否可以作为分类因变量(0 代表不发生,1 代表发生),实现泥石流易发性评估模型的构建。

Logistic 回归模型中的响应变量为二值变量,记为 Y,只取两个值:0 和 1。令 P 为泥石流发生的概率,取值范围(0,1),则 $1-P$ 为泥石流不发生的概率。对于 n 个泥石流影响因子 $X_1,X_2,\cdots,X_n$,当 $X_1=x_1,X_2=x_2,\cdots,X_n=x_n$ 时,$Y=1$ 的泥石流发生概率为 $P(Y=1\mid X_1=x_1,X_2=x_2,\cdots,X_n=x_n)$。考虑 Logistic 变换(Ayalew and Yamagishi,2005),以灾害发生的概率 P 为因变量,影响因子集 $X_1,X_2,\cdots,X_n$ 为自变量,建立模型:

$$\ln\left[\frac{P(Y=1\mid X_1=x_1,X_2=x_2,\cdots,X_n=x_n)}{1-P(Y=1\mid X_1=x_1,X_2=x_2,\cdots,X_n=x_n)}\right]=\alpha_0+\alpha_1X_1+\alpha_2X_2+\alpha_3X_3+\cdots+\alpha_nX_n \tag{12-3}$$

对式(12-3)进行等价变换:

$$P(Y=1\mid X_1=x_1,X_2=x_2,\cdots,X_n=x_n)=\frac{e^{\alpha_0+\alpha_1X_1+\alpha_2X_2+\alpha_3X_3+\cdots+\alpha_nX_n}}{1+e^{\alpha_0+\alpha_1X_1+\alpha_2X_2+\alpha_3X_3+\cdots+\alpha_nX_n}} \tag{12-4}$$

式中,α_0——常数项,$\alpha_1,\alpha_2,\cdots,\alpha_n$——回归系数。通过对已知样本的求解,即可确定回归系数。

式(12-4)中,如果逻辑回归系 $\alpha_1,\alpha_2,\cdots,\alpha_n$ 确定,则根据不同的指标值 $x_{i,j}$,计算研究区泥石流发生概率 P 值。根据 P 值大小,划分泥石流发生可能性等级,完成泥石流易发性分区。

12.3 泥石流危险性分析

泥石流的危害分为直接危害和间接危害两类。直接危害主要表现在泥石流对致灾范围内承灾体的冲毁和淤埋两个方面;间接危害表现在泥石流堵江后引起的溃决洪水、水库泥沙泄出等链式灾害的复合致灾。

针对以上危害特点,采用基于泥石流运动模拟和洪水淹没分析的危险性定量分析方法:

$$H=H_e+H_d+H_i+H_f \tag{12-5}$$

式中,H——总危险度;H_e——由泥石流冲击破坏引起的危险,可表示为最大动能的函数;H_d——由泥石流淤埋引起的危险,用泥石流最大淤积深度表示;H_i——泥石流堵江造成的回水淹没危险,用回水淹没深度表示;H_f——泥石流堰塞湖溃决洪水造成的淹没危险,用洪水淹没深度表示。

其中，泥石流的冲毁破坏和淤埋破坏应用泥石流堆积区二维运动模拟的方法确定；堰塞湖回水上涨淹没危险根据堰塞湖与公路的相对位置和堰塞坝溢流口高度确定；堰塞湖溃决洪水危险根据堰塞湖与公路的相对位置和溃决洪水最大流量确定。

12.3.1 泥石流冲击破坏能力和淤埋深度的确定方法

用泥石流最大流深来表征泥石流的淤积危害，在泥石流运动区域划分计算网格，每个网格(i,j)的泥深由网格内的所有颗粒体积除以网格面积得到（崔鹏等，2011），计算公式如下：

$$H_{\mathrm{d}}=\frac{N_{i,j}\Delta V}{A} \tag{12-6}$$

式中，$N_{i,j}$——以点(i,j)为中心的控制网格内的颗粒数；ΔV——颗粒的体积（m^3）；A——数值模拟采用的网格面积（m^2）；H_{d}——泥石流淤埋深度（m），其值越大，泥石流危险性越大。

用泥石流的动能来表征泥石流的冲击破坏能力，采用每个网格在整个泥石流运动过程中的最大动能值，反映每个网格的最大冲击产生的危险性，计算公式如下：

$$H_{\mathrm{e}}=A\cdot\max_{t>0}\left[\left(u^2+v^2\right)h\rho\right] \tag{12-7}$$

式中，H_{e}——泥石流最大动能指标；u、v——分别是x、y方向的速度（$\mathrm{m\cdot s^{-1}}$）；h——泥石流泥深（m）；ρ——泥石流密度（$\mathrm{kg\cdot m^{-3}}$）；A——数值模拟采用的网格面积（m^2）。

12.3.2 泥石流堰塞湖淹没危险性的确定方法

河水淹没深度是反映泥石流对承灾体危害的关键参数。首先计算泥石流堵江后形成的堰塞湖库容，然后通过基于河道 DEM 的洪水淹没分析方法求得淹没范围和水深分布。

堰塞湖的回水淹没危险性H_i可以简化为危险区的高差计算：

$$H_i=\left(H_0+H_{\mathrm{b}}\right)-H_{i,j} \tag{12-8}$$

式中，H_0——堰塞体底部高程（m）；H_{b}——堰塞体坝体高度（m）；$H_{i,j}$——淹没范围内任一计算网格(i,j)的高程（m）；H_i——相应计算网格的淹没深度（m），其值越大，淹没的危险性越大，当其为0时，为临界危险状态。

12.3.3 泥石流堰塞湖溃决洪水危险性的确定方法

利用堰塞体溃决洪水演进模型（丁志雄等，2004）计算沿程流量和水位，根据沿途城镇、村落和公路等的高程，确定是否受到溃决洪水威胁及其危险程度。距坝址L（m）的控制断面的淹没面积A_{f}和任一计算网格的淹没深度H_{f}分别为

$$A_{\mathrm{f}}=\frac{n\left(Q_{LM}-Q_0\right)}{R^{2/3}I^{1/2}} \tag{12-9}$$

$$H_{\mathrm{f}}=\frac{n(Q_{LM}-Q_0)}{R^{2/3}I^{1/2}B_{\mathrm{i}}} \tag{12-10}$$

式中，Q_0——城区给定断面的过流能力（$\mathrm{m^3\cdot s^{-1}}$）；R——水力半径（m）；I——水力坡度，等于底床坡度（°）；B_{i}——断面淹没宽度（m）；Q_{LM}——距坝址 L（m）的控制断面最大溃坝演进流量（$\mathrm{m^3\cdot s^{-1}}$），由式（12-11）、（12-12）（Cui et al.，2013）获得：

$$Q_{LM}=\frac{W}{\dfrac{W}{Q_{\mathrm{M}}}+\dfrac{L}{VK}} \tag{12-11}$$

$$Q_{\mathrm{M}}=\frac{8}{27}\sqrt{g}\left(\frac{B_{\mathrm{u}}}{b}\right)^{\frac{1}{4}}bH_{\mathrm{w}}^{\frac{3}{2}} \tag{12-12}$$

式中，Q_{LM}——距坝址 L（m）的控制断面最大溃坝演进流量（$\mathrm{m^3\cdot s^{-1}}$）；W——水库总库容（$\mathrm{m^3}$）；Q_{M}——坝址最大流量（$\mathrm{m^3\cdot s^{-1}}$）；L——控制断面距坝址的距离（m）；VK——经验系数，山区河道 $VK=7.15$，半山区河道 $VK=4.76$，平原河道 $VK=3.13$；B_{u}——坝顶宽度（m）；b——溃口宽度（m）；H_{w}——溃坝前上游水深（m）；g——重力加速度，等于 9.8 $\mathrm{m\cdot s^{-2}}$。

12.3.4 危险区划定

泥石流冲毁、淤埋以及堰塞湖上涨回水与溃决洪水淹没的量值确定以后，利用 GIS 技术的空间分析功能，可以求算泥石流冲击破坏能力、泥石流淤埋深度、淹没深度、洪水流深的空间分布，从而进行危险性分区。

12.4 承灾体易损性分析

对应泥石流危险性分析的尺度，本节介绍基于多因子统一标度的单沟泥石流承灾体易损性分析方法。同时，重点论述建筑物和道路两类典型承灾体的易损性定量分析方法。通常使用“易损度”表示易损性的定量表达。

12.4.1 单沟泥石流承灾体易损性分析

刘希林和莫多闻（2002）将泥石流灾害承灾体易损性划分为物质、经济、环境和社会易损性四部分，并采用统一标度的方法计算单沟泥石流承灾体易损性。具体有以下几个步骤。

12.4.1.1 不同类型易损度计算

① 物质易损度指标采用公式（12-13）计算：

$$I=I_1+I_2+I_3 \tag{12-13}$$

式中,I——物质易损度指标(万元);I_1——建筑资产(万元);I_2——交通设施资产(万元);I_3——生命线工程资产(万元)。

建筑资产可由两种方法估算。方法一:建筑总面积×平均造价。建筑总面积可从县统计部门处或乡、村统计资料中获取;平均造价可根据当地情况取值。方法二:每户平均拥有的建筑资产×总户数。每户平均拥有的建筑资产数额可根据当地情况取值;总户数可从地方统计资料中获取。如果泥石流危害交通和管线,可按评估范围内的实际长度估算工程投资,工程造价可参照有关的工程造价标准。如果泥石流危害航道,可按恢复通航所需要的费用计算,具体操作时可咨询有关航运部门或实地调查获取。

② 经济易损度指标采用公式(12-14)计算:

$$E=(E_1+E_2+E_3)\times N \tag{12-14}$$

式中,E——经济易损度指标(万元);E_1——人均年收入[万元·(年·人)$^{-1}$];E_2——人均储蓄存款余额[万元·(年·人)$^{-1}$];E_3——人均拥有的固定资产(万元·人$^{-1}$);N——总人口数(人)。

经济易损度评估指标的资料均可从统计年鉴中直接获取或经过简单换算后获取。人均年收入和人均储蓄存款余额有城镇人口和农村人口之分。人均拥有的固定资产在城镇指耐用消费品拥有量总值,据此可按市场价格换算成价值;在农村指生产性固定资产,包括役畜产品、大中型铁木农具、农林牧渔业机械、工业机械、运输机械、生产用房和其他。

③ 环境易损度指标采用公式(12-15)计算:

$$L=\sum_{i=1}^{4} B_i\times A_i\times 100 \tag{12-15}$$

式中,L——环境易损度指标中的土地资源价值(万元);B_i——各类土地资源基价(元·m^{-2});A_i——各类土地资源的面积(km^2);i——土地利用类型,$i=1$、2、3、4。土地利用类型资料可从当地国土部门或实地调查获取。

财产指标 V_1 为上述三个易损度指标的和,即

$$V_1=I+E+L \tag{12-16}$$

④ 社会易损度采用人口指标计算:

$$V_2=\frac{1}{3}(a+b+r)\times D \tag{12-17}$$

式中,V_2——人口指标(人·km^{-2});a——65岁(含)以上老人和15岁以下少年儿童所占比例;b——只接受初等教育(小学)及以下人口所占比例;r——人口自然增长率(‰);D——人口密度(人·km^{-2})。人口指标可从人口统计年鉴或人口普查资料中获取。

生命损失首先与人口数量和人口密度有关,泥石流易发区内人口密度越大,人口数量越多,遭受泥石流灾害时,人员伤亡的可能性就越大,即易损度就越大;同时也与人口质量有关,65岁(含)以上老人和15岁以下少年儿童所占比例越高,该人群的灾害反应能力和抗灾

自救能力相对来说就越差,人员伤亡的可能性就越大,即易损度就越大;文盲、半文盲和只接受过初等教育及以下的人防灾意识、抗灾自救能力和心理素质状况相对要差,他们所占比例越高,易损度相应地也越大。人口自然增长率反映了一个地区人口增长的快慢,往往自然灾害越多、越重的地区就越贫穷,越贫穷的地区人口增长得就越快。因此反过来看,人口自然增长率越高,易损度也就越大。

12.4.1.2 人口指标和财产指标的转换赋值

人的价值不能与财产直接相加。为了实现不同计量单位的指标能够相加,分别采用财产指标和人口指标的转换赋值函数:

$$FV_1=\frac{1}{1+\exp[-1.25(\log V_1-2)]} \tag{12-18}$$

$$FV_2=1-\exp(-0.035V_2) \tag{12-19}$$

式中,FV_1——单沟泥石流易损度财产指标 V_1 的转换函数赋值(0~1);FV_2——人口指标 V_2 的转换函数赋值(0~1)。

12.4.1.3 单沟泥石流承灾体易损度计算与分级

根据式(12-18)和式(12-19),得到单沟泥石流承灾体易损度评估模型为

$$V=\sqrt{\frac{FV_1+FV_2}{2}} \tag{12-20}$$

将计算得到的 FV_1 和 FV_2 值代入上式,得到单沟泥石流承灾体易损度。

单沟泥石流承灾体易损度分为五个等级,即极低易损、低度易损、中度易损、高度易损、极高易损,各等级对应的易损度值范围分别为(0~0.2)、(0.2~0.4)、(0.4~0.6)、(0.6~0.8)、(0.8~1.0)。根据易损度计算结果,确定易损度等级。

12.4.2 典型承灾体易损性分析

建筑物和道路是泥石流灾害中常见的承灾体,且两者与人类社会的活动密切相关。因此,重点介绍这两类承灾体的易损性分析方法。

12.4.2.1 建筑物易损性评估

首先归纳建筑物的破坏模式,据此对建筑物损失进行量化,通过计算泥石流强度与建筑物损失的关系得到泥石流作用下建筑物易损性评估方法。

我国的建筑物类型主要有木结构、砖木结构、框架结构、框架-砖混合结构、钢结构和砌

体结构(含石砌体和砖混结构)6种,其中前5种的主要承重构件均为柱体和梁,因建筑材料不同而具有不同的强度。砖混结构的支撑构件为砖砌块或石块,其强度取决于砂浆和砌块的强度。

为研究建筑物易损性,应首先对建筑物受泥石流作用后的损失程度进行量化。根据不同建筑物类型的不同破坏模式,参照美国联邦应急管理局(FEMA,2003)、Jakob等(2012)和Hu等(2012)提出的建筑物破坏等级划分原则,以半定量的描述方式给出建筑物整体破坏程度(表12-1)。

(1) 泥石流作用于建筑物的强度指标

泥石流冲击和掩埋建筑物导致其被破坏的过程是能量转化的过程,即泥石流冲击的能量向建筑物变形、被破坏的能量的转化。因此,选取反映冲击能量的表达方式作为灾害的强度指标,为了体现泥石流掩埋作用,增加流深这一因子[式(12-21)]:

$$I_{DF}=\rho \cdot v^2 \cdot h \tag{12-21}$$

式中,ρ——泥石流密度($kg \cdot m^{-3}$);v——泥石流速度($m \cdot s^{-1}$);h——泥石流冲击建筑物的高度(m)。

(2) 建筑物易损性评估方法

采用破坏概率描述建筑物受冲击和掩埋的易损性,即计算不同泥石流作用强度条件下发生某破坏程度的可能性。曾超等(2014)通过野外调查和资料收集,得到59次灾害事件(含107组样本数据)中建筑物受泥石流破坏的编录数据,同时获得最小和最大冲击高度与速度。以最小冲击高度和速度计算灾害强度指标的下限值I_{DF}(min),类似地,获得强度指标的上限值I_{DF}(max)。两者取平均后作为易损性分析的强度指标,即I_{DF}(mean)。

根据泥石流灾害事件中建筑物被破坏的编目数据,统计不同灾害强度下建筑物5种破坏等级出现的数量。灾害强度指标按对数函数形式递增,依次为0~2 $kg \cdot s^{-2}$、2~20 $kg \cdot s^{-2}$、20~200 $kg \cdot s^{-2}$、200~2000 $kg \cdot s^{-2}$、>2000 $kg \cdot s^{-2}$,建筑物的数量为每次灾害事件记录的总数,如表12-2。

将特定灾害强度下每种破坏等级对应的建筑物数量与该强度下建筑物总数的比值作为建筑物在该强度下受到某种破坏的可能性。例如,强度为0~2时,发生轻度掩埋的建筑物数量为51户,该强度下建筑物损坏总数为59户,于是得到建筑物在强度为0~2的灾害作用下,发生轻度掩埋的可能为86%。

统计分析结果表明,灾害强度为0~2时,建筑物以轻度掩埋为主;强度为2~20时,建筑物发生轻微结构损伤或部分结构破坏的可能性最大,其中轻微结构损伤最大为43%;强度增加至20~200时,建筑物主体结构破坏所占比例最大,为41%;强度为200~2000时建筑物以完全破坏为主;强度超过2000则完全破坏(表12-3)。

表 12-1 建筑物整体破坏程度的等级量化

破坏等级	破坏状态描述		
	木质、轻型框架结构	钢筋混凝土框架结构	砖混结构
完全破坏（Ⅴ）	结构发生永久性大尺度侧移，甚至倒塌；或因多数墙体被破坏、抗侧向荷载系统被破坏而处于倒塌边缘；一些结构与地基错位；地基出现大型裂缝。房屋不可修复	结构倒塌或因为非延展性框架里构件的脆性破坏或失稳而即将倒塌；房屋柱体和梁的被破坏比例超过40%，或超过25%的中央支撑柱体被破坏。房屋不可修复	结构倒塌或因为墙体被破坏而即将倒塌；房屋承重墙体受损比例超过40%。房屋不可修复
主体结构破坏（Ⅳ）	大型斜向裂缝跨过剪切力墙或胶合板的连接处；地表和屋顶产生永久性侧移；多数砖烟囱倒塌；地基裂缝；木头与锚固板分离或房屋与地基错位；部分顶棚或相同类型的附加楼层倒塌。受损比例超过其整体体积的20%，建筑物需要大规模翻修或重建	部分支撑构件达到极限承载力，在延展性良好的框架中，表现出大型弯曲裂缝，混凝土剥落和主要钢筋屈服；不具延展性的框架中，构件可能在钢筋搭接处发生剪切破坏或弯曲破坏，或者受拉构件与混凝土柱体钢筋发生破坏，并造成部分倒塌。受损比例超过其整体体积的20%，建筑物需要大规模翻修或重建	在大面积墙面开孔的房屋中，大部分墙体出现大量裂缝；一些护墙和端墙倒塌；楼板和桁架相对其支撑发生位移。受损比例超过其整体体积的20%，建筑物需要大规模翻修或重建
部分结构破坏（Ⅲ）	门窗角落的石膏板产生大裂缝；墙体产生较大的裂纹或部分倒塌；砖砌烟囱出现大裂缝；高烟囱倒塌。室内物品遭受严重损坏。需要耗费较大人力和财力加以修复	多数梁和柱体出现发丝状裂缝；在延展性良好的框架中，一些构件因达到屈服极限而表现出更大的受弯裂缝，一些混凝土剥落，钢筋裸露；不具延展性的框架可能表现出更大的剪切裂痕和剥落现象。室内物品遭受严重损坏。需要耗费较大人力和财力加以修复	多数墙面表现出斜向裂缝；一些墙体表现出更大的斜向裂缝；砌体与楼板可能出现可见的分离；护墙出现严重开裂；一些砖砌体可能从墙体或护墙掉落。室内物品遭受严重损坏。需要耗费较大人力和财力加以修复
轻微结构损伤（Ⅱ）	门窗角落的抹灰或石膏板以及墙与天花板交接处产生小裂缝；砌体的烟囱或面墙轻微开裂。室内物品被掩埋，房屋需要翻修	非承重墙体完好，梁柱连接处或附近产生受弯曲或剪切的发丝状裂缝，部分门窗受损。室内物品被掩埋，房屋需要翻修	在墙面产生对角或阶梯状发丝裂缝；对大面积开孔的墙体，门窗开口附近产生大裂缝，且部分门窗受损；门的过梁产生位移；护墙墙脚开裂。室内物品被掩埋，房屋需要翻修
轻度掩埋（Ⅰ）	周围的空地、道路等被掩埋。外墙有被冲刷、磨损的痕迹，墙面粉饰被破坏并产生了细小的裂纹。水和细小的泥石流物质进入建筑物内部		

表 12-2 灾害强度指标与建筑物破坏等级关系表 单位：户

I_{DF}(mean) /(kg · s^{-2})	破坏等级					
	Ⅰ	Ⅱ	Ⅲ	Ⅳ	Ⅴ	总数
0~2	51	8	0	0	0	59
2~20	11	46	37	13	0	107
20~200	0	12	34	53	31	130
200~2000	0	0	1	32	77	110
>2000	0	0	0	0	41	41
总数	62	66	72	98	149	447

表 12-3 建筑物受特定强度灾害作用下发生某种等级的破坏的可能性

I_{DF}(mean) /(kg · s^{-2})	破坏等级					
	Ⅰ	Ⅱ	Ⅲ	Ⅳ	Ⅴ	总数
0~2	0.86	0.14	0.00	0.00	0.00	1.00
2~20	0.10	0.43	0.35	0.12	0.00	1.00
20~200	0.00	0.09	0.26	0.41	0.24	1.00
200~2000	0.00	0.00	0.01	0.29	0.70	1.00
>2000	0.00	0.00	0.00	0.00	1.00	1.00

从完全破坏到轻度掩埋造成的损失分别为建筑物总价值的 1、0.75、0.5、0.25 和 0.05。据此可对泥石流冲击、掩埋的建筑物易损性进行评估，进而计算单次灾害事件造成的建筑物损失价值。

12.4.2.2 道路易损性分析

(1) *泥石流危害道路方式*

泥石流对道路造成的威胁和损毁方式多样,其对道路与交通安全的威胁主要分为对路面、路基、桥涵以及通行车辆与人员的威胁。

① **冲毁:**泥石流强烈的冲刷力会造成路基损毁。泥石流发生时,受两岸坡体失稳及下切作用,流通区或侵蚀补给区的路段易造成道路路基损毁(图 12-4)。

② **淤埋:**泥石流沿沟谷(坡面)运动至缓坡或沟口(坡脚)后受地形开阔、坡度变缓的作用,发生淤积,造成路面被泥石流淤埋,中断交通(图 12-5)。

图 12-4 都汶公路福堂坝大桥桥面被泥石流冲断(邹强摄)

图 12-5 川藏公路 318 国道然乌-波密段泥石流淤埋、损毁公路路面(邹强摄)

③ **淤塞:**桥涵是道路通过泥石流沟的最常见的工程类型。泥石流发生后能否顺利通过桥涵,除了与泥石流流量、流速有关外,还与桥涵净空及设防标准有关。此外,桥涵所处的相对位置也至关重要。如果泥石流流速不大、沟道坡降较小,往往造成沟道与桥涵共同淤积,桥涵过流能力降低,防灾能力下降,威胁交通安全(图 12-6)。

图 12-6　318 国道海通沟段泥石流淤高河床,桥涵净空被淤塞(邹强摄)

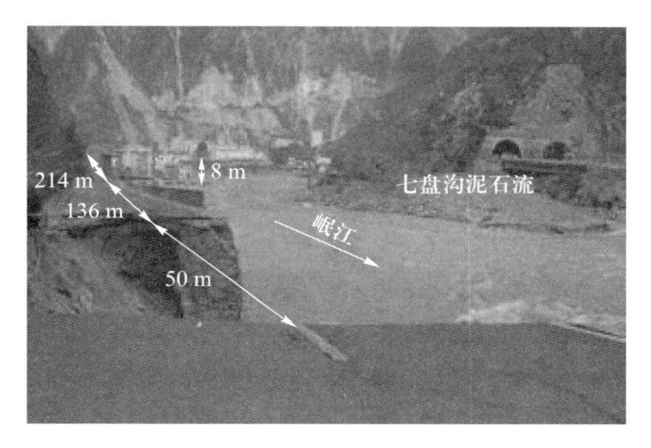

图 12-7　七盘沟泥石流挤压岷江,导致都汶公路路基被冲毁(葛永刚摄)

④ **冲刷侵蚀**:泥石流具有强烈的冲刷能力,导致沟岸路基被淘蚀,路面悬空、变形,在重力或泥石流堆压作用下,路面塌陷,阻断交通。此外,泥石流冲入河流后形成壅塞体,挤压河道,使河流中轴线发生变化,对河岸路基形成强烈冲刷(Cui et al.,2013)。2013 年 7 月 10 日,都汶公路七盘沟泥石流挤压岷江,迫使河水流向右岸,公路路基遭受强烈冲刷,400 m 路基被冲毁,路面垮塌 264 m(图 12-7)。

⑤ **弯道超高和漫流改道**:泥石流具有大于洪水的直进性和冲击力,在弯道处直进爬高,给公路构筑物造成强烈的冲击破坏,泥石流在堆积段中下部漫流改道,绕过桥孔,冲毁路面路基(崔鹏等,2007)。泥石流超高或漫流改道对公路危害极大,主要表现在:桥梁工程直接被泥石流冲毁;泥石流体所携带的巨石撞击桥墩和公路构筑物,造成桥梁被整体损毁或局部破坏。

⑥ **压顶磨蚀**:隧道、明洞洞口被泥石流压顶磨蚀是泥石流地区最常见的危害方式。洞口墙体受泥石流体推移和巨石撞击而被破坏,并使得衬砌支护结构被破坏(主要包括衬砌开裂变形,二次衬砌掉块、错台,局部垮塌,钢筋扭曲变形等)。

⑦ **阻塞河道的次生灾害**:大规模和特大规模泥石流暴发后,泥石流快速进入主河,阻断主河,形成堰塞湖。泥石流坝体松散的结构组成、特殊的堆积形态、较低的坝体高度,使得堰

塞湖迅速漫顶，并沿泥石流扇缘发生部分溃决，形成洪水。溃口处河道明显被压缩，比降增大、流速加大，对河岸的冲刷、淘蚀作用大大增加，造成路基损毁，交通中断。川藏公路沿线发生“泥石流-堰塞湖-溃决洪水”链生危害的泥石流沟很多，比较典型的有培龙沟、米堆沟、古乡沟等。例如，2009 年 7 月，位于帕隆藏布江左岸的天魔沟发生大型泥石流(图 12-8)，冲入帕隆藏布江，冲上河流对岸，阻断河流形成堰塞湖；堰塞湖很快沿泥石流堆积扇前缘溃决，溃决洪水冲刷、淘蚀河流右岸高度达 50 m 的阶地底部，造成台地垮塌 900 m 左右，318 国道路基垮塌 430 m，中断交通(图 12-9)。

图 12-8　天魔沟泥石流堵江事件(葛永刚摄)

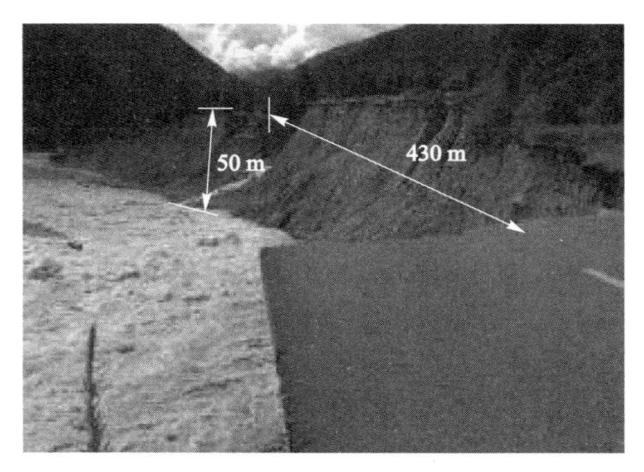

图 12-9　泥石流造成对岸大规模路基垮塌(葛永刚摄)

(2) 公路构筑物易损性评估指标

结合泥石流致灾特征和自然环境条件，分析泥石流作用下的桥梁工程、涵洞工程、路基工程、隧道明洞工程等道路设施的抗御灾害能力、灾后使用性能、灾后恢复能力的差异性，选取环境敏感性(C1)、结构特性(C2)、功能影响(C3)作为一级评估因子。其中，C1 主要考虑公路构筑物与泥石流沟的空间关系、公路构筑物场地工程地质环境对公路构筑物易损性的影响(X1~X3);C2 主要研究公路构筑物尺寸、材料、御灾能力等结构参数对公路构筑物易损性的影响(X4~X14);C3 主要探讨公路构筑物的功能及遭受泥石流危害后的恢复对公路构筑物易损性的影响(X15~X16)(图 12-10)。

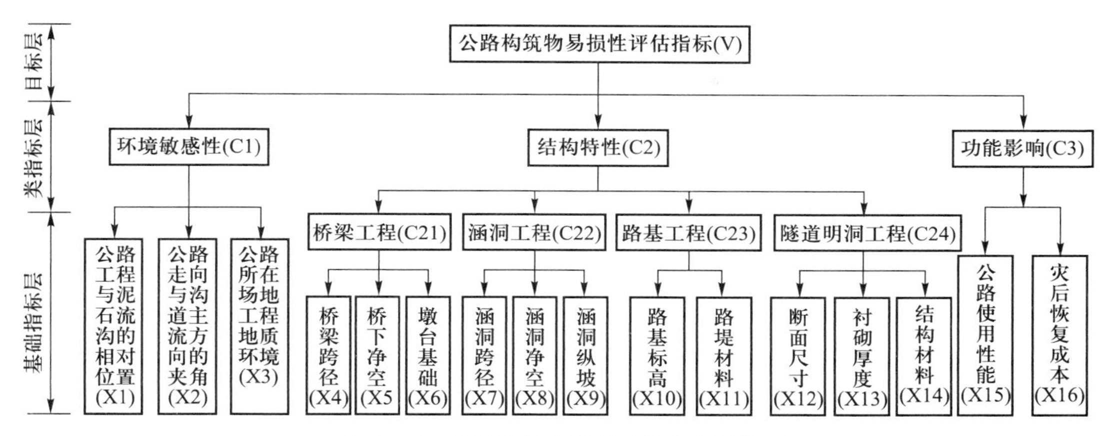

图 12-10 公路构筑物易损性评估指标体系

(3) 指标量化与分级

为了定量表达公路构筑物的易损性,分析以上易损性指标,参考本领域相关参数分级标准(徐林荣等,2010; Cui et al.,2013),选取可以定量表达的因子,将其转化为有序尺度的变量进行定量化。

C1 中,X1 指标用公路构筑物位置是否合理、是否有利于泥石流的顺利排泄进行分级描述;X2 指标用公路构筑物沿路线走向与泥石流主流方向的夹角进行分级定量描述;X3 指标用地形复杂度、地质状况、场地稳定性、不良地质作用发育情况等来分级描述其易损性。

C2 中,X4 指标用桥梁跨径进行分级定量描述;X5 指标用桥梁设计洪水频率来定量表达桥下净空;X6 指标用墩台形式、材料强度、防护条件等方面进行分级描述其易损性;X7 指标用涵洞跨径进行分级定量描述;X8 指标用涵洞设计洪水频率来定量表达涵洞净空;X9 指标用涵洞洞底纵坡进行定量描述;X10 指标用公路距离沟(河)床高差来定量表达路基标高;X11 指标用材料性能、强度、稳定性等方面进行分级描述其易损性;X12 指标用断面尺寸进行分级定量描述;X13 指标用隧道明洞衬砌厚度进行分级定量描述;X14 指标用结构材料性能、强度、耐久性等方面进行分级描述其易损性。

C3 中,X15 指标用公路路面破损率进行分级定量描述,以表达公路使用性能,公路路面破损率越大,公路使用性能越低;X16 指标用公路等级来定量表达公路灾后恢复成本,公路等级越高,恢复难度和成本越大。

将公路构筑物易损性划分为高度易损、中度易损、低度易损、微度易损四个等级,对评估指标进行定量化。表 12-4 初步确定了主要公路构筑物易损性量化因子及取值范围。

表 12-4 主要公路构筑物易损性量化因子及取值范围

评估指标				易损性等级			
因子名称			编号	微度易损（Ⅰ）	低度易损（Ⅱ）	中度易损（Ⅲ）	高度易损（Ⅳ）
环境敏感性（C1）		公路工程与泥石流沟的相对位置	X1	合理，有利于泥石流的顺利排泄	较为合理，较利于泥石流的排泄	一般合理，较利于泥石流的排泄，但会导致一定程度的泥石流破坏	不合理，不利于泥石流排泄，并会导致强烈的冲击与冲刷破坏
		公路走向与沟道主流方向的夹角/(°)	X2	>60	30～60	10～30	0～10
		公路所在场地工程地质环境	X3	地形简单，地质条件较好	场地较稳定，有小型不良地质作用发育	场地基本稳定，不良地质作用较发育	地形地质条件复杂，不良地质作用极为发育
结构特性（C2）	桥梁工程（C21）	桥梁跨径/m	X4	>40	20～40	5～20	<5
		桥下净空	X5	300年一遇	100年一遇	50年一遇	25年一遇
		墩台基础	X6	圆形实体墩，材料强度好，迎水面有防护措施	圆形实体墩，材料强度较好	方形实体墩，材料强度一般，迎水面没有防护措施，受冲刷严重	方形实体墩，材料强度差，迎水面没有防护措施，受冲刷严重
	涵洞工程（C22）	涵洞跨径/m	X7	>4	3～4	2～3	<2
		涵洞净空	X8	100年一遇	50年一遇	25年一遇	<25年一遇
		涵洞纵坡/(°)	X9	>10	5～10	2～5	<2

续表

评估指标				易损性等级			
因子名称			编号	微度易损（Ⅰ）	低度易损（Ⅱ）	中度易损（Ⅲ）	高度易损（Ⅳ）
结构特性（C2）	路基工程（C23）	路基标高/m	X10	>50	30~50	10~30	0~10
		路堤材料	X11	材料性能很好，强度高，稳定性很好	强度高，稳定性较好	强度低，稳定性一般	材料性能很差，影响整体稳定性
	隧道明洞工程（C24）	断面尺寸/m	X12	<7.5	7.5~10.0	10.0~12.5	>12.5
		衬砌厚度/mm	X13	>800	500~800	200~500	<200
		结构材料	X14	材料性能很好，强度耐久性很好	具有一定强度及耐久性	强度低，耐久性一般	材料性能很差，影响整体结构性能
功能影响（C3）	路面破损率		X15	0~0.2	0.2~0.5	0.5~0.8	0.8~1.0
	灾后恢复成本		X16	四级公路	三级公路	二级公路	一级公路及以上
易损性取值范围				0~0.3	0.3~0.6	0.6~0.8	0.8~1.0

(4) 指标权重确定

应用层次分析法,把专家意见和分析者的客观分析作为判断标度,将每个层次元素之间的重要性用数值形式表示出来,构成判别矩阵,利用数学方法计算反映每一层次元素的相对重要性次序的权值。本书根据 Saaty(1980)的 1~9 标度方法对各因素进行打分,建立指标因子判别矩阵,在判别矩阵的随机一致性比例合理的情况下,得到了各级指标的权重值。

(5) 易损度计算

易损度是道路易损性的定量表达。通过分析泥石流对道路承灾体的致灾特征,结合道路易损性指标及各个指标的权重值,建立道路易损性评估模型:

$$V_r = \sum_{i=1}^{n} C_i X_i \tag{12-22}$$

式中,V_r——道路总易损度;C_i——道路承灾体第 i 个易损性指标权重;X_i——公路构筑物第 i 个易损性指标量化值。

12.5 泥石流风险制图与管理

12.5.1 泥石流风险分级

泥石流风险估算是对风险定性或定量的计算,其结果可为风险评估与管理提供依据。定性的估算是对泥石流灾害可能导致的经济损失和人员伤亡进行相对估算,常采用风险分级与分区的手段实现风险相对大小的评判,主要用于危险区土地利用和土地规划;定量估算则需要对灾害事件造成的损失值与人员伤亡数量进行计算,可用于指导灾害风险定量评估、风险处置与管理等。

风险等级是在泥石流灾害危险性和承灾体易损性分析的基础上,对风险度进行等级划分的结果。危险度、易损度和风险度计算值的分级方法通常包括等间距法、分位数法、标准差法和自然断点法。其中标准差法适用于符合正态分布规律的数值,而等间距法、分位数法和自然断点法均具有较好的制图效果,具有较广泛的应用范围。依据灾害风险特征,选取适合的分级方法寻找数据集的自然转折点和特征点,对评估结果进行等级划分。结合风险管理的目标,可以将风险度划分为高度风险、中度风险、低度风险和微度风险四个等级,各个等级风险特征描述如表 12-5 所示。

表 12-5 泥石流风险分级及特征描述

风险编号	风险等级	空间分布与危害特征
Ⅰ	微度风险	泥石流分布极少,规模很小,泥石流危险度与承灾体易损度均很低,承灾体遭受泥石流危害导致损毁的风险很小,不影响正常运营
Ⅱ	低度风险	泥石流分布少,遭受轻度泥石流危害,承灾体易损度较低,泥石流破坏小,泥石流灾害综合风险值较低,基本不影响承灾体正常运营
Ⅲ	中度风险	泥石流分布较广泛,泥石流危害的风险水平为中等,承灾体影响正常运营,需设计和修建不同等级泥石流灾害防治工程,以保障交通的正常运营
Ⅳ	高度风险	泥石流分布较广泛,且规模较大。泥石流危险性与承灾体易损度均较高,泥石流对工程破坏大,严重影响正常运营,在加强泥石流防治措施的同时,需要加强泥石流监测预警等措施。严重时,需要根据路段具体情况,采取绕避或重新选线等措施

12.5.2 泥石流风险制图

泥石流风险制图中,风险度分布、风险等级、风险区位置是关键因素。风险分析结果需要考虑泥石流对承灾体的冲毁和淤埋导致的直接危害,也要体现泥石流引发的次生灾害。以危险性与易损性的分析结果为基础,应用地理信息系统(GIS)的地图代数功能进行栅格数值计算,即可获得风险度分布。应用风险分级方法,并用不同颜色表示各风险等级,合并相同风险等级的栅格单元,结合 ArcGIS 软件中的多边形构面方法,完成泥石流风险分区图,流程见图 12-11。

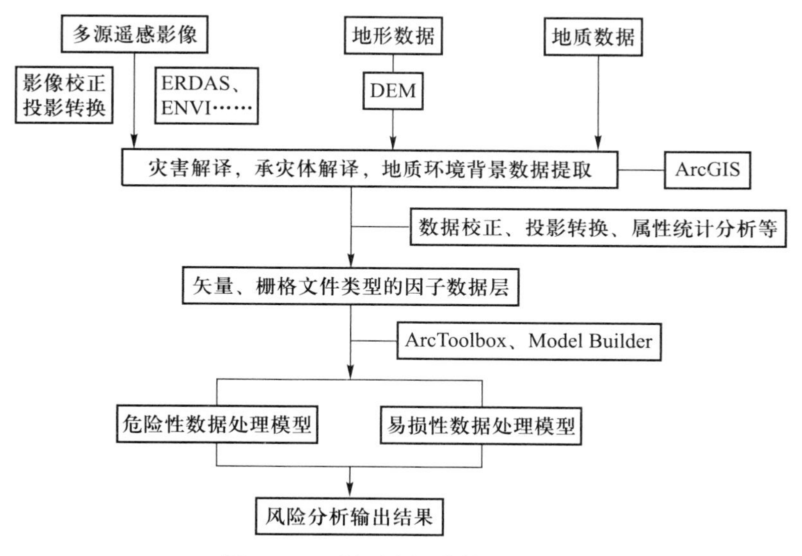

图 12-11 泥石流风险制图流程图

2010 年 8 月 13 日,四川省绵竹市清平乡文家沟发生特大规模的泥石流灾害,冲毁了汶川地震重建的村庄、桥梁和公路。这里将本章介绍的泥石流危险性分析、承灾体易损性分析和风险制图方法应用到文家沟泥石流的风险分析中。通过模拟文家沟泥石流运动的过程,获取堆积区每个模拟计算网格的流速、流深数据。经过 ArcGIS 栅格-矢量数据转换,叠加地理空间数据和数值计算结果,分析清平乡场镇范围内泥石流淤埋与冲击危险、堰塞湖淹没危险以及溃决洪水的冲刷危险。利用 0.5 m 空间分辨率的航空遥感影像,以地物形状、大小、图形、阴影、位置和纹理等要素作为判读标志,结合城镇地物类型特征,将清平乡场镇及周边地物分为房屋建筑、林草地、耕地、道路四种类型,并且将解译结果作为泥石流承灾体类型和数量统计的依据。根据本章讨论的承灾体易损度分析方法,利用 ArcGIS 的统计和分析工具,计算各类承灾体的易损度。在此基础上,根据"风险度(R)= 危险度(D)×易损度(V)"的计算方法,将泥石流危险性归一化数据与承灾体易损性归一化数据相乘,获取研究区的泥石流风险度,并进行风险分级,用不同图斑表示各风险等级的区域,合并相同风险等级的栅格单元,编制清平乡场镇泥石流灾害风险分区图(图 12-12)。

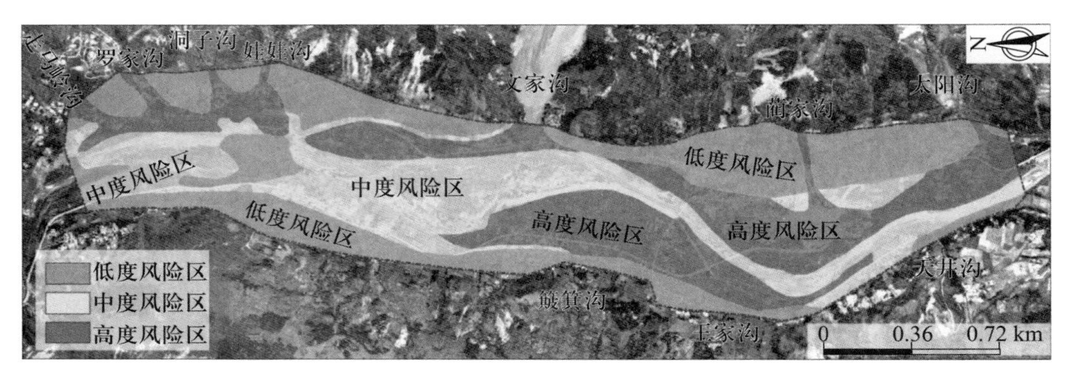

图 12-12　清平乡场镇泥石流风险分区图

12.5.3　泥石流风险管理

泥石流风险管理是在风险判识、分析和评估的基础上,采取行政、经济、法律、技术、教育等手段,有效地控制和处置风险,促进各利益体的协作,以较低的成本实现最大的安全保障,降低泥石流风险,提升防灾减灾能力,促进可持续发展。灾害风险管理主要涉及防灾减灾、备灾、应急响应和恢复重建四个阶段。主要内容有风险决策、风险控制(泥石流防治规划、监测预警)、临灾预案、科技支撑、社区组织、政策激励、宣传教育、财政支持、风险转移(灾害保险)等。

我国的风险管理以政府主导为主,尚未充分发挥社会、受灾对象、相关企业的积极能动作用,灾害风险管理还处于初级阶段。今后,需要深化泥石流灾害风险管理理论研究,逐步建立、完善风险管理机制和相关法规,发展灾害保险事业实现风险的分担和转移,根据不同经济社会发展状况,确定不同区域的可接受风险水平,采取有效的激励、教育和组织措施,调动受灾对象参与风险管理的自主性。

第13章

泥石流勘察、观测与实验

泥石流勘察、观测与实验是认识泥石流基本特征的基础性工作,取得的数据可以支撑理论研究,服务于防治工程规划与设计。

本章重点内容:

- 泥石流灾害调查的主要内容
- 根据野外现场调查的数据判断泥石流的流体性质
- 泥石流的发育阶段与发展趋势分析
- 泥石流观测的内容与方法
- 泥石流的模拟实验和模型实验

13.1 泥石流沟调查与勘察方法

13.1.1 泥石流灾害调查

通过灾害调查了解泥石流灾害史及危害现状、泥石流的危害方式和危害范围等。

13.1.1.1 灾害调查

(1) 灾害史及灾害特征调查

调查历史上泥石流灾害的发生情况,包括泥石流发生的时间、泥石流过程持续时间(时或分)、泥石流发生的次数、每一次的历时、泥石流运动有无阵性、阵性泥石流上一阵与下一阵之间的时间间隔、泥石流有无龙头及龙头高度、泥石流搬运的最大石块粒径及搬运距离和泥石流响声大小等。了解泥石流发生前的降雨情况,降雨持续时间,是否发生过冰雪崩滑、地震、滑坡、崩塌、冰湖或水库或塘堰及水渠渗水与溃决等,若发生过,应详细调查泥石流活动历史和特征。

灾害调查时间上由近及远,近期以30~50年为界,以现场亲身经历或事后亲临现场的人为重点调查对象,并取证作为主要资料;历史资料除查阅文献外,可找与灾害相关的人(户)介绍祖辈和父辈传闻作为参证资料。

(2) 灾情调查

调查每一次泥石流造成的人员伤亡、财产损失和直接经济损失并估算总损失。调查泥石流流通道路上的一切危害对象,如城镇、村庄、工矿企业、农业设施、水利水电工程、港口、码头、森林、输电与通信线路、铁路、公路、航道、旅游风景区和国防设施等。通过调查,掌握灾害造成的直接经济损失,并根据当地的实际情况计算或估算间接经济损失,对灾害及其后果对当地社会和经济的影响进行评价。

(3) 泥石流活动频率调查

调查泥石流活动周期(次/年),依据下列标准确定泥石流活动频率(谢洪等,2000)。

高频泥石流:每年发生泥石流1次或多次;中频泥石流:数年至30年发生1次;低频泥石流:30年以上发生1次。

对泥石流活动频率有不同的划分标准,如中华人民共和国国土资源部(2006)的标准:高频泥石流:1年发生多次至5年发生1次;中频泥石流:5~20年发生1次;低频泥石流:20~50年发生1次;极低频泥石流:50年以上发生1次。

13.1.1.2 泥石流的危害方式调查

泥石流的危害方式主要有侵蚀、淤埋和堵塞。在泥石流沟的不同部位,泥石流的危害方式不一样。通过调查掌握其危害特征,有针对性地采取工程防治措施。

(1) 泥石流的侵蚀

泥石流的侵蚀分为冲击(撞)和冲刷两种,主要发生在沟道的泥石流流通段或形成流通段,在流通堆积的局部地段也存在侵蚀现象。

冲击(撞)可以是泥石流直接作用于其危害对象,也可以是泥石流中的个别巨大漂砾作用于其危害对象的某一部分,还可以是泥石流龙头掀起的泥浆或石块飞溅起来砸向其危害对象。由于泥石流密度大、惯性大,高速运动时直进性强,遇弯道冲起后形成爬坡,若弯道高度不足,可冲出弯道凹岸,对弯道外围附近地段造成危害。

泥石流的冲刷包括下蚀、侧蚀和磨蚀。泥石流下蚀沟床,导致沟床被刷深,使过沟建筑物(如桥墩等)和护岸(坡)的基础被掏空,造成破坏;泥石流侧蚀沟床,破坏岸坡稳定,引起崩塌、滑坡等边坡失稳现象,促使泥石流活动更加活跃,危及岸坡之上的各种设施。泥石流中的泥沙石块会对基岩沟床段和泥石流过流建筑物（如全衬砌排导槽、拦挡坝溢流面、桥下过流护面等）产生强烈的磨蚀作用，形成磨损破坏。

在调查中，对泥石流侵蚀的部位、方式、范围和强度，如冲击力大小、冲刷宽度与深度、泥浆石块飞溅高度、弯道超高高度和磨蚀速率等，应进行仔细观察与记录，供室内分析使用。

(2) 泥石流的淤埋

在泥石流堆积区，当泥石流停止运动后，堆积下来的泥沙石块对该区的各种设施造成淤埋危害。泥石流规模、暴发频率和堆积区地形等的差异，导致泥石流的淤埋速率、厚度和范围不一样。调查中应尽可能查清不同部位、不同规模和不同频率泥石流的淤埋速率、厚度和范围。

(3) 泥石流的堵塞

泥石流的堵塞分为沟内堵塞和沟外堵塞。

沟内堵塞：一般是由于沟道弯曲、沟槽宽窄不一、存在卡口、主沟与支沟交汇角较大、沟岸崩塌或滑坡及泥石流黏度大等原因引起。堵塞现象的出现，导致堵塞体以下沟道泥石流断流，但堵塞体溃决后又造成泥石流流量成倍甚至几倍地增加，使泥石流的破坏能力和危害范围相应增大。调查中应查明引起堵塞的原因，并将易于发生堵塞的部位标注在工作底图或地形图上，供分析泥石流堵塞系数时参考或使用。此外，泥石流堵塞系数还可参考表 13-1 确定。

表 13-1 泥石流阵流特征与堵塞系数 *Dc* 指标（陈光曦等，1983）

堵塞程度	特征	重度 γ_c /(kN·m^{-3})	黏度 η_m /(Pa·s)	堵塞系数 *Dc*
严重的	沟槽弯曲，沟段宽窄不均，卡口、陡坎多。大部分支沟交汇角度大，形成区集中。物质组成黏性大，稠度高，沟槽堵塞严重，阵流间隔时间较长	17.6~22.5	1.2~2.5	>2.5
中等的	沟槽较顺直，沟段宽窄较均匀，陡坎、卡口不多。主支沟交角多数小于 60°，形成区不太集中。沟床堵塞情况一般，流体多稠浆-稀粥状	14.7~17.6	0.5~1.2	1.5~2.5
轻微的	沟槽顺直均匀，主支沟交汇角小，基本无卡口、陡坎，形成区分散。物质组成黏稠度小，阵流的间隔时间短而少	12.7~14.7	0.3~0.5	<1.5

沟外堵塞：指泥石流对其汇入的主河产生的堵塞。根据泥石流对主河的堵塞程度可分为部分堵塞和完全堵塞。

部分堵塞是指泥石流进入主河后形成堆积物，挤压主河道，但未堵断主河的现象。由此使泥石流沟口及附近主河形成急流险滩，造成通航困难或无法通航；还导致河流主流线发生改变，迫使主河向对岸偏移，对岸遭受河水严重冲刷，使被冲刷段山（岸）坡失稳，沿岸各种设施遭危害。

完全堵塞是指泥石流在其汇入的主河内形成天然拦河坝，将主河完全堵断，其危害较部分堵塞要严重得多。泥石流堵断主河后在上游形成堰塞湖，水位不断增高，沿河两岸的各种设施被淹，形成淹没灾害；堵塞体一旦溃决，形成超常规模洪水，对河下游两岸形成强烈的冲刷危害。因此，对泥石流与主河的关系，诸如泥石流沟与主河的交角、泥石流堆积物堵塞现状和历史上是否堵断过主河等，均应进行调查。对于在历史上曾经堵断过主河的泥石流，还应进一步调查堵断主河的次数、每次堵断河流持续的时间、上游河水位上涨高度和淹没损失、堵塞体溃决后的河水流速、流量及冲刷破坏程度及范围等，并分析泥石流再次堵河的可能性大小。

13.1.2 泥石流成因调查

泥石流的形成必须满足三个基本条件：丰富的松散固体物质、陡峻而易于集聚松散碎屑物和水的地形、充足的水源。与这三个条件相关的因素包括地质、地形、气候与水文、土壤与植被和人类活动等，因此，泥石流成因调查实际上是对这些因素的调查。

13.1.2.1 地质因素

地质因素决定了形成泥石流的松散固体物质的来源和数量的多少。地质因素包括地层、岩性、地质构造、新构造运动、地震和不良物理地质现象等。

（1）地层

泥石流沟内的地层出露情况可通过查阅1∶20万或1∶10万（重点区域为1∶5万甚至更大比例尺）区域地质图获得。但由于区域地质图的比例尺较小，与泥石流活动密切相关的第四纪地层资料往往不能完全满足需要，因此应使用较大比例尺（1∶5万～1∶5000）地形图进行现场地质填图，有条件的情况下还应结合大比例尺航空像片和高分辨率卫星影像（比例尺不小于1∶2.5万）判读，查明第四纪地层的分布状况，满足泥石流勘察要求。

（2）岩性

泥石流的形成、运动和堆积过程，实际上就是岩石破坏产物——各种松散堆积物被侵蚀、搬运和沉积的过程。不同类型的岩石，其矿物成分、结构构造和物理力学性质均不一样，相应抵抗外力破坏的能力大小、风化速度和形成的松散堆积物特征也不完全一样，从而对泥石流的形成特征和性质的影响不一样。例如，板岩、片岩、千枚岩、泥岩、页岩、花岗岩、闪长岩、凝灰岩和玄武岩等岩石出露区,泥石流往往较活跃,泥石流性质以黏性为主;而砾岩、石英砂岩、石灰岩、白云岩、大理岩、片麻岩、石英片岩和石英岩等岩石出露区,泥石流活跃程度相对较低,泥石流性质多为稀性。

(3) 地质构造

地质构造运动作用直接导致岩体变形和破坏,从而有利于松散碎屑物质产生,为泥石流形成与发展提供固相物质。地质构造的调查与评价是区域稳定性、泥石流沟坡稳定性和泥石流防治工程基础稳定性评价的基础。

在进行泥石流流域地质构造调查之前,应收集已有的地质构造资料,如公开出版的构造体系图、大地构造图、内部出版的区域地质图及调查报告、工程地质图及调查报告、相关的地质论著和报告及图件等,查明和分析将要勘察的泥石流沟所在区域的构造轮廓、构造运动的性质和主要构造运动的时代、各种构造形迹的特点和主要构造线的展布方向等。

在实地勘察中,对褶曲的调查内容包括其形态、规模、组成形式、轴线延伸方向和组成褶曲的地层岩性等。对断层的调查包括位置、性质、规模、产状、断层两盘的地层及岩性、破碎带中构造岩的特点、主干断裂和伴生与次生构造的组合关系以及断层的活动性等;对构造裂隙的调查包括形态特征、产状、规模、密度和充填情况等,最好选择典型地段进行产状、规模和密度的量测与统计,并做出玫瑰花图,以分析它的分布规律及对泥石流沟山坡坡面稳定性的作用和影响。对岩体的结构面要注意调查和区分构造结构面、原生结构面和次生结构面,其中构造结构面是调查重点。此外,原生结构面和次生结构面对坡面的稳定性也有较大影响,对其特征的调查也不可忽视。在此基础上,评价地质构造作用形成的各种软弱结构面对岩体与山坡稳定性的影响及对泥石流发育的影响。

(4) 新构造运动

新构造运动对第四纪地貌的发育起着控制作用,尤其是垂直运动,这种控制作用更为明显。在新构造运动的抬升或垂直差异性抬升地带,其交界处往往为地貌上垂直梯度变化很大的梯级地带。例如,我国三级地貌阶梯中第一级台地和第二级台地的过渡带,以及第二级台地和第三级台地的过渡带,均为新构造差异性活动最明显的地带,同时也是泥石流集中分布地带。因此,新构造运动对泥石流的发生发展影响至深,通过调查工作区地貌特点(如河谷形态、构造盆地、河流阶地、夷平面、成层溶洞、跌水、堆积扇、沉积物厚度及剖面等),分析新构造运动的性质、强度、趋势和频率等,查清其升降变化规律及不同区段的差异性运动特征,分析泥石流发育规律与发展趋势。

(5) 地震

地震的相关参数也是泥石流防治土建工程设计所必须考虑的重要参数。一般通过查阅中国地震局(时称国家地震局)编制的《1:400 万中国地震烈度区划图》(1990 年)、《1:400

万中国地震动参数区划图》(2001年)或调查区域有关地震部门编制的相应的地震地质调查报告和地震基本烈度鉴定报告等,可获取地震震级和地震烈度、地震动峰值加速度、地震动反应谱特征周期等泥石流防治工程设计所需的参数值。

(6) 不良物理地质现象

不良物理地质现象是指发生在地壳表层的,由重力作用形成的崩塌、滑坡、冰崩、雪崩和由风化作用形成的各种松散碎屑物质在重力和水体作用下发生的自上而下的移动和堆积过程(包括泥石流过程本身)。不良物理地质现象对泥石流固体物质的补给起着重要作用,往往泥石流活动频率高、规模大的泥石流沟内,均发育有较大规模的崩塌和滑坡,如云南东川蒋家沟、四川西昌黑沙河和甘肃武都白裕河等。对不良物理地质现象的规模和活动状况进行调查与评价,与预测泥石流的发展趋势及应采取的相应防治工程措施关系密切。

(7) 松散固体物质储量估算

充足的松散固体物质是形成泥石流的三大基本条件之一,对泥石流沟内松散固体物质储量进行估算,是预测泥石流发展趋势的主要依据,其估算值也是泥石流防治工程设计的重要参数之一。

泥石流中的固体物质来源主要有崩塌、滑坡、沟床堆积物和人工弃渣等。在我国西部冰川泥石流分布区,冰碛物和冰水堆积物为泥石流的主要固体物质来源。先分别调查流域内固体物质来源、分布状况及体积大小,分别估算储量,然后再进行储量汇总,即可得出流域可供泥石流活动的松散固体物质储量。对松散土体而言,其粒径大小、粒度成分及含水量状况对力学性质影响极大,尤其是泥石流形成区土体的性质,对泥石流的性质有直接影响。土体组成中,细粒部分以含黏粒组成分较高的黏性土为主的区域常发生黏性泥石流;而细粒部分以含砂粒组或粉粒组成分较高的非黏性土为主的区域则常发生稀性泥石流。各类土体在不同的状态下其力学性质差异较大,泥石流野外调查时可参阅土力学的相关手册并进行现场试验及力学性质分析,根据需要取样带回室内试验分析。

13.1.2.2 地形因素

泥石流的形成、运动和堆积是在特定流域——泥石流沟(坡)(后者针对山坡型泥石流而言)完成的,反映泥石流流域地形特征的参数称为地形因素。

(1) 流域基本参数及获取

流域基本参数又称流域特征值(钟敦伦等,1998),主要有流域面积(F)、主沟长度(L)、沟床比降(J)、流域出口海拔(h_0)、流域最高点高拔(h)、流域相对高度(Δh)、流域周界长度(l)、流域相对切割程度(h')和山坡坡度等。这些参数可利用比例尺不小于1:10万的地形图获取，部分参数也可以野外现场实测，用以评价泥石流流域地形提供的能量大小、水流汇集条件、松散碎屑物质聚集条件和泥石流的运动条件等。

① **流域面积(F)**：在地形图上圈定泥石流沟的流域边界线，用光电面积仪、普通求积仪或其他方法(如采用透明坐标纸数方格等)可量测出流域面积(F)，一般保留两位小数，单位为 km^2。

② **主沟长度(L)**：从流域出口沿主沟道至分水岭的长度，包括主沟槽及其上游沟形不明显部分和沿流程的坡面到分水岭的全长为主沟长度，可用卡规或软线在地形图上量算，单位为 km 或 m。

③ **沟床比降(J)**：沿主沟从沟口至分水岭的平均坡度为沟床比降，一般用千分数(‰)表示。图 13-1 为利用由地形图获取的沟谷数据做出的沟谷纵剖面示意图，以沟口高程为 0，则沟床比降为

$$J=2F/L^2 \tag{13-1}$$

式(13-1)可以近似计算如下(h_i的划分如图 13-1 所示)：

$$J=\frac{\sum(h_{i-1}+h_i)L_i}{L^2} \tag{13-2}$$

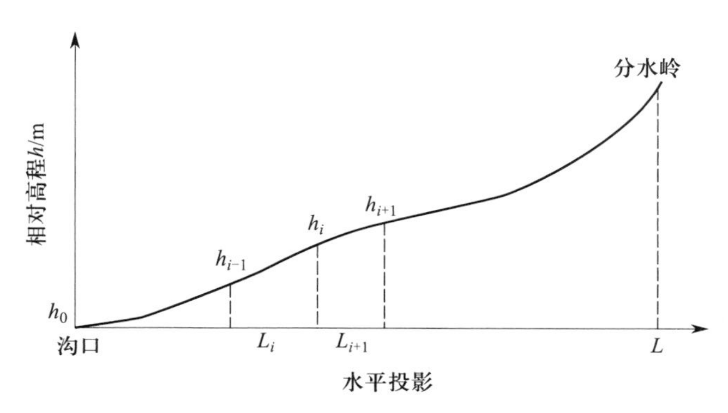

图 13-1 流域沟床比降量测原理示意图(钟敦伦等，1994)

④ **流域出口海拔(h_0)**：泥石流流域汇入主河或主沟处的高程为流域出口海拔，可由地形图上相邻两条等高线内插或用测量仪器在现场实测获得其数字，单位为 m。

⑤ **流域最高点海拔(h)**：流域最高点海拔为流域内最高点的高程值，可由比例尺不小于 1∶10 万的地形图直接读取，单位为 m。

⑥ **流域相对高度(Δh)**：流域最高点高程与出口处高程的差值为流域相对高度，即 $\Delta h=h-h_0$，单位为 m。

⑦ **流域周界长度(l)**：流域界线连成的封闭线的长度为流域周界长度。用卡规或软线在地形图上可直接测量出流域周界长度值，单位为 m。

⑧ **山坡坡度**：一般量算多个流域不同坡面的山坡坡度，进行加权平均后得到山坡坡度的平均值。具体做法是利用地形图上标出的坡度尺，量算流域不同坡面的山坡坡度；还可用手持水准仪或罗盘仪器等在野外直接测量山坡坡度。

在数字地形图日益普及的今天，上列各项参数也可根据利用 GIS 技术建立的流域数字高程模型（DEM）由计算机计算后得到。

（2）流域发育阶段分期

利用流域相对切割程度（q）对流域发育阶段分期，其为流域相对高度（Δh）与流域周界长度（l）之比，即

$$q = \Delta h / l \tag{13-3}$$

q 为无量纲值，以小数表示。利用该值对流域发育阶段进行判别，q 值越小，流域发育越成熟，反之则发育越不成熟。以此作为判别泥石流沟发育成熟阶段的参考值，进而为分析沟谷泥石流发育阶段提供判据，即 $q<0.1$，沟谷发育完善，多处于老年期；$q=0.1\sim0.2$，沟谷发育较完善，多处于壮年期；$q>0.2$，沟谷发育不完善，多处于幼年期。

13.1.2.3 气候与水文因素

气候和水文因素与泥石流形成的关系极为密切，既影响形成泥石流的松散碎屑物质，又影响形成泥石流的水体成分和水动力条件，而且还往往是泥石流暴发的激发因素（钟敦伦等，1998）。

（1）气候

气候资料包括气温、降水、蒸发和湿度，与泥石流形成和防治关系密切，这些资料主要从当地气象台（站）以及邻近的水文站获取，根据气象台（站）或水文站与泥石流沟的距离、高差等参考使用，也可以从当地气候图集的相应等值线图上查取。必要时，还应设站观测，获取所需气候资料。

① **气温**：调查分析年平均气温、气温年较差、极端最高气温、极端最低气温、气温极端较差、年最高与最低气温出现日期、≥10℃的积温/年、极端最高地面温度、极端最低地面温度和有无冻土发育（若有，冻土的冻结深度和每年冻结与融解时间）等，用以评价岩石物理风化条件（泥石流物源条件之一）、泥石流防治土建工程冬季施工条件及生物工程植物生长条件等。在冰川泥石流发育区，这也是分析气温变化与冰川泥石流活动关系的重要资料。

② **降水**：调查分析多年平均年降水量、降水年际变率、降水年内变率、年降水日数、暴雨日数（日降水量≥50.0 mm 的暴雨日数、≥100.00 mm 的大暴雨日数和≥150.0 mm 的特大暴雨日数）及其出现频率、一日最大降水量、60分钟最大降水量、30分钟最大降水量、10分钟最大降水量、夏半年降水量和冬半年降水量等。分析与确定泥石流的激发雨量，计算不同频率的设计暴雨量，为泥石流流量计算提供基础资料。年降水量及其分布也是泥石流生物防治工程所需的重要参数。

③ **蒸发与湿度**：调查分析累年平均蒸发量、多年平均相对湿度和最小相对湿度资料等，

供泥石流生物防治工程设计参考使用。

(2) 水文

若泥石流流域内设有水文观测站,应收集丰水年和枯水年的最大流量、最小流量、平均流量、径流总量、径流模数和径流深度等资料。但对于绝大多数泥石流流域来讲,都属无水文观测站的无资料地区,可采用洪痕调查、推理公式和经验公式等方法推算洪峰流量,也可根据泥石流沟所在省、区和市的水文勘测部门编制的暴雨洪水计算手册及相关图表,查阅和计算有关水文参数,再结合流域降水条件及岩性、植被、地形和表层土体等下垫面状况,分析水文条件。

对处于季节性积雪或现代冰川发育区的泥石流流域,需调查积雪洼地或现代冰川及冰湖的发育情况,如面积和消融季节等,还需收集气温、降水变化对冰川或积雪消融的影响及消融水量等资料,分析气温升高、冰雪消融和冰湖溃决等与泥石流活动的关系。

通过上述工作评价流域水文条件及其与泥石流形成的关系,为泥石流防治工程设计提供山洪洪峰流量等基本参数。

13.1.2.4 土壤与植被因素

流域的土壤状况对降水的渗透和蓄积、地表产流时间快慢及植被生长等均有着重要影响。因此,土壤类型及其分布高度和范围、发育程度、土层厚度、土壤肥力状况、土壤颗粒级配、适生性及土壤侵蚀程度等反映土壤特征的数据和描述资料均需调查收集,并填绘流域土壤类型的分布图。

调查流域植被垂直分带状况、流域植被覆盖类型、植被覆盖度、森林林型和树种等,现场填绘流域植被现状图。

泥石流流域的相对高度一般均较大,因此流域内气候、植被和土壤具有垂直地带性特征。土壤与植被调查成果是开展泥石流生物工程防治、区分立地条件的重要基础资料。

13.1.2.5 人为活动因素

主要调查人类活动对泥石流发育的影响并收集相关资料,评价人类活动对泥石流发育的影响程度大小。相关资料包括森林砍伐情况、砍伐林木及运材方式、毁林开荒状况、森林火灾发生情况、撂荒地大小及撂荒时间、闸沟垫地及筑淤地坝情况、陡坡耕作情况、草场载畜量及是否超载、草场有无退化沙化现象及其产生原因、边坡开挖、工业及建设弃渣量及其处理方式,水利水电设施的设计、使用标准、质量高低以及是否有毁坏等质量事故,是否发生或有无可能发生人为泥石流,小流域治理措施,已有的防灾减灾措施、工程类型及其使用效果、维护状况等。

13.1.3 流域地形地质勘测

泥石流流域地形地质勘测是紧密结合泥石流防治工程规划设计的要求进行的，需根据防治工程规划布局与工程布点选择几个（或几处）可做防治工程的场地，并查明其地形地质条件，供防治方案对比及选择场址使用。

13.1.3.1 主要内容

全流域勘测一般结合遥感影像判释进行，并采用中比例尺（1∶5万~1∶1万）地形图，重点地段（如工程场地等）采用大比例尺（1∶5000~1∶1000）地形图。

（1）遥感影像判释

在进行泥石流流域地形地质勘测前，最好进行流域遥感影像判释。利用遥感影像视野广、直观的特点，对泥石流沟的地貌类型、地质构造、平面形态、沟床纵坡、山坡坡度、不良地质现象、支沟和主沟口泥石流堆积扇、植被覆盖度与植被生长状况、坡耕地和撂荒地的分布等做出判释，了解泥石流松散固体物质补给区的位置，初步划分出清水汇流区、泥石流形成区、流通区和堆积区，分析泥石流与各种自然因素和人为因素间的关系，编制泥石流沟遥感影像判释图，供野外实地勘测与填图参考。此外，利用不同时期的遥感影像，可获得泥石流沟动态变化的定量值。例如通过了解沟内崩塌和滑坡范围的变化及数量增减、泥石流堆积扇的变化等，可做出泥石流动态判释，预测泥石流的发展趋势。

（2）流域地貌与第四纪地质图及泥石流工程地质图填图

填图内容以与泥石流形成和活动有关的各种地质地貌现象为主，主要包括下列内容。

① **第四纪地质**：第四纪分布范围、厚度、岩性、成因、地层产状及地层年代、冰川分布线、湖面扩展界线、季节性和永久性冻土分界线等。

② **不良物理地质现象**：崩塌和滑坡的分布、活动状况与堆积物体积等，在西部高山现代冰川发育区还包括冰崩和雪崩的分布、活动状况，冰川进退状况及冰碛物分布等。

③ **泥石流堆积物及地貌**：沟谷已有的泥石流（包括支沟泥石流和坡面泥石流）堆积物及地貌现象的分布及特征，如泥石流阶地、龙头、垄岗、爬高、弯道超高、侧积、堆积扇等的位置、厚度（高度）、长度或体积等。

④ **峡谷、陡崖**：峡谷、陡崖的分布及其长度和高度等。

⑤ **地下水露头**：泉、井的分布位置，地下水水位、水质、水量、动态及开发利用状况。

⑥ **历史地震遗迹**：历史上破坏性地震造成建筑物、山坡、地面变形破坏的主要位置、破坏特征及灾害点分布状况。

⑦ **新构造运动**：流域内断裂在挽近地质时期以来的活动性及活动特征，断裂的产状、规

模、性质及破碎带特征，有无最新充填物，切割的最新地层，断裂两侧地貌景观和微地貌特征等。

⑧ **岩石风化状况**：岩石风化变异程度，风化壳厚度、形态、性质和变化等。

以上工作的开展，除尽量利用沟谷内的天然剖面调查研究各种地质地貌现象外，还应进行适当的坑探、槽探及取样分析；必要时应进行钻探工作，以查明堆积物的分布、厚度、性质及下伏基岩的坡度等。利用以上资料编制流域地貌与第四纪地质图或泥石流工程地质图。

(3) 泥石流沟分区

一般典型泥石流沟可以划分出清水汇流区、泥石流形成区、流通区和堆积区。在进行上述填图工作的同时进行流域泥石流分区，对各区沟床坡度、弯曲度和粗糙程度进行量测和做出评价。在形成区，查明可以补给泥石流的松散碎屑物质的分布范围和储量及主要补给方式，评价沟的溯源侵蚀趋势与谷坡稳定性；取样做颗粒成分分析，根据黏粒含量评估泥石流的性质，评价采取稳沟固坡措施的可行性。在流通区，查明沟床陡坎（跌水）位置，有无卡口、沟道断面变化情况，沟床冲淤变化特征（最大冲刷深度和最大淤积厚度）及泥石流泥痕高度等。在堆积区，观察和描述堆积扇的形态，量测堆积扇大小与纵、横坡度，查明泥石流堆积物粒径沿程变化特征及沉积剖面特征，一般及最大块石粒径及其分布规律，测量大块石三轴长度，取三轴的平均值作为泥石流输移大块石的直径，取样做粒径成分分析；观察与分析堆积扇边缘被主河切割的状况、扇面沟道变迁与冲淤情况、主河枯水位与洪水位变化对沟口泥石流冲淤的影响及其变化幅度、主河输移泥沙能力、泥石流挤压主河状况、有无堵塞主河历史或有无可能堵断主河和堆积扇的发展速度，估算泥石流的规模及最大一次泥石流的堆积量（表 13-2），了解人类活动及堆积扇开发利用现状，编制泥石流流域图（图 13-2）。根据处于泥石流冲击和淤埋等危险区范围内的人口及建筑物的重要性，按危险性大小分区，编制泥石流危险性分区图。

表 13-2　泥石流规模划分表（钟敦伦等，1998）

泥石流规模等级	特大规模	大规模	中等规模	小规模
最大一次泥石流堆积量/万 m^3	>50	10~50	1~10	<1

(4) 泥石流泥痕调查

选择沟道断面较稳定的沟段，量测沟壁上泥石流过境时留下的泥痕的高度（h）及沟道断面尺寸，计算过流断面面积（F），再利用上、下两断面泥痕的高差与其水平距离（L）之比，计算泥位纵坡 i，即 $i=(h_1-h_2)/L$，按相关公式计算泥石流流速（详见本书第 11 章），还可按式（13-4）计算泥石流流量：

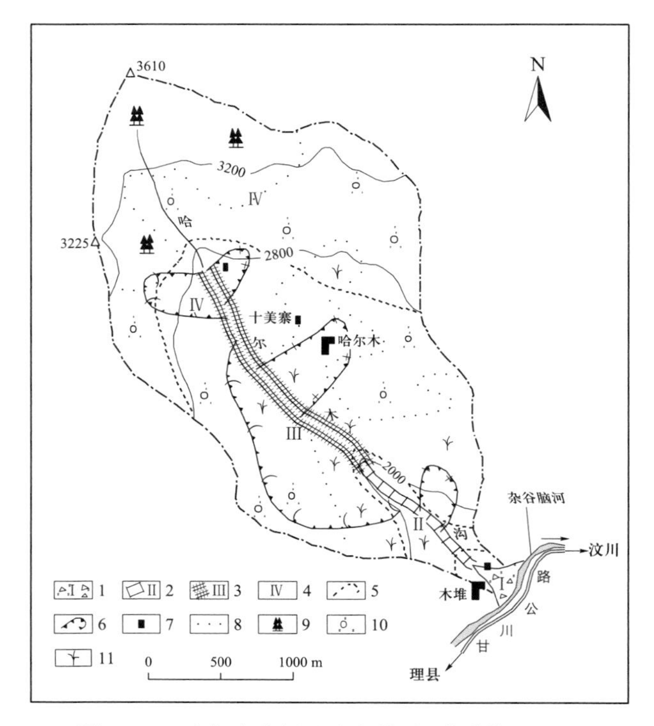

图 13-2 哈尔木沟泥石流流域图(谢洪等,1994)

1—泥石流堆积区;2—泥石流流通区;3—泥石流形成区;4—清水汇流区;5—泥石流分区界线;6—滑坡;7—居民点;8—林区界线;9—桦木林;10—灌丛草坡;11—坡耕地和撂荒地

$$Q_c = F \cdot U_c \tag{13-4}$$

式中,Q_c——泥石流流量;F——过流断面面积;U_c——泥石流流速。

13.1.3.2 主要防治地段工程勘测

主要防治地段为泥石流防治工程场址所在地段,其勘测资料是进行工程基础设计和地基处理的依据,勘测精度要高于全流域的勘测,采用大比例尺填图,比例尺为 1∶5000~1∶1000,对各种地质地貌现象进行详细研究,以满足选定场址开展泥石流防治工程建设所需的各种资料。对已确定的防治工程场址,需用仪器定点,并测绘专用大比例尺地形图(1∶500~1∶100 比例尺的纵断面图和横断面图等),开展钻探或坑探、槽探等专项地质勘查;为查明泥石流堆积物等松散堆积物厚度的钻孔,钻入基岩的深度应超过沟内所见最大石块长径 3~5 m;对勘查结果详细而准确编录,绘制钻孔柱状图、坑(槽)探剖面图及勘探处沟谷横断面地质图;并采取岩石或土体样品,检测其物理力学性质和进行现场原位测试,确定地基承载力,提出供工程设计使用的建议值。

泥石流防治工程建筑物所需的块石料和粗细骨料,一般可在泥石流沟谷内就地解决(黄土及泥流发育区除外),勘查中需对其岩性、抗风化能力、空间分布、开采条件、储量及开采对流域环境的影响做出评价。

(1) 泥石流性质野外判定及现场试验

泥石流样品试验的目的是获取泥石流重度、固体物质粒径组成、黏度和静剪切强度等特征值。这些特征值是判断泥石流体性质和进行泥石流防治工程设计的重要参数。由于泥石流为非均质体,上述特征值在泥石流运动过程中是随着时间和空间的变化而变化的,这就要求样品的采取地点和数量要尽可能有代表性,使试验结果能较真实地反映出泥石流的特征。

① **现场调查**:通过下面几种现象的调查与综合分析,初步判定泥石流的性质是黏性还是稀性。判断分析主要依据以下6个方面的因素:泥石流黏附在沟岸上的泥浆的浓稠状态、弯道超高的大小、泥石流阵性流特征、泥石流堆积物特征、泥石流体中固体与液体的比例和泥石流运动整体性特征等(表13-3)。

特征介于表13-3中两种性质泥石流之间的泥石流可定为过渡性泥石流。

表13-3 野外调查泥石流性质判别表(谢洪等,2002)

泥石流性质	泥浆	弯道超高	阵性流	堆积物特征	固体与液体比例	运动时的整体性	重度/($kN\cdot m^{-3}$)
黏性泥石流(泥流)	浓稠	大	一般有	土、砂、石块混杂,颗粒大小差异大、无分选、无有序空间排列,常有巨大漂砾(泥流颗粒组成较均一,不含巨大漂砾)	≥2	强,进入主河后仍然保持整体状态,不易被河水稀释或截断	≥19.6 (15.7)
稀性泥石流(泥流)	稀	较小	一般无	砂、石块混杂,土含量少,颗粒有一定分选和一定有序空间排列	<1	较弱,进入主河后易被河水稀释或截断	<16.7 (11.8)

② **现场取样实测与计算重度:**

现场取样实测重度:在泥石流活动过程中的某一个或几个时期对流体采样,根据样品质量与体积之比求得重度 γ_c,即

$$\gamma_c = W/V_c \tag{13-5}$$

式中,γ_c——泥石流重度($N\cdot cm^{-3}$或$kN\cdot m^{-3}$);W——样品的质量,需换算成重力(N或kN);V_c——样品的体积(cm^3或m^3)。

采取样品的体积和质量目前尚无统一标准,泥石流界比较认可的是一般每个样品体积不应小于$5\times10^{-3}m^3$或质量不小于10 kg。受取样筒大小限制,该方法获取的样品仅为泥石流中较细粒部分,在做泥石流重度分析时,还应考虑流体中的大石块等因素。

现场调查试验：泥石流过后，在沟道内选择有代表性的泥石流堆积物取样，找泥石流过程的目击者数人，现场加水搅拌配制成泥石流样品，进行样品鉴定。一般样品不少于3个，每个样品体积不小于 $15\times10^{-3}\,m^3$。根据每个样品的质量和体积，利用式(13-5)计算重度。

利用式(13-6)也可计算泥石流重度：

$$\gamma_c=(\gamma_s f+1)/(f+1) \tag{13-6}$$

式中，γ_s——泥石流体中固体物质重度（$N\cdot cm^{-3}$ 或 $kN\cdot m^{-3}$），根据岩性可参考表13-3取值；f——泥石流体中固体物质与水的体积之比，由现场调查确定。计算中单位体积质量需换算成单位体积重力。

(2) 泥石流堆积物干重度试验

在野外选定的泥石流堆积区试验点，将表土除去，表面整平，挖掘成边长1 m、深0.3~0.4 m的近似立方体的测试坑，取出土石全部称重。然后将塑料薄膜平铺于坑底，并紧贴四周坑壁，用水桶作量筒（也可用其他量筒）向坑内注水，当水面与坑口地面齐平时，记下注水量。水体的体积即为试坑的容积。用式(13-7)计算泥石流堆积物干重度 γ_d：

$$\gamma_d=W_s/V_s \tag{13-7}$$

式中，W_s——土石重量(kN)；V_s——试坑容积(m^3)。

一般按上述步骤重复试验2~3次，取平均值。

(3) 泥石流固体物质粒径组成取样分析

泥石流固体物质的粒径分布范围从巨石到黏粒都有，同一沟内的泥石流固体物质，大小颗粒粒径之比可达 $10^6\sim10^8$ 之巨。要较为真实地反映泥石流的固体物质粒度特征，必须取样进行粒度分析，根据样品的质量大小可分为大样和小样。大样的质量一般为1000~2600 kg，小样的质量一般为5 kg左右。显然，大样的代表性要好于小样。

取大样是指在泥石流堆积区选定取样地点，清除表面杂土，整平表面，按一定的几何形状（尽可能是正方体或长方体，便于测量和计算体积）挖坑取样。取样坑的深度不应小于0.5 m，体积不应小于0.5 m^3，最好为0.5~1.0 m^3。取出样品中，粒径大于100 mm的石块用卷尺或直尺量测它的三轴（长、宽和高）长度，取算术平均值作为其粒径，并分别过秤称重；其余的用筛析法分为100~50 mm、50~20 mm、20~10 mm、10~5 mm、5~2 mm和2 mm以下若干级，每级分组称重，粒径小于0.1 mm的颗粒用比重计法测量。最后计算分组质量与总质量之比，算出颗粒级配特征值，绘制颗粒级配曲线。为使分级称重准确，在大石块过秤前，应用毛刷刷干净黏附在其上的细小土粒。取大样试验也可与测泥石流堆积物干重度试验结合进行。此外，对泥石流堆积物中的大石块，应有选择性地（尽量选最大的）进行单块的三轴长度测量，也可以量测一组或几组（数块或数十块），观察记录每块的岩性，分别计算每块的体积和质量，为计算泥石流中大石块对防治工程、建筑物等的冲击力提供依据。

取小样是指在泥石流堆积体上选择没有受到后期改造的原状堆积物，取 5 kg 左右样品。根据小样分析结果做出的颗粒级配曲线，只反映了泥石流较细粒部分固体物质粒度特征，不如大样的代表性好。但由于小样取量小，采样灵活方便，所以在泥石流勘测中应用较多。为了解泥石流形成、运动和堆积这一系列过程中的固体物质粒度变化情况，实际工作中需在泥石流的形成区、流通区和堆积区分别取样，带回室内做粒度分析。

根据我国西南、西北、华北及东北地区数百条泥石流沟的实地调查与粒度特征分析，利用粒度分析资料基本上可以判别泥石流的性质，黏性泥石流堆积物中的黏粒(<0.005 mm)含量一般为≥3%。

13.1.4 泥石流发展趋势分析

分析泥石流发展趋势是泥石流勘察工作的一项重要内容，判别一条沟的泥石流活动是向增强还是减弱方向发展，是确定是否应当对泥石流开展治理和应当如何治理的重要依据。

泥石流的发展趋势取决于其形成条件的发展演化(钟敦伦等，1993)。在自然状态下，泥石流是山区各种自然因素相互作用、演化到一定阶段的产物，有其自身的发育规律和一定的活动周期；当人类活动强烈影响山地环境时，也会直接或间接地对泥石流的发育规律和活动周期产生影响。分析泥石流发展趋势，必须对影响泥石流形成和发展的众多因素进行综合分析，做出判断。进行综合分析时，应突出主导因素。

13.1.4.1 泥石流的发育阶段与泥石流发展趋势

根据孕育泥石流的沟谷所处的不同地貌发育阶段，可确定泥石流的发育阶段。处于不同地貌发育阶段的泥石流沟谷，其泥石流的规模、暴发周期、活动程度等均有较显著的差异，据此可判别泥石流发展趋势。泥石流发展趋势可分为四种情况。

(1) 发展期泥石流

泥石流沟谷多处于地貌发育的幼年期，流域内重力侵蚀作用不断加强，松散碎屑物质聚集速度不断加快，泥石流活动向频率逐渐增高、规模逐渐增大方向发展，泥石流堆积扇不断发展，泥石流作用以淤积为主。

(2) 活跃期泥石流

泥石流沟谷多处于地貌发育的青年期和壮年期，流域内重力侵蚀作用强烈，松散碎屑物质聚集速度快；泥石流活动强烈而持续稳定，冲刷、淤积的幅度变化大，常表现为大冲大淤，泥石流活动频率高、规模大、堆积扇强烈发展，沟谷下游的沟槽不稳定。

(3) 衰退期泥石流

泥石流沟谷的地貌发育多接近老年期,流域内重力侵蚀作用逐渐减弱,松散碎屑物质聚集速度减缓;泥石流活动频率逐渐降低、规模逐渐减小,泥石流堆积扇发展速度逐渐减慢,冲刷作用大于淤积作用,沟谷下游常形成较稳定的沟槽。

(4) 终止期泥石流

泥石流沟谷地貌发育多处于老年期。主沟的中游和下游泥石流已基本停止活动,仅上游和沟源地带及部分支沟还有一定规模的泥石流活动,但频率不高。流域内重力侵蚀作用轻微,泥石流堆积扇已停止发育,并出现清水沟槽,无特殊激发因素(如强烈地震、罕见特大暴雨等)一般不会发生大规模泥石流。

13.1.4.2 不同条件下的泥石流发展趋势分析

(1) 维持现状条件下的泥石流发展趋势

所谓维持现状条件是指泥石流流域内不出现强烈地震(烈度≥Ⅶ度),不出现森林被大面积毁坏现象,无大规模的采矿、采石及建设弃渣和新增大片陡坡耕地等人类活动。在这种条件下,泥石流发展趋势主要取决于沟内已有松散固体物质储量与水源。一般分两种情况分析:一种是松散固体物质极为丰富的泥石流沟,泥石流的暴发频率和活动规模主要取决于暴雨频率和降雨量大小;对西部高山区的冰川泥石流而言,则主要取决于冰雪融水量的大小与出现频率。另一种则为供给泥石流的松散固体物质不是十分丰富的泥石流沟,由于松散固体物质有限,当一次较低频率的暴雨或冰雪融水激发大规模泥石流之后,沟谷内可供泥石流活动的松散固体物质大量减少,紧接其后即使出现频率更低的暴雨或冰雪融水,形成的泥石流规模也会较前次大大减小,并使泥石流活动频率降低。

由于泥石流产生是多种自然因素共同作用的结果,影响泥石流发展趋势的因素是很多的,这也决定了泥石流发展趋势具有复杂性和波动性。值得注意的是,对那些较长时间(几十年或上百年)无泥石流活动或活动很弱的低频率泥石流沟,勘察中应特别慎重,以免被其表象所迷惑。这类沟中发生的大规模泥石流活动的间隔时间长,积累的松散固体物质多,一旦泥石流发生,往往规模惊人,危害巨大,国内外不乏实例。

(2) 强烈地震下泥石流的发展趋势

强烈地震造成泥石流沟谷山坡产生松动破碎,有的直接引起崩塌、滑坡产生,使沟床及两岸谷坡松散碎屑物质骤增,促使泥石流活动性增强。地震活动性增强,将会直接导致泥石流活动性增强,使泥石流活动规模加大、频率增高。往往一次强烈地震之后,由于地壳应力调整，其后还有一系列余震，形成对山体斜坡的叠加破坏，从而对泥石流的发展趋势有较长期的影响。强烈地震可以使处于终止期的泥石流复活，使处于衰退期的泥石流转向活跃期。强烈地震若造成冰湖、水库（塘堰）和水渠破坏，可直接激发泥石流。由于泥石流的发生需要水源与松散碎屑物质相配合，故地震主要为后来将要发生的泥石流提供松散固体物质储备，因此，强烈地震后若遭遇暴雨或冰雪融水，将暴发大规模泥石流。研究资料表明，地震烈度在Ⅶ度以上的地区，地震对泥石流发育影响显著。2008 年“5·12”汶川地震后，当年汛期地震重灾区的泥石流活动显示，极震区泥石流成片活动，且活动频率高、规模大，面积在 3 km^2以下的极小流域的泥石流对地震的敏感性极强，响应强烈。

（3）人类活动下的泥石流发展趋势

人类活动对泥石流发展趋势的影响是双重的，既可以对泥石流的发生发展起促进作用，也可以对泥石流的发生发展起抑制作用。人类活动符合自然规律，促进和维护山地自然生态平衡，对泥石流的发生发展具有抑制作用；当人类采取各种措施对泥石流沟进行综合治理时，则在一定尺度内进一步削弱了泥石流的形成条件，可使泥石流的规模、活动频率及活动范围在治理设计标准内得到控制。而若人类活动不当，如森林过伐、毁林开荒、放牧过度、陡坡耕作、开矿和采石及建设弃渣随意向沟道排放等，则将使流域内松散碎屑物质增多，水文状况恶化，坡面侵蚀加剧，导致泥石流活动的进一步增强，规模增大，危害范围扩大。

13.2 泥石流观测内容与方法

泥石流野外原型观测是科学认识泥石流发生机理、运动堆积过程和有针对性地研发泥石流防灾减灾技术的基础性工作。从认识到泥石流对山区人民活动和社会经济的严重威胁以来，国内外就开展了定点和不定点的泥石流野外观测，如美国圣海伦火山、日本烧岳沟以及意大利、苏联、瑞士和奥地利等国开展的野外观测。我国从 20 世纪 60—70 年代就在四川、西藏和云南的多条沟开展了泥石流野外原型观测，主要参与单位集中在中国科学院、中国交通运输部和中国水利部及铁道部门等。20 世纪 60—70 年代，中国科学院、中国交通运输部甘肃省交通科学研究所等单位先后在西藏、云南和甘肃开展了泥石流沟野外简易人工观测。从 1980 年开始，中国科学院先后投入 100 多万元，推动泥石流原型观测仪器的研制，并在云南小江流域的蒋家沟设立东川泥石流观测研究站，开展连续野外观测。一系列的泥石流观测仪器设备在此期间研制成功并投入使用，如超声波泥石流泥位计、泥石流地声警报器和泥石流冲击力探测仪等相继问世，在此基础上形成了一套半自动化的泥石流观测系统。本节以该站的工作为主，对泥石流原型观测的内容及方法进行阐述。

蒋家沟流域位于云贵高原北部，是金沙江一级水系小江右岸的一条支流，属于滇东北高山峡谷区，自东向西汇入小江。其流域面积 48.6 km^2，主沟长 13.9 km（图 13-3）。一到雨季，流域内泥石流发生频繁。据云南东川泥石流观测研究站资料，1965—2010 年，蒋家沟共暴发泥石流 497 次，最多一年暴发 28 次（1965 年），最少一年暴发 2 次（1993 年），平均每年

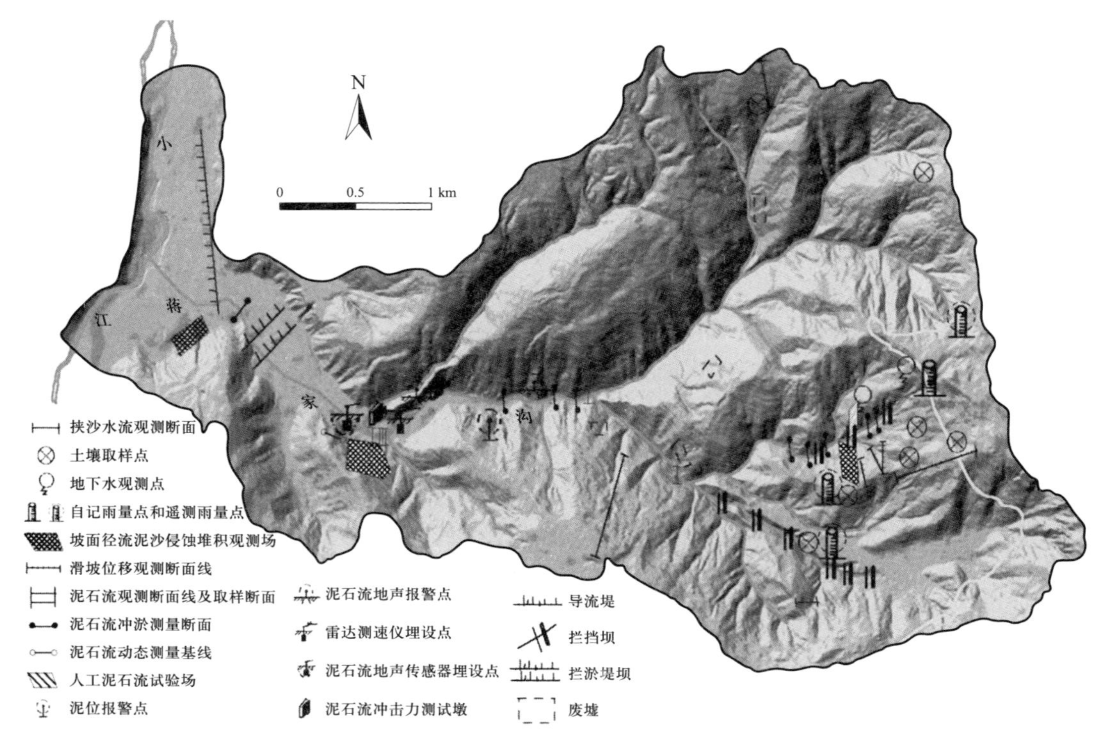

图 13-3 蒋家沟流域简图

暴发 10.8 次。蒋家沟具有明显的泥石流形成区、流通区和堆积区，为开展泥石流形成、运动和堆积全过程的观测研究提供了有利条件。

蒋家沟发生的泥石流按流体性质分为稀性、过渡性、黏性和高黏性四类。在泥石流流动过程中，其流态变化多端，既可呈现浪花飞溅、巨石翻腾的紊动流，也可呈现表面平滑、流线平行的层动流，还可呈现表面平静、流动缓慢的蠕动流。在一阵泥石流中，随着沟床条件发生变化，其流动状态也可相应发生变化，在极短的流程中，可使紊动流转变成层动流、波动流直至蠕动流。蒋家沟泥石流大多为阵性流，一次泥石流从几十阵至几百阵，历时 3~4 h，甚至数十小时。最大流量 2820 $m^3 \cdot s^{-1}$，最大流速 15 $m \cdot s^{-1}$，最大泥深 5.5 m，最高重度 23.23 $kN \cdot m^{-3}$，最大输沙率 6079 $t \cdot s^{-1}$，最多一次固体径流总量约 200 万 m^3。

蒋家沟泥石流的观测项目很多。长期定位观测的项目以泥石流流通区或流通区与堆积区之间相对稳定沟段的运动、动力、输移和冲淤为主；对形成区的泥石流形成过程观测和堆积区堆积作用观测，由于观测难度和危险性都比较大，只进行短期局部的观测。

13.2.1 泥石流形成观测

泥石流的形成观测主要是形成过程的观测，观测内容有降雨、坡面产流、坡面径流冲刷、沟道水流侵蚀、下渗、土体运动和沟道汇流等。

13.2.1.1 降雨观测

在泥石流形成条件影响因素中,最基本和最活跃的是水文因素。其作用的结果直接影响着泥石流的发生与否和规模的大小。在我国,最为常见和暴发频率最高的泥石流由暴雨激发,所需水量由暴雨提供(即暴雨型泥石流),所以降雨量、降雨强度及过程的观测是泥石流形成条件观测中最重要的内容之一。

在泥石流流域的降雨定点观测之前,应通过对影响该区域的天气系统及流域历史降雨资料进行分析,对降雨时空分布有一个全面的了解后,再布设雨量观测点。雨量观测点的数量根据流域面积大小和降雨分布特征等而异,一般不少于3个,即布设点应能有效地观测全流域的降雨状况,并且易于日常的维护与资料的收集。

在雨量观测仪器方面,最为传统的是自记录雨量计,这是一种比较原始但较可靠的测量仪器。安装后只要有降雨发生,便在记录纸上自动记录降雨过程。该仪器需专人看护、定时换纸。自记录雨量计是一种带有存储器的降雨测量仪器,降雨时,由雨量筒接收到的雨量信号被存入存储器中,从而实现了无人看管的情况下长时间连续工作的目的,且可靠性高。但这种设备不能远程实时获取降雨资料,不能做到根据降雨资料来预报泥石流的发生。遥测雨量计的降雨信息可通过无线传输方式传送到设在观测站的接收设备上,可在第一时间获取降雨资料,据此对上游泥石流形成区的降水情况进行分析,从而判断出是否有可能发生泥石流,达到预报泥石流的目的。

13.2.1.2 形成区土体特征参数观测

泥石流形成区的土体特征参数包括土体含水量、土体水势、土体孔隙水压力和土壤温度等。据研究,泥石流暴发前源区土体特征参数会发生明显变化,如含水量急剧上升、水势波动起伏下降和孔隙水压力急剧增加等。

在泥石流形成区可能发生滑坡和崩塌的坡面,以及耕地等剖面设置观测点。观测项目包括土体含水量、土体水势、土体孔隙水压力和土壤温度等,在每个点垂向分布3~4层观测传感器。

土体含水量的观测一般采用时域反射法(TDR)进行,误差控制在3%以内(体积含水量);土体孔隙水压力观测可以采用孔隙水压力计,测量误差应小于2 kPa。观测应在时间上同步,且测次间隔不大于0.5 h。

13.2.1.3 形成区的水文观测

泥石流形成区坡面产流、坡面径流冲刷、沟道水流侵蚀和沟道汇流等的观测可通过微流域观测进行,即选择形成区的小支流进行自然条件下重力侵蚀观测。该小支流为具有独立、封闭特征的子流域(有唯一径流出口),面积一般为0.005~2.0 km^2,流域内无居民居住(面积较大时可以有3户以下居民),无截水和排水沟渠,无明显改变地下水径流的人工设施,无大规模坡改梯耕地。流域内微细沟谷发育,有明显的流网形态,平面形状近似观测大流域或呈椭圆的树叶状,尽量避免狭长形状和三角形等异形流域。

选择好微流域后,在出口设置总水径流、泥沙输移和泥石流径流量观测点,还可在微流域内选择面积更小、相互独立的封闭微细流域3~5个,并在微细流域出口设置观测点。

在径流观测点设置溢流堰,设置自动水位计观测水流和泥石流的径流量,在一般洪水期间定期采取水样分析泥沙量,在泥石流发生期间采取泥石流样品分析泥石流的颗粒级配、重度等参数。

微流域内地形变化观测采用地形测量的办法,使用全站仪、三维激光扫描仪等测量工具,遵循相关测量规范,定期进行测量,用于微流域内地形变化分析。在可能发生滑坡、崩塌的区域进行重点观测。

13.2.1.4 固体物质补给观测

充足的松散固体物质是泥石流形成的重要物质条件。流域内的松散固体物质多少是由岩性、构造、新构造运动、地震和火山活动以及风化、各种重力地质作用和流水侵蚀搬运等地质条件所决定的。此外,一些非自然因素也可能产生大量的松散固体物质参与泥石流运动,如矿山的弃渣、不合理的耕作方式及山区的工程建设等。这些松散固体物质或以滑坡、崩塌的方式直接参与泥石流运动,或以坡积物、沟床质的形式被水流裹携参与泥石流运动。所以,松散固体物质的观测主要是对这几种形式存在的固体物质进行动态的观察与测量。

坡积物和沟床质的累积速度较慢,其对泥石流固体物质的补给量一般通过流域调查获取,而泥石流流域内的绝大部分松散固体物质的增加是由滑坡、崩塌产生的。对于滑坡的动态观测采用设置观测断面、埋设观测桩的周期性定位观测的方法。观测桩用钢筋水泥浇制,并埋入地下,在桩心设置量测点。沿滑坡体的水平方向或垂直方向设置观测网点,定期测定网点的位移情况。根据位移量,即可分析滑坡的活动规律、滑动速度以及固体物质的补给量。

泥石流流域内局部区域的松散固体物质变化也可采用高分辨率、高精度的三维激光扫描仪定期测量计算得到。

13.2.2 泥石流运动观测

泥石流的运动和动力学特征观测,是在泥石流流通段观测其运动过程中产生的各种物理特征量,包括流速、泥深、流量、重度和冲击力等。同一断面处上述观测同步进行,如在采样的同时对泥石流流速、流量和冲击力等参数进行观测,这样数据具有更好的配套性,在分析使用时价值更高。

观测时在泥石流流通区内选择一段长度200~300 m的顺直沟道,设置3~4个观测横断面,对每个横断面和纵断面进行测量,并绘制断面图作为基础数据。因泥石流具有大冲大淤的特征,因此在每次泥石流过后都要再次测量。

由于泥石流具有巨大的破坏能力,对它的运动和动力学参数观测除冲击力采用直接接触式观测外,其他参数一般采用非接触式的观测方法。

13.2.2.1 流速观测

由于泥石流特殊的物质组成和运动状态,目前其流动速度的测量还处于探索阶段。在原型观测中对泥石流表面流速的观测通常采用的方法有浮标法、龙头跟踪法和非接触测量法。

(1) 浮标法

浮标法测速是借用水文测量中传统的测速方法。但由于泥石流流动过程中紊动强烈,浮标不是被损坏就是被裹入流体,致使浮标到达测速断面时不能被识别;加之泥石流暴发多为夜间或风雨交加,浮标难以准确到位和被识别,所以浮标法在泥石流流速的测量中受到很大的限制。一般只用于可视条件良好且泥石流流态平稳(如黏性层流或连续流)的流速测量中。

(2) 龙头跟踪法

泥石流的运动特征之一是不连续性,特别是黏性泥石流,有明显的阵性(阵性流的前部称为"龙头")。泥石流运动过程中,龙头表面紊动剧烈,伴有飞溅,可采用龙头跟踪法测量流速。阵性流龙头到达上断面开始计时,到达下断面停止计时。因为上、下观测断面的距离已知,由距离和时间的关系计算出观测区内龙头的平均流速。在蒋家沟的泥石流观测中,因为80%以上的泥石流均以阵性流的形式出现,所以流速测量多采用龙头跟踪法。

(3) 非接触测量法

常用的非接触测量的流速仪为雷达测速仪,可用于各种类型泥石流流速的测量。测量时将雷达测速仪的天线安置在泥石流沟道边,用定向瞄准器对准测试目标位。当泥石流通过测试段时,测速仪自动测试泥石流的表面流速并记录下来。但由于泥石流运动过程中扰动强烈,测量的误差较大。

13.2.2.2 泥深观测

泥石流泥深是指其通过测流断面时流体的实际厚度,它是计算泥石流过流断面面积,进而计算泥石流流量以及分析泥石流运动和力学特征的重要参数。由于受到泥石流物质组成及运动特性的影响,直接进入其内部测量流体深度(泥深)几乎是不可能的。变通的办法是在泥石流到达前先测量沟底深度,泥石流过流时测量流体表面位置(泥位),两次所测差值,即为泥石流的泥深(图13-4)。

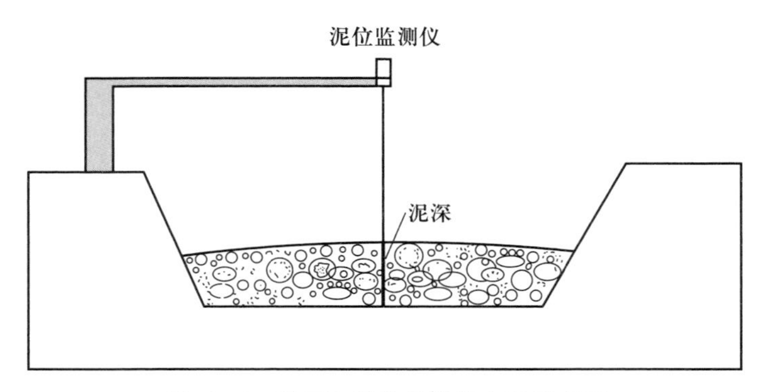

图 13-4 泥石流泥位监测仪布置示意图

泥石流泥深的观测方法有标尺法、图像解析法和测距仪法等。

标尺法是在观测断面处设置标尺,直接用测量仪或目测确定泥面高度,进而获取泥深值。图像解析法是使用摄像机或照相机,参照标尺或岸上特征物拍摄图像,通过图像分析确定泥深。图像解析多采用人工观测解析,目前也出现了一些自动解析的设备,但可靠性还有待改进。标尺法和图像解析法受能见度条件限制,精度较低,只能作为辅助手段,在实际运用中大多采用非接触式的超声波、雷达或激光测距的方法。

非接触测距仪操作简单,精度较高,只需要在泥石流沟道上方一定高度的位置悬挂测距仪,记录泥石流过流前和过流时测距仪与沟道物体表面距离(即泥位),两者的差值即为泥石流泥深。

13.2.2.3 流量观测

泥石流的流量包括断面流量、峰值流量和一次径流量等。

泥石流断面流量可通过测量流速、过流断面平均宽和流深来计算,即

$$泥石流断面流量=流速\times过流断面平均宽\times流深$$

式中,过流断面平均宽通过泥石流暴发前测得横断面形状并绘出流深与泥面宽的关系图来获得。

泥石流的峰值流量为最大的一次泥石流断面流量。泥石流在沟谷中运动时,达到最大高度的泥石流痕迹在泥石流结束后,有的数月甚至数年内仍然存在。在野外调查时,泥石流的最大泥深可通过泥痕来确定,但要排除泥浆飞溅高度。使用泥痕法时必须注意,泥痕的高度应该是泥石流经过顺直沟段留下的高度,而在弯道处泥石流有超高现象,所以一般不使用弯道处的泥痕来计算峰值流量。另外,确定泥痕高度时应注意沟床是否发生冲淤变化,若有冲淤变化则要将冲淤变化值去除。

13.2.2.4 冲击力观测

泥石流的冲击力观测采用接触式观测,传感器一般采用压电式传感器,其满量程应该大

于 5.0×10^6 Pa，并允许一定范围的过荷载保护。

压电式传感器的测力原理是利用晶体受力后，内部发生极化现象而产生电荷，当外力去掉后又恢复为不带电状态。其产生的电荷多少与外力的大小呈正比。在使用时，传感器被固定于一个钢座上，其受力面迎着泥石流冲击方向，钢座可以固定在泥石流必经沟段的合适部位，如崖壁上。传感器与遥测数传装置相结合的遥测数传冲击力仪可安置在沟岸安全之处，连接传感器与放大器的引线即可进行测试。该装置不仅实现了远距离遥测、遥控，而且可实现较高频率的采样，并可保证源源不断地取得测试数据。

观测时一般在泥石流的流通段沟道内建造混凝土墩台或其他用于固定传感器的抗冲击固定台架。台架应设置在主流线位置，受力面与泥石流主流线垂直，基础埋深应能够保证台架稳定。在迎向泥石流的受力面上按照一定的垂直间距安装冲击力传感器，传感器的安装个数根据泥石流可能的规模和深度合理设置（图 13-5）。

图 13-5 观测泥石流冲击力的传感器

13.2.3 泥石流冲淤观测

泥石流暴发时造成沟道的强烈冲刷和淤积，大幅度改变沟床的地形。据蒋家沟观测数据，一场泥石流过程中，流通区沟谷的冲淤幅度可达数米，有时甚至达到 10 m 以上，如 1984 年 6 月 14 日一场泥石流将蒋家沟局部沟段下切 16 m。

泥石流灾害多是由其强烈的冲淤造成的。上游沟床下切，促进滑坡活动，使位于滑坡上的建筑和耕地遭到破坏；下游特别是堆积扇上的强烈堆积，又可导致堆积部位建筑和耕地被淤埋，强烈堆积发生在主河河道时，还可堵塞主河形成堰塞湖，造成更大范围的危害。因此，研究泥石流冲淤规律，有效地控制泥石流的冲淤，是减轻泥石流灾害的重要研究内容。

泥石流冲淤观测一般采用固定断面（主要为横断面）测量法，观测精度高或有特殊要求时也可采用地形测量的方法。观测时断面点及控制点应尽量与附近的大地控制点和国家水准点连测，也可采用独立坐标和假定高程系统。下面主要介绍固定断面观测。

为定量分析泥石流沟沟床冲淤变化状况，目前多用全站仪等常规测量工具在泥石流暴发前后测量沟道的固定断面，从而获得冲淤变化数据。固定断面位置的选设应根据实际需要，先在地形图上初选，再到实地选定。选设时可根据沟段特性并结合沟段内原有断面。一般应选在横断面形态显著变化（如支沟入口、分汊口门和沟道急弯）、游荡剧烈、比降明显变化的地方及其他观测设施分布断面等位置。选定后，应保持断面位置相对稳定，长期不变。目前，在水平距离约 8 km 的蒋家沟沟谷中下游的泥石流流通区和堆积区，共设置了 15 个观测断面（图 13-6）。

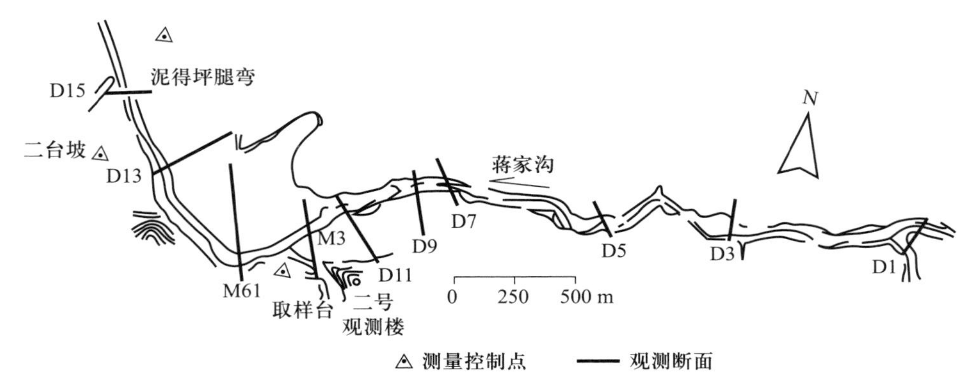

图 13-6 蒋家沟泥石流冲淤观测断面布置图

固定断面测量时除遵循相关测量规范外，还要根据观测目的和泥石流的冲淤特征进行相应的安排。

(1) 测次安排

观测断面的测次，应根据泥石流暴发频率及每次冲淤变化幅度大小来安排，一般在每年雨季前后均安排测量。此外，每次泥石流暴发后应进行测量，从而掌握每场泥石流的冲淤特征。但由于使用传统的全站仪等工具测量时，需要立尺员在测量点上立尺，所以只有在沟道中的泥石流基本变干后才能进行测量，而淤积厚度较大的断面，可能在泥石流暴发后数天还难以施测，如果在此期间又暴发新的泥石流，则数据反映的是这两场泥石流总的冲淤变化，因此观测数据往往并不能与泥石流暴发数据一一对应。

(2) 测量范围

为全面掌握断面地形信息，测量时应测至两岸山坡（或堤岸）内脚（图 13-7），边滩、心滩应全部施测。但一年内多次观测的固定断面，只需第一测次详细施测，其余测次可只测被淹没及地形有变化的部分。泥石流沟固定断面的水下部分一般可直接测量，若沟道水流较深、流量较大时，可采用测杆或测锤探测水深。测点位置应严格控制在断面线上。

目前，断面测量也开始使用差分全球定位系统（DGPS），测量时能够根据断面设置自动导航进行测量，而且是测量人员亲自进行的，测量的断面更加准确。但可能在沟谷较深的区域受沟壁的阻挡不能正常接收 GPS 信号，导致测量数据误差较大甚至无法测量，这时需要使用全站仪进行补充测量。

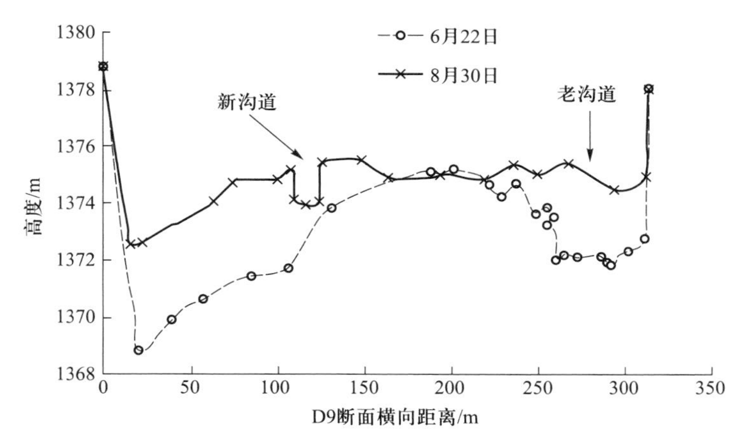

图 13-7 2007 年蒋家沟一场泥石流前后 D9 断面变化情况

13.3 泥石流实验方法

受自然界泥石流运动规律复杂性和测试手段的限制,野外观测只能记录泥石流运动的外观现象,之后需要采用经验方法,整理野外观测资料,探求经验性的物理方程。因此,泥石流运动和动力计算尚处于经验、半经验阶段,对泥石流运动规律的认识还远远不能满足某些工程建设需要,特别是大型工程,条件复杂、影响因素多,只靠野外观测难以做到经济、安全、可靠,需由实验研究解决问题。泥石流模型实验主要有:① 定性模拟实验(简称"定性实验"),目的是弄清泥石流的运动和动力特性,如运动阻力、流速、冲淤和流态等;② 定量模型实验(简称"定量实验"),它是根据一定的相似准则和条件,用模型来重演泥石流运动,并将实验结果推广到防治工程应用中去(周必凡等,1991;孟河清,1991;弗莱施曼,1986;华国祥,1981)。

13.3.1 定性模拟实验

13.3.1.1 定性模拟实验主要内容

为了摸清泥石流内部规律,必须开展有控制、有目的、单因素或多因素组合的定性实验,定性实验研究主要内容有:① 流速结构实验:包括泥石流流速的垂向和横向分布,泥石流最大流速和平均流速,石块在泥石流中的相对速度实验;② 泥石流浆体特性实验;③ 泥石流物理力学特征值(密度、重度、土粒组成、黏度、静剪强度等)和泥石流动力特征值(流速、输沙能力、运动阻力等)之间相互关系实验;④ 各级泥沙颗粒起动规律实验;⑤ 泥石流及其中巨石对建筑物(障碍物)的冲击实验;⑥ 泥石流堆积规律、运动最小坡度实验;⑦ 泥石流流量变化及探求计算公式的实验;⑧ 泥石流阻力规律实验;⑨ 泥石流流态实验;⑩泥石流测试仪器、测试技术、测试方法实验;⑪ 泥石流弯道运动规律实验;⑫ 泥石流防治工程建筑物新型结构实验;⑬ 泥石流预报警报实验。

13.3.1.2 定性模拟实验满足的条件

定性模拟实验需遵循以下条件:

(1) 模拟流体与原型流体介质本身相似,即物理力学特征值相似

① 两种流体的重度或密度相等;② 两种流体土体颗粒组成相似,使两者的黏度和静剪切强度相等。

要满足此条件,通常对细颗粒的配比做特殊处理,模拟流体中<0.1 mm 颗粒的重量百分比与原型流体相同。按比尺缩小后,<0.1 mm 的颗粒在模型流体中用约 0.1 mm 的代替,>0.1 mm 者,按颗粒重量百分比配备。

(2) 实验设备边界条件与实验流体的规模满足限制条件

① 泥石流以非牛顿体运动且存在宾汉极限剪切力时,泥石流的表层以"流核"的形式作为一个整体向前流动。其深度就是流核深。实验槽的横断面尺寸应满足流体核区对流深和流宽的要求,即流深应大于 2 倍流核深,流宽应大于 10 倍流核深。

② 实验槽的宽度应不小于实验流体中最大石块粒径的 5 倍。

当上述两者不相同时,应满足大值要求。

③ 模拟泥石流中最大石块粒径与流深之比应不大于原型泥石流中最大石块粒径与流深之比。

13.3.2 定量模型实验

13.3.2.1 主要实验内容

将泥石流原型按一定相似关系缩小成模型,在模型上重演与原型条件相似的泥石流运动,并测定其运动要素,观测其形态,可以更深刻地揭示泥石流运动等规律。定量实验主要内容有:① 各级频率泥石流对现有建筑物危害的可能性、危害方式及危害程度实验;② 布设防治工程后,对各级频率泥石流的防护效果的实验;③ 防治工程优化设计(防治工程布置、结构形式等)实验;④ 泥石流预警报应用实验;⑤ 泥石流定量模型实验理论和方法实验;⑥ 防治工程抵抗校核流量能力实验。

泥石流定量实验是为了解决工程的技术问题而进行的。实验内容随工程建设的不同而变化,有时着重于对现有建筑物(城镇、桥梁、公路等)危害的实验,有时着重于对拟布置工程结构效益的实验。在进行泥石流定量实验时,一定要根据实际工程的需要而选择实验研究重点,使定量实验成果更精确,更好地运用到实际中。

13.3.2.2 定量模型实验相似特性

要将泥石流原型变为模型,首先是相似关系问题,只有建立在相似理论基础上的模型,其实验成果才可应用到原型中去。

从严格数理观点出发,泥石流模型与原型要达成完全相似是不可能的,但只要模型设计适当,模型与原型两个系统仍能有足够的相似性。泥石流模型与原型两个系统的相似性可以用几何相似、运动相似和动力相似来加以描述,这三个条件是相互联系和互为条件的,几何相似是运动相似和动力相似的前提与依据,动力相似是决定运动相似的主导因素,运动相似是几何相似和动力相似的表象。运动相似与几何相似是不可分的,几何不相似的运动相似是不存在的,动力相似与运动相似及几何相似是不可分的,几何、运动不相似的动力相似也是不存在的,三者是统一的整体,其中一个相似将为其他两个相似提供条件,其中一个不相似也将排斥其他两个相似的存在。但三个方面的相似也不是并列的,是有主有从的。一般来说,动力相似不仅是决定运动相似的主导因素,同时也必然包含运动相似及几何相似,因此动力相似是主导的,运动相似和几何相似是从属的。

(1) 几何相似

几何相似要求模型与原型之间的有关比尺符合下列关系:

长度比尺
$$\lambda_1=\frac{L_p}{L_m} \tag{13-8}$$

面积比尺
$$\lambda_A=\frac{A_p}{A_m}=\lambda_1^2 \tag{13-9}$$

体积比尺
$$\lambda_\Delta=\frac{\Delta p}{\Delta m}=\lambda_1^3 \tag{13-10}$$

式中,L_p、A_p、Δp——分别代表原型的长度、面积、体积;L_m、A_m、Δm——分别代表模型相应的长度、面积、体积。

在研究中发现,要严格做到泥石流几何相似是非常困难的,一方面原始的泥石流原地形资料必须要求详细准确,整个模拟原型必须具有不小于1∶1000的地形图,对局部地形变化大的地段则需要1∶100~1∶500地形图;另一方面,几何相似受到几何比尺自身的影响。以云南东川蒋家沟为例,以不同的几何比尺进行模拟,探讨几何比尺的影响(表13-4)。

当几何比尺为1∶100时,模型主沟槽顶宽、底宽、右岸高度和左岸高度分别为55 cm、45 cm、6.5 cm和4.5 cm。几何比尺减小到1∶300时,模型主沟槽顶宽、底宽、右岸高度和左岸高度分别为18.3 cm、15.0 cm、2.17 cm和1.5 cm。显然,仅1.5 cm的沟岸高度不仅给模型制作带来困难,也对测试技术提出相当高的要求。另外,模拟泥石流的流深将会很小,由于表面张力干扰和黏附作用的影响,实验结果的误差将很大。

表 13-4 不同几何比尺模拟的影响

几何比尺	1∶10	1∶20	1∶50	1∶100	1∶200	1∶300
原型主沟槽顶宽/m	55	55	55	55	55	55
模型主沟槽顶宽/cm	550	275	110	55	27.5	18.3
原型主沟槽底宽/m	45	45	45	45	45	45
模型主沟槽底宽/cm	450	225	90	45	22.5	15.0
原型主沟右岸高度/m	6.5	6.5	6.5	6.5	6.5	6.5
模型主沟右岸高度/cm	65	32.5	13.0	6.5	3.25	2.17
原型主沟左岸高度/m	4.5	4.5	4.5	4.5	4.5	4.5
模型主沟左岸高度/cm	45	22.5	9.0	4.5	2.25	1.5

因此,几何比尺应控制在以下范围为佳,当采用超过这一范围的几何比尺时,将给模型实验带来困难和误差:① 研究泥石流防治工程总体布置与各建筑物相互关系,几何比尺不宜小于 1∶100;② 研究泥石流防治工程的水力特性等,几何比尺不宜小于 1∶50;③ 研究泥石流的流动特性,几何比尺不宜小于 1∶50。

(2) 运动相似

泥石流运动相似要求相应各点的流速相似、加速度相似,或两个流动的速度场和加速度均相似,模型与原型之间若时间比尺 $\lambda_t = T_p / T_m$,则符合以下关系:

流速比尺
$$\lambda_u = \frac{U_p}{U_m} = \frac{\lambda_l}{\lambda_t} \tag{13-11}$$

加速度比尺
$$\lambda_a = \frac{a_p}{a_m} = \frac{\lambda_l}{\lambda_t^2} \tag{13-12}$$

式中,T_p、U_p、a_p——分别为原型的时间、流速、加速度;T_m、U_m、a_m——分别为模型相应的时间、流速、加速度。

(3) 动力相似

动力相似要求泥石流相应各点的作用力,如重力、黏滞性产生的黏滞力、流体惯性引起的惯性力、表面张力和弹性力等,应保持一定的比例关系。

质量比尺
$$\lambda_m = \frac{m_p}{m_m} \tag{13-13}$$

力的比尺
$$\lambda_F=\frac{F_p}{F_m} \tag{13-14}$$

流体运动中，模型与原型动力相似，要求作用在相应质点上的作用力方向一致，比例保持不变，即

$$N_1=\frac{F_m}{\rho_m l_m^2 u_m^2}=\frac{F_p}{\rho_p l_p^2 u_p^2} \tag{13-15}$$

这是动力相似的普遍条件，称牛顿相似条件。

13.3.2.3 相似准则

从理论上讲，模型与原型两个泥石流系统的相似应同时满足几何相似、运动相似和动力相似，但在实际中，要同时满足几个相似准则是很困难的。因此在进行模型实验时，一般力求使主要的相似准则保持相等，兼顾或忽略次要准则相等。

(1) 重力相似准则

若考虑原型与模型中对泥石流运动起主导作用的是惯性力与重力之比，则两种流动相似必须遵循重力相似准则，即原型与模型的弗劳德数(Fr)必须相等：

$$Fr_p=Fr_m=Fr=\frac{u^2}{gl}=常数 \tag{13-16}$$

此时模型比尺主要由弗劳德数(Fr)决定，由此可得到运动要素比尺：

$$\begin{aligned}&\text{流速比尺} && \lambda_u=\lambda_l^{1/2}\\ &\text{流量比尺} && \lambda_Q=\lambda_l^{5/2}\\ &\text{时间比尺} && \lambda_t=\lambda_l^{1/2}\end{aligned} \tag{13-17}$$

(2) 阻力相似准则

① 对泥石流而言，通常情况下惯性力与阻力相似，即满足 $\lambda_\lambda=1$。

λ 为沿程阻力系数，λ_λ 为沿程阻力系数比尺，要保持原型与模型阻力相似，要求原型沿程阻力系数 λ_p 与模型沿程阻力系数 λ_m 相等，可得另一种表达方式：

$$\lambda_n=\lambda_l^{1/6} \tag{13-18}$$

式中，λ_n——糙率系数比尺。

② 当泥石流运动的阻力以黏滞阻力为主时，则要求原型与模型两个流动系统雷诺数相等，即 $Re_p=Re_m=Re=$常数或 $\lambda_u\lambda_l/\lambda_r=1$，由此可得相关运动要素比尺：

流速比尺 $$\lambda_u = \frac{\lambda_r}{\lambda_l}$$

流量比尺 $$\lambda_Q = \lambda_l \cdot \lambda_r \quad (13-19)$$

时间比尺 $$\lambda_t = \lambda_l^2 / \lambda_r$$

(3) 重力和阻力同时相似

① 由重力相似准则$\frac{\lambda_u^2}{\lambda_g \lambda_l}=1$和阻力相似准则$\lambda_\lambda=1$,可得到$\lambda_J=1$,即重力和阻力相似的流动,要求其水力坡度相等。相关相似比尺如下:

$$\begin{aligned} &\lambda_u = \lambda_l^{1/2} \\ &\lambda_Q = \lambda_l^{5/2} \\ &\lambda_t = \lambda_l^{1/2} \\ &\lambda_n = \lambda_l^{1/6} \\ &\lambda_J = 1 \end{aligned} \quad (13-20)$$

② 泥石流体阻力以黏滞阻力为主时,重力和阻力相似要求同时满足 Fr 和 Re,可得相关比尺:

$$\begin{aligned} &\lambda_u = \lambda_l^{1/2} \\ &\lambda_Q = \lambda_l^{5/2} \\ &\lambda_t = \lambda_l^{1/2} \\ &\lambda_t = \lambda_\rho \cdot \lambda_l^3 \end{aligned} \quad (13-21)$$

(4) 流量过程相似

原型泥石流运动状态千变万化,其流量过程也发生变化,主要有两种流量过程:① 单峰过程,与洪水过程类似,见图13-8;② 多峰过程,此种情况主要在泥石流阵流中产生,其特点是间歇运动,阵与阵之间有断流,这种流量过程可看成是由多个单峰子过程组成。从图13-8可知,原型泥石流流量过程有暴涨暴落的特点,开始前,沟道流量是基流,流量很小,只有5 $m^3 \cdot s^{-1}$左右;泥石流暴发后,在很短时间内流量迅速增大,很快达到峰值流量731 $m^3 \cdot s^{-1}$,然后流量又快速减小,最后恢复到只有5 $m^3 \cdot s^{-1}$左右的流量。

在进行泥石流模型实验时,泥石流流量过程要严格按原型过程进行模拟是十分困难的。此处只讨论单峰流量过程,多峰流量过程可视为多个单峰子过程的组合。

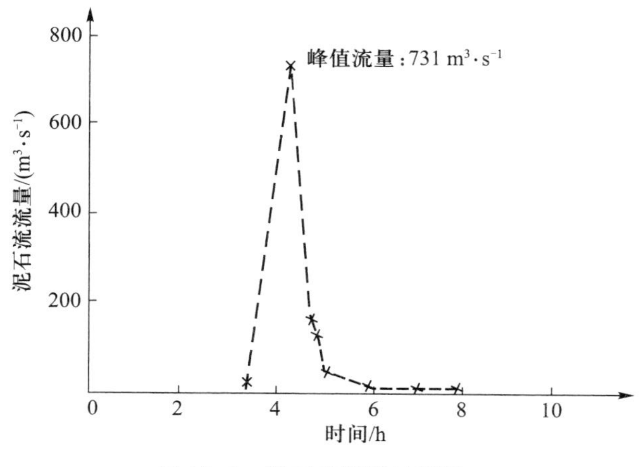

图 13-8 泥石流流量过程线

① **按三角形过程模拟**:在进行泥石流模型实验时,将原型泥石流过程抽象概化为三角形过程,如图 13-9 所示。

原型泥石流起始流量为基流 Q_0,然后流量随时间按曲线逐渐增大,到 $T/2$ 时间时,流量达到峰值 Q_{max},然后逐渐减小,至时间 T 减小到基流 Q_0。模型按三角形过程进行模拟,模型起始流量为 Q_0/λ_Q(或 0),然后按 $2(Q_{max}-Q_0)\lambda_t/\lambda_Q T$ 的速率逐渐增大到峰值流量 Q_{max}/λ_Q,之后又按 $2(Q_{max}-Q_0)\lambda_t/T\lambda_Q$ 的速率逐渐减小到终点流量 Q_0/λ_Q,λ_Q 是流量比尺,λ_t 是时间比尺。

② **按梯形过程模拟**:将原型泥石流流量过程概化为梯形过程,原型起始基流流量 Q_0,峰值流量 Q_{max},流量过程时间 T。模型流量过程按梯形模拟,见图 13-10。

模型泥石流起始流量 Q_0/λ_Q,然后按时间阶段 $T/N\lambda_t$ 流量逐渐按梯形增加,到峰值流量 Q_{max}/λ_Q 后,再按梯形递减至 Q_0/λ_Q。显然,时间间隔划分越小,模拟过程越接近真实原型过程,模拟就更为合理。

③ **按矩形过程模拟**:将原型泥石流流量过程抽象概化为矩形过程,见图 13-11。起始

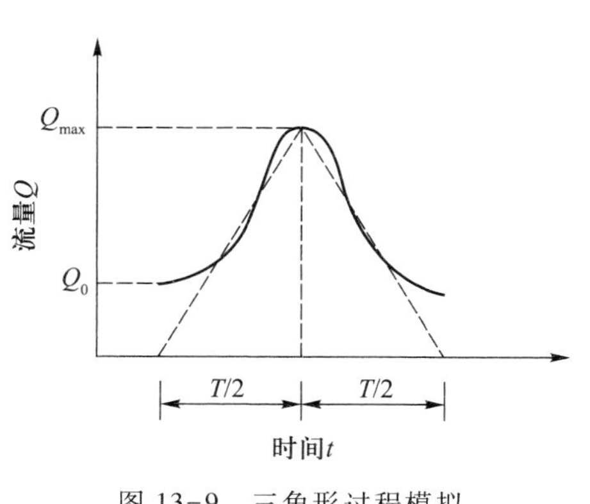

图 13-9 三角形过程模拟

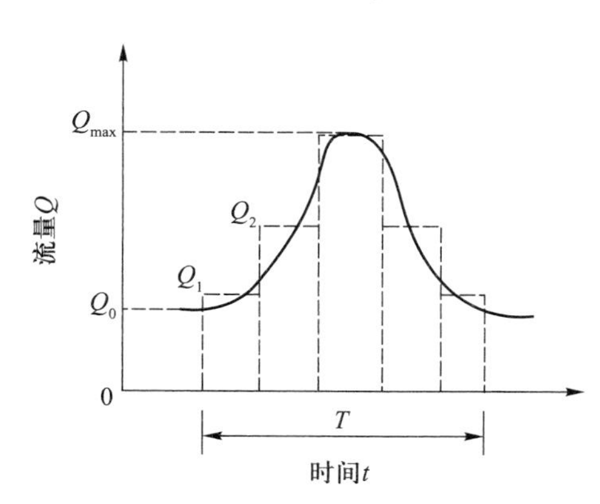

图 13-10 梯形过程模拟

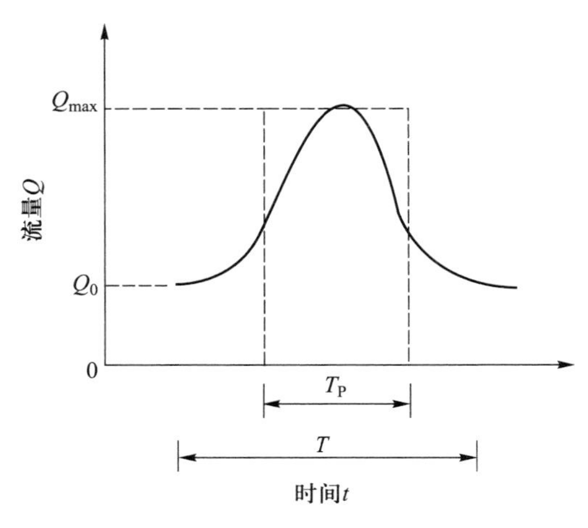

图 13-11 矩形过程模拟

基流流量 Q_0,然后在时间 T_p 内将流量视为均保持为峰值流量 Q_{max},$T_p=V/Q_{max}$,V 是一场泥石流总体积。在进行实验时,视模型泥石流流量过程为一矩形过程,由一场泥石流总体积 V 和峰值流量 Q_{max}这两个指标来控制模拟过程,相应模型峰值流量 Q_{max}/λ_Q,模拟时间由 $T_m=\frac{V\cdot\lambda_t}{Q_{max}}$来决定,$\lambda_t$ 是时间比尺。

三种流量过程的模拟方法比较如下:第一种三角形模拟方法只能较为合理地反映原型泥石流流量过程,此方法模拟流量过程只需用原型中两个简单指标——峰值流量 Q_{max}和流量过程历时 T 即能控制,要求在模型实验时,设置控制流量的特殊装置使得能按上面的要求供流和控流,模型实验技术有一定的难度。第二种梯形模拟方法的时间间隔划分越小,越能合理地反映原型泥石流流量过程,但相应实验技术条件要求更高,尤其对黏性泥石流,该方法的实验技术有很大的难度。第三种矩形模拟方法多用于考虑最危险的情况,由于模拟过程均按峰值流量供量,其模型实验结果将与原型有所出入,但相对防治工程设计而言,是偏于安全的。该方法的实验供流技术相对比较简单。

第14章

泥石流防治

泥石流的防治首先应充分了解其形成与危害特征，然后根据相应的防治原则，采用监测预警、岩土工程和生态工程相配合的防治措施。

本章重点内容：

- 泥石流流域防治功能分区
- 泥石流防治的主要措施及其功能
- 泥石流监测预警的原理与主要方法
- 泥石流拦挡工程及其选址
- 泥石流排导槽的类型及使用条件
- 泥石流生态工程措施与岩土工程措施的有机配置

14.1 防治原理

泥石流发生条件有基本条件和激发条件，在同时具备基本条件和激发（触发或诱发）条件的情况下，就会发生泥石流。一般认为，有利的地质地貌条件和丰富的补给物质条件是形成泥石流的基本条件，而暴雨、冰川融水、冰湖溃决和水库溃决等是激发条件。泥石流防治原理就是通过采取措施抑制泥石流的形成条件，达到防治目的或者减轻泥石流造成的人员伤亡和财产损失。

14.1.1 防治原则

泥石流防治以小流域为基本单元，其中中上游流域属生态环境治理区，下游堆积扇危害区属人类活动社会灾害治理区。泥石流形成区是防治泥石流的关键部位，是实施主动治理和使用硬性防治措施的集中区域；堆积扇危害区是减轻泥石流灾害损失的重点，是部署被动防护设施和采取软性防治措施的主要区域。在泥石流形成区内，抑制发育中的形成基本要素以限制泥石流发育,或使正在形成中的泥石流停止活动,或限制已经形成了的泥石流规模等,都可取得防治泥石流危害的效果,达到减轻灾害的目的。泥石流防治的实用性原则包括以下几点。

14.1.1.1 抑制泥石流发生原则

泥石流形成所需的是地形、松散物质和水三要素,其中地形和松散物质是受地球内外营力制约、演变过程极其缓慢的缓变因素;水分条件属于急变因素,但受气象条件和其他环境因素的制约。人为措施对它们的直接影响极为有限。因此,只宜从改变局部地貌、增加流域上游植被覆盖和调节流域水文汇流过程入手,通过减弱水动力要素,抑制泥石流的形成。

14.1.1.2 减弱泥石流活动原则

在泥石流形成过程中,采取工程措施减弱或抑制水与松散固体物质的融合过程(即水土融合),即可削减泥石流起动量与活动规模;若进一步采取措施促使泥石流中的水分与土体分离(即水土分离),已经发生了的泥石流将减弱活动,降低密度,变成高含沙洪水。

采取人为措施引走形成区上部水源,疏干形成区崩塌滑坡体中的孔隙水,引走暴雨径流或排走沟床质内潜水,均可阻止水土融合,从而大大削减形成泥石流的规模,这就是水土分治原理。此外,修建谷坊和拦沙坝促使泥石流停积并改变形成区局部地貌,或修建穿透式拦沙坝拦石、透沙和排水等,实现泥石流中的水分与土体的分离,均能减弱泥石流活动、削减泥石流规模,达到减轻泥石流灾害的目的。

14.1.2 泥石流流域防治功能分区

14.1.2.1 流域防治功能分区

根据泥石流形成过程与模式,按照泥石流防治实用性原理,拟定防治原则与思路,做出防治功能分区(表14-1)。它与泥石流形成过程分段有较好的对应关系。

泥石流形成段是水土融合区,又是汇流水源强侵蚀段,属治理重点,需实施节流、分流、防冲和稳沟固坡,以抑制或阻止水土融合,实现水土分治。

流通段是泥石流形成后,流体性质、规模、流态和动力作用达到暂时稳定,向造成社会灾害并逐渐衰亡的过渡段。

泥石流堆积段是流体动力减弱、阻力增大、动力作用向社会灾害转化,以淤积和淹埋为主的灾害危险区。

表 14-1 泥石流流域防治功能分区

纵剖面分段	洪泛段*	堆积段	流通段	形成段	水源段
沟道纵坡	<0.03	0.03~0.08	0.08~0.10	0.10~0.40	>0.40
水文特征	—	含沙浓度降低,水沙分离	高浓度饱和均衡输沙	重力侵蚀使含沙浓度增大,形成泥石流	坡面汇流
灾害分区	人类社会灾害区		灾害较轻区	生态环境灾害区	预测预报区
灾害特性	泥石流、泥沙灾害,危害社会生产、生活的主要危险区			严重水土流失,环境灾害	轻微至中度水土流失
功能分区	洪流排导区		沟道防护区	固床稳坡区	山洪调节区
防治思路	排洪排水	水土分离,排导为主,适当停淤	水土分离,顺畅过流,简易防护	水土分治,拦稳为主,兼顾沟岸防护	抚育与管理并重,护坡
防治措施	排洪沟	排导槽、停淤场	拦沙坝	谷坊、潜坎、护坡	小型水保工程

* 洪泛段不属于泥石流防治研究的主体,其主要涉及山洪防治,本书中不详述。

14.1.2.2 各功能区的作用

山洪调节区:在泥石流的水源段阻滞暴雨径流,增加地表入渗,削减洪峰。

固床稳坡区:在泥石流的形成段固定沟床,阻止冲刷,稳定边坡和岸坡。

沟道防护区:在泥石流的流通段保持流通段沟槽形态和糙率,维持均匀流动,实现不冲不淤。

洪流排导区:在泥石流的堆积段减小流动阻力,使山洪泥石流安全排泄,并避免淤积。

14.1.2.3 防治思路与措施

水源段:以生态工程措施为主,封山育林,提高乔灌草覆盖率。

形成段:以拦稳排蓄为主,兼顾岸坡稳定,修建控制性谷坊、谷坊群和拦沙坝;采用穿透式结构,增加工程使用的安全度,提高库容的重复使用率。

流通段:以防护为主,酌情修建护岸、护坡、潜坎或肋箍,以维持沟道稳定。

堆积段:以排导为主,修建泥石流排导槽或导流堤,将泥石流和山洪顺利排入主河,使其不产生淤积和冲刷。

14.1.3 防治措施

泥石流防治措施,就是采取措施抑制泥石流发生或限制泥石流活动规模,使其无法造成直接灾害。为此,需对具有潜在灾害威胁的重点泥石流沟实施积极预防和主动治理,变灾后被动救灾为灾前主动防治。

泥石流防治的不同方法和措施很多,从总体上讲,可分为非工程防治措施和工程防治措施两类。非工程防治措施视泥石流为灾害体,从成灾的社会背景出发,按灾害成因中的人地相互关系,采取社会管理措施来达到减灾目的,它不具有约束或抑制泥石流的功能;工程防治措施根据泥石流成因,按照规律,采取人为措施,对泥石流的形成与活动加以限制,从而达到减轻泥石流危害的目的。两者之间的关系如图 14-1 所示。

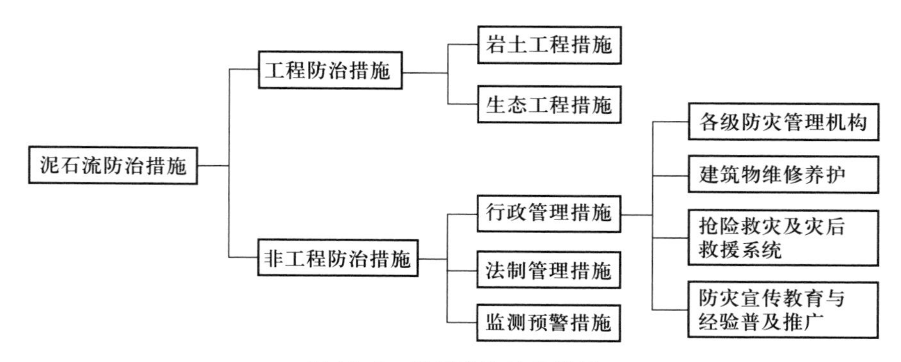

图 14-1 泥石流防治分类图

14.1.3.1 非工程防治措施

根据泥石流形成的主导因素,对灾害发生的直接作用建立相互关系。据主导因素的动态变化掌握灾害发育过程,进行预测预报,并及时采取行政管理措施,将危险区内的人畜和重要财产疏散撤离,使其避开泥石流流域或迁出泥石流危险区,以减少人员伤亡和财产损失。这是一种积极的、以避灾为特点的减灾途径。

14.1.3.2 工程防治措施

采取人为工程措施,包括岩土工程措施和生态工程措施,构成防御泥石流灾害的设施体系,对泥石流形成与活动施加影响和限制,以达到抑制泥石流发生、降低泥石流暴发频率、减小泥石流规模和危害、减轻泥石流灾害的目的。这是一种主动的、以抗灾和治灾为特点、对泥石流发生发育过程有防止(或限制)作用的防御措施。

14.1.4 防治技术体系

泥石流防治技术体系就是根据泥石流的发生条件、基本性质、活动规律、发展趋势、危害程度及其相应的地貌、地质、水文和气象条件等,按照客观需要和可能,从全局的视角对泥石流流域或者区域进行统一的规划防治,在相应地段采取一系列切实可行、相互关联和不同功能的工程措施、监测预警措施和行政管理措施等,从而使该区域内泥石流的发生、发展逐步得到控制，危害得到减轻或者消除，区域的生态环境得到改善和恢复，并逐步建立起新的良性生态平衡环境。根据不同的防护目的和要求，泥石流防治体系一般分为以下三种，如图14-2所示。

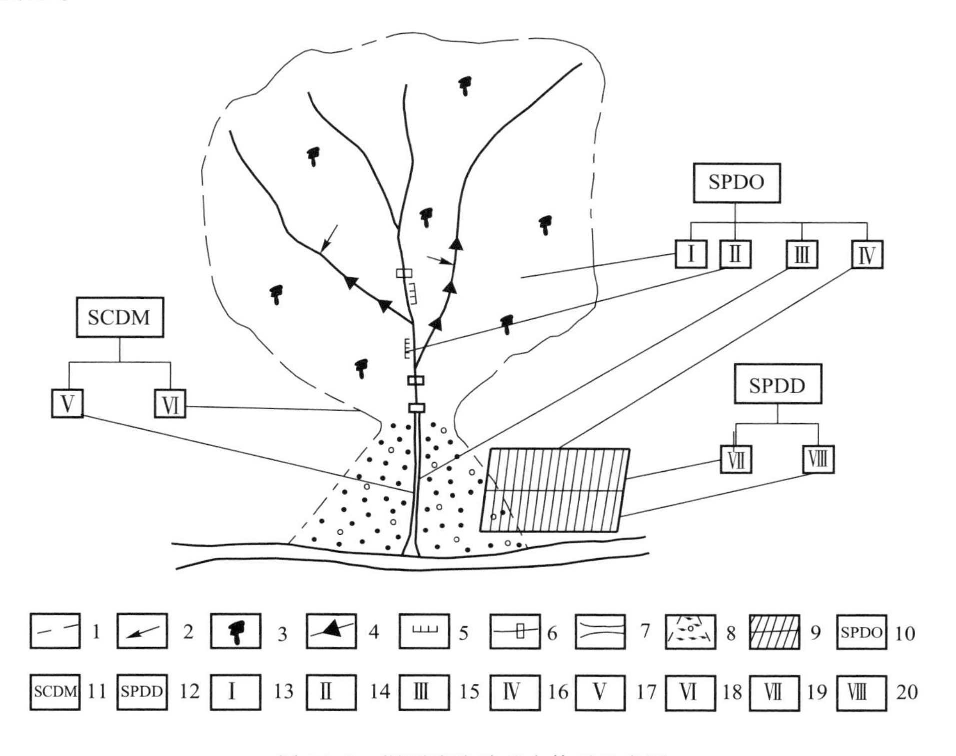

图 14-2 泥石流防治基本体系示意图

1—流域界线；2—山坡截排水沟；3—植树造林；4—谷坊；5—护岸；6—拦沙坝；7—排导槽；8—泥石流滩地；9—城镇或其他防护对象；10—防止泥石流发生体系；11—控制泥石流运动体系；12—预防泥石流危害体系；13—治坡工程；14—治沟工程；15—治滩工程；16—行政管理和法制管理措施；17—排导工程；18—拦挡调节工程；19—泥石流发生前预防措施；20—泥石流发生过程中监测预警措施

14.1.4.1 防止泥石流发生体系(SPDO)

在泥石流的形成区域，采取有效的治坡、治沟和治水等工程措施及实施严格的行政管理措施和法制管理措施，对本区域进行全面的综合治理，使生态环境得到改善和恢复，水土流失得到有效的控制，沟坡土体趋于稳定，达到防止泥石流形成的目的。

14.1.4.2 控制泥石流运动体系(SCDM)

在泥石流的流通区，采取相应的拦挡和调节工程等，使泥石流发生后的规模被逐渐削减；泥石流体内的固体物质和水分分离，固体物质含量减少，并能够顺畅而安全地向下游排泄，或者堆积到预定的区域，对保护区域的生命财产不构成威胁和危害。

14.1.4.3 预防泥石流危害体系(SPDD)

在泥石流发生之前,采取一系列预防措施,其中包括对泥石流发生的中长期预测、临灾预报和监测预警措施;对已有防治工程进行维护和加固、人员疏散、抢险、救灾准备措施及实施组织与管理等,从而使泥石流在活动过程中不产生严重危害。

一般来说,对于规模大、活动频繁、危害严重的泥石流沟,应全流域综合治理,上述三种体系可以同时采用。对于规模不大、暴发频率较低、危害不严重的泥石流沟,可根据防护的实际需求和投入资金,采取单一的防治体系及措施,或某两种体系的组合,亦能达到预期的防灾减灾效果。

14.2 监测预警

14.2.1 泥石流监测

14.2.1.1 降水监测

泥石流形成的三大基本要素中,水分是急剧变化的条件,因此,降水监测是泥石流预警预报的基础。其内容包括对区域内降水天气过程监测和流域内降水过程监测。区域内降水天气过程的监测是通过卫星云图和气象雷达对预报区域内大降水天气过程的监测,为泥石流预报提供较大尺度的区域降水参数。流域内降水过程监测主要是在流域内泥石流形成区设立雨量自动观测站,实时监测降水过程,然后将收到的降水数据进行分析处理,供泥石流预警预报使用。

目前,国内已经实现了利用数值天气预报模式和静止气象卫星云图进行大区域的3~36 h泥石流预报,利用多普勒天气雷达进行中小区域的1~3 h泥石流预警预报,利用地面雨量监测实现单沟的0.5~1 h泥石流灾前警报和临报。

14.2.1.2 泥石流形成与运动监测

泥石流形成主要有两种形式,即坡面崩塌滑坡体进入沟道形成泥石流和沟床松散物质在水动力作用下起动形成泥石流。强大的主沟泥石流一般由支沟泥石流或部分支沟泥石流与洪水汇合而成。泥石流在流域中上游形成运动,至下游堆积区造成危害,需要一定时间。为此,进行泥石流形成与运动监测可以对下游堆积扇的保护对象留出一定的预警和避难时间,对于减灾,特别是避免人员伤亡非常有效。

泥石流形成监测主要对泥石流形成源地的土体特征参数变化进行监测,包括土体含水量、孔隙水压力和位移等。测量土体含水量一般采用时域反射仪(TDR)和频域反射仪(FDR)等进行,如美国的TRASE TDR、德国的TRIME TDR等。土体孔隙水压力可以采用孔隙水压力计(又称渗压计)进行监测。土体位移测量参照滑坡位移测量方法。

泥石流运动监测的目的是获取运动参数,包括流速、流动泥深等,利用这些参数可以模拟计算泥石流的规模以及对下游堆积扇的可能危害程度。监测方法与第13.2节泥石流观测方法相同。

泥石流在形成运动过程中,由于石块之间相互作用、泥石流体撞击沟床和岸壁而产生振动,振动以波的形式沿沟床方向传播,称为泥石流地声。其信号具有一狭窄的频率范围,且卓越频率较环境噪声至少高出20 dB。利用这一特征,目前已经开发出了泥石流地声监测警报器。

由于泥石流进入主沟沟床后多表现出阵性特征,而且泥石流形状呈前陡后缓,对沟床基底的压力变化呈准周期变化,可以通过监测泥石流主沟沟床底部的压力变化,来监测泥石流运动。主要监测方法包括最常用的压阻式压力传感器或阻应变片压力传感器、半导体应变片压力传感器、压阻式压力传感器、电感式压力传感器、电容式压力传感器、谐振式压力传感器等,也可以采用目前新发展起来的光纤传感器来监测。

此外,还可以通过影像监测(照相或录像)对泥石流沟道进行监测,直观判断泥石流是否发生以及发生的规模等。

14.2.2 泥石流预报模型

目前,较为成熟可靠的泥石流专业预报模型有中国科学院东川泥石流观测研究站模型(简称"东川站模型")、中国中铁西南科学研究院模型(简称"西南铁科院模型")、中国地质环境监测院模型(简称"地环院模型")及北京林业大学模型等。下面主要介绍前两种模型。

14.2.2.1 东川站模型

东川站模型可用于全国范围内降雨型单沟泥石流的泥石流预报,其表达式为

$$R_{10} \geqslant A - \frac{A}{P^*}\left(\sum_{i=1}^{20} R_i K^i + R_t\right) \geqslant C \tag{14-1}$$

式中,R_{10}——激发泥石流所需的10 min雨量;A——没有前期降水量,土壤干燥条件下激发泥石流所需的10 min降雨量(临界雨量);P^*——补给物质达到饱和时所需的雨量;C——前期降雨量使补给物质达到饱和时,泥石流暴发所需10 min雨量;R_t——泥石流发生时刻前的当日降雨;R_i——泥石流发生前i天降雨量;K——递减系数;$\sum_{i=1}^{20} R_i K^i$——泥石流发生前20天内的有效降雨,$i=1,2,\cdots,20$。

R_i和R_t通过降雨监测获得;C通过历史泥石流活动的实际监测获得;P^*通过实际监测或实验的方法获取;K宜根据实际降雨监测和实验数据取值,一般为0.5~0.9,也可根据当地干燥度确定(参见表14-2)。

表 14-2 递减系数 K 值

干燥度	区域特征	K 值
≤1	湿润区	≥0.9
1~1.5	半湿润区	0.8~0.9
1.5~3.5	半干旱地区	0.7~0.8
>4	干旱地区	<0.7

14.2.2.2 西南铁科院模型

西南铁科院模型可用于全国范围内降雨型泥石流的单沟或区域预报,其表达式为

$$R=K\left(\frac{H_{24}}{H_{24(\mathrm{D})}}+\frac{H_1}{H_{1(\mathrm{D})}}+\frac{H_{1/6}}{H_{1/6(\mathrm{D})}}\right) \tag{14-2}$$

式中,R——降雨强度指标;K——前期降雨量修正系数,无前期降雨时 $K=1$,有前期降雨时 $K>1$,但目前尚无可信成果可供使用,现阶段可暂时假定 $K=1.1\sim1.2$;H_{24}——24 h 降雨量(mm);$H_{24(\mathrm{D})}$——该地区可能发生泥石流的 24 h 临界雨量(mm);H_1——1 h 降雨量(mm);$H_{1(\mathrm{D})}$——该地区可能发生泥石流的 1 h 临界雨量(mm);$H_{1/6}$——10 min 降雨量(mm);$H_{1/6(\mathrm{D})}$——该地区可能发生泥石流的 10 min 临界雨量(mm)。其中,降雨量为监测或预报值,临界雨量可参考表 14-3。

表 14-3 可能发生泥石流的 $H_{24(\mathrm{D})}$、$H_{1(\mathrm{D})}$、$H_{1/6(\mathrm{D})}$ 值

年均降雨分区	$H_{24(\mathrm{D})}$	$H_{1(\mathrm{D})}$	$H_{1/6(\mathrm{D})}$	适用地区
≥1200	100	40	12	浙江、福建、广东、广西、江西、湖南、湖北、安徽、京郊、辽东及云南西部等山区
1200~800	60	20	10	四川、贵州、云南东部和中部、陕西、山西、内蒙古、吉林、辽西、冀北等山区
800~500	30	15	6	陕西、甘肃、内蒙古、宁夏、山西、四川部分等山区
≤500	25	15	5	青海、新疆、西藏、甘肃、宁夏黄河以西地区

根据气象预报或实际监测的 H_{24}、H_1 和 $H_{1/6}$ 降雨量,用式(14-2)和表 14-3 计算出 R 值,做出预报:$R<3.1$ 时为安全雨情,不预报;R 为 3.1~4.2 时,发出黄色预报;R 为 4.2~10 时,发出橙色预报;$R>10$ 且监测 10 min 雨量达到临界雨量时,发出红色预报。

14.3 岩土工程治理措施

泥石流岩土工程治理措施是通过在流域的清水汇集区和泥石流形成区、流通区及堆积

区修建蓄水工程、引水工程、拦挡工程、支护工程、排导工程和停淤场工程等,控制泥石流发生,调控其运动过程,以减轻泥石流危害。下面主要介绍拦挡工程、排导工程和停淤场工程。

14.3.1 拦挡工程

拦挡工程的作用是拦蓄泥石流的固体物质,并通过泥石流回淤减缓局部沟床的比降,抬高沟段的侵蚀基准,降低泥石流流速,从而减小泥石流的冲刷作用和冲击力,抑制泥石流的发育和暴发规模。拦挡工程一般修建于泥石流形成区或者形成-流通区。根据坝体材料,其类型有圬工重力式拦沙坝、墩(台)座支承轻型拦沙坝、土石混合坝、钢构格栅坝、柔性网格坝等;根据坝体构型,其类型有实体式拦沙坝、缝隙式拦沙坝、窗口式拦沙坝、梳齿式拦沙坝和谷坊等。这里主要介绍圬工重力式拦沙坝和谷坊。

14.3.1.1 圬工重力式拦沙坝

该类坝用浆砌块石和混凝土砌筑,带有整体式基础;沿长轴方向呈棱柱体,基本横断面为直立三角形或梯形;坝体依靠自身重量维持稳定,在设计荷载下使用时能满足强度、变形和过流要求。根据坝的使用特点和功能,在一般情况下,坝高低于 20 m 的可建在冲洪积地基,坝高在 20~40 m 的可建在含大漂砾、较密实(泥石流堆积)的碎石土地基。设计使用期内,需维持下游沟床稳定。

(1) 坝址选择

拦沙坝坝址的选择至关重要,要考虑防治的总体目标、地形、地质构造及工程造价等多方面的因素,选择合适的坝址位置能够起到事半功倍的作用。

① 自流通段上溯,最好在泥石流形成区的下部,或置于泥石流形成-流通区的衔接部位,并结合防治总体目标确定,以拦沙控流为目的的坝宜选择在上游地形开阔、库容较大的部位,以护床稳坡为目的的坝应布置在侵蚀强烈的沟段或者崩滑体的下游。

② 从地形上讲,拦沙坝应布置在口狭肚阔的地形颈口或上窄下宽的喇叭形入口处。坝址两岸稳定,无崩塌、滑坡、错落、洞穴、构造破碎带和泉水、流沙等隐患。避开不利于建坝的地质构造带。

③ 选择在危害严重的泥石流支沟下游,对主沟和支沟的泥石流活动均能发挥控制作用。

④ 应避开山洪、崩塌与滑坡等的冲击范围,选在其下游段足够安全处。

⑤ 利用基岩窄口或跌坎建坝,可以减少施工基础的开挖土石方量,节省工程造价,还有利于泄流和消能。

⑥ 选在沙石材料集中、运输方便、有开阔施工场地的沟段上游侧。

（2）坝高拟定

拦沙坝的高度主要受控于坝址的地形和地质条件，还与坝下消能、施工条件、拦沙效益和投资效益比等因素有关。

① 根据设计使用期累积拦沙库容确定坝高：

$$V_s = \sum_{i=1}^{n} V_{si} = nV_{sy} \tag{14-3}$$

式中，V_s——多年累计淤积量（m^3）；n——有效使用期年数；i——年序；V_{sy}——多年平均泥沙输移量（m^3）。即按使用期内可能遭遇的几种不同频率泥石流过程含沙量进行组合、叠加，并按输移比折减后计算出所需拦沙量。

② 按防御一次或几次典型泥石流灾害计算泥沙量来确定坝高：

$$V_s = \sum_{i=1}^{n} V_{si} \tag{14-4}$$

③ 根据坝高与库容的关系曲线，以最佳库容增长率（单位库容造价最低）确定坝高（图14-3），与反弯点对应的坝高 H_d 即为最佳库容坝高。

④ 根据拦沙坝固床护坡的要求，按照所需掩埋深度和上游限制淤埋点高程，以回淤纵坡 I_s 推算坝高（图14-4）：

$$H_d = L_s(I_b - I_s) \tag{14-5}$$

⑤ 按一次最终规划和当前分期实施相结合确定坝高（此系为后期加高留有余地的应急坝坝高）。

⑥ 按坝址处的地形地质条件和安全要求，确定可能建造的最大限度坝高。单个拦沙坝库拦蓄量的不足部分，应由其他拦蓄拦挡工程来补充。

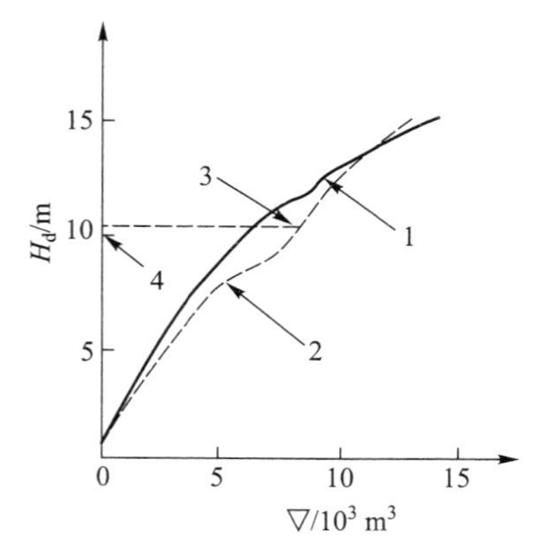

图 14-3　最佳库容增长率曲线

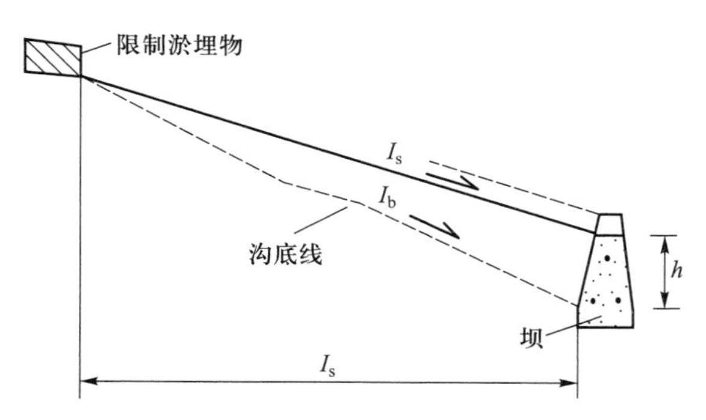

图 14-4　用回淤纵坡法推算坝高示意图

(3) 库容计算

拦沙坝淤满后的库面是向上游逐渐变陡，即上翘倾斜的斜面，总库容可按最终泥位回淤线进行推算。

① **等高线法**：首先，确定坝址位置，截取天然沟道的纵断面，点绘坝体相应高程；然后，根据沟道地形与泥石流性质确定泥石流回淤的设计纵坡，画出拦沙坝回淤线（图 14-5）；最后，在平面图上找出相应的拦沙坝回淤线（图 14-6），用分层累加法求体积：

$$V_s = \sum_{i=1}^{n} \frac{1}{2} \Delta h_s (A_i + A_{i-1}) \tag{14-6}$$

式中，Δh_s——分层高度（m）；A_i、A_{i-1}——分别为分层上、下层面的面积（m^2）。

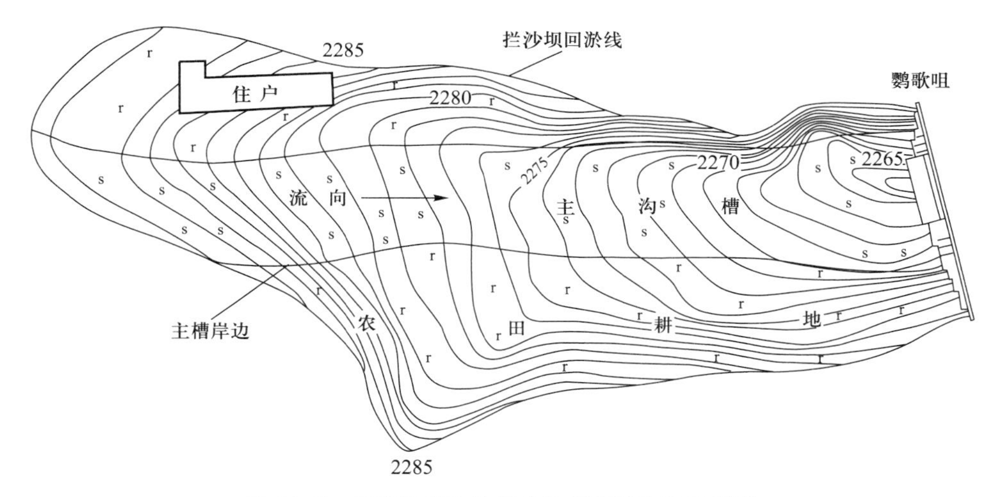

图 14-5 用等高线法计算拦沙坝库容平面示意图

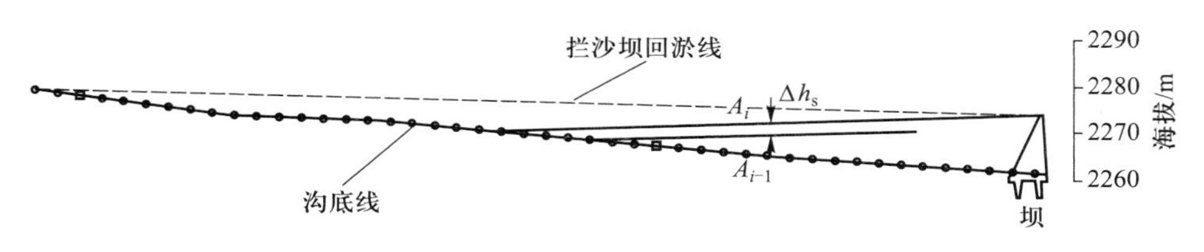

图 14-6 用等高线法计算拦沙坝库容纵断面图

② **横断面法**：采用纵横断面控制进行现场简易测量和室内计算，较之等高线图算法简单，精度也能满足使用要求。首先，自坝址处测量天然沟道的纵断面，测绘出坝和各计算横断面位置与数目；然后，测量并绘出各计算横断面；在沟道纵断面图上绘出拦沙坝回淤线（图 14-7）；找出各淤积横断面，计算断面面积和间距；最后，用逐段累加法求体积：

$$V_s = \sum_{j=1}^{n} \frac{1}{2} \Delta l (A_j + A_{j-1}) \tag{14-7}$$

式中，Δl——分段长；A_j、A_{j-1}——分别为分段两端的横断面面积。

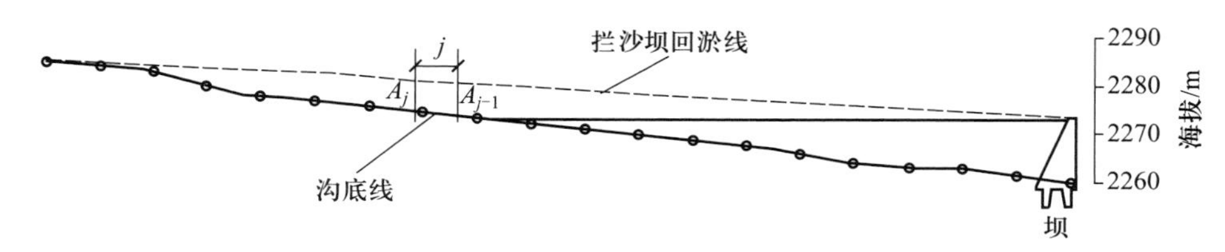

图 14-7 用横断面法计算拦沙坝库容示意图

③ **经验公式法**：根据资料收集情况和设计精度要求，某些情况下，若资料缺少，要求计算精度不高（避免大量繁杂的作图和计算），可采用以下经验公式进行粗略计算：

$$V_s = KAl_s \tag{14-8}$$

式中，A——坝址处坝库淤满后沟道的横断面面积；l_s——回淤长度；K——经验系数，一般为0.3~0.5，视沟道宽深比及坝宽与平均库宽比例而定，比例数相对较小的则取较大的经验系数。

采用经验公式时，也可按不同回淤体形状进行分段计算，最后再进行累加。

(4) 拦沙坝受力分析

作用于泥石流拦沙坝上的基本荷载包括坝体自重、泥石流体液体压力及冲击力、堆积体的土压力及扬压力等。根据不同的泥石流类型、过流方式以及库内淤积情况，作用于坝体的泥石流荷载组合如图14-8所示。对于黏性和稀性泥石流的荷载组合，均可分为空库过流、半库过流和满库过流等三种情况，共计10种组合类型。坝体的荷载组合既和坝库使用情况有关，又与泥石流类型、规模及使用期内坝库与泥石流的遭遇有关，应按具体情况挑选几种可能发生的危险组合进行计算，以其中最危险的情况作为设计控制条件。

(5) 拦沙坝结构计算

拦沙坝结构计算主要包括坝体抗滑稳定性计算、坝体抗倾覆稳定性计算、坝基础应力计算、坝体强度计算和下游冲刷稳定性计算等。

① **坝体抗滑稳定性计算**：沿基础底（平）面滑动公式：

$$K_c = \frac{f\sum W}{\sum Q} \geqslant [K_c] \tag{14-9}$$

式中，$\sum W$——垂直力总和；$\sum Q$——水平力总和；f——沿基面的摩擦系数；$[K_c]$——抗滑允许安全系数，一般取值为1.05~1.15。

沿切开坝踵和齿墙的水平断面滑动公式：

$$K_c = \frac{f\sum W + CA}{\sum Q} \geqslant [K_c] \tag{14-10}$$

式中，C——单位面积坝踵和齿墙黏结力（$kN \cdot m^{-2}$）；A——剪切断面面积（m^2）。

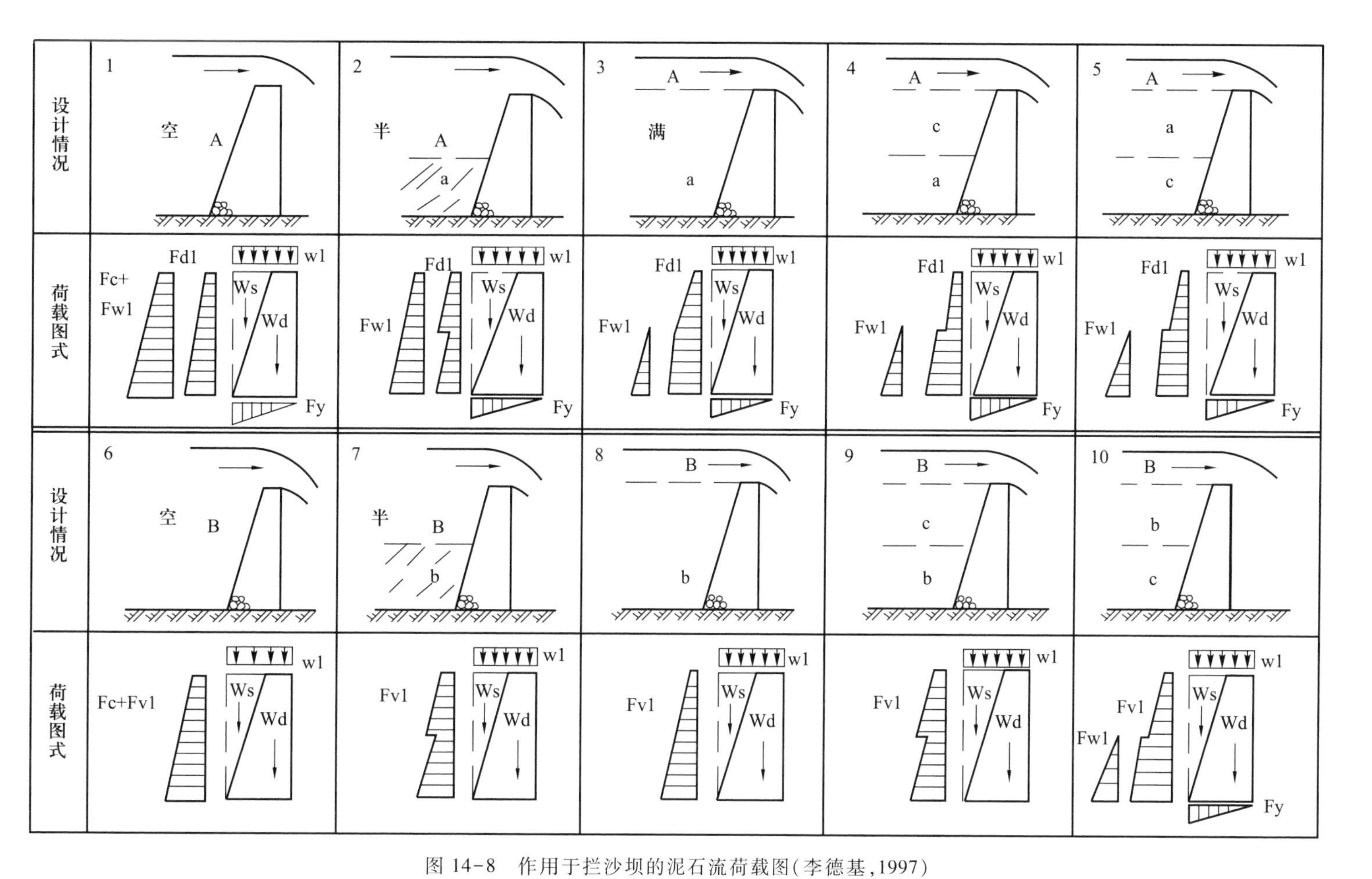

图 14-8 作用于拦沙坝的泥石流荷载图(李德基,1997)

泥石流拦沙坝的 10 种荷载组合:A. 稀性泥石流;a. 稀性泥石流堆积物;B. 黏性泥石流;b. 黏性泥石流堆积物;c. 非泥石流堆积物;1、6. 空库;2、7. 未满库;3、4、5、8、9、10. 满库。Wd 代表坝体自重;Fy 代表扬压力;Fw 代表水平水压力;Fd1 代表稀性泥石流流体压力;Fv1 代表黏性泥石流流体压力;Fc 代表冲击力;Ws 代表坝前堆积体重;W1 代表坝顶溢流体重

② **坝体抗倾覆稳定性计算**:计算公式为

$$K_y=\frac{\sum M_x}{\sum M_0}\geqslant[K_y] \tag{14-11}$$

式中,M_x——抗倾覆力矩(kN·m);M_0——倾覆力矩(kN·m);$[K_y]$——抗倾覆允许安全系数,取值 1.30~1.60。

14.3.1.2 谷坊

谷坊原系小流域治理中水土保持工程的专用名,在我国西北黄土沟壑地区,也称“淤地坝”。泥石流防治和小流域综合治理中,谷坊专指构筑于主沟和支沟泥石流形成区沟道中具有固床稳坡和拦沙节流作用的高度较低的小型拦沙坝,坝高一般不大于 5 m。

(1) 谷坊选址

① 从拦沙坝回淤末端上溯,至形成区上游第一处崩塌、滑坡体下游(缘)附近,或沟床质集中堆积段下游附近,属于梯级谷坊系布设的区间地段;

② 拦沙坝无法控制的泥石流支沟,自下而上,沿重力侵蚀-物源供应段均属于支沟谷坊群,即支沟梯级谷坊系布设地段;

③ 谷坊坝轴选在口狭肚阔的地形颈口,或上窄下宽的喇叭形入口处;选在两肩对称、岸高足够、地基均匀坚固且河谷稳定的部位;

④ 选在距离崩塌、滑坡和沟床堆积龙头下缘 30~50 m 处,既避开突发性灾害冲击,又可对它们实施有效控制;

⑤ 选在顺直稳定沟段,呈矩形或 V 形沟槽,过流稳定、宽度适中,不因修建谷坊而强烈演变的沟段;

⑥ 谷坊下游存在冲刷或侧蚀隐患的,需加设潜槛或其他导流-消能措施来保护。

(2) 谷坊坝高拟定

① 单个谷坊应按上游掩埋限制高程,并以设计回淤纵坡推算谷坊坝高;

② 按单位坝高最大效益和投资增长率最佳组合确定谷坊坝高;

③ 通常,溢流段净坝高宜定在 5~8 m,称为合理坝高;

④ 针对梯级谷坊或谷坊群,应对不同平面布置及相应坝高方案进行比较,选定其中优化组合的方案作为单个谷坊坝高的参用坝高;

⑤ 谷坊、梯级谷坊和谷坊群之间无法控制的危险沟段,可增设一定数量的潜槛来补充。

(3) 谷坊的荷载与受力分析

① 根据谷坊高度、库容规模和使用中的淤积及毁损事故进行分析,简明实用的结构受力分析包括基本荷载为自重、淤积土重(满蓄和1/2满蓄);附加荷载为流体侧压力、扬压力;特殊荷载为冲击力(空库)。

② 鉴于多数谷坊投入运用后1~2年便已淤满,可按正常设计荷载组合及风险设计荷载组合两种受力状态,确定相应的安全度与结构外形尺寸,包括按挡土墙设计(淤积1/2和满库);基本荷载+附加荷载的组合时,$K_c=1.05\sim1.15$;抗冲击墩台设计(空库);结构自重+特殊荷载的组合时,$K_c=1.00\sim1.05$。

③ 采用相应结构措施满足受力分析条件的限制,如加强排水-泄流,降低流体(动)扬压力,扩大基础或加深基础使地基承载力满足设计要求。

(4) 小流域谷坊布置

在一般情况下采用梯级谷坊相互成串逐级消能,即下游谷坊的回淤末端压埋上游谷坊的基础齿墙(图14-9)。

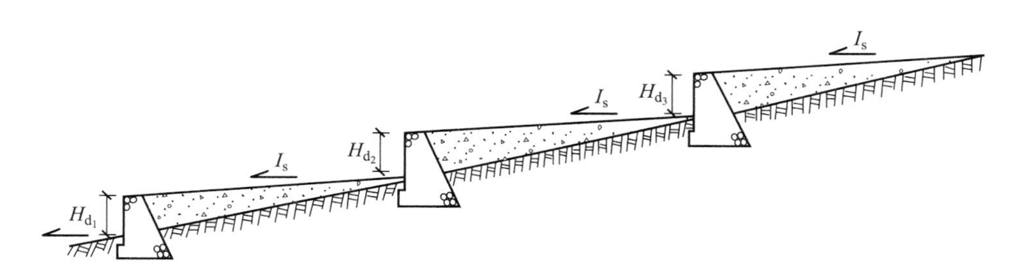

图14-9 梯级谷坊坝系示意图

H_{d_1}代表第一级谷坊坝在地面上的高度;H_{d_2}代表第二级谷坊坝在地面上的高度;H_{d_3}代表第三级谷坊坝在地面上的高度;I_s代表回淤纵坡

14.3.2 排导工程

泥石流排导工程是利用已有的自然沟道或由人工开挖及填筑形成的有一定过流能力和平面形状的开敞式槽型过流建筑物。其主要作用是将泥石流顺畅排泄到下游非危害区,减少泥石流对通过区域或堆积区的危害。排导工程包括排导槽、排导沟、导流防护堤和渡槽等,一般布设于泥石流沟的流通区和堆积区。由于泥石流排导槽是最为常用的排导工程,下面做主要介绍。

14.3.2.1 排导槽布置

(1) 排导槽布置原则

排导槽的总体布置应力求线路顺直、长度较短、纵坡较大,以有利于排泄。在布置时应遵循以下原则:

① 排导槽应因地制宜布置,尽可能利用现有的天然沟道加以整治利用,不宜大改大动,尽量保持原有沟道的水力条件,必要时可采取走堆积扇脊、扇间凹地、沿扇一侧的布置方式。同时,排导槽总体布置应与沟道的防治总规划或现有工程相适应。

② 排导槽的纵坡应根据地形、地质、护砌条件、冲淤情况和天然沟道纵坡等情况综合考虑确定,应尽量利用自然地形坡度,力求纵坡大、距离短,以节省工程造价。

③ 排导槽进口段应选在地形和地质条件良好地段,并使其与上游沟道有良好衔接,使流动顺畅,有较好的水力条件。出口段也应选在地形良好地段,并设置消能、加固措施。

④ 排导槽应尽量布置在城镇、厂区、村庄的一侧,在穿越铁路、公路时,要有相应连接措施;同时排导槽在穿越建筑物时,应尽量避免采用暗沟。

⑤ 槽内严禁设障碍物影响泥石流流动。泥石流排导槽自上而下由进口段、急流槽和出口段三部分组成,由于各部分的功能和作用不同,它们对平面布置的要求也不同。首先应考虑控制断面和过渡段的布置,以利于流动和衔接。

⑥ 排导槽的平面布置形态主要有以下四种:直线形、曲线形、喇叭收缩形和喇叭扩散形(图14-10)。这四种平面布置形态单独使用的情况不多,大多是几种类型的组合。各地域因泥石流性质、地形地质和修建目的的不同,排导槽平面布置各具特色。四川黑沙河泥石流排导槽是喇叭收缩形和曲线形的组合,云南东川大桥河的为曲线形和喇叭扩散形的组合。

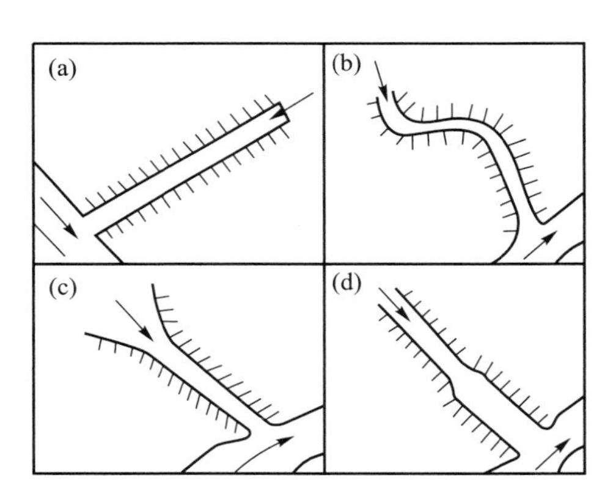

图14-10 排导槽平面布置示意图:(a) 直线形;(b) 曲线形;(c) 喇叭收缩形;(d) 喇叭扩散形

(2) 进口段布置

① **利用上游控流设施布置进口段:**当上游有拦沙坝、溢流堰、低槛等控流设施,布置进口段时应加以利用,使流体经过节流、导向、控制含沙量等调节作用后能平稳无阻地进入槽内,应使排导槽进口段的入流方向与经控流设施后泥石流体的出流方向一致,并具有上游宽、下游窄、呈收缩渐变的倒喇叭外形,喇叭口与山沟槽平顺连接。黏性泥石流或含大量巨石的水石流的收缩角一般为 $\alpha \leqslant 8° \sim 15°$,高含沙水流和稀性泥石流的收缩角一般为 $\alpha \leqslant 15° \sim 25°$。同时过渡段长度 $l \geqslant (5 \sim 10)$ Bcp(Bcp 为设计条件下的平均泥面宽,单位为 m),

横断面沿纵轴线尽可能对称布置(图 14-11)。

② **上游无控流设施进口段布置:**如果上游无控流设施,进口段应选在地形和地质条件良好的地段,尽可能选择沟道两岸较为稳定、顺直的颈口和狭窄段,或在沟道凹岸一侧具有稳定主流线的坚土或岩岸沟段布置入口,使入流口具有可靠的依托。否则,可在进口上游修建相应的具有节流、导向、排沙或防冲等辅助功能的入流防护措施,如导向潜坝、引流导流堤、低槛和分流墩等。

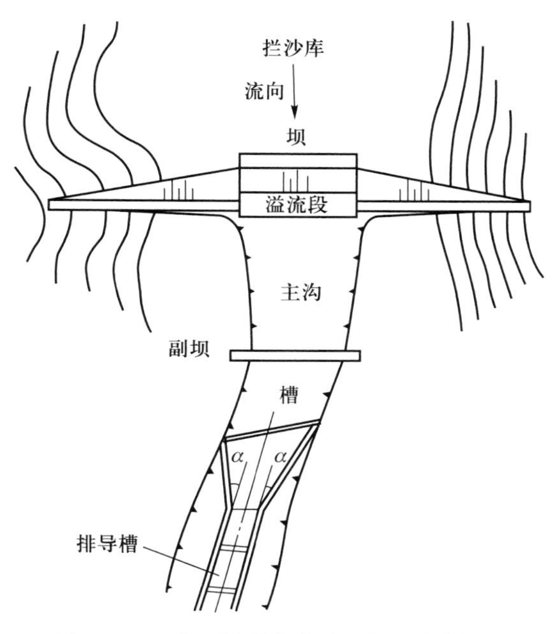

图 14-11 进口段形式及平面布置示意图

(3) 急流槽布置

急流槽在全长范围内力求采用宽度一致的直线形平面布置,当受地形条件限制必须转折时,以缓弧相接的大钝角相交折线形布置,转折角 $\alpha \geqslant 135° \sim 150°$,并采用较大的弯道连接半径($Rs$),对黏性泥石流,$Rs \geqslant (15 \sim 20)$ Bcp,对稀性泥石流 $Rs \geqslant (8 \sim 10)$ Bcp。

当急流槽与道路、堤埂建筑物交叉或在槽的纵向底坡变化处,急流槽的宽度不得突然放宽或突然收缩,应采用渐宽或渐窄的连接方式,渐变段长度 $l \geqslant (5 \sim 10)$ Bcp,扩散角或收缩角 $\alpha \geqslant 5° \sim 10°$。

急流槽沿程有泥石流支沟汇入口,支槽与急流槽宜顺流向以小锐角相交,交角 $\alpha \geqslant 30°$,在汇入口下游按深度不变扩宽过流断面,或维持槽宽不变增加过流深度以加大排泄能力。

(4) 出口段布置

为顺畅排泄泥石流,排导槽的出口段宜布置在靠近大河主流或者有较为宽阔的堆积场地处,且避免在堆积场地产生次生灾害。排导槽出口主要有自由出流和非自由出流两种方式:自由出流不受堆积扇变迁、主河摆动及汇流组合的影响,泥石流可顺畅地被输送到主河,排往下游或就地散流停淤;非自由出流因排导槽槽尾出流受阻,被迫改变流向,流速降低,输沙能力减小,部分固体物质在出口处落淤,以致出流不畅,产生回淤、倒灌或局部冲刷等现象,排泄效果大大降低,甚至危及排导槽自身的安全。排导槽出口主流轴线走向应与下游大河主流方向以锐角斜交,避免垂直或钝角相交,否则泥沙会大量落淤,甚至引起大河淤堵。在地形条件允许情况下,可采用渐变收缩形式的出口断面或适当抬高槽尾出流标高,尽可能保证自由出流,以避免主河顶托回水淹没造成的危害。槽尾标高一般应大于主河二十年一遇的洪水位,以避免主河顶托而致溯源淤积。

出口段的尾部尽可能选在堆积扇被主河冲刷切割的地段,即输沙能力较强处,山坡泥石流排导槽的延伸段长度应控制在30 m范围内,防止散流漫淤。

在排导槽出口段的尾部,特别是自由出流方式,泥石流会产生强烈的冲刷,冲刷使槽的基础悬空,会危及排导槽出口尾部的安全。对冲刷强烈的出口尾部,必须设置相应防冲措施,但防冲消能措施不得设置在槽尾出口附近,以免产生顶托回淤,阻碍排泄。

14.3.2.2 肋槛软基消能排导槽

我国从20世纪60年代中期起,在云南东川泥石流防治工作中,逐步将传统排泄沟向泥石流排导槽过渡,创建并完善了肋槛软基消能排导槽,也称为"东川型泥石流排导槽"。

肋槛软基消能排导槽通过饱含碎屑物的泥石流与沟床质激烈搅拌,耗掉运动余能,以维持均匀流动。肋槛保持消力塘中的碎屑物体积浓度,使冲淤达到平衡,基础不被淘空。通过槛后落差消失,自动调整泥位纵坡和流速,使沿程阻力和局部阻力协调,保持泥石流重度和输移力的恒定。

(1) 槽身结构形式与受力分析

肋槛软基消能排导槽为规则的棱柱形槽体,排导槽进口、急流槽和出口部分结构形式基本相同,沿流向槽的几何形状、尺寸及受力无显著变化,可按平面问题处理,其结构形式如图14-12所示,有分离式挡土墙-肋槛组合结构和分离式护坡-肋槛组合结构等。

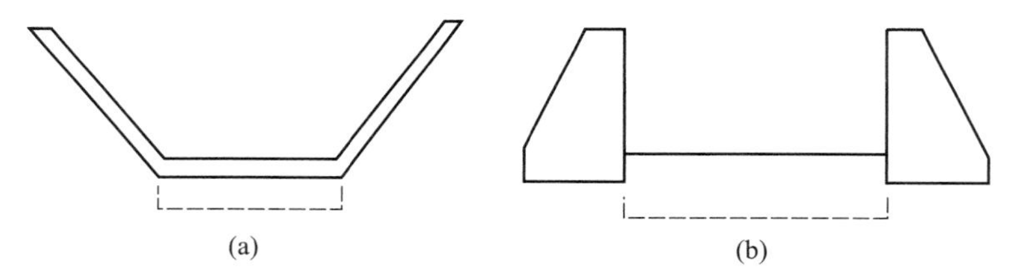

图14-12 肋槛软基消能排导槽的结构形式

在肋槛软基消能排导槽运行过程中,为使结构安全,总体和组合单元的强度和稳定性、耐久性等均应满足使用要求。

① **挡土墙**:设计荷载下,其抗滑、抗倾和地基承载力验算均应满足要求。

② **倾斜护坡**:验算厚度和刚度,避免由于不均匀沉陷变形和局部应力而折断、开裂,验算砌体和下卧层之间的抗滑稳定性是否满足要求。要求松散下卧层的安息角大于护坡倾斜角,对堆积层或坚土,其坡度 $m=1:0.5\sim1:1$;同时,不得因护砌拖曳在下卧层中产生剪切破坏。

③ **肋槛**:验算最大冲刷深度,槛基不得悬空外露,槽底坝基达冲刷平衡纵坡时,槛基埋深应为槛高的1/2~1/3。槛顶耐磨层的耐久性应符合使用年限的要求。

(2) 槽体纵断面设计

沟道纵坡为泥石流运动提供底床和能量条件,若纵断面提供的输移力与流动阻力相等,泥石流进入排导槽后将维持定常流动,槽体纵坡选择适当是排导槽成功关键之一。槽体纵坡断面设计通常有经验法、类比法和实验法。

按合理纵坡选线。对排泄不同规模、不同性质泥石流的各种不同排导纵坡的组合方案进行比较,选择最利于泥石流输送且造价节省、施工方便的纵坡,即为排导槽合理纵坡。泥石流排导槽合理纵坡可参照表 14-4。

表 14-4 泥石流排导槽合理纵坡表

泥石流性质	稀性						黏性		
重度/(kN · m^{-3})	13~15		15~16		16~18		18~20		20~22
类型	水石流	石流	泥流	泥石流	泥流	泥石流	泥流	泥石流	泥石流
纵坡/%	3	3~5	3~5	5~7	5~7	7~10	5~15	8~12	10~18

(3) 横断面设计

① **横断面形式、形状:**排导槽多位于泥石流堆积区,由于受纵坡限制,常为淤积问题所困扰,如何减小阻力、提高输沙效率,使排导槽具有最佳水力特性的断面形状和尺寸,是横断面设计的关键。不同形状的过流横断面具有不同的阻力特性,当纵坡和糙率一定时,在各种人工槽横断面中,梯形断面、矩形断面、V 形或弧形底部复式断面具有较大的水力半径,输移力较大,应予优先采用。

一般情况,梯形或矩形断面适用于一切类型和规模的泥石流和洪水的排泄,宽度不限,对纵坡有限的半填半挖土堤槽身,梯形断面更为有利。三角形断面适用于频繁发生、规模较小的黏性泥石流和水石流的排泄,宽度一般不超过 5 m。复式断面用于间歇发生、规模相差悬殊的泥石流和洪水的排泄,其宽度可调范围较大(图 14-13)。

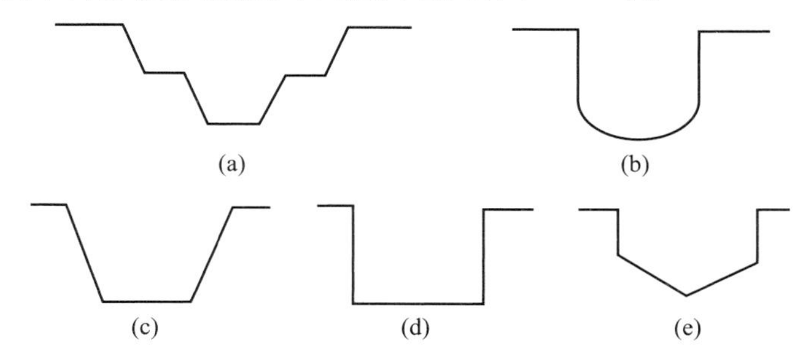

图 14-13 排导槽横断面形式图:(a) 梯形复式断面;(b) 弧形底部复式断面;(c) 梯形断面;(d) 矩形断面;(e) 三角形底部复式断面

横断面形状和尺寸的设计还应结合排导槽的纵坡进行综合考虑,选择纵坡与断面的优化组合。一般情况下,若排导槽纵坡较陡,宜选用矩形、U形等宽浅断面或复式断面,利用加糙和减小水力半径来消除运动余能,避免泥石流对槽体的冲刷,如果排导槽设计纵坡与泥石流起动的临界纵坡接近,则槽身横断面应选择梯形或三角形窄深断面,以减小阻力,降低运动消耗,避免槽内固体物质的淤积,顺畅排泄。

② **断面面积计算:**按排导槽通过设计的流量和允许流速计算横断面面积:

$$A=\frac{Q}{U} \tag{14-12}$$

式中,A——横断面面积(m^2);Q——设计流量($m^3 \cdot s^{-1}$);U——通过设计流量的平均流速($m \cdot s^{-1}$)。

③ **横断面尺寸拟定:**根据断面形状,初定宽深比的范围。梯形或矩形断面宽深比为2~6;复式断面宽深比为3~10;三角形断面为1.5~4。

用式(14-13)确定排导槽宽度的上限:

$$B_f \leqslant \left(\frac{I_b}{I_f}\right)^2 B_b \tag{14-13}$$

式中,B_f——排导槽设计宽度(m);I_f——排导槽设计纵坡(‰);B_b——流通段沟道宽度(m);I_b——流通段沟床纵坡(‰)。

为充分利用较小规模的洪水冲洗槽内残留层和淤沙,应现场调查枯水期沟道的稳定平均底宽,作为排导槽底宽的设计依据,且底宽应满足$B \geqslant 2.0 \sim 2.5D_m$,$D_m$为沟床质最大粒径。

直线段槽深$H=H_c+h_s+\Delta h$,其中H为槽深(m);H_c为设计泥深(m);h_s为常年淤积高度(m);Δh为安全超高,由排导槽的规模和重要性而定,一般为0.5~1.0 m。弯道段需加入弯道超高。

(4) 结构设计

① **直墙和护坡的稳定分析与强度设计:**对于直墙,其受力荷载主要有直墙的自重、泥石流体重、泥石流静压力、泥石流整体冲击力、泥石流中大石块碰撞力、直墙背后土压力以及渗透压力和地震力。直墙的强度设计主要满足抗滑、抗倾覆和地基承载力的要求。

对于护坡排导槽,其受力荷载与直墙受力荷载基本相同,其强度设计主要验算护坡的厚度和刚度,以避免开裂和折断,同时验算护坡和下卧层之间的抗滑稳定性。

② **肋槛和地基抗冲稳定性验算:**排导槽的作用是防淤排泄,然而排导槽本身又需防冲刷破坏。即使局部冲刷也会给排导槽带来严重的后果。影响泥石流冲刷深度的因素很多,通常可用实际观测、调查访问的资料结合冲刷计算结果,综合分析以确定冲刷深度。为防止冲刷破坏,避免因冲刷而造成排导槽失效,对分离式的排导槽主要采取加深墙(堤)的基础、泄床铺砌、泄床加防冲肋槛等措施。对于纵坡陡、流量大、沟道宽、冲刷大、加深基础有困难或基础埋置太深不经济、护底铺砌造价太高和维修有困难的,在沟床加防冲肋槛是行之有效的方法。

验算最大冲刷深度要求：肋槛不得悬空外露；槽底软基冲刷平衡纵坡时，槛基埋深应为槛高的 1/2～1/3，肋板厚度一般为 1.0 m，防冲肋槛与墙（堤）基砌成整体，肋槛顶一般与沟床底平；边墙基础深度按冲刷计算确定，一般为 1.0～1.5 m；肋槛沿沟床的间距可按式（14-14）计算：

$$L=\frac{H-\Delta H}{I_0-I'} \tag{14-14}$$

式中，L——防冲肋槛间距（m）；H——防冲肋槛埋深度（m），一般取 $H=1.5\sim2.0$ m；ΔH——防冲肋槛安全超高（m），一般取 $\Delta H=0.5$ m；I_0——排导槽设计纵坡（‰）；I'——肋板冲刷后的排导槽内沟槽纵坡（‰），一般取 $I'=(0.25\sim0.5)I_0$。

肋槛是软基消能排导槽的关键部件，除上述方法确定肋槛间距外，也可根据纵坡的大小在 10～25 m 按表 14-5 选用。肋槛高度一般以 1.50～2.50 m 为宜，并按潜没式布设。

表 14-5　排导槽肋槛布置间距

纵坡/‰	>100	100～50	50～30
间距/m	10	10～15	15～25
槛高/m	>2.50	2.50～2.00	2.00～1.60

我国从 1966 年以来，在云南东川等地泥石流防治中修建了 10 多处肋槛软基消能排导槽，20 世纪 80 年代以后又在四川和云南其他泥石流综合防治工程中推广应用，从单一矩形槽发展到多种槽形。目前矩形断面、梯形断面、三角形断面和复式断面等形式均得到普遍使用，长期使用排泄泥石流，运用效果较好。

14.3.2.3　全衬砌 V 形排导槽

成都铁路局昆明科学技术研究所于 1980 年立项开展全衬砌 V 形泥石流排导槽（简称 V 形槽）研究，并在成昆铁路南段泥石流工程治理中进行试验和观测，成果于 1988 年通过鉴定，此后被广泛推广使用，目前成为常用的泥石流排导工程之一。

（1）V 形槽的排导原理

V 形槽根据束水冲沙的原理，构建了窄、深、尖的 V 形结构。V 形槽具有明显的固定输砂中心和良好的固体物质运动条件，可以有效地在堆积区改变泥石流的冲淤环境，有效排泄各种不同量级的泥石流固体物质，V 形槽多适用于山前区纵坡较陡的小流域泥石流排导。

V 形槽在横断面结构上构成一个固定的最低点，也是泥石流的最大水深和最大流速所在点以及固体物质的集中点，从而成为一个固定的动力束流、集中冲沙的中心。V 形槽底能架空大石块，使大石块凌空呈梁式点接触状态，以滚动摩擦和线摩擦形式运动，阻力小，易滚动。沟心尖底部位充满泥石流浆体，起润湿浮托作用，因而阻力减小，速度加大，这是 V 形槽排泄泥石流之关键。V形槽底是由纵、横向两个斜面构成，松散固体物质在斜坡上始终处于不稳定状态，泥石流在斜面上运动时，具有重力沿斜坡合力方向挤向沟心最低点的集流中心，呈立体束流现象，从而形成V形槽的三维空间重力束流作用，使泥石流输移能力更加稳定强劲，流通效应更加显著。

（2）V形槽槽身结构与受力分析

V形槽沿流向的几何形状、尺寸和受力无显著变化，取其横断面按平面问题对待，其结构形式如图14-14所示。

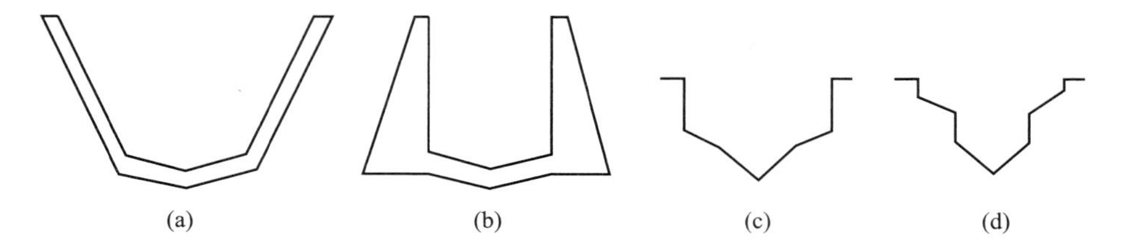

图14-14　V形槽横断面图：(a) 斜边墙；(b) 直边墙；(c) 复式V形；(d) 复式V形

V形槽以浆砌石、混凝土和钢筋混凝土进行全断面护砌，构成整体式结构。为了使结构安全，必须满足有足够的刚度（整体性），其设计荷载主要有泥石流重力、槽自身重力、地下水作用力、温度应力、冻胀压力以及其他作用力。在设计荷载作用下，除槽身有足够的刚度外，地基承载力应满足要求，同时槽身不得产生局部或整体滑移、变形、开裂和折断等破坏形式；过流部分的抗磨耐久性应符合使用年限的要求，其最小厚度应满足施工要求；与流向顶冲的弯道及突出部位受泥石流冲击力的作用，冲击力可按本章的方法计算，并据实际情况分析确定。

（3）V形槽槽体纵断面设计

纵断面设计应由上而下设计成上缓下陡或一坡到底的理想坡度，以利于泥石流的排泄。若受地形坡度条件限制，需设计成上陡下缓时，必须按输沙平衡原理，从平面上配套设计成槽宽逐渐向下收缩的倒喇叭形，使过流断面宽度随纵坡的变缓而相应减小，以增大泥深，加大流速，保持缓坡段和陡坡段具有相同的输沙能力和流通效应，确保V形槽的排淤效果。

V形槽纵坡度设计与肋槛软基消能排导槽方法相同，通常采用类比法、实验法和经验法三种方法确定。对运行多年的已建V形槽经调查统计分析，可得到V形纵坡作为设计参考。纵坡一般可略缓于泥石流扇纵坡，V形槽纵坡值通常用30‰～300‰，阈值为10‰～350‰，最佳组合范围是：$I_{束} \geq 200‰$，$I_{纵} = 15‰ \sim 350‰$，$I_{横} = 100‰ \sim 300‰$。

自上而下V形槽的纵坡不宜突变，当相邻段纵坡设计的坡度值≥50‰，纵坡设计在转折处用竖曲线连接，竖曲线半径尽量大，使泥石流体有较好的流势，并减轻泥石流固体物质在变坡点对槽底的局部冲击作用。

（4）V 形槽槽体横断面设计

① **横断面的类型形状**：尖底槽主要用于泥石流堆积区，有改善流态、引导流向、排泄固体物质和防止泥石流淤积的独特功能，尖底槽主要有 V 底形、圆底形、弓底形。V 形槽横断面形式有斜槽式、直墙式、复式 V 形和复式 V 形四种类型形状（图 14-14）。

② **横断面面积计算**：V 形槽横断面面积主要由设计流量和泥石流设计流速来确定，横断面面积由下式确定：

$$A=\frac{Q}{U} \tag{14-15}$$

式中，A——横断面面积（m^2）；Q——设计流量（$m^3\cdot s^{-1}$）；U——泥石流设计流速（$m\cdot s^{-1}$）。

③ **V 形槽横断面尺寸拟定**：初步选定断面形状，根据泥石流性质、规模、地形条件等从上述四种 V 形断面形状中选定设计断面形状。

根据泥石流沟道地形条件，确定 V 形槽纵剖面。V 形槽底部呈 V 形，横坡与泥石流颗粒粗度呈正相关，与养护维修、加固范围有关，横坡越陡，固体物质越集中，磨蚀、加固、养护范围越小。V 形槽横坡通常用 200‰~250‰，限值为 100‰~300‰，在纵坡不足时加大横坡输沙效果更显著。

V 形槽底部由含纵、横坡度的两个斜面组成重力束流坡，其关系式如下：

$$I_{束}=\sqrt{I_{纵}^2+I_{横}^2} \tag{14-16}$$

式中，$I_{束}$——重力束流坡度（‰）；$I_{纵}$——V 形槽纵坡坡度（‰）；$I_{横}$——V 形槽底横向坡度（‰）。

根据铁路和地方使用 V 形槽的经验和研究成果，I 值参数一般在下列范围：350‰≥$I_{束}$≥200‰；350‰≥$I_{纵}$≥10‰；350‰≥$I_{横}$≥100‰。在 $I_{纵}$ 值不变的情况下，改变 $I_{横}$ 值（即由平底变为尖底），$I_{束}$ 值增大，排泄防淤效果显著提高。对较平缓的泥石流堆积区上的排导槽，由于 $I_{纵}$ 值较小且难以用人工改变增大 $I_{纵}$，此时增大 V 形槽的 $I_{横}$ 值，弥补 $I_{纵}$ 值小的不足，对排泄有较大作用。

V 形槽宽度设计最小不得小于 2.5 倍泥石流体中最大石块直径。V 形槽槽深设计时，泥深 H_c 计算要根据流速 U_c≥泥石流流通区流速 U_f 的选定条件，求算 V 形槽的最小泥深，进而拟定槽深。V 形槽设计泥深 H_c，必须大于 1.2 倍泥石流体中最大石块直径，以防止最大石块在槽内停淤，影响输砂效果。V 形槽设计流速 U_c 必须大于泥石流体内最大石块的起动流速。安全超高一般取 0.5~1.0 m。并且，要控制适度的宽度-深度比，一般取 1∶1~1∶3 为宜。

14.3.3 停淤场工程

泥石流停淤场工程主要是在一定时间内，根据泥石流的运动和堆积原理，采取相应的措施，将泥石流引入预定的区域，促使泥石流中的固体物质自然减速停淤。从而削减泥石流的峰值流量和固体物质总量，减小对堆积区域保护对象的威胁或危害。

停淤场是一种临时性的泥石流防治建筑物，设计标准一般较拦挡工程和排导工程的要求低，可按照一次或多次拦挡泥石流的固体物质量作为设计的控制指标。

14.3.3.1 停淤场的应用条件

泥石流停淤场受地形和已有人工建筑物的限制，一般在满足下列条件时才能在防治工程应用。

主河与泥石流支沟汇合段为宽谷，河谷中有停积泥沙的空间；为沟道型泥石流沟，且主沟下游纵坡平缓，沟谷开阔；在预定位置有足够大的空间以容纳大量的泥沙，附近无重要的人工建筑物或大量农田，拦泥停淤不产生新的潜在灾害威胁。

14.3.3.2 停淤场的工程结构物

泥石流停淤场的工程结构物因停淤场类型不同而异，共同的结构物包括拦挡坝、引流口、拦淤堤、溢流口、集流沟和导流堤（图14-15）。

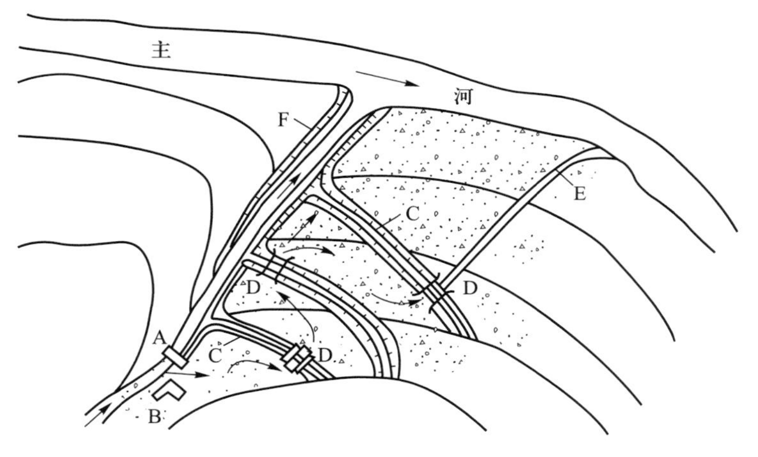

图14-15 停淤场工程结构物布置示意图

A—拦挡坝；B—引流口；C—拦淤堤；D—溢流口；E—集流沟；F—导流堤

（1）拦挡坝工程

位于停淤场引流口一侧的泥石流沟道上，抬高沟床高程，为泥石流进入停淤场创造必要的落差。该项工程多属永久性工程，常采用圬工或混凝土重力式结构。

(2) 引流口工程

位于拦沙坝的一侧,控制泥石流的流量与流向,使其顺畅地进入停淤场内。引流口可分为固定式或临时性两种。固定式引流口所处位置较高,在停淤场整个使用期间,都能将泥石流引入场内。临时性引流口随着停淤场内淤积量的增大而不断改变其位置,通过调整引流口方向及长度,使泥石流沿不同流程进入停淤场。

(3) 拦淤堤工程

拦淤堤的作用是拦截泥石流,控制其流动范围,使其在规定范围停积。拦淤堤在使用期间,主要承受泥石流的动静压力及堆积物的土压力。对于土堤应保证有足够的堤高,防止泥石流翻越堤顶时拉槽毁堤。堆积扇上的拦淤堤其长度方向应与扇面等高线平行,或呈不大的交角,这样才能达到拦截泥石流体的最佳效果;否则,拦淤泥沙量将减少,仅起导流作用。

(4) 溢流口工程

溢流口布置在围堤的末端或其他部位,主要是将未停积的泥石流或水体排入下一道围堤范围内继续停淤,或排入集流沟。溢流口可做成梯形、矩形等过流断面,采用圬工、铅丝笼、编篱石笼等结构护砌防冲。

(5) 集流沟工程

集流沟位于停淤场的末端,主要是将剩余的流体或水流汇集并排入主河。

(6) 导流堤工程

导流堤设置在泥石流主沟或停淤场一侧,用以导流及保护堤后建筑物与农田等的安全。

14.3.3.3 停淤场的类型和布置

停淤场的类型按其结构形式,可分为围堰式、分散式、跨流域式和简易式四种类型。

(1) 围堰式停淤场

围堰式停淤场一般布置在泥石流下游开阔宽谷地内地势较低的一侧,或泥石流堆积扇上的低洼地上。

(2) 分散式停淤场

分散式停淤场一般设在小型泥石流沟的堆积扇上,在出山口处利用导流和分流工程将泥石流分散为若干小股,使泥沙分散地落淤在堆积扇上(图 14-16)。

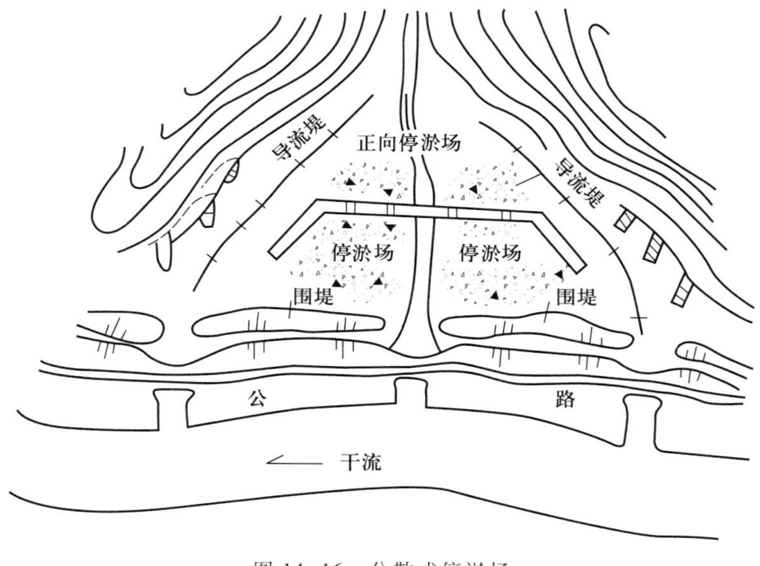

图 14-16 分散式停淤场

(3) 跨流域式停淤场

跨流域式停淤场是利用相邻流域的低洼地作为泥沙堆积的场地。通常的设计是在主沟内筑坝抬高沟床,再通过隧洞或排导沟将泥石流输送到相邻流域。跨流域停淤场一般只适于流域面积小的稀性泥石流或高含沙洪水沟,而且山洪泥石流中无大砾石或漂木,否则容易造成隧洞或排导沟堵塞,出现工程失效的情况。典型实例如甘肃省靖远县王家山铁路专用线跨大石家沟和车轮河两条泥石流沟。

(4) 简易式停淤场

在云南、四川、甘肃等西部省份,为了耕种泥石流堆积扇上的土地,常建一些简易式泥石流停淤场。简易式停淤场一般利用泥石流沟下游的宽谷中较低的洼地或堆积扇上某一侧的低滩地,在沟道或堆积扇上斜向开挖排导沟或建导流堤将泥石流导入洼地或低滩地。几年后,待低洼处淤高,又将泥石流改道导入其他低洼处,将原停淤场改为耕地,如此周而复始。这是泥石流地区农民为了生存而应对泥石流的一种最古老的方法,一直沿用至今。

14.3.3.4 停淤量计算

停淤场停淤总量的大小,既与泥石流的性质、类型及流动形式等有关,也与停淤场的地形条件关系密切,规划阶段可用下面公式估算,在设计阶段应以实测值为准。

沟道内停淤场的淤积总量:

$$\bar{V}_s = B_c h_s L_s \tag{14-17}$$

堆积扇停淤场的淤积总量:

$$\bar{V}_s = \frac{\pi\alpha}{360} R_s^2 h_s \tag{14-18}$$

式中,$\bar{V}_s$——停淤总量;B_c——停淤场平均宽度;h_s——平均淤积厚度;L_s——沿流动方向的淤积长度;α ——与引流口对应的停淤场圆心角;R_s——以引流口为圆心的停淤场半径。

停淤场的使用年限与泥石流的规模、暴发次数和停淤场的容积等直接相关。首先应正确估计其年平均停淤量,再按停淤场的总容积除以年平均停淤量即得使用年限。

14.4 生态工程治理技术

14.4.1 泥石流流域生态工程措施分区

根据坡度、植被状况、土壤类型、水土流失状况、重力侵蚀现状、土地利用现状和植物生长的立地条件,考虑生态措施在泥石流形成和运动过程中的作用,结合当地的社会经济条件,进行泥石流流域生态工程措施分区。

首先,收集关于流域(地区)的地质、地貌、水文、气象、土壤、植被、灾情、社会经济状况和经济建设规划等自然和社会经济的文献资料;然后,进行现场踏勘,对流域水土流失现状、泥石流发生源地及危险地段、土地利用现状和存在问题、拟采取的生态工程措施及必须采取的辅助工程措施等进行现场记录和图件勾绘;最后,根据防治体系对生态工程措施的要求,确定生态工程措施分区方案,一般将泥石流流域分为以下五个生态工程措施功能区。

(1) 水源涵养区

泥石流形成区以上汇水区称为水源涵养区。本区采取抚育措施为主,有条件的地方适当营造水源涵养林。选择材质优良、树形高大、枝叶茂密、寿命长的常绿针叶林树种育林。在容易发生火灾的地方,以抗火性能强的常绿阔叶林作为生物防火带进行带状混交,起预防和减轻火灾损失的作用。

(2) 水土保持区

将泥石流形成区山坡坡度较陡的坡面汇水区列为水土保持区,其主要目的是防止土壤侵蚀。主要营造枝繁叶茂、根系发达的深根性树种。根据适地适树的原则和防护效能,选择适宜的乔灌木树种,一些经济价值高的经济林木列为优先选择的对象。

(3) 固床护坡防冲区

在主沟及主要支沟的沟床及两岸沟坡,选择一些耐水湿、耐冲的根系发达的树种造林,并与防冲工程相结合,用以防止冲刷。

(4) 农牧果水土保持区

流域内农牧区及果树区是发展经济、维持生产的经营区,既要保持经济持续发展,又要防止水土流失,可配合农田基本建设和农田水利工程的实施配置相应的生物防治措施。

(5) 护滩护堤经济开发区

在泥石流流域下游,与工程排导措施相结合,进行滩地防护与开发利用。生态工程措施既有护滩护堤的功用,又有开发荒滩发展经济的功能。如四川凉山州黑沙河下游泥石流堆积扇,早已建成当地著名的蚕桑基地。

14.4.2 生态工程措施类型及其防护作用

泥石流防治生态工程措施主要有林业措施、农业措施和牧业措施三类。

14.4.2.1 林业措施及其防护作用

林业措施是泥石流防治生态工程措施中的主要措施。森林以高大的树干、繁茂的枝叶、网状的根系及林下特有的枯枝落叶层和腐殖质层,连同其他林下植物,构成了强有力的防护体系,具有改善水文条件、防止土壤侵蚀和涵养水源的功能,对防治泥石流具有特别有效的作用。

泥石流防治常用的林业措施主要有:坡面水土保持林、土质侵蚀沟道系统防护林和石质沟道防护林。

(1) 坡面水土保持林

过度放牧、樵采等使原有植被遭到严重破坏,植被覆盖度很低,引起严重水土流失的山地坡面,需人工营造水土保持林防止坡面被进一步侵蚀,在增加坡面稳定性的同时,争取获得一些小径用材。在小流域的高山远山的水源地区,由于不合理的利用,山地坡面植被状况恶化而引起坡面水土流失和水文状况恶化。可依托残存的次生林或草灌植物等,通过封山育林,逐步恢复植被,形成某种树种占优势的林分结构,以发挥较好的调节坡面径流、防止土壤侵蚀、涵养水源和生产木材的作用。由于工程建设而出现的大面积坡面裸露的地方,往往是水土流失严重、引发滑坡和崩塌等的策源地,配合必要的工程护坡,人工营造水土保持护坡林可收到良好的护坡效果。

① **坡面水土保持林的配置特点**:如果造林地条件较差(如水土流失严重、干旱、风大、霜冻等),应通过坡面林地上水土保持造林整地工程,如水平阶、反坡梯田或鱼鳞坑等整地形式,并适当确定整地季节和整地深度,细致整地,人工改善幼树成活生长条件。树种选择搭配方面,一般应采用乔灌混交型的复层林,使幼林在成活、发育过程中发挥生物群体相互有利的影响,为提高重要树种生长及其稳定性创造有利条件;同时,采用混交,可调节、缩小主栽乔木树种的密度,有利于林分尽快郁闭,形成较好的林地枯枝落叶层,发挥其涵养水源、调节坡面径流、固持坡面土体的作用。水土保持用材林可采用以下形式:

- 主要乔木树种与灌木带的水平带状混交:沿坡面等高线,结合水土保持整地措施,先造成灌木带(北方地区可采用沙棘或灌木柳、紫穗槐;南方有些地方采用马桑等)。每带由 2~3 行组成,行距 1.5~2 m,带间距 4~6 m。等灌木成活,经第一次平茬后,再在带间栽植乔木树种 1~2 行,株距 2~3 m;
- 乔、灌木隔行混交:乔、灌木同时栽植造林,行间混交;
- 结合农林间作,用乔木或灌木营造纯林:由于农作物间作是短期的(2~3 年),这种形式对乔木或灌木树种的选择和预期经济效益应给予足够重视,因为一旦乔木或灌木纯林达到树冠郁闭,间作作物即告停止。生产上,由于种苗准备、劳力组织和群众多年形成的造林习惯等原因,比较多地采用营造乔木纯林的方式,如果培育、经营措施得当,也可获得良好的营林效果。营造纯林时,结合窄带梯田或反坡梯田等整地措施,在幼林初期,行间间作一些农作物,既可取得一些农产品(豆类、块根、块茎作物等),又可以耕代抚,保水保土,改善和促进林木生长。

② **坡面水土保持林的封山育林**:在此类坡面上尽管已形成了水土流失和环境恶化的趋势,但是,由于尚保留着质量较好的立地和乔、灌、草植物等优越条件,只要采用的封山育林措施合理,再加上森林自然恢复过程中给予必要的人工干预,可较快地达到恢复和形成森林的效果,这在我国南北各地封山育林实践中均得到了证明。

封山育林基本上是模仿自然群落形成和发展的过程。由于这里具备适于多种植物生长的生态环境条件,恢复和培育森林的目标可遵循生态位原理,形成多树种、多层次、异龄化的林分结构,可利用乔、灌、草,针叶、阔叶树种,深根和浅根植物,耐阴和喜光树种,速生和慢生树种,改善土壤肥力强弱不等的树种和经济价值高低不同的树种等组合形成不同林分结构。

这样以木本植物为主的自然生态群落具有很强的稳定性和内部自我调节能力,而表现出较强的涵养水源的生态功能。在这种人工干预下的森林自然恢复过程中可有目的地调节林分结构中经济价值较高的目的树种占据林分组成中的优势,从而保证这样的林分具有较高的生态经济价值。

封山育林除了政策管理、保护等措施外,经营技术上主要是林分的密度管理和林分结构的调整等。

(2) 土质侵蚀沟道系统防护林

土质侵蚀沟道系统防护林配置的主要目的是结合土质沟道(沟底、沟坡)防蚀的必要,进行林业利用,获得林业收益的同时保障沟道生产持续、高效的利用;不同发育阶段土质沟道的防护林,通过控制沟头、沟底侵蚀,减缓沟底纵坡,抬高侵蚀基点,稳定沟坡,达到控制沟头前进、沟底下切和沟岸扩张,从而为全面合理地利用沟道、提高土地生产力创造条件。所谓土质侵蚀沟道系统一般指分布于黄土高原各个地貌类型上的侵蚀沟系统,也包括以黄土类母质为特征的、具有深厚"土层"的沿河冲积阶地、山麓坡积或部分洪积扇等土地,在此基础上所冲刷形成的现代侵蚀沟系。

由于各地所处的自然历史条件不同,黄土地区沟壑侵蚀发展的程度不同,因而土地利用的基础和治理水平也有差异,它们适合采用的沟道造林措施也出现比较复杂的情况,可概括为三种类型来叙述其配置技术。

① **以利用为主的侵蚀沟**:此类侵蚀沟基本停止发展,沟道农业利用较好,沟坡现已用作果园、牧地或林地等。在这一类型沟道中(特别是在森林草原地带)应在现有耕地范围以外,选择水肥条件较好、沟道宽阔的地段,发展速生丰产用材林。如果黄土高原各乡村都注意发展这样小片的农村用材林基地,就可改变黄土高原现有木材奇缺的状况。

② **治理与利用相结合的侵蚀沟**:此类侵蚀沟系的中下游,侵蚀发展基本停止;沟系上游侵蚀发展仍较活跃,沟道内进行部分利用。在黄土丘陵沟壑区,这类沟道占比例较大,也是开展治理和合理利用的重点。有条件的沟道当前打坝淤地、修筑沟壑川台地、建设基本农田等应有合理的布局。在坡面治理的流域,由下而上,依次推进修一坝、成一坝、再修一坝,在打坝淤地的施工过程中,可以在其外坡分层压入杨柳苗条,或直接播柠条、沙棘等灌木,待其成活后将发挥很好的固土护坝缓流的作用。

这类沟系的上游,沟底纵坡较大,沟道狭窄,沟坡崩塌较为严重。不论是沟头前进,还是沟岸扩张,都与沟底的不断下切刷深有着直接关系。在此情况下,应首先进行沟底的固定,有效的措施包括:在沟头上方建筑沟头防护工程,拦截缓冲径流,制止沟头前进;在沟底根据顶底相照的原则,就地取材,建筑谷坊群工程,抬高侵蚀基点,减缓沟底纵坡坡度,从而稳定侵蚀沟沟坡。为了加固工程,使其发挥长久的作用,变非生产沟道为生产沟道,工程措施与生物措施相结合是行之有效的办法。

为了固定侵蚀沟顶,制止其溯源侵蚀,除了采取沟头防护工程与林业相结合的措施外,关键在于固定侵蚀沟顶的基部或侵蚀沟顶附近的沟底,使其免于洪水的冲淘。在沟顶基部一定距离(1~2 倍沟顶高度)内配置编篱柳谷坊,就是在预定修建谷坊的沟底按 0.5 m 株距打入一行1.5~2 m长的柳桩,地上部分露出1~1.5 m,距这一行柳桩1~2 m处按同样规格平行打入另一行柳桩,然后用活的细柳枝分别在两行柳桩进行编篱到顶。在两篱之间倒湿土,夯实到顶,编篱坝,沟顶一侧也同样堆上湿土形成迎水的缓坡,夯实。修筑土柳谷坊的方法是在谷坊施工层夯实时,在其背水一面卧入长90~100 cm的2~3年生柳枝,或是结合谷坊两侧进行高杆插柳。

有些地方,在沟坡上除经常可以看到面蚀外,还发育有切沟、冲沟、泻溜,沟坡基部出现泻溜体和塌积体,陡崖上可能出现崩塌、滑塌等,它们组成了沟系泥沙的重要物质来源,往往沟床仍在强烈下切,上述重力侵蚀形式在沟坡也很活跃。实践证明,在发展较为活跃的沟道中,只要采用工程与生物相结合的措施,首先固定沟底。尤其当林木生长起来之后,重力侵蚀的堆积将稳定在沟床两侧,在此条件下由于沟床流水,无力把这些泥沙堆积物携走,逐渐形成稳定的天然安息角。其上的崩塌滑落物也将逐渐减少,在这种比较稳定的坡脚首先栽植沙棘、杨柳、刺槐等根蘖性强的树种,在其成活后,可采取平茬、松土(上坡方向松土)等促进措施,使其向上坡逐步发展,它可能又被后续的崩落物或泻溜物埋压堆积,但是依靠树木强大的生命力,又会很快以它的青枝绿叶覆盖。

③ **以封禁或治理为主的侵蚀沟:**此类侵蚀沟系的侵蚀发展很活跃,整个沟系均不能进行合理的利用。这类沟系的特点是纵坡较大,一、二级支沟尚处于切沟阶段,沟头向源侵蚀和沟坡崩塌、滑塌均甚活跃,所以不能进行农林牧业的正常生产。沟坡有时生长着覆被度很低的草类,如果在这里滥行放牧,不但不能解决放牧问题,往往进一步加剧沟道的水土流失。对于这类沟系的治理可考虑从两方面进行。一种情况是距居民点较远,现在又无力投工进行治理时,可采取封禁的办法,减少不合理的人为破坏,使其逐步自然恢复植被,或撒播一些林草种子,人工促进植被的恢复。另一种情况是距居民点较近,对农业用地、水利设施(水库、渠道等)、工矿交通线路等有威胁,应采用积极治理的措施。应有规划地设置谷坊群等缓流挂淤、固定沟顶沟床的工程措施,正如前边已经论述过的在采用这些工程措施时应很好地结合林草等生物措施,在基本控制沟顶及沟床的侵蚀之后,再考虑进一步利用的问题。

(3) *石质沟道防护林*

石质山地和土石山地地形多变,地质、土壤、植被、气候等条件复杂,南北方差异较大。石质山地沟道开析度大,地形陡峻,60%的斜坡面坡度在20°~40°,斜坡土层薄(普遍为30~80 cm),甚至基岩裸露,因地质条件(如花岗岩、砂页岩、砒砂岩)的原因,基岩呈半风化或风化状态,地面物质疏松,泻溜、崩塌严重。沟道岩石碎屑堆积多,易形成山洪、泥石流。石质沟道多处在海拔高、纬度相对较低的地区,降水量较大,自然条件下的植被覆盖度高。但石多土少,植被一旦遭到破坏,水土流失加剧,土壤冲刷严重,土地生产力减退迅速,甚至不可逆转地形成裸岩,完全失去了生产基础。在这种情况下,人们不得不在尚且保有土壤的山地上继续进行开垦、放牧,继续进行地力的消耗与破坏,从而陷入"越垦越穷、越穷越垦"的恶性循环。有些山区(如云南省的西双版纳),由于年降水量近2000 mm,坡地植被遭到破坏后,厚度50~80 cm的土层仅仅2~4年时间即被冲蚀殆尽。因此应通过封育和人工造林恢复植被,控制水土流失。对于泥石流流域,则应根据集水区、通过区和沉积区分别采取不同的措施与坡面工程措施（如水平阶、水平沟、反坡梯田、鱼鳞坑等）相结合，达到控制泥石流发生和减少危害的目的。

① **集水区配置特点：**易于发生泥石流的流域，集水区是泥石流产流和产沙的源地，其水土流失状况、土沙汇集的程度和时间是泥石流形成的关键因素。一般认为，流域范围内，森林覆盖率达50%以上，集水区范围内（即流域山地斜坡上）的森林郁闭度>0.6时，就能有效控制山洪、泥石流。因此，在树种选择和配置方面，应该形成由深根性树种和浅根性树种混交的异龄（不同造林时间）复层林。

在地形开阔、纵坡平缓、山地坡脚土层较厚并且坡面已得到治理的条件下，集水区主沟沟道也可进行农业利用和营造经济林。在集水区的一些一级支沟，山形陡峻，沟道纵坡较大，沟谷狭窄，沟底应采取工程措施。针对北方石质山地，行之有效的办法是在沟底布设一定数量的谷坊，尤其在沟道转折处，注意设置密集的谷坊群。修筑谷坊要就地取材。一般多应用混凝土或浆砌石谷坊，其主要目的是巩固和提高侵蚀基准，拦截沟底泥沙。根据实际情况，可修筑石柳谷坊，并在淤积面上全面营造固沟防冲林，形成森林工程，以达到控制泥石流的目的。

② **通过区配置特点：**通过区一般沟道十分狭窄，水流湍急，泥石俱下，应以格栅坝为主。有条件的沟道，留出水路，两侧营造雁翅式配置的防冲林。

③ **沉积区配置特点：**沉积区位于沟道下游至沟口，沟谷渐趋开阔，应在沟道水路两侧修筑石坎梯田，并营造地坎防护林或经济林。为了保护梯田，沿梯田与岸的交接带营造护岸林。石质山地沟道防护林可选择的树种，北方以柳、杨为主，南方以杉木为主。

14.4.2.2 农业措施及其防护作用

泥石流生态工程防治应考虑流域内的坡耕地的水土保持，主要措施有以下四点：

① **坡地改梯田：**在有条件的地方推行坡改梯的措施，适当配置地边沟埂，既可提高农业产出，又有利于减少水土流失。

② **试验推广免耕法：**科学种田，以技术投入促进农业增产，减轻水土流失。

③ **林粮间作套种：**在陡而长的坡面上，坡耕地易产生冲刷，不便于实施坡改梯的地方，可设置防冲林带或多年生绿肥作物带，以滞缓流速，减轻冲刷。

④ **横向耕作：**沿等高线横向耕作对防止水土流失具有较好的作用，有利于平整土地，抑制细沟产流。因为犁底层所形成的犁沟呈横向布列，垡头亦横向分布，犁底层与耕层的横向结构有利于保持水土。作物的栽培行向应根据水分状况进行适当调整，最好沿等高线栽培。对于排水不畅的过湿土壤，不便于沿等高线栽培，应设横向排水沟，以防径流不受阻拦地沿坡而下造成冲刷。

14.4.2.3 牧业措施及其防护作用

牧业措施是泥石流防治措施的一个重要组成部分。其主要作用在于防止土壤侵蚀、保护土地、减少泥石流形成的物质来源。依植物类型不同主要可分为牧草、灌木性饲料植物和草灌带状混交三种措施。牧草措施是利用牧草的覆被作用，既可避免雨滴直接击溅地表，又可有效地分散径流，加之根层对土体的网络的固持作用，对于防止土壤侵蚀、减轻水土流失起着良好的作用。灌木性饲料植物措施主要是在宜牧地栽植可作为饲料的灌木植物，比如紫穗槐、山毛豆等豆科灌木植物。这类植物既可作饲料、又具有较好的水土保持作用。草灌带状混交措施是将牧草与灌木性饲料作物带状混交，以牧草为主，根据需要隔一定距离，沿等高线栽植宽数米的饲料灌木带。这种混交方式较之单纯牧草措施具有更大的防护效益，不仅可防止土壤侵蚀，而且灌木带起着对径流的缓冲作用和对泥沙的过滤作用。草灌带状混交可作为首选措施。

14.5 防治工程实例——九寨沟风景区泥石流治理

14.5.1 流域概况

九寨沟风景名胜区位于四川省北部九寨沟县境内。九寨沟地势南高北低，流域面积 651.3 km^2，其中森林面积 277.9 km^2，占流域总面积的 43%。主沟（以长度论）发育于流域最南端的尕尔纳分水岭北坡，水流自南向北流，支沟大都呈东西向汇入主沟。最大的是则查洼沟，流域面积 219.7 km^2；其次是日则沟，流域面积 166.0 km^2。流域最高点海拔为 4764 m，最低点在流域最北端沟口的羊峒，海拔为 1996 m，最大高差达 2768 m，最大高差点间的水平距离约 46 km。

九寨沟位于四川盆地向青藏高原过渡地带，其西南为康藏歹字型构造体系，向东为华夏和新华夏构造体系组成的龙门山褶皱带。沟内出露地层为一套由中泥盆系（D_2）到中三叠系（T_2）的海相碳酸盐岩层，岩性主要为质纯层厚的灰岩、白云岩、生物碎屑灰岩等。九寨沟地区的地质构造主要受白马弧形构造控制，断裂构造相对发育较差，区内主要构造形迹有北西-南东向的长海复向斜、位于扎如沟和九寨沟主沟之间的日寨复背斜、塔藏隆康一带的隆康倒转复背斜以及九寨沟断裂、荷叶断裂、干海子断裂和扎如沟断裂等。九寨沟地区大范围的新构造运动特点是西部强烈的整体抬升，东部沿早期南北向和北东与西北向断裂产生断块的差异运动，并伴随着地震活动。

14.5.2 泥石流灾害

九寨沟泥石流活动历史长，危害严重。早在 70 年前，泥石流就摧毁过树正寨。自 20 世纪 70 年代以来，泥石流活动趋于强烈，仅 1980—1985 年，就发生了 10 余次泥石流，破坏景观、森林和道路，威胁居民和游客安全，严重制约着九寨沟的生态保护和旅游业的发展。1985 年，四川省人民政府立项，启动了九寨沟泥石流综合治理的研究和工程设计与实施。

14.5.3 泥石流综合防治体系

九寨沟流域面积大,泥石流沟多,近期活动频繁,危害严重。为保护自然环境,在泥石流灾害治理规划中突出重点、兼顾一般。

泥石流形成区坡陡沟狭,纵比降大,固体物质丰富,降水充沛,地形优越;由于森林茂密,汇流条件欠佳。根据泥石流形成的特点,在风景名胜区泥石流防治原则与防治模式的指导下,制定灾害防治规划的主导思想为“以防为主,防治结合,全面规划,重点治理,工程先行,近期与远期相结合,工程治理与自然恢复相结合,治灾工程与风景美化相结合,灾害治理与自然保护相结合”。通过治理,基本控制泥石流对景观资源(景点)和生态环境的破坏,防止对水体的污染,达到保护九寨沟自然环境、保障旅游业发展的目的。

根据九寨沟风景名胜区内泥石流的成因和形成条件、发育历史、类型特征、对景点的危害和水体的污染、对旅游业的危害和影响,在风景名胜区泥石流防治原则指导下,制定出泥石流防治的土木工程措施、生态工程措施和社会管理措施,构成风景名胜区泥石流防治体系(图14-17),采用土木工程措施先行,并与生态工程和社会管理措施相结合,把近期工程治理和远期保护措施结合起来,从而构成了一套相对完善的九寨沟风景名胜区泥石流综合治理方案(崔鹏等,2005)。

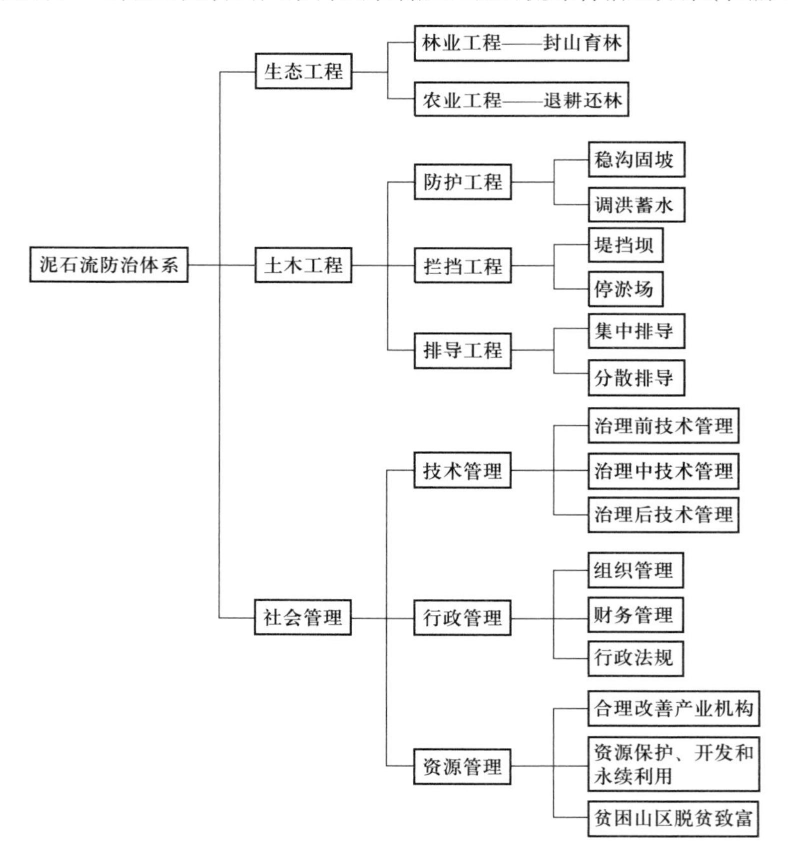

图14-17 风景名胜区泥石流防治体系

14.5.4 泥石流防治土木工程措施

九寨沟风景名胜区内泥石流形成条件复杂、性质和类型多、动力条件优越(许多泥石流沟的沟床比降较一般常见的泥石流沟要大得多),泥石流的作用强度大、运动速度快。多数小规模泥石流沟有沟短坡陡的特点。较大的落差、短小流程和狭窄的堆积区,给防治工程的布置带来一定的困难。针对特定的保护对象,设计了用于拦截淤泥的滤水坝,用于拦挡漂木和大石的缝隙坝,用于同时拦沙稳沟和导流的堤坝结合工程结构。还特别注意风景名胜区泥石流治理特点,在治理灾害、保护原有的自然环境条件下,注意工程的美观和观赏价值,使之能为九寨沟增添新的风景。泥石流防治土木工程措施见图 14-18 所示。

(1) 拦挡工程

为防止风景名胜区内泥石流污染淤塞湖泊和进入游人活动区,将泥石流拦截于沟道内,以减缓纵坡,稳定两岸坡脚,达到减少泥沙来量、减弱泥石流活动性和暴发规模的目的,采用了多种形式的拦挡工程。

谷坊:主要用于控制沟道侵蚀基准,防止沟床下切,一般修建在泥石流源区或下切严重且两岸具松散堆积层的沟道。

格栅坝:主要用于有选择地拦挡泥石流的粗砾部分,减小泥石流的冲击破坏作用。一般修建在泥石流沟道的中下游。考虑到该坝能在风景名胜区有观赏价值,故采用管式格栅坝。

栅拦坝:是一种拦沙坝和栅拦工程相结合的泥石流拦截工程,既有拦沙坝的作用,又有停淤场的作用。一般修建在宽阔的泥石流淤积沟段或堆积扇上。

重力坝:主要用于拦挡泥沙,稳定沟床。一般修建于泥石流沟坝址条件较好的主沟道内。在石料丰富地区采取浆砌石重力坝,可节约工程投资。

缝隙坝:主要用于拦挡漂木和巨砾,一般修建于泥石流沟坝址条件好的主沟道内。

(2) 导流工程

对于大规模泥石流,仅凭拦挡工程很难完全控制其危害,在风景名胜区内考虑到与景观的协调,又不宜修建大型工程。在充分了解泥石流活动特点的情况下,巧妙利用地形条件,在拦挡工程消减泥石流规模后,利用导流工程,把泥石流无害地导入远离景点和游人活动区的地方,并利用泥石流活动的间歇性特点和植被的天然恢复能力,在短期内恢复生态功能。如日则 1 号沟、下季节海子沟等均采用这种减灾工程。

(3) 排泄工程

对于常年流水的较大泥石流沟,除以上防治工程外,还必须考虑排泄工程安全排泄泥石流。在泥石流沟的下部修筑排洪道,以避免漫溢而影响旅游活动;在与公路相交之处,修建过水路面和跨沟桥等,以保障交通安全。如日则 2 号沟和下季节海子悬沟。

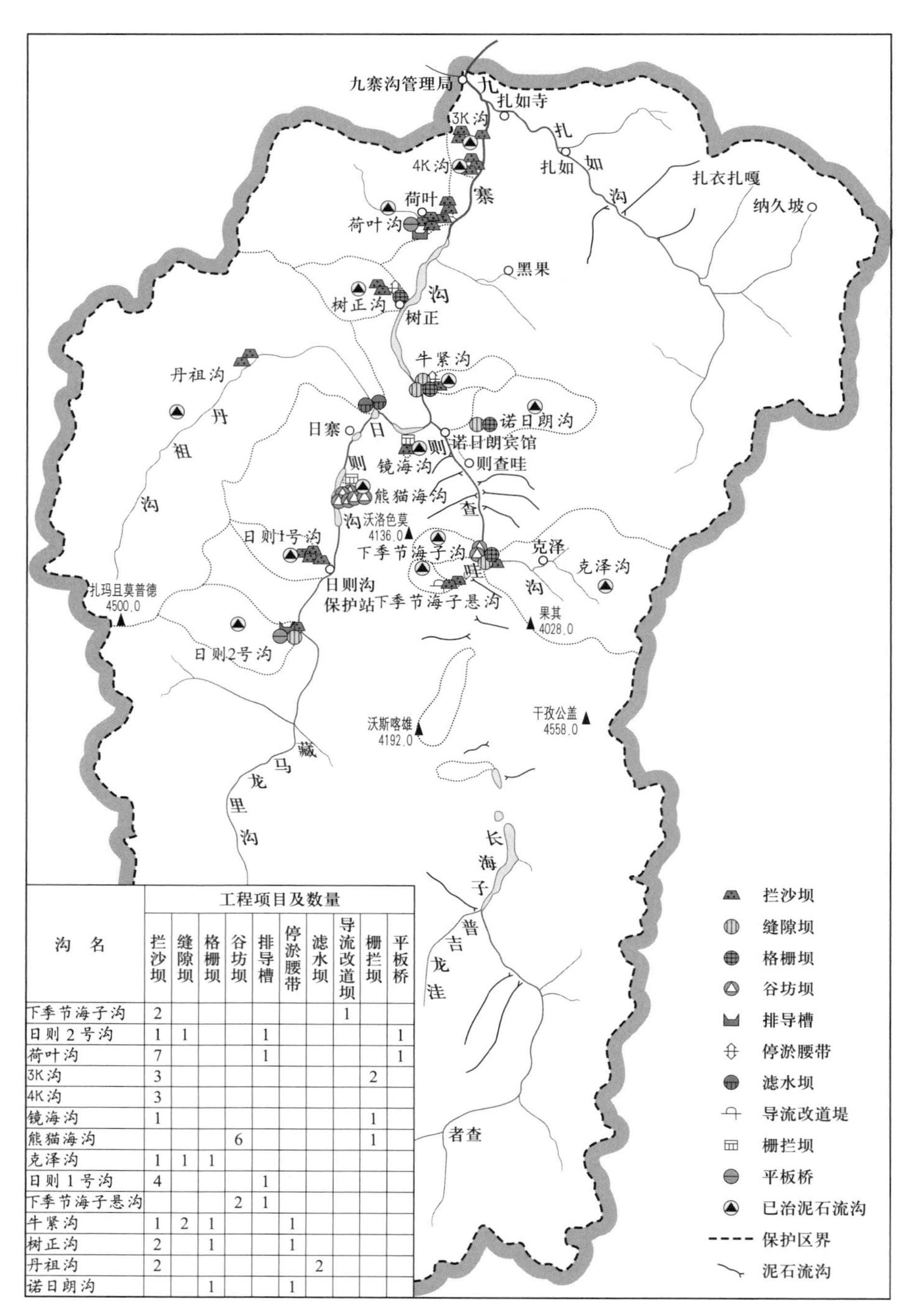

沟名	工程项目及数量									
	拦沙坝	缝隙坝	格栅坝	谷坊坝	排导槽	停淤腰带	滤水坝	导流改道坝	栅拦坝	平板桥
下季节海子沟	2							1		
日则2号沟	1	1			1					1
荷叶沟	7				1					1
3K沟	3								2	
4K沟	3									
镜海沟	1								1	
熊猫海沟				6					1	
克泽沟	1	1	1							
日则1号沟	4				1					
下季节海子悬沟				2	1					
牛紧沟	1	2	1			1				
树正沟	2		1			1				
丹祖沟	2						2			
诺日朗沟			1			1				

图 14-18 九寨沟泥石流防治土木工程布置图

(4) 停淤工程

对于既不能完全拦挡、又不容许大量排泄的泥石流,采用停淤工程使泥石流停积在划定区域内,如树正沟、牛紧沟。有时又把停淤工程和导流工程相结合达到双重目标,如下季节海子沟和日则1号沟。

(5) 稳沟固坡工程

泥石流的形成和活动往往与谷坡不稳定有关,在可能条件下,可以采用一些稳定滑坡和边坡坡脚的工程,如护坡、护坎以及挡墙工程等,用规模不大、耗资不多的小型工程把泥石流控制在发育初期,防止成灾。

14.5.5 泥石流防治生态工程措施

九寨沟流域内的森林植被是天然的防治屏障,有涵养水源、调节径流、保持水土和改善局部小气候的作用,有利于限制泥石流的形成。同时,树木对泥石流运动也具有拦挡作用,对泥石流的规模和破坏力都有一定的限制作用。例如,九寨沟森林区形成的各类泥石流,由于泥石流形成后水动力不足和树木的拦挡,普遍沿沟道停积。因此,在九寨沟自然保护中,加强森林保护和更新,对泥石流的治理有着重要意义。

(1) 植树造林

坡地植树造林不仅可以有效防治坡面泥石流,还能削减水动力条件。除坡地全面造林外,还结合泥石流治理工程,在栅栏工程内侧沟道与坡地大量植树,可以对沟道与坡面的泥沙起到阻拦作用,又可以美化栅栏工程,增添九寨沟的人工景观。

(2) 抚育管理

加强对人工林与天然更新植被的抚育管理,促进生长,尽早郁闭,从而增大其水源涵养与调节水流作用。

(3) 退耕还林

靠湖泊附近和陡坡的耕地全面退耕还林、还草灌,种植防护林或经济林木(采用本流域内的乡土树种)。

(4) 彻底封山

九寨沟境内的森林植被必须严加保护,彻底封山,育林、育草、育灌,促进更新,恢复生态系统的屏障功能,调控泥石流的形成条件。为此,禁止在流域内采伐建筑用材,尤其是泥石流沟内必须全面禁伐;农民养殖的牛、羊必须圈养,禁止山坡滥牧,以免牛、羊啃食和践踏沟内的林木与花草。

14.5.6 泥石流防治社会管理措施

除以上措施外,还需要一定的社会管理措施予以配套,保障泥石流防治体系的实施和长期发挥效益。

(1) 控制农业人口发展,适当地调整生活与经营方式

提倡用电,旅馆、餐馆等接待服务行业应严禁用材取暖和做饭,全部改为烧煤、用电,以减少对森林植被的破坏。同时,提高九寨沟的电力供给能力,保证游客、职工和居民生活用能源。在条件适宜时,可考虑沟内游、沟外住的经营模式。

(2) 改变原有经济结构,农业适时合理地转向

调整农牧民产业方向,从以农牧业为主转向森林保护、种植经济林果木和药材、开展旅游服务业等,逐步实施退耕还林,少养牲畜;同时,发挥民族文化的特色与优势,开辟新的就业门路,使农牧民逐步从以依赖土地的农牧业为主转向利用景观资源的旅游服务业或相关经营活动。

(3) 加强行政管理,保障治理方案实施

九寨沟泥石流治理与环境保护的有机结合,需要有一套行政管理措施作保障,成立统一的管理机构,加强对自然环境保护工作的管理。

(4) 加强泥石流科学研究

为探索泥石流灾害治理的有效途径,在沟内建立了九寨沟泥石流观测研究站,对该沟泥石流的环境背景、形成条件、活动规律、危害程度以及发展趋势进行了深入细致的考察与研究,为九寨沟的泥石流治理提供了可靠的科学依据,同时为保护该沟的生态环境奠定了坚实基础。

(5) *加强部门组织协调,落实治理措施*

采用由四川省有关部门统一组织协调、省城乡建设与环境保护厅(现四川省住房和城乡建设厅)组织实施的管理办法,协调得力,责任落实,使泥石流治理与研究工作在管理和经费两方面得到保障。

14.5.7 泥石流综合防治效果

1984 年完成泥石流综合治理的总体规划方案并开始实施,分四期进行的治理工程始于 1985 年,止于 1997 年,共治理了 14 条泥石流沟。经过了 15~27 年的运行,已有 10 条沟(3K 沟、4K 沟、荷叶沟、牛紧沟、丹祖沟、熊猫海子沟、日则 2 号沟、克泽沟、下季节海子沟和下季节海子悬沟)相继发生了泥石流,各项工程使用正常,防灾效益显著。

参 考 文 献

陈光曦，王继康，王林海. 1983. 泥石流防治[M]. 北京:中国铁道出版社.

陈宁生，杨成林，李战鲁，等. 2009. 泥石流弯道超高与流速计算关系的研究——以巴塘通戈顶沟地震次生泥石流为例[J].四川大学学报(工程科学版),41(3):165-171.

陈宁生，张飞. 2006. 2003 年中国西南山区典型灾害性暴雨泥石流运动堆积特征[J]. 地理科学，(06)：701-705.

陈泮勤. 1996. 全球增暖对自然灾害的可能影响[J]. 自然灾害学报，5(2)：95-101.

陈晓清. 2006. 滑坡转化泥石流启动机理试验研究[D]. 成都:西南交通大学博士学位论文.

陈晓清，李泳，崔鹏. 2004. 滑坡转化泥石流起动现状研究[J]. 山地学报,22(5)：562-567.

陈晓清,崔鹏,冯自立，等. 2006. 滑坡转化泥石流起动的人工降雨试验研究[J]. 岩石力学与工程学报，25(1)：106-116.

陈自生，王成华，孔纪名. 1992. 中国滑坡灾害及宏观防御战略[A]. 见：中国科学院. 中国自然灾害灾情分析与减灾对策[M]. 武汉：湖北科学技术出版社，309-311.

成都地质学院陕北队. 1976. 沉积岩(物)粒度分析及其应用[M]. 北京：地质出版社.

崔鹏. 1990. 泥石流起动机理与条件的实验研究[J]. 科学通报，36(21)：1650-1652.

崔鹏，陈晓清，钟敦伦，等. 2003. 高原泥石流及减灾[A]. 见：郑度. 青藏高原形成环境与发展. 石家庄:河北科学技术出版社,277-291.

崔鹏，何思明，姚令侃，等. 2011. 汶川地震山地灾害形成机理与风险控制[M]. 北京:科学出版社.

崔鹏，林勇明. 2007. 自然因素与工程作用对山区道路泥石流、滑坡形成的影响[J]. 灾害学，22(3)：11-12.

崔鹏，林勇明，蒋忠信. 2007. 山区道路泥石流滑坡活动特征与分布规律[J]. 公路，6：77-82.

崔鹏，柳素清，唐邦兴，等. 2005. 风景区泥石流研究与防治[M]. 北京：科学出版社.

崔之久,等. 1996. 泥石流沉积与环境[M]. 北京：海洋出版社.

丁志雄，李纪人，李琳. 基于 GIS 格网模型的洪水淹没分析方法[J]. 水利学报，2004，6(6)：56-61.

杜榕桓，李鸿琏，唐邦兴，等. 1995. 三十年来的中国泥石流研究[J]. 自然灾害学报，4(4)：64-73.

杜榕桓，康志成，陈循谦，等. 1987. 云南小江泥石流综合考察与防治规划研究[M]. 重庆：科学技术文献出版社重庆分社.

费祥俊. 1991. 黄河中下游含沙水流黏度的计算模型[J]. 泥沙研究，(2)：1-13.

费祥俊. 2003. 黏性泥石流的输沙浓度与运动速度[J].水利学报,02:15-18.

费祥俊，邵学军. 2004. 泥沙源区沟道输沙能力的计算方法[J].泥沙研究，01:1-8.

费祥俊，舒安平. 2004. 泥石流运动机理与灾害防治[M]. 北京：清华大学出版社.

弗莱施曼 C M. 姚德基,译. 1986. 泥石流[M]. 北京：科学出版社，36-251.

葛全胜，邹铭，郑景云. 2008. 中国自然灾害风险综合评估初步研究[M]. 北京:科学出版社.

韩力群. 2002. 人工神经网络理论、设计及应用[M].北京:化学工业出版社.

何思明，李新坡，吴永. 2007. 考虑弹塑性变形的泥石流大块石冲击力计算[J]. 岩石力学与工程学报，26(8)：1664-1669.

胡凯衡，崔鹏，李浦. 2014. 泥石流动力学模型与数值模拟. 自然杂志，36(5):313-318.

胡凯衡，韦方强，洪勇，等. 2006. 泥石流冲击力的野外测量[J]. 岩石力学与工程学报，25(增 1)：2813-2819.

胡平华,游勇. 1993. 泥石流的观测与实验研究[A]. 见：首届全国泥石流滑坡防治学术会议论文集[C]. 昆明：云南科技出版社.

华东水利学院. 1984. 水工设计手册第五卷[M]. 北京：水利电力出版社.

华国祥. 1981. 非中顿体流动相似律的研究[J]. 成都科技大学学报:9-20.

蒋忠信. 2007. 基于弯道超高计算泥石流流速的探讨[J].岩土工程技术,21(6):288-291.

康志成，崔鹏，韦方强，等. 2006. 东川泥石流观测研究站观测实验资料集(1961—1984)[M]. 北京:科学出版社.

康志成，李焯芬，马蔼乃，等. 2004. 中国泥石流研究[M]. 北京：科学出版社.

康志成,陈循谦,殷崇庆，等. 1983.云南东川大桥河泥石流特征及综合治理[A]. 见：全国泥石流防治经验交流会论文集[C]. 重庆：科学技术文献出版社重庆分社.

兰恒星，伍法权，周成虎，等. 2002. 基于 GIS 的云南小江流域滑坡因子敏感性分析[J]. 岩土力学与工程学报，21(10)：1500-1506.

李德基. 1997. 泥石流减灾理论与实践[M]. 北京:科学出版社，59.

李树德，任秀生，岳升阳，等. 2001. 地震与泥石流活动[J]. 水土保持学报，8(2)：26-27.

李思田. 1988. 新陷盆地分析与聚煤规律[M]. 北京:地质出版社.

里丁. 1985. 沉积环境和相[M]. 北京:科学出版社.

刘希林. 1988. 泥石流危险度判定的研究[J]. 灾害学，3(3)：10-15.

刘希林，莫多闻. 2002. 泥石流易损度评价[J]. 地理研究，21(5)：569-577.

刘希林，莫多闻. 2003. 泥石流风险评价[M]. 成都：四川科学技术出版社；乌鲁木齐：新疆科技卫生出版社.

吕儒仁，李德基，谭万沛，等. 2001. 山地灾害与山地环境[M]. 成都：四川大学出版社.

孟河清. 1991. 大秦铁路化石沟泥石流模型试验,泥石流防治理论与实践[A]. 见:铁道部科学研究院西南研究所论文集(第二集)[C]. 成都：西南交通大学出版社，161-170.

钱宁. 1989. 高含沙水流运动[M]. 北京:清华大学出版社.

钱宁，王兆印. 1984. 泥石流运动机理的初步探讨[J]. 地理学报，39(1)：33-43.

舒安平，王乐，杨凯，等. 2010. 非均质泥石流固液两相运动特征探讨[J].科学通报,55(31):3006-3012.

舒安平，张志东，王乐，等. 2008. 基于能量耗损原理的泥石流分界粒径确定方法[J]. 水利学报，38(3)：257-263.

水山高久，上原信司(日). 1985. 河弯上泥石流的流态[G].泥石流译文集(三).铁道部科学研究院西南研究所,72-79.

孙志林，孙志锋. 2000. 粗化过程中的推移质输沙率[J].浙江大学学报(理学版)，27(4):449-453.

唐邦兴，李宪文，吴积善，等. 1994. 山洪泥石流滑坡灾害及防治[M]. 北京：科学出版社.

唐川，刘希林，朱静. 1993. 泥石流堆积泛滥区危险度的评价与应用[J]. 自然灾害学报，(4)：79-84.

田连权，胡发德，李静. 1987. 蒋家沟泥石流源地的特征[J]. 山地研究(现山地学报),4:196-202.

田连权，吴积善，康志成，等. 1993. 泥石流侵蚀搬运堆积[M]. 成都:成都地图出版社.

王光谦，倪晋仁. 1994. 泥石流动力学基本方程[J]. 科学通报，39(18)：1700-1704.

王济川，郭志刚. 2001. Logistic 回归模型——方法与应用[M]. 北京:高等教育出版社.

王继康. 1996. 泥石流防治工程技术[M].北京:中国铁道出版社，30.

王文濬，章书成，王家义,等. 1985. 西藏古乡沟冰川泥石流特征[A]. 见：中国科学院兰州冰川冻土研究所集刊第 4 号(中国泥石流研究专辑)[G]. 北京：科学出版社.

王裕宜，詹钱登，严璧玉. 2001a. 泥石流体结构和流变特性[M]. 长沙：湖南科学技术出版社.

王裕宜，詹钱登，韩文亮，等. 2001b. 泥石流堆积层理结构的分析研究[J].水土保持学报，03:68-71.

王兆印. 2001. 泥石流龙头运动的实验研究及能量理论[J].水利学报,03:18-26.

王兆印, 黄金池, 曾庆华. 1990. 黏土泥浆的结构特征及其对明渠流的影响[J].水利学报,2:44-50.

韦方强,胡凯衡, Lopez J L, 等. 2003. 泥石流危险性动量分区方法与应用[J]. 科学通报, (03): 298-301.

韦方强,徐晶,江玉红, 等. 2007. 不同时空尺度的泥石流预报技术体系[J]. 山地学报, 25(5): 616-621.

吴积善, 康志成, 田连权, 等. 1990. 云南蒋家沟泥石流观测研究[M]. 北京: 科学出版社.

吴积善, 田连权. 1996. 论泥石流学[J]. 山地研究. 14(02):89-95.

吴积善, 田连权,康志成, 等. 1993. 泥石流及其综合治理[M]. 北京: 科学出版社.

谢洪,韦方强,钟敦伦. 1994. 哈尔木沟泥石流形成剖析[A].见:第四届全国泥石流学术讨论会论文集[C]. 兰州:甘肃文化出版社, 214-220.

谢洪,钟敦伦,矫震, 等. 2009. 2008 年汶川地震重灾区的泥石流[J].山地学报, 279(4): 501-509.

谢洪,钟敦伦,李泳. 2002. 泥石流野外调查方法[J]. 水土保持通报, 22(6): 59-61.

谢洪,钟敦伦,韦方强, 等. 2000. 泥石流信息范畴与信息收集[J]. 地理科学, 20(5):474-477.

熊刚, 费祥俊. 1996. 泥石流浆体屈服应力的计算方法[J]. 泥沙研究, (1): 56-66.

徐建华. 2002. 现代地理学中的数学方法[M]. 北京: 高等教育出版社,224-249.

徐林荣, 王磊, 苏志满. 2010. 隧道工程遭受泥石流灾害的工程易损性评价[J]. 岩土力学, 31(7): 2153-2158.

游勇,程尊兰. 2005. 西藏波密米堆沟泥石流堵河模型试验[J]. 山地学报, 16(2):289-293.

游勇,程尊兰, 胡平华,等. 1997. 西藏古乡沟泥石流模型试验研究[J],自然灾害学报,6(1):52-58.

曾超,崔鹏,葛永刚,等.四川汶川七盘沟“7・11”泥石流破坏建筑物的特征与力学模型[J]. 地球科学与环境学报,36(2):81-91.

张京红,韦方强,崔鹏, 等. 2005. 泥石流预报中的多层降水预报/监测系统[J]. 自然灾害学报,14(5): 74-78.

张军. 1983. 泥石流拦砂坝设计荷载初步分析[A]. 见:泥石流论文集(2)[C]. 重庆: 科学技术文献出版社重庆分社.

张军. 1991. 泥石流运动流型与流态特征[J].山地研究, 9(3):197-203.

张信宝, 何淑芬. 1981. 云南盈江浑水沟泥石流体组成的初步研究[A]. 见: 泥石流论文集(1). 重庆:科学技术文献出版社重庆分社, 67-73.

张信宝, 刘江. 1989. 云南大盈江流域泥石流[M]. 成都: 成都地图出版社.

张信宝, 文安邦. 2002. 长江上游干流和支流河流泥沙近期变化及其原因[J]. 水利学报, (4): 56-59.

章书成, 袁建模. 1985. 泥石流冲击力及其测试[A]. 见: 中国科学院兰州冰川冻土研究所集刊第 4 号(中国泥石流研究专辑)[C]. 北京: 科学出版社, 269-274.

郑飞,吴占伟,孔斌, 等. 基于结构光技术的野外泥石流运动测量系统及方法[P]. 专利申请号: 200710021907. 6.

中国科学院水利部成都山地灾害与环境研究所. 1989. 泥石流研究与防治[M]. 成都:四川科学技术出版社.

中国科学院水利部成都山地灾害与环境研究所. 2000. 中国泥石流[M]. 北京: 商务印书馆.

中华人民共和国国土资源部. 泥石流灾害防治工程勘查规范[M].北京:中国标准出版社, 2.

中华人民共和国水利部. 2010. 河流泥沙颗粒分析规程[M]. 北京: 中国水利水电出版社.

钟敦伦. 1981. 试论地震在泥石流中的作用[A].见:泥石流论文集[C].重庆:科学技术文献出版社重庆分社, 30-35.

钟敦伦,谢洪. 2014. 泥石流灾害及防治技术[M].成都:四川科学技术出版社, 97,150-166,171-174.

钟敦伦, 谢洪, 韦方强. 1994. 长江上游泥石流危险度区划研究[J]. 山地研究, 12(2): 65-70.

钟敦伦,谢洪,程尊兰,等. 1993. 低山丘陵区(岫岩满族自治县)山地灾害综合防治研究[M]. 成都:四川科学技术出版社, 87-89.

钟敦伦,谢洪,韦方强, 等. 1998. 泥石流编目的标准化与规范化[M]. 见:中国泥石流滑坡编目数据库与区域规律研究[C]. 成都:四川科学技术出版社, 6-13.

周必凡, 李德基, 罗德富, 等. 1991. 泥石流防治指南[M]. 北京:科学出版社.

朱阿兴, 裴韬, 乔建平, 等. 2006. 基于专家知识的滑坡危险性模糊评估方法[J]. 地理科学进展, 25(4): 1-12.

朱兴华, 崔鹏, 唐金波, 等. 2013. 黏性泥石流流速计算方法[J].泥沙研究, 03:59-64.

足立胜治,德山久仁夫,中筋章人,等. 1977. 土石流发生危险度の判定に μ や て[J]. 新砂防, 30(3): 7-16.

《工程地质手册》编写委员会. 1992. 工程地质手册(第三版)[M]. 北京:中国建筑工业出版社, 608.

AGS(Australian Geomechanics Society and Sub-committee on landslide risk management). 2000. Landslide risk management concepts and guidelines[J]. *Aust Geomech*, 35(1):49-92.

Ayalew L, Yamagishi H. 2005. The application of GIS-based logistic regression for landslide susceptibility mapping in the Kakuda-Yahiko Mountains, Central Japan [J]. *Geomorphology*, 65(1): 15-31.

Ayalew L, Yamagishi H, Ugawa N. 2004. Landslide susceptibility mapping using GIS-based weighted linear combination, the case in Tsugawa area of Agano River, Niigata Prefecture, Japan [J]. *Landslides*, 1(1): 73-81.

Bagnold R A. 1996. The shearing and dilatation of dry sand and the 'singing' mechanism [J]. *Proceedings of the Royal Society A*, 295: 219-232.

Barredo J I, Benavides A, Hervás J, et al. 2000. Comparing heuristic landslide hazard assessment techniques using GIS in the Tirajana basin, Gran Canaria Island, Spain [J]. *International Journal of Applied Earth Observation and Geoinformation*, 2(1): 9-23.

Carrara A. 1983. Multivariate models for landslide hazard evaluation[J]. *Journal of the International Association for Mathematical Geology*, 15(3): 403-426.

Carrara A, Cardinali M, Detti R, et al. 1991. GIS techniques and statistical models in evaluating landslide hazard [J]. *Earth Surface Processes and Landforms*, 16(5): 427-445.

Chong J S, Christiansen E B, Baer A D. 1971. Rheology of concentrated suspensions [J]. *Journal of Applied Polymer Science*, 15: 2007-2021.

Coussot P, Laigle D, Arattano M, et al. 1998. Direct determination of rheological characteristics of debris flow [J]. *Journal of Hydraulic Engineering*, 124: 865-868.

Cui P, Chen X Q, Zhu Y Y, et al. 2011. The Wenchuan Earthquake (May 12, 2008), Sichuan Province, China, and resulting geohazards[J]. *Natural Hazards*, 56:19-36.

Cui P, Zhu Y Y, Chen J, et al. 2007. Relationships between antecedent rainfall and debris flows in Jiangjia Ravine, China[A]. In: Chen C L, Major J J. *Debris Flow Hazard Mitigation: Mechanics, Prediction, and Assessment*[C]. Rotterdam: Millpress, 1-10.

Cui P, Zou Q, Xiang L Z, et al. 2013. Risk assessment of simultaneous debris flows in mountain townships[J]. *Progress in Physical Geography*, 37(4): 516-542.

Dabak T, Yucel O. 1986. Shear viscosity behaviour of highly concentrated suspensions at low and high shear rates [J]. *Rheologica Acta*, 25: 527-533.

Egashira S, Honda N, Itoh T. 2001. Experimental study on the entrainment of bed material into debris flow[J]. *Physics and Chemistry of the Earth Part C—solar-terrestial and Planetary Science*, 26(9): 645-650.

Esmali O A, Amirian S. 2009. *Landslide Hazard Zonation Using MR and AHP Methods and GIS Techniques in Langan Watershed, Ardabil, Iran* [C]. International Conference on ACRS.

Fell R. 1994. Landslide risk assessment and acceptable risk [J]. *Canadian Geotechnical Journal*, 31: 261-272.

Fell R, Corominas J, Bonnard C, et al. 2008. Guidelines for landslide susceptibility, hazard and risk zoning for land use planning[J]. *Engineering Geology*, 102(3-4): 85-98.

FEMA(Federal Emergency Management Agency). 2003. www.fema.gov/plan/prevent/Hazus/index.shtm

Fuchs S, Heiss K, Hübl J. 2007. Towards an empirical vulnerability function for use in debris flow risk assessment [J]. *Natural Hazards and Earth System Sciences*, 7: 495-506.

Gorsevski P V, Gessler P, Foltz R B. 2000. Spatial prediction of landslide hazard using logistic regression and GIS [A]. In:*4th International Conference on Integrating GIS and Environmental Modeling (GIS/EM4): Problems, Prospects and Research Needs* [C]. Canada, 305(9): 2-8.

Guo X J, Cui P, Li Y. 2013. Debris flow warning threshold based on antecedent rainfall: A case study in Jiangjia Ravine, Yunnan, China[J]. *Journal of Mountain Sciences*, 10(2): 305-314.

Guo X J, Cui P, Li Y, et al. 2016. Spatial distribution of debris flows and responsible rainfall threshold in the Wenchuan earthquake area[J]. *Landslides*, 13:1215-1229.

Guzzetti F, Carrara A, Cardinali M, et al. 1999. Landslide hazard evaluation: A review of current techniques and their application in a multi-scale study, Central Italy[J]. *Geomorphology*, 31(1-4): 181-216.

HAZUS. 2003. *Multi-hazard Loss Estimation Methodology, Earthquake Model, HAZUS MH-MR4, Technical Manual*[R]. FEMA and NIBS, Washington DC.

Hollingsworth R, Kovacs G S. 1981. Soil slumps and debris flows: Prediction and protection [J]. *Bulletin of the Association of Engineering Geologists*, 38(1):17-28.

Hu K H, Cui P, Zhang J Q. 2012. Characteristics of damage to buildings by debris flows on 7 August 2010 in Zhouqu, Western China[J]. *Natural Hazards and Earth System Sciences*, (12): 2209-2217.

IUGS. Working group on landslide, committee on risk assessment, quantitative risk assessment for slopes and landslides—the state of the art [A]. 1997. In: Cruden, D M, Fell R. *Landslide Risk Assessment, Balkema, Rotterdam, the Netherlands* [C]. 3-12.

Iverson R M. 1997. The physics of debris flows[J]. *Reviews of Geophysics*, 35(3): 245-296.

Iverson R M, Denlinger R P. 2001. Flow of variably fluidized granular material across three-dimensional terrain 1: Coulomb mixture theory [J]. *Journal of Geophysical Research*, 106: 537-552.

Iverson R M, Reid M E, Logan M, et al. 2011. Positive feedback and momentum growth during debris-flow entrainment of wet bed sediment[J]. *Nature Geoscience*, 4(2): 116-121.

Jakob M, Anderson D, Fuller T, et al. 2000. An unusually large debris flow at Hummingbird Creek, Mara Lake, British Columbia[J]. *Canadian Geotechnical Journal*, 37(5): 1109-1125.

Jakob M, Stein D, Ulmi M. 2012. Vulnerability of buildings to debris flow impact[J]. *Natural Hazards*, 60(2): 241-261.

Kang Z Ch. 1997. Topographic change in the stream channel by viscous debris flow[J]. 京都大学防灾研究年报, 40: 167-172.

Krieger I M, Dougherty T J. 1959. A mechanism for non-Newtonian flow in suspensions of rigid spheres [J]. *Transactions of the Society of Rheology*, 3: 137-148.

LÊ L, Pitman E B. 2009. A model for granular flows over an erodible surface[J]. *Siam Journal on Applied Mathematics*, 70(5): 1407-1427.

Lee S, Ryu J H, Lee M J, et al. 2003. Use of an artificial neural network for analysis of the susceptibility to landslides at Boun, Korea [J]. *Environmental Geology*, 44(7): 820-833.

Liu D M. 2000. Particle packing and rheological property of highly-concentrated ceramic suspensions: φm determination and viscosity prediction[J]. *Journal of Materials Science*, 35: 5503-5507.

López J L, Perez D, Garcia R. 2003. *Hydrologic and Geomorphologic Evaluation of the 1999 Debris Flow Event in Venzuela*[C]. 3rd International Conference on Debris-flow Hazards Mitigation: Mechanics, Prediction, and Assessment. Switzerland: Dovos, 13-15.

Martinez C E, Miralles-Wilhelm F, Garcia-Martinez R. 2011. Quasi-three dimensional two-phase debris flow model accounting for boulder transport [A]. In: *Proceeding of 5th International Conference on Debris-flow hazards mitigation: Mechanics, prediction and assessment*[C]. Padua, Italy, 457-466.

McDougall S, Hungr O. 2005. Dynamic modelling of entrainment in rapid landslides[J]. *Canadian Geotechnical Journal*, 42(5): 1437-1448.

Medina V, Batemom A, Hürlimann M. 2008. A 2D finite volume model for bebris flow and its opplication to events occurred in the Eastern Pyrenees[J]. *International Journal of Sediment Research*, 23(4): 348-360.

Medina V, Hürlimann M, Bateman A. 2008. Application of FLATModel, a 2D finite volume code, to debris flows in the northeastern part of the Iberian Peninsula[J]. *Landslides*, 5(1):127-142.

Mooney M. 1951. The viscosity of concentrated suspension of spherical particles [J]. *Journal of Colloid Science*, 6: 162-170.

Saaty T L. 1980. *The Analytic Hierarchy Process* [M]. New York: McGraw-Hill.

Schuster R, Highland L. 2007. The Third Hans Cloos Lecture. Urban landslides: Socioeconomic impacts and overview of mitigative strategies[J]. *Bulletin of Engineering Geology and the Environment*, 66(1): 1-27.

Shen H W, Lu J Y. 1983. Development and prediction of bed armoring[J]. *Journal of Hydraulic Engineering*, 109 (4): 611-629.

Sosio R, Crosta G B. 2009. Rheology of concentrated granular suspensions and possible implications for debris flow modeling [J]. *Water Resources Research*, 45: W03412.

Sutherland A J. 1987. Static armor layers by selective erosion [A]. In: Throne C R. *Sediment Transport in Gravel-bed Rivers*[M]. John Wiley & Sons, 243-267.

Takahashi T, Nakagawa H, Kuang S. 1987. Estimation of debris flow hydrograph on varied slope[A]. In: Beschta R L, Blinn T, Grant G E, Ice G G, Swanson F J. *Erosion and Sedimentation in the Pacific Rim*[C]. Wallingford. IAHS Press, 167-177.

Takahashi T. 2007. *Debris flow: Mechanics, Prediction and Countermeasures*[M]. Leiden: Taylor & Francis.

Takahashi T. 1981. Debris flow[J]. *Annual Review of Fluid Mechanics*, 13:57-77.

UNDHA (United Nations, Department of Humanitarian Affairs). 1991. *Mitigating Natural Disasters: Phenomena, Effects and Options—A Manual for Policy Makers and Planners* [M]. New York: United Nations, 1-164.

UNDHA (United Nations, Department of Humanitarian Affairs). 1992. *Internationally Agreed Glossary of Basic Terms Related to Disaster Management* [M]. Geneva.

Varnes D J, IAEG. 1984. *Commission on Landslides and Other Mass Movements, Landslide Hazard Zonation: A Review of Principles and Practice*[R]. Paris:UNESCO Press.

Visher G S. 1969. Grain size distributions and depositional processes[J]. *Journal of Sedimentary Petrology*, 39 (3): 1074-1106.

第四篇　山 洪 灾 害

山洪灾害是山区常见的自然灾害，常发生在山区和流域面积较小的溪沟，由强降雨诱发的急涨急落的洪水，在适当条件下可能伴随泥石流与滑坡发生。由于其突发性和巨大的破坏性，引起世界多山国家的重视。山洪的规模和灾害的严重程度取决于降雨强度、降雨量、降雨历时、河流及其流域前期条件，包括冰雪覆盖情况、土壤特性及湿度、城镇化规模、已建堤防、拦挡坝或水库情况。本篇分为5章，包括山洪概念与基本特征、山洪形成过程与机理、小流域洪水模拟与计算、山洪灾害风险管理和山洪灾害防治措施与技术。

第 15 章

山洪概念与基本特征

山洪是大气、地质和地貌、植被和土壤以及人类活动相互作用的产物，是一个十分复杂的系统。山洪概念与基本特征是研究和掌握山洪灾害的出发点，本章在阐述山洪的概念和基本特征基础上，对其危害、时空分布特征和形成条件进行详细分析。

本章重点内容：

- 山洪的概念
- 山洪的基本特征、"洪水三要素"和"洪水四要素"
- 山洪灾害时空分布特征
- 山洪灾害的形成条件

15.1 山洪的基本概念

山洪(flash flood)是指发生在山丘区小流域，由短历时大强度降雨、长历时小强度降雨、融雪、垮坝、决堤或这些情况的组合所引发的，且会受地震、滑坡、河流封冻或开冻、风暴潮等因素影响而加重的，突发性、暴涨暴落的地表径流。我国山洪小流域的面积原则上小于200 km^2，对于山洪灾害特别严重的流域，面积可适当放宽。山洪按其成因可以分为三种类型。① 暴雨山洪：在强暴雨作用下，雨水迅速由坡面向沟谷汇集，形成强大的洪水冲出山谷。② 冰雪山洪：由于迅速融雪或冰川迅速消融而成的融水直接形成洪水向下游倾泻形成山洪。③ 溃坝山洪：拦洪、蓄水设施或天然坝体突然溃决，所蓄水体破坝而出形成溃坝山洪。

以上山洪的几种成因可能单独起作用，也可能在几种成因联合作用下形成，其中暴雨山洪在我国分布最广，暴发频率最高，危害也最严重，故本篇做主要介绍。

山洪灾害涉及诸多因素，问题十分复杂。过去已发生山洪的实测流量记录为预测未来可能发生的洪水灾害提供了最好的信息。理论计算或模拟，只能给出小流域洪水情势的一般估计，而当地实测洪水资料对率定模型并使其用于具体流域十分重要。从过去的新闻报道、老年居民的记忆、当地政府机构和公路管理等部门的文献资料中，可以收集到有关历史洪水的情况,这是对实测流量记录的重要补充。另外,还可以从河岸和洪泛区的洪水痕迹上获得较近年代发生的洪水信息,从洪水沉积物的勘测和定量分析可以获得古洪水信息。同样一场暴雨在一个区域可能引起大洪水,而在类似的另一个区域,可能产生很小的洪水甚至不产生水流,因此必须重视利用当地资料率定模型。

15.2 山洪的基本特征

水文学描述洪水的基本特征为“洪水三要素”:洪峰流量、洪水总量和洪水流量过程线。洪水流量过程线也可更直观地简化为峰现时间和洪水历时,因此山洪的基本特征也可概括为“洪水四要素”:洪峰流量、洪水总量、峰现时间和洪水历时。

山丘区小流域坡面坡度和河道比降都较大,河床较窄,行洪区小,调蓄能力低,使得洪水流量过程线尖瘦,陡涨陡落;洪水历时短;流域滞时短。山洪的基本特征包括以下4点:① 突发性强:山洪往往发生于山区流域内突发降雨过程,暴发突然、预报困难,往往避灾不及。② 成灾迅速:强烈暴雨在短期聚集大量水体,常常形成异常高的洪峰流量,从降雨到山洪灾害的形成往往只有几个小时,甚至1个小时之内。③ 破坏力大:山区流域沟谷比降一般较大,因此,山洪流速快、冲击力大,且往往诱发滑坡、泥石流等灾害,对生命财产造成直接破坏。④ 区域性强:山洪的形成与局地降雨条件和地形条件密切相关,因此具有很强的区域性。在我国西南地区、大巴山地区、江南丘陵地区和东南沿海山区暴发频率最高,西北地区和青藏高原地区相对分散,发生频率较低。

15.3 山洪的危害及其成灾特性

当山洪形成以后,如果危害到承灾体,如城镇、厂矿、自然村、农田、道路等,就会形成山洪灾害。山洪灾害包括山洪直接造成的灾害以及由山洪诱发的泥石流、滑坡等灾害。由于其突发性强、破坏力大,已成为我国洪涝灾害造成人员伤亡的主要灾种。

15.3.1 山洪灾害的表现形式

我国是一个多山的国家,山丘区面积约占全国陆地面积的2/3,远高于世界平均水平。全国2085个县级行政区涉及山洪灾害。我国山洪灾害防治区面积约为487万 km^2,约占全国陆地面积的51%,包括约53万个小流域,其中重点防治区面积110万 km^2。复杂的地形地质条件、暴雨多发的气候特征、密集的人口分布和人类活动的影响,导致山洪灾害发生频繁,造成大量人员伤亡。

山洪灾害防治区自然特性复杂多样,人类经济社会活动程度不一,因而形成多种类型的山洪灾害,尤以强降雨引发的山洪灾害发生最为频繁,危害也最为严重。据1950—2000年资料分析,洪涝灾害死亡人数为26.3万人,其中山丘区死亡人数为18万人,占死亡总人数的 68.4%。

山洪对其活动区(包括集流区、流通区、堆积区)内的生态环境、城镇、居民点、工业农业、交通、水利设施、通信、旅游、资源等以及人民生命财产会造成直接破坏和伤害。同时,山洪挟带的大量泥沙会堵塞干流,给干流上下游地区造成巨大灾害。

由于山洪的规模、性质、地形条件和受害对象不同,山洪的危害也表现为多种形式,主要有以下 8 种。① 淤埋:在山洪流域的中下游地区,即山洪活动的平缓地带,山洪流速减慢或停止。山洪所携带的大量泥沙沉积会淤埋各种目标。山洪规模越大,上游地势越陡峻,阻塞越严重,对中下游淤埋就越严重。② 冲刷:在山洪的集流区和流通区内,大量坡面土体和沟床泥沙被带走,使山坡土层被冲刷、减薄甚至剥光,成为难以利用的荒坡;由于河床两侧被冲刷,造成两岸岸坡垮塌,使沿岸交通、水利等工程设施遭破坏。③ 撞击:快速运动的山洪,特别是当其中含有较大块石时,具有很大的冲击动能,能撞毁桥梁、堤坝、房屋、车辆等各种与之遭遇的固定设施和活动目标。④ 堵塞:山洪汇入干流,携带的大量泥沙沉积堵塞河道,抬高干流上游水位,使上游沿岸遭受淹没灾害。一旦堵塞的泥沙发生溃决,又将重新形成大规模的山洪,对下游造成危害。⑤ 漫流改道:当沟床坡度减缓,大量泥沙停淤下来,使沟床抬高时,将造成山洪的漫流改道,冲毁或淹没下游各种设施。⑥ 磨蚀:山洪中含有大量泥沙,在运动中对各种保护目标及其防治工程表面造成严重的磨蚀。⑦ 弯道超高与爬高:山洪具有很大的流动速度,因而直进性较强。山洪在弯道处流动或遇阻塞时,超高或爬高的能力很强,有时甚至能爬脊越岸,淤埋各种目标。⑧ 挤占主河道:山洪带来的大量泥沙使洪积扇面积不断扩大,形成滩地,并将主河道(干流)逼向对岸,使对岸遭受严重冲刷,造成山坡失稳;而流路改变,也使沿岸各种设施遭受危害。

15.3.2 山洪的成灾特性

山洪成灾的特性包括突发特性和破坏特性两方面。

15.3.2.1 山洪成灾的突发特性

山洪灾害往往是由暴雨引起,同时山区地形地貌复杂,山高坡陡,比降大,山洪汇流快,降雨损失小,径流系数大,导致河流径流汇集,河水陡涨,水流湍急,迅猛异常,造成河堤崩塌,山体滑坡,突发成灾,使人们措手不及,防不胜防。也就是说,形成山洪灾害的暴雨大都是局地暴雨,很难预报,有时即使是比较大面积的暴雨,也很难准确预报。

15.3.2.2 山洪成灾的破坏特性

山洪灾害易发区大多地势高差起伏大,多以变质岩、石灰岩、花岗岩组成的山地为主体。岩石层风化严重,坡面碎石、砂粒聚积量大。

在山洪作用下,巨大的水沙流体对地表产生强烈的水力侵蚀,其结果是侵蚀产沙,削弱了岩土体的抗剪强度,尤其是结构面的抗滑性能降低,使其发展为滑动面和崩塌界面。

侵蚀泥沙的沿途堆积增加了岩土体的自重，也增大了地下水渗透压力和静水压力，进而降低了斜坡面的稳定性。

在水力与重力的复合作用下，陡坡上的松散土石块等开始向下滑动或崩塌，则形成了滑坡、崩塌。同时，一股股巨大的水沙流体与滑坡、崩塌后的土石块混为一体，迅速汇集于沟谷，使其储存土石量增加，形成沟谷型山洪泥石流。因此，在一次持续性的强降雨过程中容易形成山洪-滑坡（崩塌）-泥石流灾害链。显然，此灾害链是以山洪为催化剂形成的。

同时，由山洪诱发的各种致灾因子在成链与群发过程中，通过各自的致灾能量一次又一次地破坏资源、环境与人类社会财富积聚体（承灾体），致使山洪波及区域内的经济损失累积值增大，山洪灾情惨重。

15.4 山洪灾害的时空分布特征

由于山丘区的自然环境条件与平原区有较大差异，因此在山丘区形成的山洪灾害与在平原区形成的洪水灾害在成灾方式和防治方法上都有各自的特点和规律。山洪灾害划分为溪河洪水、泥石流和滑坡三种，由于滑坡和泥石流灾害的时空分布特征已在前文详述，本节将重点介绍我国溪河洪水的时空分布特征。

15.4.1 溪河洪水灾害空间分布特征

溪河洪水灾害主要分布于我国地势第二、三级阶梯的后缘地带，即大体上以大兴安岭-太行山-巫山-雪峰山一线为界，划分为东、西两部分。该线以东，为我国最低一级阶梯的低山、丘陵和平原，溪河洪水灾害主要分布于江南、华南和东南沿海的山地丘陵区以及东北大小兴安岭和辽东南山地区，分布面广、量多。该线以西，为我国地势的第二级阶梯，包括广阔的高原、深切割的高山和中山，溪河洪水灾害主要分布于秦巴山区、陇东和陇南部分地区、西南横断山区、川西山地丘陵一带及新疆和西藏的部分地区，常呈带状或片状分布。溪河洪水灾害在分布上东西差异明显。洪水灾害调查显示，18 901 条溪河发生灾害 81 360 次，其中东部季风区有溪河 14 371 条，发生灾害 66 018 次，分别约占溪河总数的 76%和灾害总数的 81%。

从南北位置看，我国秦岭-淮河以南为溪河洪水的多发区域，秦岭-淮河以北溪河洪水发生频率不及南方。

暴雨的极值分布，东部大于西部。由于暴雨活动的随机性，对一个很小的局部地区而言，高强度大暴雨出现的概率很小；而就一个较大范围而言，同一量级的暴雨出现的概率较大，相应面上出现相同量级的溪河洪水灾害的机会也多于特定地点出现大洪水灾害的机会。因此在大范围内，溪河洪水灾害发生的机会远大于大江大河发生洪水灾害的机会。

15.4.2 溪河洪水灾害时间分布特征

在影响山洪灾害的众多因素中，暴雨是决定因素。每年 6—9 月为雨季，是我国大部分地区暴雨频发的时间。山洪灾害也大多出现在这一时期,其中尤以7、8月最多。由于降雨在年内时间分布不同,因此溪河洪水灾害发生也具有一定的年内变化规律。

山洪灾害具有夜发性。暴雨山洪常在夜间发生,这一现象可以解释为:在白天,山下(山麓)空气增温剧烈,上升气流很强,在黄昏时形成云。由于夜间降温很多,使云转化为雨降落。如果局部增温能促使从远处移来的不稳定的潮湿气团上升,会使降落的暴雨强度更大。暴雨山洪常在夜间发生的特点,对于保护人畜财产以及进行观测研究都是十分不利的,由此带来许多困难并造成严重的灾害,应予以足够重视。

15.5 山洪灾害的形成条件

山洪是一种地面径流水文现象,与水文学相关的地质学、地貌学、气候学、土壤学及植物学等等都有密切的关系。山洪形成中最主要的和最活跃的因素,仍是水文因素。山洪灾害的形成条件可以分为自然条件和人为因素,其中自然条件又主要涉及降雨条件和流域的下垫面条件。

15.5.1 降雨条件

山洪的形成必须有快速、强烈的水源供给,而暴雨是山洪的主要水源。我国是一个多暴雨的国家,在暖热季节,大部分地区都有暴雨出现。由于强烈的暴雨侵袭,往往造成不同程度的山洪灾害。所谓暴雨,是指急骤而且量大的降雨。一般说来,虽然有的降雨强度大(如1分钟十几毫米),但总量不大。这类降雨有时并不能造成明显灾害;有的降雨虽然强度小,但持续时间长,也可能造成灾害,所以定义“暴雨”时,不仅要考虑降雨强度,还要考虑降雨时间,一般是以1 h、6 h、12 h和24 h雨量而定。此外,由于各地区的降雨强度、出现频率及其对生产生活的影响程度不同,所以对暴雨的定义尚有各地的标准。

影响降雨量及其时空分布的因素主要有地理位置、气旋、台风路径等气象因子,以及地形、森林、水体等下垫面条件。对影响降雨的因素进行研究,有利于掌握降雨特性,判断降雨资料的合理性和可靠性。

(1) 地理位置的影响

低纬度地区气温高、蒸发大、空气中水汽含量高,故降雨多。沿海地区因空气中水汽含量高,一般雨量丰沛,越向内地雨量越少。

(2) 气旋、台风路径等气象因子的影响

西风环流被西藏高原阻挡而分为南北两支,我国的西南部最易产生波动从而导致气旋向东移动,并在春夏之间经江淮平原入海,形成梅雨。7、8月间锋面北移,气旋在渭河上游一带形成，经华北平原入海，在气旋经过的地方，雨量就较多。

我国的东南沿海还受台风的侵袭而产生大量降雨。台风自东南沿海登陆后，有时可经江汉平原，然后绕向北上，再经华北向东入海，台风经常经过的地方雨量较多。

(3) 地形的影响

地形对降雨的直接影响就是地形具有强迫气流抬升的作用，从而使降雨量增加，至于增加的强度，要视空气中水汽含量的多少。研究发现，部分地区的平均年降雨量与地面高程有着密切的关系，但不同地区雨量随高程的增率不同，其中东南沿海地区的增率显著高于内陆地区，这显然是与空气中水汽含量多少有关的。

山地抬升作用的大小与地形变化的程度有关。地形坡度越陡，对气流的抬升作用越强烈，同样水汽含量情况下降雨量增加得就越多。但有时候也会出现当降雨量随高程的变化达到极大值后，抬升高程再增加，降雨量反而有减少的趋势。这是因为雨云层距地面的高度为100~200 m，当山脉较低时，对雨云的阻拦作用较小，地形对降雨的影响不明显；当山脉较高时，由于其对雨云的阻拦作用大，地形对降雨的影响就较显著。但在山顶附近，气流又变得通畅，地形的阻拦作用将明显减弱，因此，对降雨的影响反而减小。

山脉的缺口即山口地区，一般是气流的通道，在这些地区，气流运动速度加快且不受阻拦，因此降雨机会将减少。

(4) 其他因素的影响

森林对降雨的影响主要表现在它能使气流运动速度减缓，使得潮湿空气聚集，从而有利于降雨。此外，森林增加了地表起伏，产生热力差异，增加了空气的对流作用，也会使降雨的机会增多。

我国大部分地区受东南季风和西南季风的影响，形成东南多雨、西北干旱的特点。全国多年平均降水量648 mm，低于全球陆面平均降水量800 mm，也小于亚洲陆面平均降水量740 mm。按年降水量的多少，全国大致可分为五个区（詹道江和叶守泽，2000）（图15-1）。① 潮湿区：年降水量超过1600 mm，年降水日数平均在160天以上。包括广东、海南、福建、台湾、浙江大部、广西东部、云南西南部、西藏东南部、江西和湖南山区、四川西部山区。② 湿润区：年降水量800~1600 mm，年降水日数平均120~160天。包括秦岭-淮河以南的长江中下游地区、云南、贵州、四川和广西大部分地区。③ 半湿润区：年降水量400~800 mm，年降水日数平均80~100天。包括华北平原、东北、山西、陕西大部、甘肃、青海东南部、新疆北部、四川西北部和西藏东部。④ 半干旱区：年降水量200~400 mm，年降水日数平均60~80天。包括东北西部、内蒙古、宁夏、甘肃大部、新疆西部。⑤ 干旱区：年降水量少于200 mm，年降水日数低于60天。包括内蒙古、宁夏、甘肃沙漠区、青海柴达木盆地、新疆塔里木盆地和准噶尔盆地、藏北羌塘地区。

我国南方地处低纬度地区，属亚热带、热带海洋性季风气候区。夏季风开始较早，台风影响频繁，暴雨出现的次数多，降雨强度往往也比较大。在我国东北地区，暴雨出现的强度频次除具有向高纬度地区逐渐减少的特点外，还具有明显的东西差异。尤其是北纬 45°以南的吉林与辽宁一带，它们的东半部受海洋气候与地形的影响，暴雨出现的强度与频次均高于西部邻近的内蒙古沙漠地区以及同纬度的太行山以西以北的内陆地区。在西北地区及青藏高原的西部，暴雨出现的变率很大，虽然也会出现一些超过年降雨量数倍的降雨，但出现的次数很少。

综上所述，由于我国各地暴雨天气系统不同，暴雨强度的地理分布不均，暴雨出现的气候特征以及各地抗御暴雨山洪的自然条件不同，因此暴雨的定义亦因地区而有所不同。此外，一般降雨强度大的阵性降雨，其每小时降雨强度的变率也较大，甚至 1 h 降雨就可达到 50 mm 以上，不过就多数情况看，1 h 降雨同 12 h、24 h 降雨有一定的关系。暴雨可用表 15-1 的各级雨量来定义。

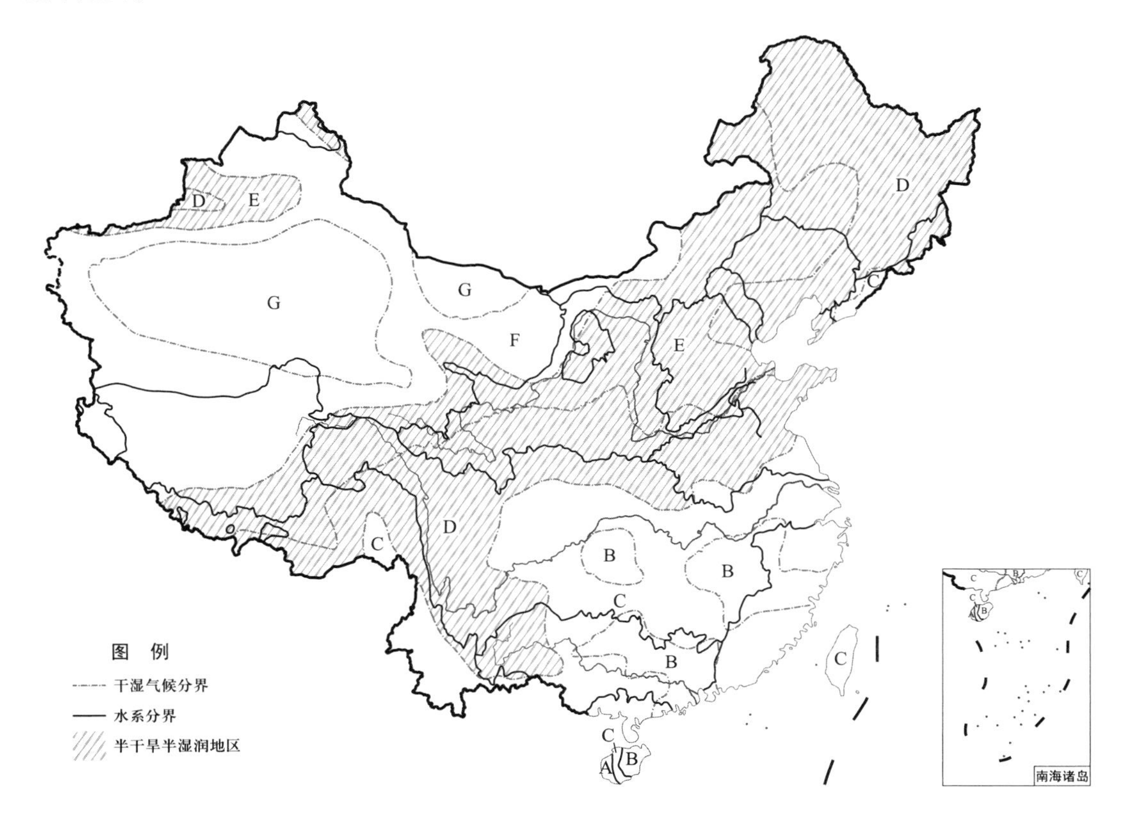

图 15-1 我国年降雨量分区图

A、B—潮湿区；C—湿润区；D—半湿润区；E—半干旱区；F、G—干旱区

表 15-1 降雨量分级表 单位：mm

级别	微雨	小雨	中雨	大雨	暴雨	大暴雨	特大暴雨
24 h	<0.1	0.1~9.9	10.0~24.9	25.0~49.9	49.9~99.9	100.0~249.9	≥250.0
12 h	<0.1	0.1~4.9	5.0~14.9	15.0~29.9	30.0~69.9	70.0~139.9	≥140.0
1 h	<0.1	0.1~1.9	2.0~4.9	5.0~9.9	10.0~19.9	20.0~39.9	≥40.0

15.5.2 下垫面条件

流域下垫面包括流域的地形、地质、土壤、河流和植被等，除了上述对降雨的影响之外，这也是影响流域水文过程的重要因素。

（1）流域形状和面积

流域的长度决定了地面径流汇流的时间，狭长地形相较于宽短地形的汇流时间长，汇流平缓。扇形流域最有利于水流的汇集，树枝状水系次之，平行水系最不利于山洪形成。大流域的径流变化比小流域的要平缓得多，这是由于大流域面积较大，各种影响因素有机会相互平衡，相互作用，从而增大了流域的径流调节能力，而使径流变化趋于相对稳定。

（2）流域的地形特征

流域的地形特征包括流域的平均高程、坡度、切割程度等，它们都直接决定了径流的汇流条件。地势越陡，坡地漫流和河槽汇流时的流速越大，汇流时间越短，径流过程则越迅疾，洪峰流量越大。因此，山洪的变化远比平原河流剧烈。

（3）流域的植被

植物枝叶对降雨有截留，同时增加了地面的粗糙程度，减缓了坡地漫流的速度，增加了水分下渗的时间和总量，从而延长地表径流汇流时间。落叶枯枝和杂草也可改变土壤结构，减少土壤水分蒸发。

（4）流域内的土壤及地质结构

土壤的物理性质、含水量，岩层的分布、走向，透水岩层的厚薄、储水条件等都明显影响着流域的下渗水量、地下水对河流的补给量、流域地表的冲刷等，因此在一定程度上也影响着径流和泥沙情势。例如，一般来说，土壤（或坡残积层）厚度越大，越有利于雨水的渗透和蓄积，进而减缓地表径流汇流，减少地表径流总量。

15.5.3 人为因素

山洪就其自然属性来讲，是山区水文气象条件和地质地貌因素共同作用的结果，是客观存在的一种自然现象。由于人类生存的需要和经济建设的发展，人类的经济活动越来越多地向山区拓展，对自然环境影响越来越大，增加了形成山洪的松散固体物质，减弱了流域的水文效益，从而有助于山洪的形成，增大了山洪的洪峰流量，使山洪的活动性增强，规模增大,危害加重。

同时,不当的山区开发则可能破坏山区生态平衡,促进山洪的暴发。例如,森林的不合理采伐导致山坡荒芜,山体裸露,加剧水土流失;烧山开荒、陡坡耕种同样使植被遭到破坏而导致环境恶化。缺乏森林植被的地区在暴雨作用下,极易形成山洪。山区修路、建厂、采矿等工程建设项目弃碴,将松散固体物质堆积于坡面和沟道中,在缺乏防护措施的情况下,一遇到暴雨不仅促进山洪的形成,而且会导致山洪规模的增大。陡坡垦殖扩大耕地面积,破坏山坡植被;改沟造田侵占沟道,压缩过流断面,致使排洪不畅,增大山洪规模和扩大危害范围。山区土建工程设计施工中,忽视环境保护及山坡的稳定性,造成山坡失稳,引起滑坡与崩塌;施工弃土不当,堵塞排洪沟道,降低排洪能力。

第 16 章

山洪形成过程与机理

山洪的形成需要经历降雨、林冠截留、土壤下渗等一系列产流过程，以及坡面汇流、河网汇流等汇流过程。本章不仅详细阐述了山洪的形成过程，而且对产流、汇流过程及理论进行了深入的分析与论述。

本章重点内容：

- 山洪的形成过程
- 植被对降雨的调节作用及其对山洪形成的影响
- 土壤下渗产流公式
- 山洪流域汇流过程
- DEM 流域水文分析的基本步骤

16.1 山洪形成过程

山洪的形成过程，即山丘区小流域的暴雨-径流过程，其形成是一个相当复杂的过程，为了便于分析，一般把它概括成产流过程和汇流过程两个阶段。

16.1.1 产流过程

降落到流域内的雨水，不立即产生径流，而是在满足植物截留、林冠截留、枯枝落叶层拦蓄、地表填洼、降雨入渗（大孔隙流和基质渗流）之后才产生地表和地下径流。降落的雨水，一部分会损失掉，剩下的部分形成径流。降雨扣除损失后的雨量成为净雨。显然，净雨和它形成的径流在总量上是相等的，但两者的过程却完全不同，净雨是径流的来源，径流则是净雨汇流的结果；净雨在降雨结束时就停止了，而径流却要延长很长时间。我们把降雨扣除损失成为净雨的过程称为产流过程，净雨量也称为产流量。在土壤前期十分干旱的情况下，降雨产流过程中的损失量称为最大损失量，流域的损失过程见图 16-1。

降雨开始后，雨水大部分被植物茎叶拦截，滞留在植物枝叶上，这种现象称为植物截留。截

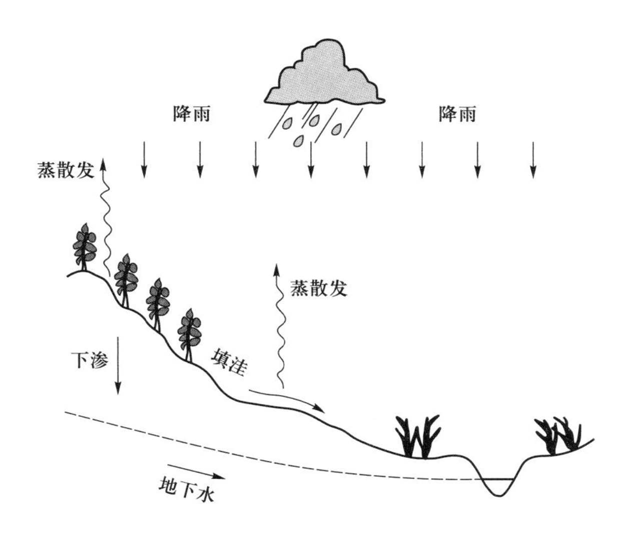

图 16-1 流域降雨的损失过程

留自降雨开始时就发生,降雨开始时,植物枝叶最大限度地吸附雨水;当达到其最大截留能力时,降雨就落在地面,而滞留在植物枝叶上的截留水量最终通过蒸发被消耗掉。落在地面的雨水将向土中下渗。渗入土中的水分先满足土壤吸水需要,即土壤的下渗能力;当降雨强度小于土壤下渗能力时,雨水全部渗入土壤包气带。当降雨强度大于土壤下渗能力时,雨水按下渗能力下渗,超出下渗的雨水称为超渗雨。超渗雨会形成地面积水,积蓄于地面上的坑洼,这种现象称为填洼。填洼水量最终通过蒸发和下渗被消耗掉。随着降雨持续进行,满足了填洼的地方开始产生坡面漫流,并逐渐形成坡面细沟流,最终注入河网形成地面径流。下渗到土中的水分,首先被土壤吸收,使包气带土壤含水量不断增加,当达到田间持水量后,下渗趋于稳定。继续下渗的雨水,沿着土壤孔隙流动,在有些坡地,由于表层土壤薄且疏松透水,下部有相对不透水层,渗入土壤中的水分使表层达到饱和,部分水分沿相对不透水层侧向流动,从坡侧孔隙流出,注入河槽形成径流,称为表层流或壤中流。另一部分则会继续向深处入渗,当下渗水量超出土壤持水能力时,将在重力作用下运动一直到达地下水面,缓慢向河槽汇聚,以地下水的形式补给河流,称为地下径流。

流域产流过程又称为流域蓄渗过程,产流过程中的损失量又称为流域蓄渗量,降雨在这一阶段进行了一次再分配。

16.1.2 汇流过程

净雨沿坡面从地面和地下汇入河网,然后再沿着河网汇集到达流域出口断面的过程称为流域汇流过程。前者称为坡地汇流,后者称为河网汇流。

(1) 坡地汇流过程

坡地汇流首先在满足了蓄渗量的地区发生,如透水性较差的地区或较湿润的地区。随着降雨量的增加,满足蓄渗的面积不断增大,坡地汇流面积也逐渐扩大,直至扩展到全流域。在降雨停止后,坡面汇流过程不立即停止,直至距离河网最远一点的雨水进入河槽之后,汇流过程才停止。坡地汇流分为三种情况:一是超渗雨满足了填洼后产生的地面净雨沿坡面流到附近河网的过程,称为坡面漫流过程或坡地汇流过程。大雨时坡面漫流形成的地面径流是构成河流流量的主要来源。坡面漫流的流程较短,一般不超过数百米,由于其流程短、历时不长,所以其汇流过程对山洪形成的影响非常大。二是表层流净雨沿坡面侧向表层的土壤空隙流入河网,形成表层流径流。表层流径流比坡面漫流慢,到达河槽也较晚,但对历时较长的暴雨,数量可能很大,成为河流流量的主要组成部分。表层流和地表径流有时会相互转化,例如,在坡地上部渗入土中流动的表层流,可能在坡地下部流出,以地表径流的形式汇入河槽;部分地表径流也可能在坡面漫流过程中渗入土壤中继续流动而形成表层流。三是地下净雨向下渗透到地下潜水面或深层地下水体后,沿水力坡度最大的方向流向河网,成为坡地地下汇流,深层地下水流动缓慢,所以降雨后,往往也持续很长时间,成为山区流域河流枯水季节的主要补给水源。

在径流形成过程中,坡地汇流过程对净雨在时程上进行了第一次再分配。

(2) 河网汇流过程

各种成分径流沿坡地汇流注入河网,从支流到干流,从上游到下游,最终到达流域出口断面,这一过程称为河网汇流。坡地汇流进入河网后,使河槽水量增加,水位升高,这就是洪水的涨水阶段。在涨水阶段,由于河槽要储蓄一部分水量,所以对任一河段,下断面流量总小于上断面流量,随着降雨和坡地汇流量的逐渐减少直至完全停止,河槽水量减少,水位降低,即退水阶段。这种现象称为河槽调蓄作用,是对净雨在时程上的第二次再分配。

一次降雨过程,先经过林冠截留、地表填洼、土壤入渗、蒸发等损失,进入河网的水量显然比降雨量少,且经过坡地汇流、河网汇流,形成流域出口断面的流量过程远比降雨过程变化缓慢、历时更长、时间滞后。图 16-2 清楚地显示了这种过程关系。

图 16-3 综合显示了山区流域内暴雨-山洪形成的整个过程。

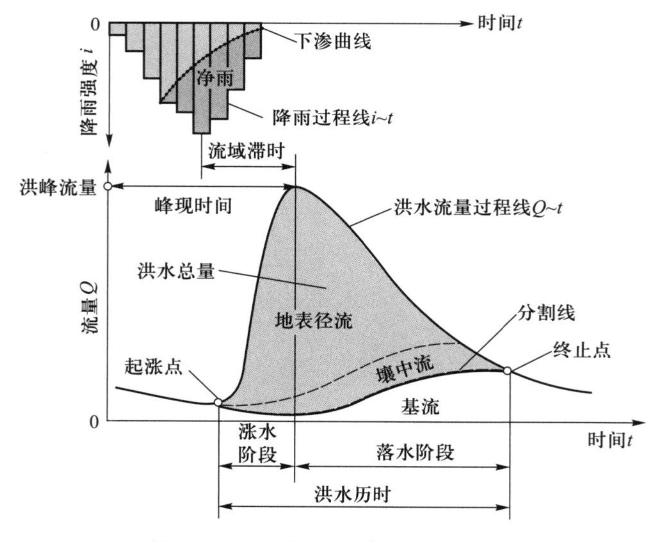

图 16-2 流域降雨-净雨-径流关系

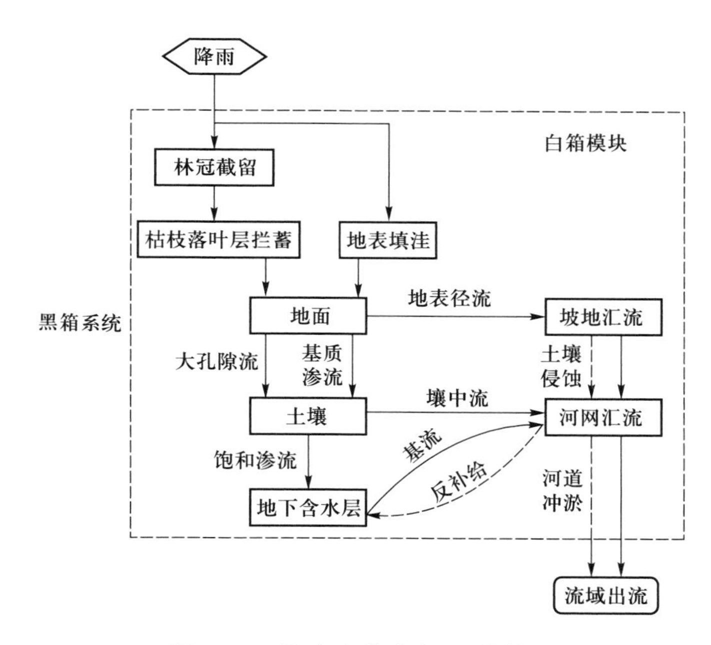

图 16-3 暴雨-山洪形成过程结构图

16.2 流域降雨量分析

由雨量站实测雨量记录计算子流域的平均降雨量,常用泰森多边形法。泰森多边形法,即垂直平分法,是现代水文学子流域平均降雨量计算的基本方法。先用直线连接相邻雨量站(包括流域周边外的雨量站),构成若干个三角形,再做每个三角形各边的垂直平分线。这些垂直平分线将流域分成 n 个多边形,流域边界处的多边形以流域边界为界。每个多边形内有一个雨量站,以每个多边形内雨量站的雨量代表该多边形面积上的降雨量,最后按面积加权推算流域平均降雨量。计算公式如下:

$$\bar{P}=\frac{P_1 f_1+P_2 f_2+\cdots+P_n f_n}{F}=\sum_{i=1}^{n} P_i f_i/F \tag{16-1}$$

式中,f_i——第 i 个雨量站所在多边形的面积(km^2);F——流域面积(km^2);f_i/F——面积权重。

以云南省蒋家沟流域为例,说明流域面雨量的分析方法。流域位于云南省东北部,系金沙江的二级支流,面积为 48.6 km^2。蒋家沟流域从河谷到分水岭可分为三个区:海拔低于 1600 m 为亚热带干热河谷区,年降雨量 600~700 mm,是蒋家沟泥石流堆积区;海拔 1600~2200 m 区域为亚热带、暖温带半湿润区,年降雨量 700~850 mm;海拔高于 2200 m 为温带湿润山岭区,年降雨量 1200 mm,是蒋家沟泥石流水源汇流区。根据蒋家沟的 9 个雨量观测站得出的泰森多边形分区见图 16-4。

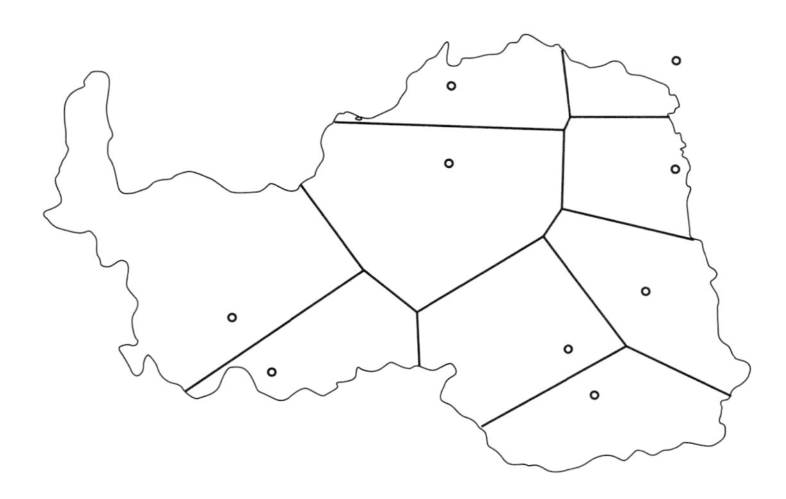

图 16-4 蒋家沟流域降雨的泰森多边形分区

16.3 林冠截留过程

林冠截留是指植被叶、枝条、树干对降雨的截留、存储及随后的林冠蒸发干燥，是生态系统中水分再分配的起点，影响着地表-大气能量循环过程和水量平衡。目前，国内外学者根据影响林冠截留的各种因子和林冠截留量的关系建立了许多经验、半经验和理论模型。

Horton(1919)建立了截留总损失与植被蓄水能力和蒸发能力之间的关系，Linsly 等(1949)假定截留损失与降雨的关系接近于指数关系，分别建立了经验公式(Singh，1988)。当前一般可用叶面积指数方法来估算截留损失，即

$$I_v(t)=I_{vm}\cdot d_c\cdot LAI(t)/LAI_m,\ I_{vm}=K_c\cdot LAI_m \tag{16-2}$$

可得：

$$I_v(t)=K_c\cdot d_c\cdot LAI(t) \tag{16-3}$$

式中，$I_v(t)$——t 时刻的冠层截留能力(mm)；I_{vm}——年最大冠层截留能力(mm)；d_c——计算单元的植被覆盖度；$LAI(t)$——t 时段的植被叶面积指数；LAI_m——年植被最大叶面积指数；K_c——截留能力参数，与植被类型有关。

在$(t,t+\Delta t)$时段内，冠层的最大截留量为

$$I_{vd}(t+\Delta t)=I_v(t)-I_{vd}(t) \tag{16-4}$$

式中，$I_{vd}(t)$、$I_{vd}(t+\Delta t)$分别为时段初末的最大可能截留量。若 Δt 时段的降雨强度为 r_t，则实际截留量 I_a 为

$$I_a=\min[r(t)\cdot\Delta t,I_{vd}(t+\Delta t)] \tag{16-5}$$

Gash(1979)提出的 Gash 模型在 Rutter 微气象理论模型基础上保留了经验模型的简单

性,是以 Rutter 模型基本的物理推理方法为基础而建立的林冠截留解析模型。对比经验模型和理论模型,结合理论推导和经验参数的 Gash 模型更具实用性。由于模型简单的特点,目前广泛应用于世界各个地区的各种不同气候类型或林分类型的截留研究。Gash 模型描述的是一系列彼此分离的降雨事件,每个降雨事件都包含林冠加湿、林冠饱和以及降雨停止后林冠干燥的过程,且假定每次降雨事件之间有足够的时间让林冠完全恢复到降雨前的干燥程度。模型采用分项求和的形式,将整个降雨过程中各个阶段的林冠截留损失相加得到总的林冠截留量。Gash 模型基于 Horton 林冠降雨截留模型的过程机制,将林冠截留分为林冠吸附、树干吸附和附加截留,并根据截留过程中林冠和树干是否达到饱和持水,有区别地计算林冠截留量。

该模型通过分项求和的方式来估算林冠截留:

$$I=n(1-p-p_{\mathrm{t}})P_{\mathrm{G}}-nS+(E/R)\sum_{i=1}^{n}(P_i-P_{\mathrm{G}})+(1-p-p_{\mathrm{t}})\sum_{i=1}^{m}P_i+qS_{\mathrm{t}}+\sum_{i=1}^{m+n-q}{}_{t}P_i \tag{16-6}$$

式中,I——林冠截留量(mm);P_{G}——单次降雨事件的降雨量(mm);P——使林冠达到饱和的降雨量(mm);R——平均降雨强度(mm · h^{-1});E——饱和林冠平均蒸发速率(mm · h^{-1});i——降雨次数;n——林冠达到饱和的降雨次数;m——林冠未达到饱和的降雨次数;S——林冠枝叶部分的持水能力(mm)(详见表 16-1);S_{t}——树干持水能力(mm);p——自由穿透降雨系数,即不接触林冠直接降落到林地。使林冠达到饱和所需的降雨量 P 由下式来确定:

$$P=S\frac{-R}{E}\ln\left(1-\frac{E}{\bar{R}}\frac{1}{1-p-p_{\mathrm{t}}}\right) \tag{16-7}$$

饱和林冠平均蒸发速率 E 由 Penman-Monteith 公式来计算和验证。

从公式(16-6)和公式(16-7)可以看出,Gash 模型所描述的林冠截留过程与降雨特征、林冠结构、林地空气温湿状况以及风速大小有关。该模型还有以下特点:模型的应用以一系列的降雨事件为基础,假设降雨事件间有足够的时间使林冠干燥,且不考虑间隔期内可能发生的降雨;模型需要单次降雨的总雨量和穿透雨量;需要计算降雨过程中的平均降雨强度和平均蒸发速率。

表 16-1 不同林地林冠持水能力

林地	方法	林冠持水能力/mm
阔叶红松林	直接测量法	0. 14~3. 90
桉树林	直接测量法	0. 2~0. 6
橡胶林	直接测量法	0. 56
热带雨林	树干液流法	0. 7
青海云杉林	直接测量法	0. 77
云杉林	直接测量法	1. 1
冷杉林	回归分析法	1. 54~2. 39
长白松林	回归分析法	1. 24~2. 65

16.4 土壤下渗产流过程

下渗又称为入渗,是指水分从地表渗入地下的运动过程。下渗是降雨径流形成过程的重要环节,直接决定地表径流、壤中流和地下径流的生成和大小,并影响土壤水和地下水的动态过程。下渗水量是降雨径流损失的主要组成部分,下渗过程及其变化规律研究在降雨形成径流过程、径流预报研究和水文水资源分析计算中起着重要作用,但下渗是水循环中最难定量的要素之一。

当降雨强度超过土壤的下渗强度时形成超渗产流,这种产流机理首先由霍顿提出(Horton,1933)。与此相反,当土层湿度达到饱和后才产生的地表径流称为蓄满产流,这种产流机理首先由赵人俊和庄一鸰(1963)提出,随后学者对此进行了广泛研究。Hursh和Fletcher(1942)首次发现壤中流也是洪峰的组成部分,并进一步被Hewlett和Hibbert(1963)、Whipkey(1965)验证。Betson(1964)提出了"局部产流区"概念,解释了局部产流现象。Hewlett和Hibbert(1967)提出了"可变产流面积"(variable source area,VSA)的概念,Freeze(1974)又将VSA细化为三部分,蓄满产流部分、壤中流部分和局部产流部分。然而,是一种机制还是多种机制起作用,取决于流域的水文特性(Scherrer et al.,2007)。估算净雨和雨洪径流量,需要有降雨-损失关系或降雨-径流关系的数值表达或模型(Maidment,1992)。

一般认为,干旱地区以超渗产流为主,湿润地区以蓄满产流为主。而处于湿润地区和干旱地区之间的过渡地带,从理论上来说,这两种机制都应该存在。本书以黄土高原为例,借助实测的洪水过程线进一步分析产流特点(刘昌明等,2005)。通过分析1971—1996年黄土高原的43场雨洪资料发现,该研究区降雨的径流效应比较复杂。对同样的降雨,表现在量上,有大有小各不相同;表现在形上,一类峰形陡涨陡落,另一类则平缓涨落,还有一类则有陡有缓、陡缓结合;在峰现时间上,一类雨止峰现,另一类则峰现时间滞后很多;在洪峰形状上,一类只有单峰,另一类则有双峰,有时甚至有两个显峰和一个或几个隐峰。图16-5a—d选取了几场洪水过程线,从过程线可以看出洪峰在量与形上的差别,导致这种差别的原因在于径流成分的不同。

结合降雨过程分析得出,该研究区的产流机制主要随着降雨强度和降雨历时发生转化,长历时、强度小的降雨,洪峰过程矮胖,退水线较长,理论上包含了地表径流和壤中流及地下径流;如遇短历时、大强度的暴雨,则洪峰尖瘦,陡涨陡落,理论上以超渗产流为主。较短历时的小暴雨,可能产生壤中流或地下径流,也可能不产流;而较长历时的小暴雨,则可能产生饱和地面径流。图16-5f的洪水过程中,主峰部分尖瘦而基本对称,相应的降雨历时为12 h,最大雨强为9.6 $mm \cdot h^{-1}$,且前期湿润;图16-5e的洪水过程线低平,相应的降雨历时长达68 h,最大雨强只有0.8 $mm \cdot h^{-1}$。可以得出,该地区短历时大强度暴雨将形成以超渗产流为主的洪水过程,而长历时小强度暴雨将形成以壤中流和地下径流为主的洪水过程。兼有传统意义的蓄满产流和超渗产流的特征。

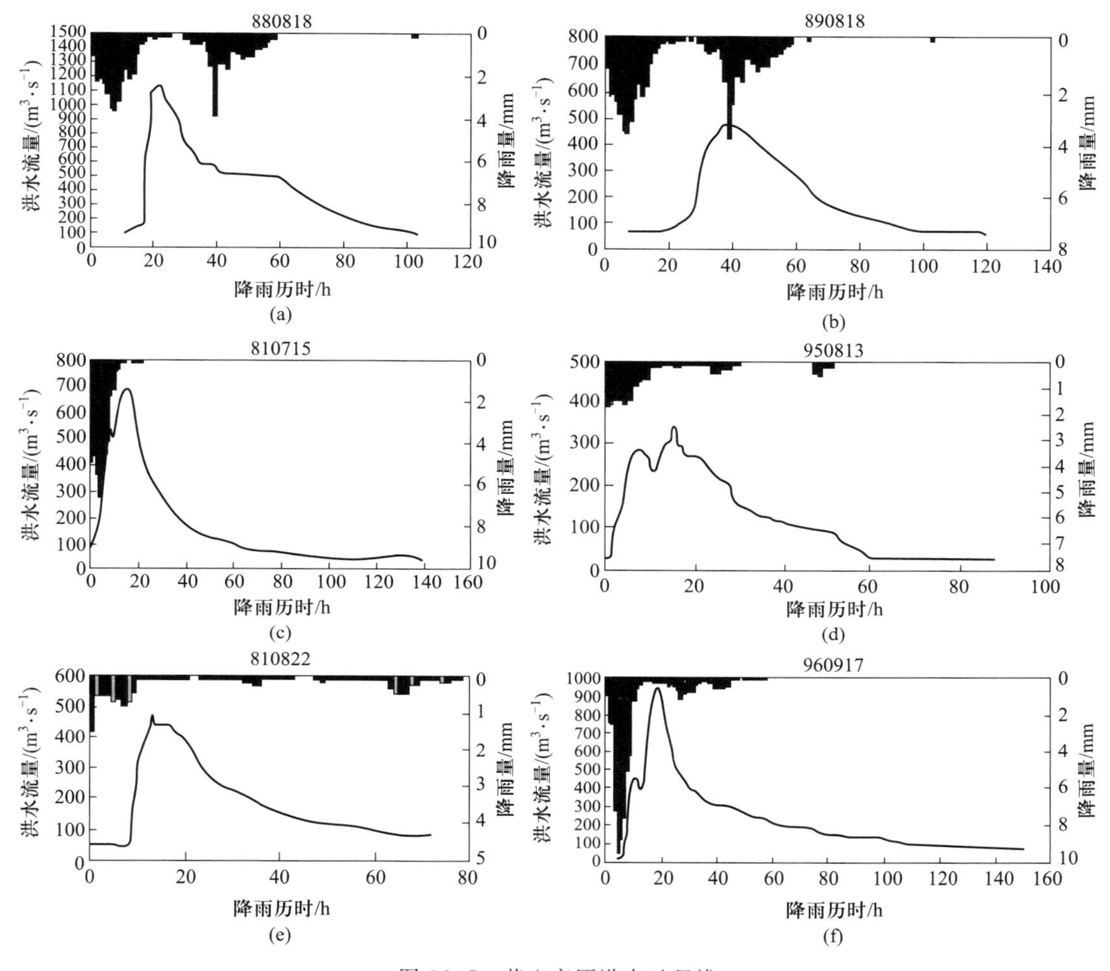

图 16-5 黄土高原洪水过程线

16.4.1 下渗理论研究

应用土壤水分运动的一般原理来研究下渗规律及其影响因素的理论称为下渗理论。在下渗过程中,水分运移的孔隙有非饱和与饱和之分,相应地就有非饱和下渗理论与饱和下渗理论。

(1) 达西定律

1856 年,法国科学家达西基于砂壤土柱实验提出了土壤饱和水流运动方程,即达西定律:

$$v=-K\frac{h}{L} \tag{16-8}$$

式中,v——断面平均流速($m\cdot s^{-1}$);K——土壤饱和渗透系数($m\cdot s^{-1}$);L——土柱长度(m);h——距离 L 范围内的水头差(m);$J=h/L$,称为水力坡度。

(2) Green-Ampt 公式

Green 和 Ampt(1911)研究初始干燥土壤在薄层积水条件下的入渗问题,根据简单的土壤物理模型,较早地推导出一个渗透方程。他们从物理学角度假定:① 入渗初始阶段干燥土壤上层有薄层积水;② 入渗过程存在明确的水平湿润锋面;③ 湿润锋处具有固定不变的吸力;④ 更重要的是,假设入渗土体中只有两个区存在:饱和含水率的湿润区与入渗锋以下的初始含水量区。当这些假定与达西定律结合时,可以导出:

$$L-\Phi_L\ln\left(\frac{1+L}{\Phi_L}\right)=\frac{Kt}{n} \tag{16-9}$$

式中,L——达到湿润锋的深度;Φ_L——湿润锋处的基质势;K——土壤饱和渗透系数;n——土壤孔隙度;t——时间。累积渗透量正好为

$$I=nL \tag{16-10}$$

Green-Ampt 入渗模型具有一定的物理模型基础,长期以来受到人们的重视,但在参数确定上比较困难,而且只适合初始干燥的积水模型,在实际应用上有较大的局限性。

(3) Richards 方程

1931 年,理查兹(Richards,1931)在对非饱和流的水分进行研究时,定义了总水势,并把饱和流达西定律引入非饱和流中,认为达西定律可引申应用于非饱和流的运动,但此时的渗透系数 K 不再是常数,而是与土壤的含水率有关。导出非饱和流连续方程,即 Richards 方程:

$$\frac{\partial\theta}{\partial t}=\frac{\partial}{\partial t}\left[D(\theta)\frac{\partial\theta}{\partial z}\right]\pm\frac{\partial K(\theta)}{\partial z} \tag{16-11}$$

式中,$K(\theta)$——非饱和土壤水力渗透系数;$D(\theta)$——土壤水力扩散系数;θ——土壤含水量;z——土壤内入渗锋面的深度。z 轴向上取正值,z 轴向下取负值。$K(\theta)$、$D(\theta)$、土壤比水容 $C(\theta)$ 是描述土壤水分运动的基本参数。Richards 方程是非饱和流土壤水分垂直向下一维运移方程,是二阶的非线性的偏微分方程。

(4) Philip 入渗公式

Philip(1957)入渗公式是根据一维垂直入渗 Richards 方程取级数解,推导出了土壤均

匀、起始含水量均匀、充分供水条件下累积下渗量的近似计算公式：

$$F(t)=st^{1/2}+[A_2+K(\theta_i)]t \quad (16-12)$$

式中，$F(t)$——累积下渗量；s——吸水系数；A_2——函数；$K(\theta_i)$——渗透系数。

公式对 t 求导，得下渗率 $f(t)$，公式为

$$f(t)=\frac{\mathrm{d}}{\mathrm{d}t}F(t)=\frac{1}{2}st-\frac{1}{2}+[A_2+k(\theta_i)] \quad (16-13)$$

(5) Bodman-Colman 饱和下渗理论

博德曼(Bodman)和科尔曼(Colman)于 1943 年提出了下渗过程的土壤含水量剖面特点，对复杂的下渗过程进行概化和条件假定，进而建立了饱和下渗理论(廖松等，1991)。其基本假定为：① 土层为无限深的均质土壤，原有含水量均匀分布；② 充分供水条件的积水下渗，地面积水深度 H_0；③ 湿润锋上部土壤始终为饱和含水量 θ_s，下部土壤为原有含水量 θ_i，具有明显的分界面；④ 湿润锋下移的条件是上部土壤达到饱和。

在上述假定前提下，根据饱和水流的达西定律和水量平衡方程，可建立饱和下渗理论。据达西定律，有：

$$f_p=k_s\frac{H_0+s+L}{L} \quad (16-14)$$

式中，f_p——水流向下渗透速度(在此条件下等于下渗率)；k_s——饱和水力传导系数；s——湿润锋面受到的下部土壤的吸力；L——下渗水柱的长度，随下渗进行而增大；H_0——地面积水深度。

据水量平衡原理，全下渗时段的累积下渗量(F)的计算公式为

$$F=(\theta_s-\theta_i)L \quad (16-15)$$

并假定 H_0 相对于 L 很小而可以不计，得：

$$f_p=k_s\left(1+\frac{\theta_s-\theta_i}{F}s\right) \quad (16-16)$$

式(16-16)反映了下渗率和累积下渗量之间的相互关系，是饱和下渗理论的模式之一。

饱和下渗理论的下渗曲线是在积水深度固定不变且可不计的情况下才适用的，而自然界的饱和下渗的地面积水深度是随时间变化的，降雨强度远大于土壤下渗率时的积水深度亦不可忽略。

16.4.2 下渗经验公式

土壤通过渗透吸收水分的能力不是恒定的，在下渗过程中下渗率有随时间递减的趋势，并最终趋于稳定下渗。对下渗的研究最初是为了适应土壤水分管理，随后在水文学的降雨

径流计算工作中得到了发展。研究田间下渗方程的方法,先是通过下渗观测试验获得下渗资料,选配合适的函数关系,并率定其中的参数,从而模拟逐渐减低的下渗曲线的数学式,然后再试图对渗透过程做物理解释,这种方法就是经验公式法。有代表性的经验下渗公式包括:

(1) Kostiakov 公式

考斯加柯夫(Kostiakov,1932)提出了幂函数的下渗曲线经验公式:

$$I=Kt^{a} \tag{16-17}$$

式中,I——经过时间 t 以后的累积渗透量;K、a——参数,来自实验结果,无特殊物理意义。Kostiakov 公式简单实用,但当入渗时间趋于无穷大时,下渗率等于0,这与下渗率趋于稳定值的实际情况不符。

(2) Horton 公式

霍顿(Horton,1933,1941)大力从事渗透研究,提出了 Horton 模式的下渗经验公式:

$$f=f_c+(f_0-f_c)\mathrm{e}^{-\beta t} \tag{16-18}$$

式中,f_c——稳定下渗率;f_0——初始下渗率;β——常数,即下渗曲线的递减参数。

根据式(16-9)可进一步推导出下渗累积曲线的公式:

$$F=\int_0^t f\mathrm{d}t=f_c t+\frac{1}{\beta}(f_0-f_c)(1-\mathrm{e}^{-\beta t}) \tag{16-19}$$

Horton 公式反映了下渗率随时间递减的规律,并最终趋于稳定下渗,所以描述的下渗过程是一种消退过程。Horton 公式结构简单,在充分供水条件下与实测资料吻合较好,因此半个多世纪以来一直广泛应用于水文实践。

(3) Holtan 公式

霍尔坦(Holtan,1961)提出了一种下渗概念模型,下渗率 f 是土壤缺水量的函数,其公式为

$$f=f_c+a(s-F)^n \tag{16-20}$$

式中,a——系数,随季节而变,一般在0.2~0.8;s——表层土壤可能最大含水量;F——累积下渗量或初始含水量;n——指数,通常取1.4。

Holtan 公式的优点是易于在降雨条件下使用,同时考虑了前期含水量对下渗的影响,缺陷在于控制土层的确定比较困难。

(4) LCM 暴雨损失公式

以上三个最典型的经验公式中没有一个能够预示土壤吸收容量与降雨强度能相适应的

时间的长短，因此它们很难用来进行暴雨洪峰流量计算。为此，刘昌明和小流域暴雨径流研究组(1978)等在全国范围内选择了15个代表性地点进行了大量的野外实验，提出了平均降雨强度与平均损失率的相关分析经验公式(刘昌明等，1982)，这里称为LCM暴雨损失公式。

根据能量守恒定律，将土壤入渗的重力、阻力和毛管力进行分析，可以列出入渗水运动(锋面)速度方程：

$$f=\rho g(y+H+h_c)/\nu y \tag{16-21}$$

入渗的水量平衡方程：

$$q\mathrm{d}t=\omega\cdot\mathrm{d}y \tag{16-22}$$

式中，f——锋面运动速度；ρ——水的密度；g——重力加速度；y、H、h_c——分别为重力水水头、地表积水水头与毛管力水头；ν——阻力系数；ω——入渗空隙面积，对一定土壤空隙与土壤机械组成，由土壤含水空隙决定。则由上面两式可知入渗流量($q=\omega\cdot f$)为

$$q=\omega\cdot f=\omega\frac{\mathrm{d}y}{\mathrm{d}t}=\omega\frac{\rho g(y+H+h_c)}{\nu y} \tag{16-23}$$

在产流期中，对给定的土壤，ω一定，ρ、g、ν为常量，则q与H、h_c呈正比，而H水头又取决于雨强(i)，因此式(16-23)可以近似地表示为

$$f=Ra^{r_1} \tag{16-24}$$

式中，f——流域产流期内平均损失率；a——流域产流期内平均降雨强度；R、r_1——损失系数。

LCM暴雨损失公式虽然是简单的幂指数公式，但公式中创造性地包含了降雨强度，这是该公式与其他经验公式最显著的区别。R与r_1值可由土地类型(土地覆盖与土地利用)和前期土壤湿度(表16-2)确定。

表16-2 网格内与子流域中的产流参数表

分类		Ⅱ	Ⅲ	Ⅳ	Ⅳ	Ⅵ
土地类型(覆盖与利用)		黏土；地下水埋深浅，土石山区；轻微风化的石山区	植被较差的砂质黏土；土层较厚，植被一般；短草生长的坡面	植被差的黏质砂土，土层厚，草灌较密，人工林地土层较厚；中密度林地，中等水土流失	有植被砂土地面；土层厚；林地有大面积的水土保持治理的山区	松散砂土地区；枯枝层良好森林区
前期土壤干燥	R	0.83	0.95	0.98	1.10	1.22
	r_1	0.56	0.63	0.66	0.76	0.87
前期湿度中等	R	0.93	1.02	1.10	1.18	1.25
	r_1	0.63	0.69	0.76	0.83	0.90
前期土壤湿润	R	1.00	1.08	1.16	1.22	1.27
	r_1	0.68	0.75	0.81	0.87	0.92

16.4.3 SCS-CN 产流模型

SCS-CN 产流模型(soil conservation service)是1954年美国农业部土壤保持局根据美国的气候特征和农业区划开发的,用来估算无测站小流域的地表径流量(和洪峰流量)(USACE,1982)。SCS-CN 产流模型的理论基础源于 P-Q 经验关系和图表查算法,因其结构简单、物理概念明确、只包含一个参数(CN)、对数据需求低,作为产流计算的核心模块被国内外许多水文模型集成应用。20世纪90年代美国推出的 SWAT(Soil and Water Assessment Tool)模型风靡美国乃至世界各国,成为国际著名的模型,因其产流计算采用了 SCS-CN 产流模型,使得降雨入渗产流 SCS-CN 计算方法成为现行通用的工具。

SCS-CN 产流模型的建立基于水平衡方程以及两个基本假设:比例相等假设;初损量与当时可能最大潜在滞留量关系假设。降雨过程总的水量平衡方程可表示为

$$P=I_a+F+Q \tag{16-25}$$

式中,P——流域总降雨量(mm);I_a——流域产流前初损量(mm);F——产流期总损失量(mm);Q——地表径流量(mm)。

(1) 比例相等假设或线性假设

指地表径流量 Q 与总降雨量 P 减去初损量的比值与产流期总损失量和当时可能最大滞留量的比值相等,即

$$\frac{Q}{P-I_a}=\frac{F}{S} \tag{16-26}$$

式中,S——当时可能最大滞留量(mm)。

(2) 初损量与当时可能最大潜在滞留量关系假设

可表示为

$$I_a=\lambda S \tag{16-27}$$

式中,λ——区域参数,主要取决于地理和气候因子。大量研究证实,λ 取值范围在 $0.095\leqslant\lambda\leqslant0.38$,因而美国农业部土壤保持局取其平均值(0.2)作为 λ 的值。

利用水平衡方程和比例相等假设消去参数 F,可得 SCS-CN 产流模型的经典计算公式:

$$Q=\frac{(P-\lambda S)^2}{P+(1-\lambda)S},S=\frac{25\ 400}{CN}-254 \tag{16-28}$$

当时可能最大滞留量 S 用无量纲系数 CN 来表示(取值范围:$0\leqslant CN\leqslant100$)。

16.4.4 大孔隙流研究进展

我国易发山洪的土石山丘区，大多是物质组成和结构复杂的宽级配松散土，普遍存在着大孔隙。大孔隙流的存在，提高了降雨入渗率，使得降雨入渗流机制更为复杂。除宽级配松散土外，由于干湿作用造成的收缩和膨胀、土壤中可溶性物质的溶解、冻融的循环交替、人类耕种等活动、蚯蚓和啮齿动物活动和植物根系的生长，使得一般的土壤中也存在着大量的大孔隙，因此大孔隙流是土壤中一种普遍存在的现象。大孔隙及其影响的研究是当前国际上从事水文、环境、土壤物理和山地灾害等领域科学家关注的焦点。

使用平均运移参数的数学模型已被广泛用于预测水及溶质通过非饱和土壤的运移，然而在模型计算的结果和实际田间测量之间常常出现差异。这是因为建立在 Richards 方程和对流-弥散方程基础上的模拟模型，适用对象为均质连续土壤，而不适用于含有大孔隙的非均质土壤。尽管土壤中大孔隙流的定量研究非常困难，但人们还是提出了许多描述土壤大孔隙流的模型。最早提出的是 Coats 和 Smith(1956)的流动-非流动(mobile-immobile)模型，它被 van Genuchten 等应用到土柱中的溶质运移问题中。由于该模型与实际情况不完全符合，后来在流动-非流动概念的基础上发展建立了两流域模型，它由两个区域构成，一个区域代表土壤基质，称为基质域；另一个区域代表土壤中的大孔隙，称为大孔隙域，两域中水及溶质都会运移，但在大孔隙域中运移比在基质域中要快得多。对基质域的研究采用达西定律，已成定论，水流及溶质运移可用 Richards 方程和对流-弥散方程来表示。而对大孔隙域的研究提出了各种方法，出现了各种模型。Skopp 等(1981)根据所建立的模型得出了仅适用于两域间相互作用相对较小情况下的近似解析解，并且仅限于稳定水流；Gerke 和 van Genuchten(1993)建立了模型参数与土壤的物理性质相联系的双重孔隙度模型；Javis 等(1991a，1991b)假定大孔隙域中为单位水力梯度，并且由于大孔隙域中溶质对流是主要的，不考虑溶质的弥散和扩散，提出了一个包括黏土的膨胀和收缩的双重孔隙度模型。实际上，由于土壤大孔隙流是非达西流重力流，通过质量守恒定律导出连续方程，并与运动方程融合，建立土壤大孔隙域水流。根据对土壤大孔隙域中水流通量表示的不同，这类模型有不同的形式，包括 MACRO 模型(Jarvis et al.，1994)、运动波模型(kinematic wave)(Germann and Beven，1995)以及后来融入弥散因子的运动波模型(Di and Germann，2001)、管流(channeling 或 tube flow)模型(Chen and Wagenet，1992a)等。从以上可以看出，流动-非流动模型和流动-流动型模型都是将研究区域分为两个区。此外，有人还提出了数值(numerical)模型(Steenhuis et al.，1990)、两阶段(two-phase)模型(Jurg，1993)以及混合层(mixing-layer)模型(Shalit and Steenhuis，1996)。在国内，倪余文(2000)采用流动-非流动模型模拟了非吸附溶质在有大孔隙的土壤中的运移；冯杰(2004)及马东豪和王全九(2004)采用双重孔隙度模型模拟了水及非吸附溶质在有大孔隙的土壤中的运移；刘雪梅(2004)采用 MACRO 模型模拟了大孔隙土壤中的水流运动；徐绍辉(1998)采用对土壤介质的非均质性进行处理、在研究区域不同的点上给出不同的饱和水力传导度的方法，模拟了水及非吸附溶质在有大孔隙的土壤中的运移。

16.5 流域汇流过程

16.5.1 坡面汇流过程

坡面降雨在超过地表填洼和土壤入渗能力后产生的坡面积水,在重力作用下沿坡面运动形成的薄层水流称为坡面流,为地表径流的初始阶段。坡面流是土壤侵蚀和坡面输产沙的主要动力,揭示坡面流的水力学特性是建立坡面侵蚀产沙模型的基础。坡面流与一般明渠流存在较大差异,底坡一般较天然明渠陡,其水深极浅(毫米级),水深、流速沿程不断变化,这些特点使得对坡面流的研究有相当的难度。一般常用运动波方程来描述坡面流。

假设:① 净降雨在时间和空间上的分布是均匀的;② 坡面是一个固定坡度的非常宽坡面;③ 水力半径等于水深;④ 忽略一维圣维南(Saint-Venant)运动方程中的时间惯性项、空间惯性项和端面静水压力项,只保留底坡重力项和坡面摩擦阻力项。降雨坡面汇流运动波方程(Chow,1959;Ponce,1991;Chaudhry,1993)可写为

$$\frac{\partial h}{\partial t}+\frac{\partial(Vh)}{\partial x}=a \tag{16-29}$$

$$V=kh^{m},k=\frac{\sqrt{\sin\theta}}{N},a=\bar{P}-\bar{f} \tag{16-30}$$

式中,h——坡面水深(m);t——时间(s);V——沿 s 方向,坡面流的流速($\mathrm{m\cdot s^{-1}}$);x——沿 x 方向坡面距离(m);a——平均净降雨强度($\mathrm{m\cdot s^{-1}}$);g——重力加速度($\mathrm{m\cdot s^{-2}}$);N——坡面糙率系数;θ——坡度(°);P——降雨量(m);f——下渗量(m);m——指数,对于横断面为很宽的长方形河道,取 $m=2/3$。

在模拟洪水过程时,总是进行时间离散化,在一个很小的时间段 Δt,可以假定净降雨强度是一个常数值。因此上述运动波方程把净降雨强度看作一个常数以便简化方程,是合理的。

16.5.2 河道汇流过程

明渠非恒定渐变流的基本方程是圣维南(Saint-Venant)方程组,是由圣维南于1871年首先提出的,它表征了明渠非恒定渐变流断面水力要素随时间和空间变化的函数关系式。明渠非恒定渐变流的一维圣维南方程组的流速形式为

$$\begin{gathered}\frac{\partial h}{\partial t}+\frac{\partial uh}{\partial x}=q^{*}\\ \frac{\partial u}{\partial t}+u\frac{\partial u}{\partial x}+g\frac{\partial h}{\partial x}=g(S_0-S_f)-\frac{q^{*}}{h}u\end{gathered} \tag{16-31}$$

式中，u——坡面流流速（$m \cdot s^{-1}$）；h——水深（m）；x——水平方向空间坐标；t——时间（s）；S_0——坡面坡度；S_f——水流能坡坡度；q^*——侧向入流的质量源强度（$m \cdot s^{-1}$），即降雨强度与渗透率的差值（超额降雨量）。

圣维南方程组属于二元一阶拟线性双曲型偏微分方程组，现阶段尚无法直接求其解析解，因而实践中常采用近似的计算方法，大致包括：① 特征线法（先将基本方程组变换为特征线的常微分方程）；② 直接差分法；③ 瞬时流态法（一般将运动方程中的所有惯性项忽略）；④ 微幅波理论法（假定由于波动引起的各种水力要素的变化都是微小量，它们的乘积或平方都可忽略）。

直接差分法是目前工程中求解明渠非恒定渐变流的常用方法。直接差分法是用偏差商代替偏微商，把基本微分方程离散化为差分方程，求在自变量域平面差分网格上各结点近似数值解的方法。用差分法求解偏微分方程必须解决适定性、相容性、稳定性和收敛性问题。直接差分法包括显式差分法和隐式差分法两大类，显式与隐式差分法格式各有其优缺点和适用范围。显式差分法格式计算方便，但为了保证计算的稳定和收敛，对步长比 $\Delta t/\Delta s$ 有一定限制，是条件稳定的，对于运动要素变化缓慢的水流，这种方法所需计算时间较多；隐式差分法格式在理论上的时间步长比显式差分法大得多，且稳定性好，对急缓变化问题都适用，缺点是计算工作量大。在已有的一维圣维南方程各种有限差数值解法中，普列斯曼（Preissmann）加权四点隐式格式（Preissmann，1961）是最为优良和公认的方法（Amein and Fang，1970；Cunge et al.，1980；Maidment，1992；Barkau，1996）。

16.6 流域等流时线方法

16.6.1 变雨强等流时线方法

由于天然流域的下垫面十分复杂，水文过程的非线性现象比较普遍。我国水文界提出了多种考虑非线性影响的计算方法，例如，利用降雨强度与暴雨中心为参量的单位线改正方法等。冯焱在 1981 年提出变动等流时线的概念，他分析了 ROSS、Turney、Burdoin、Clark 等的等流时线法，认为这些虽然均为分散性的流域汇流模型，能够考虑产流空间分布问题，但是均基于固定等流时线的假定，即没有考虑产流强度的非线性影响，或者是按一次产流平均强度的大小，采用分级的固定等流时线，这些方法在考虑净雨强度上都存在局限性。因此提出了随产流强度变化的变动等流时线法，即根据径流形成公式和非恒定流的连续方程推导出了变动等流时线的基本方程，给出了沿程平均洪水波速的非线性校正公式（冯焱，1981）：

$$\bar{v}_B = k_1 k_B a Q_m^{\alpha} S^{\beta} \tag{16-32}$$

$$Q_m = K h^m \tag{16-33}$$

进一步整理得：

$$\bar{v}_B = k_1 k_B K^{\alpha} a S^{\beta} h^{\alpha m} \tag{16-34}$$

式(16-34)即变雨强等流时线的基本公式,与一般等流时线方法的不同在于,它考虑了一次净雨过程中降雨强度的作用,时段净雨量的不同分别对应不同的等流时面积。

令 $C=k_1k_BK^{\varepsilon}aS^{\beta}$,$n=\alpha m$,得:

$$\bar{v}_B=Ch^n \tag{16-35}$$

式中,$\bar{v}_B$——沿程平均洪水波波速;Q_m——出口断面洪峰流量;S——流程平均比降;h——净雨量;k_1——流程平均洪水波速与断面洪水波速的比值(中小流域约为0.6);k_B——洪水波速与断面平均流速的比值,与河槽断面形状有关;K、m——洪峰流量与净雨的关系系数和指数;a、α——断面平均流速与相应洪峰流量关系系数和指数;β——汇流指数。

16.6.2 基于DEM的变雨强等流时线方法

根据等流时线的基本概念,断面出流量为

$$Q_t=1/\Delta t\sum_{i=1}^{n}I_{i(t-i+1)}A_i \tag{16-36}$$

式中,Q_t——t时段的断面出流量;Δt——单位时段长;n——等流时块数;A_i——第i块等流时块的面积;I_i——第i块等流时块面积上的时段净雨量。当认为全流域产流均匀时,则各块净雨量相同。从式(16-36)可知,推求汇流过程的关键是确定时间-面积曲线,也就是如何确定全流域水质点的汇流速度或者汇流时间。

估算汇流时间通常有水文学和水力学两种途径,推导的大部分方程均可以表示为长度、坡度的关系函数,即如下关系式:

$$T_c=cS^aL^b \tag{16-37}$$

式中,T_c——汇流时间;a、b、c——参数;S——坡度;L——长度,对不同的流域可以确定不同的参数值。

影响流域汇流时间的因素较多,可以归结为三类:① 地貌因素,包括区域范围、形态、坡度、地形特征、植被和土地利用;② 降雨特性,包括雨强的时空分布、降雨历时、暴雨走向等;③ 其他因素,包括前期土壤水分条件、下渗特性、风速、天气状况等。

等流时线方法的应用,以往主要是靠手工在地形图上操作,计算出水体流速后,根据选取的等流时间距计算出距离,按距离进行量取。其中所采用的流速值是流域平均流速。当考虑到各水质点的流速不同,特别是跟坡度有关时,手工的方法就很难实现,且工作量非常大。应用计算机自动绘制等流时线,可以减少手工的工作量,提高效率,但是在处理坡度等问题时,仍然很难(王腊春等,1996)。随着地理信息系统(GIS)技术的发展和数字地面模型(DTM)、数字高程模型(DEM)在水文领域的应用,为计算机自动绘制等流时线提供了方便。

目前,应用GIS技术获取流域等流时线的方法大同小异,差异在于汇流时间或流速的计算,也就是考虑的影响因素不同。当流域的降雨空间分布不均匀,特别是存在明显的暴雨中心时,如果按全流域平均净雨强度去推求等流时线,则不能反映这种空间变化。如果分块计算净雨,常规方法很难将河道的坡度、流经长度、净雨强度等影响因素统一起来,对每一个分块分别考虑变雨强等流时线,实现起来非常困难。DEM 的应用,为分布式水文模型提供了地形基础,地形参数的自动提取则大大提高了等流时线的应用效率,对各分布式产流单元应用变雨强等流时线方法进行汇流演算,则能较好地反映降雨强度和地形等因素空间分布不均对汇流的影响。

基于 DEM 的变雨强等流时线方法的基本思路是:首先,应用 GIS 技术将基于 DEM 的流域进行数字化处理,将流域划分为若干计算单元,每一个计算单元的坡度、流经长度及上游的汇水面积等参数都可以计算提取。其次,根据产流模型计算时段净雨,其中单元的空间降雨被认为是均匀的,进一步应用公式计算不同净雨强度对应的流速,根据流速和计算时段长度确定等流时线的单位长度。然后,对每一个单元流域,以该单元流域的河道长度加上该单元出口到流域总出口的河道长度,与根据流速公式计算出的等流时线单位时段长度相对应,将该单元流域划分到相应的等流时线中去。对整个流域而言,相同的等流时线包含了不同的单元流域,对单元流域而言,相同的单元流域可能被划分到不同的流域等流时线中。最后,应用不同单元流域的净雨和分别对应的面积,推求整个流域的出流过程。

这种方法既考虑了变雨强的作用,又考虑了坡度等的影响,且能够方便地计算常规意义的流时-面积曲线,对应于流域出口断面的每一计算时段的出流量,都有明确的汇流面积及净雨量相对应。因此不仅具有物理基础,而且具有分布式的特征。针对流域的具体情况分析,当时段的净雨强度较小时,可以忽略该时段降雨强度的非线性影响,从而采用固定流速来划分等流时线,将变动与固定方法两者相结合获得流域的汇流过程。基于 DEM 的等流时线可以方便地根据任意流速公式来自动划分,与常规方法相比效率大大提高。

第 17 章

小流域洪水模拟与计算

山洪的小流域水文过程极其复杂,进行小流域洪水模拟为这一问题的研究提供了有效途径,本章对于有资料区域和无资料区域的洪水模拟方法都进行了阐述,并就相关工程建设中所需的小流域设计暴雨洪水计算进行详尽的分析。

本章重点内容:

- 选择洪水模拟估算方法的一般原则
- 洪水过程线模拟计算的一般流程
- 山洪模型模拟结果的判别标准
- 水文模型在山区小流域内应用的局限性和解决方法
- 小流域设计暴雨洪水计算

17.1 洪水模拟估算方法的选择

选择合适的方法是洪水估算的第一步。这种选择往往带有很强的主观性,没有什么定量标准,通常只是根据一些定性准则。为避免单凭直觉选择,应考虑下面几点:① 方法的形式和结构,考虑的因素,理论基础及精度。② 洪水估算是确定性的,还是概率性的设计洪水?是否有特定的方法和参数适合这种要求?③ 是用当地实测资料率定,还是采用区域性方法?若是后者,则区域规律的分析是否包括了本地区的资料?④ 应用洪水估算值的工作类型和重要性,估算值的精度。⑤ 造成什么影响,需要估算洪峰流量还是整个洪水过程?⑥ 用作洪水估算的时间。⑦ 现在的专业技术水平状况,方法越复杂,专业技术水平要求越高,否则可能不如使用简单方法的效果好。

由于流域水文循环过程极其复杂,在水文研究中通常建立水文模型对复杂水文现象进行抽象和概化。目前,水文模型的种类繁多,按模型的性质和建模技术可分为实体模型(如比例尺模型)、类比模型(如用电流欧姆定律类比渗流达西定律的模型)和数学模拟模型(图 17-1)。其中,数学模拟模型是最常用的一类水文模型。流域水文(数学)模型是运用

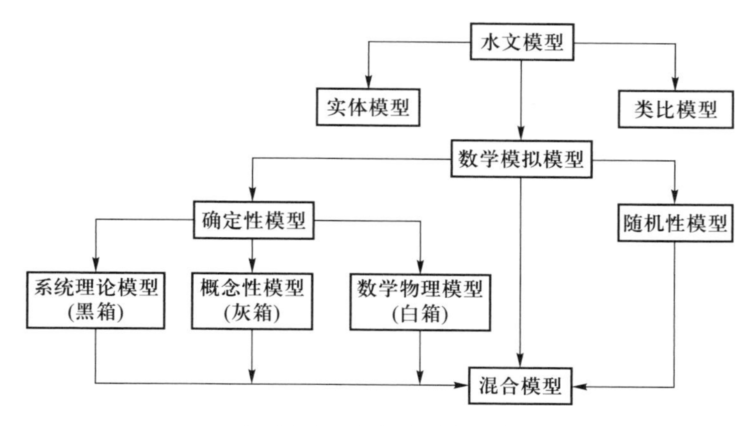

图 17-1 水文模型分类图

数学的语言和方式描述水文原型的主要特征关系和过程。其中,描述水文现象必然性规律的模型称为确定性模型,确定性模型的因果关系是唯一的、完全对应的。相反,描述水文现象偶然性(随机性)规律的模型称为随机性模型,在一组已知的不变条件下,每次产生的水文现象可能都是不同的,没有唯一的因果对应关系,对这种不确定事件只能做出概率预报。

确定性的流域水文数学模型又分为以下三种:

(1) 数学物理模型

它是以数学物理方法对水文现象进行模拟的模型,它依据物理学质量、动量与能量守恒定律以及流域产汇流的特性,推导出来的描述地表径流和地下径流的微分方程组。这些方程能表现径流在时空上的变化,也能处理随时空变化的降雨输入的偏微分方程组。由于流域下垫面情况非常复杂,产流与汇流交织发生,目前建立这样复杂系统的水文数学物理方程还处于探索阶段,具有物理基础的分布式水文模型即属于此类模型。

(2) 概念性模型

这是以水文现象的物理概念作为基础进行模拟的,它是利用一些简单的物理概念(例如,下渗曲线、蓄水曲线等,或有物理意义的结构单元如线性水库、线性渠道等)对复杂的水文现象进行概化,然后建立水文模型。概念性模型可以模拟水循环的整个系统,如流域水文模型;也可以模拟水循环的某个环节,如产流模型、汇流模型、蒸散发模型、土壤水模型、地下水模型等。

(3) 系统理论模型

又称系统响应模型,是一种具有统计性质的时间序列回归模型,属于确定性模型。它建立在系统输入-输出关系之上,核心问题是通过“系统识别”求出一个脉冲响应函数。“系统识别”常用的方法是最小二乘法。系统响应模型又有线性和非线性之分,时变和时不变之分。

微观尺度水文问题与物理学研究对象一致,故多采用非线性水动力学的数学物理方法描述。由于数学物理方程的非线性和实际中确定边界条件与初试条件的困难,在系统描述模拟中面临很多的问题。概念性模型(如斯坦福模型、萨克拉门托模型、新安江模型等)属于“灰箱”的分析范畴,它将流域内的结构设想为有水文逻辑关系的元素排列,其中各元素有一定的物理概念(或经验关系)。概念性模型可以对系统内部机制做出部分描述或解释,因而易被水文工作者接受。系统理论模型在方法论上属于“黑箱”范畴,其特点是直接描述系统输入-(或状态)-输出之间的因果关系。模型结构和参数依据原型的观测信息通过“系统识别”来确定,不受验前假定的限制,可避开许多复杂中间环节构想,有适应环境变化、便于使用等优点,因而在流域洪水特性分析、实时洪水预报等方面应用较多。系统理论模型在应用上最适用于一些复杂系统,即内部结构不便直接观测,水文中间环节信息较贫乏(物理机制不太清楚),但可以从系统的输入与输出信息去认识系统。

17.1.1 集总式水文模型

集总式水文模型属于概念性模型,忽略了各部分流域特征参数在空间上的变化,是把全流域作为一个整体而建立的模型。传统流域水文模型大多数是集总式概念性模型,在许多环节上主要采用概念性元素的模拟或经验函数关系的描述。例如,使用简单的下渗经验公式、带有经验统计性的流域蓄水曲线或具有底孔和不同位置侧孔的水箱等来模拟产流过程;采用面积-时间曲线、线性或非线性“水库”、线性或非线性“渠道”以及它们的不同组合形式来模拟汇流过程。这样的模拟往往只涉及现象的表面而不涉及现象的本质或物理机制,因此,传统流域水文模型中的许多参数都缺乏明确的物理意义,只能依据实测降雨和径流资料来反求参数的值,而这样求得的模型参数必然带有经验统计性,只能反映有关影响因素对流域径流形成过程的平均作用。传统流域水文模型拟合一组资料中的大部分虽可达到令人满意的程度,但对该组资料中的个别特殊情况,或者该组资料以外的另一些资料却不一定能获得令人满意的拟合结果,这就是症结所在。

17.1.2 分布式水文模型

考虑水源或来水(产汇流)的空间变异的水文模拟,分布式水文模型按流域各处土壤、植被、土地利用和降雨等的不同,将流域划分为若干个水文模拟单元,在每一个单元上以一组参数(坡面面积、比降、汇流时间等)表示该部分流域的种种自然地理特征,然后通过径流演算而得到全流域的总输出。

严格意义上的分布式水文模型应是以物理过程为基础,以一组偏微分方程组加以表述的模型,但是,在当前的条件下,特别是对于大、中流域,由于数据和计算能力的限制,大部分的分布式水文模型只能采用概念性模型的方法,只是模型的参数是分布的。从分布式水文模型的研究来看,一般是在集总式水文模型的基础上尽可能考虑空间变异性,将集总式水文模型的产流机制直接或者间接应用到子流域(水文单元)上,通过建立子流域之间的水力联系(汇流网络)来实现分布式汇流过程,分布式新安江模型就是成功的发展实例。因此,一定程度上可以说大部分的集总式水文模型都可以转变为分布式或半分布式的模型。这种转变的关键并不在于模型的结构本身,而更重要的是在于模型的运行方式。简而言之,对于一个流域而言,在离散的每一个子流域上,假定各种水循环影响要素在空间上是相对均匀的,都可以应用集总的方式进行模拟。从某种意义上来说,许多分布式水文模型是传统模型与空间分布信息的结合,是对传统集总模型的必然发展。因此,小流域集总参数作为大、中流域的子流域,属于一种广义的分布式水文模型。

17.2 基于 SCS-CN 产流模型的小流域径流模拟

研究表明,对于湿润地区,不同模型均可准确模拟,但对于干旱和半干旱地区,不同模型的模拟效果之间存在较大的差异。因而,需根据研究目标和流域自然气候特征,选择能够客观描述研究区水文过程的模型,从而减少水文模拟的不确定性,降低水文模型应用门槛,提高模型应用效率。如果模型中的参数过多,参数之间的相关性就越来越强,一方面某些优化参数值容易诱导模型对物理意义的错误解释,另一方面很难分析出参数的空间分布规律,同时会导致模型的稳定性降低。因此,在稀缺资料区域,应在保证精度的前提下尽可能使用参数较少、具有明确物理意义的模型(Oudin et al.,2008;Gibbs et al.,2007;Chiew,2006)。

水文系统中广泛存在着不确定性,不确定性产生的根本原因在于没有任何降雨径流模型可以反映真实的径流过程,难以精确定义模型的初始和边界条件,以及用于模型校正的观测资料不可避免地存在误差。不确定性一般分为模型输入的不确定性、模型结构的不确定性和模型参数的不确定性。而对于半干旱半湿润地区,模型参数的不确定性就显得尤为重要,而降雨作为最直接的输入参数,具有很大的时空变异性,是最重要的不确定性因素,也是水文模型不确定性的主要来源。有研究表明,降雨数据的 1 倍误差可导致洪峰流量的 1.6 倍的误差(Kobold and Sušeli,2005),而在山区小流域内,输入降雨数据的 1 倍误差属常见现象。从这种意义上来讲,解决模型的输入问题比模型本身的复杂性更重要。

在山区小流域内,一次暴雨过程可能导致的洪峰流量远超基流数的成百上千倍,而这也是诱发泥石流的基础。因此,在次洪模拟模型中,最关心的是洪水过程线,没有必要计算每次暴雨和各次暴雨间的蒸发量、土壤含水量变化以及详细的基流过程。根据以上精确输入、简化过程、合理验证的思路,可构建小流域次洪模拟模型(图 17-2):① 使用 SCS-CN 曲线方法计算流域的产流量;其中 SCS-CN 模型中 *CN* 值由野外试验确定参数,进而查表所得;先给定一个大约的初损值,然后模型自动率定。② 基于运动波解析解进行子流域坡面汇流和子流域收集渠道汇流演算。③ 基于动力波数值解进行河道汇流演算。④ 使用单变量梯度搜索算法进行参数的自动优化。

其中,SCS-CN 模型、坡面流运动波方程和动力波运动方程的计算公式已在第 16 章详细介绍,本节不再赘述。结合流域基础地貌信息进行水文分析计算,即可得到流域的径流过程线。

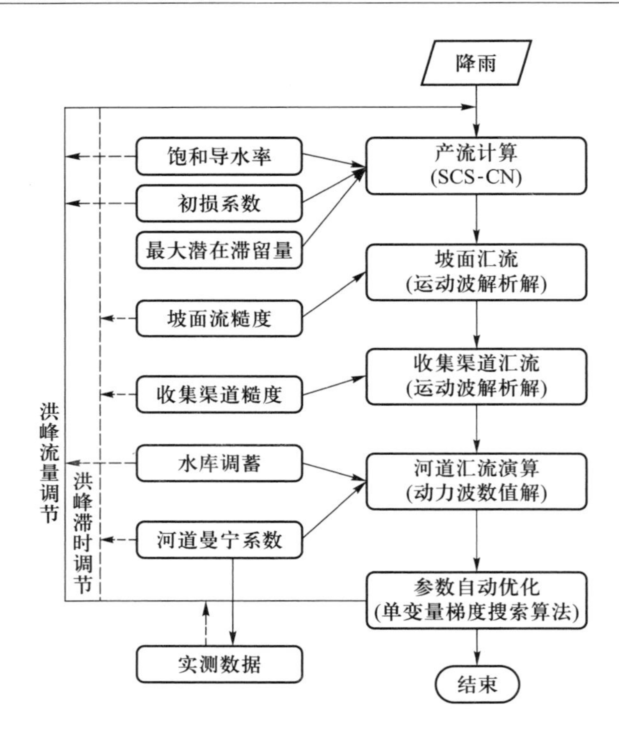

图 17-2 次洪模拟模型整体架构

17.3 HEC-1 洪水过程线模拟

HEC-1 洪水过程线模拟程序是由美国陆军工程兵团(US Army Corps of Engineers,USACOE)和水资源机构下属的水文工程中心(Hydrologic Engineering Center,HEC)在 20 世纪 80 年代末开发的,在美国应用最广泛。我们以 HEC-1 为例描述洪水过程线模拟系统的一般架构。

HEC-1 系统是分布式水文模型,其概化整个流域为一系列子流域和连接子流域的河网等水文单元,每个单元需要一组用于指定其中描述的物理过程组件和数学关系的具体特性参数,建模过程的结果是径流水文单元在流域所需位置的计算。

HEC-1 系统给出的洪水过程线模拟一般计算流程包括:测算子流域平均降雨量;根据时变损失确定净雨;根据净雨计算直接地表径流过程;在地表径流过程线上添加简单的基流过程;河道流量演算;水库调洪演算;各种过程线的合成。

17.3.1 测算子流域平均降雨量

使用泰森多边形法(详见第 16.2 节)。

17.3.2 根据时变损失确定净雨

提供7种方法供用户选择来计算净雨:① 初损稳渗法(initial and constant-rate);② SCS 曲线法(SCS curve number);③ 格林-艾姆普特法(Green-Ampt);④ 盈亏常数法(deficit and constant);⑤ 土壤湿度法(soil moisture accounting);⑥ 格网 SCS 曲线法(gridded SCS curve number);⑦ 格网土壤湿度法(gridded soil moisture accounting)。

17.3.3 根据净雨计算直接地表径流过程

提供6种方法供用户选择来计算坡面流:① 经验单位线法(user-specified unit hydrograph);② Clark 单位线法(Clark's unit hydrograph);③ Snyder 单位线法(Snyder's unit hydrograph);④ SCS 单位线法(SCS unit hydrograph);⑤ ModClark 单位线法(ModClark unit hydrograph);⑥ 运动波法(kinematic wave)。

17.3.4 基流的计算

基流的计算包含3种方法:① 月恒定流法(constant monthly);② 退水曲线法(exponential recession);③ 线性水库法(linear reservoir)。

17.3.5 河道流量演算

河道流量演算包含7种方法:① 运动波法(kinematic wave);② 滞后演算法(lag);③ 改进的 Puls 法(modified Puls);④ 马斯京根-康吉标准法(Muskingum-Cunge standard section);⑤ 马斯京根-康吉八点法(Muskingum-Cunge 8-point section);⑥ 合流法(confluence);⑦ 分岔法(bifurcation)。

17.3.6 参数的自动优化方法

HEC-1 模型提供了参数的自动优化功能,它通过选定优化方法和目标函数实现对参数的优化。模型中优化方法有两种,分别为单变量梯度搜索算法和内尔德米德算法。目标函数有7种,分别为:① 峰值加权均方根误差法(peak-weighted root mean square error);② 峰值百分比误差法(percent error peak);③ 流量百分比误差法(percent error volume);④ 均方根记录误差法(RMS log error);⑤ 绝对残差和法(sum absolute residuals);⑥ 残差平方和法(sum squared residuals);⑦ 时间加权误差法(time-weighted error)。

17.3.7 模拟结果的判别标准

山洪模型模拟结果的判别需要同时使用洪量相对误差(RE_V)、洪峰流量相对误差

(RE_P)、峰现时差(ΔT)及 Nash 效率系数(DC)对模拟结果进行综合评价。其中 RE_V、RE_P、ΔT 的绝对值越小,模拟结果越好;DC 值越趋近于1,模拟结果越好。计算公式分别为

$$RE_V=\frac{Q_s-Q_0}{Q_0}\times100\% \tag{17-1}$$

$$RE_P=\frac{q_s-q_0}{q_0}\times100\% \tag{17-2}$$

$$\Delta T=T_s-T_0 \tag{17-3}$$

$$DC=1-\frac{\sum_{i=1}^{n}[q_s(i)-q_0(i)]^2}{\sum_{i=1}^{n}[q_0(i)-q_{0,\text{mean}}]^2} \tag{17-4}$$

式中,Q_s、Q_0——分别为洪量的模拟值与实测值;q_s、q_0——分别为洪峰流量的模拟值与实测值;T_s、T_0——分别为峰现时间的模拟值与实测值;i——计算时段;$q_s(i)$、$q_0(i)$——分别为该时段下洪峰流量的模拟值与实测值;$q_{0,\text{mean}}$——洪峰流量实测平均值。

17.4 人工神经网络模型

一般来说,预报量洪水 y 与自变量 $x_j(j=1,2,\cdots,m)$ 之间的相关关系可表示为

$$y=f(x_1,x_2,\cdots,x_m;a,b_1,b_2,\cdots,b_m)+\varepsilon \tag{17-5}$$

式中,f——回归函数,有些可以写出具体函数形式,有些难以描述;各自变量 $x_j(j=1,2,\cdots,m)$ 相互独立;a、$b_j(j=1,2,\cdots,m)$——回归系数;ε——误差,又称残差。多变量线性关系($y=a+b_1x_1+b_2x_2+\cdots+b_mx_m+\varepsilon$)只是函数 f 的一种特殊情况。这里介绍用人工神经网络(ANN)来刻画函数 f。

Kolmogorov 定理指出,任意连续函数或映射都可以精确地由一个三层 ANN 来实现。1987年,Hecht-Nielsen 又指出,一个三层反向传播(BP)网络可满足一般函数拟合逼近问题。因此,式中的函数 f 可用 ANN 来描述。

在水文水资源系统中,BP 网络应用最多和最成熟。大量研究表明,具有一个或两个隐层的 BP 网络足以刻化水文水资源系统中各种复杂关系。图17-3就是一个多输入多输出的三层 BP 网络。

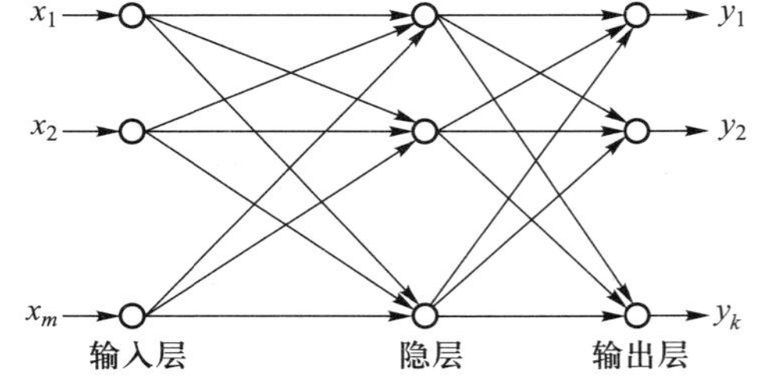

图17-3 三层 BP 网络结构

对于函数 f,可用 m 个输入节点和 k 个输出节点的 BP 网络描述。BP 网络最关键的问题在于隐层数及隐层节点数的确定。一般隐层数不多于两层。隐层节点数太少可能使网络容错性差,达不到学习的要求;隐层节点数太多又使网

络结构复杂，训练时间长，泛化能力降低。隐层节点数与研究问题的复杂性程度有关，常用试错法(trial and error)确定。

下面以三层 BP 网络为例给出固定步长、加动量的 BP 算法。设输入层节点数为 m，其第 i 节点的输入为 x_i；隐层节点数为 h，其第 j 节点的输出为 v_j；输出层节点数为 k，其第 k 节点的输出为 y_k；输入层第 i 节点到隐层第 j 节点间连接权重为 w_{ji}，隐层第 j 节点的阈值为 θ_j；隐层第 j 节点到输出层第 k 节点的连接权重为 w_{kj}，输出层第 k 节点的阈值为 θ_k。算法如下：

第一步：网络参数初始化。赋予网络权重 w_{ji}、w_{kj} 和阈值 θ_j、θ_k 在(−1,1)间任意小的随机数。

第二步：给网络输入第一个样本对。

第三步：计算隐层第 j 节点的输出 v_j：

$$v_j = g\left(\sum_{i=1}^{m} w_{ji}x_i + \theta_j\right) \tag{17-6}$$

式中，g 为激励函数，多采用 Sigmoid 函数，即

$$g(v) = \frac{1}{1+e^{-v}} \tag{17-7}$$

第四步：计算输出层第 k 节点的输出 y_k：

$$y_k = g\left(\sum_{j=1}^{h} w_{kj}v_j + \theta_k\right) = 1/\left\{1+\exp\left[-\left(\sum_{j=1}^{h} w_{kj}v_j + \theta_k\right)\right]\right\} \tag{17-8}$$

第五步：计算输出层第 k 节点的误差变化率 δ_k：

$$\delta_k = y_k(1-y_k)(y_k-d_k) \tag{17-9}$$

式中，d_k 为样本期望输出。

第六步：计算隐层第 j 节点的误差变化率 δ_j：

$$\delta_j = v_j(1-v_j)\sum_{k=1}^{K} \delta_k w_{kj} \tag{17-10}$$

第七步：修正各连接权重和阈值：

$$w_{kj}^{t+1} = w_{kj}^{t} - \eta\delta_k y_j + \alpha(w_{kj}^{t} - w_{kj}^{t-1}) \tag{17-11}$$

$$\theta_k^{t+1} = \theta_k^{t} - \eta\delta_k + \alpha(\theta_k^{t} - \theta_k^{t-1}) \tag{17-12}$$

$$w_{ji}^{t+1} = w_{ji}^{t} - \eta\delta_j x_i + \alpha(w_{ji}^{t} - w_{ji}^{t-1}) \tag{17-13}$$

$$\theta_j^{t+1} = \theta_j^{t} - \eta\delta_j + \alpha(\theta_j^{t} - \theta_j^{t-1}) \tag{17-14}$$

式中，上标 t 表示修正次数；$\eta \in (0,1)$ 为学习率。其值越大，算法收敛越快，但不稳定，可能出现震荡，越小则算法收敛缓慢；$\alpha \in (0,1)$ 为动量因子，其作用与 η 相反。

第八步：取下一个样本对，重复上述过程；当全部 n 个样本对学习完后转向第九步。

第九步：计算网络全局误差函数 E：

$$E=\sum_{l=1}^{n}E_l=\frac{1}{2}\sum_{l=1}^{n}\sum_{k=1}^{K}(y_k-d_k)^2 \tag{17-15}$$

当 E 小于设定值或学习次数大于规定数时，训练结束。

17.5 无资料地区径流计算

稀缺资料流域的径流预报和估算（prediction in ungauged basin，PUB）一直是困扰国内外水文学家的难题之一。一方面是因为尺度过小，很容易被忽视。尤其是对于幅员辽阔的我国，稀缺资料地区小流域径流估算方法的缺失，严重制约了抵御局地暴雨洪水灾害工作的开展。就广泛分散的单个小流域而言，相对大河流域由洪水造成的损失要小。但是无论流域大小，凡涉水建筑均有同样的防洪问题与供水需求，而不能忽视。另一方面，几乎世界各国都一样，小流域绝大多数是不设观测站的，属资料稀缺地区，而资料往往是径流预估中率定模型和验证结果的重要依据。广大稀缺资料小流域的径流预报和估算对各地交通（铁路、公路及通信跨河工程）、输电塔、管道、化工等工矿场（厂址）的防洪与供水的确定、设计以及应对如地震导致的山洪有重要意义。

17.5.1 基于干燥指数估算小流域年径流

干燥指数是用来衡量一个地区气候干湿状况的一个重要指标，在气候、水文、植被等领域得到了广泛的应用。干燥指数的计算方法很多，其中较为普遍的是采用年潜在蒸散发与年降雨之比，即

$$AI=\frac{\sum ET_0}{\sum P} \tag{17-16}$$

式中，AI——干燥指数，$\sum P$——年降雨量（mm），$\sum ET_0$——年潜在蒸散发（mm）。为深入剖析干燥指数对气候因子的响应关系，研究采用 Penman-Monteith 公式估算区域的潜在蒸散发。干燥指数越大，表示该区气候越干燥；反之，则代表该区气候湿润。在我国，干燥指数 $AI<1.0$ 的地区为湿润地区，AI 介于 1.0~1.5 为半湿润区，AI 介于 1.5~4.0 为半干旱区，而 $AI>4.0$ 时为干旱区。

径流系数与干燥指数之间有良好的相关性，以幂函数的形式来估算小流域年径流：

$$\frac{R}{P}=a\left(\frac{E_0}{P}\right)^b=a\cdot AI^b \tag{17-17}$$

17.5.2 基于 Budyko 假设理论推导稀缺资料地区小流域年产水量

Koster 和 Suarez（1999）认为，流域内年内蓄水变化量远小于降雨、蒸发和径流量，因此，

假设任一流域内的年蒸发率方程可表示为 Budyko 曲线：

$$\frac{ET}{P}=f\left(\frac{E_0}{P},a\right)=f(\phi,a) \tag{17-18}$$

式中，$\phi=E_0/P$ 为干燥指数。

$$\frac{\partial ET}{\partial P}=f(\phi,a)-\phi f'(\phi,a) \tag{17-19}$$

假设在年尺度上水量平衡，降雨量等于径流量和蒸发量之和，即

$$\Delta P=\Delta Q+\Delta ET \tag{17-20}$$

故：

$$\frac{\partial Q}{\partial P}=1-\frac{\partial ET}{\partial P} \tag{17-21}$$

忽略年内蓄水变化量，可得小流域年产水量计算公式：

$$Q=P\left[1+\left(\frac{E_0}{P}\right)^a\right]^{\frac{1}{a}}-E_0 \tag{17-22}$$

17.5.3 基于参数移植的小流域径流估算

对于无资料或稀缺资料地区，当前水文模型参数估计中最常用的方法是区域化方法，包括参数移植法、参数回归法、插值法和平均法。

参数移植法是其中应用最广的一种方法。它是通过选择与该流域相似的有资料流域作为参证流域，将参证流域的模型率定参数移用到稀缺资料流域进行水文模拟，学科上属于比较水文学研究。

我国对稀缺资料流域的年径流估算也有重要积累。老一辈水文学家（郭敬辉、汤奇成、刘昌明等）绘制了我国年径流等值线图，采用插值法，非常简单又适用地估算稀缺资料流域的年产水量。

17.5.4 人工降雨实验方法

在 1958—1978 年，中国科学院地理研究所刘昌明等研制了针管桁架式的模拟降雨装置（图 17-4），进行无资料小流域模拟降雨实验与径流计算，提出了一个计算流域产流期内平均损失率的经验模型：

$$\mu=Ra^r \tag{17-23}$$

式中，μ——流域产流期内平均损失率（$\mathrm{mm\cdot h^{-1}}$），不包括流域产流前初损量；a——流域产流期内平均降雨强度（$\mathrm{mm\cdot h^{-1}}$）；r——损失系数；R——损失系数。R 与 r 可根据土壤湿度和植被覆盖情况查表获得。

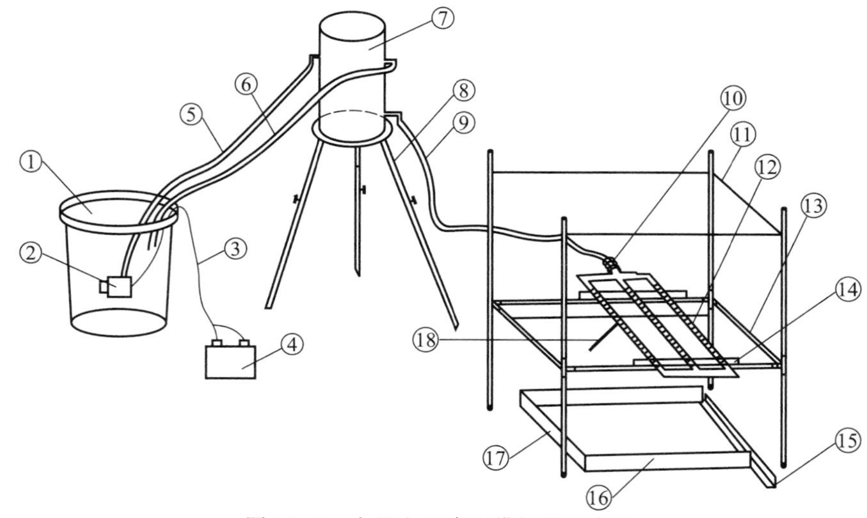

图 17-4 小型人工降雨模拟器示意图

① 供水桶；② 抽水泵（直流）；③ 电线；④ 直流电瓶（12 V）；⑤ 进水管；⑥ 回水管；⑦ 稳压水桶；⑧ 三脚架；⑨ 出水管；⑩ 流量控制阀；⑪ 风挡；⑫ 喷雨器；⑬ 降雨器架；⑭ 滑轮装置；⑮ 集流槽；⑯ 长隔水板；⑰ 短隔水板；⑱ 滑动把手

稀缺资料流域径流预估是国际的前沿问题与国内的重大需求，已取得一些进展，但仍然需要引入最新的科学技术，进行大量的比较水文学研究。

17.6 小流域设计暴雨洪水计算

中、小型水利工程（农田水利工程的小水库、撇洪沟，渠系上交叉建筑物中的涵洞、泄洪闸等），铁路、公路上的桥涵，城市、工矿区防洪工程和山区灾害整治工程等无处不在，且在国民经济中发挥着重要作用。这些工程一般都位于小流域内，其防洪安全计算常常缺乏实测水文资料（流量和暴雨资料），因此常用的由流量资料或暴雨资料推求设计洪水的方法难以实施。为此，小流域设计洪水计算必须作为一个专门问题进行研究。

小流域设计洪水计算工作已有 100 多年的历史，计算方法在逐步充实和发展，由简单到复杂，由计算洪峰流量到计算洪水过程。归纳起来，有经验公式法、推理公式法、综合单位线法以及水文模型等方法。从现有的研究成果来看，小流域设计洪水计算包括三个方面的内容：小流域设计暴雨计算、设计洪峰流量计算和小流域设计洪水过程线拟定，下面各节将分别讨论。

17.6.1 小流域设计暴雨计算

设计暴雨计算主要采用各省暴雨图集进行计算，包括雨量时段分析、频率分析和暴雨时程分配三项内容。设计暴雨计算是无实测洪水资料情况下进行设计洪水计算的前提，也是确定预警临界雨量的重要环节。

雨量时段分析应当分析流域汇流时间的时段雨量；雨量时段还应当包括设计暴雨计算历时的一般要求，即包括10分钟、1小时、6小时、24小时。此外，各地可根据所在地区相应的暴雨图集适当增加分析设计雨量的时段。确定流域汇流时间时，应基于前期基础工作成果中的流域单位线信息，选定初值，再结合流域暴雨与下垫面特性，综合分析后最后确定。分析各时段设计暴雨时，应当根据流域特征和资料条件，选取设计暴雨计算历时。一般情况下，可根据所在地区的暴雨图集和水文手册等基础性资料，或者经过审批的各历时点暴雨统计参数等值线图，查算各历时设计暴雨雨量，或者根据24 h雨量，采用暴雨公式进行不同时段设计雨量的转化。

暴雨频率分析依据《水利水电工程设计洪水计算规范》(SL 44—2006)以及现行有关规范的要求，选择5年一遇、10年一遇、20年一遇、50年一遇、100年一遇5种频率进行设计暴雨分析，为沿河村落、集镇、城镇等分析评价对象的防洪能力现状分析工作提供支撑。资料充分时，采用面暴雨计算；面暴雨资料不足时，采用点暴雨资料和点面关系计算；暴雨资料缺乏时采用经审批的暴雨图集和水文手册等基础资料查算。

暴雨雨型，即设计暴雨时程分配，应符合暴雨雨型特征和区域综合特点。设计雨型应在典型雨型基础上，采用同频率控制缩放计算得出。缺乏资料地区可采用各地暴雨图集、水文手册、中小流域水文图集、水文水资源手册等基础资料推荐的雨型。

17.6.1.1 年最大24 h设计暴雨量计算

小流域洪水汇流时间短，形成洪峰的暴雨历时也短，一般从几十分钟到几小时，通常小于1天，同时自记雨量记录也多为1天的资料。因此，将特定历时定为24 h。我国大多数省(区、市)和部门都已绘制了年最大24 h暴雨的统计参数($\overline{P}_{24}$及C_v)等值线图及C_s/C_v值的分区图。在这种情况下，首先查出流域中心点的年最大24 h降雨量均值$\overline{P}_{24}$及C_v值，再由C_s/C_v值的分区图查得C_s/C_v值，再由$\overline{P}_{24}$、C_v和C_s推求出流域中心点的频率P下的年最大24 h设计暴雨量$P_{24,p}$为

$$P_{24,p}=\overline{P}_{24}(1+\Phi_p C_v) \tag{17-24}$$

式中，Φ_p为C_s、P对应的离均系数。

17.6.1.2 历时t(<24 h)的设计暴雨$P_{t,p}$的计算

前面推求的设计暴雨量为特定历时(24 h)的设计暴雨，而推求设计洪峰流量时需要给出任一历时的设计平均降雨强度或雨量。将年最大24 h设计暴雨量$P_{24,p}$通过暴雨公式转化为任意一历时的设计雨量$P_{t,p}$($1<t<24$)。

(1) 暴雨公式

所谓暴雨公式，即为暴雨强度-历时关系。目前水利部门多用如下公式：

$$i_{t,p}=S_{p}/t^{n} \tag{17-25}$$

式中，$i_{t,p}$——历时为 t、频率为 p 的平均暴雨强度（$mm\cdot h^{-1}$）；S_p——$t=1$ h 的平均降雨强度，又称雨力，随地区和重现期而变（$mm\cdot h^{-1}$）；n——暴雨参数或称暴雨递减指数，随地区和历时长短而变。

式（17-25）表明，暴雨强度与历时呈指数关系。

（2）历时 t 的设计暴雨量公式

将式（17-25）两边均乘以历时 t 得：

$$P_{t,p}=S_{p}t^{1-n} \tag{17-26}$$

式中，$P_{t,p}$——频率为 p、历时为 t 的暴雨量（mm）。式（17-26）为历时 t 的设计暴雨量计算公式。

（3）n、S_p 的计算

n、S_p 可通过图解分析法来确定。对式（17-26）两边取对数得：

$$\lg\ i_{t,p}=\lg\ S_{p}-n\lg\ t \tag{17-27}$$

从式（17-27）可以看出，$\lg\ i_{t,p}$ 与 $\lg\ t$ 为直线关系，如图 17-5 所示，则直线的斜率为暴雨参数 n。由图 17-5 可见，在 $t=1$ h 处出现明显的转折点。当 $t\leqslant 1$ h 时，取 $n=n_1$；$t>1$ h 时，则 $n=n_2$；$t=1$ h，$S_p=i_{1,p}$。n_1、n_2 和 S_p 随频率 P 而变化。

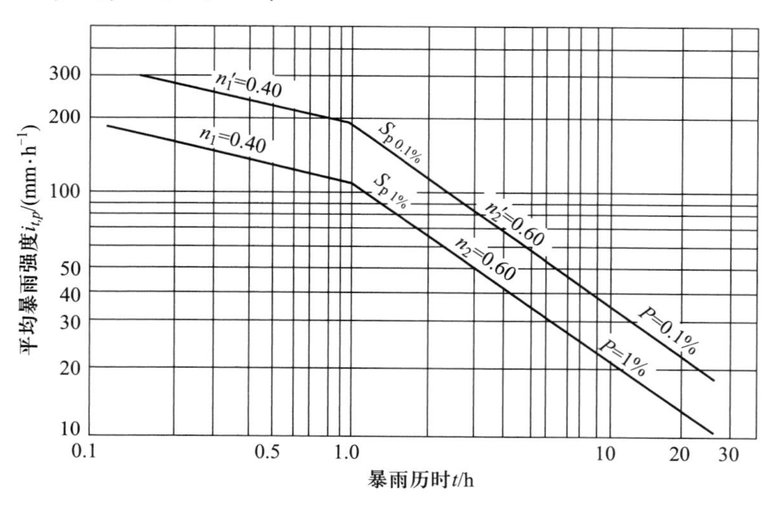

图 17-5 暴雨强度-历时-频率曲线

图 17-5 上的点是根据分区内有暴雨系列的雨量站资料经分析计算而得到的。首先计算不同历时暴雨系列的频率曲线，读取不同历时各种频率的 $P_{t,p}$，将其除以历时 t，得到 $i_{t,p}$，

然后以 $i_{t,p}$ 为纵坐标，t 为横坐标，即可点绘出以频率 P 为参数的 $\lg i_{t,p} \sim P \sim \lg t$ 关系线。

① $n(n_1、n_2)$ 的获取：暴雨递减指数 n 对各历时的雨量转换成果影响较大，如有实测暴雨资料分析得出能代表本流域暴雨特性的 n 值最好。小流域多无实测暴雨资料，需要利用 n 值反映地区暴雨特征的性质，将本地区由实测资料分析得出的 $n(n_1, n_2)$ 值进行地区综合，绘制 n 值分区图，供无资料流域使用。一般水文手册中均有 n 值分区图。图 17-6 为全国 n_1 等值线图。

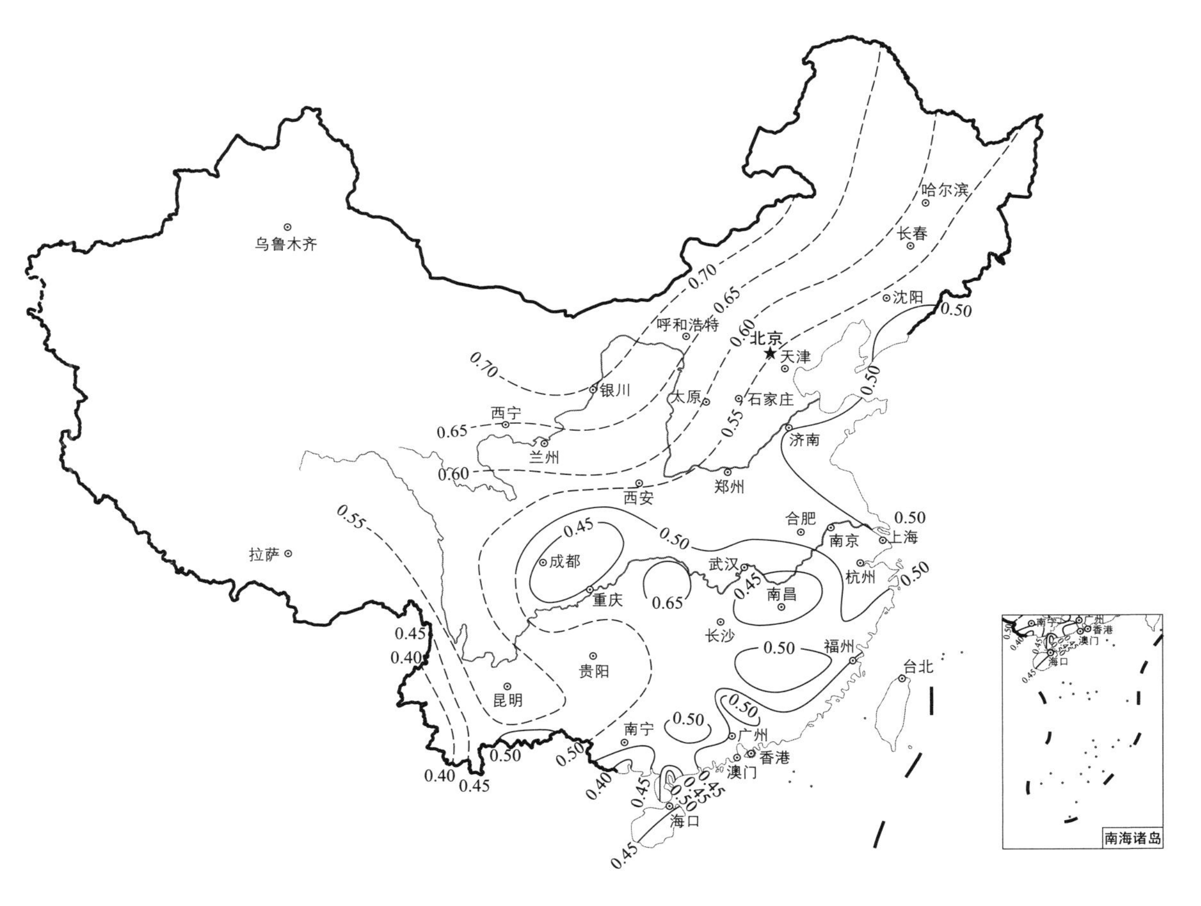

图 17-6 全国 n_1 等值线图

② S_p 的计算：如地区水文手册中已有 S_p 等值线图，则可直接查用。S_p 值也可根据式(17-28)并令 $t=24$ h 计算得出，即

$$S_p = P_{24,p} \times 24^{(n_2-1)} \tag{17-28}$$

S_p 及 n 值确定后，即可使用暴雨公式进行不同历时设计暴雨量之间的转换。当 1 h≤t≤24 h 时：

$$P_{t,p} = S_p t^{(1-n_2)} = P_{24,p} \times 24^{(n_2-1)} \times t^{(1-n_2)} \tag{17-29}$$

当 t<1 h 时：

$$P_{t,p}=S_{p}t^{(1-n_1)}=P_{24,p}\times 24^{(n_2-1)}\times t^{(1-n_1)} \tag{17-30}$$

上述以 1 h 处分为两段直线是概括大部分地区 $P_{t,p}$ 与 t 之间的经验关系，未必与各地的暴雨资料拟合很好。如有些地区采用多段折线，也可以分段给出各自不同的转换公式，不必限于上述形式。

另外，如需要设计暴雨过程，则暴雨时程分配一般采用最大 3 h、6 h 及 24 h 作同频率控制。各地区水文图集或水文手册均载有设计暴雨分配的典型，可供参考。

事实上，随着自记雨量计的增设及观测时段资料的增加，有些省（区、市）已将 6 h、1 h 的雨量系列进行统计，得出短历时的暴雨量统计参数等值线图（均值、C_v），从而可分别求出 6 h 及 1 h 的设计频率的雨量值。

17.6.2 设计洪峰流量的推理公式

设计洪水计算包括洪水频率和洪峰流量两方面信息。分析中，以沿河村落、集镇和城镇附近的河道控制断面为计算断面，采用推理公式法、经验公式法以及分布式叠加法，根据 24 h 设计雨量，进行 5 年一遇、10 年一遇、20 年一遇、50 年一遇、100 年一遇 5 种频率的设计洪水计算。

17.6.2.1 设计洪水规范推荐使用的推理公式

推理公式法，英国和美国称为“合理化方法”（rational method），苏联称为“稳定形势公式”。推理公式法是最早根据降雨资料推求洪峰流量的方法之一，至今已有 130 多年。

假定流域产流强度 γ 在时间和空间上都均匀，经过线性汇流推导，可得出所形成洪峰流量的计算公式，如式(17-31)所示：

$$Q_m=0.278\gamma F=0.278(i-\mu)F \tag{17-31}$$

式中，i——平均降雨强度（$mm\cdot h^{-1}$）；μ——平均损失强度（$mm\cdot h^{-1}$）；F——流域面积（km^2）；0.278——单位换算系数；Q_m——洪峰流量（$m^3\cdot s^{-1}$）。

μ 是指产流历时 t_c 内的平均损失强度。图 17-7 表示了 μ 与降雨过程的关系，可以看出，$i\leqslant\mu$ 时，降雨全部耗于损失，不产生净雨；$i>\mu$ 时，损失按 μ 值进行，超渗部分（图中阴影部分）为净雨量。由此可见，当设计暴雨和确定 μ 值后，便可求出任一历时的净雨量及平均净雨强度。

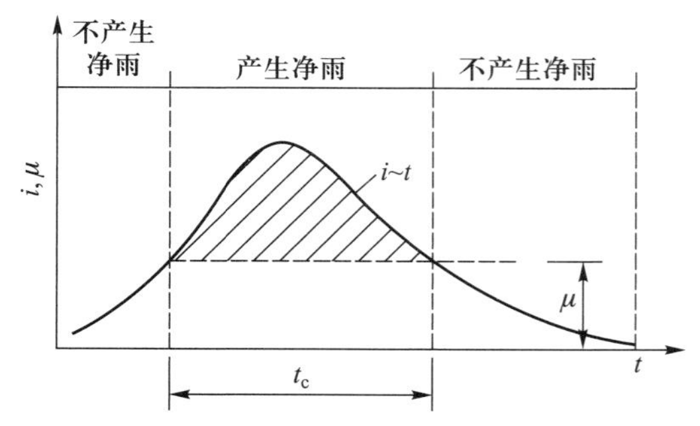

图 17-7 降雨过程与入渗过程示意图

为了便于小流域设计洪水计算，各省（区、市）水利水文部门在分析大量暴雨洪水资料之后，均提出了决定 μ 值的简便方法。有的部门选用单站 μ 与前期影响雨量 P_a 建立关系，有的选用降雨强度 $\bar{i}$ 与一次降雨平

均损失率 $\bar{f}$ 建立关系，以及 μ 与 $\bar{f}$ 建立关系，从而运用这些 μ 值做地区综合，可以得出各地区在设计时应取的 μ 值。具体数值可参阅各地区的水文手册。

根据流域汇流等流线法可知，当 $t_c>\tau$（流域汇流时间）时，即充分供水条件下，出口断面的洪峰流量 Q_m 是由 τ 时段的净雨在全流域面积上形成的，即 Q_m 由式（17-32）给出。Q_m 仅与流域面积和产流强度有关。此时，称为全面汇流情况。

当 $t_c<\tau$ 时，即不充分供水条件下，Q_m 是由全部净雨在部分流域面积上形成的，因此称为部分汇流情况。

$$Q_m=0.278(i-\mu)F_0 \tag{17-32}$$

式中，F_0——共时径流面积（km^2），即部分产流面积；其余符号含义同前。

对式（17-32）进行概化，得推理公式的一般形式为

$$Q_m=0.278\psi iF \tag{17-33}$$

式中，ψ——洪峰径流系数，即形成洪峰的净雨量与降雨量的比值；i——平均降雨强度（$mm\cdot h^{-1}$）；$F=F_0/\varphi$，φ——共时径流面积系数。

当 $t=\tau$ 时，由暴雨公式有 $i=S_p/\tau^n$，代入式（17-33）中得：

$$Q_m=0.278\psi\frac{S_p}{\tau^n}F \tag{17-34}$$

式（17-34）就是设计洪水规范推荐使用的推理公式。

前面已介绍 S_p、n 的获取，这里给出 ψ、τ 的计算。

（1）ψ 的计算

① 当 $t_c\geqslant\tau$ 时（图 17-8a），根据定义有：

$$\psi=\frac{h_\tau}{P_\tau}=\frac{P_\tau-\mu\tau}{P_\tau}=1-\frac{\mu\tau}{P_\tau} \tag{17-35}$$

式中，h_τ 表示连续 τ 时段内最大产流量（净雨）。由暴雨公式有 $P_\tau=i\cdot\tau=(S_p/\tau^n)\tau=S_p\tau^{1-n}$，代入上式得：

$$\psi=1-\frac{\mu\tau}{S_p\tau^{1-n}}=1-\frac{\mu}{S_p}\tau^n \tag{17-36}$$

② 当 $t_c<\tau$ 时（图 17-8b），根据定义有：

$$\psi=\frac{h_R}{P_\tau}=\frac{P_{t_c}-\mu t_c}{P_\tau} \tag{17-37}$$

式中，h_R——产流历时内的产流量（净雨）；P_{t_c}——t_c 时段内的降雨量。由暴雨公式有 $\mu=(1-n)S_p/t_c^n=(1-n)i_{t_c}$，代入上式得：

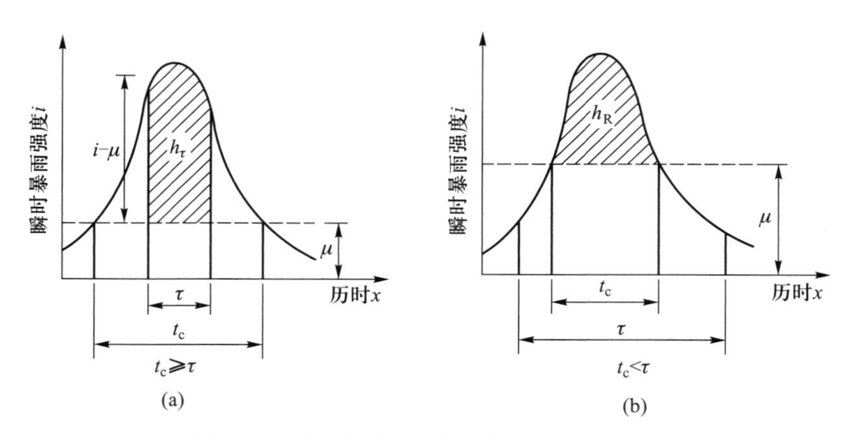

图 17-8 全面汇流(a)和部分汇流(b)示意图

$$\psi = n\left(\frac{t_c}{\tau}\right)^{1-n} \tag{17-38}$$

③ t_c 的计算:由暴雨公式可得 $P_t = i \cdot t = (S_p/t^n)t = S_p t^{1-n}$。对 P_t 求导数得:

$$i = \mathrm{d}P_t/\mathrm{d}t = (1-n)S_p/t^n \tag{17-39}$$

当 $i=\mu$、$t=t_c$ 时,则式(17-39)变为

$$t_c = \left[(1-n)\frac{S_p}{\mu}\right]^{\frac{1}{n}} \tag{17-40}$$

(2) τ 的计算

汇流时间 τ 为流域河长与汇流平均速度的比,一般采用以下经验公式计算,即

$$\tau = 0.278\frac{L}{v_\tau}$$

式中,

$$v_\tau = mJ^\sigma Q_m^\lambda \tag{17-41}$$

式中,L——流域最远点的河流长度(km);J——流域平均纵比降(以小数计);m——汇流参数;v_τ——流域平均汇流速度($\mathrm{m \cdot s^{-1}}$);Q_m——待求的洪峰流量($\mathrm{m^3 \cdot s^{-1}}$);$\sigma$、$\lambda$——反映沿流程水力特性的经验指数。对于一般山区河道,取 $\sigma=1/3$,$\lambda=1/4$。

将 $\sigma=1/3$、$\lambda=1/4$ 代入式(17-41)并与式(17-33)合并,整理得:

$$\tau = \tau_0\psi^{-\frac{1}{4-n}}$$

式中,

$$\tau_0=\frac{0.278^{\frac{3}{4-n}}L^{\frac{4}{4-n}}}{(mJ^{1/3})^{\frac{4}{4-n}}(S_pF)^{\frac{1}{4-n}}} \tag{17-42}$$

参数 L、J 从地图中量取即可。m 的计算见下。

(3) 损失参数 μ 和汇流参数 m 的确定

① μ 的估算:在设计条件下,u 可以采用下式计算:

$$\mu=(1-n)n^{\frac{n}{1-n}}\left(\frac{S_p}{h_R^n}\right)^{\frac{1}{1-n}} \tag{17-43}$$

h_R 经推算有如下公式:

$$h_R=S_pt_c^{1-n}-\mu t_c=S_pt_c^{1-n}-(1-n)S_pt_c^{-n}t_c=nS_pt_c^{1-n} \tag{17-44}$$

另外,h_R 也可由地区暴雨径流相关图查算,如图 17-9 所示。μ 也可根据地区 μ 值综合图(表)查取。

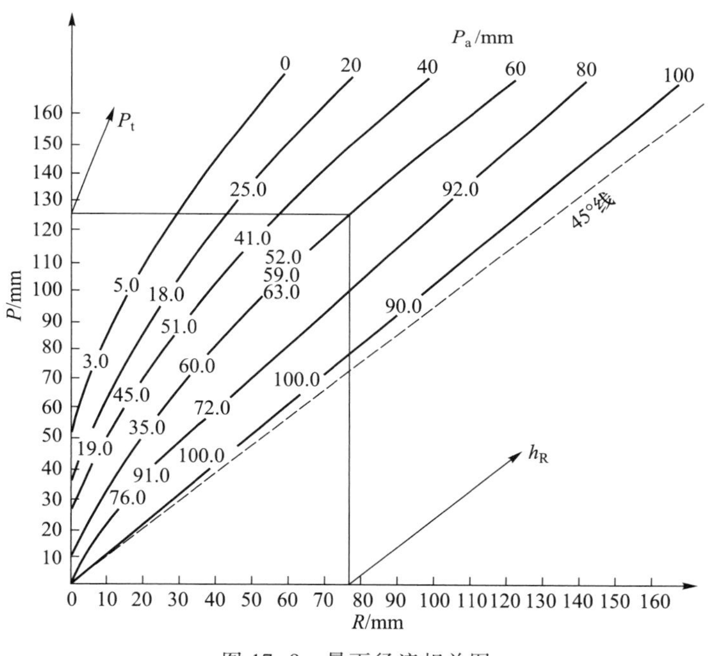

图 17-9 暴雨径流相关图

② m 的估算:m 与流域特征因素 θ(反映流域地形、地貌、植被、河网分布、断面形状、暴雨时空分布等)存在密切的关系,一般建立 $m\sim\theta$ 关系图,对 m 值进行地区综合。在建立 $m\sim\theta$ 关系时,分下面几种情况。

- 按下垫面条件定线:例如,

  贵州省:山丘、强岩溶、植被差,$m=0.056\theta^{0.73}$;山丘、少量岩溶、植被较好,

$m=0.064\theta^{0.73}$。

湖南省：植被好、以森林为主的山区，$m=0.145\theta^{0.489}$（$\theta<25$）；$m=0.02286\theta^{1.067}$（$25\leqslant\theta\leqslant100$）；植被较差的丘陵山区，$m=0.183\theta^{0.489}$（$\theta\leqslant22$）。

- 按区域条件定线：例如，

  四川省：盆地丘陵区，$m=0.4\theta^{0.204}$（$1<\theta\leqslant30$）；$m=0.09\theta^{0.636}$（$30<\theta\leqslant300$）。

  福建省：沿海地区，$m=0.053\theta^{0.785}$（$\theta\geqslant2.5$）；内地，$m=0.035\theta^{0.785}$（$\theta\geqslant2.5$）。

- 考虑设计洪水大小定线：例如，

  湖北省：可能最大降雨量（PMP）及 $H_{24}>700$ mm，$m=0.42\theta^{0.24}$；50 年一遇以上洪水，$m=0.5\theta^{0.21}$。

原山东省水利学校、浙江省水利水电勘测设计院、中国水利水电科学研究院水资源研究所协作，收集全国 105 个小流域暴雨洪水资料，分析推理公式中的汇流参数 m，并把下垫面状况划分为 4 类进行 $m\sim\theta$ 综合，提出 4 类下垫面条件下不同 θ 值相应的 m 值表，如表 17-1 所示，可供参考。

表 17-1　小流域下垫面条件分类 m 值

类别	雨洪特性、河道特性、土壤植被条件的简单描述	推理公式洪水汇流参数 m 值		
		$\theta=1\sim10$	$\theta=10\sim30$	$\theta=30\sim90$
Ⅰ	北方半干旱地区，植被条件较差，以荒被、梯田或少量的稀疏林为主的土石山区，旱作物较多。河道呈宽浅型，间隙性水流，洪水陡涨陡落	1.0～1.3	1.3～1.6	1.6～1.8
Ⅱ	南、北地理景观过渡区，植被条件一般，以稀疏林、针叶林、幼林为主的土石山区或流域内耕地较多	0.6～0.7	0.7～0.8	0.8～0.95
Ⅲ	南方、东北湿润山丘区，植被条件良好，以灌木林为主的石山区，或森林覆盖率达到 40%～50%，或流域内多为水稻田，或以优良的草皮为主。河床多为砾石、卵石，两岸滩地杂草丛生，大洪水多为尖瘦型，中小洪水多为矮胖型	0.3～0.4	0.4～0.5	0.5～0.6
Ⅳ	雨量丰沛的湿润山区，植被条件优良，森林覆盖度可达到 70%以上，多为深山原始森林区，枯枝落叶层厚，壤中流较丰富，河床呈山区型，大卵石、大砾石河槽，有跌水，洪水多陡涨陡落	0.2～0.3	0.3～0.35	0.35～0.4

流域特征因素 θ 与流域特征存在下列关系：

$$\theta=\frac{L}{J^{1/3}F^{1/4}} \text{ 或 } \theta=\frac{L}{J^{1/3}} \tag{17-45}$$

17.6.2.2 用推理公式计算设计洪峰流量

经过整理,可得中国水利水电科学研究院推理公式:

$$\begin{cases} Q_{mp}=0.278\left(\dfrac{S_p}{\tau^n}-\mu\right)F \\ \tau=0.278\dfrac{L}{mJ^{1/3}Q_{mp}^{1/4}} \end{cases} \quad t_c \geqslant \tau \tag{17-46}$$

$$\begin{cases} Q_{mp}=0.278\left(\dfrac{nS_p t_c^{1-n}}{\tau^n}\right)F \\ \tau=0.278\dfrac{L}{mJ^{1/3}Q_{mp}^{1/4}} \end{cases} \quad t_c < \tau \tag{17-47}$$

式中,Q_{mp}——设计洪峰流量。

对于以上方程组,只要知道 7 个参数:F、L、J、n、S_p、μ、m,便可求出 Q_{mp}。常用试算法和图解法求解。试算法是先假定一个 Q_{mp}值,分别代入式(17-46)或式(17-47),计算一个 Q_{mp}^1值。若两者相等,假定值即为所求;否则,继续试算。

17.6.2.3 计算实例

下面结合例子说明,江西省某流域上需要建小水库 1 座,用推理公式计算 $P=1\%$的设计洪峰流量 Q_{mp},要求用图解法求解。

计算步骤如下:

(1) 流域特征参数 F、L、J 的确定

F 为出口断面以上的流域面积,在适当比例尺地形图上勾绘出分水岭后,用求积仪测算。

L 为从出口断面起,沿主河道至分水岭的最长距离,在适当比例尺的地形图上用分规量算。

J 为沿 L 的坡面和河道平均比降,计算方法见有关文献。

本例中,已知流域特征参数:$F=104\ \text{km}^2$,$L=26\ \text{km}$,$J=8.75‰$

(2) 设计暴雨参数 n 和 S_p 的确定

$$S_p=P_{24,p}\times24^{n-1}=aP_{1d,p}\times24^{n-1}$$

式中,a——修正系数。暴雨衰减指数 n 根据各省(区、市)实测暴雨资料分析定量,查当地

水文手册即可获得，一般 n 的数值以定点雨量资料代替面雨量资料，不作修正。

现从江西省水文手册中查得设计流域最大 1 日雨量的参数：

$$\overline{P}_{1d}=115\ \text{mm},C_{v_{1d}}=0.42,C_{s_{1d}}=3.5C_{v_{1d}}$$

$$n_2=0.60,P_{24,p}=1.1P_{1d,p}$$

由 $C_{s_{1d}}$ 及 P 查得 $\Phi_p=3.312$。

所以，$S_p=P_{24,p}\times24^{n_2-1}=1.1\times115\times(1+0.42\times3.312)\times24^{0.60-1}=84.8\ \text{mm}\cdot\text{h}^{-1}$

(3) 设计流域损失参数 μ 和汇流参数 m 的确定

可查有关水文手册，本例查得的结果是 $\mu=3.0\ \text{mm}\cdot\text{h}^{-1}$、$m=0.70$。

(4) 用图解法求设计洪峰流量

① 采用全面汇流公式作计算，即假定 $t_c\geqslant\tau$。

② 将有关参数代入式(17-46)，得到 Q_{mp} 及 τ 的公式如下：

$$Q_{mp}=0.278\times\left(\frac{84.8}{\tau^{0.6}}-3\right)\times104=\frac{2451.7}{\tau^{0.6}}-86.7 \tag{17-48}$$

$$\tau=\frac{0.278\times26}{0.7\times0.008\ 75^{1/3}Q_{mp}^{1/4}}=\frac{50.1}{Q_{mp}^{1/4}} \tag{17-49}$$

③ 假定一组 τ 值代入式(17-48)中，算出相应的一组 Q_{mp} 值，再假定一组 Q_{mp} 值代入式(17-49)中，算出一组 τ 值，成果见表 17-2。

表 17-2 $Q_{mp}\sim\tau$ 关系计算成果表

$Q_{mp}=\frac{2451.7}{\tau^{0.6}}-86.7$			$\tau=50.1/Q_{mp}^{1/4}$		
τ	$2451.7/\tau^{0.6}$	Q_{mp}	Q_{mp}	$Q_{mp}^{1/4}$	τ
8	704.1	617.4	400	4.5	11.1
10	615.8	529.1	450	4.6	10.9
12	552.0	465.3	500	4.73	10.6
14	503.3	416.6	600	4.95	10.1

④ 绘图。将计算的两组数据 $\tau\sim Q_{mp}$ 和 $Q_{mp}\sim\tau$ 绘在一张方格纸上(图 17-10)，纵坐标表示洪峰流量 Q_{mp}，横坐标表示时间 τ，两条曲线的交点处对应的 Q_{mp} 即为所求设计洪峰流量。由图 17-10 读出 $Q_{mp}=510\ \text{m}^3\cdot\text{s}^{-1}$，$\tau=10.55\ \text{h}$。

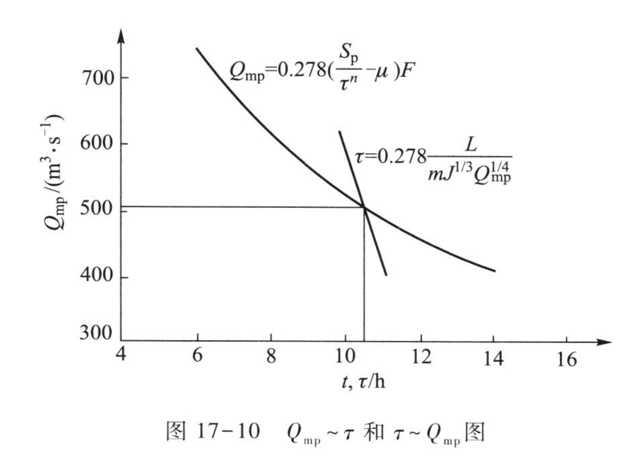

图 17-10 $Q_{mp}\sim\tau$ 和 $\tau\sim Q_{mp}$ 图

⑤ 检验 t_c 是否大于 τ：

$$t_c=\left[\frac{(1-n_2)S_p}{\mu}\right]^{\frac{1}{n_2}}=\left(\frac{0.4\times 84.8}{3.0}\right)^{1/0.6}=57\ \text{h}$$

本例题 $\tau=10.55$ h$<t_c=57$ h，所以采用全面汇流公式计算是正确的。

17.6.3 设计洪峰流量的地区经验公式

计算洪峰流量的地区经验公式是根据一个地区各河流的实测洪水和调查洪水资料，找出洪峰流量与流域特征以及降雨特性间的相互关系，建立起来的关系方程式。这些方程式都是根据某一地区实测数据制定的，只适用于该地区，所以称为地区经验公式。

影响洪峰流量的因素是多方面的，包括地质地貌特征（植被、土壤、水文地质等）、几何形态特征（集水面积、河长、比降、河槽断面形态等）以及降雨特性。地质地貌特征往往难以定量，在建立地区经验公式时，一般采用分区的办法加以处理。因此，地区经验公式的地区性很强。

我国水利、交通、铁道等部门，为了修建水库、桥梁和涵洞，对小流域设计洪峰流量的地区经验公式进行了大量的分析研究，在理论上和计算方法上都有所创新，在实用上已发挥了一定的作用。但是，此类公式受实测资料限制，缺乏大洪水资料的验证，不易解决外延问题。

17.6.3.1 单因素公式

目前，各地区使用的最简单的地区经验公式是以流域面积作为影响洪峰流量的主要因素，把其他因素用一个综合系数表示，其形式为

$$Q_{mp}=C_pF^n \qquad (17-50)$$

式中，Q_{mp}——设计洪峰流量（$m^3\cdot s^{-1}$）；F——流域面积（km^2）；n——经验指数；C_p——随地

区和频率而变化的综合系数。

在各省(区、市)的水文手册中,有的给出分区的 n、C_p 值,有的给出 C_p 等值线图。

对于给定设计流域,可根据水文手册查出 C_p 及 n 值,并量出流域面积 F,从而算出 Q_{mp}。

17.6.3.2 多因素公式

为了反映小流域上形成洪峰流量的各种特性,目前各地较多地采用多因素经验公式:

$$Q_{mp}=Ch_{24,p}F^{n} \tag{17-51}$$

$$Q_{mp}=Ch_{24,p}^{\alpha}f^{\gamma}F^{n} \tag{17-52}$$

$$Q_{mp}=Ch_{24,p}^{\alpha}J^{\beta}f^{\gamma}F^{n} \tag{17-53}$$

式中,f——流域形状系数,$f=F/L^2$;J——河道干流平均坡度;$h_{24,p}$——设计年最大 24 h 净雨量(mm);α、β、γ、n——指数;C——综合系数。

以上指数和综合系数是通过使用地区实测资料分析得出的。例如安徽省山区小河洪峰流量经验公式为

$$Q_{mp}=Ch_{24,p}^{1.21}F^{0.73} \tag{17-54}$$

该省把山区分为 4 类:深山区、浅山区、高丘区、低丘区,各区的 C 值分别为 0.0514、0.0285、0.0239、0.0194。

选用因素的个数以多少为宜,可从两方面考虑:一是能使计算成果提高精度,使公式的使用更符合实际,但所选用的因素必须能通过查勘、测量、等值线图内插等手段加以定量。二是与形成洪峰过程无关的因素不宜随意选用,因素与因素间的关系十分密切的不必都选用,否则无益于提高计算精度,反而增加计算难度。

17.6.4 小流域设计洪水过程线拟定

应用推理公式或地区经验公式只能算出设计洪峰流量,对于一些中小型水库,能对洪水起一定的调蓄作用,此时需要推求设计洪水过程线。一般用于推求小流域设计洪水过程线的方法有概化洪水过程线法和综合单位线法。

概化洪水过程线是根据实测洪水资料,经过地区综合分析和简化而得。概化线形有三角形、五边形和综合概化过程线等形式。概化洪水过程线法概念简单,方法易懂,得到了广泛应用。本节主要介绍此法,综合单位线法可参考相关文献。

17.6.4.1 三角形概化设计洪水过程线

三角形概化设计洪水过程线如图 17-11 所示。已知设计洪峰流量 Q_{mp} 和 $P_{24,p}$。图中 T 为洪水历时,可按下式计算:

$$T=\frac{2W_{\mathrm{p}}}{Q_{\mathrm{mp}}} \tag{17-55}$$

应用时规定洪水总量 W_{p} 按 24 h 设计暴雨所形成的径流深 $R_{24,p}$（mm）计算（$R_{24,p}$ 即 $P_{24,p}$ 对应的净雨量），即

$$W_{\mathrm{p}}=0.1R_{24,p}F\text{，单位为 }10^4\ \mathrm{m}^3 \tag{17-56}$$

式中，F——流域面积（km²）。

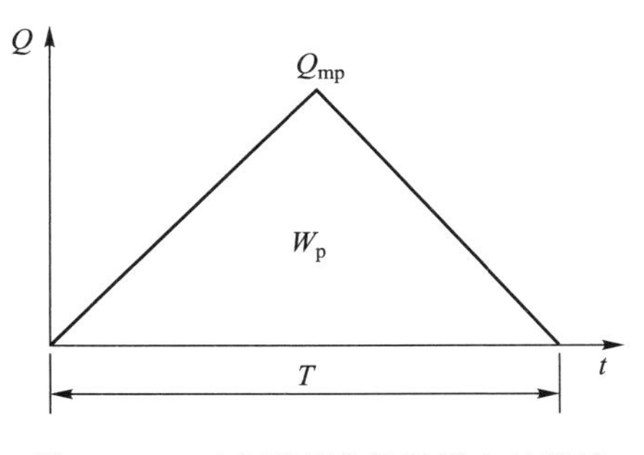

图 17-11 三角形概化设计洪水过程线

17.6.4.2 五边形概化设计洪水过程线

图 17-12 是江西省根据全省集水面积在 650 km² 以下的 81 个水文站、1048 次洪水资料分析得出的五边形概化洪水过程线模式，图中 T 为洪水历时，可按下式计算：

$$T=9.66\frac{W_{\mathrm{p}}}{Q_{\mathrm{mp}}} \tag{17-57}$$

式中，Q_{mp}、W_{p} 及 T 的单位分别为 $\mathrm{m}^3\cdot\mathrm{s}^{-1}$、$10^4\ \mathrm{m}^3$ 及 h。

由于设计洪峰流量 Q_{mp} 已知，将 Q_{mp} 及 W_{p} 代入式（17-57），即可算出 T。然后将各转折点的流量比值 Q_i/Q_{mp} 乘以 Q_{mp}，便得出各转折点的流量值，此即设计洪水过程线。

此外，我国有些地区水文手册中有典型的无因次洪水过程线，该过程线以 Q_i/Q_{mp} 为纵坐标，t_i/T 为横坐标，称为标准化过程线，使用时用 Q_{mp} 及 T 分别乘以标准化过程线，便得到设计洪水过程线。

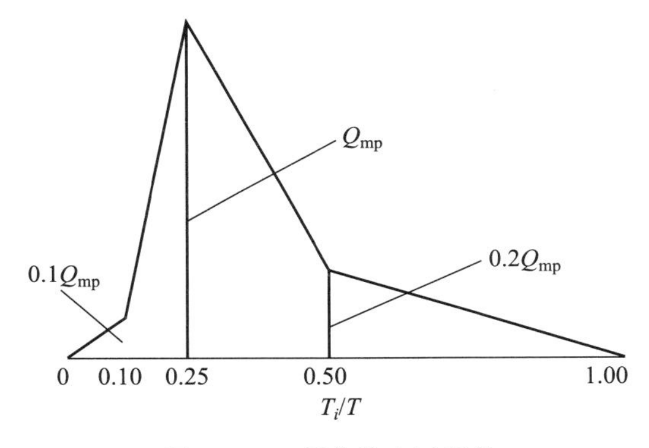

图 17-12 概化洪水过程线

17.6.4.3 单位线法推求设计洪水

当设计断面以上集水区域小于 50 km² 时，可以作为一个计算单元，采用单位线法计算设计洪水过程。具体计算方法为：① 计算设计降雨过程；② 计算设计净雨过程；③ 利用卷积公式进行汇流计算。

利用单位线（综合单位线、地貌单位线及分布式单位线）进行汇流计算，可以得到设计洪峰及设计洪水过程线。

第 18 章

山洪灾害风险管理

山洪灾害风险管理是分析、评估、预防和处理山洪灾害风险的一项复杂的系统工程。它是在对灾害风险形成过程与机理系统认识的基础上,根据灾害的物理特性及其成灾特点,评估可能产生的灾害风险,采用适宜的风险调控措施,最大限度地减少灾害风险和可能损失的重要手段。本章在梳理山洪灾害风险管理体系,明确风险管理目标的基础上,分析山洪灾害的风险评估方法,并进一步就风险处置、风险决策等进行阐述。

本章重点内容:

- 山洪风险评估的基本概念与步骤
- 基于灰色聚类法的山洪等级识别方法
- 山洪风险管理应急体系的构成

18.1 山洪灾害风险管理体系

18.1.1 山洪灾害风险管理的含义和目标

随着人类社会经济的迅速发展,山洪灾害所造成的各种损失与日俱增,近年来人们在总结经济发展与山洪灾害相互竞争的历史经验后提出了新的防洪减灾策略,这就是对山洪灾害进行管理,调整人与灾害的关系,由"防御山洪"转向"山洪管理"。山洪灾害风险管理(flood disaster risk management)是山洪管理的重要工作内容,在减轻山洪灾害损失的理论研究和工程实践中都具有重要意义(金菊良等,2002)。

在讨论山洪灾害风险管理时,首先要理解三个重要概念:① 可容忍风险(tolerable risk):为了保护自身或者团体某种特定的利益,人类愿意接受的风险。在风险管理中必须确信这种风险已经得到了适当的控制,同时还需要采取相应的监测措施,待到条件成熟,如果有可能的情况下,还宜采取措施进一步降低风险。② 可接受风险(acceptable risk):这种水平的风险虽然仍然影响到人们的生产生活,但不至于造成大的伤害和损失,且目前又没有对其进行管理的行之有效的方法(技术不可行或者代价太过高昂),人类不得不接受;一般不考虑将来为减少这种风险所需的正常费用。③ ALARP(as low as reasonable practice)准则:该准则是指只有在无法再降低风险,或者治理所花费用达不到相应预期效果的情况下,风险才是可以接受的。ALARP 准则往往与经济或技术因素之外的其他重要考虑联系在一起,比如政治上的考虑。

山洪灾害风险管理的目标是合理调整人与自然、人与山洪之间的关系,实现人类的最大安全保障和可持续发展。实现最大安全保障是指选择最经济和有效的方法(包括防洪工程措施和非工程措施)使山洪灾害风险降低到可以接受的程度。它可以分为灾害发生前的管理目标、灾害发生时的管理目标和灾害发生后的管理目标。灾害发生前的管理目标是选择最经济和有效的方法来减少或避免损失的发生,将损失发生的可能性和严重性降至最低程度,如进行山洪预报、洪灾警报发布、防洪工程的规划与实施、防洪调度预案等工作;灾害发生时的管理目标是当实际灾情发生后,监测实时雨情、水情和工情信息,确定最合理有效的调度方案,并组织好抢险与避难转移,尽可能减少直接经济损失和间接经济损失;灾害发生后的管理目标主要是通过各种方法尽快使灾区恢复重建,搞好灾后救援和卫生防疫工作,使灾民快速恢复生产和生活,修复加固水毁工程,为下一次的山洪灾害管理做好准备工作。实现可持续发展是指保证山洪灾害损失增加的速度不大于国民经济增长的速度。其中山洪灾害损失不仅包括经济损失,还包括社会、政治、环境及生态等多方面的损失。

18.1.2 山洪灾害风险管理内容

山洪灾害风险管理是在对山洪灾害致灾体成因、力学机理、运动规律、成灾机制等系统认识的基础上,评估可能产生的灾害风险,采用预案、预防、预警与治理措施等最大限度地减少可能造成的损失(魏一鸣等,2002)。它贯穿于灾害发生发展的全过程,涉及防灾、备灾、预警、响应(应急和救助)、处置(治理)和恢复/重建等内容,是在以往灾害防治理念基础上发展的一项自然规律与人类认知、工程技术与社会管理融合的系统工程。其基本结构框架见图 18-1 所示(朱静和唐川,2007)。

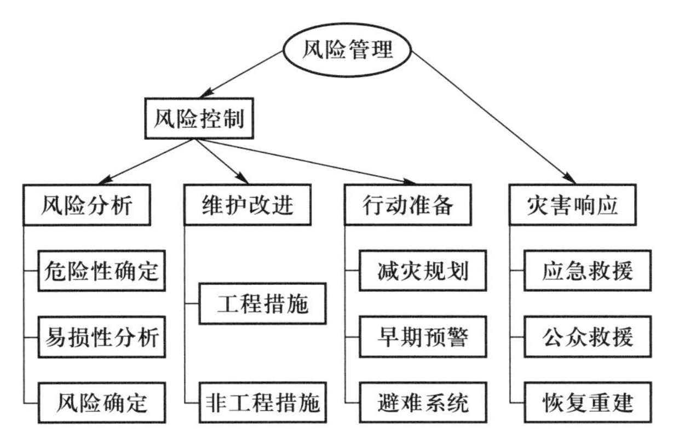

图 18-1 风险管理的基本结构框架

山洪灾害风险管理是一个连续的、循环的、动态的过程,主要包括建立洪灾风险管理目标、洪灾风险分析、洪灾风险决策、洪灾风险处理等几个基本步骤(图 18-2)。

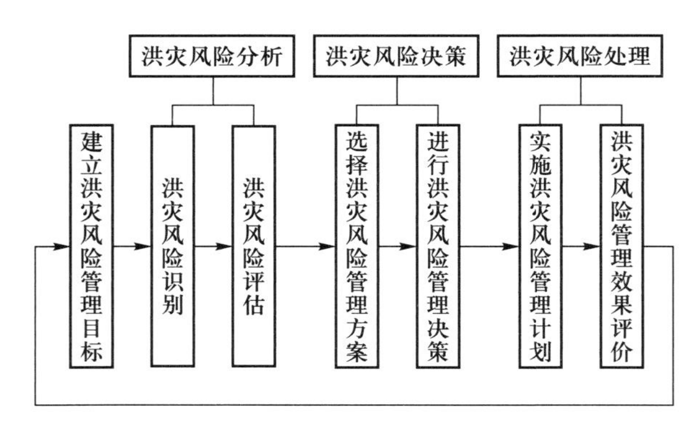

图 18-2 洪灾风险管理基本程序示意图

山洪灾害风险管理目标：根据山洪特征、工程质量、防洪保护区的人口、财产状况和承受能力，对防洪投入风险因素进行评估，确定对各项风险因素可以接受的标准，使风险管理成本最小，尽量减少人员伤亡和财产损失，并对生态环境的破坏最小，以此作为风险的管理目标。

风险识别：在确定风险管理目标后，对仍然存在较大风险的因素进行判别，根据可能产生风险的大小进行排序，确定重点管理目标。

风险评估：计算或估算重点风险因素可能造成的山洪危险性的大小，如是否可能造成工程破坏，工程破坏后可能形成的淹没范围、淹没水深等；并具体计算山洪造成的社会、环境、生态、经济等方面的损失。

风险管理方案：选择可行的对策应对山洪灾害风险，使山洪灾害在总体上损失最小。包括自留风险、降低风险、回避风险、转移风险、分散风险等对策。管理方案可以是上述对策中的一种或多种组合。

风险管理决策：对各种山洪灾害风险管理方案可能产生的后果进行分析和比较，选择最优方案。

风险管理计划：风险管理方案确定后，要编制行动计划，如动员、发布警报、人口资产转移、紧急抢险和救护、破堤分洪等。务求在方案实施过程中生命和财产损失最小。

风险管理效果评价：对计划实施后的社会、经济、生态、环境效果进行评价或预评估。

山洪灾害风险管理应贯穿洪灾的全过程，包括洪灾发生前的日常风险管理、洪灾发生过程中的应急风险管理和洪灾发生后的恢复和重建过程中的风险管理。风险管理过程是不断循环和完善的过程。

18.1.3 山洪灾害风险管理原则

山洪灾害风险管理需要遵循以下原则：

(1) 总体利益优先的原则

山洪灾害风险管理的总目标是以最小的代价实现最大的安全保障。最小的代价就是指总体费用或成本最小,也就体现着总体利益优先。例如,为了防治山洪而修建水库大坝,可能要占用某些农田,这些措施虽然会使局部损失增加,但对整体和全局来说,损失往往更小,所以风险管理必须在尽可能减轻损失的前提下做出必要的取舍。

(2) 保障可持续发展的原则

可持续发展是社会的整体目标之一。对山洪灾害风险管理来讲,所谓可持续发展是指保障灾害造成的损失增长的速度小于社会发展增长的速度。另外,注重保护自然生态环境,避免因防洪减灾而过分影响到环境与生态平衡。在注重防洪减灾经济效益的同时,注重防洪减灾对环境、生态带来的负效益。

(3) 保持公平原则

在修筑山洪防治工程的同时,势必造成防洪区各单元的利益不均,考虑到防洪区发展的要求,保持社会公平原则在山洪灾害风险管理中也十分重要。

(4) 科学原则

山洪灾害风险管理涉及自然科学和社会科学的方方面面。涉及的因素也很多,包括降雨径流、山洪监测、山洪预报、防汛调度、转移撤退、灾后救援等,还涉及气象、水利、民政、各级政府、军队等部门。所以,在山洪灾害风险管理过程中,需要用科学的态度对管理的各个环节认真研究和筹划组织。

18.1.4 山洪灾害风险管理的主要方式

山洪灾害风险管理主要是通过法律、行政、经济、技术、教育与工程等手段来实现最大安全保障和可持续发展的目标。

(1) 法律管理

我国山洪灾害日益加重,损失逐年增加,除了与近期的气候变化有关外,社会经济的发展,社会总价值的增加,人们在山洪风险区内的经济活动造成的承灾体经济水平的增高以及对生态环境的破坏,也是非常重要的原因。通过法律可以强制性地限制与杜绝人们的致灾行为,保护减灾行为。我国已经出台的《中华人民共和国水法》《中华人民共和国防洪法》《中华人民共和国河道管理条例》等法律已经在管理大江大河洪灾中发挥了十分重要的作用,但是,仅仅这些法律还不够,需要尽快出台针对山洪灾害的相关法律,如山洪保险法等,来约束、限制、指导人们的社会经济活动。另外,制定出有关的法律后,应加强法律的执行管理。

（2）行政管理

行政管理是指通过行政手段指挥与协调减灾行为。行政管理是山洪灾害风险管理周期中的重要一环，起着领导、监督和组织协调的职责。

目前，我国洪水灾害常规管理主要是在国家防汛抗旱总指挥部领导下进行的，防汛指挥部门在进行洪水灾害管理工作时，只对防洪工程的调度运用、大江大河防御山洪方案的编制修订进行管理，对流域内所从事的防洪以外的活动无权管理。因此，在各有关省、市之间就防洪问题发生纠纷时，防汛指挥部门只能起协调的作用，流域内的经济开发活动与防洪发生矛盾时，防汛指挥部门也只能起监视和咨询的作用，无法直接管理。另外，我国防洪工程建设的规划设计主要由规划设计部门负责，施工主要由地方施工企业实施，调度运行则由各级防汛指挥部门负责。当前体制下，存在着防洪工程的建设施工与调度运行脱节、工程的建设与养护脱节的现象。因此，建议建立以水管理、防洪管理与行政管理三合一的流域管理机构，以流域圈为中心，对流域内的一切开发活动都授权流域管理机构统一管理。

（3）经济管理

通过经济政策的制定与实施，影响或控制人们的各种经济活动，创造一个有利于减灾而且不利于致灾行为产生的环境。

经济手段在山洪灾害风险管理方面是一个非常重要的手段。例如，美国的国家洪水保险计划中规定，任何社区只有参加了洪水保险，在既定的洪泛区征地或搞建设时才可能获得联邦或联邦机构的资金援助。如果不参加洪灾保险，灾后将不能享受到任何形式的联邦救济金或贷款。虽然我国国情与美国不同，但制定相关的经济管理办法也是非常必要的。

（4）技术管理

现代科学技术的发展日新月异，为山洪灾害风险的科学化管理提供了支持。数据库技术、山洪演进仿真技术、“3S”技术、人工神经网络技术等都为研究掌握洪水发生发展的变化规律、防洪调度、转移避难、灾后救援提供了技术保障。

（5）工程管理

我国从20世纪50年代开始进行了大规模的七大流域治理工程（堤防建设、河道整治、水库、蓄滞洪区等），防洪工程体系已经初步建成，取得了显著的社会经济效益，山洪造成的人员伤亡已经很少。尽管防洪工程发挥了巨大的防洪效益，但目前还存在很多问题。部分堤防标准不足，质量较差，发生管涌、渗流、溃堤的风险很高，给防洪抗灾增加了难度。此外，还有一些病险工程急需加高加固。

18.2 山洪风险评估

20世纪30年代,美国Tennessee河流域管理局探讨了山洪灾害风险评估的理论和方法,设计了上万张洪灾危险等级图,成为洪灾风险研究的典型代表。此后,经过几十年的发展,山洪灾害风险评估已经形成了相对完整的评估体系与方法。通常山洪灾害风险评估包括危险性分析、危险区等级划分、易损性分析和风险制图四个部分。

18.2.1 山洪危险性分析

山洪危险性是指山洪发生的可能性和强度,它取决于气候、流域下垫面、防洪工程体系等多种因素。山洪危险性分析可以用基于物理过程的确定性方法和水文统计方法(Vrrijling,2001;Huang,2005)来描述从降雨到产生山洪损失的全过程。一般来说,基于物理过程的确定性方法用来计算洪灾区的水深、水速、淹没范围和淹没时间(Meyer et al.,2009;Balica et al.,2013;李致家等,2005),主要用于短期预报和防洪减灾措施的实施;水文统计方法用来预测时间段洪灾的期望值,主要用于规划(Parmet,2003)。山洪危险性分析的理论和方法已得到长足发展和广泛应用,但是由于影响山洪危险性分析的气候、水文和水力学参数等存在广泛的不确定性,山洪危险性分析的理论和方法仍然处于不断发展和完善中,以下简要介绍确定性方法和水文统计方法的一般原理。

18.2.1.1 基于分布式水文模型的确定性方法

基于物理过程的确定性方法是水文学与水力学模型相结合的一种方法。该方法将山洪危险性指数评价体系划分为四个指标:暴雨因子、地形因子、山洪因子和淹没因子。暴雨因子是指研究区各网格单元的暴雨频率分布;地形因子主要考虑坡度;山洪因子表示出现某种单宽流量(流速×水深)的可能性,不仅考虑了水深,还兼顾了致灾的动力因子;淹没因子用淹没水深表示危险的程度。山洪因子和淹没因子是指通过次洪模拟系统计算得到的各网格单元的水文过程线和淹没范围。

给定降雨量和雪盖量以后,首先通过融雪、植被截留、下渗、地表径流、壤中流、地下径流模型,综合计算出单元产流量。然后通过河道汇流模型计算出河道各断面的次山洪水文过程线和研究区域的淹没范围等山洪的自然特征。最后通过对暴雨因子、地形因子、山洪因子和淹没因子的综合分析计算得到研究区各网格单元的山洪危险性指数,形成一幅山洪危险性指数分布图。

18.2.1.2 评估指标的水文统计方法

对于小流域山区山洪,往往缺乏可靠的水文观测资料以及对山区山洪物理机制的深入研究和认识,这使得基于物理过程的确定性方法在实际使用时存在水文模型难以建立、参数难以率定等若干难题,因此水文统计方法反而更行之有效。以下介绍两种常用的统计方法。

(1) 多指标综合评价方法

山洪灾害的发生涉及降雨、产流、汇流等多方面问题,这就决定了山洪危险性分析必定是一个多指标综合评价问题。考虑山洪发生的自然因素,从致灾因子和孕灾环境两方面构建了山洪灾害危险性分析指标体系:综合降雨量指标、综合降雨频次指标、产流能力指标、相对高程指标、坡度指标、修正河网密度指标和植被覆盖度指标 7 个指标。

① 综合降雨量指标:降雨是山洪灾害的主要触发条件。综合降雨量指标采用区域内降雨均值与降雨极大值归一化后之和,以表征区域降雨量的分布特征。

② 综合降雨频次指标:降雨频次反映了不同强度降雨事件发生次数的特征分布。综合降雨频次指标是对不同降雨强度发生频次的整合。通过对暴雨、大暴雨、特大暴雨降雨日数设置权重,以反映强降雨事件发生频次的特征分布。

③ 产流能力指标:采用 SCS-CN 产流模型中的 *CN* 值表征产流能力大小。SCS-CN 产流模型由于参数少,计算过程简单,且能反映不同土壤、土地利用方式及前期土壤含水量对降雨径流的影响,被广泛应用于估算地表径流。这里使用不同土壤覆被条件下 AMC Ⅱ 的 *CN* 值计算产流能力分布。

④ 相对高程指标:相对高程为一定范围内海拔的变化,反映了地势的起伏度。在一定范围内,地势越低洼的区域,越容易汇积山洪。

⑤ 坡度指标:坡度反映了地表单元陡缓程度。在山洪灾害中地表越陡峭,越易引发山洪灾害。

⑥ 修正河网密度指标:河流冲刷是山洪灾害的重要因素。距离河道、湖泊等水体越近,山洪危险程度往往越高。但不同级别的河流其影响力大小是不同的,级别越高影响范围越大;同一级别河流因所在流域水文特性不同,影响程度也会有所差别。对不同流域、不同级别河流、距离河道远近三方面设置不同权重,以提高河网密度指标的适用性。

⑦ 植被覆盖度指标:植被可以减轻地表径流对坡面土层的直接冲刷,防治和减慢山洪的发生。这里采用归一化植被指数(NDVI)表征植被覆盖度。

根据这 7 个参数确定评价体系和相关等级标准集,将全国山洪灾害分为 10 个等级,结果见图 18-3。

(2) 基于灰色聚类的山洪等级识别

在防洪工程和山洪统计分析工作中,客观和合理地确定山洪等级的大小进而确定防洪标准,具有重要作用。通常采用洪峰水位或最大流量(洪量)来作为山洪事件大小的度量标准。但由于实际山洪的影响范围和严重性,仅用洪峰水位或最大流量来描述山洪事件大小,并以此为基础确定防洪标准,尚有不完善之处,而且,山洪等级的划分具有非唯一性和灰数的特征,如何将山洪事件的多种特征值合并到实际山洪大小的度量中,并且考虑山洪等级的灰数特征,是山洪等级识别的关键问题,而灰色聚类法为解决这个问题提供了有效的途径。

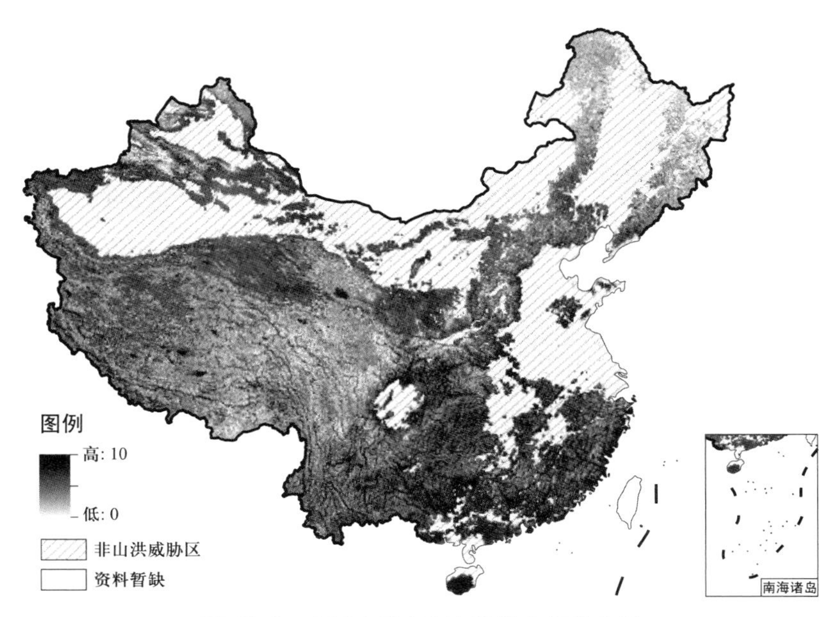

图 18-3 中国山洪灾害危险性空间分布图

假设有 n 个山洪聚类样本,以 m 个山洪特征值(例如最高水位、洪峰流量、时段洪量等)为聚类指标,根据山洪等级标准划分为 p 级山洪,即对应有 p 个山洪等级灰类。收集了南京河段发生的 10 次较大规模的山洪事件作为聚类样本($n=10,m=5$,见表 18-1)。聚类指标分别为南京河段年最高水位、水位高于 9.0 m 以上的天数、大通洪峰流量、5—9 月洪量和 $\sum Q^2T$($Q\geqslant 45\ 000\ \mathrm{m^3\cdot s^{-1}}$,$T$ 为 $Q\geqslant 45\ 000\ \mathrm{m^3\cdot s^{-1}}$的天数),白化数为各次山洪的特征值。

根据长江南京河段实际山洪情况和频率分析结果,将长江南京河段的山洪分为 3 个灰类($p=3$),即频率为 2%的山洪为特大山洪、频率为 10%的山洪为大山洪、频率为 20%的山洪为中等山洪。各级山洪的特征值指标见表 18-1~表 18-5。各项特征值的分级标准值即为灰数。白化权函数的峰值为 1,各级山洪标准相对于各项特征值指标的白化权函数见式(18-1)~式(18-3)(现以年最高水位指标为例,其余类同)。

$$f_{11}(x)=\begin{cases}1 & x\geqslant 10.2\\(x-9.6)/0.6 & 9.6<x<10.2\\0 & x\leqslant 9.6\end{cases}\tag{18-1}$$

$$f_{21}(x)=\begin{cases}(x-9.0)/0.6 & 9.0<x<9.6\\(10.2-x)/0.6 & 9.6\leqslant x<10.2\\0 & x\notin(9.0,10.2)\end{cases}\tag{18-2}$$

$$f_{31}(x)=\begin{cases}0 & x\leqslant 9.0\\(x-9.0)/0.6 & 9.0<x<9.6\\1 & x\geqslant 9.6\end{cases}\tag{18-3}$$

表 18-1 山洪样本资料

山洪样本	南京年最高水位/m	水位高于9.0 m以上的天数	大通洪峰流量/($m^3\cdot s^{-1}$)	5—9月洪量/10^3 m^3	$\sum Q^2T$
1954年	10.22	87	92 600	8891	7800
1969年	9.20	8	67 700	5447	1710
1973年	9.19	7	70 000	6623	3280
1980年	9.20	10	64 000	6340	2730
1983年	9.99	27	72 600	6641	3560
1991年	9.70	17	63 800	5576	1930
1992年	9.06	13	67 700	5295	1575
1995年	9.66	23	75 500	6162	2390
1996年	9.89	34	75 100	6206	2702
1998年	10.14	81	82 100	7773	5283

表 18-2 山洪大小级别划分标准

山洪等级	南京年最高水位/m	水位高于9.0 m以上的天数	大通洪峰流量/($m^3\cdot s^{-1}$)	5—9月洪量/10^3 m^3	$\sum Q^2T$
特大山洪	10.20	70	83 000	7500	5000
大山洪	9.60	45	75 000	6750	3500
中等山洪	9.0	10	67 000	6000	2000

表 18-3 聚类权值的计算结果

山洪等级	南京年最高水位/m	水位高于9.0 m以上的天数	大通洪峰流量/($m^3\cdot s^{-1}$)	5—9月洪量/10^3 m^3	$\sum Q^2T$
特大山洪	0.166	0.263	0.174	0.174	0.224
大山洪	0.197	0.213	0.197	0.197	0.197
中等山洪	0.266	0.068	0.252	0.252	0.161

表 18-4 各次山洪的白化权函数值

山洪样本	山洪等级	指标 1	指标 2	指标 3	指标 4	指标 5
1954 年	1	1	1	1	1	1
	2	0	0	0	0	0
	3	0	0	0	0	0
1969 年	1	0	0	0	0	0
	2	0.333	0	0.088	0	0
	3	0.667	1	0.912	1	1
1973 年	1	0	0	0	0	0
	2	0.317	0	0.375	0.831	0.853
	3	0.683	1	0.625	0.169	0.147
1980 年	1	0	0	0	0	0
	2	0.333	0	0	0.453	0.487
	3	0.663	1	1	0.547	0.513
1983 年	1	0.65	0	0	0	0.04
	2	0.35	0.486	0.7	0.721	0.96
	3	0	0.514	0.3	0.279	0
1991 年	1	0.167	0	0	0	0
	2	0.833	0.2	0	0	0
	3	0	0.8	1	1	1
1992 年	1	0	0	0	0	0
	2	0.1	0.086	0.088	0	0
	3	0.9	0.914	0.912	1	1
1995 年	1	0.1	0	0.063	0	0
	2	0.9	0.371	0.937	0.216	0.26
	3	0	0.629	0	0.784	0.74
1996 年	1	0.483	0	0.013	0	0
	2	0.517	0.686	0.987	0.275	0.468
	3	0	0.314	0	0.725	0.532
1998 年	1	0.9	1	0.888	1	1
	2	0.1	0	0.112	0	0
	3	0	0	0	0	0

表 18-5 聚类系数和山洪度量的结果

山洪样本	特大山洪	大山洪	中等山洪	度量的结果
1954 年	1.0	0	0	属于特大山洪
1969 年	0	0.082	0.888	属于中等山洪，个别指标略偏大山洪
1973 年	0	0.467	0.473	介于大山洪与中等山洪之间
1980 年	0	0.251	0.722	属于中等山洪，个别指标略偏大山洪
1983 年	0.117	0.642	0.181	属于大山洪，个别指标略偏中等山洪
1991 年	0.028	0.207	0.719	属于中等山洪，个别指标略偏大山洪
1992 年	0	0.055	0.944	属于中等山洪
1995 年	0.028	0.535	0.359	属于大山洪，个别指标略偏中等山洪
1996 年	0.082	0.589	0.290	属于大山洪，个别指标略偏中等山洪
1998 年	0.965	0.042	0	属于特大山洪

在山洪级别评估中由于各聚类指标的单位不同，以及绝对值相差很大，不能直接进行计算，必须首先用下列公式对山洪等级灰类进行无量纲化处理：

$$\gamma_{kj}=s_{kj}/\frac{1}{p}\sum_{k=1}^{p}s_{kj} \tag{18-4}$$

式中，s_{kj}为第 j 个山洪指标第 k 个山洪等级灰类的灰数（标准值），γ_{kj}为其无量纲值。计算各山洪指标对不同灰类的聚类权值（见表 18-3），将表 18-3 中各次山洪指标的特征值代入各自的白化权函数中，求出各次山洪的白化权函数值（见表 18-4）。最后计算聚类系数（见表 18-5），并根据最大值原则确定各次山洪大小的级别。

按照传统方法，用南京河段年最高水位来度量山洪大小，则 1973 年为中等山洪，1991 年为大山洪，而采用灰色聚类法来度量山洪大小，1973 年山洪介于大山洪与中等山洪之间，1991 年为中等山洪（只有个别山洪特征值指标为大山洪级）。根据防洪实践经验，采用灰色聚类法对 1973 年和 1991 年实际山洪的度量结果显得更客观和合理些。

18.2.2 山洪危险区等级划分

18.2.2.1 危险区范围确定

分析评价中需对危险区范围进行核对和分级。危险区范围为最高历史山洪位和 100 年一遇设计山洪位中的较高水位淹没范围以内的居民区域。如果进行可能最大暴雨（PMP）和可能最大山洪（PMF）计算，可采用其计算成果的淹没范围作为危险区。

18.2.2.2 危险区等级划分方法

采用频率法对危险区进行危险等级划分，并统计人口、房屋等信息。根据 5 年一遇、20

年一遇、100 年一遇(或最高历史山洪位,或 PMF 的最大淹没范围)的山洪位,确定危险区等级,结合地形地貌情况,划定对应等级的危险区范围。在此基础上,基于危险区范围及山洪灾害调查数据,统计各级危险区对应的人口、房屋以及重要基础设施等信息。

危险区等级划分按照表 18-6 确定。

表 18-6 危险区等级划分标准

危险区等级	山洪重现期	说明
极高危险区	<5 年一遇	属较高发生频次
高危险区	≥5 年一遇,<20 年一遇	属中等发生频次
危险区	≥20 年一遇至历史最高(或 PMF)山洪位	属稀遇发生频次

危险区划分还应注意以下两点:

① 根据具体情况适当调整危险区等级。危险区内存在学校、医院等重要设施,或者河谷形态为窄深形,到达成灾水位以后,水位流量关系曲线陡峭,对人口和房屋影响严重的情况,应提升一级危险区等级。

② 考虑工程失事等特殊工况的危险区划分。如果防灾对象上下游有堰塘、小型水库、堤防、桥涵等工程,有可能发生溃决或者堵塞山洪情况的,应有针对性地进行溃决山洪影响、壅水影响等简易分析,进而划分出特殊工况的危险区,重点是确定山洪影响范围,并统计相应的人口和房屋数量。

18.2.3 山洪易损性分析与风险制图

山洪灾害风险分析与泥石流的风险分析类似,其中风险度的评估与风险制图的方法基本是一致的,根据山洪分析得到的淹没范围、淹没水深、淹没历时等要素,分析影响人口数、受淹面积、受淹耕地面积、受淹居民地面积、受淹交通干线(省级以上公路、铁路)里程、受影响重点单位数量以及受影响国内生产总值(GDP)等统计指标,并评估山洪损失,详细可参考泥石流风险分析的相关章节。

18.2.4 山洪灾害风险评估实例

以云南省文山县为研究区,针对城市山洪孕灾环境、致灾因子和承灾体的社会经济状况,介绍一套基于 GIS 和 RS 的数据采集、空间属性数据库建立、评价指标体系选择、山洪危险性和承灾体易损性分析、风险评估的技术路线,建立快速、简便而且较为准确的山洪风险评估的方法体系(朱静,2010)。

18.2.4.1 研究区概况

文山县是云南省滇东南经济区,城区总人口 21 万,面积 20 km^2。长期以来,文山县受到山洪灾害的严重威胁,过去300多年间共发生洪灾65次,平均近5年发生一次。1998年7月26日,文山城区48 h降雨量达137.4 mm,穿越城区中心的盘龙河洪峰流量达409 $m^3 \cdot s^{-1}$,洪灾造成沿河两岸农田受淹,受灾面积达31.3 km^2,成灾16.2 km^2,文山县内的居民3045人受灾,造成直接经济损失1亿多元。因此,文山县被确定为云南省16个有重要防洪任务的城市之一。

盘龙河发源于红河哈尼族彝族自治州蒙自市三道沟,源头海拔1910 m,流域面积6497 km^2,河流全长253.1 km,落差1803 m,河流平均坡降7.124‰,下游交泸江汇红河,归宿于南海北部湾海域。盘龙河在文山城区内河道全长41.8 km,总落差35 m,河道底坡平缓,平均坡降0.85‰,据统计有大小河弯130多处,河道从上游带来的泥沙大都在这里淤积,河道行洪能力低,行洪标准偏低,山洪不能顺畅向下游宣泄。此外,盘龙河上游流域水土流失严重,影响了蓄水工程和引水工程效益的发挥,使蓄滞洪能力减弱。尽管盘龙河中上游流域已修建了9座小型水库,但还没有形成防洪工程体系,山洪对文山城区威胁的形势严峻。

18.2.4.2 评估方法

山洪灾害风险评估目标是在山洪危险区划分和承灾体易损性分析的基础上,计算研究区内可能发生的不同危险程度山洪给城市造成的期望损失。基于此目标,本文探讨了以文山县为承灾主体的山洪灾害风险评估方法,其技术路线和方法包括山洪泛滥区的危险区划、承灾体易损性分析、期望损失评估和风险评估等内容,在方法上将GIS和RS技术贯穿于整个评估中,其基本思路见图18-4。

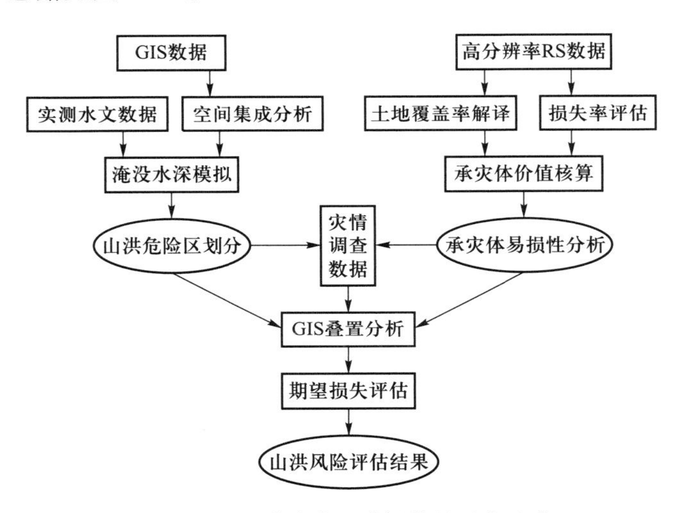

图18-4 山洪灾害风险评估的基本思路

山洪危险分区是指根据山洪淹没深度、流速、历时等强度指标做出山洪危险概率分布的划分。山洪是一个很复杂的过程,受多种因素的影响,其中山洪特性和受淹区的地形地貌是影响山洪淹没的主要因素。山洪的淹没是一个动态的、变化的过程,山洪淹没的机理是由于水源区和被淹没区有通道和存在水位差,就会产生淹没过程,山洪淹没最终的结果是水位达到平衡状态,这个时候的淹没区就是最终的淹没区。采用基于水动力学模型的山洪演进模型和 GIS 模拟方法可以解决山洪最终淹没范围和水深分布的问题,且方法具有快速、简便的特点(丁志雄等,2004)。

山洪危险分区的指标应该包括水深、流速、持续时间等因素。研究区一次 20 年一遇的洪水过程持续约 7 天,但考虑到其山洪泛滥的起涨历时不长(1~2 天)、流速较低,其损失主要来源于淹没的水深。此外也考虑到准确的山洪流速、持续时间等数据难以获取,在进行危险分区时以淹没水深为定量指标完成。以 1998 年 7 月 26 日文山县 20 年一遇大山洪为实例,在给定山洪水位和给定洪水量两种条件下,采用 GIS 空间分析方法进行淹没分析(丁志雄等,2004),其基本方法如下:

(1) 给定山洪水位条件下的淹没分析

选定文山县上游 2.1 km 的龙潭寨水文站为山洪源入口,将 1998 年 7 月 26 日文山县实测山洪的最大水位 5.7 m 为设定水位值,选出山洪水位以下的三角单元,从山洪入口单元开始进行三角格网连通性分析,能够连通的所有单元即组成淹没范围,得到连通的三角单元,对连通的每个单元计算水深 H,即得到山洪淹没水深分布。

(2) 给定洪水量条件下的淹没分析

选定文山县上游 2.1 km 的龙潭寨水文站为山洪源入口,将水文站计算的 1998 年 7 月 26 日的三日洪量 0.594 亿 m^3 作为给定洪量值。在前述山洪水位分析方法的基础上,通过不断给定山洪水位条件,求出对应淹没区域的容积与洪量的比较,利用二分法等逼近算法,求出与流量最接近的淹没区容积,容积对应的淹没范围和水深分布即为淹没分析结果。基于上述研究方法和技术路线,采用 1∶5000 比例尺的 DEM 数据,应用 GIS 技术进行 1998 年 7 月 26 日文山城区山洪泛滥范围和水深分布的模拟,确定了研究区淹没水深数值,并与洪灾发生后的调查结果比对和验证,其模拟的淹没边界和水深分布与实际情况基本拟合。

将淹没范围的水深划分为>1.0 m、0.2~1.0 m 和<0.2 m 三个区域,分别作为划分高、中、低危险区的界限,其评价结果叠置在全色 0.61 m 高分辨率的 QuickBird 遥感图像上,这样得到不同山洪淹没水深及不同危险区的城市特征和山洪承灾体的空间分布。图 18-5 反映了研究区山洪危险分区受淹没范围与城市山洪承灾体的叠合情况,高危险区主要沿河流两岸 50~200 m 距离分布,中、低危险区则分布在城区地形相对低洼部位;计算结果表明,研究区 20 年一遇山洪淹没范围为 5.72 km^2,其中高危险区面积为 1.31 km^2、中危险区面积为 2.18 km^2、低危险区的面积为 2.23 km^2。

18.2.4.3 易损性定量分析

易损性定量分析是在假设影响洪水灾害风险大小的其他因素相同、价值大的风险载体载荷的洪水灾害风险也大的前提下进行的,重点针对文山城区的建筑物、道路和基础设施做出易损性的定量评价。

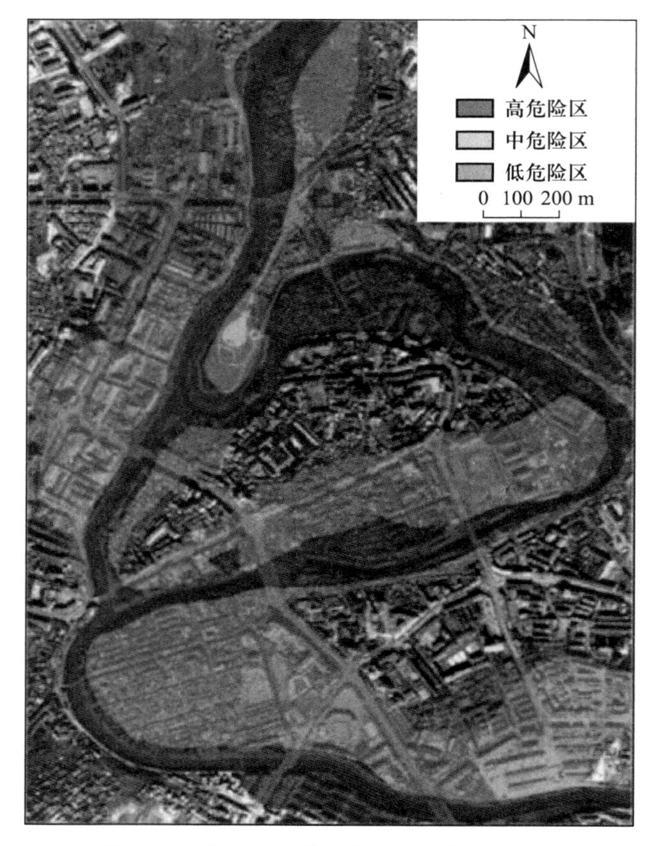

图 18-5 基于 GIS 模拟的山洪灾害危险分区

承灾体属性特征繁多而复杂，传统的方法是在洪灾区选择典型区（单元）做调查，结合灾情确定易损性分布，然后进行价值核算，整个工作费时费力。目前高分辨率遥感技术为城市承灾体易损性的调查和分析提供了重要的数据源，其与 GIS 技术集成又为不同类型的易损体数量的统计提供了高效手段。

以 2004 年 11 月 6 日获取的文山城区 QuickBird 高分辨率遥感图像为数据源，通过对研究区实施高分辨率遥感图像判读和分类，完成城市承灾体类型解译。评价范围涉及城区承灾体面积为 13.5 km^2，根据承灾体类型将评价区剖分为 10 185 个地块单元。要实现承灾体易损性的定量计算，首先需要估算不同类型的承灾体实际货币价值。为了准确计算城市房屋的建筑面积和价值，我们对城区的楼房层数进行了实地调查和统计，以作为城市房屋易损性分析依据，所完成的研究区承灾体类型和特征见图 18-6。通过对研究区实施高分辨率遥感图像判读和分类，按 1：2000 比例尺成图，将数据结果输入 ArcGIS 中进行分类统计与制图表达，获取的城市承灾体类型和面积的计算结果如表 18-7 和图 18-7 所示。其结果表明，文山城区易损性评价范围内的承灾体的总价值核算为 878 206.3 万元，其中房屋占总价值的 76.89%，由此看出城市房屋建筑的易损性最大，是山洪灾害损失的主要对象，所以也是城市防灾减灾的重中之重。

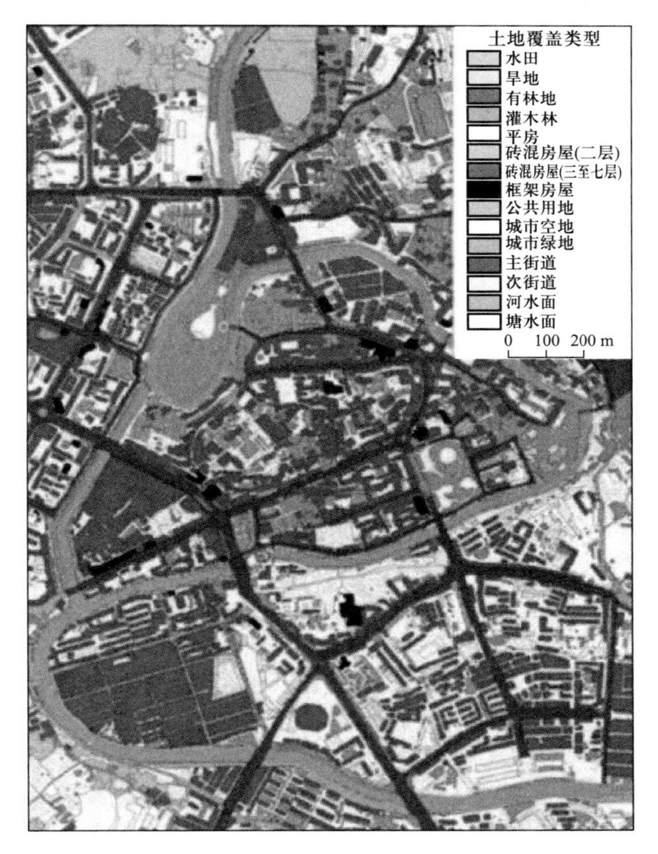

图 18-6 承灾体类型和特征

表 18-7 文山城区承灾体易损性评价表

承灾体类型	单价 /(元·m^{-2})	地块面积/m^2	实际计价面积/m^2	易损性评价价值/万元	价值百分比/%
水田	15	11 841 225	118 412.25	177.61	0.29
旱地	5	4 668 263.75	4 668 263.75	2334.10	
有林地	20	244 493.05	244 493.05	488.97	0.08
灌木林	5	343 325.57	343 325.57	171.64	
平房	500	1 204 083.12	1 204 083.12	60 203.99	76.89
二层楼房	700	299 715.36	599 430.71	41 960.12	
三层楼房	1000	415 939.08	1 247 817.24	124 781.84	
四层楼房	1000	281 356.57	1 125 426.26	112 542.65	
五层楼房	1000	172 142.39	860 711.97	86 071.20	
六层楼房	1000	211 889.70	1 271 338.17	127 133.75	
七层楼房	1000	106 313.49	744 194.41	74 419.50	

续表

承灾体类型	单价/(元·m^{-2})	地块面积/m^2	实际计价面积/m^2	易损性评价价值/万元	价值百分比/%
八层楼房	1400	11 370.99	90 967.95	12 735.52	
大于八层楼房	1400	22 873.98	253 069.20	35 429.68	
公共用地	400	11 343.46	11 343.46	453.75	15.54
城市空地	300	3 407 651.75	3 407 651.75	102 229.55	
城市绿地	400	845 497.90	845 497.90	33 820.00	
主街道	800	488 789.61	488 789.61	39 103.17	6.35
次街道	500	332 659.34	332 659.34	16 633.00	
河水面	200	323 807.73	323 807.73	6476.13	0.86
塘水面	300	34 669.68	34 669.68	1040.12	
合计		25 267 411.52	18 215 953.12	878 206.30	100.01

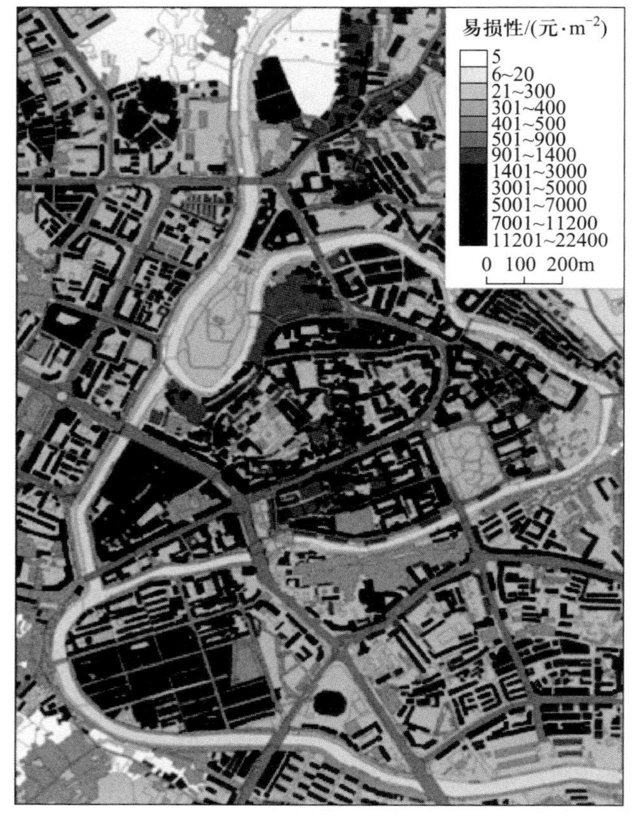

图 18-7 承灾体易损性计算结果

18.2.4.4 风险评估

山洪风险评估是在危险性分析和易损性分析的基础上计算不同强度山洪可能造成的损失大小。对于本研究的文山城区承灾体,在1998年发生的20年一遇山洪的特定情形下的风险评估可采用如下方法进行:从以货币形式的易损性定量计算结果中,找出该类承灾体在该山洪危险度下可能的期望损失;利用上步计算的期望损失乘以承灾体易损性价值,即得到该承灾体的期望损失值;按上述方法计算研究区内所有类型的承灾体损失值,就可以得到典型频率条件下的山洪灾害期望损失的概率分布,即山洪灾害风险。

(1)损失率确定

不同类型承灾体在不同水深或危险度条件下表现出的损失程度亦不同,因此风险评估需要分析淹没水深(危险度)与损失的关系,即损失率确定,这是风险定量评估的重要指标。城市洪水灾害损失率的确定是复杂的,特别是不同淹没深度的承灾体损失率需要大量样本数据分析。尽管目前没有标准化的城市洪水的水深与损失关系模型,但人们从不同角度和方法开展了探讨。一些发达国家在这方面已有较为成熟的经验。例如,日本政府根据全国洪灾损失调查统计结果公布了资产损失率与洪水淹没水深的关系;美国联邦应急管理局(FEMA)公布了资产损失率与洪水淹没水深、历时、流速的关系等。针对城市洪水评价,Debo、Appelbaum和Oliveri等建立了所研究城市的淹没水深与损失关系。建立一个通用的城市洪水损失率评估模型方法是很重要的,需要更多的历史数据建立其关系式。本研究区抗洪能力弱,是洪灾频发区,除1998年外,每次洪灾后都没有对不同建设物损失进行详细调查统计,因此,无法建立城市洪水损失率评估模型。本研究数据来源于现场抽样调查成果,以1998年山洪灾害为对象,对城市主要类型承灾体在三类危险区的损失进行统计,并与政府部门对房屋、城市设施和农田等分类承灾体的调查统计成果进行对比分析,在此基础上确定了各类型承灾体的损失率,见表18-8。由于研究区山洪泛滥的持续时间不长、流速较低、淹没水并不太深,因此,从表18-8可看出,房屋损失率相对较低,特别是三层以上楼房损失率最低,而城市公共用地、城市绿地和农业用地的损失率较高。

(2)定量计算

将山洪灾害期望损失的定量计算模型概括为:承灾体期望损失价值=易损体价值×损失率。在具体方法上,将危险分区图与承灾体易损性评价图进行叠加,应用ArcGIS提供的统计和分析工具,分别提取不同危险区各类地块单元的面积和价值,并将各地块实际面积与其相对应的损失率相乘,从而获得研究区不同类型承灾体的期望损失价值。计算结果表明,1998年山洪淹没范围内的承灾体期望损失总价值为11 228万元,其中高危险区为5042万元,中危险区4831万元,低危险区1355万元。根据1998年发生在云南文山城区的洪水灾

表 18-8 研究区不同危险区承灾体的损失率

承灾体类型	损失率/%		
	高危险区	中危险区	低危险区
平房	0.18	0.11	0.07
二层楼房	0.09	0.06	0.04
三层以上楼房	0.012	0.009	0.003
城市公共用地	0.31	0.25	0.18
城市绿地	0.58	0.35	0.23
主街道	0.15	0.09	0.05
次街道	0.17	0.11	0.07
水田	0.72	0.44	0.23
旱地	0.86	0.61	0.33

情统计报表数据,本研究定量预测的承灾体期望损失总价值与实际灾情统计数据吻合率达87%,山洪灾害期望损失评估可以基本反映灾情结果及其风险特征。

为了进行研究区山洪风险性的等级划分,以单位面积(m^2)的损失值为定量划分标准,按高、中、低三个等级确定风险区的空间分布。具体标准考虑了研究区山洪泛滥范围、可能淹没水深及城市资产价值分布特点,并考虑未来城区防洪减灾规划实施的可行性,我们将评价区的各地块单元损失值分别按>50 元·m^{-2}、50~20 元·m^{-2}和<20 元·m^{-2}作为高、中、低风险区界限,完成了研究区山洪灾害风险评估(图 18-8)。图 18-8 概括了研究区山洪风险分布特征,其中高风险区面积为 0.62 km^2,主要位于山洪泛滥的高、中危险区和属性为三层以上楼房的承灾体范围内;中风险区面积为 1.34 km^2,主要位于中危险区,涉及承灾体类型主要为平房、二层楼房及部分三层以上楼房;低风险区面积为 3.44 km^2,主要分布在中、低危险区和城市空地、绿地、农地等承灾体类型范围内。

最终完成的山洪风险评估结果表明,研究区的高风险区主要位于山洪危险性和易损度较高的承灾体范围内,一旦山洪灾害发生,财产损失较大,在城市建设中应考虑最大限度地降低投资成本,避免增加易损度;中风险区主要位于中危险区,易损对象主要是低层房屋,在城市建设中应考虑降低风险的措施并加强风险管理;低风险区遭受山洪危害不突出,承灾体易损度较低,在采取必要防洪工程措施后,适宜城市建设。完成山洪风险评估是非工程措施的重要手段之一,它在合理布置防洪工程、科学管理洪泛区、指导防汛抢险等工作中可以发挥十分重要的作用,同时在规范土地利用、提高城市居民的防洪减灾意识等方面也具有非常重要的意义。

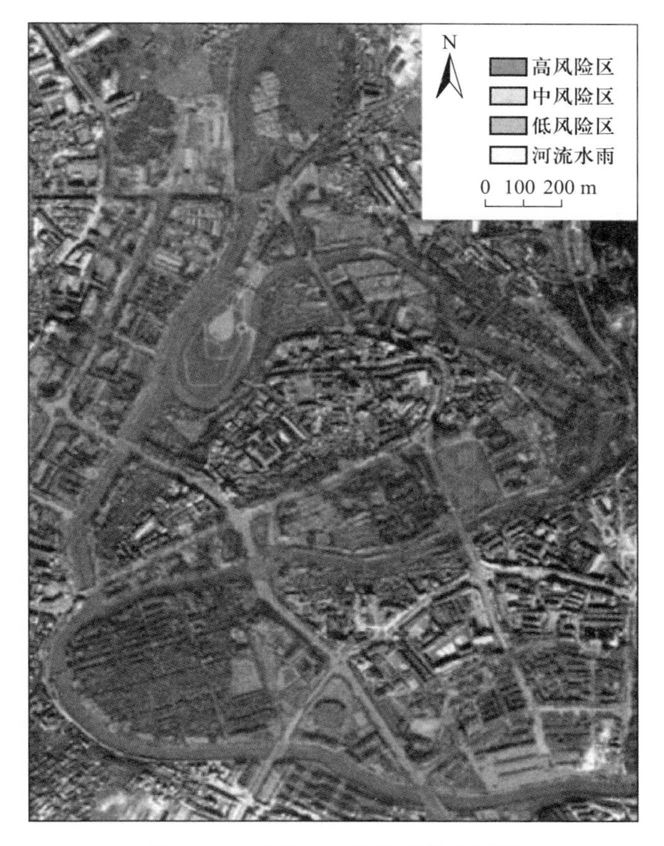

图 18-8 山洪灾害风险评估结果图

18.3 山洪灾害风险管理机制

18.3.1 山洪灾害风险管理决策

山洪灾害风险管理决策是指根据山洪灾害风险管理的目标和宗旨,在科学的山洪灾害风险分析的基础上,合理选择风险管理工具和对策,并对所选择的风险管理方案进行风险、费用、效益分析,由决策者根据各种方案的评价结果做出决策。山洪灾害风险管理决策以防洪减灾措施为研究对象,应选择费用最低、风险最小、安全保障最大的风险管理方案。由于山洪发生的不确定性及重复性,山洪灾害风险管理决策属于重复性风险型决策。对于重复性风险型决策来说,决策后果的期望值被公认为选择方案的最合理的判断标准。

一般来说,风险管理决策程序应该包括:

① 确定风险管理目标:以最小的成本获得最大的安全保障是风险管理的总目标,也是风险决策应遵循的基本准则。

② 拟定风险处理方案：根据山洪风险区内的山洪状况（流量、流速、水位、淹没历时、泥沙冲淤等特征值）和资产分布状况，选择合适的工程措施和非工程措施，使两者有机结合，拟定出相应的山洪灾害风险对策和风险处理方案，并计算出相应的费用、风险和效益。

③ 选择最佳的风险处理方案和风险对策：根据决策的目标和原则，选出对整个系统来说最为优化的方案和对策。

18.3.2 山洪灾害风险处置

山洪灾害风险处置是根据决策的方案实施风险管理计划，并对计划实施后的效果进行评价，修改、建立新的山洪灾害风险管理目标，进入下一次的洪灾风险管理过程。实施风险管理计划，需要有先进科技手段的大力支持、法律手段的强制实施、经济手段的补偿诱导、行政手段的推动落实。山洪灾害风险管理的本质，就是综合利用法律、行政、经济、技术、教育与工程手段，合理调整客观存在于人与自然之间及人与人之间基于山洪灾害风险的利害关系。

对付山洪灾害风险的方法主要包括：① 自留风险：由本地区承担山洪灾害风险。② 回避风险：将人口和资产由高风险区向低风险区和安全区疏散转移。③ 降低风险：采取应急措施，减少或消除一些风险因素，使总体风险降低。④ 分散风险：采取保险再保险或补偿等方式，由更大范围分担局部受灾区域的风险。⑤ 转移风险：如山洪灾害可能威胁到重点保护区域时，主动将灾害转移到其他非重点保护区域，使总体灾害损失减少。

自留风险：有大山洪并不一定造成大灾害，例如大山洪发生在人烟稀少的地区时。所以，当山洪影响到人口很少、经济总价值也很少的地区时，可以考虑采用自留风险的方法。

回避风险：回避风险是指考虑到风险事故存在和发生的可能性较大时，主动放弃或改变某项可能引起风险损失的活动，以避免产生风险损失的一种控制风险的方法。回避风险实质是减少或消除风险区内的承灾体，是从根源上消除风险的一种方法。对山洪灾害，回避风险就是指将经常受到山洪灾害威胁的地区内的人口和资产从风险区内搬出。我国山洪经常发生在人口密度较低、经济发展程度低的地区，因此，回避风险有时也不失为一种有效的风险管理方式。

降低风险：自留风险和回避风险两种方法的适用范围十分有限，同时回避风险的方法在我国目前情况下也不可能完全实施，因此，采取一定的防洪工程措施和非工程措施，减少山洪灾害发生的频率和山洪灾害损失，是目前情况下最适合我国国情的应对山洪灾害风险的方法。常见的工程措施包括修建堤防、整治河道、修建避险道路和避水庄台等，非工程措施包括山洪预警、山洪预报、加强小流域水系管理、健全防汛调度、抢险救援（设计好避难路线、做好抢险避难的宣传工作、灾区恢复重建等）、加强风险区管理和安全建设（适当限制高风险区内的经济发展、在风险区内建立防水房屋、雨洪资源化利用等）等。

分散风险：山洪保险的目的是为了将部分地区所受的山洪灾害经济损失合理分散到广大受保护地区内，也就是说用众多投保户积累起来的保险费去补偿保险户受灾的损失。实行山洪保险,可以使保险户受灾后及时得到经济补偿,快速恢复生产;有效减少政府救济费,减轻国家财政负担;限制洪泛区的发展,减少山洪灾害损失。但目前对于适合我国国情的山洪保险推广模式,仍处于朦胧的认识阶段,有很多问题需要研究。

转移风险:山洪灾害可能威胁到重点保护区域时,主动将灾害转移到其他非重点保护区域,使总体灾害损失减少。

山洪灾害风险管理是一个动态循环过程,在一次风险管理结束后,需要根据对风险管理效果评价的结果,继续修改、更正风险管理目标或风险处理方案及风险对策,进入又一次的风险管理过程中去。

18.3.3 预防预警机制

山洪灾害监测预警系统建设的目的就是运用现代信息技术,对山洪灾害易发区实现有效的监测、预报和预警,为提前预见灾害发生、有效减少人员伤亡和财产损失提供重要信息支持。监测预警系统建设要充分考虑与气象、国土等相关部门的信息共享;要特别注重解决好各类信息快速传递到“最后一公里”的问题;通过总体规划,突出重点,分步实施,逐步扩大监测预警系统建设,真正实现山洪灾害监测预警信息全方位进村,入户到人。

洪灾预防预警主要包括预防预警准备工作、预防预警相关信息和预警行动。预防预警准备工作主要包括八个方面:一是思想准备,平时加强宣传,增强全民预防山洪灾害和自我保护的意识,做好防汛的思想准备;二是组织准备,建立健全防汛组织指挥机构,落实防汛责任人、防汛队伍和山洪易发重点区域的监测网络及预警措施,加强防汛专业机动抢险队建设;三是工程准备;四是预案与方案准备,各级防汛组织指挥机构应组织工程技术人员,研究绘制本地区的山洪灾害风险图,修订完善山区防御山洪灾害预案等;五是物料准备,按照分级负责的原则,储备必需的防汛物料,合理配置;六是通信准备,充分利用社会通信公网,确保防汛通信专网、洪区的预警反馈系统完好和畅通;七是防汛检查;八是防汛日常管理工作。

当气象预报将出现较大降雨时,各级防汛抗旱指挥机构应按照分级负责原则,确定灾害预警区域、级别,按照权限向社会发布,并做好排涝的有关准备工作。凡可能遭受山洪灾害的地方,都应根据山洪灾害的成因和特点,主动采取预防和避险措施。相关部门应密切联系,相互配合,实现信息共享,提高预报水平,及时发布预报警报。凡发生过山洪灾害的地方,应由防汛抗旱指挥机构组织国土资源、水利、气象等部门编制山洪灾害防御预案,绘制区域内山洪灾害风险图,划分并确定区域内易发生山洪灾害的地点及范围,制订安全转移方案,明确组织机构的设置及职责。山洪灾害易发区应建立专业监测与群测群防相结合的监测体系,实时监控降雨过程及降雨量,预警可能发生的山洪灾害。

山洪灾害预防预警行动示意图见图18-9。

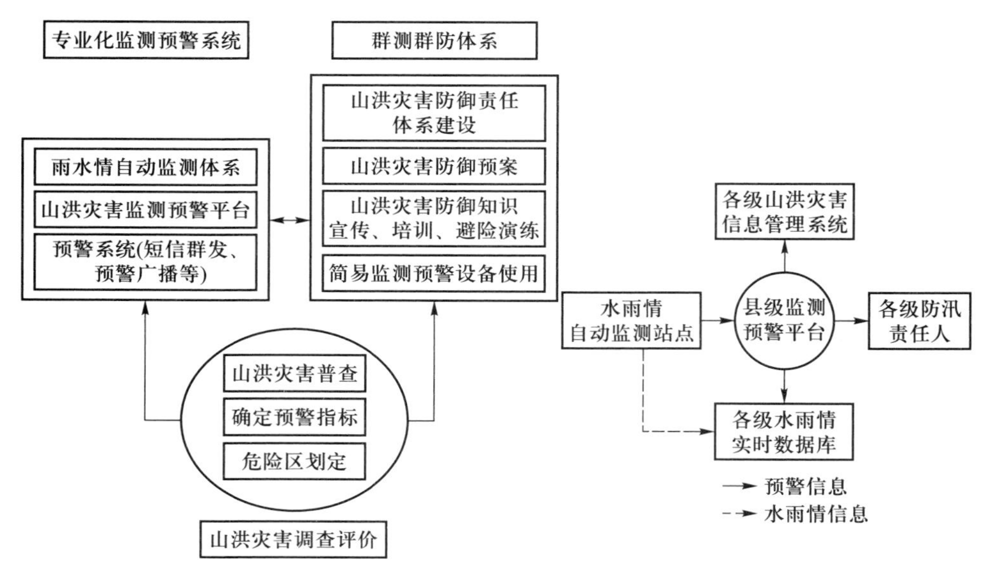

图 18-9 山洪灾害预防预警行动示意图

18.3.4 应急体系机制

18.3.4.1 健全组织机构

考虑到山洪灾害从形成到发展的预见期极短,极有可能因交通或通信设施遭到破坏而与外界失去联系,因此,组织躲灾避灾不可能像大江大河防汛工作那样,按照省、市、县顺序按部就班实施,更重要的是要发挥乡、村、组的作用,把防御指挥机构建设的重点放在基层。

乡镇一级成立山洪灾害防御指挥机构,由乡镇长任指挥,相关部门负责人为成员。下设监测、信息、调度、转移、应急保障等工作组,分别负责雨水情和工险情监测、预警信息收集、组织调度、应急转移和后勤保障等工作。

村级成立相应的山洪灾害防御指挥所,由村主任、村支书负总责,各组组长为成员,另设广播员、监测员、铜锣员、口哨员及应急搜寻分队,分别负责雨水情和工险情监测和报送、预警信息和紧急转移命令的播发、鸣锣吹哨示警、险情抢护、应急转移和殿后搜寻等工作。

18.3.4.2 落实防御责任

(1) 建立行政首长负责制

各级要建立严格的以行政首长负责制为核心的山洪灾害防御工作责任制,各级政府的主要领导对山洪灾害防御工作负总责,分管领导为直接责任人,负责组织研究和解决山洪灾害防御工作中的问题和困难,确保山洪灾害防御各项工作顺利进行。

(2) 建立部门分工责任制

各级防汛抗旱指挥部要加强对本地山洪灾害防御工作的统一部署。各成员单位要切实履行防御山洪灾害的部门职责,气象、国土资源、水利、建设、环保、民政、财政等有关部门要明确各自责任。气象部门要加强天气监测,提前做好强降雨和灾害性天气的预报;国土资源部门要依据实地调查分析成果,划定山体滑坡、泥石流等危险区域,并加强实时监测预警;水利部门要加强雨水情预测预报和统一调度,确保水库等防洪工程安全;建设部门要全面掌握山洪灾害易发区群众的居住和分布情况;环保部门要加强山洪灾害易发区生态环境的监测和保护工作;民政部门要做好山洪灾害危险区群众紧急转移安置和生活救助工作;地矿、教育及工程管理部门要切实抓好各类矿山、学校及水库电站防御责任的落实;其他各相关部门按照职责,各司其职,各负其责,密切配合,共同做好山洪灾害防御工作。

(3) 建立基层责任体系

山洪灾害防御工作基层责任体系主要是指乡、村、组三级防御责任。建立和落实基层责任体系的关键是乡镇领导包村、组,村、组干部包农户,党员包群众的分包责任制。对老、幼、病、残等特殊群体有专门人员负责;对人员的紧急转移要以村、组成片统一指挥;各岗位人员对避险信号、转移线路、安置地点等要熟悉自如,有条不紊。

(4) 建立责任追究体系

要真正做到谁负责谁落实,就必须建立严格的责任追究体系。山洪灾害防御责任重大,对因工作不力或指挥不当失职、渎职等造成群死群伤或重大损失的,将严肃追究其领导的责任。

18.3.4.3 加强宣传培训

(1) 切实加强宣传工作

开展全方位、多层次、形式活的山洪灾害防御宣传教育活动,包括召开会议宣讲,出动宣传车宣传,贴标语、挂横幅,利用宣传栏,设立警示牌,发送山洪灾害防御手册等形式的组织宣传等,对山洪灾害防御常识和应急预案做到家喻户晓。

(2) 切实加强培训工作

培训主要为了提高相关责任人员的组织指挥能力和宣传发动作用,以确保各级决策及山洪防御预案落实到位,实现规范、有序、高效地抗灾避灾。根据山洪灾害群测群防体系的特点，每年的培训工作应重点针对县、乡（镇）一级山洪防御指挥人员，村、组责任人，监测、预警等岗位专门人员。对于易发区群众避灾常识的培训也应摆在重要位置。

18.3.5 损失补偿机制

对于洪水灾害的损失补偿方式，目前主要有三种：一是由国家财政提供的政府援助，包括国家财政部门专门设立的特大防汛抗旱补助费、水利建设专用基金等；二是由社会公众或机构提供的社会捐赠；三是由商业保险公司提供的损失补偿。

18.3.5.1 政府援助

政府援助是指由政府进行的直接的临时性洪水灾害救助行为。与其他灾害一样，洪水灾害的发生具有偶然性或突发性特征。洪水灾害一旦发生，通常会造成人身伤亡或财产损失，需要及时获得外界救援，包括抢救人员、抢救财产、修复公共设施、向灾民提供急需的基本生活资料和发放救济款等。同其他救援主体相比，政府具有运用行政力量和财政力量迅速组织救灾的能力。政府的救援方式包括：① 向灾民发放救济款，使灾民能购置日常基本生活必需品；② 紧急救助受灾人口，包括转移居民、临时安置受灾人口；③ 组织人力、物力抢救物质财产；④ 组织人力、物力修复公共设施；⑤ 向灾民提供基本生活必需品；⑥ 组织医护力量救助灾民等。

但是，政府救助的目的既不在于使灾民生活恢复到原有水平，也不在于使灾民获得永久性或持久性的生活来源，而仅在于保障灾民灾后度过暂时性的困难，获得短时期的生活保障。抢救生命财产、物质财产等是临时性的，许多医疗救助行为也是临时性的，食物、衣服、救济款等的无偿给予一般也是临时性或一次性的。在暂时性困难时期之后，灾民生活保障就应该寻求其他来源，而不再依靠政府。而且政府救助这种补偿方式只限于灾民最基本的生活保障，因此救助标准至多只是满足灾民低层次的生存需要。超过基本生存的需要应该依靠其他途径来满足，而不属于政府援助职责范畴。

18.3.5.2 社会捐赠

社会捐赠是指社会公众或机构为了公益事业、公共目的或其他特定目的，将其财产无偿、自愿捐献给其他个人或组织的行为。

1998年大洪水激发了国内外社会各界空前的捐赠热情，当年紧急募集境内外捐献财物多达134亿元，其中，捐献现金超过64亿元，捐献衣物3亿多件，折价超过70亿元；港、澳、台同胞及国外捐赠折合人民币5.5亿元。捐赠款物极大地推动了抗洪救灾工作的开展，也为灾后重建工作打下了一定的经济基础。

但是，社会捐赠存在着一些问题。一是社会捐赠立法存在空白，虽然我国目前出台有《中华人民共和国公益事业捐赠法》等法律，对公益性质的捐赠行为进行了一定的规范，但在社会捐赠的具体操作层面，仍有许多“空白点”，造成目前社会捐赠的随意性。二是监督机制不够健全,目前政府监督社会捐赠的主体呈现多元化的状态,民政部门、财政部门、审计机关、业务主管单位等均可成为官方的监督部门。这种多元实施主体的监督模式,往往造成不同主体之间的互相推诿,加之募捐机构发起人的自律制度不完善,容易引发违规行为。三是社会捐赠的运作不够透明,使得有的捐赠款物未能及时转达给受助人,甚至被侵占、挪用或截留,使受助人不能得到有效的救助。四是社会捐赠的金额具有随意性。这种随意性与捐赠人的主观意愿有着内在的关系。这样一来,使得损失补偿的程度带有比较大的不确定性。

18.3.5.3 保险补偿

保险补偿机制是指依托保险市场、保险人和被保险人,以风险利益为纽带,通过建立风险损失补偿基金,对自然灾害损失进行经济补偿的市场化风险管理机制。保险补偿与政府援助和社会捐赠有着本质的区别。一方面,在保障主体和保障的可靠性上,保险补偿是由商业保险公司通过保险合同的形式提供的,它是一种契约性质的商业行为,通过具有法律效力的合同来约束双方当事人的行为,被保险方受灾后能够得到及时可靠的补偿保障。另一方面,在资金来源和保障水平上,保险补偿以保险基金为基础,而保险基金主要来源于投保人缴纳的保险费。

国家对保险公司制定有最低偿付能力标准的法律规定。保险补偿的水平基于当事人双方的权责对等原则,保险的补偿与投保的纳费水平直接相关,只要投保人按规定足额缴纳保险费,就能在遭受损失后得到与实际损失相匹配的经济补偿。也就是说,保险能够通过对灾害损失给予及时迅速的补偿,帮助受灾的单位或家庭尽快恢复正常的生产或生活秩序,从而保证社会再生产活动的连续性和稳定性。有关资料表明,在发达国家,保险赔款占灾害损失的补偿比例达到40%,是对包括洪水风险损失在内的灾害损失补偿的不可或缺的一种方式。

第19章

山洪灾害防治措施与技术

山洪灾害防治要遵循防治原则与标准,结合防治规划,合理运用监测、预警、工程措施等方法实现山洪灾害的综合防治。

本章重点内容:

- 山洪灾害防治的目的、原则和方法
- 确定山洪灾害预警阈值和预警等级的方法
- 山洪工程防治的措施及作用

19.1 山洪灾害防治原则和标准

我国山洪灾害频繁而严重,每年都造成大量人员伤亡和财产损失,已成为当前防洪减灾工作中亟待解决的突出问题。国家水利部会同有关部委共同编制了《全国山洪灾害防治规划》(以下简称《规划》,2006年国务院批复)和《全国中小河流治理和病险水库除险加固、山洪地质灾害防御和综合治理总体规划》(以下简称《总体规划》,2011年国务院审议通过)。2013年5月,国家水利部、国家财政部联合印发了《全国山洪灾害防治项目实施方案(2013—2015年)》(水汛[2013]257号)。《规划》总结分析了我国山洪灾害的特点和规律,在认真研究山洪灾害降雨分区、地形地质分区、经济社会分区的基础上,提出了全国山洪灾害防治区划,开展了山洪灾害临界雨量等研究,制定了山洪灾害防治总体对策措施,以提高我国山洪灾害防治水平,最大限度地减少人员伤亡和财产损失。

19.1.1 防治原则

(1) 坚持"以防为主,防治结合""以非工程措施为主,非工程措施与工程措施相结合"的原则

着重开展建立责任制组织体系、监测预警、预案、宣传培训等非工程措施建设,重点保护对象采取必要的工程保护措施。

(2) 坚持“全面规划、统筹兼顾、标本兼治、综合治理”的原则

根据山洪灾害防治区的特点,统筹考虑国民经济发展、保障人民生命财产安全等多方面的要求,做出全面的规划,并与改善生态环境相结合,做到标本兼治。

(3) 坚持“突出重点、兼顾一般”的原则

山洪灾害防治要统一规划,分级分部门实施,确保重点,兼顾一般。采取综合防治措施,按轻重缓急要求,逐步完善防灾减灾体系,逐步实现近期和远期规划防治目标。

(4) 坚持“因地制宜、经济实用”的原则

山洪灾害防治点多面广,防治措施应因地制宜,既要重视应用先进技术和手段,也要充分考虑我国山丘区的现实状况,尽量采用经济实用的设施设备和方式方法,广泛深入开展群测群防工作。

《规划》的近期目标是在我国山洪灾害重点防治区初步建成以监测、通信、预报、预警等非工程措施为主、与工程措施相结合的防灾减灾体系,基本改变我国山洪灾害日趋严重的局面,减少和防止群死群伤事件的发生和财产损失。远期目标是全面建成山洪灾害重点防治区非工程措施与工程措施相结合的综合防灾减灾体系,山洪灾害一般防治区初步建立以非工程措施为主的防灾减灾体系,最大限度地减少人员伤亡和财产损失,山洪灾害防治能力与山丘区全面建设小康社会的发展要求相适应。

19.1.2 防洪标准

在防洪规划、建设、管理以及调度中,防洪标准是一个极其重要的指标,它是指防护对象防御洪水能力的标准。防洪标准决定了防护对象的安全度、防洪投入和防洪调度,在很大程度上反映了防洪安全、防洪风险和经济效益之间的关系。

防洪标准应按照技术上切实可行、经济上基本合理的原则,从投资效益和可能发生的灾害损失两方面综合比较确定。防护对象可分为三类:一是自身无防护能力、需要采取其他防洪措施保护其安全的对象,主要指位于防洪保护区内的城市、乡村、工矿企业等基础设施;二是受洪水直接威胁、需要采取自保措施保证防洪安全的对象,如跨、穿和横越江河湖泊的桥梁、线路、管道等基础设施,以及无防洪任务的水电站等;三是保障防护对象防洪安全的对象,主要指有防洪任务的堤防、水库和蓄滞洪区等水利工程。防洪标准有多种表达方式,目前最常用的方式是以洪水重现期或频率表示,称为洪水频率法,这种方式依赖于比较系统、完整的水文资料,采用概率论分析洪水出现概率和防洪安全度。

防洪标准要体现在某一断面或防洪点的水位、流量或洪量等指标上,根据防护对象类别、规模、等级和影响程度等指标的不同,防洪标准各有不同。如城市、乡村防护区和工矿企业的防洪标准分别见表 19-1、表 19-2 和表 19-3。

表 19-1 城市的等级和防洪标准

等级	重要性	非农业人口/万人	防洪标准(重现期/年)
Ⅰ	特别重要的城市	≥150	≥200
Ⅱ	重要的城市	150~50	200~100
Ⅲ	中等城市	50~20	100~50
Ⅳ	一般城镇	≤20	50~20

表 19-2 乡村防护区的等级和防洪标准

等级	防护区人口/万人	防护区耕地面积/km^2	防洪标准(重现期/年)
Ⅰ	≥150	≥2000	100~50
Ⅱ	150~50	2000~666.67	50~30
Ⅲ	50~20	666.67~200	30~20
Ⅳ	≤20	≤200	20~10

表 19-3 工矿企业的等级和防洪标准

等级	工矿企业规模	防洪标准(重现期/年)
Ⅰ	特大型	200~100
Ⅱ	大型	100~50
Ⅲ	中型	50~20
Ⅳ	小型	20~10

19.2 山洪灾害防治规划

《全国山洪灾害防治规划》涉及29个省(区、市)的广大山丘区,共有274个地级行政区、1836个县级行政区。防治规划主要包括山洪灾害防治分区和防治规划措施选择两大方面。防治规划以最大限度地减少人员伤亡为首要目标,防治规划措施立足于以防为主、防治结合,以非工程措施为主、非工程措施与工程措施相结合。

19.2.1 山洪灾害防治分区

19.2.1.1 分区原则

山洪灾害防治分区编制的原则主要包括以下三个方面:

(1) 反映成灾因素和灾害类型原则

由于山洪灾害是一种自然灾害,各种灾害类型是一种客观存在,反映成灾因素和灾害类型及其分布与组合是山洪灾害防治分区的第一原则。

(2) 以人为本、人与自然协调共处原则

作为自然现象的溪河洪水、滑坡和泥石流,危害的对象是人,其是否构成灾害,严重性程度如何,取决于人口、城镇和基础设施的分布特征。以人为本、人与自然协调共处原则,就是要着力表现自然灾害对人类生产生活的危害,体现人类活动对自然灾害的影响,通过强化管理、采取一定措施来减轻灾害发生频率和灾害的危害。

(3) 区域共轭性原则

区域共轭性即区域单元的空间不可重复性,任何一个区划单元永远是个体的、不能存在着彼此分离部分,尽管自然界中不存在两个完全相同的区域,但根据相对一致性原则,它们可以是同一类型在彼此隔离区域的存在,在分区中必须是两个独立(同一等级)的分区单元。

19.2.1.2 分区方法

考虑到山洪灾害发生发展的基本特点和区划的数据资料基础,在山洪灾害防治规划指导思想和分区原则的指导下,确定山洪灾害防治分区的方法主要包括以下三种:

(1) 灾害类型和成灾要素相关分析法

从发生学原理出发,综合分析三种灾害类型(溪河洪水、滑坡和泥石流)及其形成的环境因子与综合自然地理环境要素和社会经济要素的关系,以便明确治理方向。直接利用已有的大量自然地理要素资料,如地貌图(包括 DEM、地面起伏度图)、第四纪地质图及其相关分区资料,包括综合自然地理分区、地貌分区、气候分区、暴雨分区和农业分区等,特别是在较高级别的分区单位(一级区),其分区单位和边界划分主要考虑成灾因素(特别是自然条件)的地域差异,考虑我国自然环境宏观地域分异规律,注意与综合自然区划的协调。二级分区则综合考虑地貌条件和暴雨分布特征的关系。三级分区考虑灾害的类型和程度等。

(2) 主导标志分析

由于地质地貌条件对山洪灾害的巨大影响,也由于地貌条件便于辨认和制图,地质地貌条件成为分区的主要标志。地面坡度、地表起伏度等是分区界线确定时的主要参考对象。在平原地区,则主要参考气候和暴雨分区指标(H_{24}等)。

降雨条件是山洪灾害发生的动力基础,人类活动和经济社会状况在一定程度上决定了山洪灾害能否形成。因此在具体分区时又结合暴雨分区指标以及区域经济社会状况,并参考山洪灾害防治规划专题研究的部分成果,采用多年最大 6 h 雨量均值、6 h 临界雨量、山洪灾害威胁区人口及财产等指标。

(3) 基于GIS的数字制图

考虑到山洪灾害防治分区及其数据更新的要求和现代科技手段的广泛应用，基于山洪灾害数据资料基础，利用有关气候因子、地质地貌和经济社会资料建立山洪灾害防治分区基础数据库，其中包括数字地形图、中国地面坡度图、DEM、地表起伏度、暴雨区划等，然后在GIS环境下利用数字地图制图方法，完成分区图编制。

19.2.1.3 分区等级系统

分区单位有一定的等级系统，可以“自上而下”顺序划分，也可以“自下而上”逐级合并。全国山洪灾害防治分区编制采用三级分区等级系统，即山洪灾害大区、山洪灾害区和山洪灾害防治类型区。一级分区单位即山洪灾害大区，综合反映了全国自然社会经济情况的最主要差异；二级分区单位即山洪灾害区，反映了山洪灾害的三个主要影响因素——地形地貌、气候水文和经济社会方面的区域分异情况。三级分区单位即山洪灾害防治类型区，具体地反映了山洪灾害发育条件、灾害实际情况和灾害防治的迫切性程度。各省（区、市）可根据实际情况，对三级分区做适当调整。全国山洪灾害防治分区总体上分为3个一级区、12个二级区和33个三级区，见表19-4。

表19-4 全国山洪灾害防治区划方案

一级区	二级区	三级区
Ⅰ东部季风区	I_1 东北地区	$\mathrm{I}_{1(1)}$ 小兴安岭区
		$\mathrm{I}_{1(2)}$ 三江平原区
		$\mathrm{I}_{1(3)}$ 长白山区
		$\mathrm{I}_{1(4)}$ 东北平原区
		$\mathrm{I}_{1(5)}$ 大兴安岭区
	I_2 华北地区	$\mathrm{I}_{2(1)}$ 北方土石山区
		$\mathrm{I}_{2(2)}$ 华北平原区
		$\mathrm{I}_{2(3)}$ 山东丘陵区
	I_3 黄土高原地区	$\mathrm{I}_{3(1)}$ 汾渭谷地
		$\mathrm{I}_{3(2)}$ 晋陕黄土高原区
		$\mathrm{I}_{3(3)}$ 陇中黄土高原区
	I_4 秦巴山地区	
	I_5 华中华东地区	$\mathrm{I}_{5(1)}$ 长江中下游平原区
		$\mathrm{I}_{5(2)}$ 江南丘陵区
	I_6 东南沿海地区	$\mathrm{I}_{6(1)}$ 浙闽丘陵区
		$\mathrm{I}_{6(2)}$ 岭南丘陵区
	I_7 华南地区	$\mathrm{I}_{7(1)}$ 华南丘陵区
		$\mathrm{I}_{7(2)}$ 滇南间山宽谷区
Ⅰ东部季风区	I_8 西南地区	$\mathrm{I}_{8(1)}$ 川东黔西低山丘陵区
		$\mathrm{I}_{8(2)}$ 四川盆地平原区
		$\mathrm{I}_{8(3)}$ 川西山地丘陵区
		$\mathrm{I}_{8(4)}$ 云南高原区
		$\mathrm{I}_{8(5)}$ 贵州高原区
Ⅱ蒙新干旱区	II_1 内蒙古高原地区	$\mathrm{II}_{1(1)}$ 呼伦贝尔草原区
		$\mathrm{II}_{1(2)}$ 阴山山地区
		$\mathrm{II}_{1(3)}$ 河套平原区
		$\mathrm{II}_{1(4)}$ 鄂尔多斯高原区
	II_2 西北地区	$\mathrm{II}_{2(1)}$ 阿拉善-河西走廊区
		$\mathrm{II}_{2(2)}$ 塔克拉玛干沙漠区
		$\mathrm{II}_{2(3)}$ 天山山地区
		$\mathrm{II}_{2(4)}$ 北疆盆地及山地区
Ⅲ青藏高寒区	III_1 藏南地区	
	III_2 藏北地区	

19.2.2 山洪灾害防治规划措施

山洪灾害防治要立足于采取以非工程措施为主的综合防御措施,以减少人员伤亡为首要目标。在研究山洪灾害分布、成因及特点的基础上,划分重点防治区和一般防治区,以小流域为单元,因地制宜地制定规划措施。规划的主要对策措施有以下几方面。

19.2.2.1 非工程措施

(1) 监测、通信及预警系统

因地制宜建设监测、通信及预警系统,既要利用遥测、通信、网络和GIS等先进技术,又要充分考虑山丘区的实际条件,尽可能多地采用人工观测简易雨量筒、手摇报警器、无线广播、敲锣打鼓等适合当地条件的监测和预警方式方法,扩大系统覆盖面,达到既能有效解决监测、通信及预警问题又能节约投资的目的。

(2) 防灾预案和救灾措施

开展山洪灾害普查,划分危险区、警戒区和安全区,明确山洪灾害威胁范围与影响程度;建立山洪灾害防御责任制体系,确定避灾预警程序及临时转移人口的路线和地点;广泛深入地开展宣传教育,提高全民和全社会的防灾意识;建立各地抢险救灾工作机制,制定救灾方案及救灾补偿措施等。

(3) 搬迁避让

为减少山洪灾害损失,对处于山洪灾害危险区、生存条件恶劣、地势低洼而治理困难地方的居民实施永久搬迁。要创造条件,政策引导,鼓励居住分散的居民结合移民建镇永久迁移。

(4) 政策法规及防灾管理

制定风险区控制政策法规,有效控制风险区人口增长、村镇和基础设施建设以及经济发展。制定风险区管理政策法规,规范风险区日常防灾管理和山洪灾害地区城乡规划建设的管理,对社会生活生产行为进行管理,以适应或回避山洪灾害风险,有效减轻山洪灾害。

19.2.2.2 工程措施

对山丘区受山洪灾害严重威胁的城市、集镇、大型工矿企业、人口密集居民点、重要基础设施等,考虑治理的技术可行性和经济合理性,采取必要的工程措施进行治理。主要包括:

① 山洪沟治理规划：有护岸及堤防工程、沟道疏浚工程、排洪渠工程等。② 泥石流沟治理规划：有拦挡工程、排导工程、停淤工程等。③ 滑坡治理规划：有排水、削坡、减重反压、抗滑挡墙、抗滑桩、锚固、抗滑键等。④ 病险水库除险加固。⑤ 水土保持规划。表 19-5 为全国山洪灾害防治规划(2006)汇总表。

表 19-5　全国山洪灾害防治规划(2006)汇总表

<table>
<tr><td colspan="4" rowspan="2">工程类别</td><td colspan="2">规模</td></tr>
<tr><td>单位</td><td>数量</td></tr>
<tr><td rowspan="10">非工程措施</td><td rowspan="3">监测系统</td><td colspan="2">专业监测站(点)</td><td colspan="2">19 153 个监测站(点)，由气象、水文、雨量、泥石流、滑坡等监测站(点)组成</td></tr>
<tr><td rowspan="2">人工简易观测点</td><td>雨量</td><td>点</td><td>125 000</td></tr>
<tr><td>泥石流、滑坡</td><td>点</td><td>11 880</td></tr>
<tr><td rowspan="2">通信系统</td><td colspan="2">数据传输及主干通信网络互联</td><td colspan="2">连接 30 955 个监测站(点)的通信网络、1836 个县级信息共享平台及警报传输通信设备，21 193 套乡镇警报传输通信设备，县级以上各专业部门间网络互联等</td></tr>
<tr><td colspan="2">人工预警通信</td><td colspan="2">配置 12.5 万套无线广播警报器以及锣、鼓、号等人工预警设备</td></tr>
<tr><td colspan="3">预警系统</td><td colspan="2">山洪灾害气象水文预报系统，为山洪灾害威胁区的城镇、居民点等提供山洪灾害防御信息的山洪灾害预警系统等</td></tr>
<tr><td colspan="3">搬迁避让</td><td colspan="2"></td></tr>
<tr><td colspan="3">群测群防</td><td colspan="2">防灾预案的编制、落实、宣传、培训等</td></tr>
<tr><td colspan="3">其他</td><td colspan="2">政策法规的研究制定、各项防灾工程及设施的管理维护等</td></tr>
<tr><td colspan="3">小计</td><td colspan="2"></td></tr>
<tr><td rowspan="4">工程措施</td><td colspan="3">山洪沟治理规划</td><td>条</td><td>18 000</td></tr>
<tr><td colspan="3">泥石流沟治理规划</td><td>处</td><td>2462</td></tr>
<tr><td colspan="3">滑坡治理规划</td><td>处</td><td>1391</td></tr>
<tr><td colspan="3">病险水库除险加固</td><td>座</td><td>16 521</td></tr>
</table>

19.3　山洪灾害监测与预报、预警

山洪的预报和预警措施具有重要作用，同时也是防治规范中非工程措施的重要组成部分。

19.3.1 山洪灾害的监测方法

水文气象监测是山洪监测方法中最主要的方法。通过建立雨水情监测站网、天气雷达网、气象卫星网、GPS遥测技术等多方位的监测系统，及时快速地观测最新的降雨量、水位等水文气象数据，为山洪预警提供最基本的情报信息。

19.3.1.1 雨水情监测站网

雨水情监测站网是指利用地面或者河道上布设的监测站点，准确、及时地观测地面降雨、气温等气象要素，或河道水位、流量等水文要素，并通过一定的通信技术，将观测到的水文气象要素快速地传输到水情中心，从而实现对地面水文气象要素的实时监测。

雨水情监测站网在山洪监测预警中的作用：① 是山洪监测预警的直接依据；② 是山洪水文预报模型的基本输入条件；③ 是雷达测雨的校核依据；④ 是卫星云图测雨的校核依据。然而，世界上的大多数国家，包括我国在内，现有的水文气象监测站网分布密度小，报汛时段较长，对引发山洪灾害的局地性短历时暴雨的监测密度远远不够，对溪河洪水水文特性的监测也远远不能满足实际应用的需求。因此，加强雨水情监测站网建设，是山洪监测预警系统的重要内容。

雨水情监测站网包括人工观测站和自动遥测站网两类。在现代信息技术投入应用以前，水文资料的收集主要是靠人工观测，然后通过电报或者有线电话传送，观测要素一般只限于雨量或者水位，信息采集量小，信息传输效率低。随着现代信息技术的飞速发展，雨水情自动遥测系统发展十分迅速，大大提高了信息采集的时效性。雨水情自动遥测站网是现代雨水情监测站网的主要组成部分。一个基本的雨水情自动遥测站网至少包括若干遥测站和一个中心站，其基本构成如图 19-1 所示。在建立大型遥测系统或者地形复杂地区远距离遥测时，还可能需要建设若干中继站、集合转发站等。

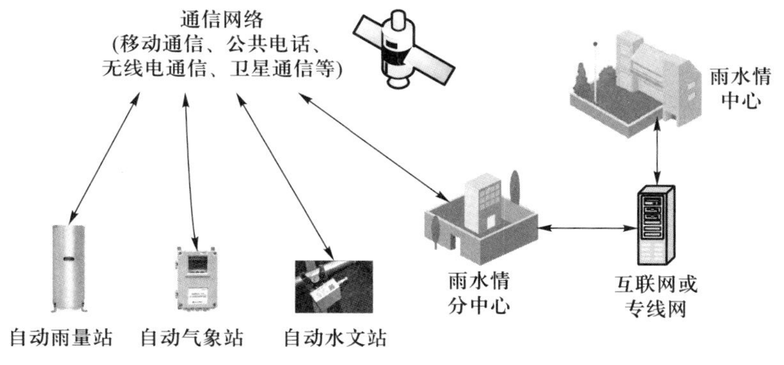

图 19-1 自动遥测站网示意图

19.3.1.2 天气雷达网

雨水情监测站网是对地面单点降雨量的准确观测，并不能描述降雨空间分布特征，尤其是对引发山洪的中小尺度局地暴雨,常常不能准确地捕获暴雨中心位置。而天气雷达系统则较好地弥补了这一缺陷。

天气雷达是利用雨滴、云状滴、冰晶、雪花等对电磁波的散射作用来探测大气中的降雨或云中大滴的浓度、分布、移动和演变,从而了解天气系统的结构和特征。当今多普勒天气雷达具有高时空分辨率,在中小尺度灾害性天气监测预警中具有极大的优势,特别是在基于雷达资料外推的短时临近的天气预报业务中起着关键性作用。天气雷达自问世以来,估测降雨一直是其主要目标。雷达测雨的方法主要有两类。第一类是利用反射率因子 Z 和降雨强度 I 的关系(即 Z-I 关系)确定降雨强度,即估测雨量。第二类方法是基于地面雨量观测站的准确点雨量联合雷达回波估测降雨强度。

19.3.1.3 气象卫星网

气象卫星携带的各种遥感器能够探测地球及其大气的可见光、红外与微波辐射,并将它们转换成电信号传送到地面,地面卫星接收站再将电信号复原并绘出各种云层、地表和海洋面卫星图像,从而获得高时间和高空间分辨率的全球观测资料。气象卫星具有观测范围大、及时迅速、连续完整等诸多特点,已成为世界各国天气分析预报业务,特别是在台风、暴雨、强对流等灾害性天气监测、分析和预报中不可缺少的工具。

由卫星云图估计降雨,主要是根据云的亮度、种类、面积与降雨之间的关系间接求得的,其精度取决于云图的空间分辨率、时间分辨率和采用的估计方法等。目前,世界上许多国家利用卫星云图进行定量降雨估计(quantitative precipitation estimate, QPE)已经进入业务化运行。

19.3.1.4 GPS 遥测技术

GPS 遥测大气水汽是20世纪末开始发展起来的一种全新的大气水汽探测手段。大气水汽是产生各种天气的重要因素,精确的水汽观测是中小尺度灾害性天气系统(暴雨、雷雨、冰雹、暴雪、龙卷风等)监测的基本条件。GPS 信号在穿越大气层时会引起传输路径和延时的改变,应用这一效应以及相应的一套反演理论,可以得到大气的温度、气压、水汽等信息。GPS 以其高探测精度、高时空分辨率、全天候等诸多优点,正成为大气水汽探测领域最有发展前途的技术之一。

我国自20世纪90年代开始进行 GPS 水汽观测试验研究并迅速投入应用,目前,各地如北京、上海、天津、河北、湖北、安徽、江西等省、市,纷纷建立了 GPS 综合站网。这些 GPS 站网的建设,在我国水汽高时空密度监测、突发性暴雨预报、气候分析预测等多方面起到了重要的作用。

19.3.2 山洪灾害的预报预警模型

所谓山洪预报预警,是指利用观测的或者预报的降雨量或者溪河流量等信息,快速分析判断某一地区发生山洪的可能性、强度和时间，从而决定是否对该地区发布山洪预警消息的一系列分析、决策的过程。

由于暴雨山洪时空尺度较小，要准确地预报山洪发生的时间和强度，还远远超出了当前世界气象水文科技发展水平。然而，随着水文气象监测站网加密和观测手段的不断丰富，利用观测的雨水情信息来判断山洪发生的可能性，并对高风险区提前预警，已被证实为一种有效的山洪预警方法。而且，随着气象预报技术和水文预报技术的发展，其在山洪预报中的应用研究不断深入，大大提高了山洪预报的预见期，其预报精度也逐步得到提高。

根据实时观测的最新的降雨或者水位信息，与某一种或者多种山洪预警指标进行对比分析，快速分析山洪发生的可能性，是当前世界上山洪预报预警的最基本也是最重要的方式。这种山洪预报方法避免了复杂的气象或水文预报模型，主要优点是预报速度快、方法简易实用，符合山洪的特点。然而，山洪预警指标的确定，却存在较大的技术难度和不确定性。当前，国际上应用比较广泛的山洪预报预警模型有山洪预警指南(FFG)、基于模拟气候学的欧洲降水指数(EPIC)等，国内比较常用的是单站临界雨量法、区域临界雨量法和灾害与降雨频率分析法等。

19.3.2.1 FFG

基于实测雨水情的山洪预警，最关键的技术问题就是预警指标的确定。其中最为著名的是美国的山洪预警指南系统(Flash Flood Guide, FFG)，它已在中美洲、韩国、南非、罗马尼亚、湄公河流域四国及美国加利福尼亚州等地得到广泛的应用。我国关于山洪预警指标的研究起步较晚，主要研究工作基本上都是2006年国家加大山洪灾害防治建设之后才开始的。

所谓FFG，是指导致溪河发生洪水所需的一定时间的降雨量。在美国，“一定时间”通常是指1 h、3 h、6 h三个固定的时间段。另外，关于FFG的定义，有两点需要说明：① FFG所言的降雨量，是指预报河流断面上游流域上的平均雨量；② 由于河流洪水不仅与当前降雨有关，还与流域前期挂蓄量、土壤湿度等因素有关，在不同的条件下，导致某一溪河发生洪水所需的降雨量也不同，因此FFG不是一个固定值，而是一个实时估算的动态变化的值。

临界净雨量是通过单位线法来确定的，基本假设是流域符合线性叠加和倍比原理：

$$Q_p = q_{pR} R A \tag{19-1}$$

式中，Q_p——预警的洪峰流量($cm^3 \cdot s^{-1}$)；q_{pR}——流域一定时间的单位线洪峰流量与流域面积的比值，即标准单位线洪峰流量[$cm^3 \cdot s^{-1} \cdot (km^2 \cdot cm^{-1})^{-1}$]；$A$——流域面积($km^2$)；$R$——临界净雨量(cm)。上式变换可得：

$$R = Q_p / (q_{pR} A) \tag{19-2}$$

从式(19-2)可以看出，流域面积A可以通过地形数据借助GIS工具很容易获得，因此，只要确定了洪峰流量Q_p和标准单位线洪峰流量q_{pR}，即可确定临界净雨量R。

19.3.2.2 EPIC

EPIC(European precipitation index based on simulated climatology)是欧洲广泛采用的一

种用来判别极端暴雨的指标,通过下式进行定义:

$$EPIC(t)=\max_{\forall di}\left(\frac{UP_{di}(t)}{\frac{1}{N}\sum_{yi=1}^{N}\max\left(UP_{di}\right)_{yi}}\right);di=\{6\ h,12\ h,24\ h\} \tag{19-3}$$

式中,UP_{di}——最大时段雨量,即最大6 h、12 h、24 h雨量;$max(UP_{di})_{yi}$——N年来逐年最大时段雨量,一般而言取近30年的逐年最大时段雨量,即$N=30$,因此式(19-3)等号右侧分母中表示多年最大时段雨量。因此,$EPIC$实质上即当前三个时段(6 h、12 h、24 h)的实测的最大时段雨量与多年平均的逐年最大时段雨量的比值的最大值。

根据研究,$EPIC$是一种有效监测暴雨洪水的指标。通常情况下,考虑$EPIC=1.0$(中等风险)和$EPIC=1.5$(高风险)两种阈值,并将超过这两种阈值的区域表示在地图上,直观地表示哪些区域未来可能发生大暴雨。

19.3.2.3 单站临界雨量法

单站临界雨量法认为,每个测站对应于不同时段(如1 h、3 h、6 h、12 h、24 h)分别有一个临界雨量,该临界雨量可以通过历史山洪灾害发生时该测站的时段雨量的最小值确定。假设某区域有S个测站,历史上发生山洪灾害N次,则首先收集这S个测站在N次山洪灾害发生前的降雨资料,然后分别统计各测站不同时段雨量最大值。设R_{tij}为第i个测站在第j次山洪灾害中的时段最大雨量,则N次山洪灾害中最小的R_{tij}则为该站的时段临界雨量,即

$$R_{ti临界}=Min(R_{tij})\quad(j=1,\cdots,N) \tag{19-4}$$

19.3.2.4 区域临界雨量法

区域临界雨量法与单站临界雨量法类似,主要区别在于前者的统计雨量不是单站雨量,而是区域面雨量。面平均雨量计算可采用泰森多边形法、算术平均法、雨量等值法等多种方法。

19.3.2.5 灾害与降雨频率分析法

灾害与降雨频率分析法的基本假设条件是山洪灾害发生的频率与暴雨频率相等。因此,通过调查一段时期内山洪发生的场次,分析山洪灾害发生的频率,然后取与山洪灾害发生频率相同的降雨量设计值即为临界雨量初值。例如,假设通过调查,某区域自1950年至2016年共发生了14次山洪灾害,那么山洪灾害发生的频率$P=14/(2016-1950+1)=20.9\%$,然后通过该地区设计暴雨方法,计算该频率下不同时段(如1 h、3 h、6 h、12 h、24 h)设计暴雨值,作为临界雨量初值。

19.3.3 山洪灾害的预警等级划分

不同地区山洪灾害发生条件不同,因此灾害的预警等级划分应根据当地实际情况而定,

从而采取不同的应对策略。如某地区根据实地调查情况确定出所预报流域的山洪预报预警参数,当监测到 10 min 降雨量达到警戒阈值时开始进行预报计算,并将计算值与监测到的警戒阈值进行比较。根据比较结果得到不同级别的预报信息,具体内容见表 19-6。

表 19-6 预报阈值

预报等级	判断标准	应对措施
蓝色	监测到的 10 min 降雨小于计算阈值的 85%	不预报
黄色	监测到的 10 min 降雨大于计算阈值的 85%但小于计算阈值	发布黄色预报信息,继续监测降雨,并开始警报监测
橙色	监测到的 10 min 降雨大于计算阈值但小于计算阈值的 120%	发布橙色预报信息,加强降雨监测和警报监测
红色	监测到的 10 min 降雨大于计算阈值的 120%	发布红色预报信息,通知下游危险区群众应急逃生

19.3.4 山洪监测预警系统

根据山洪的形成模型,结合无线传感器网络、无线传输设备、云计算和大数据平台以及个性化预警信息发布中心,构成监测预警系统。在 GIS 平台上建立数据库,将收集到的地形、地貌、降雨、土体属性等数据统一管理;结合现代数据传输[通用分组无线业务(GPRS)和北斗卫星通信系统]和智能传输手段,可建立流域山洪监测预警平台。山洪监测预警系统基本构成如图 19-2 所示。

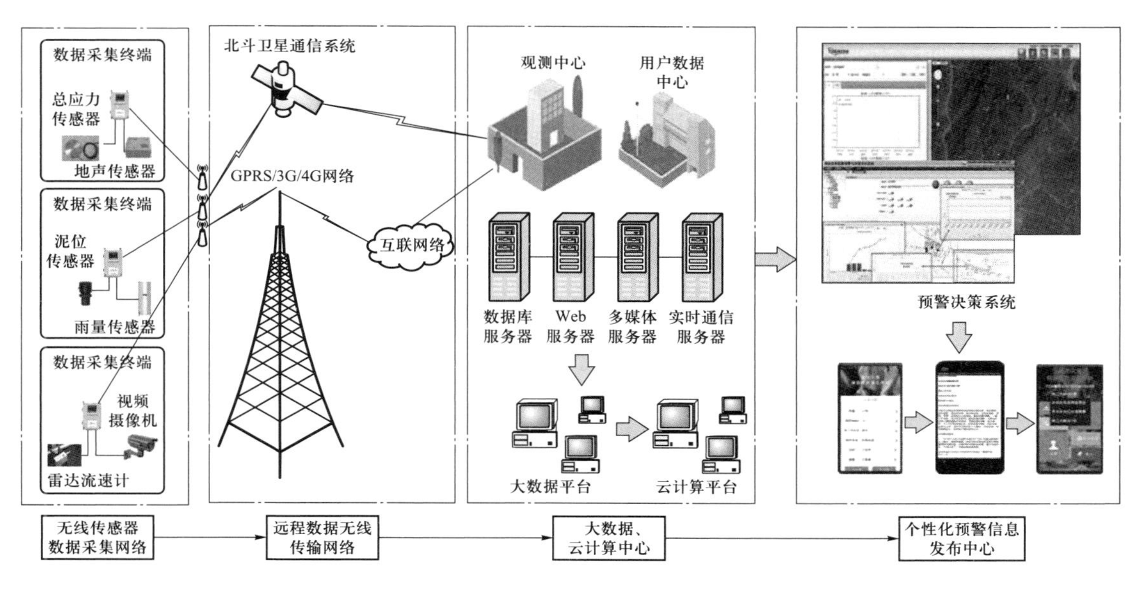

图 19-2 山洪监测预警系统基本构成示意图

在监测预警模型和系统的基础上，构建过程监测→精细化分级预警→个性化预警信息发布的山洪监测预警技术体系。对山洪的形成演进过程进行密集监测，根据监测信息发布相应等级的预警信息。针对政府部门、科研机构、受灾群众等不同群体发布预警时间、预警地点、危险区、逃生路线等个性化的预警信息。

19.4 山洪灾害防治工程

山洪灾害防治工程的主要作用在于疏导洪水、防止冲刷淤埋等对被保护对象造成危害，较为常见的工程措施有排洪道、谷坊、防护堤和丁坝等。同时，修建水库、植树种草等方法则对山洪灾害的长期有效防治非常重要。

19.4.1 排洪道

控制山洪的一种有效方式是使沟槽断面有足够大的排洪能力，使洪水通过时其强度不经任何削减。设计这样沟槽的标准是山洪极大值。这一方式包括一系列增大沟槽宣泄能力的措施，如加宽现有沟床，加深、清理沟道内障碍物、淤积物，截弯取直，修筑堤防，修建分洪道，以加大沟道的泄洪能力，使水流顺畅，水位降低。排洪道工程常用于位于山前区的城镇、工矿企业、村庄等，尤其适用于地面坡度较大的情况。

19.4.1.1 排洪道布置

排洪道应因地制宜布置，尽可能利用现有天然沟道加以整治利用，不宜大改大动，尽量保持原有沟道的水力条件；排洪道的纵坡应根据地形、地质、护砌条件、冲淤情况、天然沟道纵坡坡度等条件综合考虑确定，应尽量利用自然地形坡度，力求距离最短，以节省工程造价；排洪道在整个长度范围内力求保持宽度一致。若排洪道宽度改变时，为避免流速突然变化引起冲刷和涡流，其渐变段长度不小于5~10倍底宽差（或顶宽差）；尽量采用直线形平面布置，避免弯道，若必须弯道布置时，弯道半径不小于5~10倍设计水面宽度，弯道外侧除考虑水位和安全超高外，还应考虑弯道超高；排洪道应尽量布置在城镇、厂区、村庄的一侧，避免穿绕建筑群，穿越道路时，采用桥涵连接；排洪道尽量采用明沟，当必须采用暗沟时，应考虑检修条件；排洪道内严禁设障碍物影响水流，排洪道上不宜设建筑物；排洪道进口段应选在地形和地质条件良好地段，并使其与上游沟道有良好衔接，使水流顺畅，有较好的水力条件。出口端也应选在地形和地质条件良好的地段，并设置消能、加固措施。

19.4.1.2 排洪道设计

（1）过水断面 W

排洪道的断面形状有矩形、梯形、复式、U形等（图19-3）。梯形、矩形断面排洪道施工容易，维修清理方便，具有较大的水力半径和输移力，在实际山洪排洪工程设计时应优先考虑。

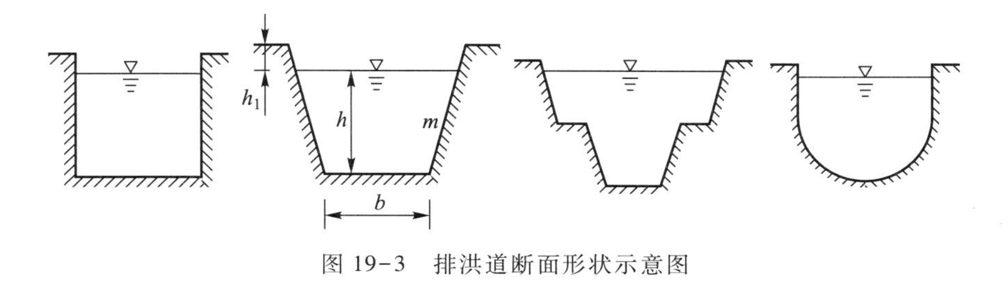

图 19-3 排洪道断面形状示意图

(2) 湿周 X

水流和排洪道壁相接触的周界为湿周 X。湿周越大，水流受到阻力越大；湿周越小，水流受到阻力越小。

梯形断面湿周用下式计算：

$$X=b+2h\sqrt{1+m^2} \tag{19-5}$$

式中，b——排洪道底宽(m)；h——水深(m)；m——边坡系数($m=0$ 即为矩形断面)。

(3) 水力半径 R

水流过水面积与该断面湿周之比为水力半径 R，$R=w/X$(m)，水力半径越大，过水能力越大；反之过水能力越小。梯形断面水力半径 R 用下式计算：

$$R=\frac{w}{X}=\frac{(b+mh)h}{b+2h\sqrt{1+m^2}} \tag{19-6}$$

式中，符号意义同前。

(4) 糙率 n

糙率是反映排洪道边界和水流因素对水流阻力影响的一个综合量。n 值大则水流克服边界阻力就大；n 值小则水流克服边界阻力就小。n 值与排洪道表面粗糙程度密切相关，设计时根据具体情况，对护砌材料、过水断面等影响水流阻力的因素进行综合调查分析，确定合理的糙率值(表 19-7)。山洪一般都为挟沙水流或高含沙水流，排洪道糙率也可参考下面经验公式计算：

$$n=0.0166d_{50}^{1/6} \tag{19-7}$$

式中，n——含泥沙糙率；d_{50}——泥沙中值粒径(mm)。

表 19-7 排洪道糙率 n 值

渠道表面的性质		n	渠道表面的性质		n
土渠			混泥土渠槽		
1	坚实光滑的土渠	0.017	17	水泥浆抹光	0.010
2	掺有少量黏土或石砾的土渠	0.020	18	钢模浇筑的混泥土	0.010~0.011
3	沙砾底砌石坡的渠道	0.02~0.022	19	水泥浆粉刷	0.0105~0.0011
4	细砾石(d=3~10 mm)渠道	0.022	20	混泥土碾光	0.011
5	中砾石(d=20~60 mm)渠道	0.025	21	模板较光高灰分的光混凝土	0.011~0.013
6	粗砾石(d=50~150 mm)渠道	0. 030	22	木模不加喷浆的混凝土	0.014~0.0155
7	绒布粗石块的土渠	0.033~0.04	23	表面较光的整打混凝土	0.0155~0.0165
8	野草丛生的砂壤土渠或砾石渠	0.04~0.05	24	表面干净的旧单纯混凝土	0.0165
天然石渠			25	粗糙的单纯混凝土	0.018
9	中等粗糙的凿岩渠	0.033~0.04	26	表面不整齐的混凝土	10.020
10	细致爆开的凿岩渠	0.04~0.05	木槽		
11	粗糙的极不规则的凿岩渠	0.05~0.065	27	新的光滑槽	0.0105
砖石渠道			28	刨光、接缝很好的木槽	0.011
12	整齐勾缝的浆砌砖渠	0.013	29	未加刨光的木槽	0.013
13	细琢条石	0.018~0.014	30	旧木槽	0.014~0.0155
14	细致浆砌碎石渠	0.013	其他材料		
15	一般的浆砌碎石渠	0.017	31	滚浇石棉板的渠道	0.013~0.014
16	粗糙的浆砌碎石渠	0.020			

19. 4. 1. 3 排洪道护砌

排洪道在弯道、凹岸、跌水、急流槽和排洪道内水流流速超过土壤最大容许流速的沟段上,或经过房屋周围和公路侧边的沟段及需避免渗漏的沟段时,需要考虑护砌。护砌有三种方式:一侧防护,用于一侧有建筑物需要防护而另一侧不怕冲刷的沟道;二侧防护,用于断面宽、流速小且两岸均有建筑物需要防护的沟道;整体防护,用于断面窄小或流速较大且两岸有建筑物需要防护的沟道。

19. 4. 1. 4 截洪沟

山坡上的雨水径流经常侵蚀坡面使其产生许多小冲沟。暴雨时,雨水挟带大量泥沙冲至山脚下,使山脚下或山坡上的建筑物受到危害。为此设置截洪沟以拦截山坡上的雨水径流,并引至安全地带的排洪道内。截洪沟可在山坡上地形平缓、地质条件好的地带设置,也可在坡脚修建。截洪沟布置与设计遵循以下几点:① 截洪沟要尽量与坡面原有沟埂结合,一般利用地形沿等高线布置;② 为多拦截地面水,截洪沟应均匀布置,沟间距不宜过大(表19-8);③ 沟底保持一定坡度,使水流顺畅,避免发生淤积;纵坡不宜大于0.01,以防冲刷;④ 在山区城镇,改缓坡为陡坡地段(切坡)时,坡顶应修截洪沟,沟边与切坡坡顶必须保持不小于3~5 m的安全距离,并防止截洪沟的渗透;⑤ 截洪沟一般布置在山坡植被差、水流急、坡陡、径流量大的地方;⑥ 截洪沟断面大小应满足排洪量的要求,不得溢流出沟槽。截洪沟的水力计算按明渠均匀流公式计算,其计算方法和步骤与排洪道相同。

截洪沟与排洪沟或山洪沟相接处,高差较大时,应修建跌水。

表19-8 山坡截洪沟间距表

坡体		沟间距/m	坡体		沟间距/m
纵坡坡度/%	坡角/(°)		纵坡坡度/%	坡角/(°)	
3	1.7	30	9~10	5.1~5.7	16.5
4	2.3	25	11~13	6.3~7.4	15
5	2.9	22	14~16	8.0~9.1	14
6	3.4	20	17~23	9.4~12.6	13
7	4.0	19	24~37	13.3~20.0	12
8	4.6	18	38~40	21~21.8	11.5

(1) 沟道纵坡设计

为使水流达到不冲不淤的流速,沟底应保持一定坡度,当设计流量为0.03~0.10 $m^3 \cdot s^{-1}$时,可取1/300~1/1000;当设计流量为0.1~0.3 $m^3 \cdot s^{-1}$时,可取1/800~1/1500。

(2) 洪峰流量设计

$$Q = C_x \times i \times A \tag{19-8}$$

式中,Q——过水流量($m^3 \cdot s^{-1}$);C_x——洪峰流量系数($m^{1/2} \cdot s^{-1}$);i——最大暴雨强度($m \cdot s^{-1}$);A——集水面积(m^2)。

截洪沟各断面流量不同,距蓄水工程越近,流量越大。

(3) 沟道横断面设计

先假设一横断面,按谢才公式计算流速:

$$v = C\sqrt{Ri} \tag{19-9}$$

$$C=\frac{1}{n}\cdot R^{1/6} \tag{19-10}$$

式中，v——流速（$m\cdot s^{-1}$）；C——谢才系数（$m^{1/2}\cdot s^{-1}$）；R——水力半径（m）；i——沟道比降；n——沟道糙率。

求得 v 后，若属不冲不淤流速，则按 $Q=v\times\omega$ 校核（ω 为过流断面面积），若与洪峰流量相符，则横断面可行，否则改变断面尺寸，重新设计。截洪沟各段的断面尺寸不同，应分段设计，但若集水面积不大、沟道不长，可只设计一个断面。

有傍山公路或削坡平台马道的山坡，可在其内侧修截洪沟，公路或平台马道应开挖成略向山坡倾斜的路面，以利于向截洪沟汇集水流。

19.4.1.5 跌水

在地形比较陡的地方，为避免冲刷和减少排洪道的挖方量，在排洪道下游常修建跌水。跌差在 1 m 以上时，应用跌水。跌水分为单级跌水和多级跌水。将地面陡槛修建成一个一次跌落的跌水是单级跌水；将地面陡槛分割成数级跌差的跌水是多级跌水。跌水是由进口、消力池和出口组成。进口由翼墙、上游护底及跌水组成。其主要作用是使水流顺利流入，并避免流速过大冲刷跌水上游渠道；消力池由消力池底板、跌水墙和侧墙组成。其主要作用是消除和削弱下泄水流的能量及对构筑物的冲刷磨蚀；出口一般为宽顶堰或实用断面堰，其作用是使水流与下游平顺衔接。

进水口断面形式确定后，其宽度计算：

当进水口为矩形断面时：

$$B=\frac{Q}{\varepsilon MH^{3/2}} \tag{19-11}$$

当进水口为梯形断面时：

$$Q=\varepsilon M(B+0.8mH)H^{3/2} \tag{19-12}$$

式中，Q——设计流量（$m^3\cdot s^{-1}$）；M——流量系数；ε——侧收缩系数；B——进水口底宽（m）；m——边坡系数；H——设计行近流速水头的水深（m）。

19.4.2 谷坊

谷坊是在山谷沟道上游设置的梯级拦截堤坝，高度一般为 1～5 m。谷坊的主要作用及其修建可参见本书第 14.3.1.2 节。

19.4.2.1 谷坊高度

谷坊高度取决于所用建筑材料，主要以能承受水压力、土压力及冲击力而不被破坏为原则。将常用几类谷坊高度、顶宽及坡面的坡度列入表 19-9 供参考。

表 19-9 常用谷坊规格

类型	高度/m	断面顶宽/m	迎水坡	背水坡
土谷坊	1.5~3.0	1.0~1.5	1 : 1.5	1 : 1
干砌石谷坊	1~2.5	1.0~1.2	1 : 0.5~1 : 1	1 : 0.5
浆砌石谷坊	2~4	1.0~1.5	1 : 0.5~1 : 1	1 : 0.3

谷坊间距按式(19-13)计算：

$$L=H/(I-I_0) \tag{19-13}$$

式中，L——谷坊间距(m)；H——谷坊高度(m)；I——沟底自然纵坡(‰)；I_0——沟床淤高后纵坡(‰)，即谷坊淤满后形成的稳定纵坡。

同一条沟道中修建的谷坊高度相等时，谷坊的总数按式(19-14)计算：

$$N=\frac{H_1-I_0L}{H} \tag{19-14}$$

式中，N——谷坊总数；H_1——谷坊的起点和终点的高程差；其他符号意义同前。

19.4.2.2 谷坊的贮沙量

谷坊的贮沙量是其效益的重要标志之一。计算谷坊贮沙量常用方法如下。

(1) 实测横断面方法

在谷坊淤积泥沙的区段内，每隔适当的距离实测出沟道的横断面，则贮沙量为

$$V=\frac{1}{2}[(A_1+A_2)l_1+(A_2+A_3)l_2+\cdots+(A_{n-1}+A_n)l_{n-1}] \tag{19-15}$$

式中，$A_1,A_2,\cdots,A_n$——各断面内的贮沙面积(m^2)；$l_1,l_2,\cdots,l_n$——各横断面之间的距离(m)。

(2) 沟道纵断面方法

设谷坊淤积泥沙区段的平均宽度为 b，则贮沙量 V 为

$$V=\frac{1}{2}\frac{bH^2}{I-I_0} \tag{19-16}$$

初步规划时，用 1 : 50 000 地形图求沟道坡度 I，设 $I_0=\frac{1}{2}I$，则得：

$$V=\frac{bH^2}{I} \tag{19-17}$$

式(19-17)能较方便地求出贮沙量。

19.4.2.3 谷坊溢水口

谷坊溢水口可设置在谷坊顶部的中间或靠近地质条件好的岩坡一侧。过水部分用浆砌。当谷坊两岸山脚不坚固,易遭受水力冲刷时,谷坊上应设置溢水口,以保证水流不漫溢顶部,以免冲毁两岸,冲塌谷坊。谷坊的溢水口一般布埋在坝址一侧的山坳处或坡度平缓的实土上。当溢水口设在谷坊上时,应做好防冲处理。

谷坊溢水口一般为矩形,断面用下面宽顶堰公式计算:

$$B=\frac{Q}{MH_0^{\frac{3}{2}}} \tag{19-18}$$

式中,B——溢水口宽度(m);Q——设计流量($m^3 \cdot s^{-1}$);M——流量系数,一般用$0.35\sqrt{2g}$,g——重力加速度($m \cdot s^{-2}$);H_0——计算水头(m),可采用溢流水深 H 值。

谷坊溢水口下游与土质沟床连接处,应设置防冲消能设施。

19.4.3 防护堤

防护堤位于沟道两岸,增加两岸高度,提高沟道的泄流能力,保护沟道两岸不受山洪危害。同时也起到束输沙和防止横向侵蚀、稳定沟床的作用。城镇、工矿企业、村庄等受防护建筑物位于山区沟岸上,背山面水,常采用防护堤工程措施来防止山洪危害。

19.4.3.1 防护堤的布置

根据被保护区的要求,确定其范围,以少占耕地、少占住房为宜。堤线走向应与山洪流向一致,堤线尽可能顺直或微弯,采用加大的弯曲半径,一般为5~8倍设计水面宽,避免急弯和折线。两岸堤线应布置平行,堤线与中水位的水边线要有一定距离。

当干沟(河)滩上的防护堤对过水断面有严重挤压时,为使水流顺畅,避免严重淘刷,防护堤首段应布置成八字形喇叭口。

堤线应选择土质良好的地带,不宜跨深沟,避免经过沙层、淤泥层等不良地带。有条件的地方,堤线应选在地势较高处,有利防护和减少土方。防护堤起点要布置在水流平顺地段,堤间应嵌入岸边,防护堤末端采用封闭式或开口式。防护堤脚不能靠近沟岸或滩缘,以防止山洪淘刷而危及堤身安全。

19.4.3.2 防护堤高程计算

堤顶高程按下式计算:

$$H=H_{设}+a+\delta \tag{19-19}$$

式中，H——堤顶高程(m)；$H_{设}$——设计洪水位高程(m)；δ——安全超高，一般取0.5~1.0 m；a——波浪爬高(m)，按下式计算：

$$a=3.2\ kh_{波}\ tg\alpha \tag{19-20}$$

式中，

$$h_{波}=0.34L^{1/2}-0.26L^{1/4}+0.76(一般计算时) \tag{19-21}$$

$$L=0.304VD^{1/2} \tag{19-22}$$

式中，L——堤前波浪长度(m)；V——计算风速($m\cdot s^{-1}$)；D——水域的平均水深(m)。

防护堤断面一般为梯形，既节省工程消耗，又有足够稳定性。

19.4.4 丁坝

19.4.4.1 丁坝的目的及种类

丁坝是一种不与岸连接、从水流冲击的沟岸向水流中心伸出的一种建筑物，主要起改变流向、从而防止山洪横向侵蚀的作用。在山洪沟道上修建丁坝的主要目的如下：① 改变山洪的流向，以防止横向侵蚀。例如在山洪冲刷坡脚有可能引起山崩处，修建丁坝改变流向后即可防止山崩。② 缓和山洪流势，使泥沙沉积。尤其在护岸工程上游修建丁坝，可减缓流速，沉积泥沙，固定沟床，达到保护护岸工程的目的。③ 固定沟道宽度，防止山洪乱流或偏流从而防止横向侵蚀。

按建筑材料不同，丁坝可分为石笼、砌石、混凝土、木框装口丁坝等；按透水性能不同，可分为透水性丁坝和不透水性丁坝。不透水性丁坝可用浆砌块石、混凝土等修建；透水性丁坝可用杩槎、打桩编篱等修建。按丁坝与水流所成角度不同，可分为正交丁坝（布置成垂直形式）、下挑丁坝（布置成下挑形式）、上挑丁坝（布置成上挑形式）。

19.4.4.2 丁坝的设计与施工

山洪沟道坡陡，流速大，挟带泥沙多。因而在设计时应对沟道的特性、水深、流速等情况进行详细调查研究。

(1) 丁坝的布置

在沟道两岸修建丁坝时，为使丁坝头部不遭受严重冲刷，两岸丁坝头部之间的间隔应保证有足够的横断面面积以宣泄山洪。两岸的丁坝头部应相对，从而固定山洪中泓，防止其左右摇摆。通常丁坝应布置在沟道的下游部分，且应布置成群，一般用于沟道下游乱流区域内最多，布置在凹岸一侧修筑的丁坝比在凸岸一侧修筑的丁坝长度较短。丁坝轴线与水流方向的交角结合流速大小、水深、含沙量导治线的外形等因素综合考虑，对于下挑丁坝一般采用60°~75°,上挑丁坝一般采用100°~105°。

(2) 丁坝的高度与长度

漫流的丁坝一般淤积情况都较好;未漫流的丁坝淤积较少。丁坝头顶的标高以达到发生漫流的目的为宜,按历年平均水位设计,但不应超过原沟岸的高程,布设时应从上游逐个确定各丁坝的位置与长度。

(3) 丁坝的间距

布置丁坝时应根据丁坝的长度、流水的方向、沟底坡度、断面等因素来决定其间距。最大间距以主流方向不冲击沟岸和坝根点为原则。

丁坝在施工时,应选择流势较缓的地点先行施工,再逐渐向流势较急的地点推进。为防冲刷,应在丁坝的开挖坑内回填大石块予以抵抗。

19.4.4.3 丁坝冲刷计算

丁坝束狭河道水流后在坝上游产生壅水,形成水流高压区,而坝头附近的水流流速较大,形成水流低压区。位于高压区的水体大部分流向坝头,很少一部分折向河岸形成回流。同时由于丁坝挡水作用产生的下降水流形成涡流作用,在坝头处发生河床冲刷,从河底冲起的泥沙,大部分被水流带出坑道,少部分落在冲刷坑的斜坡后受重力作用返回坑底。为对冲刷部分采取防护措施,需进行计算。

(1) 按有无泥沙进入冲刷坑计算

有泥沙进入时:

$$\Delta H=\left(\frac{1.84\ h}{0.56+h}+0.0207\ \frac{v-v_0}{\omega_0}\right)bk_mk_a \tag{19-23}$$

式中,ΔH——局部冲刷后的最大水深(m);h——局部冲刷前的水深(m);b——丁坝在流向线上的投影长度(m);v——流向丁坝头的水流垂线平均流速($m\cdot s^{-1}$);v_0——土壤冲刷流速($m\cdot s^{-1}$);k_m——与丁坝头部边坡系数 m 有关的系数;k_a——与丁坝轴线和水流轴线的交角 a 有关的系数;ω_0——土壤颗粒沉速($m\cdot s^{-1}$)。

无泥沙进入时:

$$\Delta H=\left[\frac{1.84b}{0.56+h}+\left(\frac{v-v_1}{v_0-v_1}\right)^{0.75}\right]bk_mk_a \tag{19-24}$$

式中,v_1——土壤的起冲流速($m\cdot s^{-1}$);其他符号意义同前。

(2) 按河床土壤粒径计算

$$\Delta H=27k_1k_2\left(tg\frac{a}{2}\right)\frac{v^2}{g}-30d \tag{19-25}$$

式中,v——丁坝前水流流速($m\cdot s^{-1}$);k_1——与丁坝在水流法线上投影长度有关的系数;k_2——与丁坝边坡系数有关的系数;a——水流轴线与丁坝轴线的交角;d——泥沙粒径(m);g——重力加速度($m\cdot s^{-2}$)。

(3) 考虑坝前水流流速在内的计算

此方法适用非淹没丁坝,且河床泥沙粒径较细的情况:

$$\Delta H=h_0+\frac{2.8v^2}{\sqrt{1+m^2}}\sin a \tag{19-26}$$

式中,ΔH——水面的局部冲刷水深(m);h_0——坝前水流的水深(m);v——坝前水流流速($m\cdot s^{-1}$);a——水流轴线与丁坝轴线交角;m——丁坝头部边坡系数。

19.4.5 其他防治工程措施

除了上述防治措施之外,山洪的防治中还可以采用修建小型水库、沟道截弯取直、田间工程措施、植树种草等方法。

修建水库把洪水一部分水量暂时加以容蓄,使洪峰强度得以控制在某一程度内,是控制山洪行之有效的方法之一,水库位置要根据流域及沟道地形情况而定。库址应能控制足够大的汇水区,以有效发挥水库作用,库址地形要求肚大口小且在基础稳定、地质条件良好的地段,库坝附近要有充足的筑坝材料。

沟道截弯取直,加大沟道过流能力,使流动顺畅,水位降低,达到防治山洪的目的。沟道截弯取直主要是除去弯道的凸嘴,调整过急的弯道,加大沟道弯曲半径,保护凹岸。根据沟道的不同特点,沟道截弯方法分别有单个截弯与系统截弯、内截弯与外截弯两种。沟段内个别弯道过于弯曲时,进行单个截弯。如果沟段内有几个弯道时,进行系统截弯。内截弯通过狭颈最窄处,路线较短,可节省土方。内截弯时,为利于正面引水、冲刷新沟道及侧面排沙,取直段进口应布置在上游弯顶稍下方,进口交角不应超过 25°~30°为宜。外截弯时,为利于引导弯道上段的水流,取直段的进口宜布置在上游弯道顶点稍上方,而出口则布置在稍下方,便于和下游顺利相接。

山洪的坡面治理田间工程措施(即农业土壤改良措施)和植树种草是山洪和水土流失防治的重要措施之一,也是发展山区农业生产的根本措施之一。田间工程措施多种多样,主要有:梯田、培地埂、水簸箕、截水坑、停垦等。其中修梯田是广泛使用的基本措施。通过植树种草来恢复流域面上的森林生态系统,利用森林植被所具有的保持水土、涵养水源的功能,发挥森林植被拦截雨水、保水固土、延长汇流时间的作用,从而削减洪峰流量和山洪总量,最终达到减小山洪规模、控制山洪灾害的目的。实施植树造林措施要从流域实际情况出发,流域不同部位由于立地条件不同,应选择不同的树种森林,同时兼顾流域内群众经济利益。加强对树林的抚育管理,防止乱砍滥伐乱牧等现象。

山洪防治的基本任务是采取积极有力的防御措施,力求减轻或消除山洪灾害,保障人民生命财产安全和经济建设的顺利进行。必须做到安全第一、常备不懈、以防为主、全力抢险,从思想上、组织上等方面做好防洪准备工作。

19.5 山洪防治案例与效益

以四川省都江堰市龙溪河流域为例,来说明小流域山洪非工程措施布设及其效益。

龙溪河流域位于四川省都江堰市西北部,属于岷江水系的一级支流,呈南北展布。龙溪河源出龙池镇龙池岗,于南面的楠木园汇入岷江,流域面积 96.8 km^2,全长约 18.3 km,流域形状呈树杈状,支沟发育,震后多数支沟发育泥石流。

龙溪河流域居龙门山断裂构造带,陡峻的峡谷地貌使龙溪河具有以下地形特征(图 19-4)。

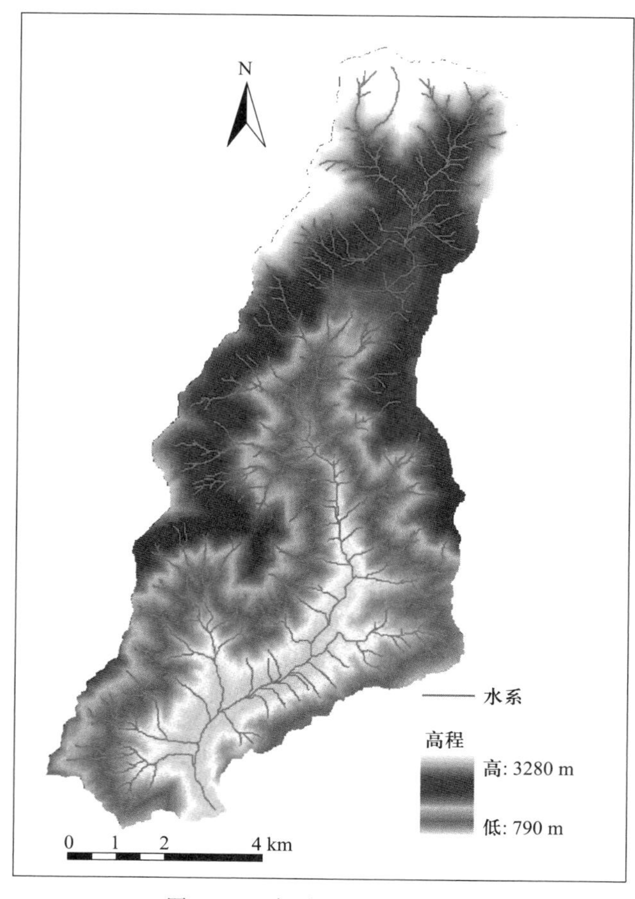

图 19-4 龙溪河流域 DEM 图

① 流域相对高差大：全流域内最高峰为北端的龙池岗山顶，海拔3280 m，最低点位于南端紫坪铺水库边，海拔790 m，相对高差2490 m。各泥石流支沟相对高差723~1605 m，最大的是八一沟，1605 m，最小的是椿牙树沟，723 m。② 沟床纵坡陡：整个龙溪河流域平均纵比降126‰，泥石流支沟纵比降376‰~573‰。③ 流域山坡坡度大：流域山坡坡度在30°~70°；在流域内龙池湖附近及其上游地区的山坡最为陡峻，与之相反的是在流域东南部分的晏家坪下游到紫坪铺水库左岸山坡较缓，这两个区域与流域内别的区域有明显的不同。④ 大部分泥石流流域都小于1.0 km^2，仅个别泥石流沟流域面积大于3.0 km^2。由此可见，该流域具有山高、坡陡、沟床比降大、支沟面积小的特征。巨大的地形高差使沟道的松散堆积物具有较大的势能，陡峻的沟床和山坡为松散物质的启动提供了有利的条件，较小的流域面积便于径流的快速汇集。

应用山洪灾害监测预警的非工程措施，针对不同尺度流域进行监测预警与灾害链形成演进研究，通过在流域内不同海拔和不同支沟安装山洪、泥石流参数监测仪器，获得降雨和流量过程等水文数据，可用于分析降雨的空间分异和山洪泥石流的流量过程线，以及流速、容重等参数，为最终模型的输入、输出提供检验和校正的依据。在流域沟口安装气象雷达，监控整个流域内的可降雨量，以实现降雨的提前预报。在山洪、泥石流的形成区，安装土壤水分仪，实时监测土壤含水量，为建立基于土体含水量和降雨数据的预警模型提供数据基础。

安装山溪河流的雷达水(泥)位监测2处、雷达流速计2处、降雨监测8处、孔隙水压力2处、含水量监测3处、视频水位监测2处，总应力站1处，共计监测点19处(图19-5)，保障碱平沟沟口南岳村集中安置点受山洪、泥石流灾害威胁的640余名群众的生命财产安全和旅游公路的行车安全。

采用群测群防思想和分布式水文模型相结合的预警系统。用户通过智能手机直接上报降雨量估计值，实现群测。系统将预警信息通过智能手机推送给用户，实现群防。通过智能手机实现了预警系统与用户的直接互动，缩减了信息传递的路径和耗时。数字流域模型在云服务器端采用面向服务的架构(SOA)封装，按需运行，快速求解降雨洪水过程，并根据不同位置的承灾能力判定预警级别，生成预警信息。

预警系统主要由云服务器、用户客户端、移动网络等部分组成。服务器端由数据采集模块、数据库系统、数字流域模型、预警模块等组成。数据采集模块包括天气预报抓取、历史降雨数据抓取以及用户降雨数据收集等功能；数据库系统包括降雨数据库、水文数据库以及用户与地理、社交关系数据库；预警模块包括预警级别判定和预警信息推送。用户客户端即智能手机，主要有实时降雨信息上报、预警信息接收显示、通用社交网络等功能模块。

系统的预警流程如图19-6所示。用户通过客户端可以提交观测到的雨量数据，与位置信息一并传输到云端服务器；服务器每接收到用户雨量则更新雨量数据库，并自动运行数字流域模型进行降雨径流演算；径流结果存储在数据库中，一旦某地预测径流量超过该河段一定预警级别对应的径流量，则推送预警信息至有关用户的手机客户端。在下述模拟应用的流域中，整个过程只需要3 min时间。

选取龙溪河流域作为山洪预警系统示范应用的流域，选取2012年7月11日降雨洪水过程放大至5倍作为假想的实际山洪过程，进行模拟应用。用于本流域山洪预警的安卓系统智能手机客户端如图19-7所示。用户通过手机客户端向系统提交实时降雨信息，预警

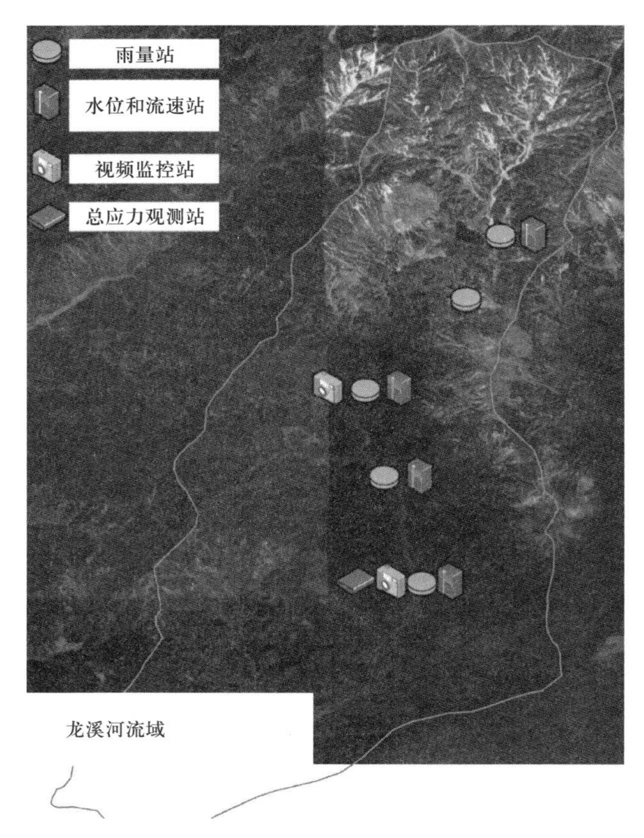

图 19-5 龙溪河流域内监测预警仪器布设图

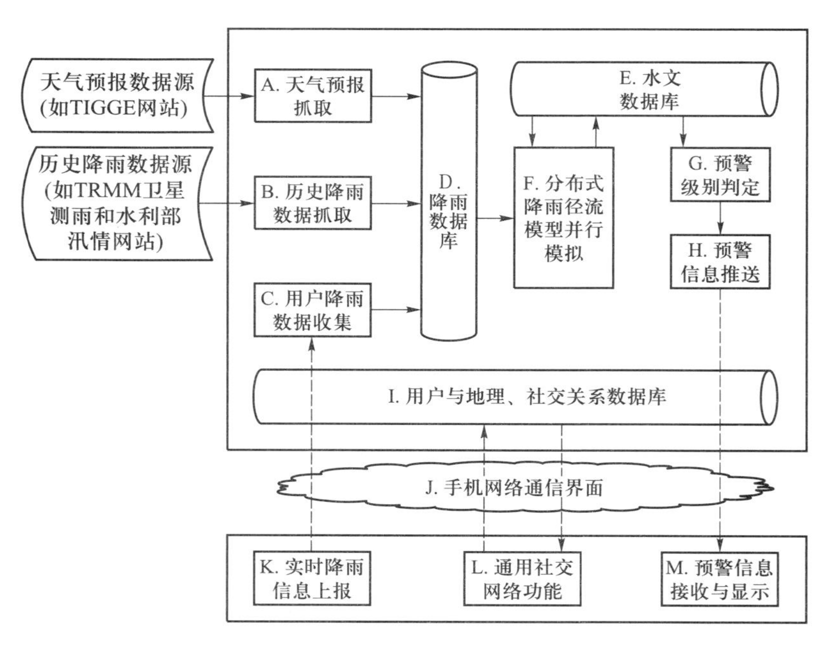

图 19-6 基于智能手机互动的山洪预警系统框架图

信息通过手机移动网络推送到客户端，并通过图标、铃声、振动等方式向用户发出提示。客户端软件常驻内存，在系统通知区显示图标，表明软件的运行状况和当前预警级别，如图19-7 左上角图标所示。系统提供的预警信息包括洪峰来临时间、洪峰大小以及行动建议。

图 19-8 显示了放大后的累积降雨曲线。假定某点居民在 17 时 20 分发现雨量较大，向系统提交了“17:00 至 17:20 降雨量 100 mm”的信息，假定居民行动至提交完成耗时3 min。系统使用抓取的历史降雨数据作为前期降雨量，将用户输入的降雨量作为实时降雨量，不考虑未来后续降雨，进行降雨径流模拟，实测系统运行时间不超过 3 min，并于 17:26 发出第一次预警。

图 19-7 山洪预警移动客户端

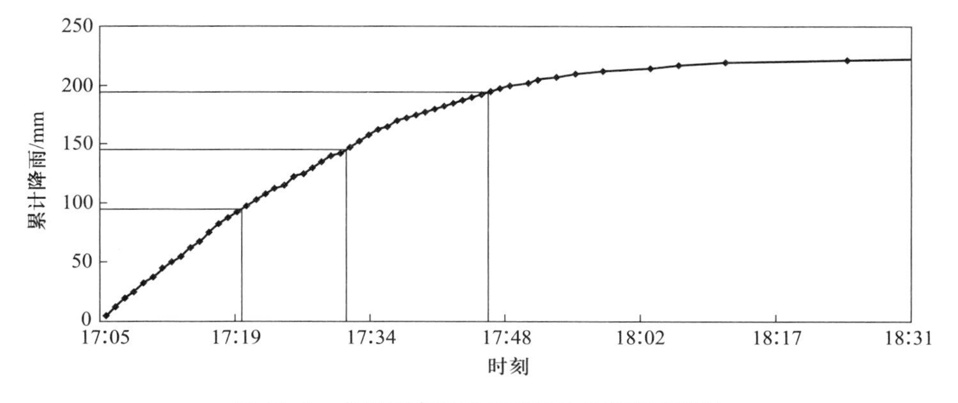

图 19-8 龙溪河南岳村北雨量站累积降雨过程

2012 年 7 月 11 日，5 倍放大

借鉴澳大利亚海啸预警中心(Joint Australian Tsunami Warning Centre)对海啸预警的级别定义,针对山洪的特点,根据实际流量与满槽流量的比,定义了山洪的预警级别与行动建议,见表19-10。

表19-10 预警级别定义及行动建议

实际流量/满槽流量	<50%	50%~80%	80%~120%	>120%	修正至50%以下
行动建议	安全	观察	撤离河岸	全面撤离	预警取消

龙溪河流域内三个村落对应河道的洪峰值和峰现时间预测如表19-11所示,表19-11还显示了各村所处河段的编码、根据河道断面估计的警戒流量、根据实测降雨模拟的"实际"洪峰值(即"计算流量")与峰现时间。根据模拟结果,南岳村北、云华村的预测洪峰接近当地的警戒流量,估计峰现时间为24 min和36 min之后,建议居民准备撤离;栗坪村预测的洪峰与警戒流量相差较远,建议用户继续观察决定下一步行动。随着降雨持续,假定用户又依次提交了"17:00至17:30降雨量150 mm"和"17:00至17:45降雨量200 mm"的信息,在新的数据下,系统发出第二、三次预警信息,如表19-11所示。

表19-11 各村"实际"洪水过程与预警信息

位置		南岳村北	栗坪村	云华村
河段编码		(0,38)	(0,25)	(0,9)
警戒流量/$(m^3 \cdot s^{-1})$		440	880	960
洪峰值/$(m^3 \cdot s^{-1})$		749	844	893
峰现时间		18:05	18:25	18:45
第一次预警(17:26发布)	计算流量/$(m^3 \cdot s^{-1})$	356	448	618
	峰现时间	17:50	17:52	18:02
	预警提醒	撤离河岸	观察	撤离河岸
	提前时间	0:24	0:26	0:36
第二次预警(17:36发布)	计算流量/$(m^3 \cdot s^{-1})$	647	863	1030
	峰现时间	17:52	18:58	18:01
	预警提醒	全面撤离	撤离河岸	撤离河岸
	提前时间	0:16	0:22	0:25
第三次预警(17:51发布)	计算流量/$(m^3 \cdot s^{-1})$	632	845	1000
	峰现时间	17:50	18:08	18:24
	预警提醒	全面撤离	撤离河岸	撤离河岸
	提前时间	—	0:17	0:33

以最靠近上游、避险反应时间最短的南岳村北为例，分析系统的及时性。根据图 19-8 中流域降雨模拟的南岳村北“实际”洪水过程如图 19-9 所示，峰现时间为 18:05。三次预警时间、预测的峰现时间也在图 19-9 中标注，相对计算洪峰的提前时间分别为 24 min 和 16 min（第三次预警发布在预测洪峰之后），相对“实际”洪峰的提前时间为 39 min、29 min 和 14 min。可以发现，预测洪峰的出现时间较实际洪峰提前，这是由于流域上游没有村民居住，预警使用的雨量点比实测更少，同时预警系统内输入的降雨量时间更长（20 min、30 min 和 45 min），降雨量也是估计的整数。在这种情况下，系统的预测峰现时间和洪峰值会相对实际洪水出现偏差，这个偏差在本算例中使系统更偏安全。但在不同的降雨时空分布下，有可能使系统低估洪水风险，需要在系统内引入正规雨量站和更多用户并及早进行预测，才能提高预警的可靠性。

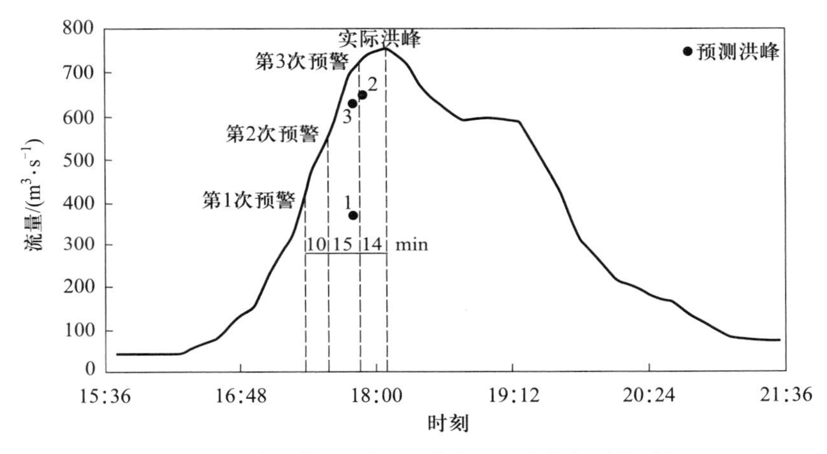

图 19-9 南岳村北“实际”洪水过程曲线与预警时间

参 考 文 献

曹叔尤,刘兴年,王文圣.2013.山洪灾害及减灾技术[M].成都:四川科学出版社.

陈日东.2011.大比降山区河流水沙数学模型的初步研究[D].成都:四川大学博士论文.

陈守煜.1988.模糊水文学[J].大连理工大学学报,28(1):93-96.

邓瑞海,王波.1983.成市防洪工程规划[M].北京:中国建筑工业出版社.

迪尔恩巴乌姆 H C.杨枫,李定,译.1958.居民区山洪的防治[M].北京:水利出版社.

丁晶,邓育仁.1988.随机水文学[M].成都:成都科技大学出版社.

丁志雄,李纪人,李琳.2004.基于 GIS 格网模型的洪水淹没分析方法[J].水利学报,6(6):56-61.

冯杰,张佳宝,郝振纯,等.2004.水及溶质在有大孔隙土壤中运移的研究:Ⅱ.数值模拟[J].水文地质工程地质,31(4):77-82.

冯焱.1981.石泉和安康水电站施工洪水预报[J].水力发电,(5):6-10.

给水排水设计手册编写组.1974.排洪和渣料水利输送[M].北京:中国建筑工业出版社.

郭生练.2005.设计洪水研究进展与评价[M].北京:中国水利水电出版社.

国家防汛抗旱总指挥部,中华人民共和国水利部.2006.中国水旱灾害公报[R].

国家防汛抗旱总指挥部,中华人民共和国水利部.2009.中国水旱灾害公报[R].

国家防汛抗旱总指挥部,中华人民共和国水利部.2010.中国水旱灾害公报[R].

国家防汛抗旱总指挥部办公室,中国科学院成都山地灾害与环境研究所.1994.山洪泥石流滑坡灾害及防治[M].北京:科学出版社.

国家防汛抗旱总指挥部办公室.1992.防汛手册[M].北京:中国科学技术出版社.

黄崇福.2012.自然灾害风险分析与管理[M].北京:科学出版社.

金菊良,魏一鸣,付强,等.2002.洪水灾害风险管理的理论框架探讨[J].水利水电技术,(9):40-42.

李芳英.1983.城镇防洪[M].北京:中国建筑工业出版社.

李光敦.1971.水文统计讲义[R].台湾省水利局.

李绍飞,冯平,孙书洪.2010.突变理论在蓄滞洪区洪灾风险评价中的应用[J].自然灾害学报,19(3):132-138.

李占斌,符素华,靳顶.1997.流域降雨侵蚀产沙过程水沙传递关系研究[J].土壤侵蚀与水土保持学报,3(4):44-49.

李致家,包红军,孔祥,等.2005.水文学与水力学相结合的南四湖洪水预报模型[J].湖泊科学,17(4):299-304.

廖松,王燕生,王路.1991.工程水文学[M].北京:清华大学出版社.

刘昌明,王广德,吴凯.1982.流域汇流的非线性关系及其处理方法[J].地理研究,6(2):32-38.

刘昌明,小流域暴雨径流研究组.1978.小流域暴雨洪峰流量计算[M].北京:科学出版社,31.

刘昌明,郑红星,王中根,等.2005.流域水循环分布式模拟[M].郑州:黄河水利出版社,244-245.

刘传正,苗天宝,陈红旗,等.2011.甘肃舟曲 2010 年 8 月 8 日特大山洪泥石流灾害的基本特征及成因[J].地质通报,30(1):141-150.

刘青泉,安翼.2007.土壤侵蚀的 3 个基本动力学过程[J].科技导报,25(14):28-37.

刘青泉,李家春.2006.降雨坡面径流汇集模型及其在茅坪滑坡中的应用[J].自然科学进展,16(6):662-671.

刘青泉,李家春,陈力,等.2004a.坡面流及土壤侵蚀动力学(1)——坡面流[J].力学进展,34(3):360-372.

刘青泉,李家春,陈力,等.2004b.坡面流及土壤侵蚀动力学(2)——土壤侵蚀[J].力学进展,34(4):493-450.

刘雪梅.2004.土壤硝酸盐淋洗的两域模型初探[D].北京:中国农业大学硕士论文.

马东豪,王全九.2004.土壤溶质迁移的二区模型与二流区模型对比分析[J].水利学报,(6):92-97.

倪余文.2000.土壤优先水流及溶质优先迁移的研究[D].中国科学院沈阳应用生态研究所博士论文.

全国山洪灾害防治规划编写组.2005.全国山洪灾害防治规划[R].

水利电力部东北勘测设计院.1978.洪水调查[M].北京:水利电力出版社.

孙厚才,沙耘,黄志鹏.2004.山洪灾害研究现状综述[J].长江科学院院报,21(6):77-80.

唐川,朱静.2005.基于GIS的山洪灾害风险区划[J].地理学报,60(1):87-94.

王光谦,李铁键.2009.流域泥沙动力学模型[M].北京:中国水利水电出版社.

王光谦,薛海,李铁键.2005.黄土高原沟坡重力侵蚀的理论模型[J].应用基础与工程科学学报,13(4):335-341.

王腊春,陈晓玲,都金康,等.1996.计算机辅助绘制流域等流时线[J].地理科学,(2):184-190.

王礼先,于志民.2001.山洪及泥石流灾害预报[M].北京:中国林业出版社.

王文圣,丁晶,金菊良.2008.随机水文学[M].北京:中国水利水电出版社.

王文圣,金菊良,李跃清.2009.基于集对分析的自然灾害风险度综合评价研究[J].四川大学学报(工程科学版),41(6):6-12.

王文圣,金菊良,李跃清,等.2007.水文水资源随机模拟技术[M].成都:四川大学出版社.

王协康,王宪业,卢伟真,等.2006.明渠水流交汇区流动特征试验研究[J].四川大学学报(工程科学版),38(2):1-5.

王鑫,曹志先,谈广鸣.2009b.暴雨山洪水动力学模型及初步应用[J].武汉大学学报(工学版),42(4):413-416.

王鑫,曹志先,岳志远.2009a.强不规则地形上浅水二维流动的数值计算研究[J].水动力学研究与进展,24(1):56-62.

王兴菊,卢岳,郝玉.2011.基于GIS指数模型的山洪灾害防治区划方法研究[J].水电能源科学,29(9):54-58.

魏一鸣,张林鹏,范英.2002.基于Swarm的洪水灾害演化模拟研究[J].管理科学学报,(6):39-46.

吴持恭.2003.水力学[M].北京:高等教育出版社.

谢洪,陈杰,马东涛.2002.2002年6月陕西佛坪山洪灾害成因及特征[J].灾害学,17(4):42-47.

徐绍辉.1998.土壤中优势流研究的数值模拟[D].中国科学院南京土壤研究所博士后研究工作报告.

徐在庸.1981.山洪及其防治[M].北京:水利出版社.

杨诗秀,雷志栋,谢森传.1985.均质土壤一维非饱和流动通用程序[J].土壤学报,22(1):24-34.

叶守泽.1992.水文水利计算[M].北京:水利电力出版社.

臧敏,钟莉.2011.北京市山洪泥石流灾害防御体系研究[J].中国水利,13:39-40.

詹道江,叶守泽.2000.工程水文学(第三版)[M].北京:中国水利水电出版社.

张建云,王国庆,杨扬,等.2008.气候变化对中国水安全的影响研究[J].气候变化研究进展,4(5):290-295.

张硕辅.2003.湖南省山洪灾害防治的基本思路[J].中国水利,6(A):33-34.

张行南,罗健,陈雷,等.2000.中国洪水灾害危险程度区划[J].水利学报,3:1-7.

赵人俊.1984.流域水文模拟——新安江模型与陕北模型[M].北京:水利电力出版社.

赵人俊,庄一鸰.1963.降雨径流关系的区域规律[J].华东水利学院学报,(1):53-68.

郑粉莉,康绍忠.1998.黄土坡面不同侵蚀带侵蚀产沙关系及其机理[J].地理学报,53(5):422-428.

中水北方勘测设计研究有限责任公司.2012.城市防洪工程设计规范(GB/T 50805—2012).

朱静.2010.城市山洪灾害风险评价——以云南省文山县城为例[J].地理研究,(4):655-664.

朱静,唐川.2007.城市山洪灾害风险管理体系探讨[J].水土保持研究,(6):407-409.

Amein M,Fang C S.1970 Implicit flood routing in natural channels[J].*Journal of the Hydraulics Division*,96(12):2481-2500.

Aston A R.1979.Rainfall interception by eight small trees[J].*Journal of Hydrology*,(42):383-396.

Balica S F,Popescu I,Beevers L,et al.2013.Parametric and physically based modelling techniques for flood risk and vulnerability assessment:A comparison[J].*Environmental Modelling and Software*,41:84-92.

Barkau R L.1996.UNET:One-dimensional unsteady flow through a full network of open channels.User's manual [R].Hydrologic Engineering Center Davis Ca.

Betson R P.1964.What is watershed runoff? [J].*Journal of Geophysical Research*,69:1541-1552.

Cao S Y.1996.*Fluvial Hydraulic Geometry*[M].Chengdu:Chengdu University of Science and Technology Press.

Cao Z,Hu P,Pender G.2010a.Reconciled bed load sediment transport rates in ephemeral and perennial rivers[J].*Earth Surface Processes and Landforms*,35:1655-1665.

Cao Z,Li Y,Yue Z. 2007. Multiple time scales of alluvial rivers carrying suspended sediment and their implications for mathematical modeling[J].*Advances in Water Resources*,30(4):715-729.

Cao Z,Meng J,Pender G,et al.2006a.Flow resistance and momentum flux in compound open channels[J].*Journal of Hydraulic Engineering,ASCE*,132(12):1272-1282.

Cao Z,Pender G,Carling P.2006b.Shallow water hydrodynamic models for hyperconcentrated sediment-laden floods over erodible bed[J].*Advances in Water Resources*,29(4):546-557.

Cao Z,Wang X,Pender G,et al.2010b.Hydrodynamic modelling in support of flash flood warning[J].*Water Management,Proceedings of Institution of Civil Engineers UK*,163(WM7):327-340.

Carrara A,Cardinali M,Guzzetti F.1992.Uncertainty in assessing landslide hazard and risk[J].*ITC Journal*,(2):172-183.

Celia M A,Bouloutas E T,Zarba R L.1990.A general mass-conservative numerical solution for the unsaturated flow equation[J].*Water Resources Research*,26(7):1483-1496.

Chaudhry H C.1993.*Open-channel Flow*[M].Prentice-Hall,Englewood cliffs,NJ.

Chen C,Wagenet R J.1992a.Simulation of water and chemicals in macropore soils.Part 1.Representation of the equivalent macropore influence and its effect on soil water flow[J].*Journal of Hydrology*,130:105-126.

Chen C,Wagenet R J.1992b.Simulation of water and chemicals in macropore soils.Part 2.Application of linear filter theory[J].*Journal of Hydrology*,130:127-149.

Chiew F H S.2006.Estimation of rainfall elasticity of streamflow in Australia[J].*Hydrological Sciences Journal*,51(4):613-625.

Chow V T.1959.*Open Channel Flow*[M].New York:McGraw-Hill Inc.

Coats K H,Smith B D.1956.Dead end pore volume and dispersion in porous media[J].*Society of Petroleum Engineers Journal*,4:73-84.

Cunge J A,Holly F M,Verwey A.1980.Practical aspects of computational river hydraulics[J].*Water Management,Proceedings of Institution of Civil Engineers UK*,163:327-340.

Di Pietro L,Germann P.2001.Testing kinematic wave solutions for flow in macroporous soils against a lattice-gas simulation[J].*Soil Science Society of America Journal*,Special Publication 56:147-168.

Federal Emergency Management Agency.2003.*Guidelines and Specifications for Flood Hazard Mapping Partners*[M].USA:Federal Emergency Management Agency.

Freeze R A.1974.Streamflow generation[J].*Reviews of Geophysics and Space Physics*,12:627-647.

Gash J H C.1979.An analytical model of rainfall interception in forests[J].*Quarterly Journal of the Royal Meteorological Society*,105:43-55.

Gerke H H,van Genuchten M T.1993.A dual-porosity model for simulating the preferential movement of water and solutes in structured porous media[J].*Water Resource Research*,29:305-319.

Germann P F,Beven K.1985.Kinematic wave approximation to infiltration into soils with sorbing macropores[J].*Water Resources Research*,21:990-996.

Gibbs H K,Brown S,Niles J O,et al.2007.Monitoring and estimating tropical forest carbon stocks:Making REDD a reality[J].*Environmental Research Letters*,4(2):045023.

Green W H,Ampt G A.1911.Studies on soil physics:1.Flow of air and water though soil[J].*Journal of Agricultural Soils*,4(1):1-24.

Guzzetti F.2000. Landslide fatalities and the evaluation of landslide risk in Italy [J]. *Engineering Geology*, 58:89-107.

Hewlett J D,Hibbert A R.1963.Moisture and energy conditions within a sloping soil mass during drainage[J].*Journal of Geophysical Research*,68:1081-1087.

Hewlett J D,Hibbert A R.1967.Moisture and energy conditions within a sloping soil mass during drainage[J].*Journal of Geophysical Research*,68:1081-1087.

Holtan H N. 1961. A concept of infiltration estimates in watershed engineering [J]. *Aiche Journal*, 150 (1):B16-B25.

Horton R E.1919.Rainfall interception[J].*Month Weather Review*,47:603-623.

Horton R E.1933.The role of infiltration in the hydrologic cycle [J].*Eos Tramsactions American Geophysical Union*, 14:446-460.

Horton R E.1941.An approach toward a physical interpretation of infiltration-capacity[J].*Soil Science Society of America Journal*,5(C):399-417.

Horton R E.1945.Erosional development of streams and their drainage basins[J].*Bulletin of the Geological Society of America*,56:275-370.

Huang Y.2005.*Appropriate Modeling for Integrated Flood Risk Assessment*[M].The Netherlands:Twente University Press.

Hursh C R,Fletcher P W.1942.The soil profile as a natural reservoir[J].*Proceedings of Soil Science Society of America*,6:414-422.

IPCC.2007.Fourth Assessment Report:*Climate Change* 2007:*Working Group II*:*Impacts*,*Adaption and Vulnerability* [R].

Jarvis N J,Bergstrom L,Dik P E.1991b.Modeling water and solute transport in macroporous soil.II.Chloride breakthrough under non-steady flow[J].*Journal of soil Science*,42:71-81.

Jarvis N J,Jansson P E,Dik P E,et al.1991a.Modeling water and solute transport in macroporous soil.I.Model description and sensitivity analysis[J].*Journal of Soil Science*,42:59-70.

Jarvis N J,Stahli M,Bergstrom L,et al.1994.Simulation of dichlorprop and bentazon leaching in soils of contrasting texture using the MACRO model[J].*Journal of Environmental Science and Health*,29(6):1255-1277.

Ji Z H,Li N,Xie W,et al.2013.Comprehensive assessment of flood risk using the classification and regression tree method[J].*Stochastic Environmental Research and Risk Assessment*,27(8):1815-1828.

Jiang W G,Deng L,Chen L Y,et al.2009.Risk assessment and validation of flood disaster based on fuzzy mathematics[J].*Progress in Natural Science*,(19):1419-1425.

Jun K S,Chung E S,Kim Y G.2013.A fuzzy multi-criteria approach to flood risk vulnerability in South Korea by considering climate change impacts[J].*Expert Systems with Applications*,40(4):1003-1013.

Jurg Hosang.1993.Modeling preferential flow of water in soils—A two-phase approach for field conditions[J].*Geoderma*,58:149-163.

Kim Y O,Seo S B,Jang O J.2012.Flood risk assessment using regional regression analysis[J].*Natural Hazards*,63(2):1203-1217.

Knight D W,Cao S Y,Liao H S,et al.2006.Floods—Are we prepared? [J].*Journal of Disaster Research*,1(2):325-333.

Knight D W,Shamseldin A Y.2006.*River Basin Modelling for Flood Risk Mitigation*[M].The Netherlands:Taylor & Francis/Balkema.

Kobold M, Sušelj K. 2005. Precipitation forecast and their uncertainty as input into hydrological models[J]. *Hydrology and Earth System Sciences*,9(4):322-332.

Koster R D,Suarez M J.1999.A simple framework for examining the interannual variability of land surface moisture fluxes[J].*Journal of Climate*,12:1911-1917.

Kostiakov A N.1932.On the dynamics of the coefficient of water-percolation in soils and on the necessity for studying it from a dynamic point of view for purposes of amelioration[J].*Transactions of 6th International Congress of Soil Science*,6:17-1.

Li C W.1993.A simplified Newton iteration method with linear finite elements for transient unsaturated flow[J]. *Water Resources Research*,29(4):965-971.

Linsley R K,Kohler M A,Paulhus J L H.1949.*Applied Hydrology*[M].NewYork:MeGraw-Hill Inc.

Liu C M,Wang G T.1980.The estimation of small-watershed peak flows in China [J].*Water Resources Research*,16(5):881-886.

Liu Q Q,Chen L,Li J C,et al.2004.Two-dimensional kinematic wave modeling of overland-flow[J].*Journal of Hydrology*,291(1-2):28-41.

Maidment D R.1992.*Handbook of Hydrology*[M].Columbus:McGraw-Hill Inc.

Meyer V,Scheuer S, Haase D.2009.A multicriteria approach for flood risk mapping exemplified at the Mulde river, Germany[J].*Natural Hazards*,48(1):17-39.

Miller J B.1997.Floods,People at Risk,Strategies for Prevention[R].Department of Humanitarian Affairs,United Nations Publication.

Milly P C D.1985.A mass-conservative procedure for time-stepping in models of unsaturated flow[J].*Advances in Water Resources*,8(3):32-36.

Oudin L,Andreassian V,Perrin C,et al.2008.Spatial proximity,physical similarity,regression and ungauged catchments:A comparison of regionalization approaches based on 913 French catchments[J].*Water Resources Research*,44:W03413.

Paniconi C, Aldama A A, Wood E F. 1991. Numerical evaluation of iterative and noniterative methods for the solution of the nonlinear Richards equation[J].*Water Resources Research*,27(6):1147-1163.

Parmet B W A H.2003.Flood risk assessment in the Netherlands.Dealing with flood risk[C].Processdings of an Interdisciplinary Seminar on the Regional Implications of Modern Flood Management.DUP Science.

Philip J R.1957.The theory of infiltration:1.The infiltration equation and its solution[J].*Soil Science*,83(5):345-357.

Ponce V M.1991.The kinematic wave controversy[J].*Journal of Hydraulic Engineering,ASCE*,117(4):511-525.

Preissmann A.1961.Propagation of translatory waves in channels and rivers[C].In:*Proceedings of First Congress of*

French Association.France,433-442.

Richards L.1931.Capillary conduction of liquids in porous mediums[J].*Physics*,1:318-333.

Ross P J.1990.Efficient numerical methods for infiltration using Richards'equation[J].*Water Resources Research*,26(2):279-290.

Rutter A J,Kershaw K A,Robins P C.1971.A predictive model of rainfall interception in forests.1.Derivation of the model from observations in a plantation of Corsican pine[J].*Agricultural Meteorology*,9:367-384.

Scherrer S,Naef F,Faeh A O,Cordery I.2007.Formation of runoff at the hillslope scale during intense precipitation [J].*Hydrology and Earth System Science*,11:907-922.

Shalit G,Steenhuis T.1996.A simple mixing layer model predicting solute flow to drainage lines under preferential flow[J].*Journal of Hydrology*,183:139-149.

Sharif H.2009.Flash Floods in USA[R].http://www.geo.txstate.edu/lovell/IFFL/research.html.

Singh V P.2000.水文系统流域模拟[M].郑州:黄河水利出版社,11-15.

Skopp J,Gardner W R,Tyler E J.1981.Solute movement in structured soils:Two-region model with small interaction [J].*Soil Science Society of America Journal*,45:837-842.

Smith R E.2002.*Infiltration Theory for Hydrologic Applications*[M].Washington:American Geophysical Union.

Steenhuis T S,Parlange J Y,Andreini M S.1990.A numerical model for preferential solute movement in structured soils[J].*Geoderma*,46:193-208.

Toro E F.2001.*Shock-Capturing Methods for Free-Surface Shallow Flows*[M].England:Wiley.

USACE.1982.*Digest of Water Resources Policies and Authorities*[M].Washington.

USACE.1994.*Flood-runoff Analysis*[M].Washington.

Vrrijling J K.2001.Probabilistic design of water defense systems in the Netherlands[J].*Reliability Engineering and System Safety*,74:337-344.

Whipkey R Z.1965.Subsurface stormflow from forested slopes[J].*Bulletin of the International Association of Scientific Hydrology*,10(2):74-85.

Yoshimura C,Omura T,Furumai H,et al.2005.Present state of rivers and streams in Japan[J].*River Research and Applications*,21(2-3):93-112.

第五篇 堰 塞 湖

堰塞湖是由固体物质堵塞河道或沟道后，蓄积上游来水形成的天然湖泊。堰塞坝为天然堆积体，坝体物质结构性差，可能遭受潜蚀、冲刷导致坝体失稳破坏。一旦堰塞坝被破坏，湖水往往倾泻而下形成溃决洪水，造成巨大灾害。本篇给出了堰塞湖的基本概念、分类和基本特征，阐述了堰塞湖的形成条件和机理，分析了堰塞湖的溃决过程和溃决机理，论述了堰塞湖溃决风险分析方法和风险评估模型以及实现堰塞湖溃决风险定量评估的途径，并结合具体的工程实例，介绍了堰塞湖的监测预警和排险方法与技术。

第20章

堰塞湖概念与形成条件

堰塞湖往往是在滑坡、崩塌、泥石流、岩浆喷发等灾害的基础上形成的,其类型和基本特征都与先期灾害密切相关;而地形、固体物质、水源等条件又决定着堰塞湖能否形成。

本章重点内容:

- 堰塞湖的定义和成因分类
- 堰塞坝物质组成的特点
- 堰塞湖的基本特征
- 堰塞坝的形成条件和提供堰塞坝固体物质的动力条件

20.1 堰塞湖概念

一定量的固体物质堵塞或部分堵塞河道(沟道)所形成的具有一定蓄水能力的天然坝体称为堰塞坝,坝前蓄积的水体称为堰塞湖,即堰塞湖是湖水面与河道(沟道)相交处到坝前这一范围内的水体(图20-1)。通常把堰塞坝和坝体内蓄积的水体统称为堰塞湖,相对而言,坝前水体为狭义的堰塞湖。堰塞坝是部分坡体或支沟物质受重力作用迅速运动(几分钟到几小时)到河道(沟道),受坡度降低、动力减少和狭窄空间条件限制,堆积于河道(沟道)形成的。堰塞坝一般由松散土、石混合体组成,未经压实挤密,孔隙大,结构松散,相对于一般的人工坝体,其结构强度低,稳定性差。堰塞坝的组成物质来源较广,滑坡和泥石流是多数堰塞坝的物源。此外,火山喷发的熔岩流、冰川跃进也可能形成堰塞坝。本章主要研究对象包括堰塞坝和坝前水体的广义堰赛湖。

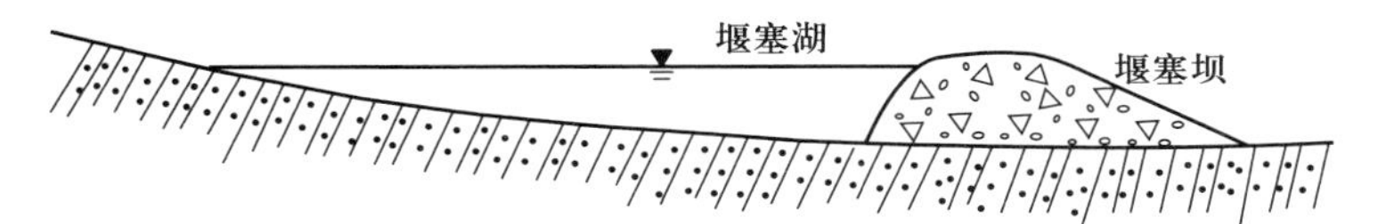

图20-1 堰塞湖示意图

我国山区广泛分布着各种不同规模的堰塞湖,2008年5月12日汶川地震后,共形成256处堰塞湖,其中规模较大且具有严重危害的就有34处。高危堰塞湖的存在,犹如悬在头上的达摩克利斯之剑,时刻威胁着下游居民的生命财产安全,影响正常的社会经济活动。

20.2 堰塞湖类型

不同成因的堰塞湖,其危害特征和危害程度各不相同,人们采取的处置对策也有差别。目前,国内外的人们常根据堰塞湖的形成原因,将其分为滑坡(崩塌)堰塞湖、泥石流堰塞湖、冰碛堰塞湖、熔岩堰塞湖四大类。对堰塞湖进行系统的分类既是研究其形成、发展、演化的基础,又能够为堰塞湖的风险评估和灾害处置提供参考依据。

20.2.1 滑坡(崩塌)堰塞湖

在具有有效临空面的江、河、湖、沟的岸坡地带,滑坡(崩塌)是较为常见的斜坡变形灾害。一旦滑坡发生并堵塞主河(沟),造成回水就形成了堰塞湖。如果流水通道被堵断,使下游断流,上游积水成湖就称为完全堵断;如果仅使过流断面的宽度或深度明显变小,在上游形成壅水则称为不完全堵断(柴贺军等,1995)。

地震是诱发滑坡(崩塌)的重要因素之一,而且震级越大,烈度越高,诱发的崩塌滑坡数量和规模也越大。我国大陆位于地中海-喜马拉雅地震带与西太平洋地震带之间,受到印度板块、菲律宾板块、太平洋板块和西伯利亚板块的共同作用,我国及其邻区成为强震活动特别剧烈的地区。据不完全统计,自1856年以来,我国由于地震诱发滑坡(崩塌)而产生的堰塞湖共计141个(不含2008年汶川地震形成的堰塞湖)。诱发滑坡(崩塌)堰塞湖的地震震级大多数在6级以上,地震震级越大,形成堰塞湖的可能性也越大,堰塞湖数量多少同震级大小基本呈正相关关系。

降雨是诱发滑坡(崩塌)的另一个重要因素。在持续降雨或强降雨情况下,斜坡很容易失稳下滑,堵塞河道(沟道)形成堰塞湖。2009年,“莫拉克”台风从我国台湾过境后,8月8、9日台湾南部降暴雨。嘉义、高雄和屏东山区自动雨量站单日累积雨量超过1000 mm,其中屏东尾寮山雨量站最大单日雨量为1402 mm。暴雨诱发了大量的滑坡、崩塌和泥石流阻塞河道,形成16处堰塞湖。

滑坡形成的堰塞湖通常存留时间相对较长。一方面由于滑坡形成的堰塞坝沿河方向长度大,稳定性和整体性好,不易瞬间溃坝;另一方面,大多数堰塞坝因漫顶溢流溃决破坏,而滑坡形成的堰塞坝体高,湖内蓄满需要的时间长。堰塞坝的坝高决定了堰塞湖的可能最大库容和溃坝洪水方量。坝体越高,可能最大库容越大,危害也越大。因此,大规模滑坡形成的堰塞湖,潜在的危险性更大。在对堰塞湖的危险性评估中,除关注堰塞坝体的结构外,还应考虑堰塞坝的坝高和最大库容。

20.2.2 泥石流堰塞湖

如果泥石流进入主河后，不能被河水及时带走，就会堵塞主河形成堰塞坝。泥石流堵河的主要影响因素有泥石流的入汇角、泥石流的密度、泥石流体颗粒级配、主支流速比、主支流量比和主支宽度比等。常见的泥石流堵河方式有三种：一是主河水深较大，高密度黏性泥石流入汇后，在水面以下整体流动，使过流断面深度及宽度明显变小，形成潜入式堵河；二是主支流量相当，泥石流胁迫主河，占据河道并向前推进，形成推进式堵河；三是主河水深与河宽不大，而泥石流流量和密度都很大时，完全堵断主河，形成完全堵河（崔鹏等，2006）。

泥石流堰塞湖规模小、寿命短，以不完全堵河居多。主要是由于泥石流本身的规模有限，且泥石流具有流动性，形成的堰塞坝高度较低。泥石流形成的潜入式堰塞坝，会在上游形成明显的壅水现象；推进式泥石流堰塞坝一般会强烈挤压主河，甚至迫使河流改道；如果泥石流完全堵断主河，通常在瞬间就会出现漫顶溃坝。

强震过后是泥石流的高发期。一方面泥石流暴发的频率会明显增大，另一方面泥石流暴发的规模会显著变大，大规模的泥石流会完全堵断主河。汶川地震后，汶川县银杏乡的磨子沟和关山沟泥石流曾多次堵断岷江形成堰塞湖。强降雨也会诱发大规模的泥石流，并出现堵河成湖的现象。2010 年 8 月 7 日，甘肃舟曲强降雨持续约 40 min，降雨量超过 90 mm。持续的强降雨导致舟曲县城后山的三眼峪沟和罗家峪沟暴发特大规模泥石流。泥石流不仅冲毁了县城，而且在白龙江内形成长约 550 m、宽约 70 m、高约 10 m 的堰塞坝，堰塞湖回水长 3000 m。冰湖溃决常常转化为大规模泥石流，泥石流堆积物进入并堵塞主河形成堰塞湖。我国西藏东南部山高谷深，岩体破碎，冰川发育，冰湖棋布，冰湖溃决转化为泥石流，泥石流入江后经常堵断其汇入的主河。

20.2.3 冰碛堰塞湖

冰碛堰塞湖主要发育在高山地区，终年积雪或冰川的存在是堰塞湖形成的必要条件。冰川将冰碛物携带到它的末端连续堆积，逐渐形成弧状堆积体，冰川退缩后冰雪融水储积便形成堰塞湖。冰崩堵塞沟道或者河谷后也可形成湖泊，这些湖泊称为冰碛堰塞湖。

冰碛物主要是由冰川冰汇集起来，并在冰川融化时直接堆积下来的固体物质，皆由碎屑物组成，结构松散，大小混杂，缺乏分选性。冰碛物的组成主要是泥、沙和砾石。在页岩和泥岩地区，冰碛物中富含黏土，而在花岗岩、石灰岩地区则以砂、砾居多。现代冰川前端的冰碛物多为最近的新冰期或小冰期的产物，物质新，胶结差，有时甚至含有埋藏冰，形成的堰塞坝稳定性差，容易发生溃决。随着全球气候逐渐变暖，气温升高，冰川融化，大量冰川融水进入湖内，湖水位上升导致溢流溃坝。另外，冰川融水沿冰川冰舌的网状裂隙下渗，冰舌承受很大的浮力，底床摩阻力减小，冰舌平衡遭破坏，冰舌前缘容易碎裂成块并进入冰湖内，导致湖水位上升；如果形成冰崩或冰滑坡的冰块足够大，坠入冰湖激起涌浪后可直接诱发堰塞湖溃决。

20.2.4 熔岩堰塞湖

熔岩堰塞湖是由于火山喷发而造成的,大致可以分为两类:第一类为火山喷发后在山顶形成天然集水坑,在长期降雨的累积效应下形成堰塞湖;第二类为火山喷发物冲入河道或沟道,熔岩冷却之后堵塞河道或沟道而形成堰塞湖。熔岩堰塞湖以第二类居多,我国最具代表性的熔岩堰塞湖是黑龙江的五大连池。

熔岩堰塞湖的规模与火山喷发的规模有关。火山熔岩流冷凝后形成的喷出岩类,整体性好,强度大,因而形成的堰塞坝比其他成因的堰塞坝稳定性高,通常熔岩堰塞湖留存较好。有时火山熔岩的多次喷发或流动过程中受障碍物限制,还可能形成串珠状堰塞湖。

20.3 堰塞湖基本特征

20.3.1 堰塞坝物质组成特征

堰塞坝是天然堆积形成的,其物质组成没有经过人工筛选,分选性差,大小混杂。堰塞坝的物质粒径差异很大,可从小于0.001 mm的黏粒到大于十余米甚至几十米的巨石(图20-2)。例如,虎跳峡堰塞坝最大的巨石长径达几十米,d_{90}达17 m;桃花沟堰塞坝最大砾石直径为10 m,d_{90}为7 m。由滑坡形成的堰塞坝,部分保留了原有的坡体结构,整体性较好,坝体较密实,渗透性差。而由崩落岩体形成的堰塞坝,坝体骨架主要为碎裂的岩块,土体较少,渗透性强,稳定性较好。泥石流堰塞坝坝体物质中粗粒粒径比滑坡堰塞坝小,与人工土石坝相比却很大。例如,磨子沟泥石流堰塞坝表面最大孤石的长径为4.8 m,d_{90}为1.40 m。冰碛堰塞坝一般由细小的岩土颗粒组成,结构致密,坝体稳定性好,不易破坏。熔岩堰塞坝材料一般由完整性较好的喷出岩类组成,渗透性稍差,强度高,稳定性好。

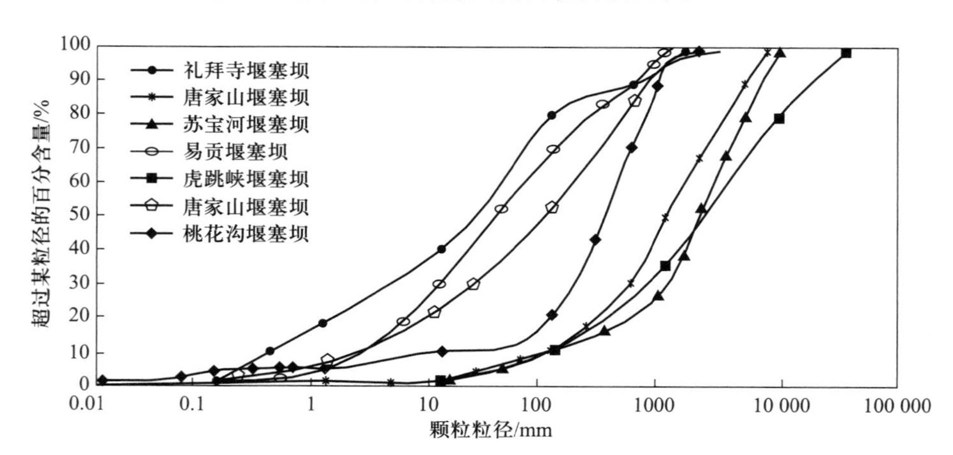

图20-2 滑坡堰塞坝物质组成

在同一个堰塞坝中，各部位的粒径相差也很大，例如，两河口滑坡堰塞坝表面，以面积 100 m^2 为准，有的部位粒径大于 2.0 m 的巨石约占总面积的 40%，而有的部位不存在粒径大于 2.0 m 的巨石。在垂直方向，从出露坝体断面来看变化也很大，例如，岷江支流绵族沟的高山寨滑坡堰塞坝（属茂县南新镇）在坝体下游陡坡段出露的物质大致分为三层：上层为碎石块石土，d_{50}约 10 cm，厚 12 m 左右；中层为砾石碎石土，d_{50}约 6 cm，厚 8 m 左右；下层以块石为主，间有巨石和碎石块石土，d_{50}约 25 cm，出露部分厚 10 m 左右。三层的水平连续性较差。

在坝体物质组成上，泥石流堰塞坝与滑坡堰塞坝具有明显的差异。在泥石流形成和运动过程中，经过分选和搅动，组成物质比滑坡相对要均匀，砾石磨圆度要好一些，巨石相对较少，含水量较高，堆积初期处于饱和状态或过饱和状态。黏性泥石流与稀性泥石流形成的堰塞坝亦存在差异：黏性泥石流中细颗粒尤其黏粒含量比较高，粗细物质较均匀地混杂在一起，堆积后水分不易很快分离出来；稀性泥石流黏粒含量很少，搬运和堆积过程有一定的分选性，导致粗细颗粒在堆积坝内分布不均匀，一旦堆积下来，水体很快析出。滑坡堰塞坝也具有同样特征，如崩塌与典型滑坡形成的坝体、岩体滑坡与土体滑坡形成的坝体、高速滑坡与低速滑坡形成的坝体都有一定的不同。岩体滑坡以碎块石为主，土体细颗粒含量很少；土体滑坡往往以碎砾石土为主。低速滑坡在其运动过程中，往往呈整体前进，保持着滑动前物质的初始组成，前缘爬高或涌高不明显；而高速滑坡在其高速运动过程中，原来的物质结构遭到扰动，往往碎裂解体，前缘有明显的爬高或涌高。

20.3.2 堰塞坝几何特征

滑坡堰塞坝或泥石流堰塞坝分别由滑坡堆积体或泥石流堆积体堵塞前方的河流或沟道所形成，因此所谓的坝体都不同程度地保留着一般滑坡堆积体或泥石流堆积体的几何形态。滑坡堰塞坝实际上是滑坡堆积体的中、前缘部分，从总体上来讲，横向的表面形态，即垂直其所堵河流或沟道流向的方向，由滑坡发生的一岸向对岸倾斜，略有起伏不平。也有不少滑坡堰塞坝，当滑坡运动速度很快，前缘冲上对岸，导致纵断面接近对岸时又明显升高，其最低点离对岸有一定距离，形成了所谓的“鞍部”。滑坡坝的纵向（往往与河流或沟道的流向一致）表面形态通常起伏不平，但从总体来看，中部相对比较平坦，构成坝顶面，两侧呈斜坡形，构成迎、背水坡，顶面与坝坡之间往往没有清晰的界线，但为了计算和描述，往往把其概化成梯形便于溃坝分析和计算。通过对汶川地震 34 座堰塞坝的系统调查，把它们的几何尺寸按照长、宽、高进行分类统计（图 20-3）。数据表明，汶川地震引起的堰塞坝坝宽主要分布在 100~200 m，坝长主要分布在 100~300 m，坝高主要分布在 10~60 m。

泥石流堰塞坝与滑坡堰塞坝一样，形态也极不规则，但表面起伏没有滑坡堰塞坝大，坡度变化相对较平缓。泥石流堰塞坝横断面向对岸逐渐变缓，最低处基本是在与对岸岸坡接壤处。纵断面呈上凸形，难以明显地区分坝顶与坝坡，只有通过概化处理后，把顶部坡度小于某一角度的部分作为坝顶，两侧坡度大于某一角度的部分作为坝坡。通常泥石流堰塞坝的背水坡极为平缓，往往小于 10°；迎水坡较陡，大者可达 25°以上。但也有相反的情况，如磨子沟泥石流堰塞坝，背水坡约为 15°，而迎水坡仅 9°，这是由泥石流流动的方向所致。总之，一般堰塞坝的坡度要比人工土石坝小，尤其是泥石流堰塞坝，所以堰塞坝要比人工土石坝长得多。

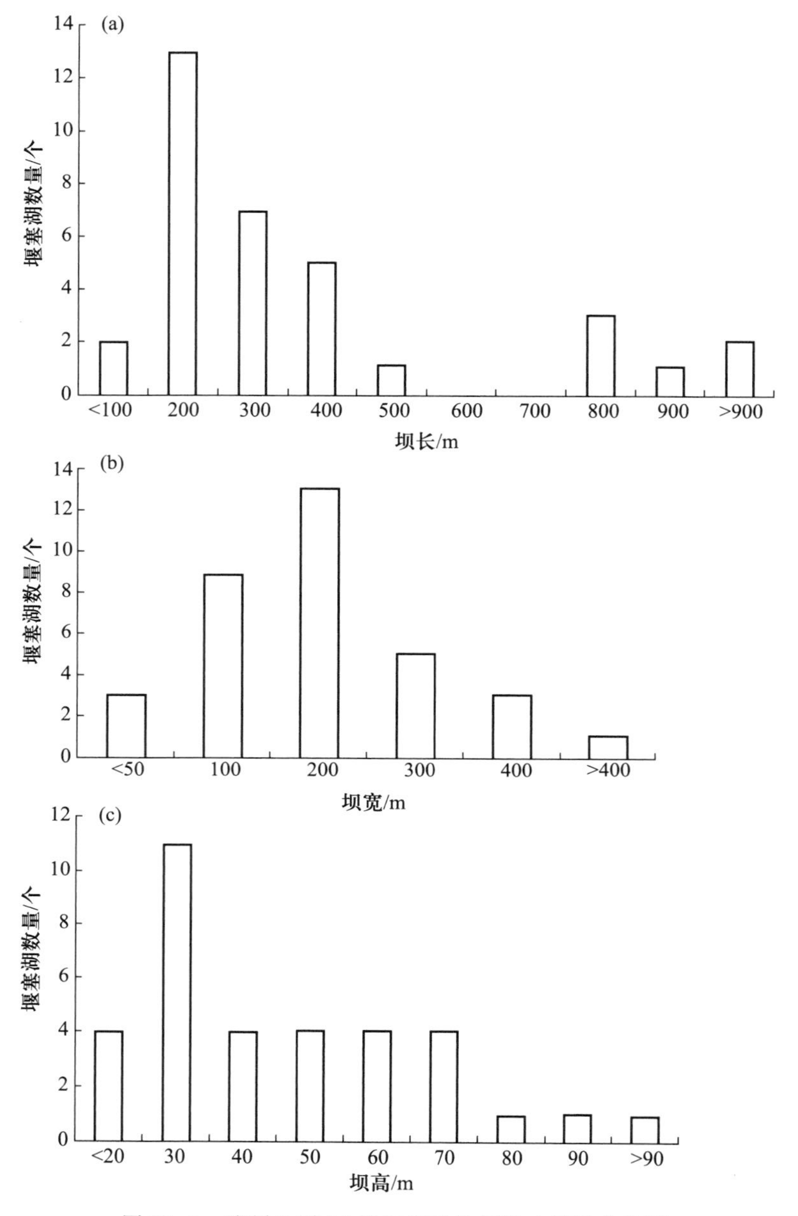

图 20-3 汶川地震 34 座堰塞坝几何尺寸统计分类图

20.3.3 堰塞湖水文效应

堰塞湖是由天然堆积体堵塞河道形成的，因此堰塞湖具有水库和河流双重水文特征。与水库类比，在堰塞湖初期壅水过程中有一个不断变化的水库库容曲线及拦蓄能力、淹没区域和淹没面积；与河流类比，堰塞湖堵塞河道造成原始河流径流量的剧烈减少，但结构松散的堰塞坝有一定的渗流，渗流水中含沙量高。由于堰塞坝结构强度低、稳定性较差,一旦漫顶溢流、坝体失稳溃决形成洪水,会造成巨大灾害。因此,潜在的溃坝洪水特征也属于堰塞湖的基本水文特征:突然发生、难以预测;一旦发生,水流汹涌湍急,时速常达 20~30 km 甚至更快,下游临近地区难以防护;洪峰高、水量集中,洪水过程变化急骤;最大流量即产生在坝址处,出现时间在坝体全溃的瞬间稍后,库内水体常常在几小时内泄空。

唐家山堰塞湖是汶川大地震后形成的最大堰塞湖,湖上游集雨面积 3550 km^2。从图 20-4 可见,初期壅水过程的坝前水位和蓄水量几乎呈直线上涨,坝前水位平均上涨速率为 1.32 $m \cdot d^{-1}$,蓄水量平均上涨速率为 864 万 $m^3 \cdot d^{-1}$。专家预测,仅唐家山堰塞湖 1/3 溃坝,洪水到达绵阳城区的时间约需 6 个小时,绵阳城区涪江桥的水位将抬高 8.67 m,全市共需撤离 15.86 万人;如发生完全溃坝,洪水到达绵阳城区的时间只需要约 4.4 个小时,绵阳城区水位将抬高 13.61 m,共需撤离 130 万人。从图 20-5 可见,唐家山堰塞湖如果发生全溃坝,2.3 亿 m^3的蓄水将在 5 小时内泄空,溃坝洪水会形成巨灾。

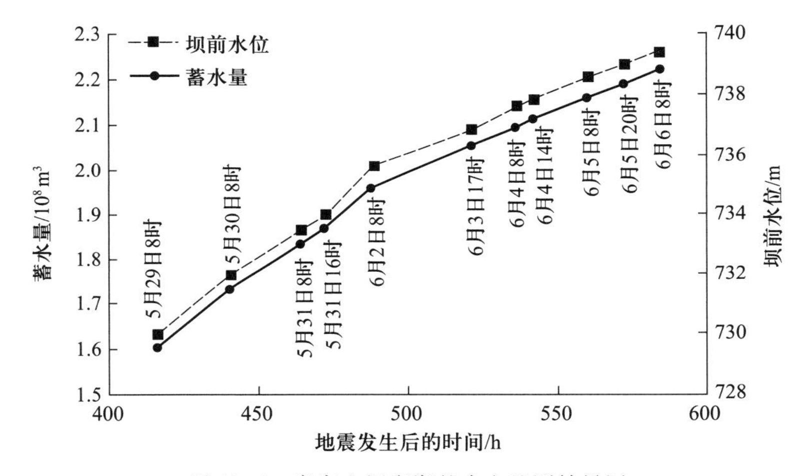

图 20-4 唐家山堰塞湖的水文监测结果图

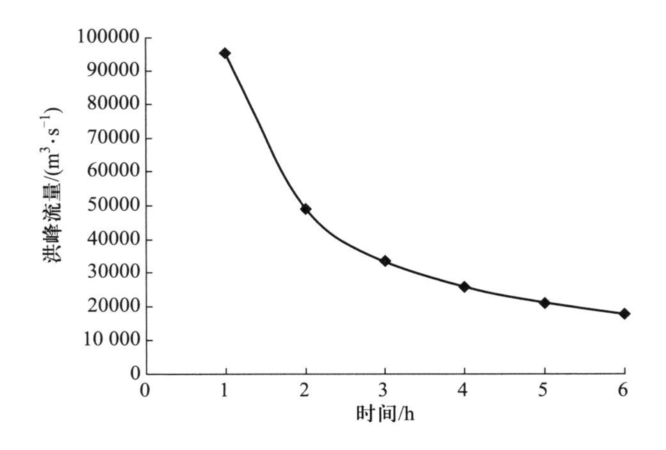

图 20-5 唐家山堰塞湖溃坝方案洪峰流量模拟

20.3.4 堰塞湖生命周期

堰塞湖的生命周期是指堰塞湖从形成到溃决整个过程的历时。堰塞湖的生命周期长短不一，从几分钟至上百年甚至上千年不等，这是由堰塞坝的体积、几何特征、物质组成、坝体的渗流特性、堰塞湖的入流量等因素决定的。

根据对堰塞坝灾史的统计，20%左右的滑坡堰塞坝在形成后1天内溃决，10天内溃决的堰塞坝占50%左右，80%的堰塞坝在形成后一年内溃决，只有10%左右的堰塞坝能够保存两年以上（图20-6）。一年之内堰塞坝没有被破坏，则后续发生溃决的可能性降低。例如，1911年，塔吉克斯坦东南部的穆尔加布河上形成的长60 km的萨雷兹堰塞湖（坝高600 m，库容约170亿 m^3），至今未发生溃决，但是不排除在一些突发因素（如特大洪水、地震等）的影响下，长期处于稳定状态的堰塞坝会突然溃决。例如，美国怀俄明州的Cros Ventre堰塞湖和澳大利亚的Elizabeth堰塞湖就在形成几年以后由于罕见的特大洪水而溃决。

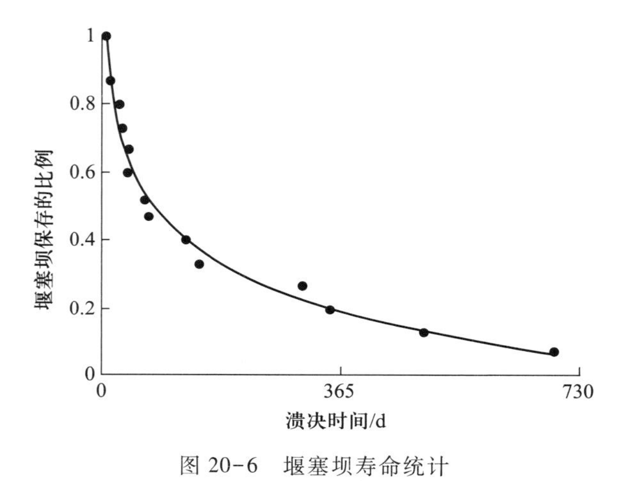

图20-6 堰塞坝寿命统计

20.3.5 堰塞湖分布特征

堰塞湖的区域分布具有沿断裂带呈带状分布的特征。堰塞湖的发育在很大程度上受控于断裂构造活动的强弱。断裂构造活动强的区域往往地形变化剧烈，河流的侵蚀作用塑造出高山峡谷地貌，河面狭窄、岩石破碎、坡陡易滑，一旦形成大规模崩塌和滑坡，容易堵断河道形成堰塞湖。断裂构造活动区域地震频发，更容易触发大规模崩塌和滑坡。图20-7为汶川地震后堰塞湖数量与断裂带距离的关系。距断裂带越近，滑坡、崩塌越多，形成的堰塞湖数量也就越多，而距离越远，地震的作用越不明显，滑坡、崩塌较少，因而堰塞湖就越少。此外，断裂构造活动区往往也是泥石流的高发区，泥石流堵河形成堰塞湖的事例也屡见不鲜。

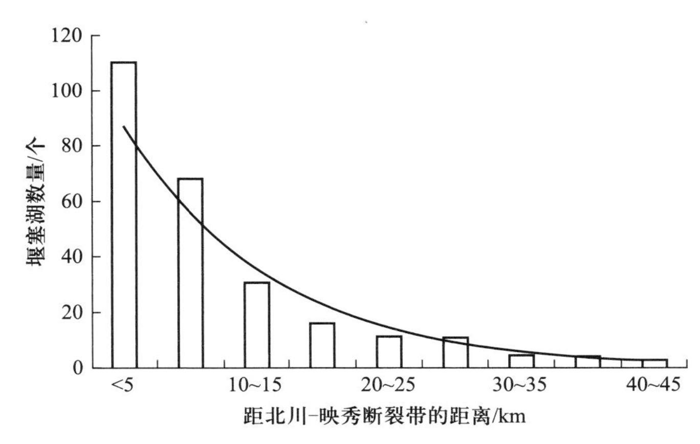

图 20-7 堰塞湖数量与断裂带距离关系图

世界上很多国家都有堰塞湖分布，特别是全球构造活动强烈的区域。例如，亚洲哈萨克斯坦境内的冰碛堰塞湖——巴尔喀什湖，大洋洲新西兰美丽的“蓝色牛奶湖”——普卡基湖，南美洲智利 1960 年 5 月 22 日里氏 9.5 级地震形成的库容 48 亿 m^3 的里尼韦堰塞湖。

20.4 堰塞湖形成条件

20.4.1 地形条件

在堰塞湖形成的过程中，需要滑坡、泥石流、冰碛物或火山熔岩等提供堆积物，并与周围地形组成一个天然的库区，而堰塞坝堵塞的河道、山谷通常比较窄。同时，地形变化剧烈的高山峡谷区域为堰塞湖的形成提供了地形条件。例如我国龙门山地区的河流基本上从西北方向流入东南方向的四川盆地，由于地壳急速抬升，河谷下切很快，因而谷坡陡峭，形成了大量的堰塞湖。

对于滑坡堰塞湖而言，河道宽度、发生滑坡所在河道位置对堰塞湖形成有直接关系。如图 20-8 所示，河道 a 断面宽度小于河道 b 宽度。相应规模的滑坡发生后，进入河道，可能完全堵塞河道 a，形成堰塞湖；而河道变宽后（河道 b），不能完全填满河道，形成局部堵塞型堰塞湖，威胁性较小。

发生滑坡所在河道位置也影响堰塞湖的形成。在河道转弯处，由于惯性作用，水流对凹岸的侵蚀作用强于凸岸，造成凹岸斜坡坡脚被严重掏蚀，易引起滑坡，继而堵塞河道，形成堰塞湖（图 20-9 中的 a 处）。在河道断面紧缩处（图 20-9 中的 b 处），过流面积的减小造成该处流速增加，增强了水流的侵蚀能力，引起该处斜坡坡脚被严重掏蚀，加大了滑坡发生的频率。当滑坡发生后，很容易形成全堵塞型堰塞湖。

主河与支沟交汇处的地形对于泥石流堰塞坝的形成有非常重要的作用。一是河道的宽度。河道较窄时，较小规模的泥石流就可能堵塞河道；河道较宽时，要堵塞河道形成堰塞湖，汇入河道的泥石流规模必须足够大。二是泥石流入汇角。入汇角较大时，泥石流的运动轨

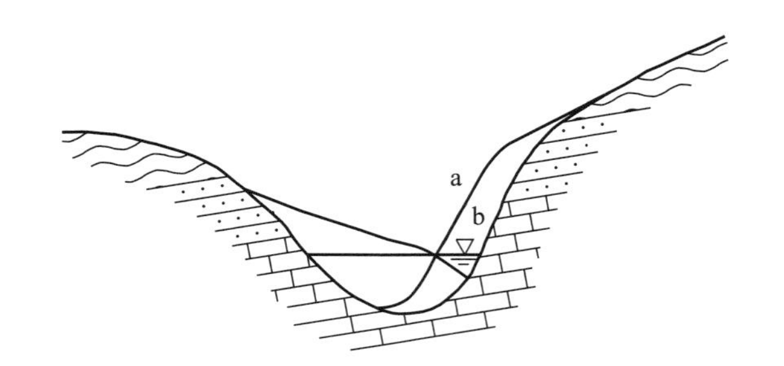

图 20-8 固体物质堵塞河道剖面图

a、b 均为河道断面，b 的宽度大于 a

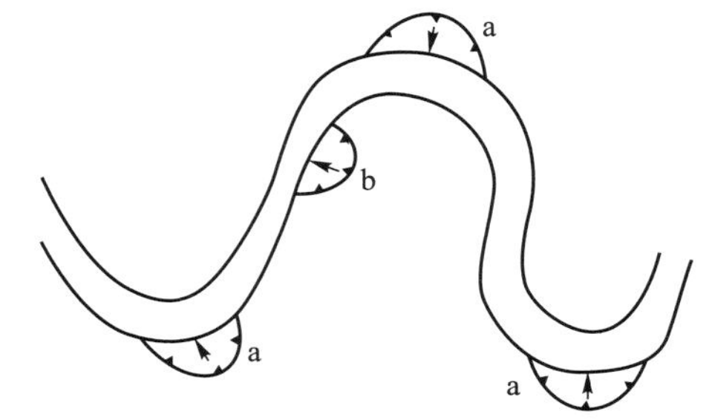

图 20-9 滑坡发生位置和河道的关系

a 为河流转弯处，岸坡被掏蚀形成的滑坡堰塞湖；

b 为河道紧缩处，水流侵蚀形成的滑坡堰塞湖

迹偏离河道垂线方向程度大，需要大规模的泥石流才能形成全堵塞型堰塞坝；而汇入角较小时，泥石流运动产生较小的位移即可到达对岸，所需泥石流的规模相应减小。三是支沟坡降。坡降决定了泥石流入河时的速度，大的坡降引起泥石流入河时的速度较大，利于堵塞河道，形成堰塞湖。

斜坡的陡缓程度对坡上岩土体的稳定性有直接影响。尽管堰塞湖的成因有差异，与之相对应的地形坡度也不一样，但根据对 30 余个堰塞湖的研究发现，堰塞湖易发生在坡度 30°～45°的斜坡地带，其次是 20°～30°的地带，大于 45°的斜坡滑坡发育相对较少，堰塞湖也较少。

此外，坡体结构对斜坡的稳定也有着重要的控制作用。坡体结构是指斜坡岩体内先前存在的各种控制性结构面与临空面（自然和开挖坡面）的组合，在空间上构成一定规模的沿主控结构面向斜坡临空面方向变形的滑移块体的结构模式。坡体结构主要分为层状坡体结构、中陡裂隙控制坡体结构、楔形坡体结构和均质坡体结构。滑坡一般在顺向坡上较斜向、反向坡发育，这主要是顺向坡脚岩层易被侵蚀切割，失去支撑，沿层面形成剪切滑移面。因此，在顺向坡一岸，往往发育更多的堰塞湖，构成堰塞湖在同一河谷两侧的不对称性。

20.4.2 固体物质条件

堰塞坝的物质组成非常复杂，主要由天然堆积的岩土体材料构成。坝体的物质条件主要包括物质组成和颗粒级配两个方面，这两个方面表征了坝体的稳定性、渗透性及抗冲刷能力，直接影响堰塞湖的形成及生命周期。如果堰塞坝的颗粒级配好，则抗渗能力就相对较好，有利于堰塞湖的形成和长期存留。若堰塞坝物质条件不好，稳定性和防渗能力较差，在上游水位不断增大的过程中，常导致堰塞坝发生失稳破坏、渗透破坏，堰塞湖则会消失。

一般来说，堰塞坝的坝体由三类物质组成：岩石，即岩块、岩体等，颗粒表现为块体形式；土，即黏土、粉土等，以细颗粒为主；碎屑，即碎石、砾石、岩屑等，介于岩石和土之间，以粗颗粒为主。

堰塞坝的物质条件受滑坡、崩塌、泥石流等堆积体来源的物质组成所控制，通常可以从所在河段两岸山体的地质条件大致推断出堰塞坝的物质组成情况。一般根据堰塞坝的物质组成，把堰塞坝分为土质型、堆石型和土石混合型三大类。

20.4.2.1 土质型堰塞坝

该种堰塞坝的物质组成以山体全风化层和覆盖层土体为主,夹有少量强风化或卸荷岩体。一般来说,土质型堰塞坝是大规模土质滑坡以较快的滑动速度冲入并堵塞河道所形成。如果滑坡的方量较小或滑动速度较慢,那么在水流的冲刷和携带作用下很难形成堰塞坝。通常,冰川融雪的长期搬运堆积作用使大量的细颗粒岩土体连续堆积,能够形成土质型堰塞坝。

这类堰塞坝结构一般属于中等密实程度,坝本身透水性较差,抗冲刷能力低,坝顶部极易产生溢流,土质型堰塞坝易发生较大程度的溃决(大于半溃),甚至全溃。

20.4.2.2 堆石型堰塞坝

强烈地震对高山峡谷斜坡造成严重破坏,斜坡中上部的岩体被震裂并产生岩质滑坡或崩塌,滑落或崩落岩体堵塞河道之后形成堆石型堰塞坝。

堆石型堰塞坝是以巨石、大块石、块石为主,夹有少量碎石和土体。坝体骨架结构相对稳定,抗冲刷能力较好,物质组成孔隙较大,容易产生堰体渗流,一般堰塞坝顶部较难形成溢流。

20.4.2.3 土石混合型堰塞坝

土石混合型堰塞坝的坝体物质由土体、大块岩石和碎屑物质等共同构成,各类物质的组分相当。大多数的滑坡体和泥石流堆积物都是土石混合体,这种堰塞坝结构较为密实,颗粒级配较好,抗渗能力强,整体稳定性较好,存留时间长,易形成坝顶溢流。

20.4.3 水源条件

堰塞湖的形成必须要有充足的水源条件,这主要包含两个方面:堰塞坝坝体物质形成的水源条件和成湖水源条件。

降雨是大多数堰塞坝坝体物质形成的重要诱发因素。持续降雨有可能造成大规模崩塌、滑坡、泥石流,一旦这些灾害的堆积物进入河道,便有可能堵塞河道而形成堰塞湖。不同固体物源类型,其坝体物质生成的降雨激发方式有所不同。例如,降雨入渗一方面造成危岩体陡倾结构面充水,在岩体内产生静水压力劈裂作用;另一方面,坡体内部岩土体遇水软化,特别是软弱夹层在水的作用下抗剪强度迅速下降。在这两方面的综合影响下,便可能诱发崩塌、滑坡,形成堰塞湖。对于泥石流,降雨既造成岩土体失稳滑动,又被用于携带岩土体物质汇流,在强大的激发雨量及足够丰富的物源土量的条件下,便可能出现泥石流冲出沟口,堵河成坝。

堰塞湖的成湖水源主要来自河流和冰雪融水。上游来水、大气降水和地下水是海拔相对较低的堰塞湖主要的成湖水源条件。冰雪融水是高海拔山区,特别是现代冰川和季节性积雪地区形成堰塞湖的主要水源。

第 21 章

堰塞湖形成过程与机理

固体物质堵塞河道、拦蓄来流形成堰塞湖。其形成机理主要包含固体物质运移及堆积机理和水文过程两部分内容。

本章重点内容：

- 堰塞坝的类型及其力学条件
- 滑坡堰塞坝的类型特征与堵江机理
- 泥石流堰塞坝的形成机理
- 堰塞湖湖水汇集的水文过程及其影响因素

21.1 堰塞坝分类

根据形成堰塞坝的外力驱动条件，可将堰塞坝分为动力推进式和重力推进式。

动力推进式堰塞坝是指斜坡上的岩土体脱离母岩(体)后，在自身重力作用下发生下滑，在坡面上快速滑动形成具有较大动能的滑移体，堵塞河道或沟道后形成堰塞坝。这种类型的堰塞坝形成迅速，整体式堵塞成坝，主要包括滑坡堰塞坝、泥石流堰塞坝和熔岩堰塞坝。

重力推进式堰塞坝主要指冰碛堰塞坝。冰碛堰塞坝发生在冰雪或冰川覆盖的高山区，冰川运动使冰碛物逐渐运移，并堆积在冰川末端，随着冰碛物的增多，堆积物厚度和高度增大，经过长时间的累积，最终形成弧状堰塞坝。在长期的历史演化过程中，冰川规模会出现不同程度的扩大或缩小，使每次堆积在末端的冰碛物体积不同，同时每次堆积的空间位置也有差异，加之冰碛物融冰的消失，使得冰碛堰塞坝在表面形成不同裂缝(图 21-1)。

动力推进式堰塞坝虽然包括三种类型的堰塞坝，但形成过程相似。熔岩堰塞坝稳定性较好，存留时间长，形成灾害的可能性小，因此本章不考虑熔岩堰塞坝的形成过程和机理。重力推进式堰塞坝形成缓慢，就灾害而言，更应该关注的是成坝历时短的滑坡堰塞坝和泥石流堰塞坝，因此本章的第 21.2 节、第 21.3 节和第 21.4 节将以滑坡堰塞坝和泥石流堰塞坝为对象进行阐述。

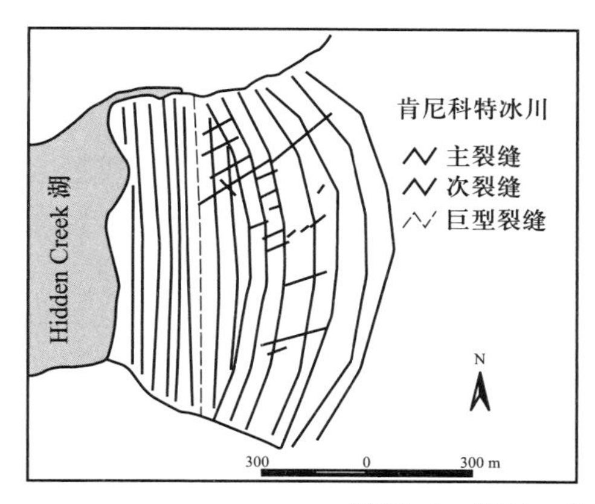

图 21-1 Hidden Creek 冰碛堰塞坝

21.2 堰塞坝形成过程

21.2.1 滑坡堰塞坝形成过程

滑坡变形破坏形成堰塞坝可分为三个过程(或称为三个阶段):物质储备阶段;滑坡运移阶段;堰塞坝形成阶段,如图 21-2 所示。

物质储备阶段:斜坡受降雨、地震等外界条件影响,在自身重力作用下向坡体下部滑移变形,迫使滑移面贯通,并沿滑移面下部的剪出口剪出。该阶段主要是土体或岩体的破坏,为堰塞坝提供了充足的物质材料(图 21-2a)。

滑坡运移阶段:滑体起动以后,迅速地将势能转化为动能,以很高的速度冲出剪切口,在一侧河道初步形成堆积。若滑移距离较短,滑体一般以整体形式向下滑移;若滑移距离较远,常形成高速远程滑坡,伴随滑体的破碎、解体。滑体潜入河道后,受到水流的阻力,速度有所减缓,但仍继续向前运动。当滑体前缘到达对岸斜坡后,将河道堵住(图 21-2b)。

堰塞坝形成阶段:滑坡填满河道,在重力作用下堆砌成坝,河水不能将堵塞物质冲溃,形成稳定的坝体,在坝前形成堰塞湖(图 21-2c)。

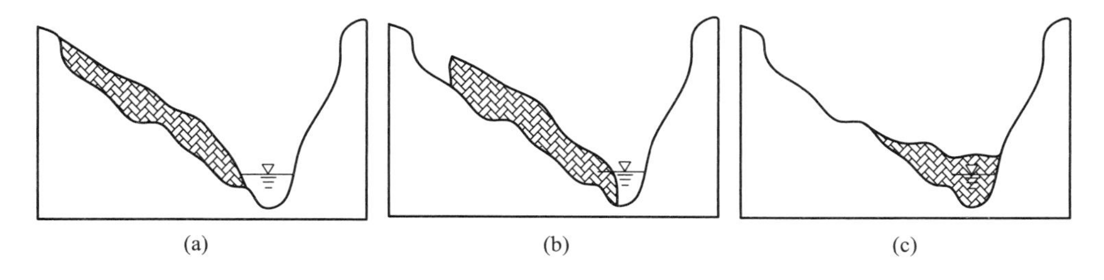

图 21-2 滑坡堰塞坝形成过程:(a) 物质储备阶段;(b) 滑坡运移阶段;(c) 堰塞坝形成阶段

21.2.2 泥石流堰塞坝形成过程

当支沟暴发泥石流时,泥石流向其汇入的主河推进、扩展,以堆积体的形式向对岸迅速推进,并与对岸的岸坡相接,堵塞主河,形成顶部高出主河上游水面的堆积体。

根据泥石流的形成特征,泥石流堰塞坝的形成过程可分为三个阶段(图 21-3)。

物质储备阶段:沟道中丰富的松散堆积体材料在降雨等外界条件刺激下,水土发生掺混,为可能堵河的大规模泥石流提供丰富的物源(图 21-3a)。

物质运移阶段:泥石流在流动过程中侵蚀底床和侧岸堆积物,两岸斜坡也发生坍塌,混入泥石流中,规模逐渐变大,输送至河道中(图 21-3b)。

坝体形成阶段:泥石流进入主河后,胁迫河道水流,到达对岸并占据整个河道,河水不能及时将泥石流固体物质挟带走,最终形成泥石流堰塞坝,随着上游持续来水,在坝前形成堰塞湖(图 21-3c)。

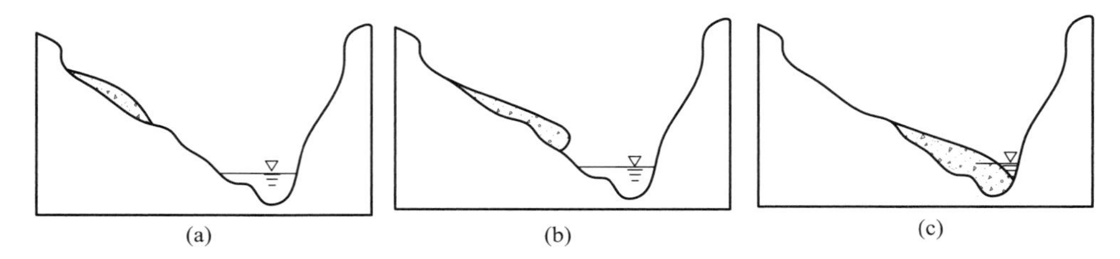

图 21-3 泥石流堰塞坝形成过程:(a) 物质储备阶段;(b) 物质运移阶段;(c) 坝体形成阶段

21.3 滑坡堰塞坝形成机理

21.3.1 堵江滑坡分类

根据历史上滑坡堵江的情况,以滑坡发生的位置和运动位移为依据,将堵江滑坡分为谷坡型滑坡(图 21-4 中①)、高位型滑坡(图 21-4 中②)和远程型滑坡(图 21-4 中③)。

谷坡型滑坡:这类滑坡发生于河道两侧斜坡上,临近河道,滑移距离短,解体破碎程度低,进入河道时整体性好。由于滑坡相对位置低、势能小,滑坡一旦进入河道,常形成对岸坝顶下凹的堰塞坝。

高位型滑坡:这类滑坡发生于谷坡以上,接近山脊处,具有体积大、运动速度快、运动方向与主河垂直等特征。由于斜坡高差大,滑坡具有的势能大,进入河道后快速胁迫水流并占据河道,形成的堰塞坝体积大、高度大、库容大,如唐家山堰塞坝。

远程型滑坡:这类滑坡发生于支流沟道两侧的斜坡上。由于滑体在沟道中运动距离长,滑体会发生破碎、解体,颗粒混杂,刮铲作用明显,常形成大体积的滑移体。该类滑坡堵塞河道后,常形成规模较大的堰塞坝,如易贡堰塞坝。

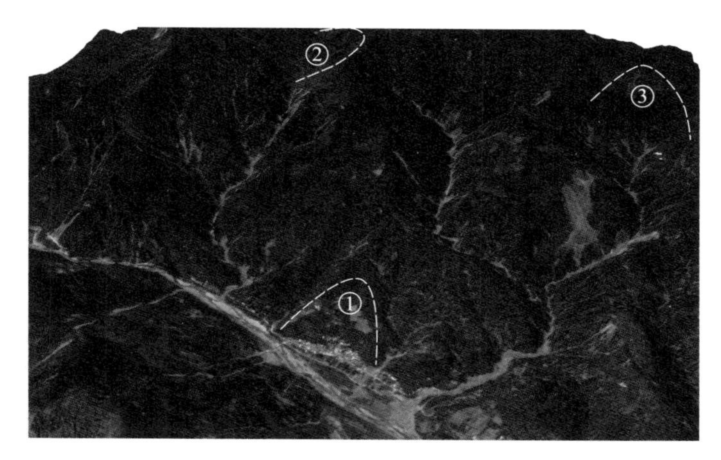

图 21-4 堵江滑坡发生位置示意图(见书末彩插)
① 谷坡型滑坡;② 高位型滑坡;③ 远程型滑坡

21.3.2 滑坡堵江机理

不同类型的滑坡堵江机理存在差异,主要与滑坡汇入河道或支流沟道的体积、滑坡速度、滑坡入汇角、水流流速、河道宽度和滑坡材料有关。滑坡汇入河道或支流沟道的体积是形成堰塞坝的关键因素之一。汇入河道的体积足够大时,滑坡能够完全填满河道,形成全堵塞型的堰塞坝,横河方向上的坝顶高程相差不大;若汇入河道的体积不够大,形成的堰塞坝较矮,或形成局部堵河,堰塞坝在横河方向上坝顶高程相差很大,滑坡对岸的堰塞坝顶初始高程低,堰塞湖库容很小,水流很快可以漫过坝顶,在下游不会形成汹涌洪水,或形成的洪水流量与原河水流量相差不大。滑体的速度是决定滑体在河道中运动距离的关键因素之一。滑体运动速度越快,水流冲刷滑体物质的时间就越短,保存下的滑体物质就越多,有利于坝体的形成。图 21-5 为滑坡与河道交汇示意图,θ_{rh}为滑坡入汇角,即滑体方向与横河方向的夹角。当 θ_{rh}为锐角时,θ_{rh}越大,滑体运动距离越大,物质越不集中,越难以堵塞河道;当 θ_{rh}为直角时,滑体运动距离最短,物质集中,易于形成堰塞坝。水流流速影响水流的冲刷能力,水流流速越快,滑体物质越容易被挟带走,影响物质的堆积,不利于坝体的形成。河道宽度越大,滑体在河道中运动时,越不利于物质的集中。而且要填满河道,滑体体积必须足够大。

如果滑坡材料为细颗粒土,当土体被冲入河道时,由于水流的冲刷和携带作用,土体颗粒很容易被水流携带走,不利于堰塞湖的形成。一般来说,要形成土质型堰塞坝,首先应该发生大规模的土质滑坡,并且以较快的滑动速度冲入并堵塞河道,如果滑坡的方量较小或滑动速度较慢,那么在水流的冲刷和携带作用下很难形成堰塞湖。对于土石混合体组成的滑坡,滑入并堵塞河道后,土体细颗粒的填充使得岩块间孔隙减小,形成的堰塞体较为密实。该类堰塞体级配较好,抗渗能力强,对堰塞湖的形成起到了有利的作用。而以岩石组成的滑坡在河道中运动时,由于整体性好、结构相对稳定、抗冲刷能力强,有利于堰塞坝的形成和保存。

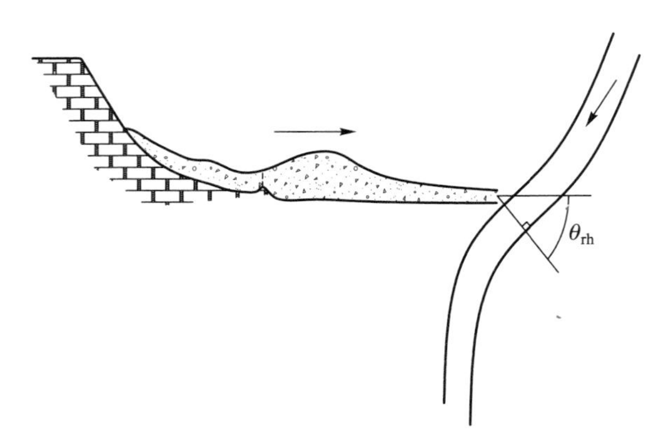

图 21-5 滑坡与河道交汇示意图

滑坡体积和速度代表滑坡的初始能量。在滑入河道后,入汇角和河道宽度决定了滑坡运动的距离,影响滑坡与底床接触面的摩擦需要消耗能量的大小,滑坡速度决定了滑体克服水流阻力需要消耗的能量。当初始能量大于、等于需要消耗的能量时,滑体会穿越河道形成堰塞坝,而初始能量小于需要消耗的能量时,不能形成堰塞坝。综合各种影响滑坡堵江的因素,在物理概念清晰、易于计算的基础上,建立滑坡动量与河水动量比 M_R(简称"动量比")来定量评价滑坡堰塞坝能否形成。M_R 综合了滑坡入汇体积 Q_M、材料性质 γ_s、速度 u_M、入汇角 θ_{rh}、水流速度 u_M 和河道宽度 B_w,通过数学分析方法,建立动量比与各指标间的关系:

$$M_R = f(Q_M, \gamma_s, u_M, \theta_{rh}, u_M, B_w) \tag{21-1}$$

式中,f——函数。当 $M_R \geqslant const$ 时,滑坡能堵塞河道或沟道,形成堰塞坝;当 $M_R < const$ 时,滑坡则不能堵塞河道或沟道,不形成堰塞坝。$const$——待定常数,可根据实验得到。

21.4 泥石流堰塞坝形成机理

泥石流堆积物汇入主河后堵塞河道,往往在堰塞坝上游造成淹没灾害,一旦堰塞坝溃决,又会对下游造成严重的洪水或泥石流灾害。

堰塞坝的形状和泥石流体积有关,当泥石流体积较大时,常形成三角形堰塞坝,体积较小时,则形成梯形堰塞坝(Takahashi,2007)。泥石流汇入河道后能否堵塞河道与其自身体积、河道流量和扇形地泥石流沟床条件等有关。

假设泥石流流向与河道正交,当泥石流方量较大时,形成的三角形堰塞坝高为 H_w,河道宽度为 B_w,堰塞坝长度为 L_B。一般河流底坡较小,如嘉陵江上游底坡坡度约为 3‰,下游约为 0.3‰,所以将河床底部坡度视为水平。假设泥石流堰塞坝背水坡坡角 θ_1 为泥石流材料的水下休止角,上游坡的坡角为 θ_2,如图 21-6 所

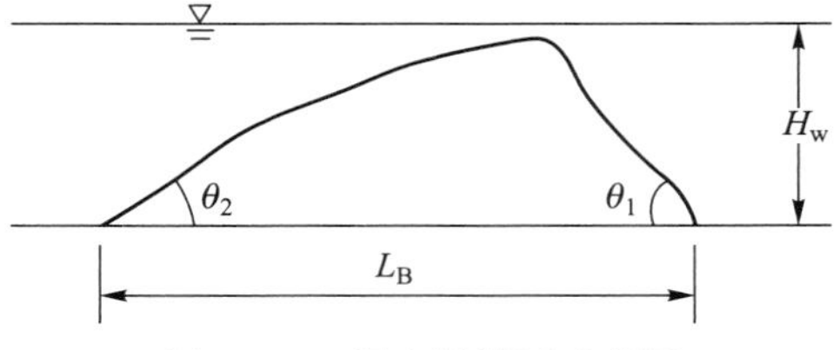

图 21-6 堰塞坝堵河示意图

H_w 为三角形堰塞坝高(m);L_B 为堰塞坝长度(m);θ_1 为堰塞坝背水坡坡角;θ_2 为堰塞坝上流坡的坡角

示。若假设 $\theta_2=14°$(周必凡,1991),那么有:

$$L_B=H_w(\cot\theta_1+\cot 14°) \tag{21-2}$$

堰塞坝体积 V 为

$$V=\frac{1}{2}B_wL_BH_w=\frac{1}{2}B_wH_w^2(\cot\theta_1+\cot 14°) \tag{21-3}$$

对于黏性泥石流,短时间内不易被水流冲刷挟带走,那么堵塞河道所需的方量为 V。而对于稀性泥石流,细小的颗粒很容易被水流带走,砂粒被保存下来,假设保存下来的堰塞坝体积是初始体积的 0.7 倍,那么稀性泥石流堰塞坝的体积为

$$V=0.7\times\frac{1}{2}B_wL_BH_w/(C_v-p_sC_v)=0.7\times\frac{1}{2}B_wH_w^2(\cot\theta_1+\cot 14°)/(C_v-p_sC_v) \tag{21-4}$$

式中,C_v——泥石流固体体积浓度;p_s——泥石流中砂粒及粒径小于砂粒的颗粒含量百分比。

泥石流汇入河道后,流动的河水产生的作用力拖拽土体颗粒向下游流动,当土体抵抗水流的作用力大于水流作用力时,土体便会淤积在河道中:

$$Q_w\leqslant Q_c[C_v(\rho_\gamma-\rho_s)\tan\theta_m-\tan\theta_1\rho_c]/\rho_m\tan\theta_1 \tag{21-5}$$

式中,Q_w——河道水流流量;Q_c——流入河道的泥石流流量;θ_m——泥石流运动的最小坡度;θ_1——真实河道坡度;ρ_γ、ρ_s、ρ_c、和 ρ_m——分别指密实土体密度、土体密度、泥石流密度和泥浆密度。

泥石流沟与河道交界处是泥石流进入河道的初始点,该处泥石流沟道的坡度对于泥石流进入河道的距离有着重要影响。因此,下式是泥石流堵塞河道的条件之一:

$$\tan\theta_d\geqslant\tan\theta_1=\frac{(\rho_\gamma-\rho_s)\tan\theta_m}{\rho_\gamma}+\frac{\tau_0}{C_v\rho_\gamma H_w\cos\theta_1} \tag{21-6}$$

式中,θ_d——入河处泥石流沟道坡度;τ_0——泥浆静剪切强度。

当泥石流沟道与河道正交或向河道上游斜交时,易形成泥石流堰塞坝;而向下游斜交时,不易形成堰塞坝。

21.5 堰塞湖形成过程

堰塞湖的水源主要是上游来水。我国堰塞湖大多分布在典型的季风气候区,雨量充沛,降雨集中,夏天多暴雨和特大暴雨。堰塞坝形成之后,随着上游降雨产生的地表径流不断蓄积,最终形成堰塞湖。

在堰塞湖形成过程中,降雨量、入库流量过程线、蓄水量、汇水面积、坝前水位等关键水文要素与坝体高度、沟道几何、地形坡度、植被覆盖等因素构成了密切的耦合关系,堰塞湖关键水文要素的动态变化过程就是堰塞湖的形成过程。现以山区小流域降雨堰塞湖形成的动

力学模拟来解释堰塞湖的一般形成过程及关键水文要素与堰塞湖流域下垫面自然特性的耦合关系。如图 21-7 所示,山区堰塞湖流域被概化成对称的坡面和中间的汇水渠道,可使用运动波方程和动力波方程分别模拟坡面流和汇水渠道流。

图 21-8 表明,在恒定净雨强时,存在一个峰值入库流量,流域平均地形坡度越大,峰值入库流量到来越早,峰值到来的时刻是复杂非线性的,只能用动力学方程来模拟预报。

图 21-9 表明,在恒定净雨强时,流域植被覆盖对峰值入库流量及其延续的时间都有重要影响,这种影响通过坡面糙度系数体现在水动力中。植被越茂密,对坡面水流的阻力越大,峰值入库流量越小,但峰值延续的时间越长。

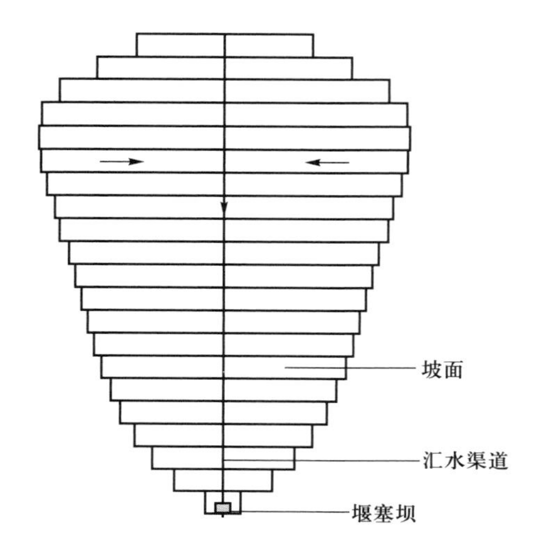

图 21-7 堰塞湖流域概化示意图

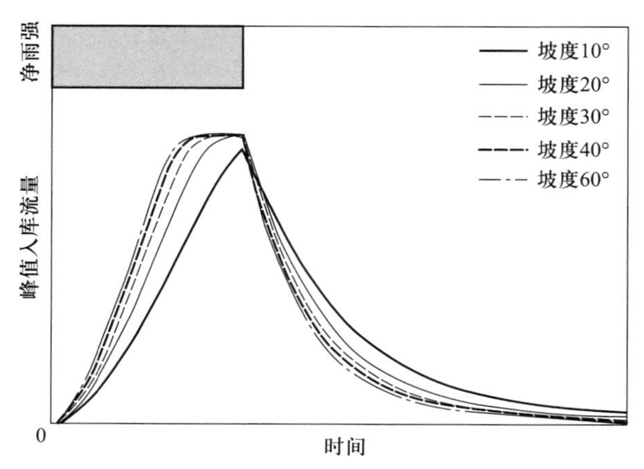

图 21-8 流域平均地形坡度与峰值入库流量关系图

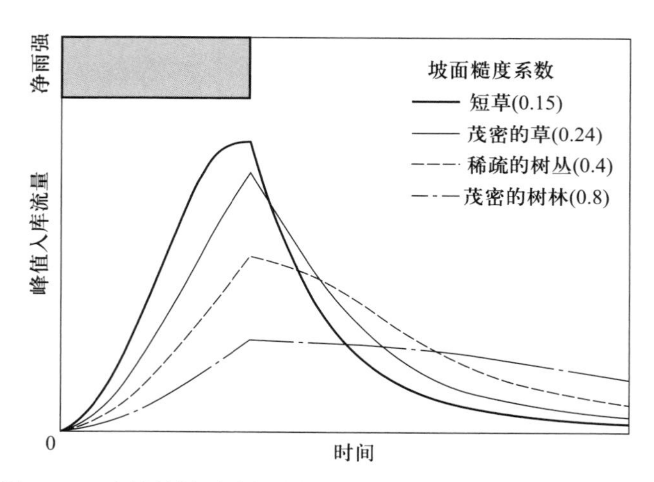

图 21-9 流域植被覆盖与峰值入库流量及其延续的时间关系图

假设堰塞湖形成于一个 V 形沟道(图 21-10),则堰塞湖蓄水量与坝前水深存在一个大致的比例关系:

$$V \propto \frac{h^3}{\tan\theta} \tag{21-7}$$

式中,V——蓄水量;h——坝前水深;θ——河底坡度。

上式表明,V 形沟道堰塞湖库容曲线(图 21-11)是一个简单的指数函数曲线;河底坡度对库容曲线有重要影响,底坡越大,同样库容形成的坝前水位越高。

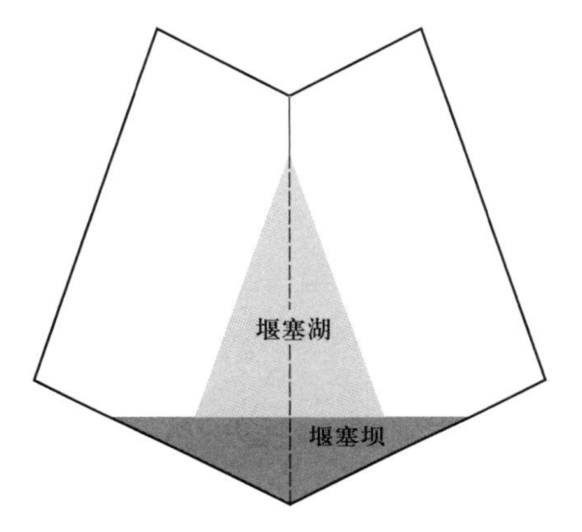

图 21-10 V 形沟道堰塞湖示意图

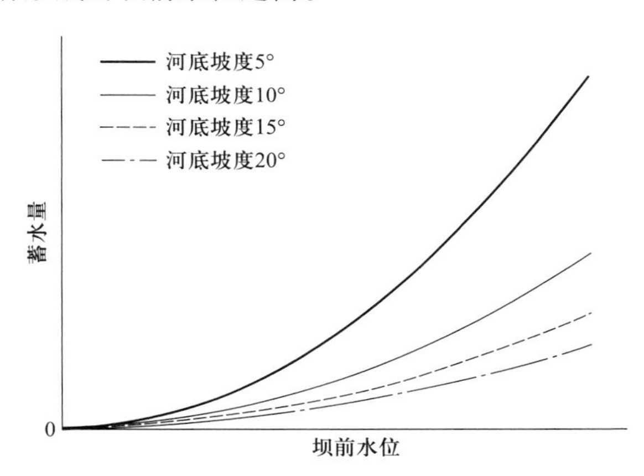

图 21-11 V 形沟道堰塞湖库容曲线

另外,冰雪融水是高海拔山区,特别是现代冰川和季节性积雪地区形成堰塞湖的主要水源。冰碛堰塞湖的变化与全球气候变化大趋势密切相关,当全球气温降低时,冰川处于前进状态,冰川面积增加,具有陡而高的前进性冰舌,并伴随发育大量的张裂缝,相应融水量较小,蓄水量减少,冰碛堰塞湖面积和库容缩小;当全球气温升高时,冰川处于后退状态,冰川面积减小,融水量增加,冰川堰塞湖的蓄水量会增加,水位抬升,冰碛堰塞湖面积增大。同时,大气降水也对冰碛堰塞湖具有重要影响作用,降水会增加冰川消融,增大冰川径流,进而增大冰碛堰塞湖库容。

第 22 章

堰塞湖溃决过程与机理

堰塞湖的溃决是其坝体被破坏和湖水下泄的过程。本章概括了堰塞坝的溃决模式，分析了堰塞坝体的溃决过程和溃决机理。

本章重点内容：

- 堰塞坝的溃决模式及各种模式的特征
- 堰塞坝在漫顶冲刷作用下的溃决过程
- 堰塞坝溃口下切和展宽的机理
- 涌浪作用下堰塞坝的溃决过程与机理

22.1　堰塞湖溃决模式

随着坝前水位的升高，仅有约 20%的堰塞坝能够保存下来，80%的堰塞坝在一年内溃决(Costa and Schuster，1988)。对堰塞坝而言，不存在结构破坏、溢洪道和坝基渗流等与人工坝体有关的问题。从灾史实例看，堰塞坝自然溃决模式主要有四种，即坝顶溢流、坝坡失稳、渗流管涌和涌浪。

堰塞坝也有在人工干预下发生溃坝的情况，即在堰塞坝刚形成后，堰塞湖尚未达到危险水位之前，为了防止形成巨大的、危险性的天然水体，采用爆破或人工开挖等手段，提前破坏堰塞坝，或者降低坝体的高度，从而释放湖水，降低水位。坝体破坏的模式和形态总结于表 22-1 和图 22-1(柴贺军等，2001)。

据统计，坝顶溢流是最常见的堰塞坝溃决模式，如著名的唐家山堰塞坝、Bairaman 堰塞坝等都是这种溃决模式，该模式占到 50%以上；渗透管涌是坝体内土颗粒之间形成贯通的渗流通道，逐渐扩大并向坝面上游发展，最终造成溃决，在机理上属于渗流破坏；坝坡失稳是在渗流作用下，坝体内部浸润线逐渐向下发展，并引起坝体强度降低，背水坡面土体稳定性下降，最终发生滑坡，堰塞坝溃决。

表 22-1 堰塞坝溃决模式及形态

模式	破坏位置	诱因	破坏形态	示意图
坝顶溢流	整个坝体	河水入湖流量大于坝体的渗流量	坝顶因漫坝洪水的冲刷和搬运作用导致坝体顶部和下游坝坡表面遭受冲刷,土石体流失,坝体变薄,最终造成坝体总体被破坏	图 22-1a
坝坡失稳	前坝坡、后坝坡	湖水渗透、坝表面雨水渗透	湖水或雨水大量渗透导致土体的饱和度增加和土体的抗剪强度降低,引起坝坡发生滑坡,导致坝体被破坏	图 22-1b
渗透管涌	坝体、坝基	湖水在坝体中渗透导致渗漏或水在松散的坝基中渗透	湖水在坝体中渗漏,造成土体中的小颗粒被运走流失,发生管涌现象。如果天然土石坝的坝基仍为形成前的松散的河床物质,湖水可能通过坝基渗漏,造成背面坡脚及地表发生喷砂冒水现象而形成空洞,造成坝坡失稳或坍塌	图 22-1c
涌浪	整个坝体	溢流口水流的临时抬升,增加溢流量,破坏已有的溢流平衡条件	涌浪作用下导致坝前水位临时抬升,溢流量突然增大,破坏已有的溢流平衡条件,导致坝体被冲刷与破坏	图 22-1d

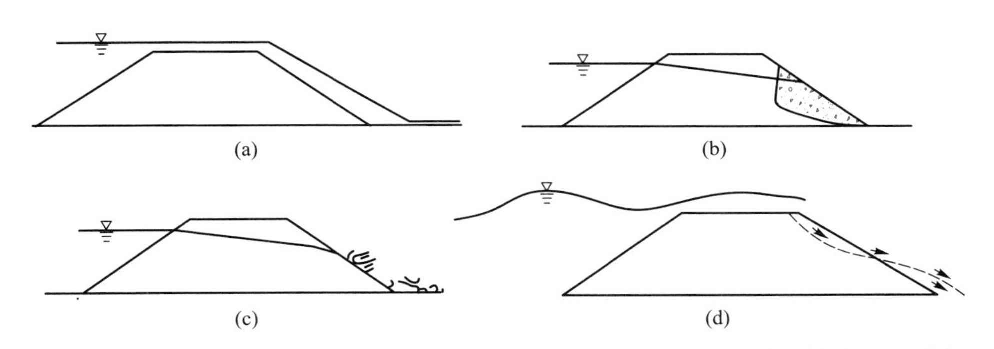

图 22-1 堰塞坝破坏模式示意图:(a) 坝顶溢流;(b) 坝坡失稳;(c) 渗透管涌;(d) 涌浪

22.1.1 坝顶溢流模式

坝顶溢流是堰塞坝坝体最主要的溃决模式,与堰塞坝的几何形态和坝体物质的构成关系密切。

滑坡堰塞坝的坝坡相对都比较缓,坝体背水坡角一般小于天然休止角,内部又没有形成贯通的软弱层,因此,一般不可能发生坝坡失稳。泥石流形成的堰塞坝亦是这样,虽然其坝体物质粒径和内摩擦角往往不及滑坡堰塞坝大,但上下游坝坡的坡角常常比滑坡堰塞坝小,不容易发生坝坡失稳,常以坝顶溢流形式被破坏。

若堰塞坝坝体粗大颗粒多,往往形成架空结构,渗透浸润线的比降比容许渗透比降小,加之块石间的咬合现象明显,因此很难发生管涌或其他形式的渗透破坏,均以坝顶溢流的形式被破坏而导致溃坝。

22.1.2 坝坡失稳模式

如果堰塞坝坝顶宽度很小,坝体在渐进性破坏的过程中常出现管涌,管涌导致背水坡脚被冲刷,继而导致下游坝坡发生滑动,造成坝顶降低,湖水翻坝而使坝体被破坏。这种溃决模式一般发生在坝体迎水坡度和背水坡度接近天然休止角时。

拉丁美洲哥斯达黎加的 Rio Toto 堰塞坝是因坝坡失稳而引起堰塞坝溃决的典型实例。1992 年 6 月 13 日,Rio Toto 发生 3 亿 m^3 的滑坡,滑坡堵塞 Toto 河形成堰塞坝。坝体沿河长 600 m,垂直河流宽 75 m,最大坝高 100 m,最小坝高 70 m,滑坡体的最大粒径 8 m。三天后,由于上游普降暴雨,下游坝坡发生滑动形成碎屑流,最终导致坝体溃决。

22.1.3 渗透管涌模式

由于堰塞坝不像人工土石坝修建时经过系统地压密,并在坝体中设有防渗心墙。堰塞坝体内部易形成贯通的渗流通道,通道中的水流产生渗透力,当此力达到一定值时,土体中的细小颗粒便会被水流携带至下游,使土体结构变差,强度下降,土体发生渗透变形。强烈的渗流作用会在坝体内部形成空洞,空洞又会促使渗透路径变短、水力梯度进一步增大,空洞末端集中的渗透水流具有更大的侵蚀力,促使空洞直径增加;并且空洞不断沿最大水力梯度线溯源发展,最终形成一条水流集中管道,从而形成管涌。

天然分选性差的坝体材料,一般 $D_5/D_{85}>5$(D_5,D_{85}分别为土石坝物质中质量分数为 5% 和 85%的块石的粒径),堰塞湖水会通过坝体渗漏而发生潜蚀、管涌现象,破坏坝体。

22.1.4 涌浪模式

高速运动的大型块体(如断裂的岩体、冰川体)作用于堰塞湖形成一定高度的涌浪。根据入水块体物质组成的不同,又可分为滑坡涌浪和冰崩涌浪(图 22-2)。

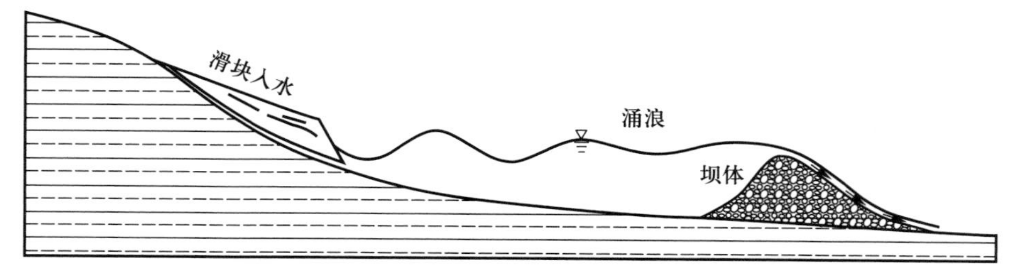

图 22-2 涌浪作用对坝体溃决的影响示意图

涌浪对堰塞坝的影响主要包括以下几个方面：① 涌浪演进到坝前时，受坝体的阻拦作用，演进中的涌浪动能转化为势能，能够形成较高的溢流水头，从而增加了坝顶的溢流流量；② 在上游涌浪作用下，坝前的水头会急剧增加，形成较高的水压力，威胁坝体的稳定性；③ 当涌浪越过堰塞坝坝顶时，溢流水体的流量和流速都会明显增加，增大了溢流水体对坝体物质的冲刷侵蚀作用，导致坝体溃决。

22.2 堰塞坝溃决过程

坝顶溢流是堰塞坝最主要的溃决模式，本节及后面的机理分析主要以该溃决模式为对象。

22.2.1 壅水阶段堰塞坝特征

堰塞坝在上游持续来水的条件下，坝前水位不断上升，一方面造成上游水头升高，提高了水力梯度，增强了渗流能力；另一方面由于水的存在，会对上游坝面造成较大的压强，压缩多孔隙土体。假设当 $t=t_1$ 时，坝前水位高度为 h_1；$t=t_2$ 时，坝前水位高度为 h_2(图 22-3)。

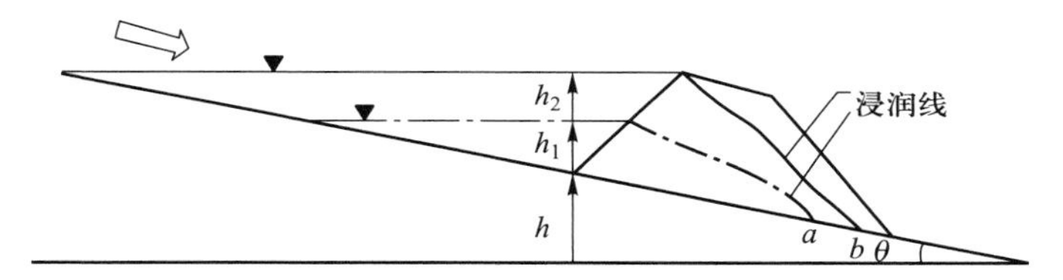

图 22-3 不同时刻的堰塞坝浸润线位置

t_1 和 t_2 时刻，浸润线与水槽底部交点分别为 a 和 b，渗流路径分别为 l_a 和 l_b，水头差分别为 h_1+h 和 h_2+h。

那么，t_1 和 t_2 时刻的水力梯度分别为

$$i_a=\frac{h_1+h}{l_a}=\sin\ \theta+\frac{h_1}{l_a} \tag{22-1}$$

$$i_b=\frac{h_2+h}{l_b}=\sin\ \theta+\frac{h_2}{l_b} \tag{22-2}$$

由此可知，水力梯度的大小与坝前水位和渗流长度密切相关。同时也反映出，如果堰塞坝长度较短时，会产生较大的水力梯度和较强的渗透力。而坝前水位又与坝体高度相关，较高的坝体形成较大的水头和较强的渗透力。

在壅水阶段，另一个明显的特征是坝体上游坡面产生显著的裂缝，主要以横向裂缝为主。同时，随着水位的升高，坡面横向裂缝宽度也有所增加。裂缝的出现，直接增加了土体的孔隙率，提高了渗流能力。尤其是当水位高过裂缝后，水直接从裂缝处进入坝体，增加坝体材料的含水量，降低坝体强度，对坝体稳定性非常不利。

22.2.2 溃口下切过程

图22-4为堰塞坝溃决过程中,不同时刻纵向高程变化示意图。随着上游水位的不断升高,水流最终会漫过坝顶的最低点,出现溢流。

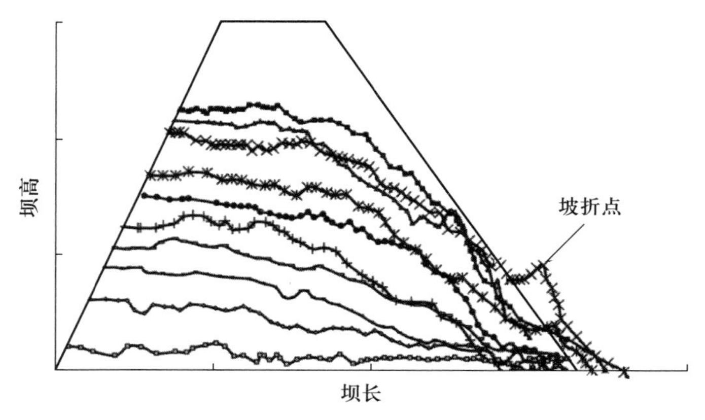

图22-4 不同时刻堰塞坝纵向高程变化图

溃决初始阶段,水流侵蚀能力弱,仅带走细小的颗粒,粗大颗粒停留下来,溃口深度变化缓慢。在沿水槽方向一定距离内,底部高程基本相同,但靠近背水坡面处,由于坡度的骤然变化,水流势能转化为动能,水流速度加大,侵蚀能力变强,携带较多的坡面物质向下游输移。由于水流流量较小,很快就超过了其携带能力,于是在背水坡处堆积,造成背水坡与坝顶交界处出现明显的坡折点。随着溃口变深和加宽,水流流量加大,顶部的粗大颗粒也被携带走。经背水坡的加速后,水流将之前堆积在坡脚的部分颗粒向下游输移,虽然这时出流流量有所加大,但是水流流到河床后,河床坡度比坝体背水坡坡度缓,水流流速变小,挟沙能力变弱,不能将堆积的颗粒物质全部携带走,因此在坡脚处仍有颗粒堆积,坡折点在这阶段逐渐消失。背水坡在纵向方向上的侵蚀发展较溃口底部要快。背水坡面的侵蚀不仅在深度上发展,而且沿着坡向向上游发展,最终到达上游坡面,形成溯源冲刷。随着坝前湖水的不断出流,溃口宽度和深度不断加大,泄流流量加大,溃口底部的粗、细颗粒均被冲刷走,纵向下切迅速。背水坡面堆积的物质都被携带走,背水坡不断后退。坝前水位快速下降后,出水流量逐渐减小,水深变浅,水流挟沙能力也逐渐变弱,当水流到达河床时,部分颗粒物质被水流携带至下游河道,而部分颗粒沉积下来。细小颗粒被携带至下游后,粗大颗粒留在原处,形成了一层粗化层,保护了下面颗粒物质不被冲刷,此时溃口底部坡度基本与河道坡度相等,背水坡坡度较之前要小很多,水沙达到新的平衡,溃决过程结束。

溃口底部粗化层的形成是溃决结束的一个标志,图22-5为粗化层产生示意图。图22-5a为初始时刻的溃口底部泥沙分布情况。此时的溃口底部既有粗大颗粒,又有细小颗粒,相互混杂,分布不均匀,没有规律性。当出流量较大时,水动力条件充沛,大小颗粒均被水流携带至下游,当溃决将近结束时,出流携带能力减弱,只能将细小颗粒冲走,粗大颗粒停留在河床上,形成粗化层(图22-5b)。粗化层能够保护粗大颗粒下的细小颗粒不被携带走,阻止了溃口深度方向的加大，起到了稳定底床的作用。

溃决过程中，堰塞坝纵向高程变化在简化后分三个过程，如图 22-6 所示。令堰塞坝上背水坡坡度分别为 θ_u 和 θ_0，坝顶初始长度为 B_{co}。第一阶段，水流侵蚀坝顶和背水坡，由于挟沙能力有限，溃口底部和背水坡变化较慢，溃口单位时间内深度变化 Δd。背水坡坡度由 θ_0 逐渐增大，当到达 θ_f 时，这一阶段结束，θ_f 称为该种条件下的临界坡度。第二阶段，背水坡以不变的角度向上游发展，同时水流不断侵蚀坝顶和背水坡，且侵蚀率相同。此阶段的堰塞坝纵剖面形状仍类似于梯形，但水流的侵蚀逐渐缩短了坝顶沿河向的宽度。第三阶段，当坝体高度减小到某个值时，坝顶宽度为零，坝体纵剖面变为三角形，水流主要侵蚀背水坡，堰塞坝以三角形断面演化，使背水坡不断后退（Chang and Zhang，2010）。

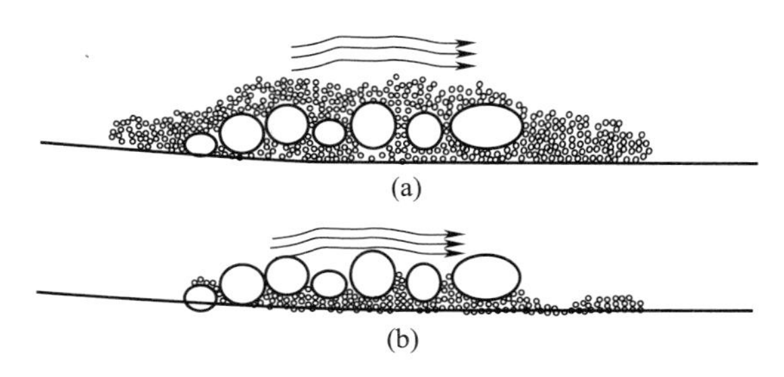

图 22-5 粗化层产生示意图

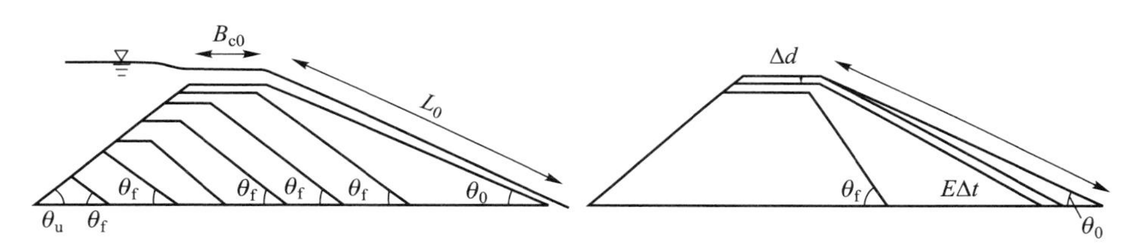

图 22-6 堰塞坝侧面纵剖面全过程变化图

22.2.3 溃口展宽过程

与溃口下切相对应，图 22-7 为溃口展宽过程，由于溃口两侧形状对称，因此取一半进行分析。溃口在整个过程中形状并不规则，这主要是材料的不均匀性、不连续性以及溃口斜坡失稳在时间和空间上的随机性所致。

初始阶段，溃口的侧向展宽主要由于水流的侵蚀作用。水流侵蚀溃口斜坡，造成溃口变宽，但由于水流作用有限，宽度变化缓慢。溃口斜坡坡度较大，基本上达到 90°左右。随着时间的推移，水流流量加大，水流不断侵蚀溃口斜坡坡脚，造成斜坡底部一部分临空；同时，由于强水流冲刷作用，粗颗粒能够被携带走，引起溃口斜坡坡脚临空面在深度和宽度方向都加大，如图 22-8 所示。斜坡的稳定性降低，引发溃口斜坡失稳，向下滑移，溃口宽度变化较快。失稳后的溃口斜坡坡度较初始阶段斜坡坡度要缓。随着侵蚀的进行，溃口宽度不断增加，但由于坝前水位的下降，水头压力降低，出流流量减少，侵蚀强度降低，临空面的发展也相对减弱，斜坡失稳频率相对上一阶段减小，但失稳的规模增大，这主要是溃口斜坡的高度较之前变大。而且，该阶段的水流冲刷斜坡坡脚后，斜坡顶部出现明显裂缝，裂缝以下坡体缓慢向下蠕动，最后滑向溃口底部，这与之前阶段的斜坡失稳较迅速的特点存在差别。当水沙达到新的平衡时，溃口处斜坡失稳现象少有发生，溃口形态基本稳定，类似于梯形。但斜

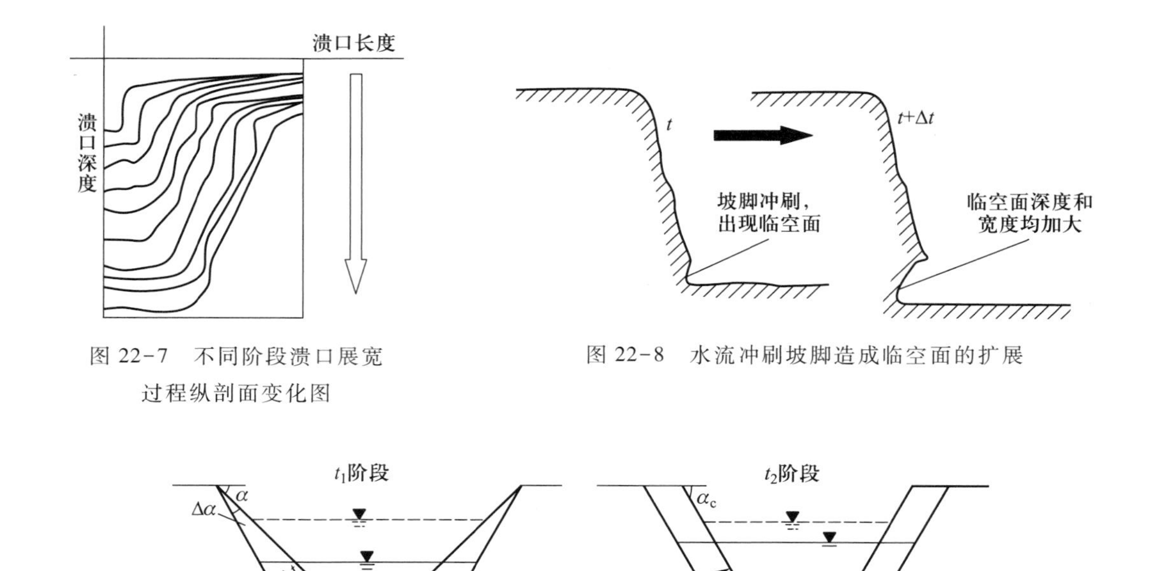

图 22-7 不同阶段溃口展宽过程纵剖面变化图

图 22-8 水流冲刷坡脚造成临空面的扩展

图 22-9 堰塞坝溃口纵剖面横向发展全过程变化图

坡坡面呈明显的两种不同坡度：在靠近坡脚处，斜坡坡度较大，接近90°；而斜坡的中部和上部坡度虽然仍较陡，但要小于下部坡度。从整个过程来看，斜坡坡面呈现两种不同坡度的现象在不同时刻均存在。

图22-9为简化后的堰塞坝溃口横向发展过程示意图。侵蚀主要与水流流速有关，溃口横向上的侵蚀率为E。溃口斜坡坡度在溃决前为α，在Δt时间内，溃口底部下切深度增加$E\Delta t$，溃口宽度增加也假定为$E\Delta t$，引起斜坡坡度增加$\Delta\alpha$。在初始阶段，溃口斜坡坡度为α，随着溃决的进行，斜坡坡度不断增加，当背水坡坡度达到某一值时（前述的θ_f），溃口斜坡坡度变为α_c。在后续过程中，溃口虽然不断发展，但斜坡坡度保持该角度不变。整个过程溃口都为梯形断面。

22.3 堰塞坝溃决机理

堰塞坝坝顶溢流过程是水流对土体的侵蚀和溃口斜坡失稳的过程。本节从固体颗粒输移、侵蚀、溃口斜坡失稳和河床调整着手，揭示堰塞坝溃决的机理。

22.3.1 坝体颗粒物质的起动

堰塞坝由不同的固体颗粒组成，它们的大小、形状、比重、方位以及相互之间的排列组合均存在千差万别，而水流本身又具有脉动性，在同一时刻，各处颗粒受力不一样，存在空间差异性（钱宁，1983）。

已有资料证明，颗粒起动在偶然性中存在一定的必然性，有一定的规律可循。组成堰塞坝的固体颗粒能否被水流带走取决于两个因素，一是水动力条件，如流速等；二是固体颗粒自身条件，如大小、重量、磨圆度等。颗粒能否起动常用临界起动条件来判定，该条件常包含水流流速、颗粒直径、颗粒重度等参数。常用的颗粒临界起动条件有临界起动速度、起动拖拽力和起动功率，虽然同一现象有三种不同的表达式，但彼此之间可以相互转化（钱宁，1983）。受水流作用，固体颗粒会受到水流剪切力、冲击力、浮托力、颗粒间摩擦力和自身重力等的影响。但要详细计算每种力的大小，尤其是颗粒不规则而又不断运动时，非常困难。水流流速是分析颗粒起动最直观也是最简单的方法。

临界起动流速 U_c 作为颗粒物质起动的判决指标，是指根据材料的性质，如直径、比重和颗粒的雷诺数等确定颗粒起动所需的最小流速，其中最具代表的是沙莫夫、窦国仁（1960）和张瑞瑾（1961）建立的临界起动公式。

沙莫夫公式：

$$U_c = 1.14\sqrt{\frac{\gamma_s - \gamma}{\gamma} g d}\left(\frac{H}{d}\right)^{1/6} \tag{22-3}$$

窦国仁公式：

$$\frac{U_c^2}{g} = \frac{\gamma_s - \gamma}{\gamma} d\left(6.25 + 41.6\frac{H}{H_a}\right) + \left(111 + 740\frac{H}{H_a}\right)\frac{H_a \delta}{d} \tag{22-4}$$

张瑞瑾公式：

$$\frac{U_c^2}{g} = \frac{\gamma_s - \gamma}{\gamma} d\left(6.25 + 41.6\frac{H}{H_a}\right) + \left(111 + 740\frac{H}{H_a}\right)\frac{H_a \delta}{d} \tag{22-5}$$

式中，U_c——起动流速；D——颗粒粒径；γ_s 和 γ——分别为颗粒和水流的重度；H——颗粒位置的水流深度；H_a——水柱高度表示的大气压力；δ——薄膜水的厚度，约为 3×10^{-8} cm。

22.3.2 溃口侵蚀

侵蚀机理对深刻理解溃决过程和计算非常重要。水流是造成侵蚀的直接动力，水流产生的剪切力将颗粒物质挟带，造成溃口加深、展宽。为了定量表征侵蚀的大小，常用侵蚀率来衡量，即单位时间内与水面垂直的方向上底床下降的深度。

侵蚀率的大小一方面与水流剪切力 τ_w 有关，τ_w 越大，侵蚀率越大；另一方面还与颗粒起动所需的剪切力 τ_c（临界剪切力）有关，τ_c 越大，说明颗粒越难以被冲刷走，侵蚀率越小。

侵蚀率的计算常采用公式(22-6):

$$E_r = k_d(\tau_w - \tau_c)^a \tag{22-6}$$

式中,E_r——单位面积、单位时间内的侵蚀率[kg·(s·m^2)$^{-1}$];τ_w——水流剪切力(N·m^{-2}),$\tau_w = \rho_w u_*^2$(ρ_w 为水的密度,u_* 为水的摩阻流速);τ_c——临界剪切力,可通过颗粒起动流速 u_c 计算:$\tau_c = \rho_w u_c^2$;k_d——土壤侵蚀系数(m·s^{-1});a——系数,常设为1。

当式(22-6)两边同除以土体密度时,就变为较常用的侵蚀率表达式:

$$E = k_{ds}(\tau_w - \tau_c) \tag{22-7}$$

式中,E——单位时间内的侵蚀深度(m·s^{-1});$k_{ds} = k_d/\rho_s$,ρ_s——土体密度(kg·m^{-3});其余符号与上相同。

随着观测技术的进步,对侵蚀机理有了更深入的认识。其实,在侵蚀过程中,不同位置的颗粒运动速度是不同的,而且在垂直方向上呈现分层现象,即上层颗粒速度与靠近底层处的颗粒速度相差较大(图22-10)。图22-11为垂向方向流速的概化图,$\Gamma^{(s)}$ 与 $\Gamma^{(b)}$ 之间的范围为侵蚀层,$\Gamma^{(w)}$ 与 $\Gamma^{(s)}$ 之间为水流层。在计算侵蚀率时,需要区分侵蚀层和水流层。

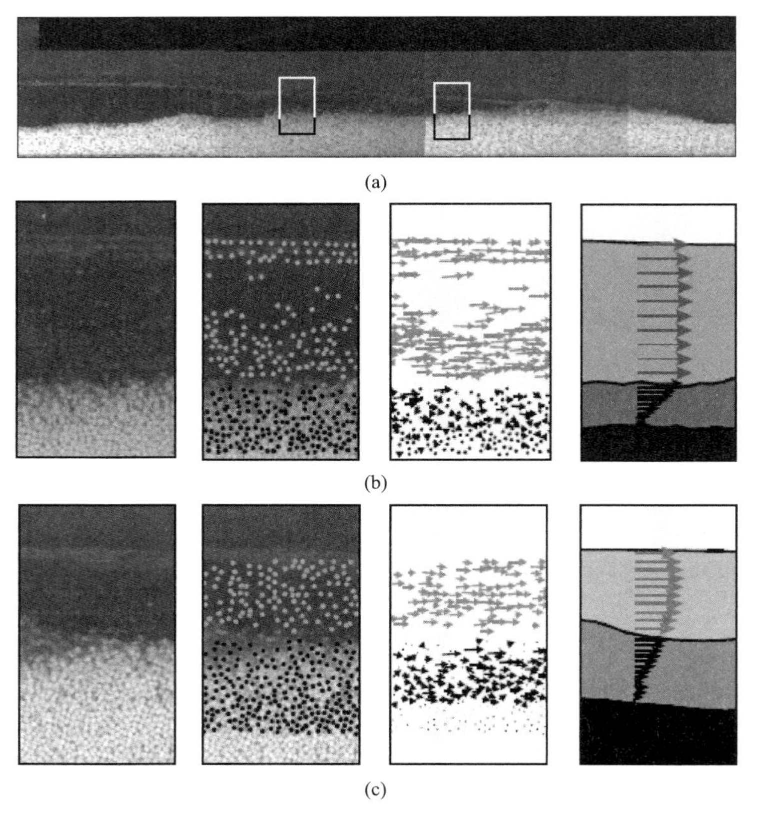

图22-10 水流侵蚀作用下颗粒的运动情况:(a) 实验全断面示意图;(b)(c) 分别为图(a)方框中的左、右两个截面中水沙运动示意图

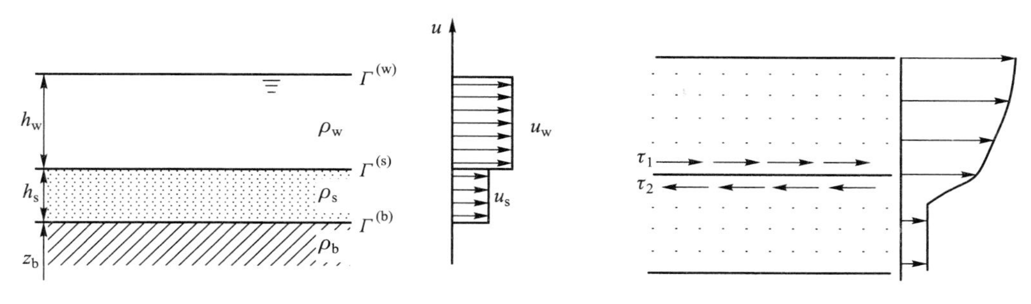

图 22-11　颗粒垂向方向流速概化图　　　图 22-12　垂向分层的侵蚀率计算模型

水流层与侵蚀层之间的界线非常明显，两者速度上存在较大差异，造成水流层与侵蚀层的抗剪应力不同(图 22-12)。在流体运动时，由于流速界线的存在，在其上下形成了动量的间断，流速较大的水流层会将动量传递给流速较小的侵蚀层，由此产生侵蚀(Iverson and Ouyang,2015)。

基于动量间断理论的侵蚀率计算公式如下：

$$E=-\frac{\partial z_b}{\partial t}=\frac{\tau_1-\tau_2}{\rho_w\sqrt{u^2+v^2}} \tag{22-8}$$

式中，E——侵蚀率；τ_1 和 τ_2——分别为界线上、下的剪切力；u 和 v——分别为垂直于 z 轴平面内的两个相互垂直的水流速度。

其中 τ_1 和 τ_2 难以精确确定，一般常通过断面底部水流流速获得 τ_1，再通过假设流速沿侵蚀层的分布函数获得 τ_2。获得 τ_1 和 τ_2 的定量、精确的计算公式，是以后侵蚀计算的一个发展方向。

22.3.3　溃口斜坡稳定性分析

溃口斜坡在高度不断变高、坡脚逐渐被削减的条件下，易发生失稳。对于坝体材料全部为黏土或黏土成分所占比例较大时，斜坡溃口常发生滑移破坏和拉伸破坏；对于粗大颗粒含量较多、细小颗粒含量少的坝体，如唐家山堰塞坝，溃口斜坡常以前剪切破坏的形式失稳。

图 22-13 为溃口斜坡发生剪切破坏失稳时的受力分析图。

滑移面上的土体受自身重力作用，处于水位线以下的土体受到水的浮力作用、滑移面上的抗剪力等作用力。采用条分法，将整个滑动土体分为 n 个小土条，对每个土条进行受力分析。G_i 为第 i 个土条的重量，l_i 为第 i 个土条底部长度，N_i 为第 i 个土条对底部产生的压力，c'为有效黏聚力，φ'为有效内摩擦角，θ 为土条底部平面与水平面夹角，h_i 为第 i 个土条高度，u_w 为孔隙水压力，$i=1,\cdots,n$。

每个土条上沿底面法线方向受力平衡：

$$G_i\cos\ \theta_i=N_i+u_w l_i \tag{22-9}$$

抗剪力 F_R 和剪切力 F_D 为

$$F_R=\tau_f l_i(N_i\tan\ \varphi'+c')l_i \tag{22-10}$$

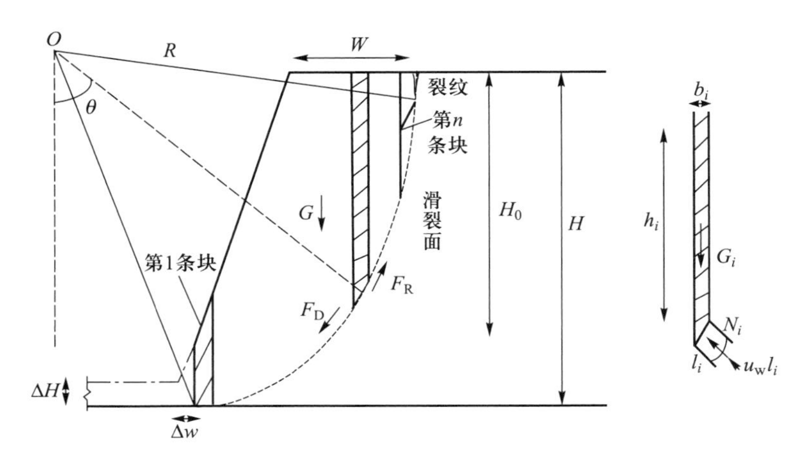

图 22-13 溃口斜坡发生剪切破坏失稳时的受力分析图

$$F_D = G_i \cos \theta_i \tag{22-11}$$

斜坡的稳定性常用安全系数这一指标来判定,安全系数为

$$K_f = \frac{\sum F_R R}{\sum F_D R} = \frac{\sum \left[(G_i \cos \theta_i - u_w l_i) \tan \varphi' + c' l_i \right]}{\sum G_i \sin \theta_i} = \frac{\sum \left[(\gamma_s b_i h_i \cos \theta_i - u_w l_i) \tan \varphi' + c' l_i \right]}{\sum \gamma_s b_i h_i \sin \theta_i} \tag{22-12}$$

当 $K_f<1$ 时,斜坡处于不稳定状态;当 $K_f>1$ 时,斜坡处于稳定状态;当 $K_f=1$ 时,斜坡处于临界状态。

在分析堰塞坝溃口斜坡稳定性时,也可将破裂面简化成一条直线,同时忽略坝前湖水和溃口处水流产生的渗流对斜坡稳定性的影响,这主要是:一方面,溃口斜坡失稳时,难以确定破裂面是否穿过地下水位线,尤其是斜坡失稳频繁时,更难以计算;另一方面,在考虑渗流对斜坡稳定性影响时,应同时考虑溃口处具有一定深度的水流对斜坡产生的侧向压力,这有利于斜坡的稳定性。

22.3.4 底床调整与稳定沟床的形成

当溃决将近结束时,经受长时间冲刷的底床发生明显变化,最明显的变化之一是底床组成变粗,即溃口底床粗化。底床受到冲刷后,床面的固体颗粒物质受水流的分选,细小的颗粒被冲走,粗大颗粒停留下来,当床面粗颗粒的覆盖率达到一定程度后,床面形成一层抗冲保护层,即粗化层。粗化层形成后,床面处于一种既没有泥沙被冲刷下移又没有泥沙淤积的稳定平衡状态,这种结构亦可称为粗化稳定结构。

这种稳定结构与底床颗粒物质组成有关。若堰塞坝溃口底床物质主要为粒径较小的砂、粉土、黏土,而粗颗粒占的比例很少时,受水流冲刷后,一方面由于水流扬沙的分选作用,水流从床沙中挟带的细颗粒多于粗颗粒;另一方面,由于水流中的运动泥沙与床沙的不等量交换作用,从运动泥沙转化为床沙的粗颗粒多于细颗粒,从而发生粗化,但粗化后底床冲刷与否主要以是否形成稳定沙坡为准,因为在一定的流量下,形成稳定沙坡时的阻力最大,流速最小,底床最稳定,因而不再冲深。对于粗颗粒占主要部分的底床,受水流冲刷后,细颗粒被水流冲走,粗颗粒停留下来,底床随之粗化,一是加大阻力,降低流速;二是形成表层粗化保护层(或具有一定面积的粗化层覆盖面),保护表层下和周围细颗粒(这些颗粒如无保护可被水流冲刷外移),一旦表层粗化保护层被破坏,如被挖去或被更强水流冲刷破坏,这些下层或周围的细颗粒又会被冲走,新的粗化又会开始。

对于大多数的堰塞坝材料而言,宽级配是其特点之一。这种宽级配的底床受溃决水流冲刷后,粗颗粒的铺盖不需要完整的一层,即可完成稳定底床。同时,宽级配的底床达到稳定后,床面比较平整,底床糙率系数有大幅度的增加。

22.3.5 管涌机理

当土体细颗粒含量<10%时(图 22-14a),土体主要由中间粒径颗粒(medium particle)和粗颗粒组成,粗颗粒间孔隙被中间粒径颗粒填充,细颗粒只能有限地填充中间粒径颗粒间的孔隙,因此,细颗粒对土体内部结构的稳定性影响微弱,土体内部结构的稳定性全部由粗颗粒和中间粒径颗粒决定。由于粗颗粒之间的孔隙不能够被填充,孔隙率较大,土体渗透性强,细颗粒极易被携带,造成孔隙进一步增大,渗流作用增强,导致中间粒径颗粒被侵蚀,减小了粗颗粒的支撑力,最终导致管涌发生。研究表明,细颗粒含量较少时,颗粒级配曲线中,粗颗粒部分曲线的斜率较陡且细颗粒部分的曲线较缓时,土体结构在外界水头作用下易发生破坏。粗颗粒部分曲线斜率越陡,细颗粒和中间粒径颗粒越不能将粗颗粒间的孔隙填满,细颗粒和中间粒径颗粒越容易被侵蚀,土体发生管涌的可能性也越大。但若粗颗粒部分绝大多数粒径远大于中间粒径颗粒,那么粗颗粒骨架则较稳固,即使内部侵蚀将中间粒径颗粒和细颗粒完全携带走,也不会发生管涌。

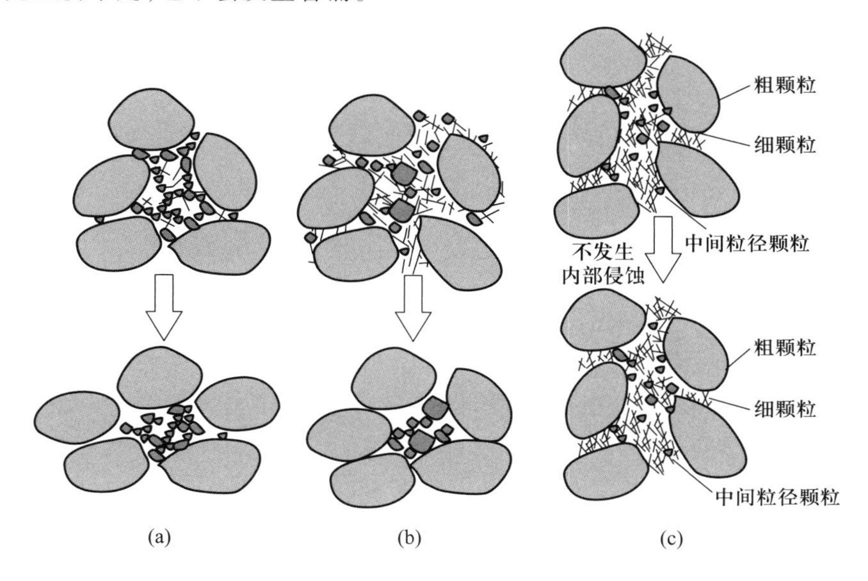

图 22-14 粗细混合土分类:(a) 细颗粒含量<10%;(b) 细颗粒含量为 10%~35%;(c) 细颗粒含量大于 35%

当细颗粒含量增多后(达到10%~35%)(图22-14b),粗颗粒间孔隙基本被中间粒径颗粒和细颗粒填充,同时,中间粒径颗粒间的孔隙大部分被细颗粒填充。这种条件下,若外界水头高度达到某一值时,土体内部细颗粒发生迁移,造成内部孔隙率增加,中间粒径颗粒没有支撑而偏离原来位置,甚至有可能在渗流作用下迁移,孔隙进一步增大,粗颗粒偏离原来位置,最终引起管涌。因此,细颗粒含量是该种类型土体发生管涌的主导因素。

当细颗粒含量超过35%以后(图22-14c),粗颗粒和中间粒径颗粒被细颗粒围绕并被独立隔开,颗粒之间基本不接触,形成粗颗粒和中间粒径颗粒悬浮(float)于细颗粒之上的现象。细颗粒是此类土体的骨架,且内部孔隙直径较小。在外界水头作用下,土体内部虽产生渗流,但渗透路径变长,水力梯度变小,渗透力较弱,颗粒不发生迁移,因此不会发生管涌。

第23章

堰塞湖溃决风险分析

在本章,堰塞湖的溃决风险分析涉及堰塞坝稳定性评估、溃决洪水的计算、洪水演进过程、溃决洪水风险评估。堰塞坝的稳定性评估主要是对堰塞坝的稳定性进行判断。溃决洪水计算包括峰值流量和径流过程。分析洪水演进过程的目的在于确定下游断面的流量、流速和流深等参数,为安全预警的制定提供必要依据。溃决洪水风险评估主要是对可能出现的溃决洪水后果做出评估和预测。

本章重点内容:

- 堰塞坝稳定性评估指标及评估模型
- 堰塞湖溃决峰值流量的计算方法
- 溃决洪水演进过程分析
- 溃决洪水风险评估方法与流程

23.1 堰塞坝的稳定性评估

23.1.1 堰塞坝稳定性的影响因素

影响堰塞坝稳定性的主要因素有堰塞坝长度、堰塞坝坝高、坝体背水坡度、坝体组成结构、可能最大库容。堰塞坝长度是影响堰塞坝稳定性的重要因素之一,其他条件不变时,堰塞坝越长,越不容易发生瞬时溃决,坝体越稳定。堰塞坝坝高决定堰塞湖的可能最大库容和溃坝洪水能量。堰塞坝越高,可能最大库容越大,坝体越不稳定,对下游威胁也越大。相对而言,坝体背水坡越缓,坝体体积越大,也具有更好的稳定性。坝体组成结构是决定坝体渗流量大小的重要因素,也是衡量坝体本身稳定性的重要参数。同时,坝体组成结构还影响着坝体溃决过程中水流对土体的作用。可能最大库容是堰塞坝在某一最高水位时仍处于稳定的堰塞湖库容,理论上是指在某一水位下,堰塞坝处于临界稳定状态时堰塞湖的总库容。堰塞湖形成初期的可能最大库容是难以确定的,可按堰塞坝坝顶最低高程所对应的库容进行初步估算，后期可根据观测资料推求堰塞坝可能稳定水位，来确定可能最大库容。

23.1.2 堰塞坝稳定性评估指标

23.1.2.1 组成结构指标

5·12汶川地震后，四川省抗震救灾指挥部堰塞湖组及时发布了堰塞湖溃决风险等级评估标准(国家减灾委员会科学技术部抗震救灾专家组，2008；陈晓清等，2008)，如表23-1所示。可以看出，坝体组成颗粒粒径越小，越不安全；组成颗粒粒径越大，危险性越低。

表23-1 堰塞湖溃决风险等级评估标准表

危险级别	影响因素				
	对下游威胁程度/10^4人	堰塞湖结构特征	最大可能库容/10^4 m^3	堰塞湖集雨面积/km^2	堰塞湖高度/m
极高危险	>100	以土质为主，结构松散	>10^4	>1000	>100
高危险	50~100	大块石含土，结构较松散	10^3~10^4	100~1000	50~100
中危险	10~50	大块石含土，结构较密	10^2~10^3	50~100	25~50
低危险	<10	以大块石为主，有孔隙	<10^2	<50	<25

由于大块石相互咬合，坝体结构性较好，坝体抗冲刷、抗滑能力强；反之，若大块石含量较少，则堰塞坝坝体本身的结构稳定性就差，必须及时进行人工干预，采取工程措施，降低坝高及上下游水头差。

坝体组成级配对坝体渗透性有较大影响。一般来说，不均匀系数越大，渗透力越大，管涌就越容易在较小的水力梯度下发生。如果渗流溢出点处的水流是浑浊的，则有可能发生管涌破坏；如果是清水，可以排除管涌破坏的可能。

23.1.2.2 密实度指标

密实度对土体的抗剪强度有重要影响。对同一种土体而言，土体越密实，其抗剪强度越大。虽然野外条件简陋，但密度易于测量，参数方便获取。不同密度的堰塞坝主要有两种体现方式：一是堰塞坝随时间的固结，土体孔隙减小，密度增加，如固结的堰塞坝、冰湖侧碛、终碛堤；二是初始形成的堰塞坝，具有较大的密度，如泥石流堰塞坝。

随着时间的推移，堰塞坝体由松散逐渐向弱固结、固结发展，其密度也随之增大。在其他条件不变的情况下，密度越大，堰塞坝越稳定。

23.1.2.3 几何形态指标

坝体的几何形态指标包括坝高、坝顶长与坝底长、坝顶宽与坝底宽、迎水坡坡度、背水坡坡度。根据上述相关数据，可以求得坝体的横断面面积，或称为坝体横向单宽（1 m）体积和坝体体积，这样就确定了表征坝体几何形态的所有值。由于滑坡堰塞坝和泥石流堰塞坝的形态极不规则，只有进行概化后才能确定上述诸特征值。

坝体的几何形态对坝体的稳定性有直接影响，在其他条件相同的情况下，坝体的宽高比越大，坝坡越缓，越有利于坝体的稳定，溃决的可能性相对较小；坝体的高度和宽度越大，则上游堰塞湖的坝前水深和坝前水面越宽，相应的堰塞湖蓄水量越大，越不利于坝体的稳定。

23.1.2.4 流域特征指标

流域特征指标主要考虑流域的汇水面积。汇水面积越大，相应的库容就越大，坝体就越不稳定。

流域来水、来沙条件等因素对堰塞坝的稳定性也有一定的影响。流域产沙量大，则入库泥沙多，库容损失大，堰塞湖有溢流溃坝的可能。但是，山区河流泥沙颗粒粗，多以推移质运动为主，能够入库的泥沙少。相对来说，流域来水条件对堰塞湖的影响要大一些，包括降雨的时空分布以及上游支流来水量的时空分布。

23.1.3 稳定性评估模型

23.1.3.1 无量纲堆积体指数法

根据对 84 座滑坡堰塞坝（阿尔卑斯和亚平宁山区 36 座、日本 17 座、美国和加拿大 20 座、新西兰和印度等其他国家 11 座）资料的统计分析，地貌无量纲堆积体指数法（dimensionless blockage index，DBI）（Ermini and Casagli，2003）可以快速评估堰塞坝稳定性。该方法选取坝体体积、流域面积和坝高作为评估因素，这是因为：坝体体积（V_d）是主要稳定因素，它决定坝体的自重；流域面积（A_b）是主要失稳因素，它决定河流的流量和水能；坝高（H_d）是评估坝体遭遇漫顶或管涌破坏时的重要参数，体现在坝高控制了坝前水位和坝体内水力比降。

DBI 由式（23-1）计算：

$$DBI=\lg\left(\frac{A_b\times H_d}{V_d}\right) \tag{23-1}$$

图 23-1 为 84 座滑坡堰塞坝无量纲堆积体指数法计算结果，根据计算结果确定稳定性的判断标准为：当 $DBI<2.75$ 时，表示坝体稳定；当 $2.75<DBI<3.08$ 时，表示处于稳定与不稳定的过渡区；当 $DBI>3.08$ 时，表示坝体不稳定。

由于无量纲堆积体指数法选取了反映堰塞坝稳定和失稳的主要因素，样本代表性和广泛性更强，因此在世界范围内也得到了广泛的应用。该方法只需坝体体积、流域面积和坝高三个参数，在堰塞湖形成初期，关于堰塞坝的基本资料还比较欠缺，采用无量纲堆积体指数法评估滑坡堰塞坝的稳定性不失为一种好方法。

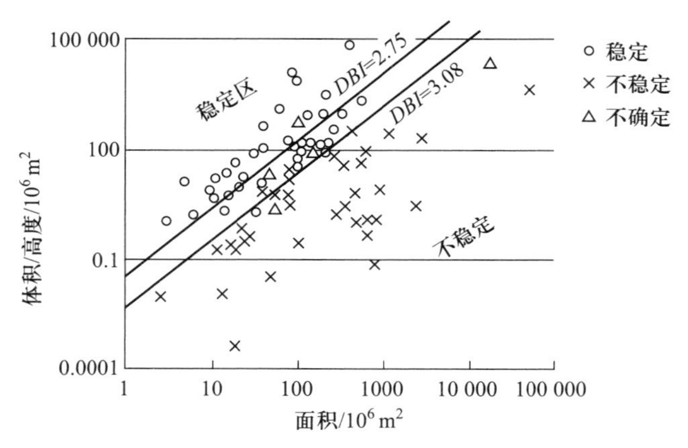

图 23-1 84 座滑坡堰塞坝无量纲堆积体指数法计算结果

23.1.3.2 河床结构强度法

通常堰塞湖水位达到堰塞坝顶最低高度时,水流便开始冲刷松散物质形成泄洪道,堰塞坝的表面部分也就被水流冲刷;与此同时,泄洪道内形成漂石叠瓦及阶梯深潭系统等抗侵蚀阻力结构,此过程带走大量堰塞坝组成物质,仅剩下巨大的漂石及卵石,这些物质使得坝体逐渐稳定并防止坝顶被进一步冲刷侵蚀。试验表明,阶梯深潭系统的存在使得河床阻力达到最大(Wang et al.,2004)。泄洪道最终变成切穿堰塞坝的窄深河道,但由于阶梯深潭系统消耗了水流能量,堰塞坝体得以保存,只是保存的坝体高度低于初始形成的堰塞坝高。

定义堰塞坝的保留高比 R 为

$$R=\frac{H_{\mathrm{p}}}{H_0} \tag{23-2}$$

式中,H_{p}——经过泄洪冲刷后保留的堰塞坝体高度;H_0——堰塞坝体初始高度。堰塞坝的保留坝高比若大于0.9,则认为堰塞坝被保留了下来;部分堰塞坝的保留坝高比为0.5~0.9;而溃决的堰塞坝保留坝高比则小于0.5。

堰塞坝的稳定性主要取决于其泄洪道内阶梯深潭的发育程度以及水流能量。定义河床结构强度(Wang et al.,2012):

$$S_{\mathrm{p}}=\frac{\sum_{i=1}^{m}\sqrt{(R_{i+1}-R_i)^2+5^2}}{\sqrt{[5(m-1)]^2+(R_{\mathrm{m}}-R_1)^2}}-1 \tag{23-3}$$

利用河床结构测量排对堰塞坝泄洪道内阶梯深潭系统发育程度进行测量,即可获得河床结构强度。河床结构测量排

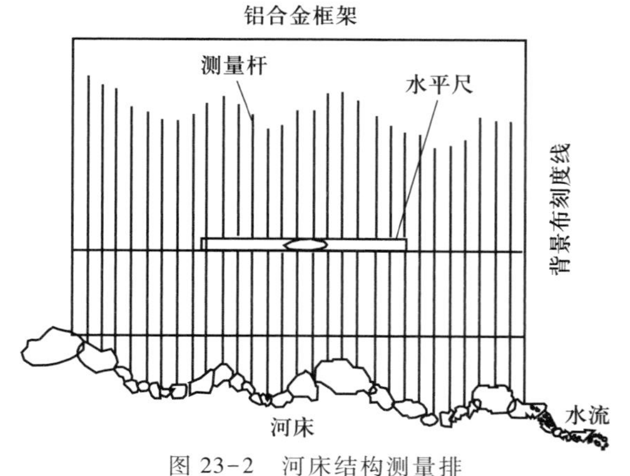

图 23-2 河床结构测量排

(图 23-2)采用 30 根可上下自由活动的测量钢管进行测量,钢管间距 0.05 m,测量时保持测量钢管在同一个立面,并通过水平尺调整使测量钢管与水平面垂直,利用拍照法记录钢管末端在背景布上投影的读数,使河床结构测量排沿河床表面连续移动,即可根据记录读数计算河床结构强度 S_p。测量结果发现,对于较小的山区河流(洪峰流量小于 30 $m^3 \cdot s^{-1}$),堰塞坝的保留坝高比 R 与河床结构强度 S_p 呈较好的相关性。通过对汶川地震形成的 8 个堰塞坝进行现场调查测量,分析 S_p 与 R 的关系发现,S_p 与 R 呈线性正相关(图 23-3)。当 $S_p>0.45$ 时,R 几乎等于 1,即堰塞坝完整保存;而 $S_p<0.27$ 时,$R<0.5$,即堰塞坝发生溃决。

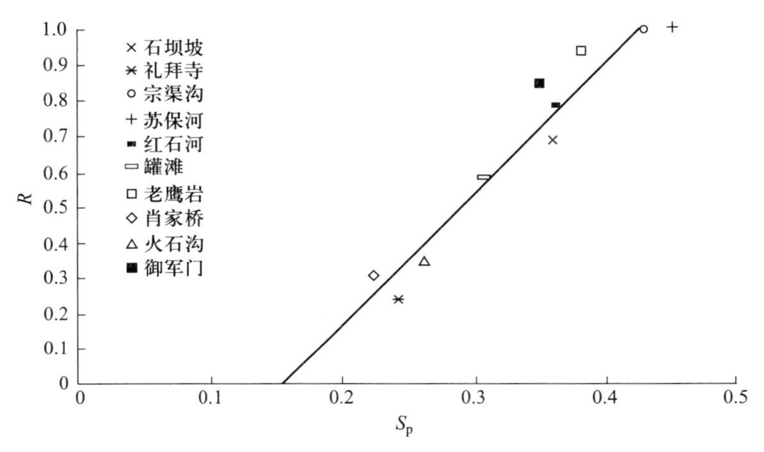

图 23-3 保留坝高比 R 与河床结构强度 S_p 关系图

对于大河(洪峰流量大于 30 $m^3 \cdot s^{-1}$)而言,堰塞坝的稳定性不仅同泄洪道内阶梯深潭的发育程度有关,还与洪峰时的水流能量有关。为方便比较,水流能量采用单宽水流能量 p 进行定量描述,其定义为

$$p=\gamma_w qs \tag{23-4}$$

式中,γ_w——水的容重;q——单宽流量;s——河床坡降。

图 23-4 反映了在堰塞坝坝体稳定情况下,堰塞坝上通过的洪峰单宽水流能量 p 与河床结构强度 S_p 之间的相互关系,其中包括汶川地震形成的堰塞坝和青藏高原河流上形成的部分堰塞坝(包括保留的和溃决的)。例如,易贡藏布的易贡堰塞坝和雅鲁藏布江干流的桃花沟堰塞坝,通过比较发现,这两个堰塞坝的 S_p 比较高,而堰塞坝的保留坝高比却非常低,这主要由于其拥有极高的水流能量导致。

通常情况下,阶梯深潭系统伴随着滑坡堰塞坝的冲刷下切形成发育,颗粒粒径较大的漂石及卵石重新排列形成河床结构,并在冲刷过程中达到最大稳定强度。最终阶梯深潭系统发育完善,使得洪水不能对河床造成侵蚀下切,水流能量完全通过水跃等形式消耗,随着单宽水流能量 p 的增加,河床结构强度 S_p 出现增加的趋势。图 23-4 反映的是在堰塞坝体稳定情况下两者的相互关系,即曲线代表了河道稳定所需的最小河床结构强度 S_p 与单宽水流能量 p 值的关系,反映出 S_p 值随着 p 值的增加而增大的规律。据此,便可以通过测量堰塞坝的河床结构强度对堰塞坝的稳定性做出判断。若点绘的 $p-S_p$ 值在图 23-4 平衡曲线的左侧,说明河床结构强度较高,堰塞坝泄洪道阶梯深潭系统发育程度较高,其消耗的水流能量大于洪峰的水流能量,则意味着堰塞坝能在小于该洪峰的水流下保持稳定。反之,若点绘的 $p-S_p$ 值位于图 23-4 平衡曲线的右侧,则说明河床结构强度较低,堰塞坝泄洪道发育的阶梯深潭系统不足以消耗洪峰水流能量,洪水将进一步引起堰塞坝体冲刷下切,直至阶梯深潭系统发育程度足以抵抗水流冲刷为止。

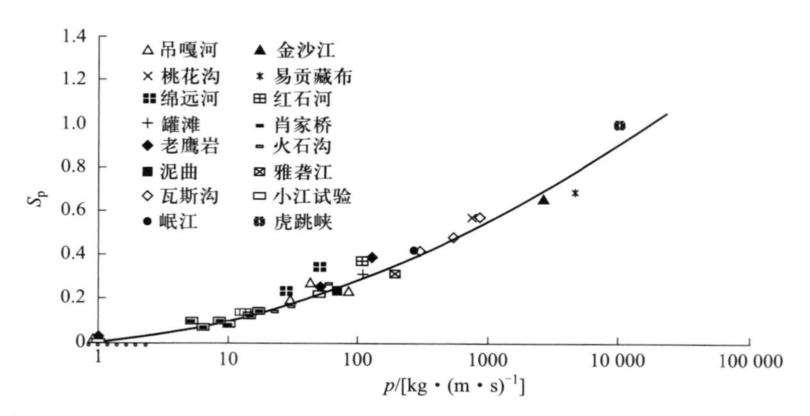

图 23-4 堰塞坝稳定情况下单宽水流能量 p 与河床结构强度 S_p 关系图。如果在曲线下方则堰塞坝溃决,在曲线上方则能保留

上述指标和模型在快速评估堰塞坝的稳定性方面有非常大的优势:一是参数易于获取,二是模型简单,易于计算。但是这些指标和模型在评估堰塞坝的稳定性时,只是从经验和统计的角度进行分析,没有从物理机制方面考虑堰塞坝的稳定性。这方面的研究存在两个难点:一是坝体材料存在非常明显的非均匀性和非连续性,现有的计算方法不能准确地描述这些特征;二是坝体材料一般处于非饱和状态,坝体内部会发生非饱和-饱和渗流,在渗透力作用下,坝体内部细颗粒会发生运移,改变原来的土体结构。在这种条件下进行坝体稳定性分析也比较困难。

23.2 堰塞湖溃决洪水计算模型

堰塞湖洪水计算模型是堰塞湖风险分析的重要工具。就目前而言,溃决流量计算方法有三种:第一种是通过建立库容和坝高等关键参数与溃口形状发展速度、最大溃口流量之间的回归方程来计算溃口流量过程,属于半经验模型方法;第二种是基于参数的计算方法,主要利用一些关键参数(如溃口最终宽度、溃决历时等),通过简单的时间变化过程(如溃口形状的线性发展过程)来计算溃口的流量过程,属于经验模型方法;第三种方法是基于溃坝溃口的物理发展过程的计算方法,属于物理模型方法。

23.2.1 经验模型

堰塞湖溃决过程中需关注的指标有峰值流量(Q_p)、溃口平均宽度(b_m)和溃决历时(t_f)。计算这三个指标最简单的方法是完全忽略溃口的发展过程,而根据一些溃坝实例的数据,利用回归分析的方法建立这些指标与堰塞湖参数间的关系。根据建立起的公式,对堰塞湖的峰值流量、溃口平均宽度和溃决历时进行计算。公式中的参数具有可现场直接获取或获取简单、历时较短的特点,并且这些参数是关键控制因素,如坝高、库容、坝体体积等相关要素。表 23-2、表 23-3 和表 23-4 分别为国内外采用较多的计算溃口峰值流量、溃口平均宽度和溃决历时的预测公式(Kirkpatrick,1977;Hagen,1982;MacDonald and Langridge-Monopolis,1984; Froehlich,1995;Costa,1985;Costa and Schuster,1988; Singh and Snorrason,1984;Evans,1986)。

表 23-2 溃口峰值流量预测公式

作者	预测公式	发表时间	样本数
Kirkpatrick	$Q_p=1.268(H_w+0.3)^{2.5}$	1977	34
SCS	$Q_p=16.6H_w^{1.85}$	1981	32
美国垦务局	$Q_p=19.1H_d^{1.85}$	1988	13
Hagen	$Q_p=0.54(S-H_d)^{0.5}$	1982	7
Singh 和 Snorrason	$Q_p=13.4H_d^{1.89}$	1984	28
Singh 和 Snorrason	$Q_p=1.776S^{0.47}$	1984	34
MacDonald 和 Langridge-Monopolis	$Q_p=3.85(H_wV_w)^{0.41}$	1984	36
Costa	$Q_p=0.981(SH_d)^{0.42}$	1985	30
Costa 和 Schuster	$Q_p=2.634(SH_d)^{0.44}$	1988	30
Evans	$Q_p=0.720V_w^{0.53}$	1986	39
Froehlich	$Q_p=0.607H_w^{1.24}V_w^{0.295}$	1995	31

注:V_w、H_w、H_d 和 S 分别为溃决库容、溃决水深、坝高和水库库容(所有参数以 m 为单位,m、m^3 或 $m^3 \cdot s^{-1}$,下表同)。

表 23-3 溃口平均宽度预测公式

作者	预测公式	发表时间	样本数
美国垦务局	$b_m=3h_w$	1988	70
MacDonald 和 Langridge-Monopolis	$b_m=0.261(V_wH_w)^{0.769}$ 土坝 $b_m=0.00348(V_wH_w)^{0.852}$ 非土坝	1984	58
von Gillette	$b_m=2.5h_w+C_b$ $V_w<1.23, C_b=7.1$;$1.23<V_w<6.17, C_b=18.3$; $6.17<V_w<12.3, C_b=42.7$; $V_w>12.3, C_b=54.9$; V_w 单位为 10^6 m^3	1990	70
Froehlich	$b_m=0.1803K_0V_w^{0.32}H_w^{0.19}$ $K_0=1.4$(溢流);$K_0=1$(其他)	1995	75

表 23-4 溃决历时预测公式

作者	预测公式	发表时间	样本数
MacDonald 和 Langridge-Monopolis	$t_f=0.0179V_{er}^{0.364}$	1984	35
美国垦务局	$t_f=0.011\bar{B}$	1988	39
von Gillette	$t_f=0.015H_w$(易侵蚀) $t_f=0.02H_w+0.25$(不易侵蚀) $t_f=\bar{B}/(4H_w+61)$(易侵蚀) $t_f=\bar{B}/4H_w$(不易侵蚀)	1990	34
Froehlich	$t_f=0.00254V_w^{0.53}H_b$	1995	33

注:时间单位为 h。

这种方法简单实用,适合在堰塞坝形成初期,对峰值流量、溃口平均宽度和溃决历时的预测。但该方法由于忽略了坝体之间的差异,具有很大的不确定性,导致计算误差较大,一般只用于定性的分析。

23.2.2 半经验模型

半经验模型大都是以水力学中的堰流公式为基础。这些公式基本上将溃口概化成三角形、矩形或梯形。这些公式基于试验和大量资料,得出流量与溃口宽度、水头高度有关,并根据数据率定各自公式中的关键系数。具有代表性的有以下几个公式。

23.2.2.1 概化溃口断面形态和初始条件的峰值流量计算公式

将溃口概化为三角形,通过堰流公式和溃口宽度的回归公式计算峰值流量,可以归纳为

$$B_p=\frac{V_w K H_0}{3A_d} \tag{23-5}$$

$$K=\varphi W^{-0.577} \tag{23-6}$$

$$Q_p=\lambda\sqrt{g}\,b_m H_0 \tag{23-7}$$

$$\lambda=m^{m-1}\left[\frac{2\sqrt{m}+\dfrac{u_0}{\sqrt{gH_0}}}{1+2m}\right]^{2m+1} \tag{23-8}$$

式中,B_p——峰值流量时的溃口底宽(m);V_w——堰塞湖库容(m^3);K——冲刷系数,黏土类 $K=0.65$,壤土类 $K=1.3$;H_0——堰塞湖水深(m);φ——土质系数;W——堰塞湖蓄水量(万 m^3);A_d——坝体横断面面积(m^2);Q_p——溃口峰值流量($m^3\cdot s^{-1}$);λ——谢任之统

一流量系数；u_0——溃决水流初始流速；m——溃口断面形状指数，矩形断面 $m=1$，三角形断面 $m=2$，抛物形断面 $m=1\sim2$。

23.2.2.2 考虑不同库容的峰值流量计算公式

$$Q_p=0.296\sqrt{g}\,b_m H_0^{1.5} \tag{23-9}$$

当 $W>100$ 万 m^3 时，溃口宽度 b_m 可以表示为

$$b_m=a(H_0^2W)^{0.28} \tag{23-10}$$

式中，a 为系数，黏土类 $a=2.09$，壤土类 $a=3.79$。

当 $W<100$ 万 m^3 时，溃口宽度 b_m 可以表示为

$$b_m=a(H_0^2W)^{0.15} \tag{23-11}$$

黏土类 $a=6.78$，壤土类 $a=12.78$。

上述公式通过经验的方法确定溃口宽度，并通过堰流公式的形式求解峰值流量，只是流量系数有所不同。

23.2.3 物理模型

溃坝过程需要综合水力学、泥沙动力学、土力学和斜坡稳定理论等知识进行分析，是水、土二相介质相互作用的过程。物理模型建立时考虑了以下因素：① 坝体溃口泄出的水流，通过冲刷和坍塌导致溃口扩大，这一过程将持续到湖水放空，或者坝体能抵抗得住水流的进一步冲刷为止；② 溃口的发展历时主要取决于外泄的水流对坝体组成物质的冲刷，与坝高、坝体物质组成、密实程度、含水量、黏性以及漫顶泄流状况等参数紧密相关；③ 溃口在横向和垂向方向上同时发展变化，随着时间的推移，由于斜坡失稳导致坍塌，或泄流冲刷裹挟造成溃口物质流失，坝顶溃口逐渐扩大。这样，利用一系列参数（如坝体材料的中值粒径、内摩擦角、孔隙率及溃口初始斜坡、深宽比）可模拟计算溃坝的发展过程，获取溃决洪水的水力学参数。

基于上述认识，将物理模型分为溃口扩展、库区水量平衡分析、溃口水力过程和溃口泥沙输移过程四个方面。为了易于理解，以国内外应用较广的 BREACH 模型为例进行探讨。

23.2.3.1 基本假定

初始溃口设为矩形，在溃口斜坡坍塌后，断面为梯形。斜坡的坍塌发生在溃口深度不断发展并达到某一临界值时。这个临界深度是坝体材料性质（如内摩擦角、黏聚力和松密度等）的函数。除了溃口处斜坡发生坍塌以外，模型假定水流对溃口底部和斜坡的冲刷速度相同。同时，溃口上游部分的坍塌也会引起溃口的突然扩大，如图 23-5 所示。该模型用泥沙输移和坡岸的坍塌来描述溃口的扩展过程。

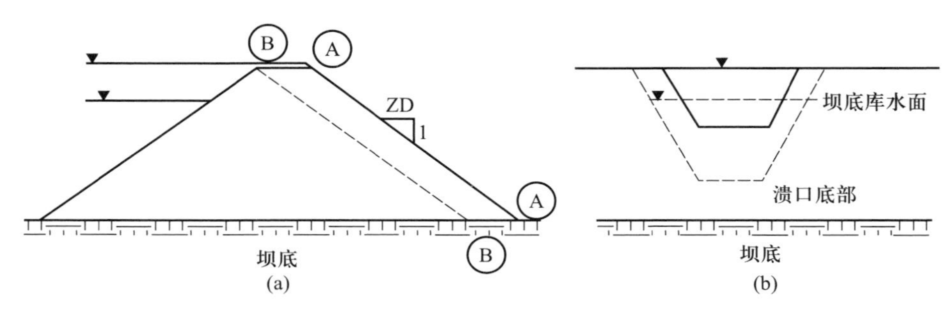

图 23-5 BREACH 模型坝体溃决概化图:(a) 坝体横断面;(b) 溃口横断面

BREACH 模型将坝体的溃决过程分为两个部分:坝顶溢流后首先在坝体背水面冲刷出一条冲沟,即 A-A 面,随着冲沟不断地下切,最终侵蚀到 B-B 面,这时坝顶高度并没有发生变化;当水流溢过 B-B 时,坝体即开始下切过程,如图 23-5 所示。通过下游溃口的流量可以通过宽顶堰流公式表示:

$$Q_b = 3B_0(H-H_c) \tag{23-12}$$

23.2.3.2 溃口扩展

假定溃口的状态为梯形,则溃口宽度 B_0 变化可表示为

$$B_0 = B_r y \tag{23-13}$$

式中,B_r——取决于最佳河道水力效率的一个系数;y——溃口冲槽中的水深(m)。对于漫顶形成的溃口,B_r 可取 2.0~2.5;对于管涌破坏形成的溃口,则取 $B_r=1.0$。在溃口冲槽的入口处,假定 y 为临界水深,即

$$y = \frac{2}{3}(H-H_c) \tag{23-14}$$

式中,H——水位高程(m);H_c——溃口高程(m)。

于是,随着溃口的下切,岸坡会发生坍塌,溃口两侧与垂直方向上形成一个大小为 α 的角度,原来的矩形断面即转化为了梯形(图 23-6)。而溃口坍塌发生的条件是溃口的深度(H_c')到达坍塌的临界值 H_k',其主要取决于坝体组成物质的内摩擦角 φ、黏聚力 c 和重度 γ_s:

$$H_k' = \frac{4c\cos\varphi\sin\theta_{k-1}'}{\gamma_s[1-\cos(\theta_{k-1}'-\varphi)]}, \quad k=1,2,3 \tag{23-15}$$

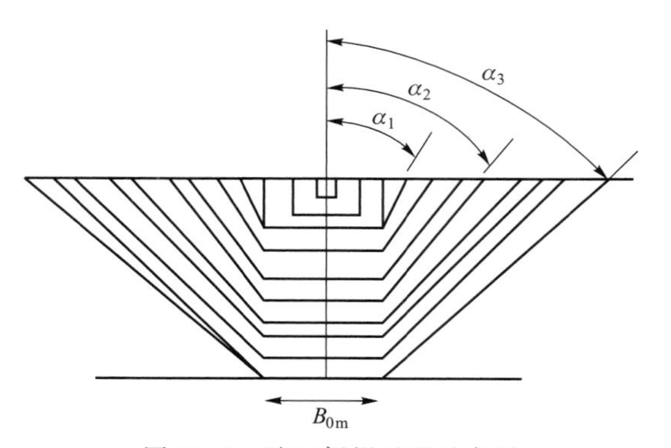

图 23-6 溃口坍塌过程示意图

式中,下标“k”表示连续坍塌三次的条件,

上标“′”表示上一个时段的计算值。θ 为溃口岸坡与水平方向的夹角，如图 23-7，在溃决的每个时段 θ 和 α 可以表示为

$$\text{当 } H_k \leqslant H_k' \text{ 时}, \theta = \theta_{k-1}' \tag{23-16}$$

$$\text{当 } H_k > H_k' \text{ 时}, \theta = \theta_k' \tag{23-17}$$

$$\text{当 } k = 1 \text{ 时}, B_0 = B_r y \tag{23-18}$$

$$\text{当 } k > 1 \text{ 时}, B_0 = B_{0m} \tag{23-19}$$

$$\text{当 } H_1 = H_1' \text{ 时}, B_{0m} = B_r y \tag{23-20}$$

$$\alpha = 0.5\pi - \theta \tag{23-21}$$

$$\theta_0' = 0.5\pi \tag{23-22}$$

$$\theta_k' = \frac{\theta_{k-1}' + \varphi}{2}, k = 1, 2, 3 \tag{23-23}$$

$$H_k = H_c' - \frac{y}{3} \tag{23-24}$$

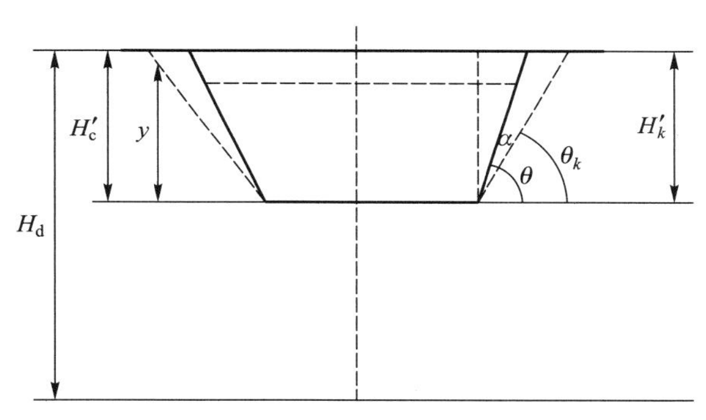

图 23-7 BREACH 模型溃口横断面图

23.2.3.3 库区水量平衡

采用库区水量平衡用来描述水位的变化，表示为

$$\frac{\Delta H}{\Delta t} = \frac{0.0826}{S_a}(Q_i - Q_b - Q_0) \tag{23-25}$$

式中，Q_i——入库流量($m^3 \cdot s^{-1}$)；Q_b——溃口过流量($m^3 \cdot s^{-1}$)；Q_0——渗流流量($m^3 \cdot s^{-1}$)，其对溃决流量的影响可忽略不计；S_a——堰塞湖水面面积(m^2)。

对于堰塞坝来讲，可以认为入库流量恒定。t 时刻的坝前水位 H 可表示为

$$H = H' + \Delta H \tag{23-26}$$

当溃口开始下切时，以及侵蚀面到达 B-B 面时，溃口的流量可以通过宽顶堰流公式

计算：

$$Q_b = 3B_0(H-H_c)^{1.5}+2\tan\alpha(H-H_c)^{2.5} \tag{23-27}$$

23.2.3.4 溃口水力过程

溃口水流流态假定为准稳定均匀流，用曼宁公式来表示：

$$Q_b = \frac{1.49S^{0.5}A^{1.67}}{n\chi^{1.67}} \tag{23-28}$$

式中，S——水力坡度；A——断面面积(m^2)；χ——水力半径(m)；n——曼宁系数。

曼宁系数 n 可以通过 Strickler 关系表示：

$$n = 0.013D_{50}^{0.67} \tag{23-29}$$

式中，D_{50}——坝体组成物质的中值粒径(mm)。因此，当下游冲沟为矩形时，流深 y_n 可以表示为

$$y_n = \left(\frac{nQ_b}{1.49B_0S^{0.5}}\right)^{0.6} \tag{23-30}$$

当下游冲沟为梯形时，则需要使用 Newton-Raphson 迭代进行函数逼近：

$$y_n^{k+1} = y_n^k - \frac{f(y_n^k)}{f'(y_n^k)} \tag{23-31}$$

$$f(y_n^k) = Q_bP^{0.67} - 1.49S^{0.5}A^{1.67} \tag{23-32}$$

式中，

$$A = 0.5(B_0+B_{0m}+y_n\tan\alpha)y_n^k \tag{23-33}$$

$$P = B_{0m}+y_n/\cos\alpha \tag{23-34}$$

$$f(y_n^k) = 0.67\frac{Q_b}{P^{1/3}\cos\alpha} - 1.67\frac{1.49}{n}S^{0.5}BA^{0.67} \tag{23-35}$$

迭代计算的初始条件：

$$y_n^1 = \left(\frac{nQ_b}{1.49\bar{B}S^{0.5}}\right) \tag{23-36}$$

$$\bar{B} = 0.5(B_{0m}+B') \tag{23-37}$$

迭代计算的结束条件为两次运算的差的绝对值小于 0.01，即

$$|y_n^{k+1}-y_n^k| < 0.01 \tag{23-38}$$

23.2.3.5 溃口泥沙输移过程

在 BREACH 模型中，使用修正后的 Meyer-Peter-Muller 公式来计算溃口的泥沙输移

过程：

$$G_s = 3.64\left(\frac{D_{90}}{D_{30}}\right)^{0.2} P \frac{\chi^{2/3}}{n} S^{1.1}(\chi S - \Omega) \tag{23-39}$$

式中，

$$\text{非黏性土}: \Omega = 0.0054\tau_c' D_{50}\cos\theta(1-1.54\tan\theta) \tag{23-40}$$

$$\text{黏性土}: \Omega = \frac{b'}{62.4}(PI)^c \tag{23-41}$$

$$\theta = \tan^{-1} S \tag{23-42}$$

$$\tau_c' = 0.122/R^{*0.97} \qquad R^* < 3 \tag{23-43}$$

$$\tau_c' = 0.056/R^{*0.266} \qquad 3 \leqslant R^* \leqslant 10 \tag{23-44}$$

$$\tau_c' = 0.0205 R^{*0.173} \qquad R^* > 10 \tag{23-45}$$

$$R^* = 1524 D_{50}(\chi S)^{0.5} \tag{23-46}$$

式中，G_s——输沙率；D_{30} 和 D_{90}——分别为累计质量分数小于 30% 和 90% 的粒径（mm）；τ_c'——希尔霍兹无量纲临界剪切力；PI——黏性土的塑性指数；b 和 c——系数，其变化范围为：$0.03 \leqslant b \leqslant 0.01$，$0.58 \leqslant c \leqslant 0.84$。

23.2.3.6 计算流程及实例

（1）计算流程

BREACH 模型采用差分迭代进行计算，每次计算开始都需要给定一个溃口深度变化的估计值 $\Delta H_c'$，时间的增量 $t = t' + \Delta t$。① 利用估计值 $\Delta H_c'$ 计算溃口深度 H_c，$H_c = H_c' - \Delta H_c'$；② 估算库区水位高程 H，$H = H' + \Delta H'$；$\Delta H'$ 为前一个时段的估计值；③ 计算入库流量以及漫顶流量；④ 通过水量平衡计算 Q_b，从而计算出库区水深的变化 ΔH；⑤ 计算库区水位高程 H，$H = H' + \Delta H$；⑥ 通过宽顶堰流公式计算溃口流量 Q_b；⑦ 通过淹没系数修正溃口流量；⑧ 计算 B_0、B、α、P、R，计算泥沙输移量；⑨ 计算溃口深度变化 ΔH_c；⑩ 外推估计值 $\Delta H'$ 和 $\Delta H_c'$；⑪ 如果时间 t 小于计算总时间 T，则返回第一步，并绘制溃口流量过程线。

（2）实例

1974 年 4 月 25 日，秘鲁中部发生大体积滑坡堵塞 Mantaro 河，形成堰塞湖。据实地考察，Mantaro 堰塞坝体积达 16 亿 m^3，溃决前堰塞坝前水深达 171 m。两日后，堰塞湖开始溢流，出流流量迅速增长，10 h 后出现峰值流量，约为 1 万 m^3。溃决结束后，溃口形态为梯形，深度约为 107 m，溃口顶部宽约 244 m，溃口斜坡坡度约为 45°。堰塞坝的材料为细砂和粉土的混合体，其中夹杂最大粒径为 1 m 的砾石，中值粒径 D_{50}为 11 mm。

由式(23-29)计算得到曼宁系数为 0.020。根据计算流程，将表 23-5 中的参数代入 BREACH 模型的溃口扩展方程、水量平衡方程、流量计算方程和泥沙输移方程中，通过欧拉法可获得溃决流量的数值解，溃决流量过程曲线如图 23-8 所示。

表 23-5 Mantaro 堰塞湖溃决过程模拟初始参数表

河床坡度/(°)	堰塞坝背水坡坡度/(°)	堰塞坝坝高/m	中值粒径/mm	坝体材料孔隙率	堰塞湖流域面积/m^2	黏聚力/kPa	内摩擦角/(°)	密度/($kg\cdot m^{-3}$)	初始溃口水力系数	时间步长/h	溃口初始深度/m
3.3	7.1	171	11	0.55	4.9×10^6	12.3	38	1600	2	0.1	0.01

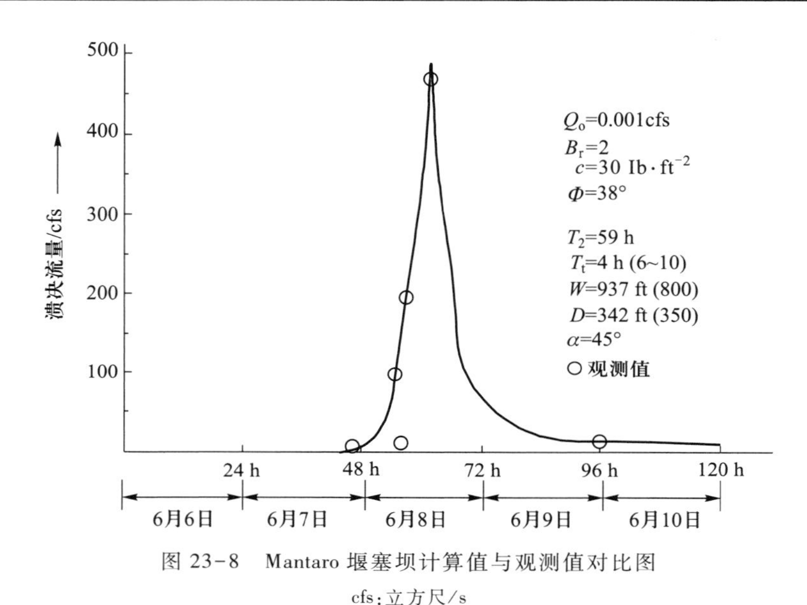

图 23-8 Mantaro 堰塞坝计算值与观测值对比图

cfs：立方尺/s

从图中可以看出，运用 BREACH 模型对 Mantaro 堰塞湖溃决流量的计算值与观测值有较好的一致性，其中计算的峰值流量为 1.04 万 m^3，与观测值(1.0 万 m^3)的相对误差为 4%，很好地预测了峰值流量的数值和出现时间。

虽然现阶段基于物理机制的溃坝模型已经很多，但预测溃决过程和流量时，仍存在很多问题，这主要是堰塞坝材料粒径不均匀、分布不规律、坝体形状不规则、侵蚀率公式针对性不强导致的。因此在以下方面还有待深入研究：一是针对堰塞坝溃决过程规律，缺少适合这种特殊坝体的溃决流量计算公式。由前述可知，仅溃口的形状这一问题，就存在许多的假设条件，如何不进行假设，而是根据堰塞坝溃口的发展规律来得到满足溃口发展特点的溃决流量计算公式，是一个难点；二是现阶段的侵蚀率计算公式不适合某些堰塞坝材料。现有的侵蚀率计算公式或针对细小颗粒，或针对单一的卵石材料，这种粗细颗粒混合材料的侵蚀率还有待进一步研究。

23.3 洪水演进过程分析方法

上一节采用不同的计算模型可得到堰塞坝坝址处的峰值流量,但洪水运动到河道后,不同位置处的流速和流深等会有差异。研究河道不同位置处不同时刻水流要素的变化规律即为洪水演进过程分析。

计算洪水演进的方法很多,如洪峰展平法、线性河道法、蓄槽关系法和马斯京根法等。洪峰展平法和线性河道法简单实用,在实际情况中应用较多,下面详细介绍这两种方法。

23.3.1 洪峰展平法

洪峰展平法是将洪水波概化为三角形,并假定河道为棱柱体河槽。洪峰展平法实际上是在圣维南方程忽略动力方程惯性项条件下的一种近似简化解法。

假定河床过水断面与水深之间符合指数关系:

$$A' = aH^{m} \tag{23-47}$$

式中,A'——过水断面面积;H——水深;a——断面系数,如河道断面为矩形,那么 a 为河宽;m——河道断面形状指数,矩形断面 $m=1$,三角形断面 $m=2$,抛物形断面 $m=1\sim2$。也可将 $F-H$ 的关系点描绘在双对数纸上,通常为直线,直线截距为 a,斜率为 m。

将式(23-47)带入到圣维南方程中:

$$\begin{cases} \dfrac{\partial(uaH^{m})}{\partial x}+\dfrac{\partial(aH^{m})}{\partial t}=0 \\ \dfrac{\partial H}{\partial x}+\dfrac{u}{g}\dfrac{\partial u}{\partial x}+\dfrac{1}{g}\dfrac{\partial u}{\partial t}=0 \end{cases} \tag{23-48}$$

经过变量转换,将上述方程转化为齐次常微分方程组,解得:

$$Q_{pX}=Q_{p}\left[1+\frac{(2-r)\lambda(nQ_{p})^{2-r}}{W^{2}J^{2-0.5r}}X\right]^{-\frac{1}{2-r}} \tag{23-49}$$

$$H_{mX}=h_{0}+(H_{m0}-h_{0})\left[1+\frac{4a^{2}(2m+1)(H_{m0}-h)}{m(m+1)^{2}J^{2}W^{2}}X\right]^{-\frac{1}{2m+1}} \tag{23-50}$$

$$r=\frac{0.33}{m+0.67} \tag{23-51}$$

$$\lambda=\frac{1.32a^{r}m^{(0.33-0.67r)}}{r(m+1)^{2}} \tag{23-52}$$

式中,Q_{pX}——距离坝址距离为 X 处的峰值流量($\mathrm{m^{3}\cdot s^{-1}}$);$Q_{p}$——峰值流量($\mathrm{m^{3}\cdot s^{-1}}$);

n——曼宁系数；W——库容（m^3）；J——河床纵坡（%）；h_0——坝址处溃坝前的初始水深（m）；H_{mX}——据坝址 X 处的洪水深（m）；H_{m0}——坝址处最大水深（m）；λ 和 r——分别为与 a 和 m 相关的系数。

上述公式充分考虑了河道的形状、糙率、沟道的坡度对洪水演进过程的影响，仅需要已知坝址处的最大洪峰流量和最大水深以及河道断面形状指数 m 和糙率 n，就可以计算洪峰沿程演进的流量和流深，因而对于沿程沟道形状和纵坡以及糙率变化不大的河槽是适用的，而且计算过程比较简便。

23.3.2 线性河道法

其基本思路是，假定在整个河段上水深是线性变化的，也就是说水面线可概化为直线。溃坝波以立波方式向下游传递，波速较大，摩擦损失与之相比占次要地位，特别是在距坝址较远处，故可做一些简化处理。

某一水深处的波速可以表示为

$$c=\sqrt{\frac{gH}{m}}+\frac{u_0}{2m} \tag{23-53}$$

式中，H——水深（m）；u_0——初始流速（$m\cdot s^{-1}$）；m——河道断面形状指数，矩形断面 $m=1$，三角形断面 $m=2$，抛物形断面 $m=1\sim2$。

可近似认为初始流速与摩擦损失均不考虑（或两侧相互抵消），则 $c=\sqrt{\frac{gH}{m}}$，在 t 时间内平均流速可表示为

$$\bar{c}=\sqrt{\frac{gH_m}{m}}+\sqrt{\frac{gH_1}{m}} \tag{23-54}$$

式中，H_m——溃坝瞬间坝址最大水深（m），$H_m=\beta H_0$，β 为系数；H_1——t 时间末坝址水深（m）。则在 t 时刻末，立波传播到的距离为

$$s=\bar{c}t \tag{23-55}$$

立波可近似以直线表示，则在 t 时间末 s 距离内的水量为

$$A_{wt}=\frac{A'}{2}(H_1^m+H_2^m-2h_0^m)s \tag{23-56}$$

式中，H_2——s 距离末端在 t 时间末的水深（m）；h_0——溃坝前恒定流的水深（m）；A_{wt}——t 时刻末下游河道 s 距离处的流量。

由水量平衡原理可知，坝址下游河段的水量应等于水库流出的水量：

$$A_{wt}=W\left[1-\left(\frac{H_t'}{H_0}\right)^{\omega}\right] \tag{23-57}$$

式中，W——库容(m^3)；H'_t——t时间坝址上游库区水深(m)；H_0——堰塞坝初始高度(m)；ω——库容系数。由式(23-55)和式(23-56)及坝址流量过程线，可得：

$$\frac{H'_t}{H_0}=\left(\frac{Q_i}{Q_p}\right)^{1/1.5} \tag{23-58}$$

$$H_2=\left\{\frac{2W}{sA}\left[1-\left(\frac{H'_t}{H_0}\right)^{\omega}\right]-(H_1^m-2h_0^m)\right\}^{1/m}=\left\{\frac{2W}{sA}\left[1-\left(\frac{Q_i}{Q_p}\right)^{\omega/1.5}\right]-(H_1^m-2h_0^m)\right\}^{1/m} \tag{23-59}$$

当 $0<X<s$，若 $H_1>H_2$：

$$H_x=H_2+\frac{H_1-H_2}{s}(s-X)=H_1\frac{X}{s}\left(1-\frac{X}{s}\right)\left\{\frac{2W}{sA}\left[1-\left(\frac{Q_i}{Q_p}\right)^{\omega/1.5}\right]-(H_1^m-2h_0^m)\right\}^{1/m} \tag{23-60}$$

若 $H_1<H_2$：

$$H_x=H_1\frac{X}{s}+H_2\left(1-\frac{X}{s}\right)=H_1\frac{X}{s}+\left(1-\frac{X}{s}\right)\left\{\frac{2W}{sA}\left[1-\left(\frac{Q_i}{Q_p}\right)^{\omega/1.5}\right]-(H_1^m-2h_0^m)\right\}^{1/m} \tag{23-61}$$

式中，Q_i 为 i 时刻坝址流量。

X 处水位开始涨的时间为立波传到 X 的时间：

$$t_X=\frac{X}{\sqrt{\frac{gH_m}{m}}+\sqrt{\frac{gH_1}{m}}} \tag{23-62}$$

应当指出，由于溃坝洪水演进计算的目的通常是求出最大水深及其相应流量，在某一指定位置，溃坝洪水到达时往往是以立波方式传递的，因此采用以上线性河道的假定可得出简化的近似结果。最大水深所相应的流量可近似按恒定流的可能坡比降计算。

23.4 溃决洪水风险评估

堰塞坝溃决洪水风险评估涉及研究区的溃决洪水危险性分析和承灾体易损性分析，通过对历史洪水致灾过程的分析和现实承灾体易损度等分析，对可能出现的溃决洪水风险做出评估和预测。溃决洪水的风险评估应包括溃决洪水危险性分析、承灾体易损性分析和综合风险评估。

23.4.1 溃决洪水危险性分析

溃决洪水危险性分析是对某区域溃决洪水灾害的孕灾环境或致灾因子的各种自然属性特征的概率分布做出评估。溃决洪水形成受多种因素的影响，每一种因子又包含众多的表现形式，形成了溃决洪水灾害系统内各因子之间复杂的因果表达关系，从而使得系统内部因素间层次关系不明确。溃决洪水的成灾特点主要为洪水淹没和洪水冲击。

洪水淹没危险用洪水最大淹没深度表示，可根据堰塞湖与下游各个断面的相对位置和溃决洪水最大流量确定。淹没深度 H_f 的计算分为沿程流量计算和水位计算两步。根据城区河流的过流能力，确定溃决洪水是否超出过流能力；如果超出过流能力，则根据河流断面和两侧的地形条件，求算溃决洪水淹没范围和深度。

利用堰塞坝溃决洪水演进模型计算沿程流量和水位，根据河道沿程地形，确定是否受到溃决洪水威胁及其危险程度。距坝址 L(m)的控制断面的淹没面积 A 和任一计算网格的淹没深度 H_{f} 分别为

$$A=\frac{n(Q_{\mathrm{LM}}-Q_0)}{R^{2/3}I^{1/2}} \tag{23-63}$$

$$H_{\mathrm{f}}=\frac{n(Q_{\mathrm{LM}}-Q_0)}{R^{2/3}I^{1/2}B_{\mathrm{i}}} \tag{23-64}$$

式中，n——沟床糙率系数；Q_{LM}——距坝址 L(m)的控制断面最大溃坝演进流量($\mathrm{m}^3\cdot\mathrm{s}^{-1}$)；$Q_0$——给定断面的过流能力($\mathrm{m}^3\cdot\mathrm{s}^{-1}$)；$R$——水力半径(m)；$I$——水力坡度，等于底床坡度；$B_{\mathrm{i}}$——断面淹没宽度(m)。

洪水冲击危险用洪水平均流速表示。洪水流速的计算可采用简化后的圣维南(Saint-Venant)方程组的方法，通过求解不同位置处的流量和流深，再结合该处地形条件，获得水流宽度，继而可获得流速。

在计算溃决洪水流深和流速方面，也可采用动力波方程组进行数值求解，即采用圣维南方程的一维模型与二维模型相结合的方法：一维模型用于模拟洪水在下游河道的演进过程；当溃坝洪水超出河道堤防高程后，在城镇内的演进过程应采用平面二维与一维数学模型耦合的方法进行计算。对于河道演进一维模型中的糙率应采用实测和调查水面线与流量进行率定和验证。对于二维模型，如果无资料验证时，应对模型计算结果的合理性进行分析。根据下游不同的河道地形条件和糙率指标，通过不同的数值格式，如真实垂直深度(TVD)、Macmack 差分方法，求解下游不同位置处的流深和流速。

确定了上述指标后可根据专家经验对其标准化，将其归化到 0~1，给出相应数值。指标的权重系数是另一个需要确定的参数，常用层次分析法(AHP)。层次分析法可对影响因素进行综合分析，是一种定性与定量相结合的决策分析方法。它通过将决策思维过程模型化、数量化，将复杂问题分解为若干层次和若干程度的权重，为最佳方案的选择提供依据。基本思路是在对上述评估指标进行量化处理后，赋予各因子以一定的权重，最终确定评估模型。具体做法请参考第三篇第 12.3 节。

23.4.2 溃决洪水承灾体易损性分析

溃决洪水危险区内承灾体易损性分析主要包括五方面内容：① 确定承灾体类型；② 统计各类承灾体数量及分布情况；③ 构建易损度评估模型；④ 易损度计算；⑤ 易损性分区。

利用高分辨率遥感影像，采用遥感解译和现场调查相结合的方法，根据各类承灾体的光谱特征，解译承灾体的形状、纹理、数量以及空间分布。将数据结果输入 ArcGIS 中进行分类

统计，获取承灾体类型、面积等计算结果。

承灾体易损度取决于承灾体的价值及其脆弱性指数，第 i 类承灾体的易损度可以描述为

$$V_{ci}=V(u)_{ci}\times C_i \tag{23-65}$$

式中，V_{ci}——第 i 类承灾体的易损度；$V(u)_{ci}$——第 i 类承灾体的综合价值；C_i——第 i 类承灾体的脆弱性指数，取值方法可参考第三篇第 12.4 节。

$V(u)_c$ 的量化取决于承灾体的平均单价 P 和受灾的实际数量 N，可以表示为

$$V(u)_c=P\times N \tag{23-66}$$

承灾体脆弱性是描述承灾体受到灾害侵袭时被损毁的难易程度，可用介于 0 和 1 之间的数表示，数值越大越容易被损毁。承灾体脆弱性的定量描述比较复杂，主要受承灾体自身的结构强度和溃决洪水破坏形式的影响。

溃决洪水承灾体易损性分析是溃决洪水风险分析的主要内容之一，但对其研究却处于初级阶段。主要体现在：现阶段的易损性分析主要针对财产损失，而人作为危险区内的潜在危害对象，应采用何种方法经过转换后与财产易损性进行叠加，尚未可知。如此，才能全面地对溃决洪水的承灾体易损性做出评估；在建立易损性评估模型时，确定各项指标的权重系数非常重要，现阶段主要依靠专家经验进行确定，这种方法主观性非常强，不同专家给出的权重系数差异可能很大，导致易损性模型计算结果有显著差别。因此，一种客观、科学的确定不同指标权重系数的方法亟须建立。

23.4.3 溃决洪水综合风险评估

通过采用决策分析方法确定了评估指标的权重后，分别得到了危险性和易损性的评估模型，进而可以对溃决洪水风险进行量化评估。溃决洪水风险评估可以表示为

$$R_f=H_f\times V_f \tag{23-67}$$

式中，R_f——溃决洪水的风险值（0～1）；H_f——溃决洪水的危险值（0～1）；V_f——溃决洪水的承灾体易损值（0～1）。

溃决洪水风险数值及其分级是由危险性和承灾体易损性的数值和分级决定的，一旦危险性和承灾体易损性的分级确定下来，风险分级也就相应地确定下来了。采用常用的五分法，溃决洪水危险性和承灾体易损性分别在 0～1 范围内等分为 0～0.2（极低）、0.2～0.4（低度）、0.4～0.6（中度）、0.6～0.8（高度）、0.8～1（极高）5 个区间。由此可以得到溃决洪水风险的五个等级：$0.00<R_{区}<0.04$（极低风险）、$0.04<R_{区}<0.16$（低度风险）、$0.16<R_{区}<0.36$（中等风险）、$0.36<R_{区}<0.64$（高度风险）、$0.64<R_{区}<1.00$（极高风险）。

23.4.4 溃决洪水风险图及编制

溃决洪水风险评估是对堰塞湖溃决洪水灾害发生的危险性及其可能产生危害影响的综

合分析过程,对溃决洪水危害范围区内的防洪调度、居民避险、城镇规划、交通调度、建设开发、保险与减灾预案制定都具有重要作用。

在风险评估过程中不仅要分析溃决洪水的各种基本风险要素,如淹没范围、淹没水深、洪水流速、淹没历时、到达时间等,也要估算溃决洪水对不同承灾体的影响,包括生命损失、经济损失、社会环境影响。风险度是溃决洪水风险的定量表达。为了考虑溃决洪水的最大风险,对于多次被洪水淹没的地貌单元,应考虑最大淹没水深对溃决洪水风险度的贡献。

溃决洪水风险图是一种直观表达溃决洪水风险大小和分布的专题地图,是实施溃决洪水风险管理的重要基础和依据。风险度分布、风险等级、风险区位置是风险图中的关键因素。随着技术的发展和高精度数字高程模型(DEM)数据的发布,利用地理信息系统强大的空间分析功能和可视化功能,利用溃决洪水综合风险分析方法,即可获得洪泛区风险度分布。应用风险分级方法,把风险级别分为极高、高、中、低、极低五个级别,并用不同颜色表示各风险等级,合并相同风险级别的栅格单元,完成溃决洪水风险图。

第24章

堰塞湖监测预警与应急排险减灾技术

堰塞湖的减灾措施主要包括监测预警和应急排险,本章系统地介绍了监测预警与应急排险的内容、方法和实施技术。

本章重点内容:

- 堰塞湖监测预警系统的组成及系统设计
- 堰塞湖浸润线监测的内容与方法
- 泄流槽的设计
- 抑制溃口快速扩展技术

24.1 堰塞湖监测预警

24.1.1 堰塞湖监测预警系统

基于堰塞湖安全监测流程及预警信息流向,监测预警系统结构分为三层(图24-1)。

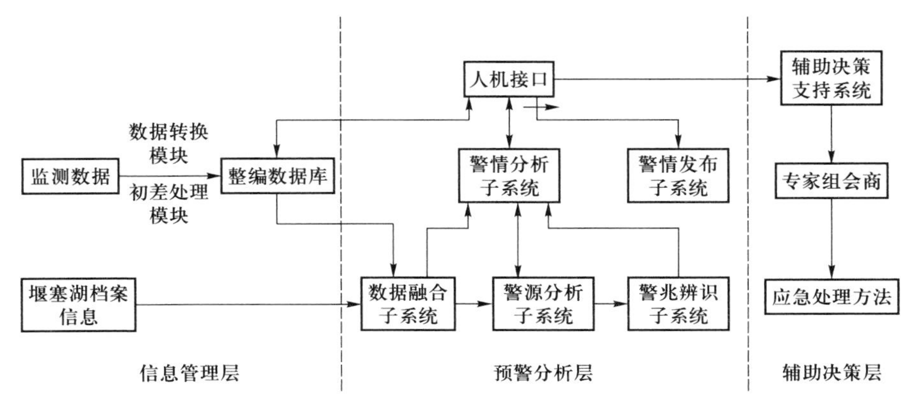

图24-1 堰塞湖监测预警系统结构

(1) 信息管理层

包括两方面内容：一是将原始监测资料转换为整编信息，同时提供对原始信息和整编信息的查询、报表等操作；二是有关堰塞湖的档案信息，包括堰塞湖的地理位置、坝体形状、组成、几何形状等。

(2) 预警分析层

利用预警模型进行分析与评判，包括数据融合、警源分析、警兆辨识及警情分析等，最后通过实时数据远程通信系统，发布警情预警。

(3) 辅助决策层

是针对预警分析不能得出正确结论的情况设置的，可以通过专家会商服务系统辅助决策。

24.1.2 堰塞湖监测内容和仪器布设

24.1.2.1 堰塞湖水位监测

进行堰塞湖水位的监测，以便实时了解上游水位的变化情况，在水位上升速度较快时及时发布预警。

(1) 监测仪器

一般水位观测应设置水尺或自记水位计，有条件时可用遥测水位计或自动测报水位计。堰塞湖水位监测是在特殊环境条件下的观测，受各种不利因素制约，对仪器设备要求很高。根据堰塞湖水位监测的特点，在堰塞湖水位监测中使用以下关键仪器设备。

① 免棱镜全站仪：对堰塞湖各参数的测定，传统的方法难以达到安全、高效。选用成熟的无人立尺测量技术配以高精度的激光全站仪，可安全地监测相关资料。例如在唐家山堰塞湖的应急排险过程中，5月25日18：00开始观测，6月5日安装了压力式水位计，由于岸坡不稳，压力式水位计探头容易发生移动而影响测量精度，利用人工水尺设立又十分困难。6月10日，溃口开始逐渐扩大，任何接近溃口的行动都是十分危险的。利用无人立尺测量技术，在远离溃口的情况下，成功地实现了水位的连续观测。

② 高精度GPS：尤其是地震之后高程、坐标系统都发生了较大变化，配备高精度的GPS在测区建立相对统一的高程系统和水准系统。

③ 卫星的选用：一方面由于特殊条件下（如地震），很多地方通信中断，水情信息的报送

只能采用卫星通信。遥测站点统一选用卫星，人工站点普遍配备卫星电话，确保水雨情信息的及时发送。另一方面采用多平台、多时相的卫星遥感数据对堰塞湖进行监测，得到各时相的湖面范围；结合数字高程模型，定量确定各时相的湖水水位。

④ 利用红外热像仪实施水位全天候监测：红外热像仪能够在漆黑夜里对目标实现清晰监控并将实时图像传回，使得堰塞湖水位在白天和夜晚都能够被监测。

(2) 仪器设备布设

水位监测仪器一般布设在水面平稳、受风浪或者其他因素影响较小、便于安装设备和观测的地点，特别是地震后形成的堰塞湖，其岸坡已变得不稳定，由于余震等的影响随时可能再次发生滑坡。因此，水位监测站点要选择在岸坡相对稳固处设置，基本能代表堰塞坝前平稳水位。

24.1.2.2 堰塞坝两侧坡体及堰塞湖岸稳定性监测

堰塞坝监测项目一般包括表面变形和内部变形。表面变形监测包括竖向位移和水平位移，水平位移中包括垂直于坝轴线方向的横向水平位移和处于坝轴线防线的纵向水平位移。简易排桩观测是地表位移监测的主要方法，桩间距离的变化可以反映地表的水平位移和垂直位移，合理布设排桩可以对整个堰塞坝表面变形进行有效的监测。

(1) 监测仪器

监测仪器主要为经纬仪。

(2) 仪器布设和观测

排桩规格及布设要求如下：① 桩标的埋设应按站点规划设计要求施工，采用经纬仪和放线定位。② 排桩一般应用混凝土桩。要求混凝土强度标号不低于 M7.5，中置 ϕ6 钢筋，钢筋应露出桩面 2 cm 左右，中间刻“+”标记，钢筋面应保持水平，混凝土桩的规格为 15 cm×15 cm×60 cm。若地形坡度较大，混凝土桩前部折角影响观测钢尺拉直时，可考虑将桩面修成倾斜面。③ 桩标埋入地下部分为 45 cm，每组排桩顶部钢筋“+”字标记中心应力求保持在一条直线上。④ 每相邻两桩间距不大于 20 m，每一桩标必须能与前后相邻桩标相互通视，地形转折点一般需设桩。⑤ 首桩（0 号桩）埋设在堰塞坝外不动体上，桩标编号从首桩 0 号开始依次往下编，桩标露出地面部分刷白漆或石灰。⑥ 为防止滑体范围扩展和首桩被破坏，可在首桩以外再设 1~2 个护桩。

观测要求如下：① 简单排桩的观测多采用最小刻度为 1 mm 的 30 m 钢尺，有条件的地方可配置 10 kg 拉力器。② 观测项目为桩间斜距 L，每次观测需往返测量两次。③ 一般堰塞坝地段地形条件属较复杂地区，量距允许误差为 1/2000~1/3000。若量距相对误差 $\Sigma<$量

距允许误差时,则可将往返丈量平均值作为桩间斜距,填入表中。若 Σ>量距允许误差,则须重测,直到满足精度要求为止。④ 观测频次应视具体情况而定。⑤ 如使用经纬仪测量,必须遵循规范与操作规程。

24.1.2.3 堰塞湖坝体浸润线监测

堰塞湖坝体浸润线的高低和变化与坝体的安全和稳定有密切关系。一般人工土石坝在设计中首先需要根据土石坝断面尺寸、上下游水位及土料的物理力学指标,计算确定浸润线的位置,然后进行坝坡稳定分析计算。由于设计采用各项指标与实际情况不可能完全相符,因此土石坝设计运用时的浸润线位置往往与设计计算的位置有所不同。如果实际形成的浸润线比设计计算的浸润线高,就降低了坝坡的稳定性,甚至可能造成土石坝失稳事故。堰塞坝与人工土石坝相似,如果浸润线过高就可能造成堰塞湖溃决,因此观测掌握堰塞坝浸润线的位置和变化,以判断堰塞坝渗流是否正常,坝体是否稳定,是监测堰塞坝安全的重要手段。

(1) 观测设备

观测浸润线的仪器主要是测压管,测压管由进水段(长度 0.8~1.0 m)和保护设备两部分组成。观测浸润线的测压管长期埋设在堰塞坝内,因此要求管材不易变形和腐烂,经久耐用。最常用的是金属管,也可以采用塑料管和无沙混凝土管。最常用的观测测压管水位的仪器设备为测深钟。测深钟的结构较为简单,为上端封闭、下端开敞的一段金属管,长度为 30~50 mm,好像一个倒扣的杯子。上端系以吊索,吊索最好采用皮尺或测绳,其零点位置应置于测深钟的下口。

(2) 仪器布设和观测

对于测压管埋设深度不超过 10 m 的,可采用人工取土器钻孔的方法埋设。对于测压管埋设深度超过 10 m 以上的,一般应采用钻孔的方法埋设。测压管埋好后应妥善保护,管口加盖上锁,并进行编号,绘制测压管的布置图和结构图,测定出管口高程,最后将埋设过程及有关影响因素记录在考证表内。测压管埋设完毕后应及时注水试验,检验灵敏度是否符合要求。试验前,先测定管中水位,然后向管中注入清水。在一般情况下,土料中的测压管注入相当于测压管 3~5 m 体积的水;沙料中的测压管注入相当于测压管 5~10 m 体积的水。测得注水面高程后,再经过 5 min、10 min、15 min、20 min、30 min、60 min 后各测量水位一次,以后时间可适当延长,测至降到原水位时为止。记录测量结果,并绘制水位下降过程线作为原始资料。

对于黏性土,测压管内水位如果五昼夜内降到原来水位,认为是合格的;对于沙砾料,水位如果在 12 小时内降到原来水位或灌入相应体积的水而水位升不到 3~5 m,认为是合格的。

对于灵敏度不合格的测压管,在分析观测资料时应考虑到这一因素,必要时应进行洗孔或在该孔附近另设测压管。观测时,用吊索将测深钟慢慢放入测压管中,当测深钟下口接触管中水面时，将发生空桶击水的“嘭”声，即应停止下送。再将吊索稍微提上再放下，使测深钟脱离水面又接触水面，发出“嘭、嘭”的声音，即可根据管口所在的吊索读数分划，测读出管口至水面的高度，计算出管内水位高程：

测压管水位高程=管口高程-管口至水面高度

用测深钟观测，一般要求测读两次，其差值应不大于 2 cm。

24.1.3 数据传输

24.1.3.1 通信信道选择

由于堰塞湖形成地区地形条件较为复杂，特别是由于强烈地震形成的堰塞湖，可能使受到危害的地区包括全球移动通信系统（GSM）、通用分组无线业务（GPRS）、公共交换电话网络（PSTN）在内的所有常规通信信道可能全部中断，且短期内恢复的可能性不大，卫星信道是监测区重点依靠的通信信道。目前，我国可用的卫星通信方式主要有北斗卫星通信、同步气象卫星（Omni-TRACKS）通信和海事卫星 C（Inmarsat C）通信。

为确保重要观测点信息通信可靠，同时利用已有的或者是建立临时小容量 GSM、GPRS 等基站，实现双信道互为备用的通信模式。

24.1.3.2 应急测报数据传输组网结构

(1) 观测点到测报中心的组网结构

根据信道选择方案，各观测点均具备双信道传输保障。堰塞湖应急测报系统各观测点到测报中心的通信组网结构如图 24-2 所示。测报中心在收到各观测点的数据后，经过人工和计算机自动处理，将结果通过互联网传输到各单位以及排险应急指挥部（图 24-3）。

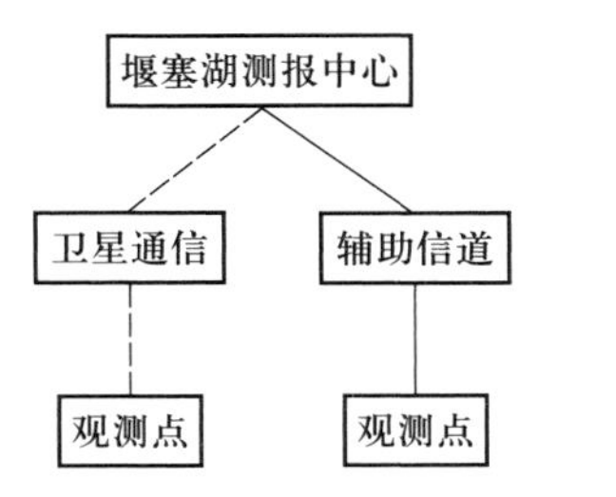

图 24-2 观测点到测报中心的通信组网结构图

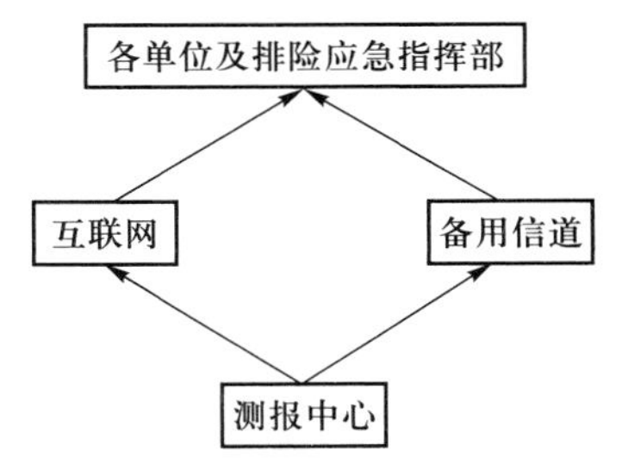

图 24-3 测报中心到各单位组网图

(2) 应急远程视频信息传输组网结构

根据站点布设安排，应在人工观测比较困难的观测点建立一些远程视频系统，在常规观测方法无法进行时，可以直观地了解堰塞湖的安全状况。

24.1.4 数据分析

坝前水位和浸润线监测获得的数据不需要特殊处理，可以直接使用。运用简单排桩法将监测得到的堰塞坝两侧坡体稳定性的数据进行以下分析。

将每次观测结果填入排桩法变形监测记录表中（表24-1）。绘出各排桩主滑方向变化较大的两桩点间的历时位移（分水平位移和垂直位移）曲线、累计位移变化与时间的关系曲线。图幅统一采用规格为25 cm×37 cm的方格纸，横坐标为时间（月），间隔2 cm，共24 cm长；纵坐标为观测的位移值，长13 cm，比例采用1∶1、1∶2、1∶5，以此类推，同时在图上注明观测过程中出现的异常特征值。

表24-1 排桩法变形监测记录表

剖面编号： 观测日期： 单位：mm

项目 桩段	前次测量		本次测量 L_i	位移增量			累计位移 $\sum \Delta L_i$	速率 ε	备注
	斜距 L_{i-1}	坡脚 α_i		ΔL_i	ΔH_i	ΔM_i			

记录： 校核： 制表日期：

注：1. $\Delta L_i = L_i - L_{i-1}$；$\sum \Delta L_i = \Delta L_1 + \Delta L_2 + \cdots + \Delta L$；$\varepsilon = \Delta L / t$；

2. 表中坡脚在建立剖面排桩时用经纬仪或罗盘测量，半年复测一次；

3. $\Delta H_i = \Delta L_i \sin \alpha_i$；$\Delta M_i = \Delta L_i \cos \alpha_i$。

24.1.5 预警与预案

按照应急除险基本原则和“零死亡”目标的需要，实现应急处置的预案应由应急除险工程方案、人员避险方案和应急保障措施组成，三者相辅相成，不可偏废。

24.1.5.1 应急除险工程方案

根据现场实际情况，选择适宜的工程措施，在可控的原则下逐渐扩大泄水能力，下泄湖水。一方面逐渐降低堰塞湖水位和减少堰塞湖的水量，达到避免发生突然溃坝的目的；另一方面通过下泄湖水的冲刷，形成有一定行洪能力的稳定新河道，消除堰塞坝对上、下游的威胁。

(1) 泄流渠引流冲刷原理与实现途径

人工开挖形成小断面泄流渠能够诱导水流路径,具有一定水头的水流在泄流过程中沿程冲刷渠道并挟带泥石。随着水流流速和流量的增大,水流的搬运能力越来越大,将逐渐切深、加宽泄流渠,不断扩大泄流渠断面。随着泄流渠的过流断面增大,泄流量也随之增大,水流的搬运能力进一步增强,又更进一步地切深、加宽泄流渠过流断面,直到冲刷至具有相应抗冲能力的岩土体,形成稳定的新渠道。如此一来,可降低堰塞湖水位,减少堰塞湖蓄水量,从而减轻堰塞湖的威胁。

为实现人工可控的泄流目标,可采用前缓、后陡的泄流渠纵坡形式。在初始过流时,缓坡和陡坡的交界点处出现临界水深。陡坡段的水面线为陡坡上的降雨曲线,沿程流速增加很快;缓坡段的水面线为缓坡上的降雨曲线,沿程流速逐渐增加,水流搬运能力随流速的增大而增大。如果物质组成一致,缓坡段上残坡积的碎石土块等将被水流冲刷搬运,沿程的冲刷将以逐渐加大的形式出现。

(2) 泄流渠选线原则与布置

① 泄流渠布置在原地形较低、颗粒组成较细的地方,以减少开挖工程量、降低开挖难度、加快开挖进度,同时便于充分发挥水力挟带能力。② 渠线尽量顺直,转弯段转角不宜过大,以保证出流顺畅。③ 泄流渠出口设置在易于冲刷的地方,以加快形成冲刷临空面,达到溯源冲刷的目的。

(3) 泄流渠结构设计

渠道从上游至下游纵坡应逐渐变陡,以便诱导其形成溯源冲刷的态势;对渠道出口较软弱段的边坡坡面进行局部保护,避免小流量时边坡垮塌,堵塞渠道。泄流渠宜采用梯形断面。

24.1.5.2 人员避险方案

根据溃坝可能性分析,提出多种可能溃坝模式下的人员转移方案。经调查分析,选取可能性较大的溃坝模式,其对应的人员转移方案作为实施方案,其他方案提前做好预案并进行必要的演练。

(1) 施工人员撤离

当水位与经批准的施工方案泄流渠进口高程高差为 2 m 时,施工队伍应及时撤离以保证施工人员安全。若出现坝体异常变形和渗漏等现象,应及时分析,若属危及施工队伍安全的重大险情,经应急处置指挥部批准后及时撤离。此标准也是启动下游人员转移预案的标准。

(2) 危险区居民避险

建立完善的监测、预警、指挥撤离系统,分别制定人员转移预案和黄色、橙色、红色预警预报机制。对受到影响的市、县、区、乡、村、组的所有人员制定及时避险转移的预案,明确转移的人员、路径、地点、预警措施、转移责任人等,同时进行必要的演练。地方政府在堰塞湖周边及沿岸安全地带均设立险情观察站,实行24小时实时观察并报告,相关市、县、区也都派人员靠前连续观察险情,并设置双备份的24小时值班专用热线电话,以备在发生溃坝时,除已转移的人员外,还要第一时间通知到每一位需要疏散转移的人员。

24.1.5.3 应急保障措施

为保证应急除险工程方案和人员避险方案安全实施,必须建立可靠的保障体系。需要建立的应急保障体系有:快速决策与响应机制、涵盖堰塞湖可能影响区域的水雨情预测预报体系、便于实时直观了解堰塞坝现状的远程实时视频监控系统、堰塞坝区安全监测系统、堰塞坝上及其与外界联络的通信保障系统以及防溃坝专家会商决策机制等。

地方政府应认真组织,精心安排,加强巡视,做好应急预案,确保紧急情况下不出大的问题,组建应急疏通工程指挥部。各部门组织由大量专业工程技术人员组成的专家组,分工负责,紧密配合,研判险情,提出科学的方案,为现场决策提供强有力的技术支撑。为保障上游水位观测的可靠性,应设一处水位自动监测站,亦在下游增设观测站。这些观测站可监测雨量、水位,在泄洪或余震对其造成破坏的情况下,应增设其他临时观测设备,保证水力参数的正常监测。

为了保障人员安全,在应急除险工程方案形成的泄流渠临近泄流时,人员必须撤离,而且人员很难在泄流过程中进行近距离监测,因此,需要设置堰塞坝远程实时视频监控系统。通过该监控系统提供的清晰监控图像,可为决策提供重要支持。相比现有无线网络,这项技术能提供更大的传输带宽,传输大数据量的高清画面。在施工期间,应定时对坝体裂缝、渗漏、异常声响和两岸边坡垮塌进行监测,以便实时准确掌握堰塞坝坝体稳定和变形情况。堰塞坝上可安装通信基站,利用汽油发电机为基站提供电源,保证坝上、坝下的通信畅通。施工区内部采用手持式对讲机进行通信,便于施工作业的进行。堰塞湖应急处置时应建立专家会商组,专家组由多位专业和经验丰富的专家组成。根据气象、雨情、水情、现场施工进展、后勤物质保障等全方位实时情况,专家组进行研究及实时动态分析,及时提出预案供领导决策。施工现场也应设立专家组,会同施工单位一道解决施工中的问题,并每天定时召开现场协调会,总结当天施工进展情况,研究部署第二天的施工任务。

24.2 堰塞湖应急排险减灾技术

24.2.1 堰塞湖上游水位调控技术

对于近期内稳定性良好的堰塞湖,可仅对堰塞湖上游水位进行短期调控,以降低其溃坝风险。目前所采用的堰塞湖上游水位调控技术有虹吸管法、水泵抽排法和上游筑坝的方式。

24.2.1.1 虹吸管法降低上游水位

虹吸管是一种跨越挡水建筑物,并将水流引向下游某个低于上游水位位置的严格密封性输水管道(图 24-4)。虹吸管是一种压力输水管道,一般顶部弯曲且高程高于上游供水水面,若在虹吸管内造成真空,使作用在上游水面的大气压强和虹吸管内压强之间产生压差,水流即能通过虹吸管最高处引向低处。虹吸管顶部的真空值理论上不能大于最大真空值,即 10 m 水柱高。实际上,当虹吸管内压强接近该温度下的汽化压强时,液体将产生汽化,破坏水流的连续性。故一般虹吸管中的真空值不大于 7~8 m 水柱。

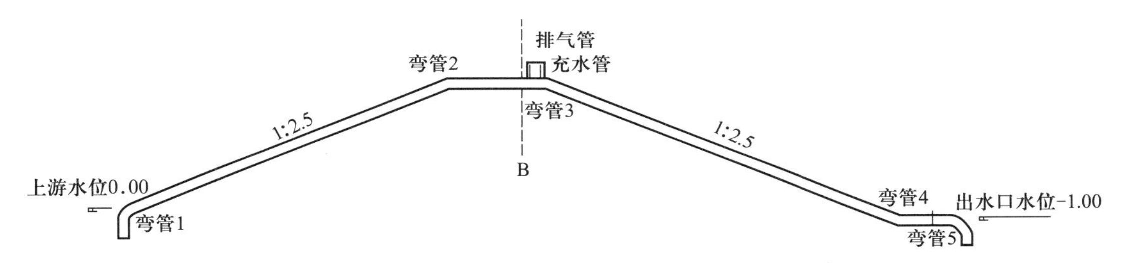

图 24-4 虹吸管法降低堰塞湖水位布置示意图

由于虹吸管在上游水位以上部分均高于正常运行压坡线,在管道正常输水过程中处于负压运用状态,故在启动前,应设法将虹吸管内的压强降低至某个能跨越挡水建筑物的压强数值,上游水体才能从上游沿虹吸管道流向下游。虹吸管泄水水流不会直接冲刷坝体的土方,能防止溃坝造成次生灾害。虹吸管的优点在于能跨越高地,减少挖方。

24.2.1.2 水泵抽排法降低上游水位

在堰塞湖蓄水量不多的情况下,可考虑设置水泵进行排水。水泵抽排的优点是扬程固定,对于泄水量控制方便,多台水泵可并联交替运行,也可分段投入运行。但在水位降低后仍应与其他工程措施配合实施。安置水泵对堰塞湖进行强排水,需依据堰塞湖的来水量和坝体的承重,适当安置流量和扬程水泵。若水泵抽水产生了地基侵蚀问题,应判断侵蚀的可能范围,对其进行加固,以防止侵蚀进一步扩大,危及坝体安全。

24.2.1.3 上游筑坝调控水位

采取护坡、防渗等手段加固堰塞体,保留上游堰塞湖,等待汛期过后具备条件时再进行处理。这种方式适用于堰塞体结构比较稳定、坚固,堰顶过水不会冲垮堰塞体的情况;或是堰塞体方量很大,湖水短时间不会漫溢,可以从容处理。对于前者,要立足最坏可能,防止堰塞体瞬时溃决对下游的影响,做好人员转移;对于后者,则要仔细研判,监测水位变化、堰塞体变形和渗流等,做好预警预报,同时可采用倒虹吸等手段降低蓄水位。

24.2.2 泄流槽设计技术

在堰塞湖岸开挖泄流槽(或明渠、溢洪道、泄洪道)是处理堰塞湖的常用方法,在堰塞体顶部合适位置开凿泄水渠道,通过溯源冲刷逐步扩大过流断面,加速泄流,降低溃坝水头、水量与流量,削弱水流破坏力,达到减灾目的。泄流槽通常都是将湖水排泄到堰塞体下游的原河道,也可考虑排泄到相邻河道或相邻河道的水库中(要具有这种地形条件,同时在所泄湖水对相邻河道或相邻河道的水库不带来危害的情况下才予以考虑)。由于堰塞体地质条件的差异,这种处理可能会造成两种结果:一种可能是湖水通过渠道下泄后,逐渐把堰塞体全部冲溃;另一种比较理想的状态是,湖水通过渠道进行深槽冲刷,大部分堰塞体未被冲塌,避免了突溃灾害,最终形成相对稳定的新河道。在采用泄流槽(明渠)或排泄堰塞湖水时,由于堰塞坝组成物质松散,一般不容许从坝身溢流或大量溢流,在选线时要注意选在垭口处,以节省开挖量,同时还要注意土质问题。如果是土料,开挖较容易,但防冲刷措施就较困难。如果是岩石,开挖较难,甚至要爆破,但能防冲刷。这种方式适用于有一定的处理时间、具备大型机械施工条件、溃决影响重大的堰塞湖。对于这种处理,还要结合一系列非工程措施,确保下游群众安全。

泄流槽横断面形状可以根据堰塞湖的库容进行设计。针对库容小于 0.1 亿 m^3 的堰塞湖,其泄流槽的横断面为三角形断面(图 24-5),横断面的横向坡比为 1∶1.5~1∶2.0;针对库容大于等于 0.1 亿 m^3 的堰塞湖,其泄流槽的横断面为梯形-三角形的复式断面(图 24-6),横断面的横向坡比为 1∶1.5~1∶2.0。而泄流槽纵断面的优化形状,针对库容小于 0.1 亿 m^3 的堰塞湖,其泄流槽的纵断面为直线形(图 24-7),纵断面的比降大于或等于原始河道的比降;针对库容大于等于 0.1 亿 m^3 的堰塞湖,其泄流槽的纵断面为折线形(图 24-8),纵断面的每一段比降均大于或等于原始河道的比降,为防止冲刷过度,其中最陡坡段比降小于或等于 3%。

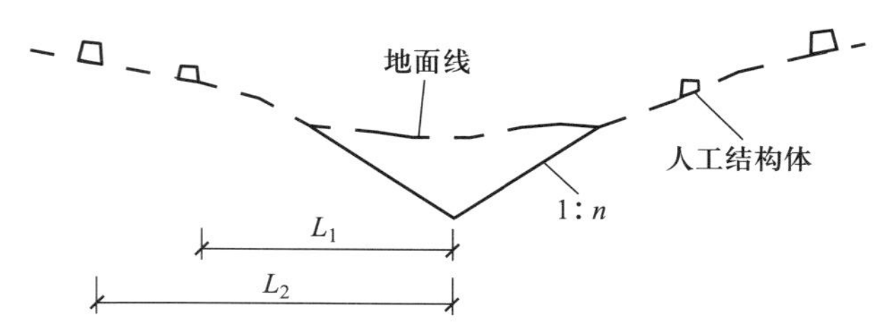

图 24-5 横断面为三角形断面的泄流槽横断面示意图

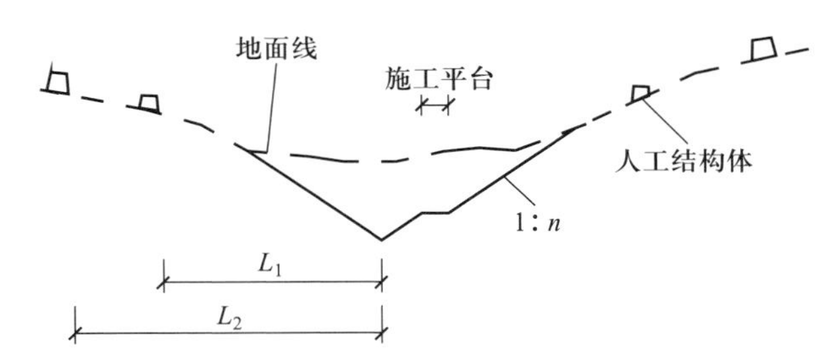

图 24-6 横断面为梯形-三角形复式断面的泄流槽横断面示意图

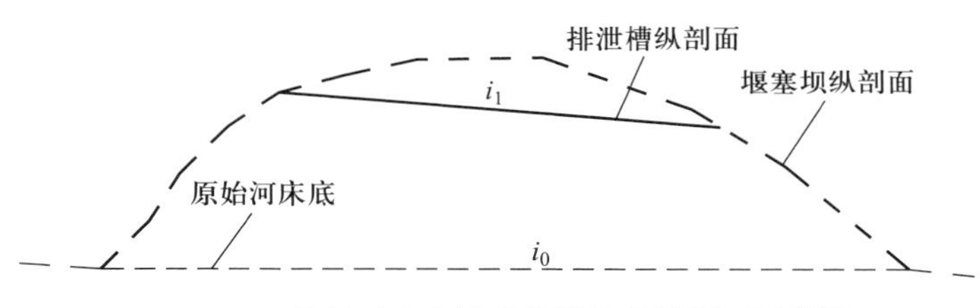

图 24-7 纵断面为直线形的泄流槽纵断面示意图

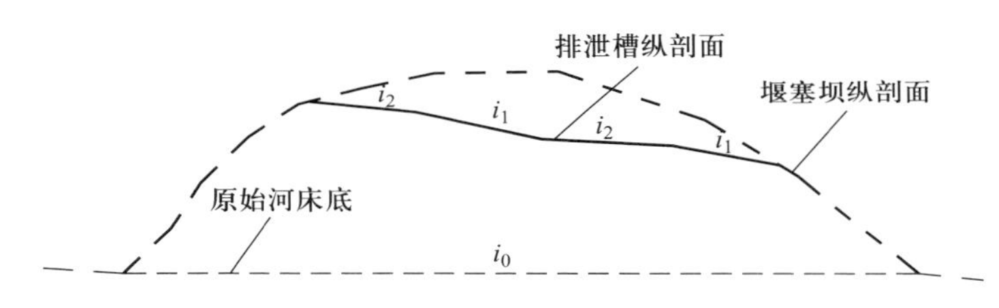

图 24-8 纵断面为折线形的泄流槽纵断面示意图

泄流槽进口部位应设有铅丝笼防护，铅丝笼尺寸可以是 2.0 m×0.5 m×0.5 m，笼内装填粒径为 50~200 mm 的砾石；或铅丝笼尺寸为 4.0 m×1.0 m×1.0 m，笼内装填粒径为 100~400 mm 的砾石。铅丝笼在泄流槽进口两侧呈倒八字形（图 24-9），与泄流槽槽体连接，即泄流槽进口两侧的铅丝笼间距沿水流方向逐渐变小，与泄流槽槽体相连接处间距最小。该方法尤其适用于碎石土类型堰塞坝的处置。

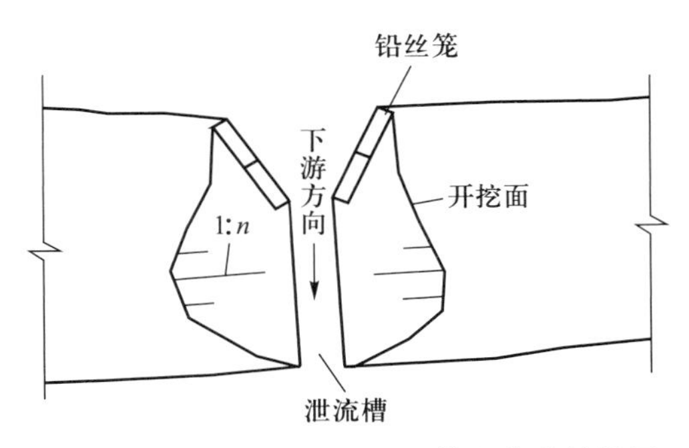

图 24-9 铅丝笼与泄流槽槽体连接的俯视图

24.2.3 抑制溃口快速扩展技术

泄流渠主要是为了降低湖水位，同时引导溯源冲刷的路径，因此不要求渠道长期稳定。但为了控制冲刷速度，避免过流后溃口宽度展宽过快，短期进入出流流量过大状态，导致下游无时间转移避险，同时避免小流量过流时渠道塌滑堵塞，需要对渠道易塌滑的上游、中游和下游段进行必要的防护。在设计方案时，为简化施工，设计钢丝石笼进行斜坡防护。防护部位为:① 泄流槽进口的稳定对于平稳泄流至关重要。而且水流流经入口斜坡处时发生绕流,侵蚀强度增大,易引起该处斜坡失稳。可在泄流槽入口一定范围内,对斜坡的两岸进行单层钢丝石笼防护,厚度为0.5 m。② 对陡坡段及其两侧边坡采用双层钢丝石笼防护,每层厚度为0.5 m,双层钢丝石笼采用插筋连接,插筋进入堰体的深度不小于1 m。③ 对下游变坡处顺流向一定范围的泄流渠凹岸边坡进行单层钢丝石笼防护,厚度为0.5 m。

在实施过程中,针对实际揭露的地质条件,对防护范围进行优化。

在堰塞湖库水排泄后期,针对泄流槽的底床侵蚀过于快速,当泄流槽中的库水排泄流量达到设定阈值时,向泄流槽中放入人工结构体来稳定沟床,控制沟床的快速下切,发挥控流作用,防止产生超过下游防护标准的洪水而危害下游区域。

人工结构体:基于正四面体稳定性最佳的原理,设计4个相同长度的柱体,4个柱体的一端集中固定在一点,另一端在空间上组成正四面体的4个顶点。其中柱体可以是六棱柱或圆柱等,柱体可以是钢筋混凝土结构或其他结构(图24-10)。

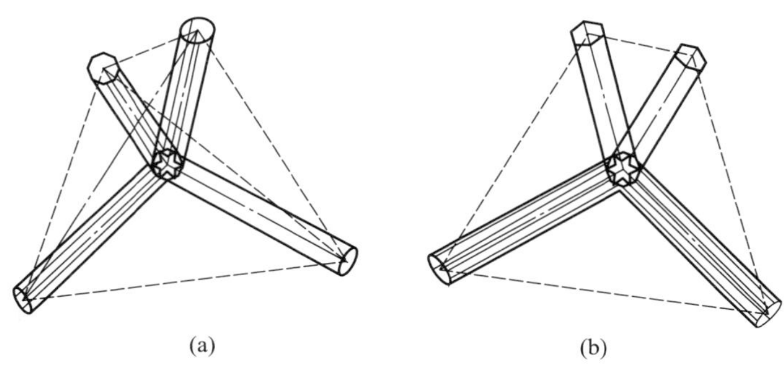

图24-10 人工结构体示意图

人工结构体的4个柱体的长度可以利用河流泥沙起动计算公式并结合需要控制的堰塞坝尺寸来估算,一般柱体长度大于等于0.5 m。也可以采用基岩抗冲刷流速公式和伊兹巴斯起动流速公式来估算柱体长度。基岩抗冲刷的流速公式为

$$u_c = k_{jy}\sqrt{D_{rg}} \tag{24-1}$$

伊兹巴斯起动流速公式为

$$u_c = k_{wd}\sqrt{\frac{\gamma_s - \gamma_w}{\gamma_w} 2gD_{rg}} \tag{24-2}$$

式中,u_c——人工结构体起动流速($m \cdot s^{-1}$);D_{rg}——人工结构体的外接圆直径(m);k_{jy}——经验系数,一般取5.0~7.0 $m^{0.5} \cdot s^{-1}$;γ_s——人工结构体重度($kN \cdot m^{-3}$);γ_w——水重度,取10 $kN \cdot m^{-3}$;g——重力加速度,取9.8 $m \cdot s^{-2}$;k_{wd}——稳定系数,一般取0.68~0.72。

根据公式(24-3)和公式(24-4)可以得出人工结构体长度最小值l_{rg},按照基岩抗冲刷流速公式为

$$l_{rg} = \frac{D_{rg}}{2} = \frac{1}{2}\left(\frac{u_c}{k_{jy}}\right)^2 \tag{24-3}$$

按伊兹巴斯起动流速公式为

$$l_{rg}=\frac{D_{rg}}{2}=\frac{\gamma_w}{4g(\gamma_s-\gamma_w)}\left(\frac{u_c}{k_{wd}}\right)^2 \tag{24-4}$$

将人工结构体制作成一定大小后，单个放置在堰塞坝泄流槽不同位置处，如泄流槽的溢流口段、中游段和下游段，充分利用人工结构体与底床的相互作用，防止溃口快速下切，形成溯源侵蚀。为了取得更好的效果，可以将人工结构体串联使用。

24.2.4 防止背水坡快速溯源侵蚀技术

由于背水坡坡度较泄流槽处坡度大，溃决水流流经背水坡后流速增大，快速侵蚀坡面物质，在床面形成"跌坎"式纵剖面，水流流线出现坡折点。坡折点下游坡陡流急，冲刷强烈，因而坡折点的位置不断后移；与此同时，坡折点上游也在刷深，但其强度较低。随着坡折点的上移，坡折点下游段比降逐渐变缓，而其上游段比降则逐渐变陡，最后形成一个统一的比降。

防止背水坡快速溯源侵蚀就是防止坡折点向上发展速度过快，出流量急剧增加。阶梯-深潭系统具有极强的河床阻力，能最大限度地消耗水流能量，从而保证背水坡不被冲刷下切(图 24-11)。因此，使背水坡发育阶梯-深潭系统是防止背水坡快速溯源侵蚀的有效措施。常用的方法是在堰塞湖溃决过程中，向背水坡抛掷大石块。大石块的抛掷位置一般选择在靠近泄流槽下游出口附近(图 24-12)，这样可利用水流的冲击和冲刷作用，使其达到背水坡的不同部位。另外，若时间充足，可在堰塞湖溃决前，将大石块埋置在背水坡不同位置，当溢流后，随着冲刷的进行，背水坡面自然地形成阶梯-深潭系统，可以有效地降低溯源侵蚀的速率，实现平稳过流，防止过大峰值流量出现。

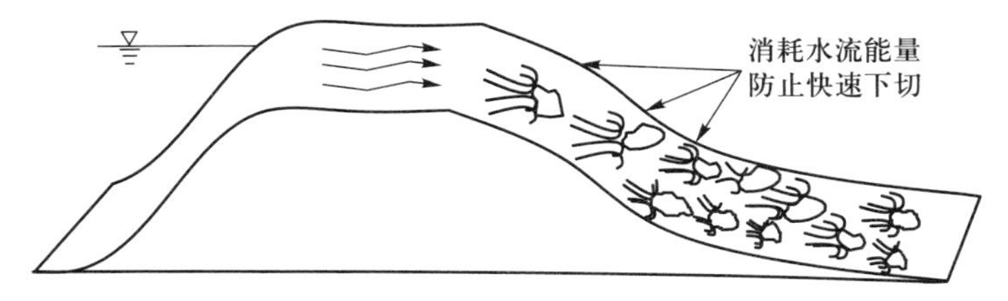

图 24-11 防止背水坡快速溯源侵蚀示意图

图 24-12 泄流槽出口巨石阻止背水坡下切

但堰塞湖水位上升迅速，处置时间紧迫，受地形条件限制，大型机械施工也非常困难，而且堰塞坝几何尺寸较大，一般为几百米或几十米，单独一项作业就需大量的人力物力，导致堰塞湖应急排险技术还处于初级阶段，也为堰塞湖处置技术提出了新的挑战。

24.3 堰塞湖应急排险案例——唐家山堰塞湖

24.3.1 唐家山堰塞湖概况

2008年“5·12”汶川地震，不仅产生了大量的崩塌、滑坡等地质灾害，而且在整个核心区内形成了104处堰塞湖，其中规模最大、潜在危害最高、也最容易再次诱发次生灾害的当属位于北川通口河的唐家山大型滑坡堵江堰塞湖。堰塞坝横河方向长612 m，顺河方向长803 m，坝高82~124 m，体积2037万m^3。上游集雨面积3550 km^2，最大可蓄水量3.16亿m^3。坝体所处的通口河为涪江右岸一级支流，总体上由西向东流经本区，河道狭窄，河床平均纵坡降3.57‰，河谷深切，河谷横断面呈“V”形，谷坡陡峻。枯水期河水位664.8~664.7 m，水面宽100~130 m，水深0.5~2 m。

唐家山堰塞湖的威胁主要表现在两个方面：一是壅高的堰塞湖水头。按堰塞坝最低垭口高程752 m计算，一旦漫顶，水头将达87 m。二是堰塞湖的水量，从最低垭口漫顶时堰塞湖总水量将达3.16亿m^3。随着堰塞湖水位的壅高和水量的不断增大，一旦溃决将直接威胁下游绵阳和遂宁两市130多万人口的安全。

24.3.2 唐家山应急排险方案

应急处置的总体方案由应急除险工程方案、人员避险方案和应急保障措施组成，三者相辅相成。

24.3.2.1 应急除险工程方案

除险工程推荐方案是通过机械开挖5~10 m深的泄流渠，备用方案是用爆破方式形成深约5 m的泄流渠，在可控的原则下逐渐扩大泄水能力，下泄湖水。一方面逐渐降低堰塞湖水位和减少堰塞湖的水量，达到避免发生突然溃坝的目的；另一方面通过下泄湖水的冲刷，形成有一定行洪能力的稳定新河道，消除堰塞湖对上、下游的威胁。

(1) 泄流渠引流冲刷的实现途径

堰塞湖的威胁主要体现在水头和水量两个方面。从能量的角度，水位壅高越大，所具有的单位能量也越大。在堰塞坝顶垭口处形成具有一定宽度和深度的泄流渠，诱导湖水下泄，利用水流势能转化为动能，逐渐沿程冲深、拓宽泄流渠，从而降低堰塞湖水位，消除湖水威胁。

唐家山堰塞坝平面形态为长条形，坝顶面宽约 300 m，地形起伏较大，横河方向左侧高右侧低。堰体右侧顺河方向有一沟槽，贯通上下游，平面呈右弓形。沟槽底宽 20～40 m，垭口最高点高程 752. 2 m。沟槽为实施引流冲刷提供了较为有利的地形条件。

采用前缓坡、后陡槽的泄流渠纵坡形式，在初始过流时，缓、陡坡的交界点处出现临界水深，沿程流速增加很快，但陡坡段为碎裂岩体，抵抗水流冲刷搬运的能力强。因此，在过水的初期不会出现快速垮塌。缓坡段沿程流速逐渐增加，水流搬运能力随流速的增大而增大，缓坡段残坡积的碎石土块等将被水流冲刷搬运，沿程的冲刷将以逐渐加大的形式出现，冲刷过程得到阶段性控制。在进入下覆的碎裂岩层后，由于碎裂岩的抗冲能力较大，冲刷过程会进入稳定状态。

(2) 设计思路和原则

采取人工干预措施控制水流在可掌控范围。既要避免水力强烈冲刷导致快速溃决，又要充分利用水力搬运能力拓宽、冲深渠道。充分利用天然条件，选择堰塞坝上最适合快速施工的地质薄弱部位布置工程措施，以达到快速除险的目的。泄流渠初始断面在施工强度能争取达到的范围内，尽可能满足汛期一定标准下的过流能力要求。断面设计与施工设备相匹配，结构简单，便于快速施工。设计断面在施工过程中和初期投入使用时的临时稳定应得到保证。受空中运输能力所限，只能采用单台重量小于 15 t 的施工机械。

(3) 选线布置

泄流渠尽量布置在原地形较低、颗粒组成较细的地方，以减少开挖工程量，降低开挖难度，加快开挖进度，同时便于充分发挥水力挟带能力。

渠线应尽量顺直，转弯段转角不宜过大，以保证出流顺畅。

泄流渠出口应设置在易于冲刷的地方，以加快形成冲刷临空面，达到溯源冲刷的目的。

根据堰塞坝现场的地形、地质条件，经综合比较，在三处可利用的天然沟谷中，选择中间一条在堰塞坝偏右侧、天然垭口高程最低的沟谷依势布置泄流渠。泄流渠在平面上呈凸向右岸的弧形。泄流渠平面布置见图 24-13。

(4) 泄流渠结构设计

渠道从上游至下游纵坡逐渐变陡，对渠道出口斜坡坡面进行局部保护，避免小流量时斜坡垮塌堵塞渠道。泄流渠采用梯形断面，两侧斜坡为 1∶1.5。纵剖面如图 24-14 所示。

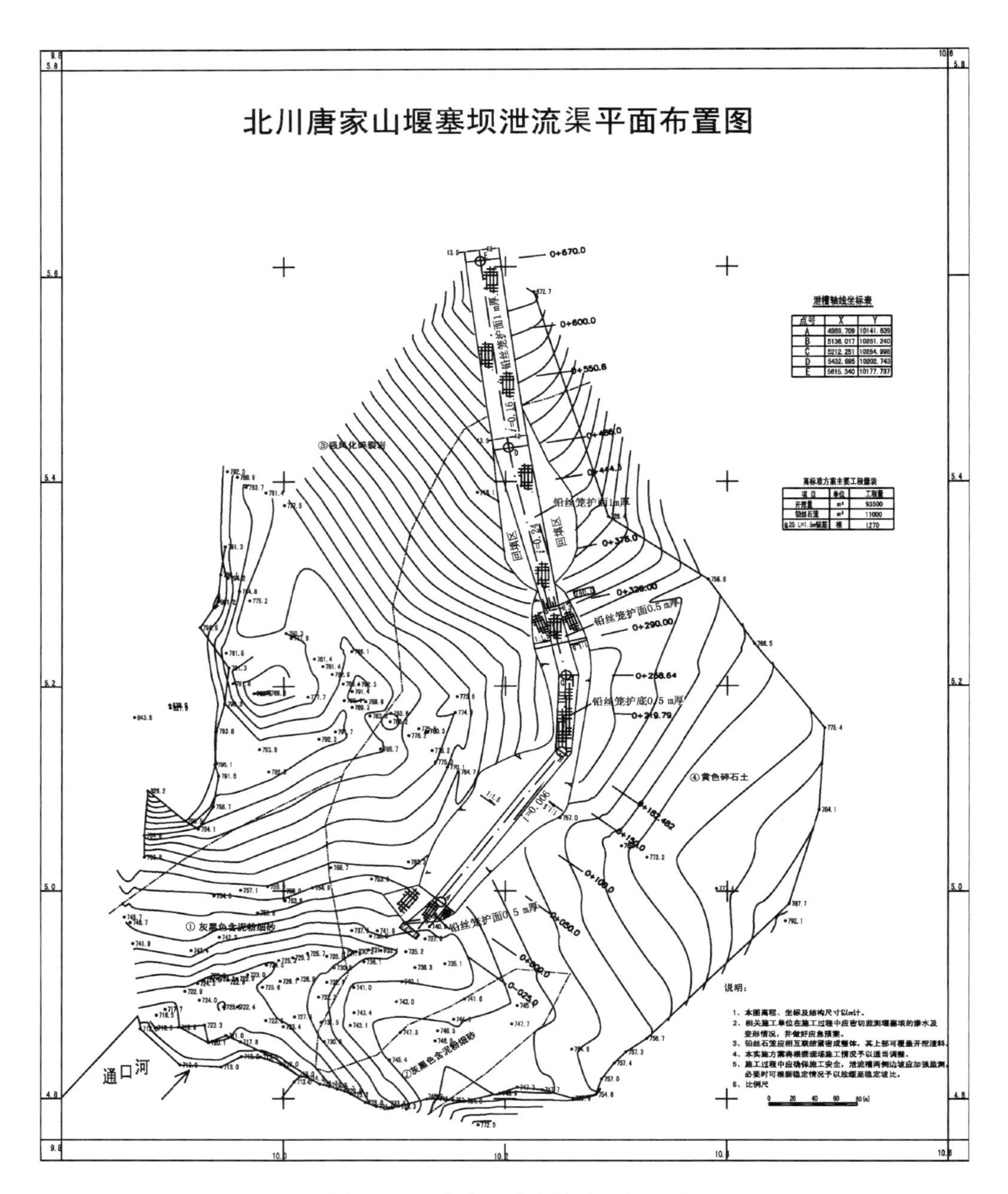

图 24-13 唐家山泄流渠平面布置图

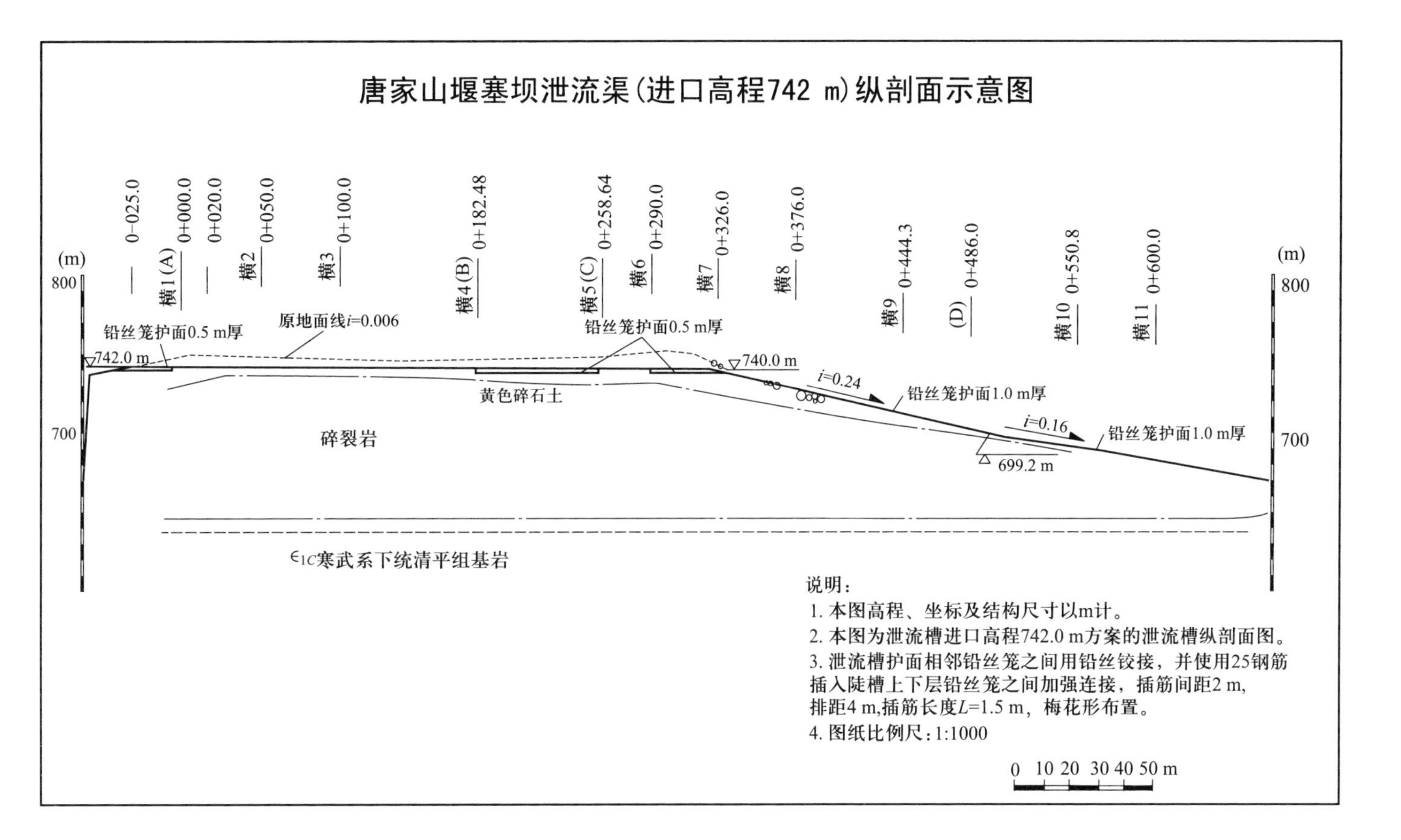

图 24−14 唐家山堰塞坝泄流渠纵剖面示意图

（5）开挖方案

泄流渠进口高程742 m、渠底宽22 m，泄槽总长680 m，其中上游平缓段长324 m，纵坡0.6%；下游陡坡段分两段开挖，分别长184 m和172 m，纵坡分别为24%和16%，土石方工程量约$7\times10^4\ m^3$。上游堰塞湖水位壅高到与最低垭口752.2 m高程平齐时，可以通过的流量为1000~1300 $m^3\cdot s^{-1}$（对应泄流渠糙率0.04~0.05）。

（6）泄流渠防护方案

为了避免过流后短期进入溃决状态导致下游无时间进行转移避险，同时避免小流量过流时渠道塌滑堵塞，对渠道下游段和中间易塌滑段进行必要的防护。

在设计总体方案时，为简化施工，只设计了钢丝石笼进行斜坡防护。防护部位为：① 陡坡段及其两侧斜坡。采用双层钢丝石笼防护，每层厚度为0.5 m，双层钢丝石笼采用插筋连接，插筋进入堰体的深度不小于1 m；② 下游变坡处顺流向前后共50 m范围、泄流渠凹岸斜坡。采用单层钢丝石笼防护，厚度为0.5 m。

24.3.2.2 人员避险方案

当水位与经批准的施工方案泄流渠进口高程高差为2 m时，施工队伍应及时撤离以保证施工人员安全。若出现坝体异常的变形和渗漏等现象，应及时分析，若属危及施工队伍安全的重大险情时，经唐家山堰塞湖应急处置指挥部批准后及时撤离。溃坝洪水影响范围包括绵阳、遂宁两市，共277 590人。全部人员在泄流渠过流以前，已全部分批安全转移。泄流渠过流后，堰塞坝的险情解除，6月11日，转移的群众全部返回。

24.3.2.3 应急保障措施

为保证应急除险工程方案和人员避险方案安全实施，必须建立可靠的保障体系。需要建立的应急保障体系有快速决策与响应机制、涵盖唐家山堰塞湖可能影响区域的雨情预测预报体系、便于实时直观了解堰塞坝现状的远程实时视频监控系统、堰塞坝区安全监测系统、堰塞坝上及其与外界联络的通信保障系统以及防溃坝专家会商决策机制等。

24.3.3 唐家山堰塞湖应急排险实施效果

2008年6月7日07时08分，泄流渠开始过流；到6月11日08时45分，进出堰塞湖流量基本平衡。在4天的过流过程中，泄流渠的溯源侵蚀和侧向侵蚀作用非常明显，同时两岸斜坡稳定性也经历了基本稳定—蠕变—趋于稳定的过程。

24.3.3.1 溃口冲刷过程及效果

6月7日,泄流渠底坡度较小,水流较慢,流量较小,溯源侵蚀作用强度较弱;6月8日和9日,随着水流流速和流量的加大,溯源侵蚀作用加强,槽底不断加深;6月10日,槽底高程降到710 m左右后,溯源侵蚀作用基本停止。经过溯源侵蚀作用,泄流渠底高程由740~742 m降低到710 m左右,同时两岸崩塌亦使泄流渠变宽。泄流过程中侧向侵蚀作用现象主要表现为两岸土坡的崩塌后退。与过流前泄流渠设计轴线相比,泄流渠过流后实际轴线均向右岸偏离,不同区段的偏离距离见表24-2。

表24-2 过流后河道实际轴线与泄流渠设计轴线的距离

单位:m

弧顶上游直线段	弧顶附近	弧顶下游直线段	尾端
35~70	60~130	60~110	一致

另外,过流后两岸的实际轴线与泄流渠设计轴线间的距离极不对称(表24-3),右岸比左岸要大得多,尤其是弧顶及其上游段右岸的偏离距离是左岸的1倍以上。

表24-3 过流后实际轴线与泄流渠设计轴线间的距离

单位:m

岸别	弧顶上游直线段	弧顶附近	弧顶下游直线段
左岸	70~75	20~45	50~90
右岸	120~165	150~240	60~110

24.3.3.2 泄流过程中斜坡变形

泄流渠过流过程中,随着泄流渠的不断加深扩宽,两岸斜坡应力不断调整,斜坡经历了基本稳定—蠕变(崩塌)—趋于稳定的过程。在泄流渠过流中,斜坡变形主要以崩塌和蠕变为主。在过流初期的6月7、8日,过流量较小,对下游斜坡的冲刷强度较弱,坡体上黄色碎石土体蠕变范围较小,坡体整体稳定;9日开始,随着过流量的增大,土体崩塌导致坡顶后退,蠕变范围增大,影响范围达50余米;6月10日上午,过流量逐渐增到最大,整个东侧斜坡发生蠕变,从坡顶到坡底发育贯通性张裂缝,可见长度达20余米,裂缝宽度不断加大,最大达3.2 cm。停机坪后缘L4号裂缝及停机坪东侧坡体上的L3号裂缝宽度监测成果分别见图24-15和图24-16。

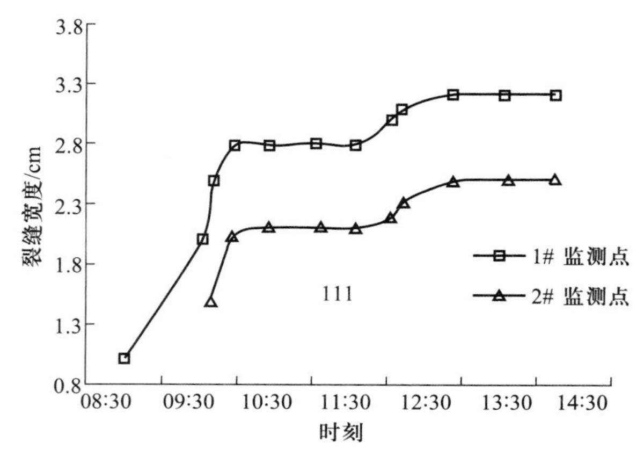

图 24-15 停机坪后缘 L4 号裂缝宽度变化曲线

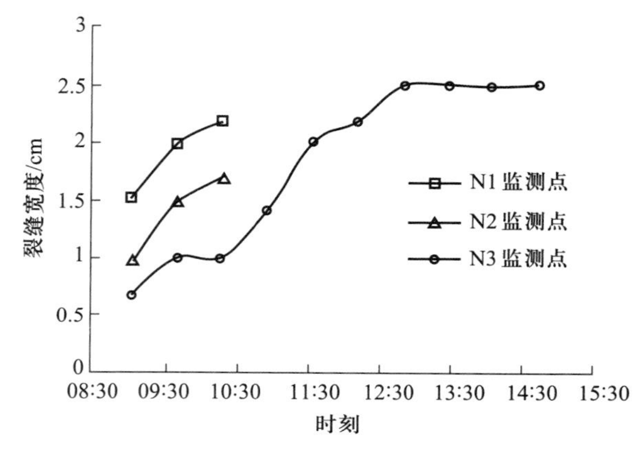

图 24-16 停机坪东侧坡体 L3 号裂缝宽度变化曲线

24.3.3.3 溃决对河道演化的影响

根据现场地质调查,新河道左、右侧坡呈上、下游较低、中部较高的特征,最大冲刷深度约 60 m。其物质组成在左、右岸相对对称,上部厚 20~40 m,为黄色碎石土;中部厚 10~20 m,为碎裂岩体;坡脚和河道出露灰黑色碎裂硅质岩,局部保留原岩层状结构。新河道右岸为冲刷岸,受水流冲刷,岸坡塌滑明显,已冲刷绝大部分物质;左岸碎石土体也出现塌滑现象,但较右岸弱。现阶段堰塞坝平面分布呈拱形,剩余方量初估约 150 万 m^3,地形起伏差较大,约 30~130 m,其中横河方向为两岸高中央低,左岸最高点高程 793.9 m;顺河方向为中部高上下游低。冲刷后新河道共带走堰塞坝堆积物质约 500 万 m^3,约占堰塞坝总体积的 25%。

参 考 文 献

白世录.1983.土坝湖坝流量计算方法研究[R].水利电力部天津勘测设计院科研所印.

柴贺军,刘汉超,张倬元.1995.中国滑坡堵江事件目录[J].地质灾害与环境保护,(4):1-9.

柴贺军,刘浩吾,刘汉超,等.2001.天然土石坝稳定性初步研究[J].地质科技情报,20(1):77-81.

陈晓清,崔鹏,程尊兰,等.2008.5·12汶川地震堰塞湖危险性应急评估[J].地学前缘,15(4):244-249.

崔鹏,何易平,陈杰.2006.泥石流输沙及其对山区河道的影响[J].山地学报,24(5):539-549.

窦国仁.1960.论泥沙起动流速[J].水利学报,(4):46-62.

国家减灾委员会科学技术部抗震救灾专家组.2008.汶川地震灾害综合分析与评估[M].北京:科学出版社,57.

钱宁.1983.泥沙运动力学[M].北京:科学出版社.

谢任之.1993.溃坝水力学[M].济南:山东科技出版社.

游勇,柳金峰.1999.泥石流排导槽水力最佳断面[J].山地学报,17(3):255-258.

游勇,柳金峰,欧国强.2006.泥石流常用排导槽水力条件的比较[J].岩石力学与工程学报,25(1):1-6.

张瑞瑾.1961.河流动力学[M].北京:中国工业出版社.

周必凡.1991.泥石流防治指南[M].北京:科学出版社.

Casagli N,Ermini L,Rosati G.2003.Determining grain size distribution of the material composing landslide dams in the Northern Apennines:Sampling and processing methods[J].*Engineering Geology*,69(1-2):83-97.

Chang D S,Zhang L M.2010.Simulation of the erosion process of landslide dams due to overtopping considering variations in soil erodibility along depth[J].*Natural Hazards and Earth System Science*,10(4):933-946.

Chen Z,Ma L,Yu S,et al.2014.Back analysis of the draining process of the Tangjiashan Barrier Lake[J].*Journal of Hydraulic Engineering*,141(4):05014011.

Costa J E.1985.Flood from dam failures[C].In:U.S.Geological Survey Open-File Report.Denver,Colo.

Costa J E,Schuster R L.1988.The formation and failure of natural dams[J].*Geological Society of America Bulletin*,100(7):1054-1068.

Ermini L,Casagli N.2003.Prediction of behavior of landslide dams using a geomorphological dimensionless index [J].*Earth Surface Processes and Landforms*,28(1):31-47.

Evans S G.1986.The maximum discharge of outburst floods caused by the breaching of man-made and natural dams [J].*Canadian Geotechnical Journal*,23(3):385-387.

Froehlich D C.1995.Peak outflow from breached embankment dam[J].*Journal of Water Resources Planning and Management*,ASCE,121(1):90-97.

Hagen V K.1982.Re-evaluation of design floods and dam safety[C].In:14th International Commission on Large Dams Congress.Rio de Janeiro.

Iverson R M,Ouyang C.2015.Bed-sediment entrainment by rapidly evolving flows at earth's surface:Review and reformulation of depth-integrated theory[J].*Reviews of Geophysics*,53(1):27-58.

Kirkpatrick G A.1977.Evaluation guidelines for spillway adequacy[C].In:The evaluation of dam safety. Proc.Eng. Found.Conf.,Am.Soc.Civ.Eng.New York,395-414.

MacDonald T C,Langridge-Monopolis J.1984.Breaching characteristics of dam failures[J].*Journal of Hydraulic Engineering*,110:567-586.

Osman A M, Thorne C R. 1988. Riverbank stability analysis. I: Theory[J]. *Journal of Hydraulic Engineering*, 114(2): 134-150.

Peng M, Zhang L M. 2012. Analysis of human risks due to dam break floods—Part 2: Application to Tangjiashan landslide dam failure[J]. *Natural Hazards*, 64(2): 1899-1923.

Singh K P, Arni S. 1984. Sensitivity of outflow peaks and flood stages to the selection of dam breach parameters and simulation models[J]. *Journal of Hydrology*, 68: 295-325.

Takahashi T. 2007. *Debris Flow: Mechanics, Prediction and Countermeasures*[M]. Oxford: Taylor & Francis.

Von Thun, Lawrence J, and Gillette D R. 1990. Guidance on Breach Parameters, unpublished internal document, U.S. Bureau of Reclamation[R]. Denver, Colorado, March 13: 17.

Wang Z Y, Xu J, Li C Z. 2004. Development of step-pool sequence and its effects in resistance and stream bed stability[J]. *International Journal of Sediment Research*, 19(3): 161-171.

Wang Z, Cui P, Yu G, et al. 2012. Stability of landslide dams and development of knickpoints[J]. *Environmental Earth Sciences*, 65(4): 1067-1080.

索　引

L

M

N

O

P

Q

R

S

Z

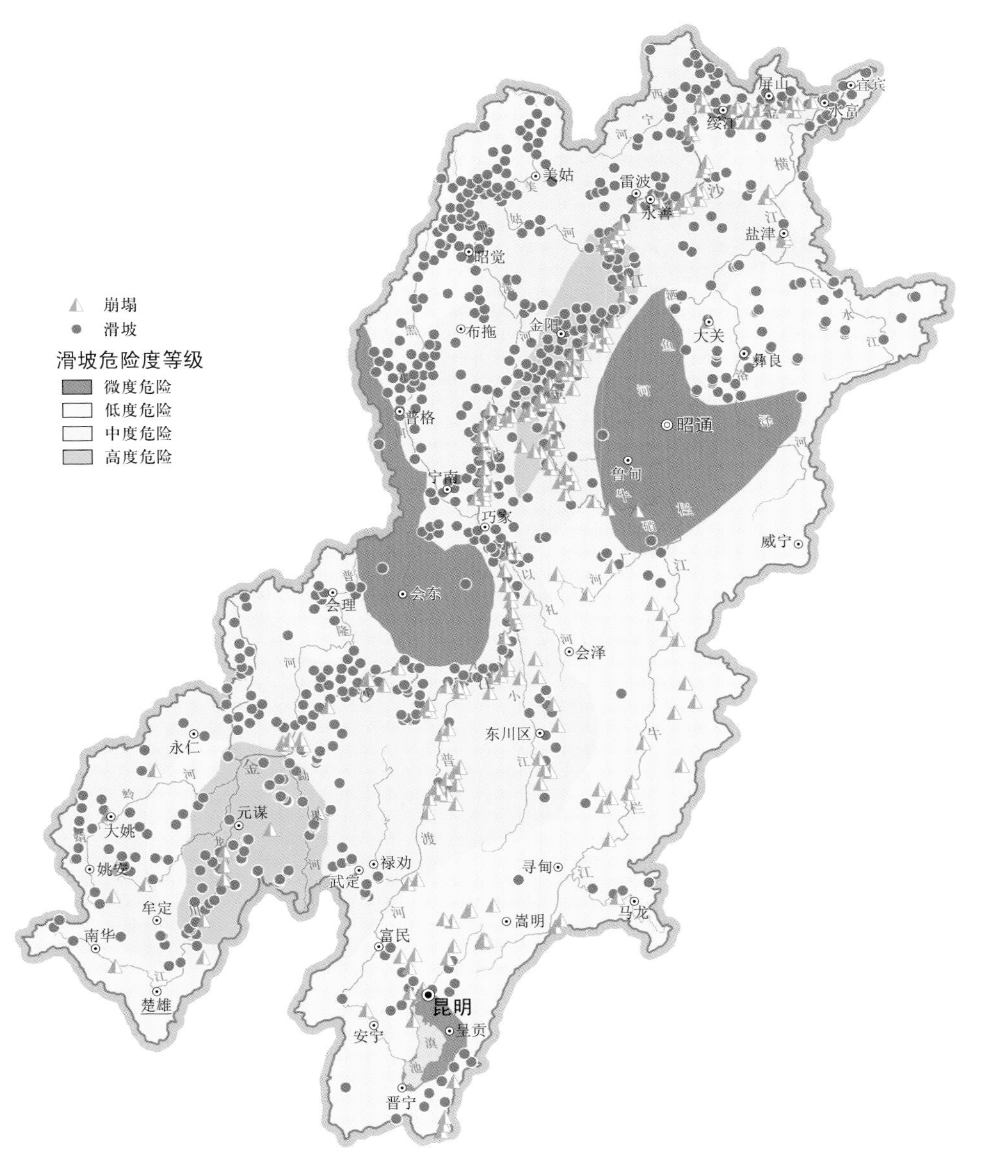

图 5-23 金沙江下游斜坡变形灾害分布及危险性分区图

（崔鹏，2014）

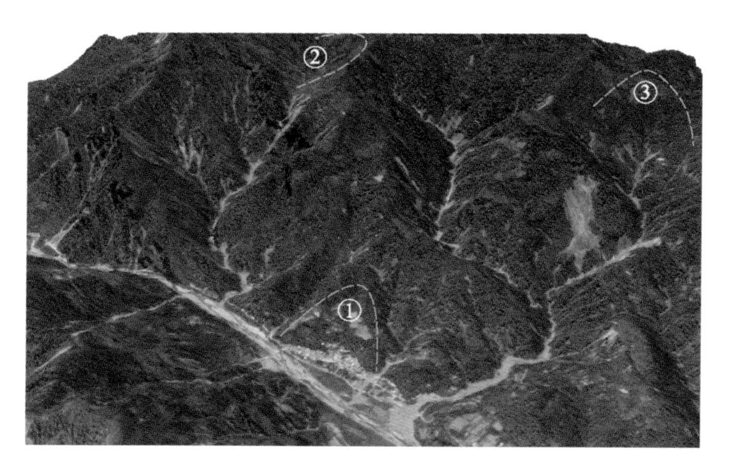

图 21-4　堵江滑坡发生位置示意图

① 谷坡型滑坡；② 高位型滑坡；③ 远程型滑坡